U0353841

常用办公软件
快速入门与提高

3ds Max 2018 中文版 入门与提高

职场无忧工作室◎编著

清华大学出版社
北京

内 容 简 介

本书是 3ds Max 的入门与提高教程，采用中英文对照讲解，内容覆盖了 3ds Max 2018 各种建模方法。全书共分 14 章：第 1 章为 3ds Max 2018 基本操作；第 2 章和第 3 章为基础建模部分，分别讲述二维图形 - 三维模型和几何体建模；第 4~7 章为高级建模部分，分别讲述复合建模、多边形建模、高级建模技术以及修改器的使用与参数详解；第 8~12 章为显示效果部分，分别讲述材质的使用、贴图的使用、灯光和摄像机、空间变形和粒子系统以及环境效果等内容；第 13 章为动画初步制作；第 14 章为渲染和输出。各章之间既有一定的连续性，又可作为完整、独立的章节使用，书中所举的实例都有很强的针对性。

本书范例由浅入深，操作步骤详尽。所有范例既具备较强的连续性，又可作为独立实例。读者既可从头学起，也可直接选择感兴趣的例子进行学习。为方便读者学习，本书提供了配套多媒体素材，包含书中所有实例的视频教程、源文件、贴图、效果图以及常用材质库，以二维码形式呈现。

本书适用于初、中级 3ds Max 用户，同时也可用作高等院校相关专业师生和社会培训班的教材。

图书在版编目（CIP）数据

3ds Max 2018 中文版入门与提高 / 职场无忧工作室编著 . — 北京 : 清华大学出版社，2019
（常用办公软件快速入门与提高）
ISBN 978-7-302-52880-7

Ⅰ . ① 3…　Ⅱ . ①职…　Ⅲ . ①三维动画软件　Ⅳ . ① TP391.414

中国版本图书馆 CIP 数据核字（2019）第 083034 号

责任编辑：赵益鹏　秦　娜
封面设计：李召霞
责任校对：赵丽敏
责任印制：宋　林

出版发行：清华大学出版社
网　　址：http://www.tup.com.cn，http://www.wpbook.com
地　　址：北京清华大学学研大厦 A 座　　**邮　　编：**100084
社 总 机：010-62770175　　**邮　　购：**010-62786544
投稿与读者服务：010-62776969，c-service@tup.tsinghua.edu.cn
质量反馈：010-62772015，zhiliang@tup.tsinghua.edu.cn
印 装 者：三河市龙大印装有限公司
经　　销：全国新华书店
开　　本：210mm × 285mm　　**印　　张：**22.5　　**字　　数：**691 千字
版　　次：2019 年 10 月第 1 版　　**印　　次：**2019 年 10 月第 1 次印刷
定　　价：99.80 元

产品编号：074413-01

前言

随着计算机软硬件性能的不断提高，人们已不再满足于平面效果图形，三维图形已是计算机图形领域应用的热点之一。其中Autodesk公司的3ds Max以其强大的功能、形象直观的使用方法和高效的制作流程赢得了广大用户的喜爱。

3ds Max作为功能强大的三维制作软件，包含了大量的功能和技术。这些功能虽然很好，但也为用户增加了学习难度。如果想制作出一幅精美的作品，需要应用3ds Max各种功能，如对模型的分析和分解，创建各种复杂的模型，指定逼真的材质，还要设置灯光和环境以营造气氛，最后才能渲染和输出作品。如此一个复杂的制作过程，对初学者确实有些困难。当然，就学习本身来讲，都要从基础开始，然后通过不断地实践才能创作出好的作品来。

三维模型的制作在3ds Max中处于绝对的主导地位。3ds Max提供的建模方法非常丰富，且有各自不同的应用场合。从几何体建模到修改器建模，再到复合建模、多边形建模、NURBS建模等高级建模方法，能够让读者根据自己的需要选择合适的建模方法，从而创建出逼真的模型。

一、本书特点

☑ 实用性强

本书的编者都是高校中多年从事计算机辅助设计教学研究的一线人员，具有丰富的教学实践经验与教材编写经验，多年的教学工作使他们能够准确地把握学生的心理与实际需求，有一些执笔者是国内3ds Max图书出版界知名的作者，之前出版的一些相关书籍经过市场检验，很受读者欢迎。本书是作者总结多年的设计经验以及教学的心得体会，历时多年的精心准备，力求全面、细致地展现3ds Max软件在三维建模和动画制作应用领域的各种功能和使用方法。

☑ 实例丰富

本书实例数量和种类都非常丰富。从数量上说，本书结合大量的动画制作实例，详细讲解了3ds Max的知识要点，让读者在学习案例的过程中潜移默化地掌握3ds Max软件的操作技巧。

☑ 突出提升技能

本书从全面提升读者3ds Max实际应用能力的角度出发，结合大量的案例来讲解如何利用3ds Max软件制作三维模型和动画，使读者了解3ds Max并能够独立完成各种造型设计与动画制作。

书中有很多实例本身就是造型设计与动画制作案例，经过作者精心提炼和改编，不仅保证读者能够学好知识点，更重要的是能够帮助读者掌握实际的操作技能，同时培养造型设计与动画制作的实践能力。

☑ 图文并茂

本书最大的特色在于图文并茂，大量的图片都做了标示和对比，力求让读者通过有限的篇幅，学习尽可能多的知识。基础部分采用参数讲解与举例应用相结合的方法，使读者明白参数意义的同时，能最大限度地学会应用。每章后面都有实战训练，帮助读者熟练掌握操作技巧，并能独立制作出各种美妙的三维模型和精彩的动画效果。

☑ 中英对照

3ds Max 早期软件一直是英文版，直到近几年才推出中文版。国内很多行业习惯采用英文版，针对这种情况，为方便读者学习，本书采用英文括注中文讲解，力求最大限度地满足各方面读者的需要。

二、本书内容

全书共分 14 章：第 1 章为 3ds Max 2018 基本操作；第 2 章和第 3 章为基础建模部分，分别讲述二维图形－三维模型和几何体建模；第 4 ～ 7 章为高级建模部分，分别讲述复合建模、多边形建模、高级建模技术以及修改器的使用与参数详解；第 8 ～ 12 章为显示效果部分，分别讲述材质的使用、贴图的使用、灯光和摄像机、空间变形和粒子系统以及环境效果等内容；第 13 章为动画初步制作；第 14 章为渲染和输出。各章之间既有一定的连续性，又可作为完整、独立的章节使用，书中所举的实例都有很强的针对性。如果读者是初学三维建模，建议认真从第 2 章开始学起。如果读者已经掌握初级建模技术，可以粗略阅览前 3 章，开拓视野，然后直接进入后面的高级建模部分。此外，对于 3ds Max 2018 新增加的功能，编者专门进行了介绍，希望引起读者注意。

三、本书服务

☑ 本书的技术问题或有关本书信息的发布

读者如果遇到有关本书的技术问题，可以登陆网站 www.sjzswsw.com 或将问题发送到邮箱 win760520@126.com，我们将及时回复。也欢迎加入图书学习交流群（QQ：512809405）交流探讨。

☑ 安装软件的获取

按照本书上的实例进行操作练习，以及使用 3ds Max 2018 进行图形图像设计与制作时，需要事先在计算机上安装相应的软件。读者可从网络中下载相应软件，或者从软件经销商处购买。QQ 交流群也会提供下载地址和安装方法的教学视频。

☑ 手机在线学习

为了配合各学校师生利用本书进行教学的需要，随书附有多个二维码，内容为书中所有实例网页文件的源代码及相关资源以及实例操作过程录屏动画，另外附赠大量实例素材，供读者在学习中使用。

四、关于作者

本书主要由职场无忧工作室编写，具体参与本书编写的有胡仁喜、刘昌丽、康士廷、王敏、闫聪聪、杨雪静、李亚莉、李兵、甘勤涛、王培合、王艳池、王玮、孟培、张亭、王佩楷、孙立明、王玉秋、王义发、解江坤、秦志霞、井晓翠等。本书的编写和出版得到了很多朋友的大力支持，值此图书出版发行之际，向他们表示衷心的感谢。同时，也深深感谢支持和关心本书出版的所有朋友。

书中主要内容来自编者几年使用 3ds Max 的经验总结，也有部分内容取自国外有关文献资料。虽然几易其稿，但由于时间仓促，加之水平有限，书中纰漏与失误之处在所难免，恳请广大读者批评指正。

编　者

2019 年 5 月

源文件

目录

二维码目录

第1章

3ds Max 2018基本操作

内容指南

在利用 3ds Max 2018 进行建模、动画设计的过程中，必须掌握一定的技巧，但这些技巧是建立在很好地掌握基本概念、基本变换的基础之上的，所以只有抓住核心概念，熟练地掌握基本操作、基本变换，并能举一反三，才不会迷失在技巧的海洋里。

知识重点

- ❖ 对象的选择
- ❖ 对象的轴向固定变换
- ❖ 对象的复制
- ❖ 对象的对齐与缩放

1.1 操作界面

熟悉软件的界面是学习软件的基础，本节介绍 3ds Max 2018 的操作界面，以使读者初步了解 3ds Max 2018 的各部分功能。

3ds Max 2018 是运行在 Windows 系统之下的三维动画制作软件，具有一般窗口式的软件特征，即窗口式的操作接口。3ds Max 2018 的操作界面由菜单栏、工具栏、命令面板、视图区、脚本输入区、信息提示栏、动画记录控制区等组成，如图 1-1 所示。

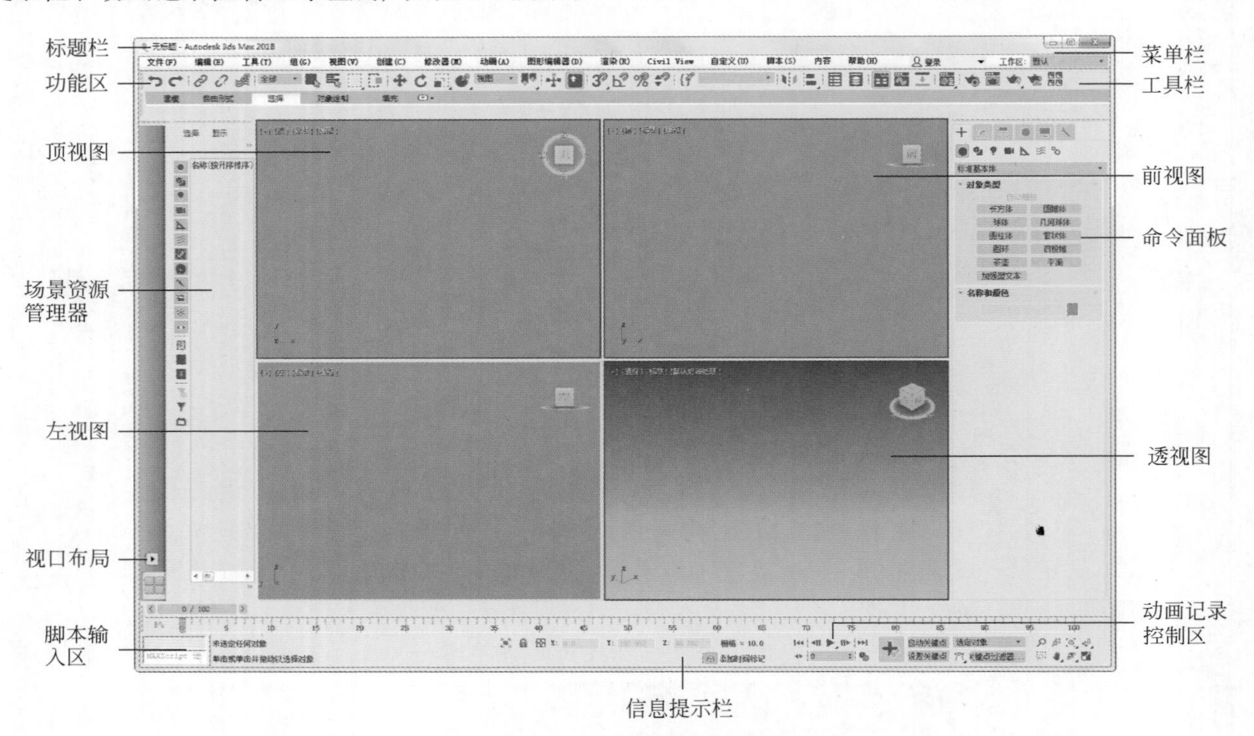

图1-1　3ds Max 2018的操作界面

1.1.1 菜单栏

- ❖ **Edit（编辑）**: 用于选择和编辑对象。主要包括对操作步骤的撤销、临时保存、删除、复制和全选、反选等命令。
- ❖ **File（文件）**: 用于管理文件。
- ❖ **Tools（工具）**: 提供较为高级的对象变换和管理工具，如镜像、对齐等。
- ❖ **Group（组）**: 用于对象成组，包括成组、分离、加入等命令。
- ❖ **Views（视图）**: 包含了对视图工作区的操作命令。
- ❖ **Create（创建）**: 用于创建二维图形、标准几何体、扩展几何体、灯光等。
- ❖ **Modifiers（修改器）**: 用于修改造型或接口元素等设置。按照选择编辑、曲线编辑、网格编辑等类别，提供全部内置的修改器。
- ❖ **Animation（动画）**: 用于设置动画，包括各种动画控制器、IK 设置、创建预览、观看预览等命令。
- ❖ **Graph Editors（图形编辑器）**: 包含 3ds Max 2018 中以图形方式形象地展示和操作场景中各元素

的编辑器。

❖ **Rendering**（渲染）：包含与渲染相关的工具和控制器。
❖ **Civil View**：要使用 Civil View，必须将其初始化，然后重新启动 3ds Max 2018。
❖ **Customize**（自定义）：可以自定义用户界面。
❖ **Scripting**（脚本）：Scripting 是 3ds Max 2018 内置的脚本语言，可以进行各种与 Max 对象相关的编程工作，提高工作效率。
❖ **Content**（内容）：可以启动 3ds Max 2018 资源库。
❖ **Help**（帮助）：为用户提供各种相关的帮助。

1.1.2 工具栏

在默认情况下 3ds Max 2018 只显示主要工具栏。主要工具栏包括选择类图标，选择与操作类图标，链接关系类图标，复制、对齐、视图图标，捕捉类图标和其他工具图标。

1. 选择类图标

选择类图标用于选择场景中的对象，可以根据不同的需要，选用不同的选择工具，下面逐一介绍选择类图标。

❖ **Selection Filter**（选择过滤器）全部：用来设置过滤器种类。
❖ **Select Object**（选择对象）：单击时呈现亮黄色，在任意一个视图内，光标变成白色十字游标，单击要选择的物体即可选中。
❖ **Select by Name**（按名称选择）：该图标的功能是允许使用者按照场景中对象的名称选择物体。
❖ **Rectangular Selection Region**（矩形选择区域）：单击并拖动鼠标可以画出一个矩形区域，处于矩形区域中的物体被选中。
❖ **Circular Selection Region**（圆形选择区域）：单击并拖动鼠标可以画出一个圆形区域，处于圆形区域中的物体被选中。
❖ **Fence Selection Region**（围栏选择区域）：在视图中，用光标选定第一点，拉出直线再选定第二点，如此拉出不规则的区域将要编辑区域全部选中。
❖ **Lassoa Selection Region**（套索选择区域）：在视图中，用光标滑过视图会产生一个轨迹，以这条轨迹为选择区域的选择方法就是套索区域选择。
❖ **Paint Selection Region**（绘制选择区域）：使用“绘制选择区域”方法，可以将光标放在多个对象或子对象之上来选择多个对象或子对象。
❖ **Window/Crossing**（窗口 / 交叉）：用来设定选择方式。
❖ **Edit Named Selection Sets**（编辑命名选择集）：将工具栏向左拖曳可以找到此图标。通过“选择集”对话框进行物体的选择、合并和删除等操作。

2. 选择与操作类图标

这类图标具有双重功能，既可以用来选择物体，也可以用来对物体进行操作。

❖ **Select and Move**（选择并移动）：用于对所选对象进行移动操作。
❖ **Select and Rotate**（选择并旋转）：用于对所选对象进行旋转操作。
❖ **Select and Uniform Scale**（选择并均匀缩放）：用于对所选对象进行缩放操作，它下面还有两个缩放工具，分别为非等比缩放工具和压缩缩放工具。

❖ **Select and Place**（选择并放置）: 使用“选择并放置”工具将对象准确地定位到另一个对象的曲面上。此方法大致相当于“自动栅格”选项，随时可以使用，不仅限于在创建对象时。

❖ **Use Pivot Point Center**（使用轴点中心）: 可以围绕其各自的轴点旋转或缩放一个或多个对象。自动关键点处于活动状态时“使用轴点中心”将自动关闭，并且其他选项均处于不可用状态。

❖ **Use Selection Center**（使用选择中心）: 可以围绕共同的几何中心旋转或缩放一个或多个对象。如果变换多个对象，3ds Max Design 会计算所有对象的平均几何中心，并将此几何中心用作变换中心。

❖ **Use Transform Coordinate Center**（使用变换坐标中心）: 可以围绕当前坐标系的中心旋转或缩放一个或多个对象。当使用“拾取”功能将其他对象指定为坐标系时，坐标中心是该对象轴的位置。

3. 链接关系类图标

链接关系类图标常用于动画制作当中，用于链接两个物体或者将物体与空间变形链接，进而创建动画。

❖ **Select and Link**（选择并链接）: 链接父子关系的工具，选择并链接到物体上。

❖ **Unlink Selection**（断开当前选择链接）: 单击此图标时，链接的父子关系将被取消。

❖ **Bind to Space Warp**（绑定到空间扭曲）: 将空间扭曲结合到指定对象上，使物体产生空间扭曲和空间扭曲动画。

4. 复制、对齐、视图图标

复制、对齐、视图图标用于对物体进行特定方式的复制、对齐及编辑层级，打开材质编辑器等操作。

❖ **Mirror Selected Objects**（镜像）: 镜像复制，对物体进行镜像的复制操作。

❖ **Align**（对齐）: 用于对齐当前的对象，有 5 种对齐方式，可应用于不同的情况下。

❖ **Toggle Scene Explorer**（场景资源管理器）: 单击此图标，打开“场景资源管理器”对话框。“场景资源管理器”提供一个无模式对话框，可用于查看、排序、过滤和选择对象，还提供了其他功能，可用于重命名、删除、隐藏和冻结对象，创建和修改对象层次，以及编辑对象属性。

❖ **Toggle Layer Explorer**（层资源管理器）: 单击此图标，打开“层资源管理器”对话框。“层资源管理器”是一种显示层及其关联对象和属性的“场景资源管理器”，可以使用它来创建、删除和嵌套层，在层之间移动对象，还可以查看和编辑场景中所有层的设置，以及与其相关联的对象。

❖ **Toggle Ribbon**（切换功能区）: 单击此图标，打开功能区。

❖ **Curve Editor**（**Open**）（曲线编辑器（打开））: 轨迹视图使用“曲线编辑器”和“摄影表”两种不同的模式。

❖ **Schematic View**（**Open**）（图解视图（打开））: 基于节点的场景图，通过它可以访问对象属性、材质、控制器、修改器、层次和不可见场景关系，如连线参数和实例。

❖ **Material Editer**（材质编辑器）: 单击此图标可以打开“材质编辑器”对话框，其快捷键为 M。

5. 捕捉类图标

捕捉类图标用于设定各种捕捉操作，从而使选择物体更方便。

❖ **Snap Toggle**（捕捉开关）: 打开 / 关闭三维捕捉模式。

❖ **Angle Snap Toggle**（角度捕捉开关）: 打开 / 关闭角度捕捉模式。

❖ **Percent Snap Toggle**（百分比捕捉开关）: 打开 / 关闭百分比捕捉模式。

❖ **Spinner Snap Toggle**（微调器捕捉开关）: 打开 / 关闭微调器捕捉开关。

6. 其他工具图标

其他工具图标用于撤销、重复操作、渲染场景等。

1.1.3 命令面板

3ds Max 2018 的核心部分是命令面板，在面板中可以进行 3ds Max 2018 大部分的操作，如创建、修改、动画等。在命令面板顶部有 6 个图标包括：Create（创建）、Modify（修改）、Hierarchy（层次）、Motion（运动）、Display（显示）和 Utilities（实用程序）。

1.1.4 视图区

视图区是显示对象的场所，可以从各个角度观察对象，从而对对象的形状及位置进行全面把握。对象在顶视图、前视图、左视图、透视图等 4 个视图中的状态如图 1-2 所示。

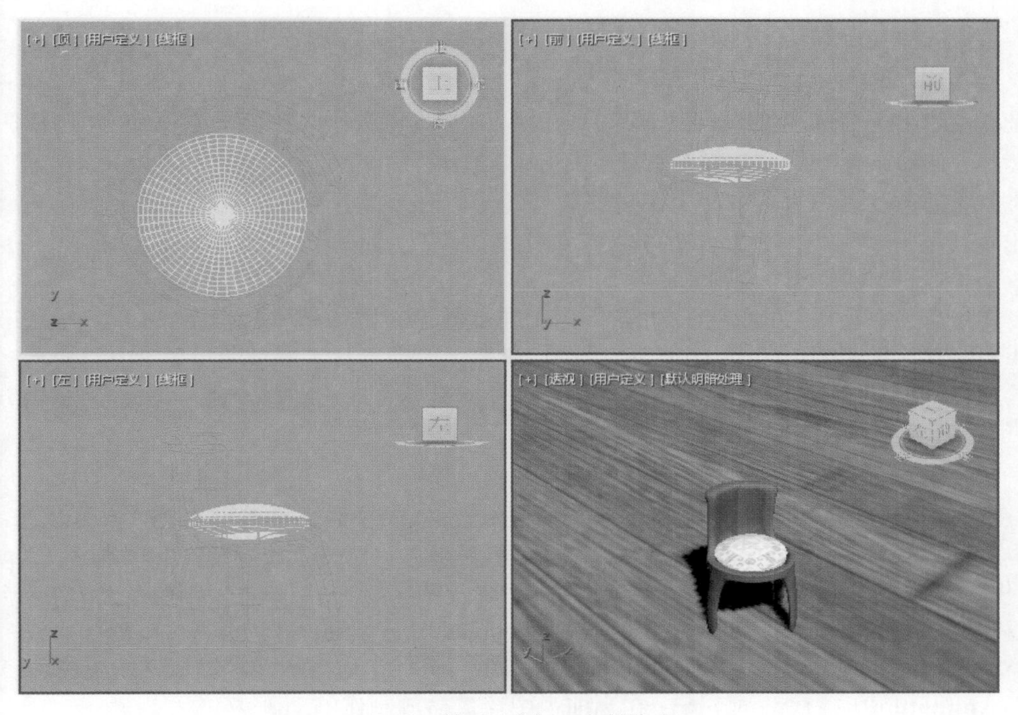

图1-2　对象在4个视图中的状态

- **Top（顶）视图：**即从物体上方往下观察的空间，默认布置在视图区的左上角。在这个空间里没有深度的概念，只能编辑对象的上表面，在顶视图里移动物体，即只能在 *XZ* 平面内移动，不能在 Y 方向移动。
- **Front（前）视图：**即从物体正前方看过去的空间，默认布置在视图区的右上角。在这个视图中没有厚度的概念，物体只能在 *XY* 平面内移动，不能在 *Z* 方向移动。
- **Left（左）视图：**从物体左面看过去的空间，默认布置在视图区左下角。在这个空间没有宽度的概念，物体只能在 *YZ* 平面内移动，不能在 *X* 方向移动。
- **Perspective（透视）视图：**通常所讲的三视图就是上面的 3 个。在一个三维空间里，操作一个三维物体比二维物体要复杂得多，于是人们设计出三视图。在三视图的任何一个之中对对象的操作都像是在二维空间中一样。假如只有这三个视图，那就体现不出三维软件的精妙，透视图正为此而存在。

提示： 处于激活状态的视窗周围为黄色边框，如果要激活某个视窗，只需在视窗的空白处单击或者右击即可。

1.1.5 脚本输入区

操作界面的左下角为 Max 的脚本输入区，如图 1-3 所示，此输入区用来快捷输入 MAXScript 语言。3ds Max 2018 的每一步操作都可以记录为脚本，反之也可以通过编制脚本程序来控制 3ds Max 2018 的操作。当进行宏录制的时候，粉红色的区域中将显示文字，作为被录制的宏的显示。

图1-3　脚本输入区

1.1.6 信息提示栏

信息提示栏给出了目前的操作状态。其中 *X*、*Y*、*Z* 文本框分别表示当前游标在当前窗口中的具体坐标位置，读者可移动游标查看文本框的变化。提示区给出了目前操作工具的扩展描述及使用方法。如当用户选中移动图标时，提示区就会出现提示信息：“单击并拖动以选择并移动对象”，如图 1-4 所示。

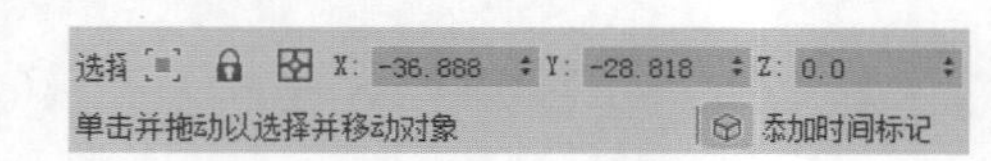

图1-4　信息提示栏

1.1.7 动画记录控制区

动画记录控制区用来记录动画和播放动画，以及创建转至动画等，如图 1-5 所示。

图1-5　动画记录控制区

- ❖ **Auto Key**（自动关键点）自动关键点：单击该图标开始制作动画，再次单击退出动画制作。
- ❖ **Go to Start**（转至开头）：退到最前面的动画帧。
- ❖ **Previous Frame**（上一帧）：回到前一动画帧。
- ❖ **Play Animation**（播放动画）：在当前视图窗口播放制作的动画。
- ❖ **Next Frame**（下一帧）：前进到后一动画帧。
- ❖ **Go to End**（转至结尾）：回到最后的动画帧。
- ❖ **Key Mode Toggle**（关键点模式切换）：单击此图标，仅对动画关键帧进行操作。
- ❖ **时间控制器** 0：输入数值后，进至相应的动画帧。
- ❖ **Time Configuration**（时间配置）：单击此图标，可以设置动画模式和总帧数。

1.2 新增功能

1.2.1 高光

- ➢ MAXtoA 插件包含 Arnold 版本 5；
- ➢ 支持 OpenVDB 的体积效果；
- ➢ 大气效果；
- ➢ 程序（代理）对象允许与其他 Arnold 插件交换场景；
- ➢ 广泛的内置 Arnold 专业明暗器和材质；
- ➢ 支持为 Windows 和 Arnold 5 编译的第三方明暗器；

- 借助单独的环境和背景功能简化了基于图像的照明工作流；
- Arnold 属性修改器控制每个对象渲染时的效果和选项；
- 支持合成和后期处理的任意输出变量（AOV）；
- 景深、运动模糊和摄影机快门效果；
- 新的 VR 摄影机；
- 新的易于使用的分层标准曲面与 Disney 兼容，替换 Arnold 标准着色器；
- 新的黑色素驱动的标准头发明暗器，提供了更加简单的参数和艺术控制，可以实现更加自然的结果；
- 支持光度学灯光，可以轻松与 Revit 互操作，完全支持 3ds Max 2018 物理材质和旧贴图；
- 一体式 Arnold 灯光支持带纹理的区域灯光、网格灯光、天顶灯光和平行光源；
- 针对四边形灯光和天顶灯光提供了新的入口模式，可以改善室内场景采样；
- 针对四边形灯光和聚光灯提供了新的圆度和软边选项；
- 场景转换器预设和脚本可以升级旧场景。

1.2.2 用户界面改进

- 具有增强的停靠功能的 QT5 框架；
- 时间轴拖曳；
- 持续 Hi-DPI 图标转换（已转换 370 个图标）；
- 拖曳菜单功能；
- 更快地切换工作区；
- 模块化主工具栏。

1.2.3 MCG

- Easy Map 增加了映射到操作符的功能，通过连接一系列值来简化图形；
- Live Type 在工作时会在编辑器中显示计算类型；
- 改进了 MCG 类型解析器，不再需要添加额外的节点来提供有关 MCG 类型系统的提示；
- 显著改进了编译器，可以更好地优化图形表达式，特别是带有函数的表达式；
- 不再需要解压 MCG 图形，现在 MCG 可以使用压缩包中的复合对象；
- 只需在视口中拖动即可使用包格式（.mcg）的图形；
- 自动工具输入生成；
- 更易于美工人员使用的操作符 / 复合命名和分类；
- 提供更好的操作符 / 复合说明的新节点属性窗口；
- 78 个新的操作符。

1.2.4 运动路径

直接在视口中预览已设置动画的对象的路径，可以调整运动路径，并将运动路径转换为样条线，或将样条线转换为运动路径。

1.2.5 状态集

- 基于 Slate SDK 的用户界面提供了更加一致的外观和功能；
- 新的基于节点的渲染过程管理。

1.2.6 增强功能和更改

❖ **NVIDIA Mental Ray（渲染器）**：尽管仍然与 3ds Max 2018 兼容，但 3ds Max 2018 不再包括

NVIDIA Mental Ray 渲染软件。

- **Alembic**：通过 MAXScript 添加了可见性轨迹支持和形状后缀管理。
- **切角修改器**：切角目前支持四边形交集，当多条边连接到相同顶点时可控制角点受影响的方式，也适用于编辑多边形切角工具。

1.2.7 3ds Max 2018 新特性

- **数据通道修改器**：数据通道修改器是用于自动执行复杂建模操作的工具。可用操作符包括但不限于张力、曲率、Delta Mush、衰退、节点影响和元素变换。
- **混合框贴图**：混合框贴图简化了混合投影纹理贴图的过程，可以轻松地自定义贴图和输出，可以投影到单个对象以及由多个网格组成的模型。

1.3 对象简介

3ds Max 2018 是开放的面向对象的设计软件，从编程的角度讲，不仅创建的三维场景属于对象，灯光镜头属于对象，材质编辑器属于对象，甚至贴图和外部插件也属于对象。对象分为两类：一种对象是视图中创建的几何体、灯光、镜头及虚拟物体，为了方便学习，将视图中创建的对象称为场景对象；另一种是菜单栏、下拉框、材质编辑器、编辑修改器、动画控制器和贴图等，称为特定对象。

1.3.1 参数化对象

3ds Max 2018 提供了强大的精细定义和修改对象的参数功能，可以准确确定对象的各种属性。参数化的对象极大地加强了 3ds Max 2018 建模、修改和动画能力。当用户在视图中建立一个对象时，系统自动生成与之相关的参数。当修改这些参数时，视图中的对象也发生变化。

创建步骤

（1）单击 Create（创建）命令面板中的 Geometry（几何体）图标●，打开 Object Type（对象类型）面板，单击 Cone（圆柱体）。

（2）在 Top（顶）视图中按住鼠标并拖动，拉出圆柱体的底面，释放鼠标，向上或向下移动鼠标至合适位置再次单击，完成圆柱体的创建，如图 1-6 所示。

这时系统已经为刚刚创建好的圆柱体生成了各种参数，如图 1-7 所示。调整这些参数，发现视图中圆柱也发生相应的变化。初学者可边调节边观察圆柱在透视图中的形状，从而熟悉各参数的作用。需要注意的是，有些参数在小范围内对对象的影响不大。

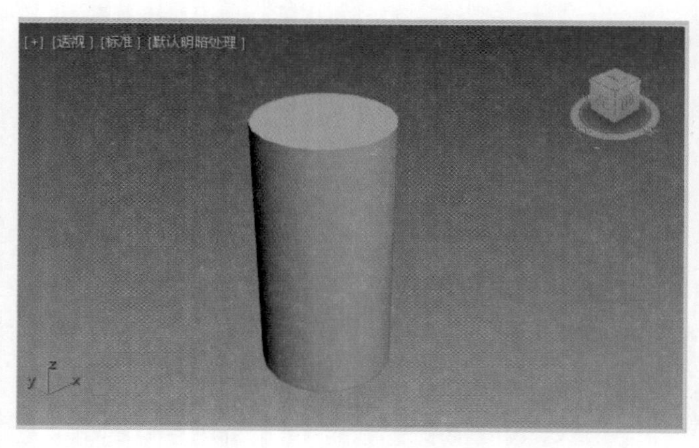

图1-6 创建圆柱体

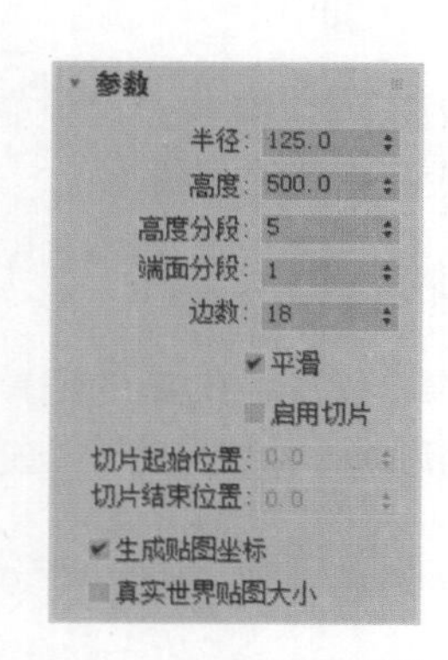

图1-7 系统为对象生成的参数

1.3.2 主对象与次对象

- ❖ **主对象的类型**：二维形体、放样路径、三维造型、运动轨迹、灯光、摄像机等。主对象指用 Create（创建）命令面板的各种功能创建的带有参数的原始对象。
- ❖ **次对象**：指主对象中可以被选定并且可操作的组件。
- ❖ **常见的次对象**：组成形体的点、线、面和运动轨迹中的关键点。
- ❖ **其他类型的次对象**：有网格或片面对象的节点、边和面，放样对象的路径及型，布尔运算和变形的目标，NURBS（曲线编辑器）对象的控制点、控制节点、导入点、曲线、表面等。

创建步骤

（1）单击 Create（创建）命令面板中的 Geometry（几何体）图标●，打开 Object Type（对象类型）面板。

（2）单击 Sphere（球体）选项，在 Top（顶）视图中按住鼠标并拖动，创建出一个球体，如图 1-8 所示。视图中的球体即为主对象。

（3）选中球体，单击 Modify（修改）图标，在 Modifier List（修改器列表）中单击 Edit Mesh（编辑网格）修改器，在参数区 Selection（选择）中选择 Polygon（多边形）图标，按住 Shift 键选择几个四方形面片，如图 1-9 所示。这些面片即为球的次对象。

图1-8 主对象——球体

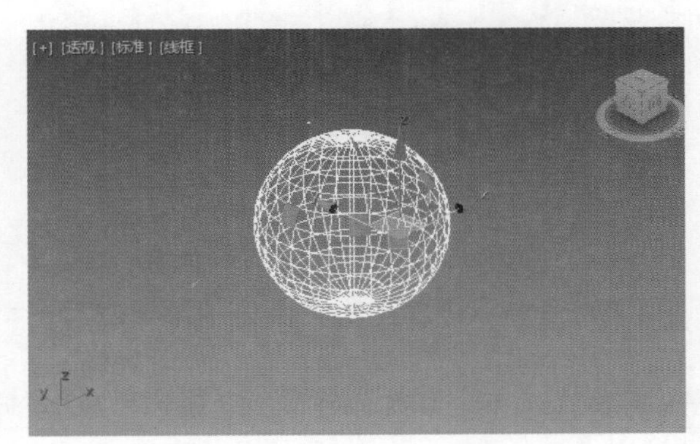

图1-9 次对象——面片

1.4 对象的选择

1.4.1 使用单击选择

在 3ds Max 2018 的选择方法中，通过单击鼠标来选择对象是最常用、最简单的方法。采用这种方法的前提是，已经在工具栏中单击了选取工具，包括 Select Object（选择对象）图标、Select and Move（选择并移动）图标、Select and Rotate（选择并旋转）图标等。对象是否被选中，要看视图中对象的状态，初学者应仔细观察。

创建步骤

（1）单击 Create（创建）命令面板中的 Geometry（几何体）图标●，打开 Object Type（对象类型）面板，单击 Teapot（茶壶）选项。在顶视图中按住左键并拖动鼠标，创建一个茶壶，如图 1-10 所示。

（2）在工具面板上选择 Select Object（选择对象）图标，移动光标到茶壶上，此时光标变成一个白色的十字形，同时出现茶壶的名字“Teapot001”，如图 1-11 所示。单击鼠标即可选中物体。此时物体外侧显示蓝色轮廓，表明物体已经被选中，如图 1-12 所示。

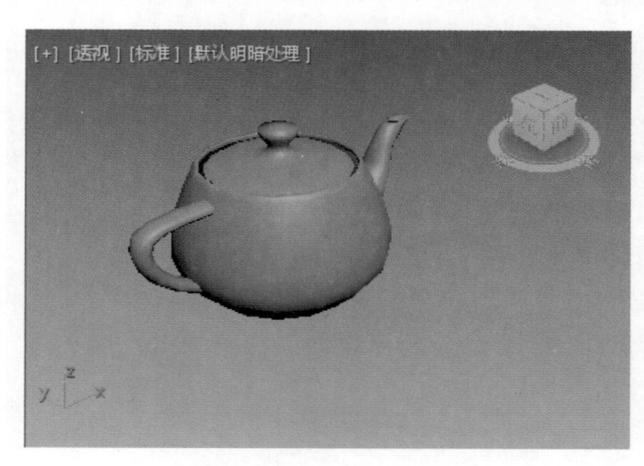

图1-10 创建茶壶

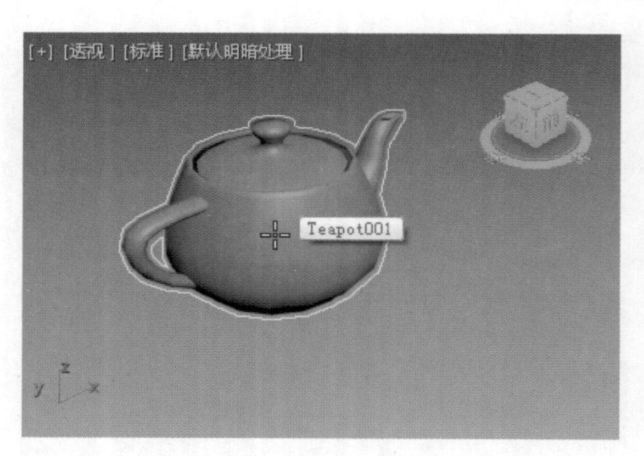

图1-11 茶壶上的光标

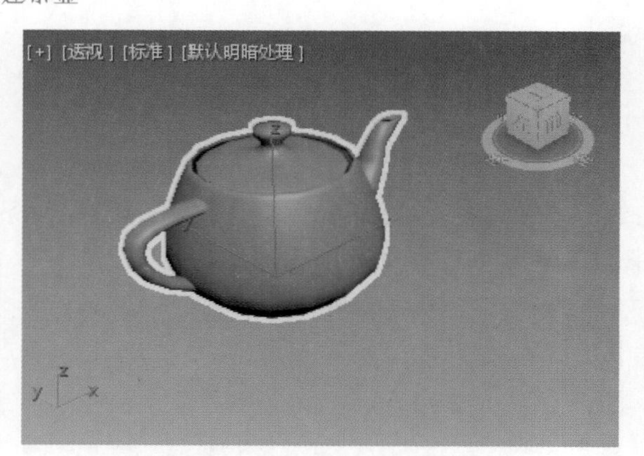

图1-12 处于选中状态的茶壶

1.4.2 使用区域选择

在建模过程中常需要选择某一区域内的多个对象，这时可以使用区域选择。

创建步骤

（1）单击 Create（创建）命令面板中的 Geometry（几何体）图标，打开 Object Type（对象类型）面板，在透视图中创建几何物体。

（2）在工具面板上选择 Select Object（选择对象）图标，在任意视图中拉出一个矩形框，使要选择的对象都在矩形框内，或者和矩形框相交，如图 1-13 所示。

（3）释放鼠标，则该区域内的所有对象都被选中。被选中的物体外侧显示蓝色轮廓，如图 1-14 所示。

图1-13 用光标拖出的白色虚线框图

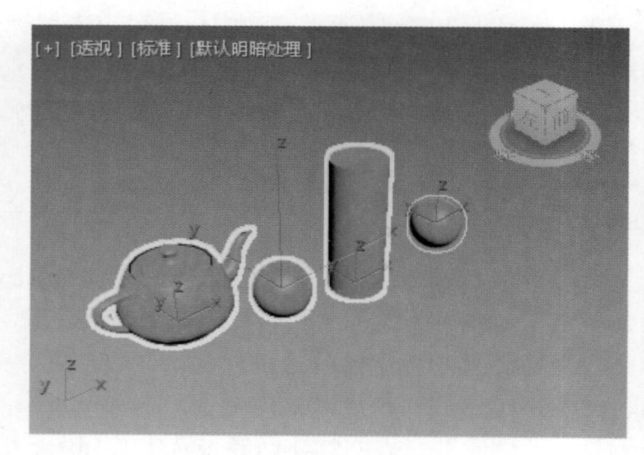

图1-14 物体被选中

（4）按住工具栏中的“矩形选择区域”图标不放，在其下弹出其他区域形状的选择图标，包括“圆形选择区域”、“围栏选择区域”、“套索选择区域”、“绘制选择区域”。任意选取一个图标，按照相应的形状进行区域选择。

1.4.3 使用名字选择

在建模过程中如果场景比较复杂，对象比较多，往往要按一定的规则为对象命名。在默认情况下，系统会为创建的对象自动命名，如 Cylinder 001（圆柱体 001）。这样，在选择对象时就可以根据名称选择，这一方法特别适合大场景的制作。

创建步骤

（1）利用 1.4.2 节中的图形在工具面板上 Select by Name（按名称选择）图标，此时弹出的对话框如图 1-15 所示。

（2）用户可以在列表框上方的文本框中输入需要选择对象的名称进行选择；也可以在名称列表中单击所要选择的对象名称，再单击 Select Object（选择对象）图标，对象即被选中；还可以直接双击选择。

（3）当需要选择多个对象时，可以按住 Ctrl 键或者 Shift 键的同时，选择其他对象的名称。

（4）当选择对象较多时，可以使用右侧的控制列表来分类显示对象的名称。

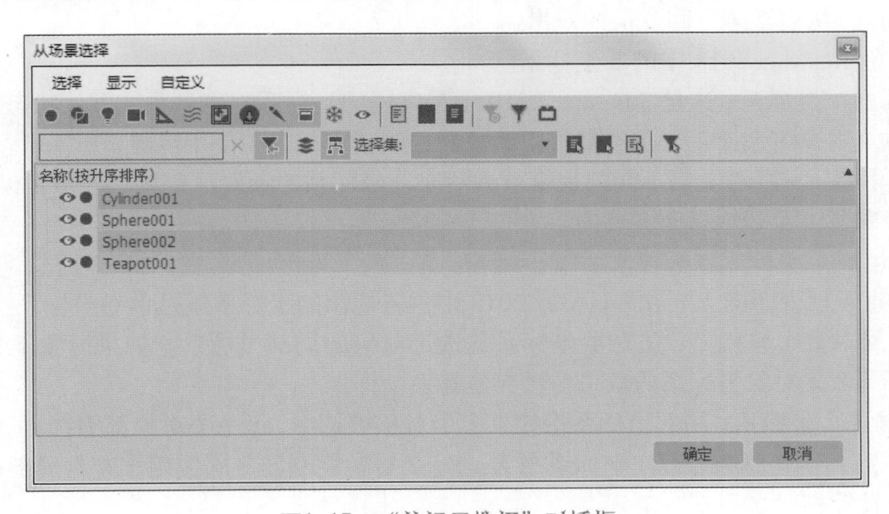

图1-15 “从场景选择”对话框

1.4.4 使用颜色选择

3ds Max 2018 还提供按照颜色选择对象的方法。该方法常用来选择一组颜色相同的对象，这就要求在创建对象时要合理分组设置对象的颜色。

创建步骤

（1）利用 1.4. 2 节中创建的对象为例，选中茶壶和圆柱，单击右边工具栏中的 Name and Color（名称和颜色）的色块，并在打开的 Color（颜色）对话框中为两者赋予相同的颜色，如图 1-16 所示。

（2）单击 Edit（编辑）菜单下的 Select By（选择方式）命令，在其子菜单里选择 Color（颜色）命令，然后将光标移到视图中的茶壶上，此时，光标指针形状变为。

（3）选择茶壶并在茶壶上单击，则与茶壶颜色相同的对象均被选中，如图 1-17 所示。

其他对象选择方法，比如使用选择过滤器、使用选择集等方法与上面所述方法类似，这里不再赘述。

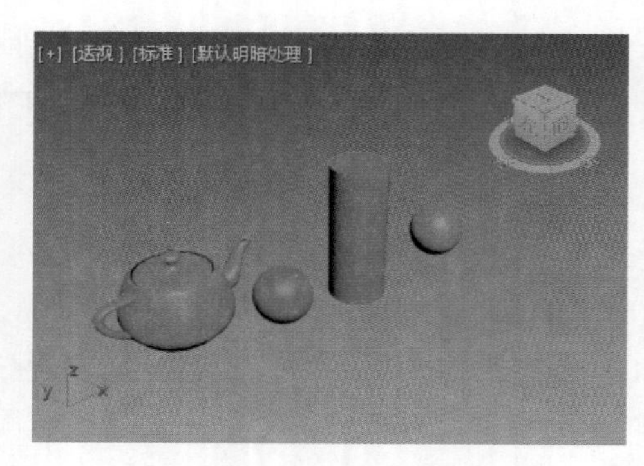

图1-16 为茶壶和圆柱赋予相同颜色

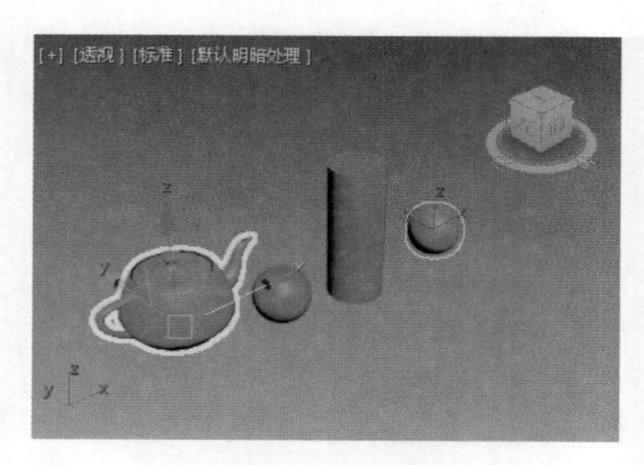

图1-17 两者均被选中

1.5 对象的轴向固定变换

1.5.1 坐标系

对于视图中的对象而言，要进行空间变换，首先要考虑的问题就是坐标系。因为不同坐标系将直接影响坐标轴的方位，从而影响空间变换的效果。

下面简单介绍 3ds Max 2018 中的各坐标系。

- ❖ **View（视图）坐标系**：这是 3ds Max 2018 中最常用的坐标系，也是系统默认状态的坐标系。在正交视窗中使用视图坐标系，在类似透视图这样的非正交视窗中使用世界坐标系。
- ❖ **Screen（屏幕）坐标系**：当不同的视窗被激活时，坐标系的轴发生变化，屏幕坐标系的 *XY* 平面始终平行于视窗，而 *Z* 轴指向屏幕内。
- ❖ **World（世界）坐标系**：不管激活哪个视窗，*X*、*Y*、*Z* 轴固定不变，*XY* 平面总是平行于顶视图，*Z* 轴则垂直于顶视图向上。在 3ds Max 2018 中，各视窗的坐标系就是世界坐标系。
- ❖ **Parent（父对象）坐标系**：父对象坐标系是选定对象的局部坐标系。如果对象不是一个被链接的子对象，那么父对象坐标系的效果与世界坐标系一样。
- ❖ **Local（局部）坐标系**：局部坐标系指如果多个对象被选中，每一个对象都围绕自己的坐标轴变换。
- ❖ **Gimbal（万向）坐标系**：万向坐标系与 *X*、*Y*、*Z* 旋转控制器一同使用。它与局部坐标系类似，但其三个旋转轴相互之间不一定垂直。
- ❖ **Grid（删格）坐标系**：指激活栅格的坐标系。当默认主栅格被激活时，栅格坐标系的效果同视图坐标系一样。
- ❖ **Working（工作）坐标系**：使用工作轴的坐标系。可以随时使用工作坐标系，无论工作轴处于活动状态与否。工作轴启用时，工作坐标系即为默认的坐标系。
- ❖ **Pick（拾取）坐标系**：选择视图中的对象作为坐标系，使用该对象的局部坐标轴，单击视图中的一个对象，该对象名称出现在参考坐标系显示框中，并在"拾取"下拉列表中显示。

1.5.2 沿单一坐标轴移动

在精细建模过程中，往往需要将对象沿某一坐标轴移动，而在其他方向无位移，这时可以使用 3ds Max 2018 提供的轴向约束工具，如图 1-18 所示。需要说明的是，如果工具栏中没有轴向约束图标，可以在工具栏的空白处右击，此时弹出快捷菜单，如图 1-19 所示。选中的命令即可出现在工具栏中。

X Y Z XY XY

图1-18　轴向约束工具

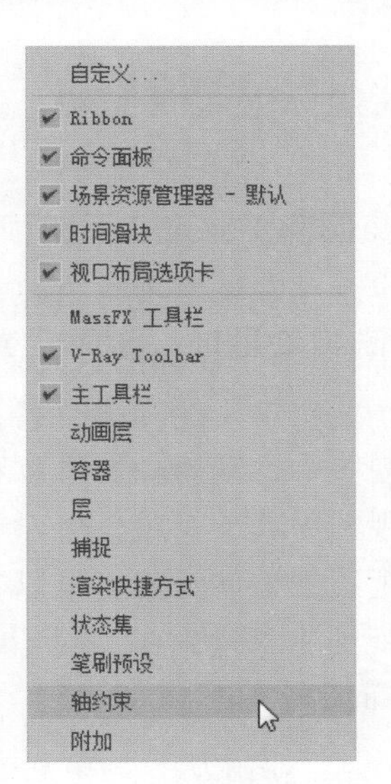

图1-19　快捷菜单

创建步骤

（1）在视图中创建一个长方体，作为沿轴向移动的对象，如图 1-20 所示。

（2）打开坐标系列表，选择世界坐标系，此时所有视窗中的坐标轴都调整方向。

（3）选择创建好的长方体，单击工具栏中的 Transform Gizmo *Y* Constraint（变换 Gizmo *Y* 轴约束）选项，单击 Select and Move（选择并移动）图标✥，各视图中的 *Y* 轴线变成黄色，表明约束至 *Y* 轴生效，如图 1-21 所示。

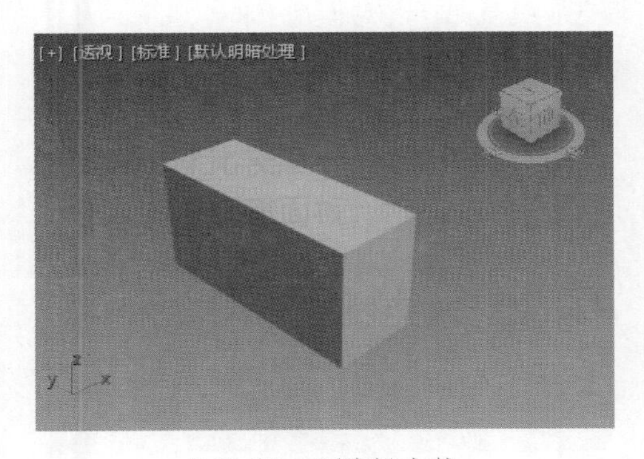

图1-20　创建长方体

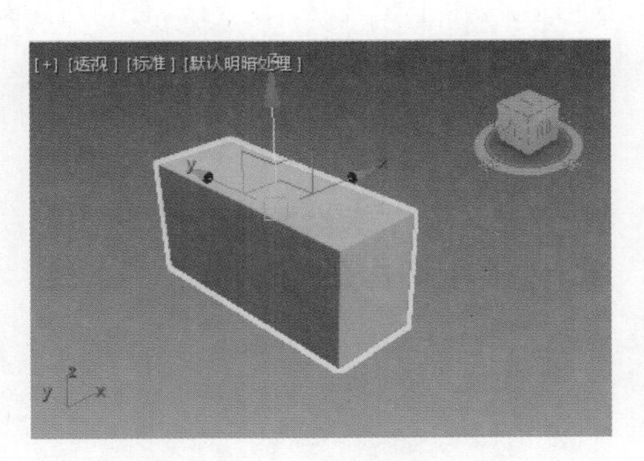

图1-21　选定轴向约束时的物体及坐标轴

（4）在顶视图中移动对象，对象只能上、下移动，即被约束至 *Y* 轴。在前视图中移动对象，对象不能被移动。

（5）在左视图中移动对象，对象只能左、右移动，即被约束至 *Y* 轴。

（6）在透视图中移动对象，对象只能前、后移动，即被约束至 *Y* 轴。

提示：

在沿单一轴移动的过程中，可以不用选择轴向移动图标，只需将光标移到所要约束的坐标轴上，坐标轴变成黄色，即表明移动被约束至该轴。事实上，即使选择了轴向约束图标，在移动过程中，如将光标放在了其他坐标轴上，移动的轴向也会随着发生改变。这一点初学者应特别注意。

1.5.3　在特定坐标平面内移动

创建步骤

（1）打开坐标系列表，选择世界坐标系。此时所有视窗中的坐标轴都调整方向。

（2）选择 1.5.2 节中创建的长方体，单击工具栏中的 Restrict to *YZ*（*YZ* 平面约束）选项，单击 Select and Move（选择并移动）图标，各视图中的 *YZ* 轴线变成黄色，表明移动被约束至 *YZ* 轴。

（3）在顶视图中移动对象，可以看到对象只能上、下沿 *Y* 轴移动，即移动被约束至 *YZ* 平面。

（4）在前视图中移动对象，可以看到对象只能上、下沿 *Z* 轴移动，即移动被约束至 *YZ* 平面。

（5）在左视图中移动对象，可以看到对象可以上、下、左、右在 *YZ* 平面移动。

（6）在透视图中移动对象，可以看到对象只能上、下、前、后移动，而不能左、右移动，表明对象被约束至 *YZ* 平面。

1.5.4　绕单一坐标轴旋转

创建步骤

（1）打开坐标系列表，选择世界坐标系。此时所有视窗中的坐标轴都调整方向。

（2）选择 1.5.2 节创建的长方体，单击工具栏中的 Restrict to *X*（*X* 平面约束）选项，然后单击 Select and Rotate（选择并旋转）图标。此时，各视图中的 *X* 轴线变成黄色，表明移动被约束至 *X* 轴。

（3）在顶视图中旋转对象，可以看到对象只能绕 *X* 轴旋转，如图 1-22 所示。

（4）在前视图中旋转对象，可以看到对象只能绕 *X* 轴旋转。

（5）在左视图中旋转对象，可以看到对象只能绕 *X* 轴旋转，如图 1-23 所示。

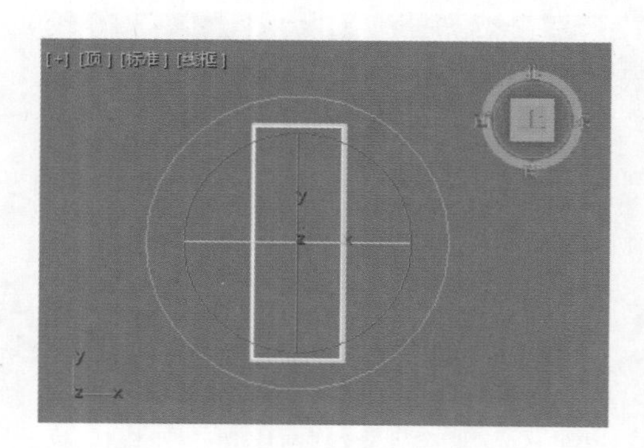

图1-22　顶视图中对象绕*X*轴旋转

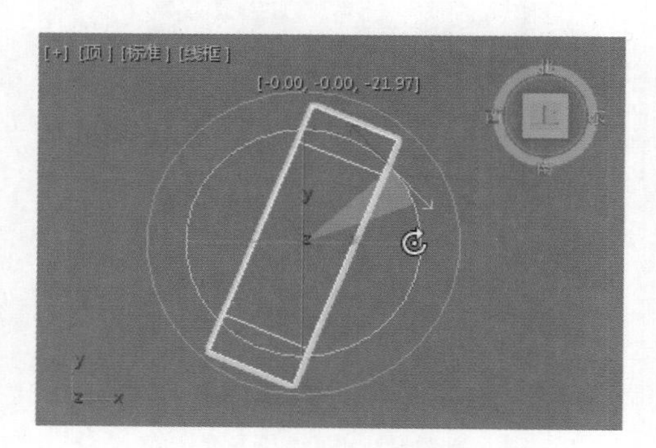

图1-23　左视图中对象绕*X*轴旋转

（6）在透视图中旋转对象，可以看到对象只能绕 *X* 轴旋转，表明对象旋转被约束至 *X* 轴。

1.5.5　绕坐标平面旋转

创建步骤

（1）打开坐标系列表，选择世界坐标系。此时所有视窗中的坐标轴都调整方向。

（2）选择 1.5.2 节中创建的长方体，单击工具栏中的 Restrict to *X*（*X* 平面约束）选项，然后单击 Select and Rotate（选择并旋转）图标。此时，各视图中的 *XY* 轴线变成黄色，表明移动被约束至 *XY* 轴。

（3）在顶视图中旋转对象，可以看到对象能同时绕 *X* 轴和 *Y* 轴旋转。

（4）在前视图中旋转对象，可以看到对象只能绕 *X* 轴旋转。

（5）在左视图中旋转对象，可以看到对象只能绕 *Y* 轴旋转。

（6）在透视图中旋转对象，可以看到对象只能绕 X 轴和 Y 轴旋转，表明对象旋转被约束至 XY 平面。

1.5.6 绕点对象旋转

在3ds Max 2018进行创作的过程中，有时希望以视图中的某一点为中心旋转物体，这就要用到点对象。点对象是一种辅助对象，它不可以被渲染，下面举例说明如何利用点对象旋转物体。

创建步骤

（1）单击Create（创建）命令面板中的Geometry（几何体）图标●，打开Object Type（对象类型）面板，在视图中创建一个球体。

（2）单击Helpers（辅助对象）图标▶，打开对象类型选择Point（点）选项，在视图适当位置创建一个点对象，如图1-24所示。

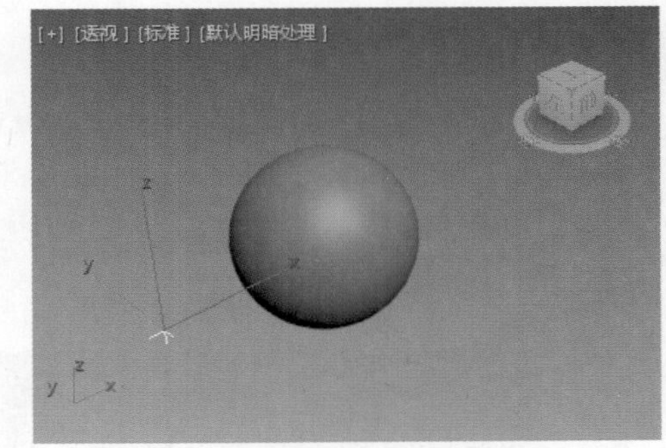

图1-24 点对象及球体

（3）打开坐标系列表，选择Pick（拾取）坐标系。移动鼠标选择刚创建的点对象，此时坐标系下拉列表中出现点字样，说明已经将点对象“点001”设置成了坐标中心。

（4）选择已创建的球体，单击工具栏中的Select and Rotate（选择并旋转）图标，选择工具栏上的Restrict to Y（Y 轴约束）选项，在各视图中旋转球体，可以看到球体只能沿着点对象的 Y 轴旋转。

（5）选择工具栏上的Restrict to XY（XY 平面约束）选项，在各视图中旋转球体，可以看到在顶视图中，只能沿着点对象的 X 轴旋转。在前视图中，可以沿着点对象的 X 轴和 Y 轴旋转；在左视图中，只能沿着点对象的 Y 轴旋转；在透视图中，可以沿着点对象的 X 轴和 Y 轴旋转。

1.5.7 多个对象的变换问题

1. 以各对象的轴心点为中心

创建步骤

（1）在顶视图右击，激活视图。单击Create（创建）命令面板中的Geometry（几何体）图标●，在下拉列表中选择“标准基本体”打开对象类型，在视图中分别创建一个茶壶、一个长方体和一个圆柱体，如图1-25所示。

（2）选中创建的三个对象，单击工具栏上的Use Pivot Point Center（使用轴点中心）图标，然后选择工具栏中的Select and Rotate（选择并旋转）图标。

（3）在透视图中将光标移到 Z 轴使之变成黄色，拖动光标旋转物体，发现各对象均以自己的轴心点为中心旋转，如图1-26所示。

图1-25 视图中的多个对象

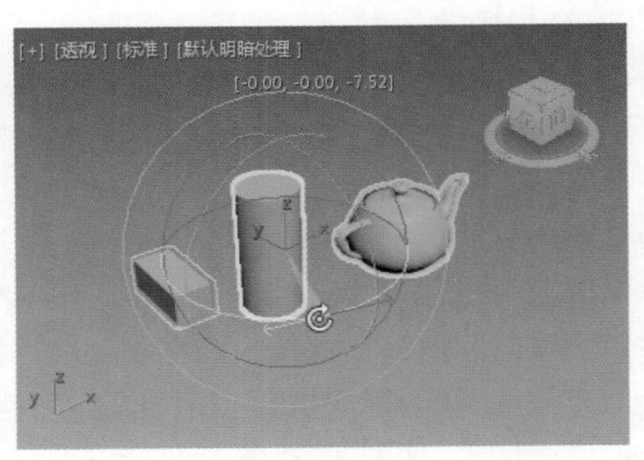

图1-26 以各物体轴心点为中心旋转

2. 以选择集中心为中心

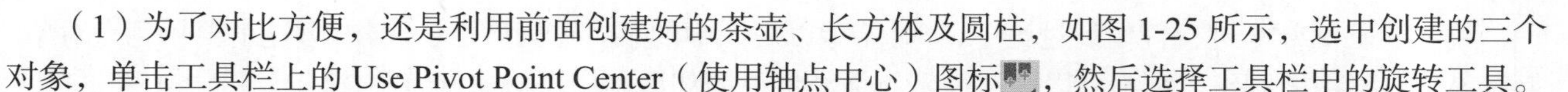

创建步骤

（1）为了对比方便，还是利用前面创建好的茶壶、长方体及圆柱，如图 1-25 所示，选中创建的三个对象，单击工具栏上的 Use Pivot Point Center（使用轴点中心）图标，然后选择工具栏中的旋转工具。

（2）在透视图中将光标移到 *Z* 轴使之变成黄色，拖动光标旋转物体，发现各对象均以选择集的中心为中心旋转，如图 1-27 所示。

3. 以当前坐标系原点为中心

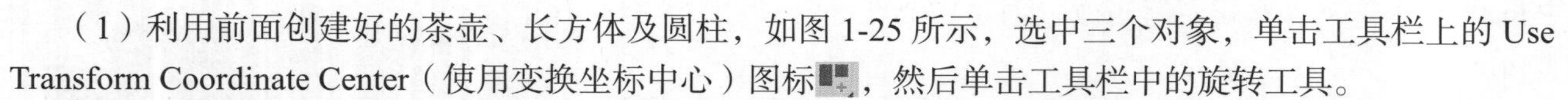

创建步骤

（1）利用前面创建好的茶壶、长方体及圆柱，如图 1-25 所示，选中三个对象，单击工具栏上的 Use Transform Coordinate Center（使用变换坐标中心）图标，然后单击工具栏中的旋转工具。

（2）在透视图中将光标移到 *Z* 轴使之变成黄色，拖动光标旋转物体，发现各对象均以坐标系原点为中心旋转，如图 1-28 所示。

图1-27　以选择集中心为中心旋转

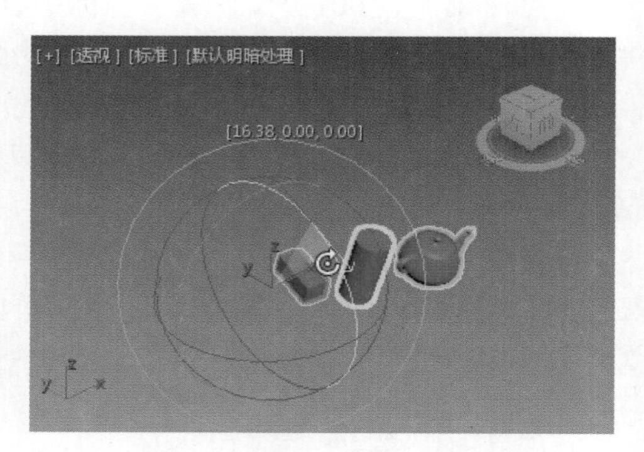

图1-28　以坐标系原点为中心旋转

1.6　对象的复制

在大规模的建模过程中，经常需要创建同样的对象。这个时候最方便的办法就是使用复制功能。3ds Max 2018 提供多种复制功能，下面分别介绍。

1.6.1　对象的直接复制

最常用的复制方式，就是利用键盘和空间变换工具进行对象的直接复制。

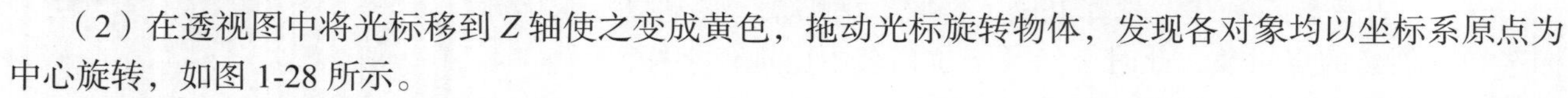
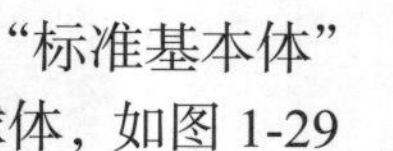

创建步骤

（1）单击 Create（创建）命令面板上的 Geometry（几何体）图标，在下拉列表中单击“标准基本体”选项，打开 Object Type（对象类型）面板，单击 Sphere（球体）选项，在视图中创建一个球体，如图 1-29 所示。

（2）选中创建的球体，单击 Select and Move（选择并移动）图标，按住 Shift 键的同时移动球体。

（3）屏幕弹出“克隆选项”对话框，如图 1-30 所示。在“副本数”框内输入“2”，然后单击 OK（确定）按钮，就复制出两个球体，如图 1-31 所示。

从“克隆选项”对话框可以看出，复制物体时有三种选择，即：Copy（复制）、Instance（实例）、Reference（参考），如图 1-30 所示。

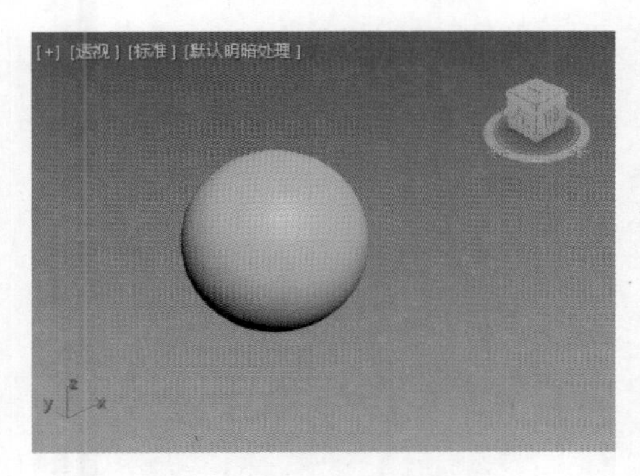

图1-29 在视图中创建球体

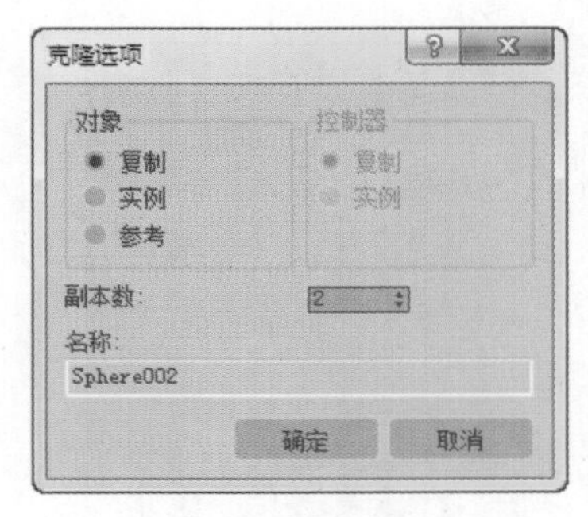

图1-30 “克隆选项”对话框

❖ **Copy**（复制）：复制出来的对象是独立的，复制品与原来的对象没有关系。如果对源物体施加编辑器修改，复制品不会受到影响，如图 1-31 所示。

❖ **Instance**（实例）：复制出来的对象不独立，复制品及源物体互相影响。如果对其中一个施加编辑器修改，其他物体也会作相应变化。此命令常用于多个地方使用同一对象的场合。

❖ **Reference**（参考）：相当于上面两种复制命令的结合。此项命令可以使多个对象使用同一个根参数和根编辑器，而每个复制出来的对象又可保持独立编辑的能力。也就是说，如果对源物体施加编辑器修改时，参考复制品会受到影响，而对参考复制品进行的操作，不会影响到源物体，如图 1-32 所示。

图1-31 复制后的透视图

图1-32 关联复制与参考复制对比

1.6.2 对象的镜像复制

镜像复制是模拟现实中的镜子效果，把实物对应的虚像复制出来。

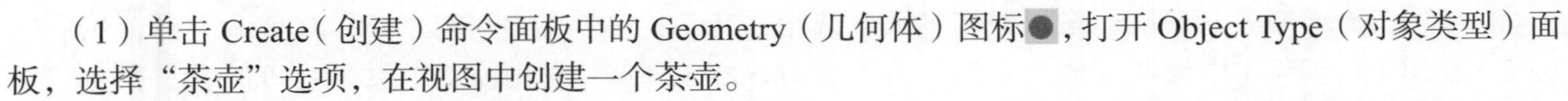

（1）单击 Create（创建）命令面板中的 Geometry（几何体）图标●，打开 Object Type（对象类型）面板，选择“茶壶”选项，在视图中创建一个茶壶。

（2）选中茶壶，单击主工具栏上的 Mirror Selected Objects（镜像所选择物体）图标，弹出“镜像：世界坐标”对话框，如图 1-33 所示。

（3）在 Mirror Axis（镜像轴）区域选择镜像轴为“*X*”轴，选择复制方式为 Copy（复制），可以看到镜像复制的效果，调节 Offset（偏移）的值可以调节两个茶壶之间的距离，如图 1-34 所示。

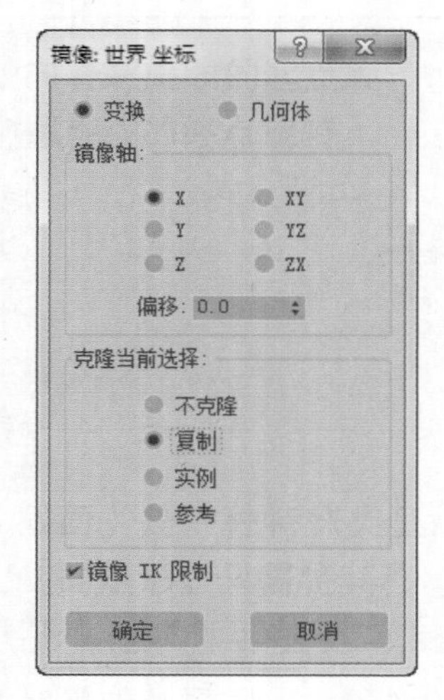

图1-33 “镜像：世界 坐标”对话框

图1-34 镜像的源物体与复制品

- **Mirror Axis**（镜像轴）：用于选择镜像的轴或者平面，默认是 *X* 轴。
- **Offset**（偏移）：用于设定镜像对象偏移原始对象轴心点的距离。
- **Clone Selection**（克隆当前选择）：用于控制对象是否复制，以何种方式复制。默认命令是 No Clone（不克隆），即只翻转对象而不复制对象。
- **Mirror IK Limits**（镜像 IK 限制）：当围绕一个轴镜像几何体时，会导致镜像 IK 约束（与几何体一起镜像）。如果不希望 IK 约束受镜像命令的影响，禁用此命令。

提示：

使用移动和旋转工具也能达到镜像复制的效果，但是使用镜像工具更为方便。

1.6.3 对象的阵列复制

阵列命令可以同时复制多个相同的对象，并且使得这些复制对象在空间上按照一定的顺序和形式排列。

创建步骤

（1）单击 Create（创建）命令面板中的 Geometry（几何体）图标●，打开 Object Type（对象类型）面板，单击“球体”选项，在视图中创建一个球体。

（2）选择球体，单击 Tools（工具）菜单中的 Array（阵列）命令，弹出“阵列”对话框，如图 1-35 所示。

（3）在 Array Dimensions（阵列维度）区域选定“2D”，并在“1D”和“2D”中输入“5”，然后在 Incremental（行偏移）中设置 *X* 值为“0.0”，在 Incremental（列偏移）中设置 *Y* 值为“50.0”，单击 OK（确定）按钮，创建 5×5 的二维阵列，如图 1-36 所示。

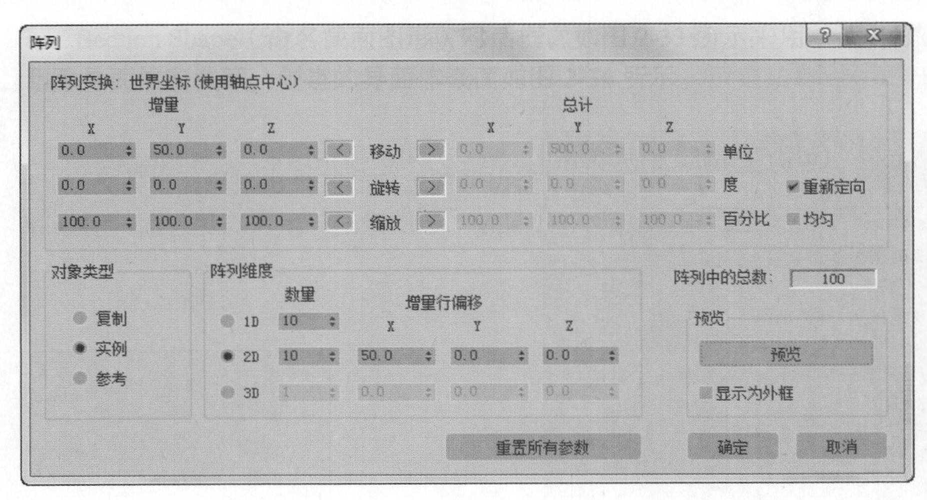

图1-35 “阵列”对话框

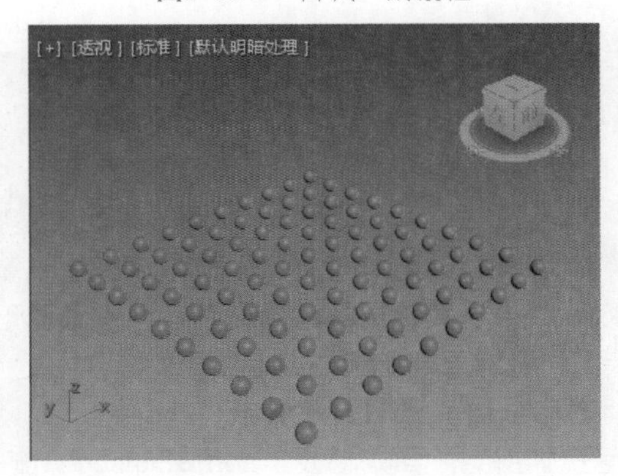

图1-36 阵列后的透视图

- ❖ **Array Transformation**（阵列变换）：用于选择利用哪种变换方式来形成阵列，通常多种变换方式和变换轴可以同时作用。
- ❖ **Object Type**（对象类型）：用于设置复制对象的类型。
- ❖ **Array Dimensions**（阵列维度）：用于指定阵列的维数。
- ❖ **Total in Array**（阵列中的总数）：用于控制复制对象的总数，默认为 100 个。

1.6.4 对象的空间复制

很多时候，需要让对象沿着某一条路径分布。这时，单纯的阵列命令就不能满足需求。3ds Max 2018 提供 Spacing Tools（空间工具），可以满足要求。

创建步骤

（1）单击 Create（创建）命令面板中的 Geometry（几何体）图标●，打开 Object Type（对象类型）面板，在透视图中创建一个球体。

（2）在顶视图右击，激活视图。单击 Create（创建）命令面板中的图标，在下拉列表中选择 Splines（样条线）命令打开对象类型，在视图中创建一个椭圆。

（3）选择球体，单击 Tools（工具）菜单下的 Align（对齐）下拉菜单中的 Clone and Align（克隆并对齐）命令。屏幕弹出“克隆并对齐”窗口，如图 1-37 所示。

（4）单击 Pick（拾取）按钮，然后在视图中选择椭圆形，此时，Pick（拾取）图标上的文字变成椭圆的名字。

（5）单击 Apply（应用）按钮，然后单击 Close（关闭）按钮结束空间排列，如图 1-38 所示。

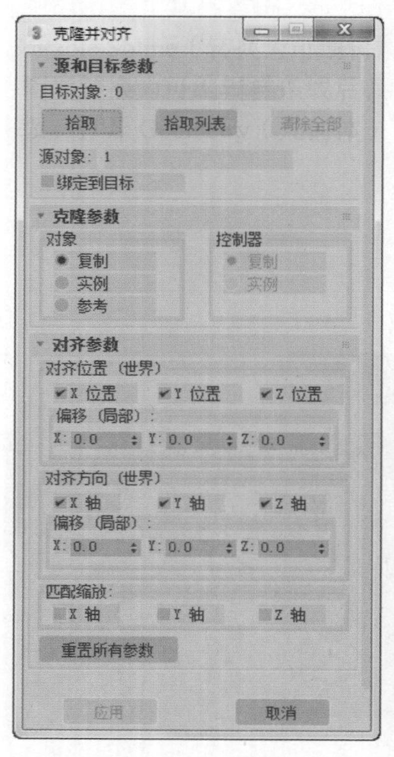

图1-37 “克隆并对齐”窗口

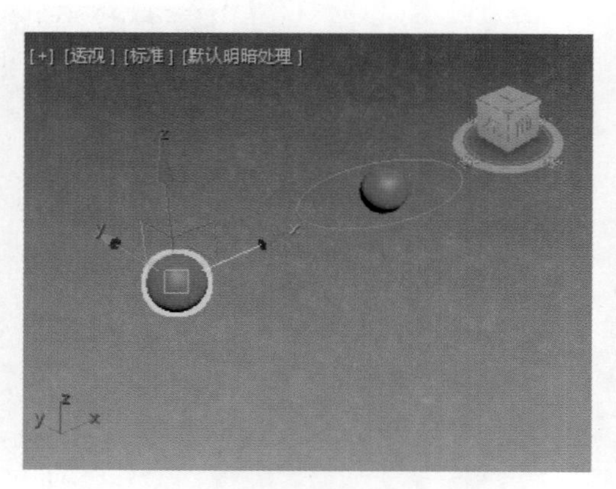

图1-38 应用空间工具后的透视图

1.6.5 对象的快照复制

快照复制是针对已有动画而言的，可以从动画中截取相应的图片，就好像用照相机的快照功能在动态的世界中获取若干图片一样。

创建步骤

（1）单击 Create（创建）命令面板中的 Geometry（几何体）图标●，打开 Object Type（对象类型）面板，单击“圆柱体”选项，在透视图中创建圆柱体。

（2）单击 Toggle Animation Mode（播放动画）图标▶，此时图标变成红色。

（3）时间滑块移动到第 100 帧，然后在顶视图中将圆柱体沿 X 轴移动一段距离。

（4）单击 Toggle Animation Mode（播放动画）图标▶，关闭动画制作。

（5）选中圆柱体，单击 Tools（工具）菜单中的 Snapshot（快照）命令，弹出“快照”对话框，按照图 1-39 设置参数。

（6）在透视图中观察用快照复制出来的对象，如图 1-40 所示。

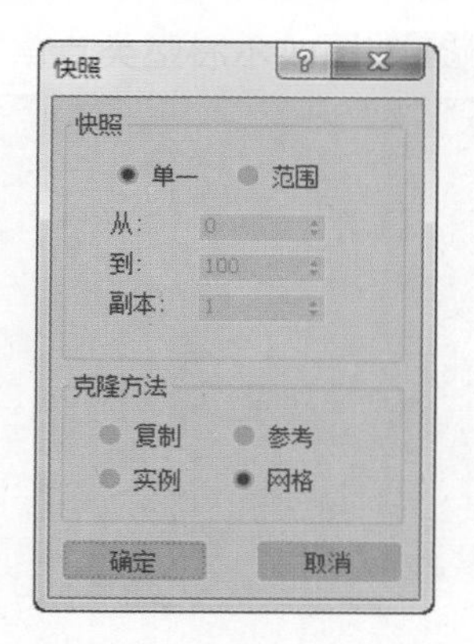

图1-39 “快照”对话框

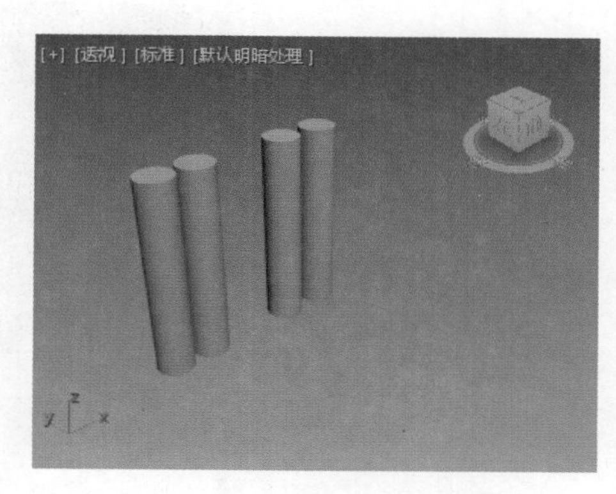

图1-40 用快照复制出的对象

1.7 对象的对齐与缩放

1.7.1 对象的对齐

在建模过程中，经常会碰到一些对相对位置要求比较严格的场合，如各种组件组合成物体。这种情况下，用3ds Max 2018提供的对齐工具是明智的选择。3ds Max 2018中的对齐工具共有6个，分别是对齐、快速对齐、法线对齐、放置高光、对齐摄像机、对齐到视图，其中第一个工具最为常用。

创建步骤

（1）单击Create（创建）命令面板中的Geometry（几何体）图标●，打开Object Type（对象类型）面板，单击“长方体”和“圆柱体”选项，在透视图中创建一个圆柱体和一个长方体，如图1-41所示。

（2）选中圆柱体，单击工具栏上的Align（对齐）图标，然后将光标移动到长方体上，光标变成十字形状时单击，此时弹出“对齐当前选择（Cylinder 001）”对话框，按照图1-42设置参数，然后单击OK（确定）按钮完成对齐操作。

（3）在透视图中观察对齐后相对位置的变化，如图1-43所示。

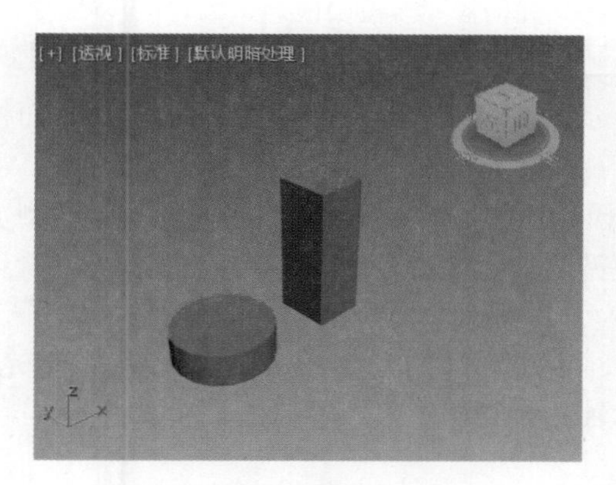

图1-41 创建圆柱体和长方体

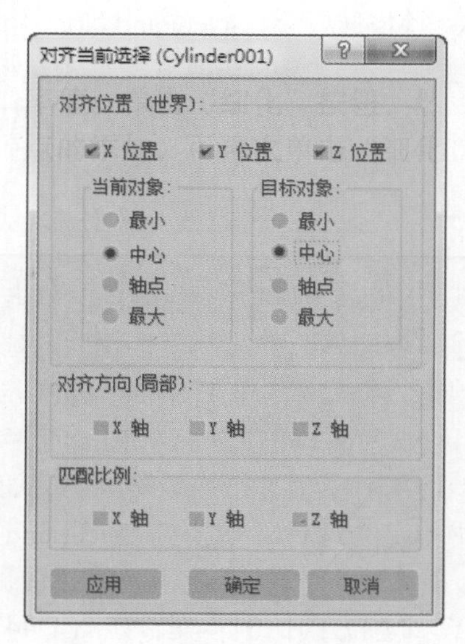

图1-42 “对齐当前选择”对话框

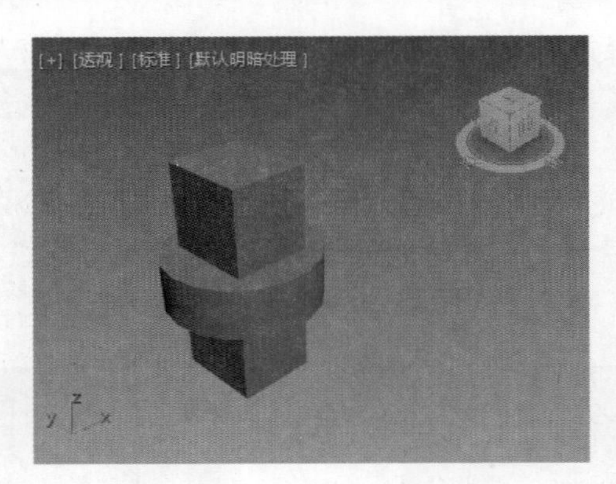

图1-43 对齐后的相对位置

- ❖ **Align Position**（对齐位置）: 用来选择在哪个轴向上对齐，可以选择 X、Y、Z 中的一个或多个，本节示例中选择三个轴向对齐。
- ❖ **Minimum**（最小）: 使用对象负的边缘点作为对齐点。
- ❖ **Center**（中心）: 使用对象的中心作为对齐点。
- ❖ **Pivot Point**（轴点）: 使用对象的枢轴点作为对齐点。
- ❖ **Maximum**（最大）: 使用对象的边缘点作为对齐点。
- ❖ **Align Orientation**（**Local**）[对齐方向（局部）]: 将当前对象的局部坐标轴方向改变为目标对象的局部坐标轴方向。
- ❖ **Mach Scale**（匹配比例）: 如果目标对象被缩放了，可将被选定对象沿局部坐标轴缩放到与目标对象相同的百分比。

1.7.2 对象的缩放

缩放功能是用来改变被选中模型各个坐标的比例大小。缩放功能分为三种，即 Select and Uniform Scale（选择并均匀缩放）、Select and Non-Uniform Scale（选择并非均匀缩放）和 Select and Squash（选择并挤压）。三种功能的切换方法是用鼠标左键按住当前工具栏上的缩放工具不放，就会看到其他的两个功能，移动光标到需要的图标上，选中该功能图标即可。

现在建立 4 个球体，并通过对其操作来体会缩放功能的用途。

创建步骤

（1）打开 Create（创建）命令面板，单击“标准基本体”选项，打开 Object Type（对象类型）面板，在视图中创建一个球体，并复制三个相同的球体。

（2）选中第二个球体，单击 Select and Uniform Scale（选择并均匀缩放）图标，把光标移到模型上。这时光标指针变成了。按住鼠标左键，上下移动光标，这时模型的大小随着光标的移动而改变。可以看到，该缩放功能是用来对模型进行均匀缩放的，如图 1-44 所示。

（3）选中第三个球体，切换到 Select and Non-Uniform Scale（选择并非均匀缩放）图标，把光标移到模型上。这时光标指针变成了。按住鼠标左键，沿 Y 轴放大物体。可以看到，Y 轴方向上的比例改变了，而 X、Z 轴方向比例不变，如图 1-44 所示。

（4）选中第四个球体，切换到 Select and Squash（选择并挤压）图标，把光标移到模型上，这时光标指针变成了。按住鼠标左键沿 Y 轴放大物体。可以看到，Y 轴比例变大了而其他两个轴向比例缩小了，总体积保持不变。

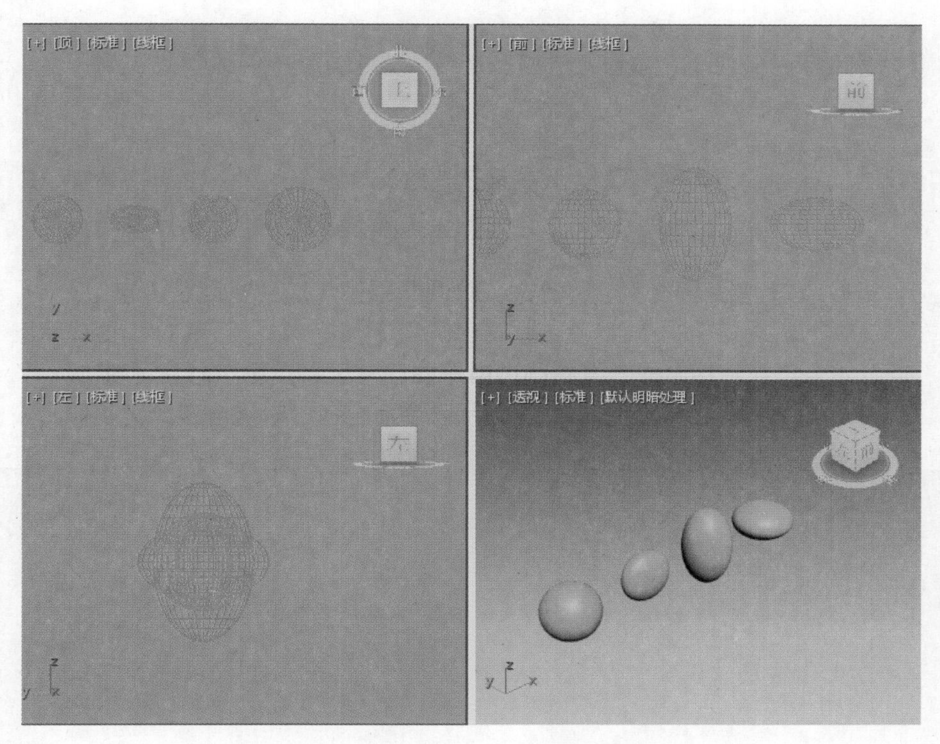

图1-44　采用不同缩放方式的球体

提示：Select and Squash（选择并挤压）只改变被选中坐标轴的比例，对另外两个坐标轴没有影响，而 Select and Uniform Scale（选择并均匀缩放）由于有压缩的效果，在对一个坐标轴进行操作时，其他两个坐标轴会跟着进行相应的变化。

第 2 章

二维图形－三维模型

内容指南

二维图形是进行复杂建模的基础。本章主要介绍将二维图形转换成三维模型的方法,包括为二维图形添加可渲染特性、运用 Extrude（挤出）修改器挤出二维图形、运用 Lathe（车削）修改器旋转截面曲线以及运用 Bevel（倒角）修改器创建带倒角的实体模型。本章内容是建模中很重要的一部分，希望读者认真掌握。

知识重点

- ❖ 掌握二维图形与三维模型
- ❖ 建模实例

2.1 二维图形－三维模型概述

3ds Max 2018 提供 12 种常见的图形，包括 Line（线）、Rectangle（矩形）、Circle（圆）、Ellipse（椭圆）、Arc（弧）、Donut（圆环）、NGon（多边形）、Star（星形）、Text（文本）、Helix（螺旋线）、Ovate（卵形）、Section（截面）。图 2-1 给出了这些图形的效果。

单击 Create（创建）图标 ＋，单击 Shapes（图形）图标，打开 Object Type（对象类型）面板，面板上即出现 12 种图形选项，如图 2-2 所示。单击相应的图形选项，即可在四视图中创建图形。

图2-1 各种图形的效果

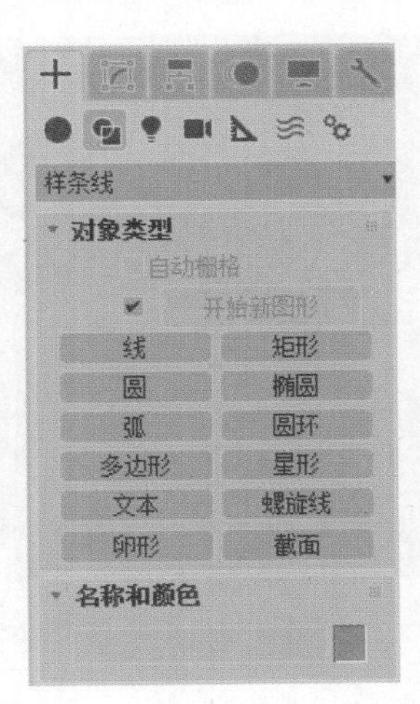

图2-2 二维图形创建面板

二维图形的常用创建方法有两种：通过命令面板创建；通过菜单命令创建。

单击 Create（创建）菜单栏中的 Shapes（图形）选项，在子菜单中选择相应的图形命令，即可在四视图中创建图形。

一般来讲，创建好图形后，都要打开修改面板进行编辑。对于 Line（线）来讲，可以直接进入点、线段、样条线子物体编辑层级。对于其他图形而言，可以选中图形并在其上右击，在弹出的快捷菜单中选择 Convert to /Convert to Editable Spline（转换为 / 转换为可编辑样条线）命令，将其转换成样条线，然后就可以进入子物体编辑层级进行编辑。

2.2 图形与相关修改器

图形是常用作其他对象组件的二维（2D）和三维（3D）直线以及直线组。大多数默认的图形都由样条线组成。使用这些样条线图形，可以生成面片和薄的三维曲面、定义放样路径和图形、定义运动路径，还可以使用相关修改器生成三维实体模型。

1. Line（线）

形状示例

使用 Line（线）可创建多个分段组成的自由形式样条线，Line（线）的形状示例如图 2-3 所示。

创建步骤

图形的创建步骤有相似之处，下面介绍 Line（线）的创建步骤：

（1）单击 3DS（文件）菜单，选择 Reset（重置）命令，重置设定系统。

（2）单击 Create（创建）图标＋，单击 Shapes（图形）图标，进入图形创建面板。Object Type（对象类型）面板下列出了可以创建的各种图形选项，如图 2-4 所示。

（3）单击 Line（线）选项，在任意视图中单击以定义起始点。移动光标到另外一点并单击以定义第二个点；如果要创建 Bezier（贝塞尔）顶点，可以单击后拖动光标到另外一点，然后释放鼠标。

（4）按照上步操作继续绘制曲线，如果要结束绘制，可以右击。如果要绘制闭合曲线，可在起点上单击，在弹出的 Spline（样条线）对话框中单击 Y（是）按钮，完成线的绘制。

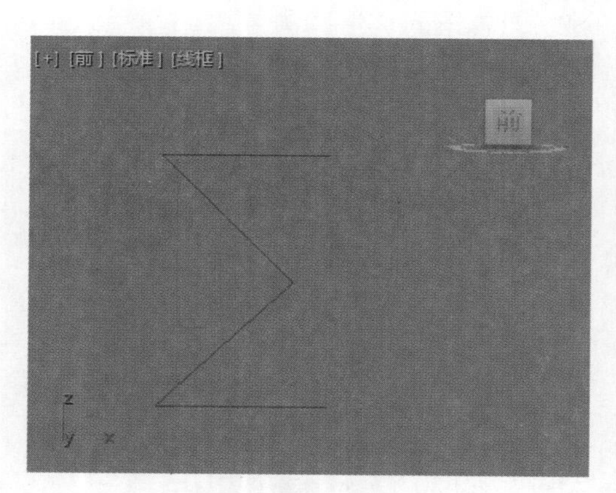

图2-3　线的形状示例

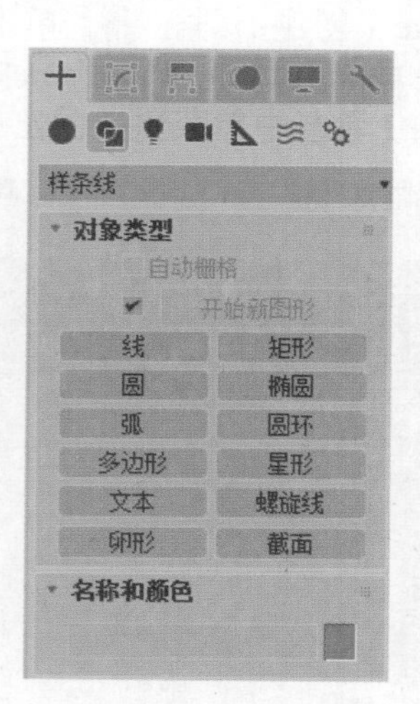

图2-4　图形创建面板

提示：图形可以包含单条样条线，也可以是包含多条样条线的复合图形。在默认情况下，Start New Shape（开始新图形）复选框处于启用状态，即新创建的每一个图形都是一个新的独立的个体；如果禁用该复选框，所有新创建的图形都会作为以前选择图形的一部分，和以前建造的图形一起构成一个新的图形。

参数详解

要对线的参数进行修改，可以单击 Modify（修改）图标进入修改面板。线的参数较多，这里仅介绍两个，其余将在后面介绍。线的 Rendering（渲染）面板如图 2-5 所示。

❖ **Enable in Renderer（在渲染中启用）**：在默认情况下，图形是不可渲染的，只有勾选该复选框，才能在渲染器中看到图形效果。

❖ **Enable in Viewport（在视口中启用）**：勾选该复选框，可以在视图中看到图形的线框效果。

❖ **Viewport（视口）**：选择此项来设置渲染器厚度、边数和角度。在视图中显示图形的线框效果标示如图 2-6 所示。

❖ **Renderer（渲染）**：选择此项来设置视口厚度、边（数）和角度。只有启用 Use Viewport Setting（使用视口设置）时，此选项才可用。在渲染器中显示图形的线框效果标示如图 2-7 所示。

❖ **Radial（径向）**：将图形的线框截面设置为圆形，并设置 Thickness（厚度）、Sides（边数）和 Angle（角度）。

❖ **Rectangular（矩形）**：将图形的线框截面设置为矩形，并设置 Length（长度）、Width（宽度）、Angle（角度）以及 Aspect（纵横比）。圆形截面和矩形截面标示如图 2-8 所示。

线的 Interpolation（插值）面板如图 2-9 所示。

❖ **Steps（步数）**：设置顶点之间划分的数目，带有急剧曲线的样条线需要许多步数才能显得平滑，而平缓曲线则需要较少的步数，取值范围为 0 ～ 100。

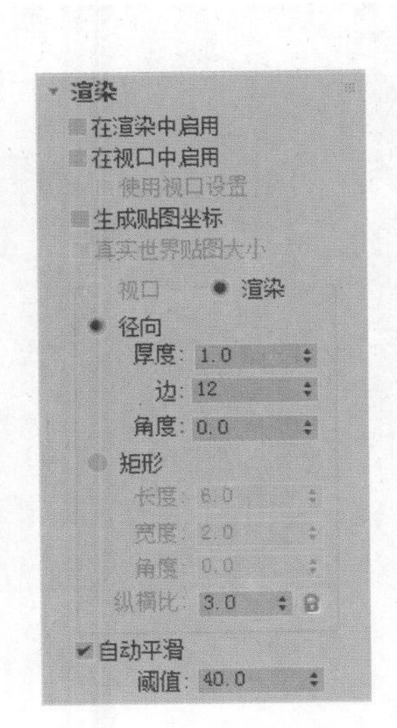

图2-5 “渲染”面板

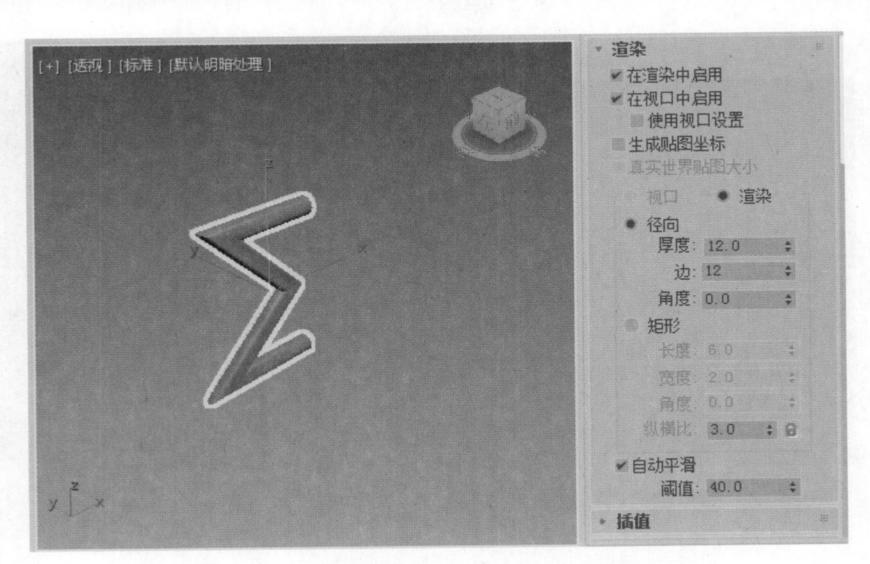

图2-6 在视图中显示图形的线框效果标示图

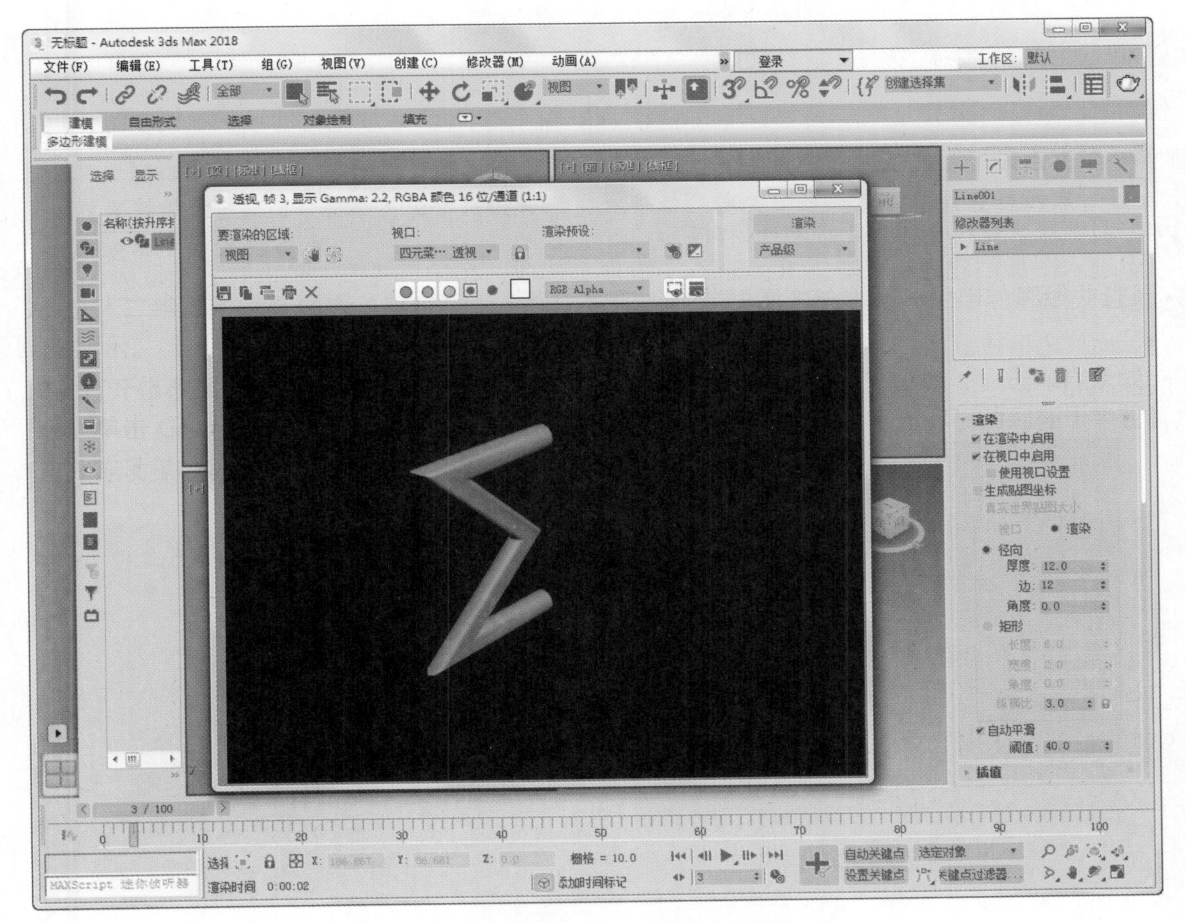

图2-7 在渲染器中显示图形的线框效果标示图

❖ **Optimize（优化）**: 启用此选项后，可以从样条线的直线线段中删除不需要的步数。默认设置为启用。

❖ **Adaptive（自适应）**: 启用此选项后，自适应设置每个样条线的步数，以生成平滑曲线。优化与自适应效果标示如图 2-10 所示。

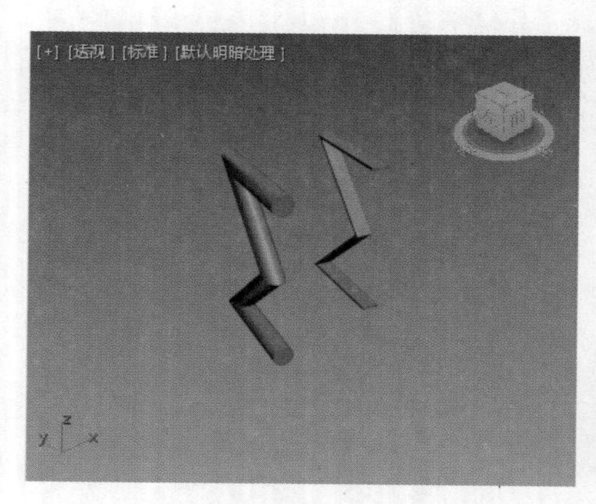

图2-8 圆形截面和矩形截面标示图

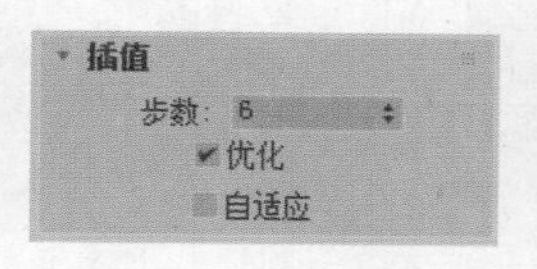

图2-9 “插值”面板

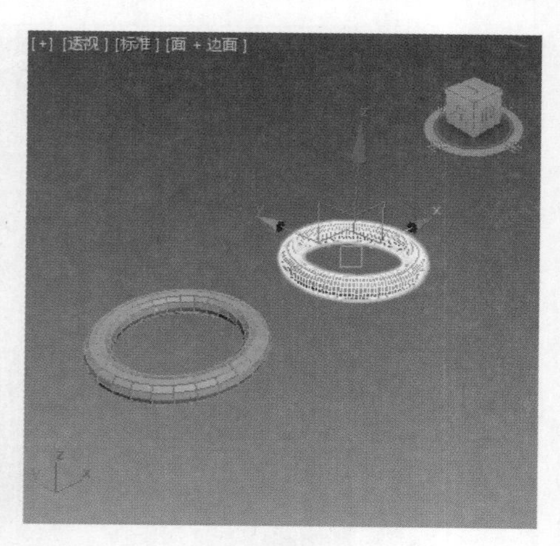

图2-10 优化与自适应效果标示图

2. Rectangle（矩形）

形状示例

使用 Rectangle（矩形）可以创建方形和矩形样条线，Rectangle（矩形）的形状示例如图 2-11 所示。

创建步骤

矩形的创建步骤比较简单，下面简单介绍：

（1）进入图形创建面板，单击 Rectangle（矩形）选项，在任意视图中单击并拖动鼠标，释放鼠标，完成矩形的创建。

（2）如果要创建方形，可以按住 Ctrl 键，同时单击并拖动鼠标，即可创建方形。

Rectangle（矩形）的 Parameters（参数）面板如图 2-12 所示。

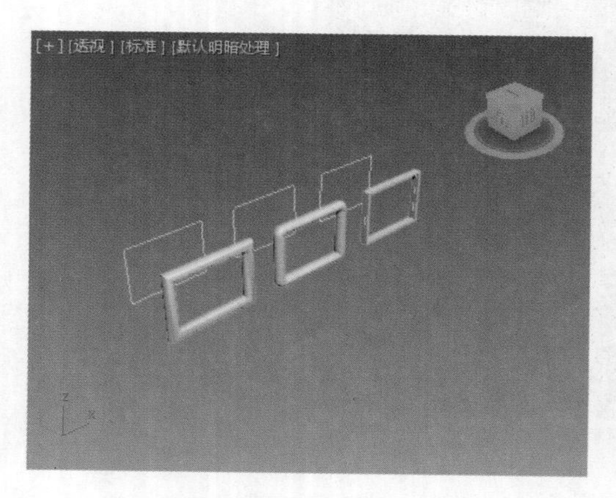

图2-11 矩形的形状示例

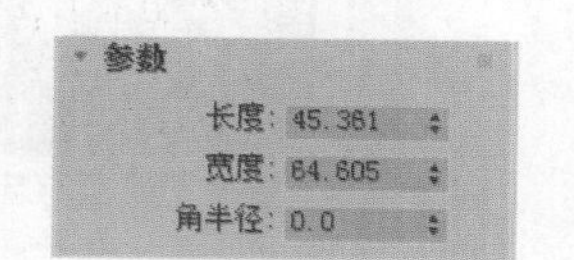

图2-12 矩形的“参数”面板

参数详解

❖ Corner Radius（角半径）：设置矩形圆角处的半径值。值越大，圆角越明显。图 2-11 形状示例中第二个图形即为带圆角的矩形。

3. Circle（圆）和Ellipse（椭圆）

形状示例

使用 Circle（圆）来创建由 4 个顶点组成的闭合圆形样条线，而使用 Ellipse（椭圆）可以创建圆形和椭圆形样条线。圆和椭圆的形状示例如图 2-13 所示。

圆和椭圆的创建步骤及参数比较简单，这里仅给出椭圆的“参数”面板，如图 2-14 所示。

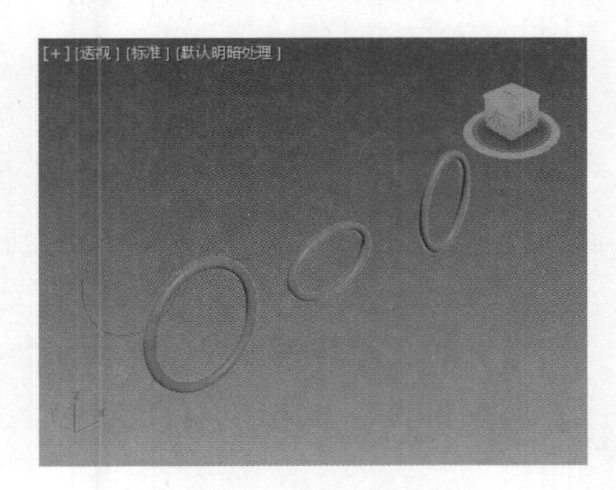

图2-13　圆和椭圆的形状示例

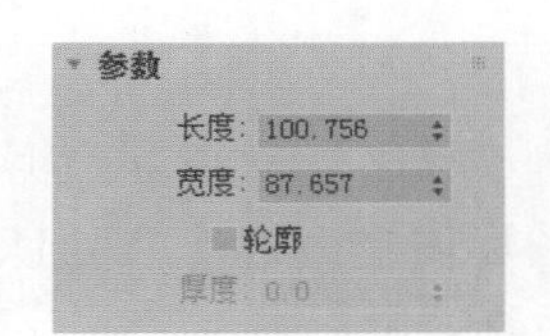

图2-14　椭圆的“参数”面板

4. Arc（弧）

形状示例

使用 Arc（弧）来创建由 4 个顶点组成的打开和闭合圆弧，Arc（弧）的形状示例如图 2-15 所示。

创建步骤

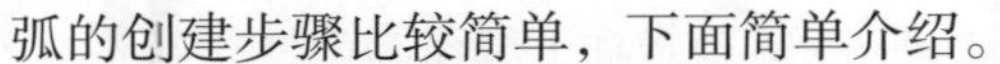

弧的创建步骤比较简单，下面简单介绍。

（1）进入图形创建面板，单击 Arc（弧）选项，在任意视图中单击并拖动鼠标，定义弧的两个端点，然后释放鼠标。

（2）移动鼠标，定义弧的顶点，然后单击即可完成弧的创建。

参数详解

Arc（弧）的 Parameters（参数）面板如图 2-16 所示。

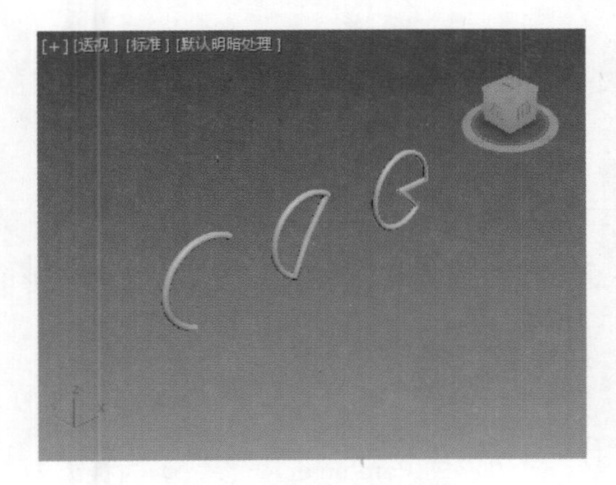

图2-15　弧的形状示例

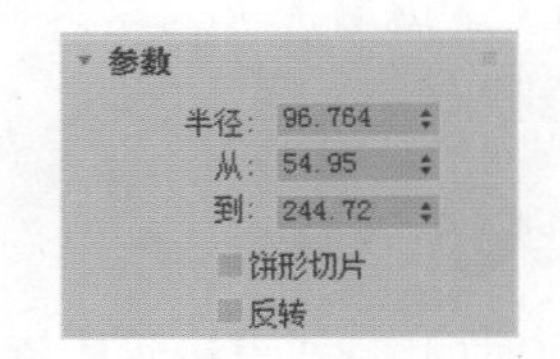

图2-16　弧的“参数”面板

❖ **Radias**（半径）：用来指定弧的半径。
❖ **From**（从）：从局部正 *X* 轴测量角度时指定起点的位置。
❖ **To**（到）：从局部正 *X* 轴测量角度时指定端点的位置。
❖ **Pie Slice**（饼形切片）：启用此选项后，以扇形形式创建闭合样条线。起点和端点将中心与直分段连接起来。
❖ **Reverse**（反转）：启用此选项后，反转弧样条线的方向，并将第一个顶点放置在打开弧的相反末端。

5. Donut（圆环）

形状示例 

使用 Donut（圆环）可以通过两个同心圆创建封闭的形状，Donut（圆环）的形状示例如图 2-17 所示。

创建步骤

圆环的创建步骤比较简单，下面简单介绍。

（1）进入图形创建面板，单击 Donut（圆环）选项，在任意视图中单击并拖动鼠标，定义第一个圆环的半径，然后释放鼠标。

（2）移动鼠标，然后单击，可定义第二个同心圆环的半径，从而完成圆环的创建。

Donut（圆环）的参数比较简单，这里仅给出圆环的 Parameters（参数）面板，如图 2-18 所示。

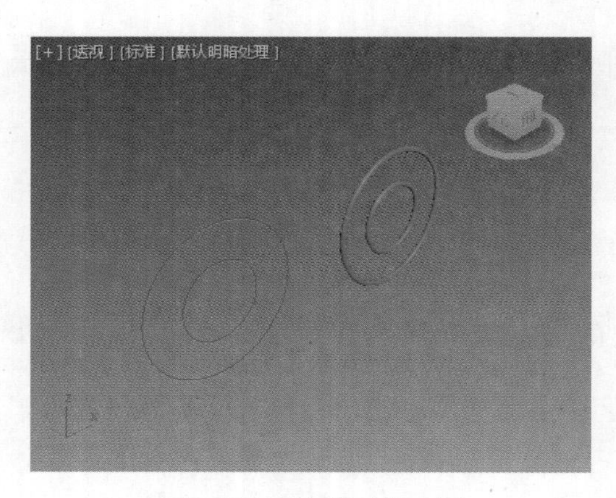

图2-17　圆环的形状示例

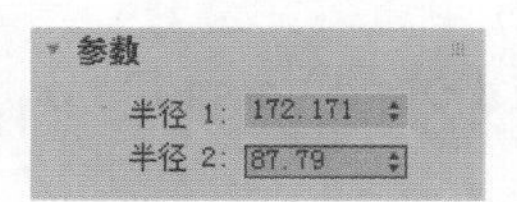

图2-18　圆环的“参数”面板

6. NGon（多边形）

形状示例 

使用 NGon（多边形）可创建具有任意边数或顶点数的闭合平面或圆形样条线，NGon（多边形）的形状示例如图 2-19 所示。

NGon（多边形）的创建步骤比较简单，这里不再介绍。多边形的 Parameters（参数）面板如图 2-20

所示。

❖ **Radius**（半径）：用来指定多边形的半径。可使用两种方法来指定半径：Inscribed（内接）指从中心到多边形各个边的半径；Circumscribed（外接）指从中心到多边形各个角的半径。

❖ **Circular**（圆形）：勾选该复选框之后，将指定圆形多边形。

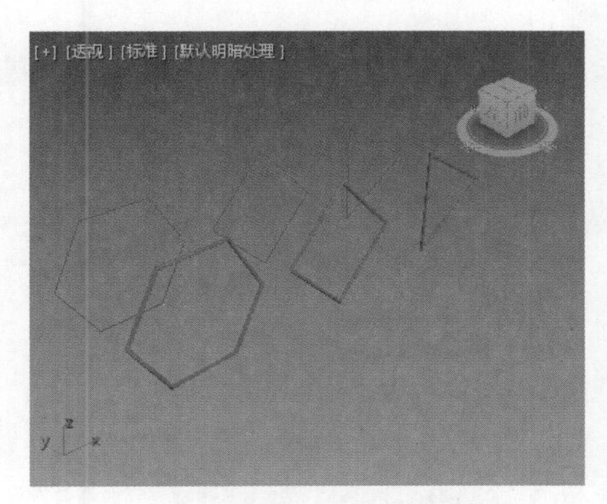

图2-19　多边形的形状示例

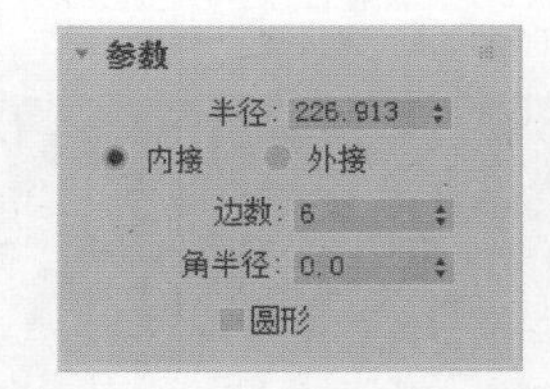

图2-20　多边形的“参数”面板

7. Star（星形）

形状示例

使用 Star（星形）可以创建具有很多点的闭合星形样条线。星形样条线使用两个半径来设置外点和内谷之间的距离。Star（星形）的形状示例如图 2-21 所示。

创建步骤

星形的创建步骤比较简单，下面简单介绍。

（1）进入图形创建面板，单击 Star（星形）选项，在任意视图中单击并拖动鼠标，确定星形的第一个半径，释放鼠标。

（2）移动鼠标，确定星形的第二个半径后单击，完成星形的创建。

参数详解

选中星形，进入修改面板，Star（星形）的 Parameters（参数）面板如图 2-22 所示。

图2-21　星形的形状示例

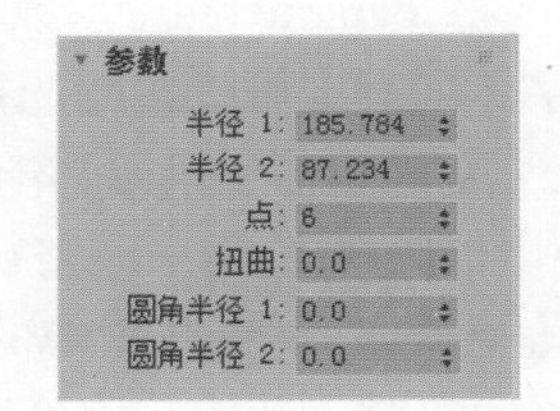

图2-22　星形的“参数”面板

❖ **Radius 1**（半径 1）：指定星形内部顶点（内谷）的半径。

❖ **Radius 2**（半径 2）：指定星形外部顶点（外点）的半径。

❖ **Points**（点）：指定星形上的点数，范围为 3 ~ 100。星形所拥有的顶点数是指定点数的 2 倍。一半的顶点位于一个半径上，形成外点，其余的顶点位于另一个半径上，形成内谷。半径、点标如图 2-23 所示。

❖ **Distortion**（扭曲）：围绕星形中心旋转顶点（外点），从而生成锯齿形效果。扭曲标示如图 2-24 所示。

❖ **Fillet Radius 1**（圆角半径 1）：圆化星形的内部顶点（内谷）。

❖ **Fillet Radius 2**（圆角半径 2）：圆化星形的外部顶点（外点）。图 2-21 的形状示例中的最后一个图形即为添加了圆角半径的星形。

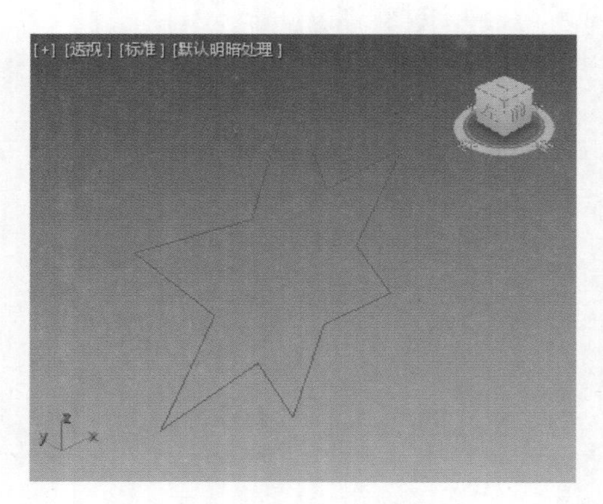

图2-23　半径、点标示图

图2-24　扭曲标示图

8. Text（文本）

形状示例

使用 Text（文本）来创建文本图形的样条线，文本可以使用系统中安装的任意 Windows 字体。Text（文本）的形状示例如图 2-25 所示。

创建步骤

文本的创建步骤比较简单，下面简单介绍。

（1）进入图形创建面板，单击 Text（文本）选项，在任意视图中单击鼠标，确定文本的放置点。

（2）选中文本，进入修改面板，在 Parameters（参数）面板下 Text（文本）文本框内输入要创建的文字，然后设置文本的其他属性，最终完成文本的创建。

Text（文本）的 Parameters（参数）面板如图 2-26 所示。

❖ **Arial**：字体列表，可以在此选择文本采用何种字体。

❖ **Kerning**（字间距）：用来调整字间距。

❖ **Leading**（行间距）：用来调整行间距，只有图形中包含多行文本时才起作用。

❖ **Update**（更新）：更新视图中的文本来匹配编辑框的当前设置。仅当 Manual Update（手动更新）处于启用状态时，此按钮才可用。

图2-25　文本的形状示例

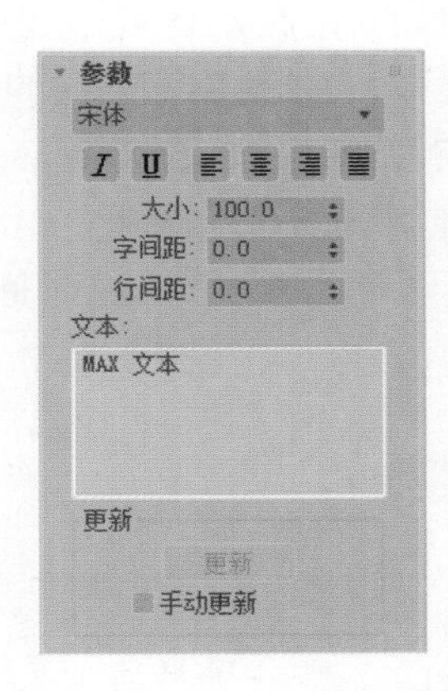

图2-26　文本的"参数"面板

❖ **Manual Update（手动更新）:** 启用此选项后，键入编辑框中的文本未在视图中显示，直到单击 Update（更新）按钮时才会显示。

9. Helix（螺旋线）

形状示例

使用 Helix（螺旋线）可创建开口平面或三维螺旋形。Helix（螺旋线）的形状示例如图 2-27 所示。

创建步骤

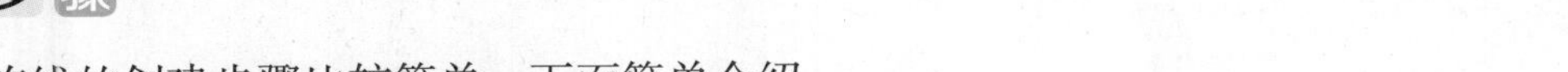

螺旋线的创建步骤比较简单，下面简单介绍。

（1）进入图形创建面板，单击 Helix（螺旋线）选项，在任意视图中单击并拖动鼠标，定义螺旋线第一个圆的半径。

（2）释放鼠标并上、下移动，然后单击，定义螺旋线的高度。

（3）移动鼠标，然后单击，定义螺旋线第二个圆的半径，完成螺旋线的创建。

Helix（螺旋线）的 Parameters（参数）面板如图 2-28 所示。

图2-27　螺旋线的形状示例

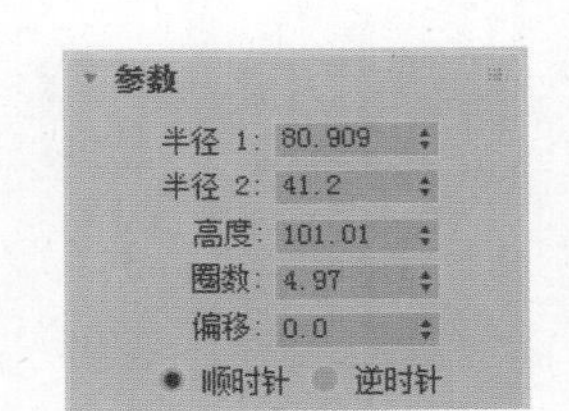

图2-28　螺旋线的"参数"面板

❖ **Radius 1（半径 1）:** 指定螺旋线起点的半径。

❖ **Radius 2（半径 2）:** 指定螺旋线终点的半径。

- ❖ **Turns（圈数）**：指定螺旋线起点和终点之间的圈数。
- ❖ **Bias（偏移）**：强制在螺旋线的一端累积圈数。高度为 0.0 时，偏移的影响不可见。偏移为 –1.0 时，将强制向着螺旋线的起点旋转；偏移为 0.0 时，将在端点之间平均分配旋转；偏移为 1.0 时，将强制向着螺旋线的终点旋转。
- ❖ **CW（顺时针）/CCW（逆时针）**：设置螺旋线的旋转是 CW（顺时针）还是 CCW（逆时针）。

10. Section（截面）

形状示例

Section（截面）是一种特殊类型的对象，可以通过网格对象基于横截面切片生成其他形状。截面对象显示为相交的矩形。只需将其移动并旋转即可通过一个或多个网格对象进行切片，然后单击 Create Shape（生成图形）选项即可基于二维相交生成一个形状。Section（截面）的形状示例如图 2-29 所示。

创建步骤

下面以用截面截取多面体的剖面为例介绍 Section（截面）的使用方法：

（1）进入扩展几何体创建面板，在顶视图中创建一个异面体，如图 2-30 所示。

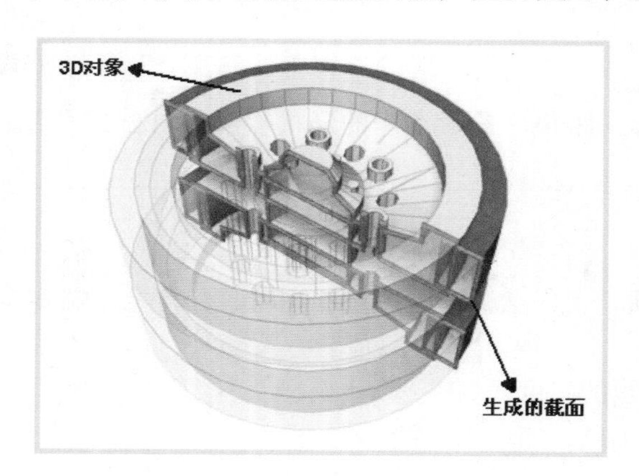

图2-29 截面的形状示例

图2-30 创建异面体

（2）进入图形创建面板，单击 Section（截面）选项，在前视图中单击并拖动鼠标，拉出一个截面。利用移动、旋转工具，调整其与异面体相交，如图 2-31 所示。

（3）选中截面，进入修改面板，单击 Section Parameters（截面参数）面板下的 Create Shape（创建图形）按钮，如图 2-32 所示。

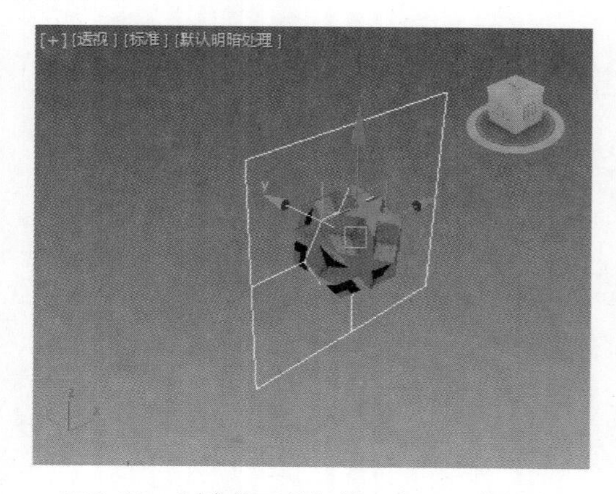

图2-31 创建截面并调整至与异面体相交

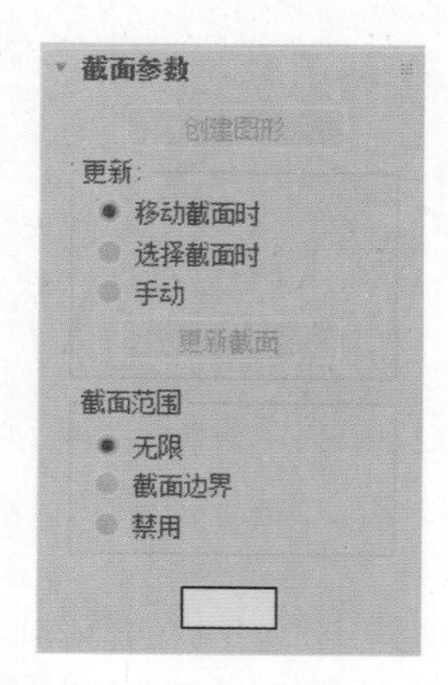

图2-32 "截面参数"面板

（4）打开 Name Section Shape（命名截面图形）对话框，如图 2-33 所示采用默认名称，单击 OK（确定）按钮，然后删除异面体和截面，创建的异面体截面如图 2-34 所示。

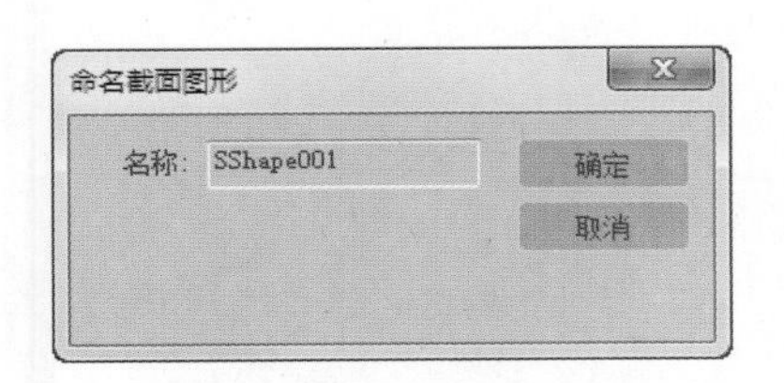

图2-33 “命名截面图形”对话框

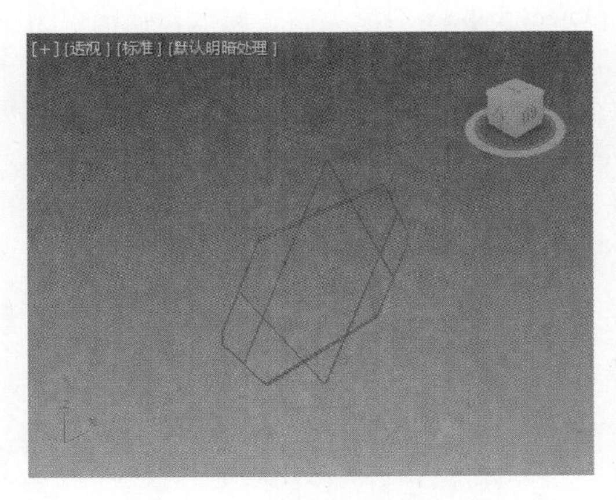

图2-34 创建的异面体截面

Section Parameters（截面参数）面板如图 2-32 所示。

❖ **Create Shape（创建图形）**: 基于当前显示的相交线创建图形。将显示一个对话框，可以在此命名新对象。效果图形是基于场景中所有相交网格的可编辑样条线,该样条线由曲线段和角顶点组成。
❖ **When Section Moves（移动截面时）**: 在移动或调整截面图形时更新相交线。
❖ **When Section Selected（选择截面时）**: 选择截面图形，但是未移动时更新相交。
❖ **Manually（手动）**: 在单击 Update Section（更新截面）按钮时更新相交线。
❖ **Update Section（更新截面）**: 在使用“选择截面时”或“手动”选项时，更新相交点，以便与截面对象的当前位置匹配。
❖ **Infinite（无限）**: 截面平面在所有方向上都是无限的，从而使横截面位于平面中的任意网格几何体上。
❖ **Section Boundary（截面边界）**: 只在截面图形边界内或与其接触的对象中生成横截面。
❖ **Off（禁用）**: 不显示或生成横截面，禁用 Create Shape（创建图形）按钮。

2.3 图形的编辑及参数详解

2.2 节中学习了图形的创建及参数设置，下面继续介绍图形的编辑方法。图形可以在对象层级、顶点子对象层级、线段子对象层级以及样条线子对象层级编辑。

1. 可编辑样条线

“可编辑样条线”将对象作为样条线，并在以下三个子对象层级进行操作：顶点、线段和样条线。将图形转换为可编辑样条线的方法如下：

（1）创建或选择一个图形。

（2）在该图形上右击，在弹出的四元菜单的右下角区域选择 Convert to（转换为）菜单中的 Convert to Editable Spline（转换为可编辑样条线）。

2. 对象层级编辑

在可编辑样条线对象层级（即没有子对象层级处于活动状态时）可用的功能也可以在所有子对象层

级使用，并且在各个层级的作用方式完全相同。下面举例介绍对象层级常用的命令。

（1）单击 Create（创建）命令面板下的 Shapes（图形）图标，在下拉列表中选择 Spline（样条线），打开 Object Type（对象类型）面板，在顶视图中分别创建一个矩形和一个圆形，如图 2-35 所示。这两个图形是独立的，下面进入对象层级将其结合在一起。

（2）选中矩形，在其上右击，在弹出的四元菜单的右下角区域选择 Convert to（转换为）菜单中的 Convert to Editable Spline（转换为可编辑样条线）。

（3）将矩形转换为可编辑样条线后，右侧的面板即转换到修改面板，默认情况下，可编辑样条线即处于对象层级。打开 Geometry（几何体）面板，如图 2-36 所示。

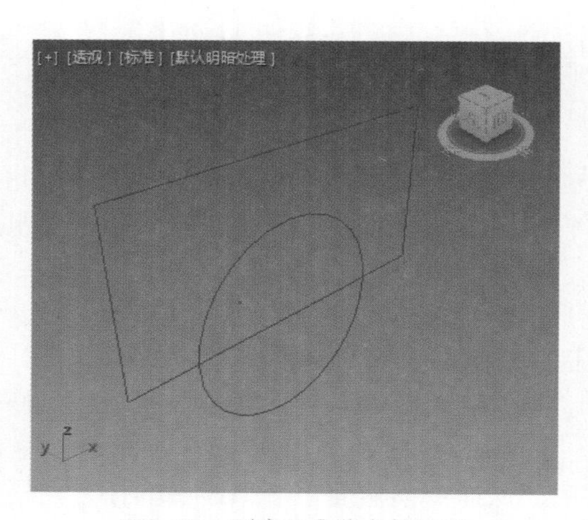

图2-35　创建两个独立的图形

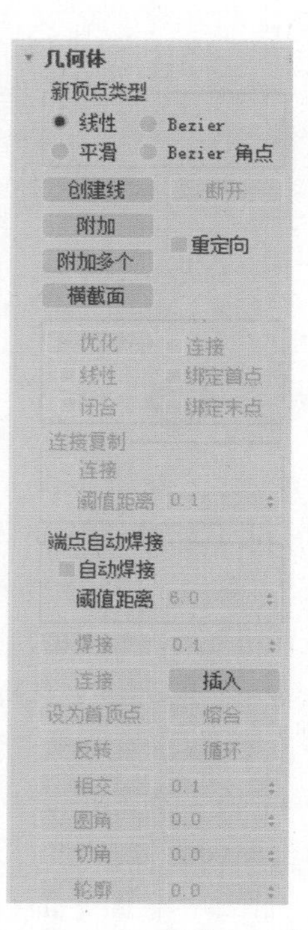

图2-36　“几何体”面板

（4）单击 Attach（附加）按钮，将光标移动到圆形上面，当光标变成时单击，圆形即被附加到矩形可编辑样条线上，即两个图形成为一个整体，以便在其他子对象层级进行编辑，如图 2-37 所示。

（5）单击 Attach（附加）按钮，退出附加操作。

3. 顶点子对象层级编辑

Vertex（顶点）是样条线的基本元素，点的编辑是二维图形编辑的基础，熟悉点的常用编辑命令非常必要。下面简单介绍进入顶点子对象层级的方法。

（1）选中图形，将其转换成可编辑样条线。

（2）进入修改面板，打开 Selection（选择）面板，单击 Vertex（顶点）图标，如图 2-38 所示，即可进入顶点层级修改。

（3）选中要编辑的顶点，即可利用 Geometry（几何体）面板下的相关命令对其进行编辑。

下面首先介绍如何设置点的类型：右击可编辑样条线上的任意顶点，可以从快捷菜单中选择下列类型之一作为点的类型。

❖ **Smooth（平滑）**: 强制把线段变成圆滑的曲线，但仍和节点成相切状态。

❖ **Corner（角点）**: 让节点两旁的线段能呈现任意的角度。平滑和角点类型标示如图 2-39 所示。

❖ **Bezier（贝塞尔）**: 节点有一对角度调整杆，调整杆和节点相切。

❖ **Bezier Corner（贝塞尔角点）**: 提供两根调整杆，可随意更改其方向以产生所需的角度。贝塞尔和贝塞尔角点类型标示如图 2-40 所示。

图2-37　两个图形形成整体

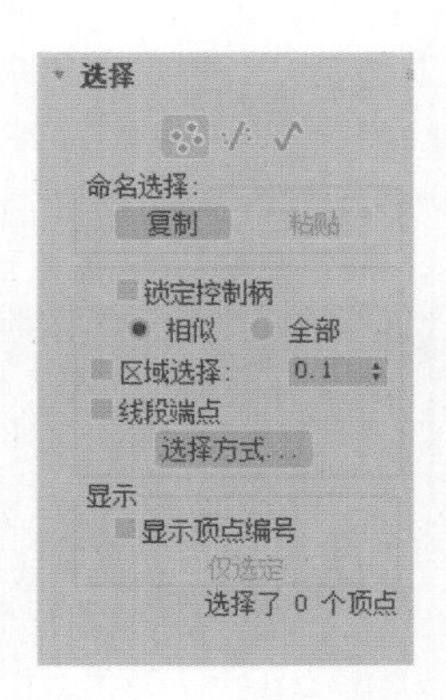

图2-38　“选择”面板

图2-39　平滑和角点类型标示图

图2-40　贝塞尔和贝塞尔角点类型标示图

Vertex（顶点）子对象层级的编辑命令较多，下面介绍常用的命令。

❖ **Break（断开）**: 在选定的一个或多个顶点拆分样条线。选择一个或多个顶点，然后单击“断开”按钮即可将样条线从该点处断开。可以用移动断开点的方法检验样条线是否成功断开。断开命令标示如图 2-41 所示。

❖ **Refine（细化）**: 允许添加顶点，而不更改样条线的曲率值。单击“细化”按钮，然后选择每次单击时要添加顶点的任意数量的样条线线段。要完成顶点的添加，可再次单击“细化”按钮，或在视口中右击。细化命令标示如图 2-42 所示。

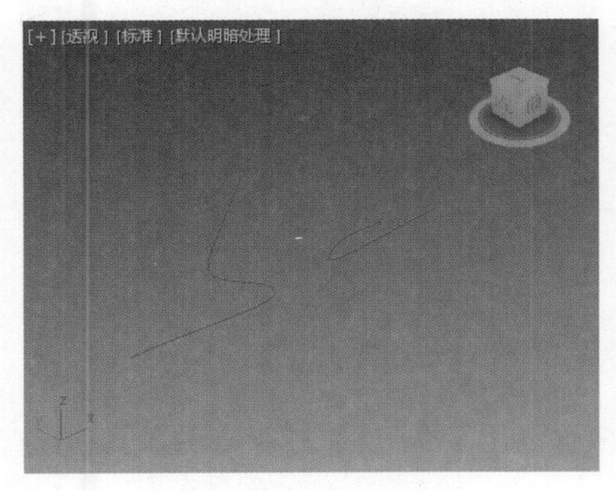

图2-41　断开命令标示图

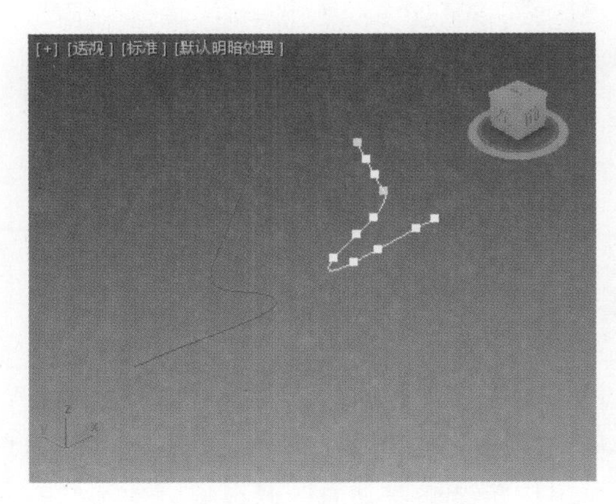

图2-42　细化命令标示图

❖ **Weld（焊接）**：将两个端点顶点或同一样条线中的两个相邻顶点转化为一个顶点。移近两个端点顶点或两个相邻顶点，选中两个顶点，然后单击“焊接”按钮，即可实现两点的焊接。焊接命令标示如图 2-43 所示。

❖ **Connect（连接）**：连接两个端点顶点以生成一个线性线段，无论端点顶点的切线值是多少。单击“连接”按钮，将光标移过某个端点顶点，直到光标变成一个十字形，然后从一个端点顶点拖动到另一个端点顶点，即可实现连接操作。连接命令标示如图 2-44 所示。

图2-43　焊接命令标示图

图2-44　连接命令标示图

提示： 如果不能正确焊接，有可能是（焊接阈值）微调器内的数值太小，适当增大该值，即可成功焊接。

❖ **Insert（插入）**：插入一个或多个顶点，以创建其他线段。单击“插入”按钮，在线段中的任意某处单击，然后可以选择性地移动鼠标，并单击以放置新顶点。继续移动鼠标，然后单击，以添加新顶点。右击，完成操作释放鼠标。此时，仍处于“插入”模式，可以开始在其他线段中插入顶点。否则，再次右击或单击“插入”按钮，将退出插入模式。插入命令标示如图 2-45 所示。

❖ **Make First（设为首顶点）**：指定所选形状中的哪个顶点是第一个顶点。样条线的第一个顶点为四周带有小框的顶点。要指定某一点为首顶点，只需选中该点，然后单击“设为首顶点”按钮即可。设为首顶点命令标示如图 2-46 所示。

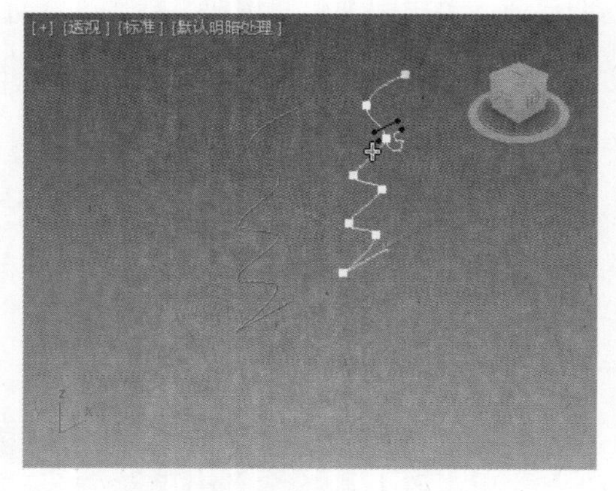

图2-45　插入命令标示图

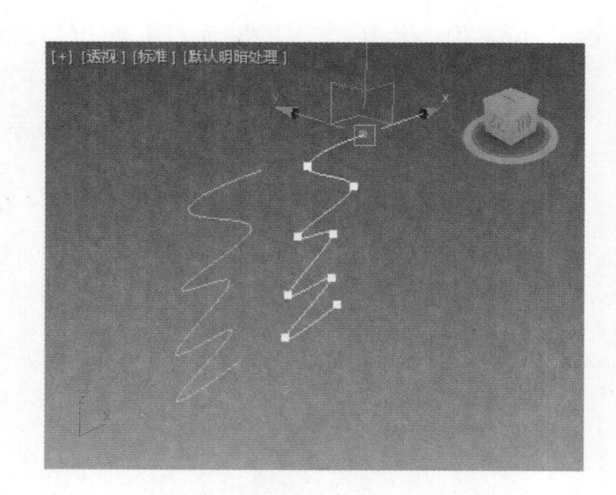

图2-46　设为首顶点命令标示图

❖ **Chamfer（切角）**：使用“切角”按钮可以设置样条线上该点处的切角。可以通过拖动顶点或者使用切角微调器来应用此效果。选中需要设切角的点，单击“切角”按钮，然后在切角微调器中设置数值即可实现切角效果。

提示：

单击一次可以插入一个角点顶点，而拖动则可以创建一个 Bezier（贝塞尔）顶点。

技巧：

在开口样条线中，第一个顶点必须是还没有成为第一个顶点的端点。在闭合样条线中，它可以是还没有成为第一个顶点的任何点。

❖ **Fillet（圆角）**：与切角操作相似，利用“圆角”按钮可以为样条线上该点处设置圆角。圆角、切角命令标示如图 2-47 所示。

❖ **Fuse（熔合）**：将所有选定顶点移至它们的平均中心位置。先选中所要熔合的顶点，然后单击“熔合”按钮，即可实现熔合操作。熔合命令标示如图 2-48 所示。

图2-47　圆角、切角命令标示图

图2-48　熔合命令标示图

4. Segment（线段）子对象层级编辑

Segment（线段）是样条线曲线的一部分，在两个顶点之间。在线段子对象层级，可以选择一条或多条线段，并使用标准方法移动、旋转、缩放或克隆它。下面简单介绍进入线段子对象层级的方法。

（1）选中图形，将其转换成可编辑样条线。

（2）进入修改面板，打开 Selection（选择）面板，单击 Segment（线段）图标，即可进入线段层级编辑。

（3）选中要编辑的线段，可对其进行移动、旋转、缩放等操作，也可利用 Geometry（几何体）面板下的相关命令对其进行编辑。

Segment（线段）子对象层级的编辑命令较多，下面仅介绍常用的命令。

❖ **Delete（删除）**：删除当前形状中任意选定的线段。删除命令标示如图 2-49 所示。

❖ **Divide（拆分）**：通过添加由微调器指定的顶点数来细分所选线段。选择一个或多个线段，设置拆分微调器，然后单击“拆分”按钮即可完成拆分操作。 每个所选线段将被拆分微调器中指定的顶点数拆分。顶点之间的距离取决于线段的相对曲率，曲率越高的区域得到越多的顶点。拆分命令标示如图 2-50 所示。

❖ **Detach（分离）**：可以从样条线中分离或者复制线段，有三个可用选项。Same Shpe（同一图形）：启用后，将使分离的线段保留为形状的一部分，而不是生成一个新形状；Reorient（重定向）：分离的线段复制源对象创建局部坐标系的位置和方向，此时，将会移动和旋转新的分离对象，以便对局部坐标系进行定位，并使其与当前活动栅格的原点对齐；Copy（复制）：复制分离线段，而不是移动它。分离命令标示如图 2-51 所示。

图2-49　删除命令标示图

图2-50　拆分命令标示图

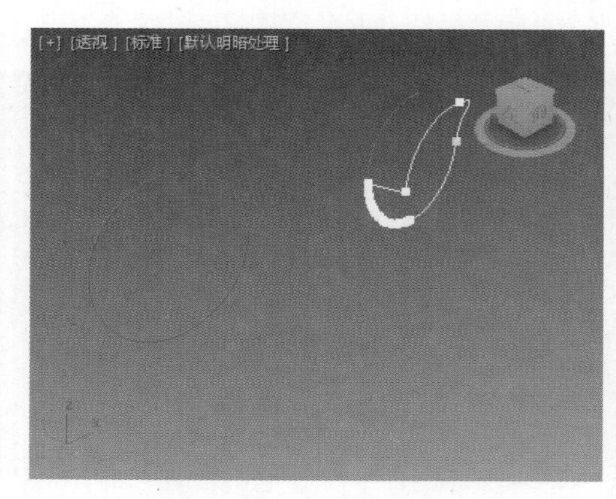

图2-51　分离命令标示图

5. 样条线子对象层级编辑

在 Spline（样条线）子对象层级，可以选择一个样条线对象中的一个或多个样条线，并使用标准方法移动、旋转和缩放它（们）。下面简单介绍进入样条线子对象层级的方法。

（1）选中图形，将其转换成可编辑样条线。

（2）进入修改面板，打开 Selection（选择）面板，单击 Spline（样条线）图标，即可进入样条线层级编辑。

（3）选中要编辑的样条线，可对其进行移动、旋转、缩放等操作，也可利用 Geometry（几何体）面板下的相关命令对其进行编辑。

Spline（样条线）子对象层级的编辑命令较多，下面仅介绍常用的命令。

- ❖ **Outline（轮廓）**：制作样条线的副本，所有侧边上的距离偏移量由轮廓宽度微调器指定。选择一个或多个样条线，然后使用微调器动态地调整轮廓位置，或单击“轮廓”按钮，然后拖动样条线。如果样条线是开口的，生成的样条线及其轮廓将生成一个闭合的样条线。轮廓命令标示如图 2-52 所示。
- ❖ **Mirror（镜像）**：可以沿长、宽或对角方向镜像样条线，也可以复制样条线。操作时先单击，以激活要镜像的方向，然后单击“镜像”按钮，即可完成镜像操作。镜像复制时需要勾选“复制”复选框。镜像命令标示如图 2-53 所示。
- ❖ **Boolean（布尔）**：可以将两个闭合多边形附加在一起，或者从一个样条线挖去另一个样条线的部分。操作时选择第一个样条线，单击“布尔”按钮和需要的操作，然后选择第二个样条线，即可完成布尔操作。布尔命令标示如图 2-54 所示。

图2-52 轮廓命令标示图

图2-53 镜像命令标示图

图2-54 布尔命令标示图

2.4 常用的图形修改器

2.4.1 车削修改器

形状示例

车削（Lathe）通过绕轴旋转一个图形或NURBS曲线来创建三维对象，如图2-55所示。

图2-55 车削效果

创建步骤

（1）单击 3DS（文件）菜单中的 Reset（重置）命令，重新设置系统。

（2）右击前视图，然后单击视图显示控制区中的 Maximize Viewport Toggle（最大化视图框切换）图标，将前视图最大化显示。

（3）单击 Shapes（图形）图标，进入二维图形创建面板。单击 Line（线）按钮，在前视图中绘制一条曲线，如图 2-56 所示。

（4）打开修改面板，单击 Selection（选择）面板中的 Vertex（顶点）图标，进入点子物体编辑层级。

（5）采用框选的方式，在前视图中选中所有的点并右击，在弹出的快捷菜单中选择 Bezier（贝塞尔）类型，如图 2-57 所示。

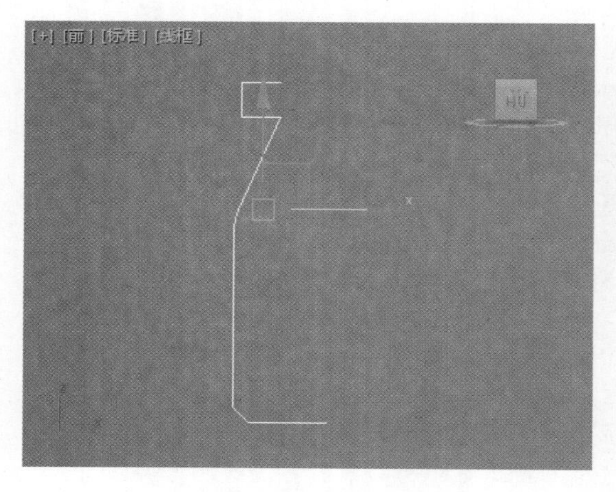

图2-56　绘制曲线

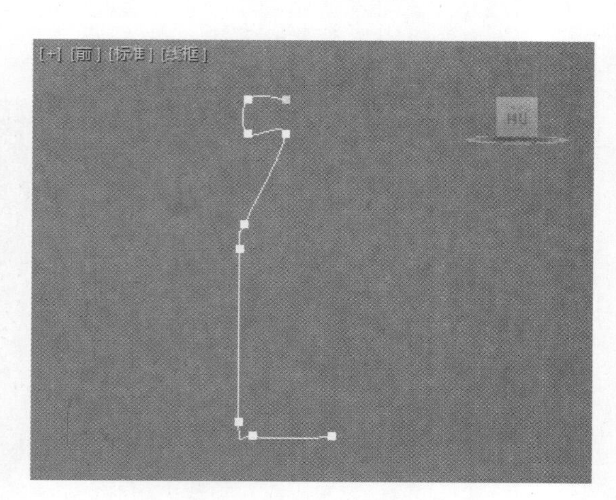

图2-57　改变点的类型

（6）单击工具栏上的 Select and Move（选择并移动）图标，调整每个点上的调节杆，如图 2-58 所示。

（7）单击视图显示控制区中的 Maximize Viewport Toggle（最大化视口切换）图标，切换到四视图显示。打开 Modifier List（修改器）下拉列表，选择 Lathe（车削）修改器，如图 2-59 所示。

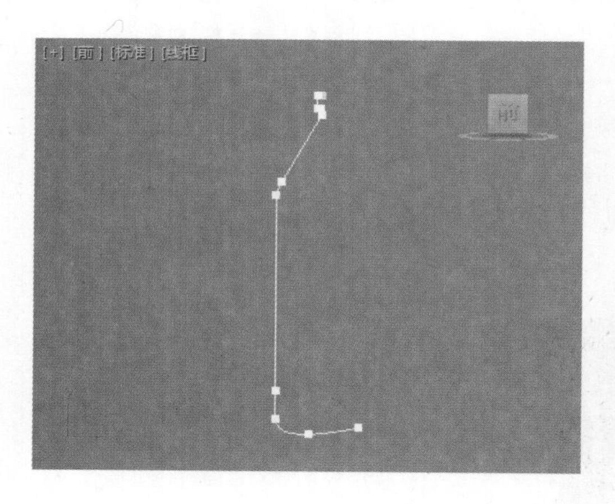

图2-58　调整点后的半轮廓

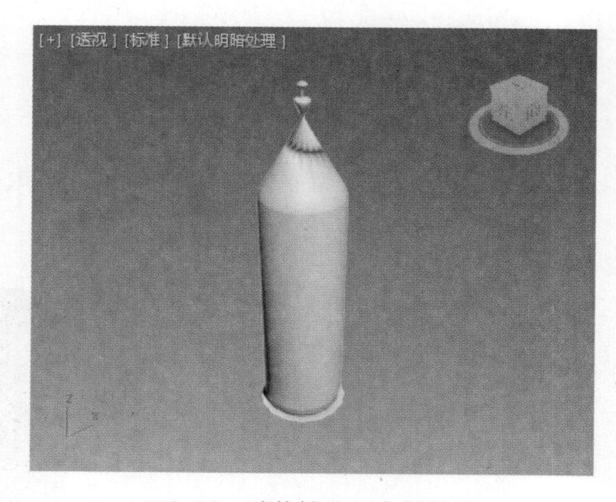

图2-59　默认情况下车削效果

（8）在默认情况下执行 Lathe（车削）命令时，旋转轴是曲线的中心轴，这里希望曲线以最右侧为轴进行旋转。单击 Parameters（参数）面板下 Align（对齐）选项组中的 Max（最大）按钮，并设置车削参数，如图 2-60 所示。修改后的效果如图 2-61 所示。

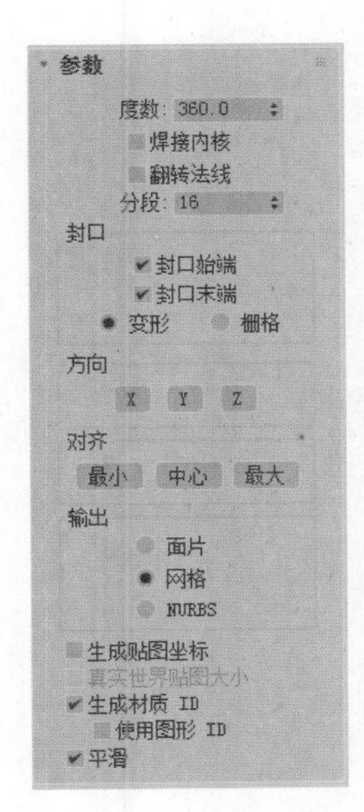

图2-60　设置车削参数

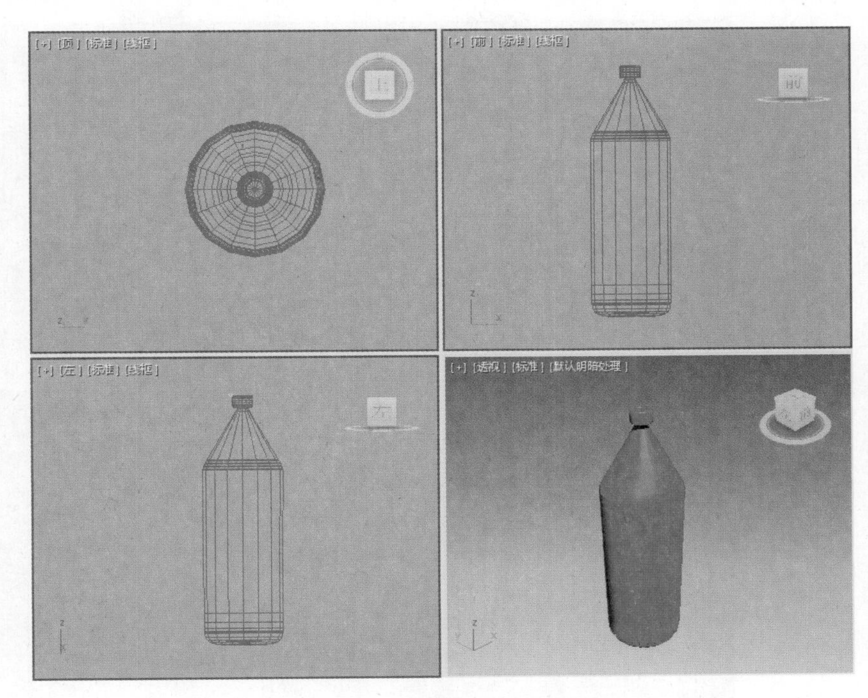

图2-61　修改后的啤酒瓶

提示：Max（最大）表示将旋转轴向右移动，使其穿过轮廓线中最右边的点，该点在这个轮廓中的 X 轴最大。Min（最小）表示将旋转轴向左移动，使其穿过轮廓线中最左边的点，该点在这个轮廓中的 X 轴最小。

（9）进入二维图形创建面板，单击 Line（线）按钮，在前视图中绘制杯子的半轮廓线并进行调整，如图 2-62 所示。

（10）打开修改面板，单击 Selection（选择）面板中的 Spline（样条线）图标，进入样条线子物体编辑层级。单击 Geometry（几何体）面板中的 Outline（轮廓）按钮，然后将光标移动到杯子半轮廓曲线上，单击并拖动鼠标，为半轮廓线添加轮廓，如图 2-63 所示。

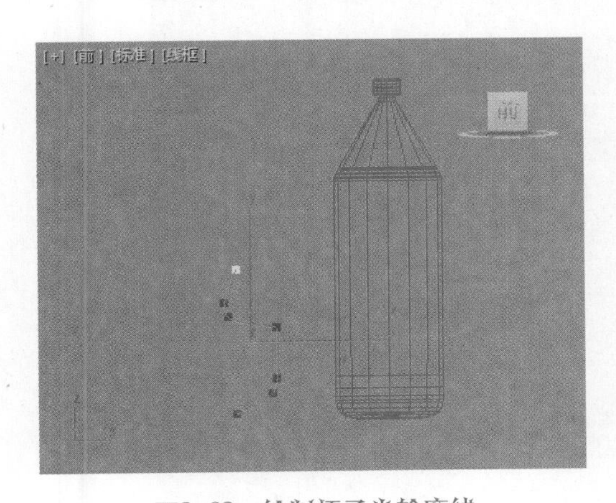

图2-62　绘制杯子半轮廓线

图2-63　添加轮廓

（11）打开 Modifier List（修改器）下拉列表，选择 Lathe（车削）修改器，采用与制作啤酒瓶相同的方法，设置车削参数。至此，啤酒瓶及酒杯模型创建完毕，如图 2-64 所示。

（12）局部放大前视图。进入二维图形创建面板，单击 Line（线）按钮，在杯子内侧绘制一条曲线，作为红酒模型的轮廓线，如图 2-65 所示。

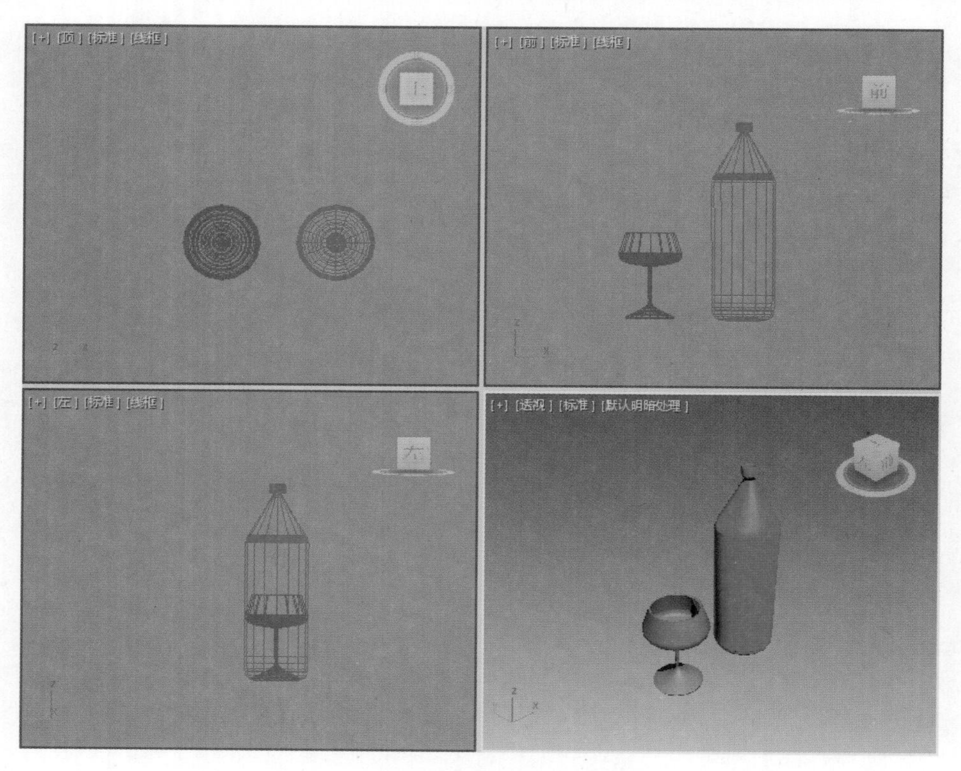

图2-64　完成的啤酒瓶及酒杯模型

图2-65　绘制红酒模型轮廓线

（13）打开修改面板，利用 Lathe（车削）修改器，生成红酒模型。进入标准基本体创建面板，创建一个 Plane（平面）作为桌面，适当调整相对位置，完成场景创建。调整透视图，添加场景后效果如图 2-66 所示。

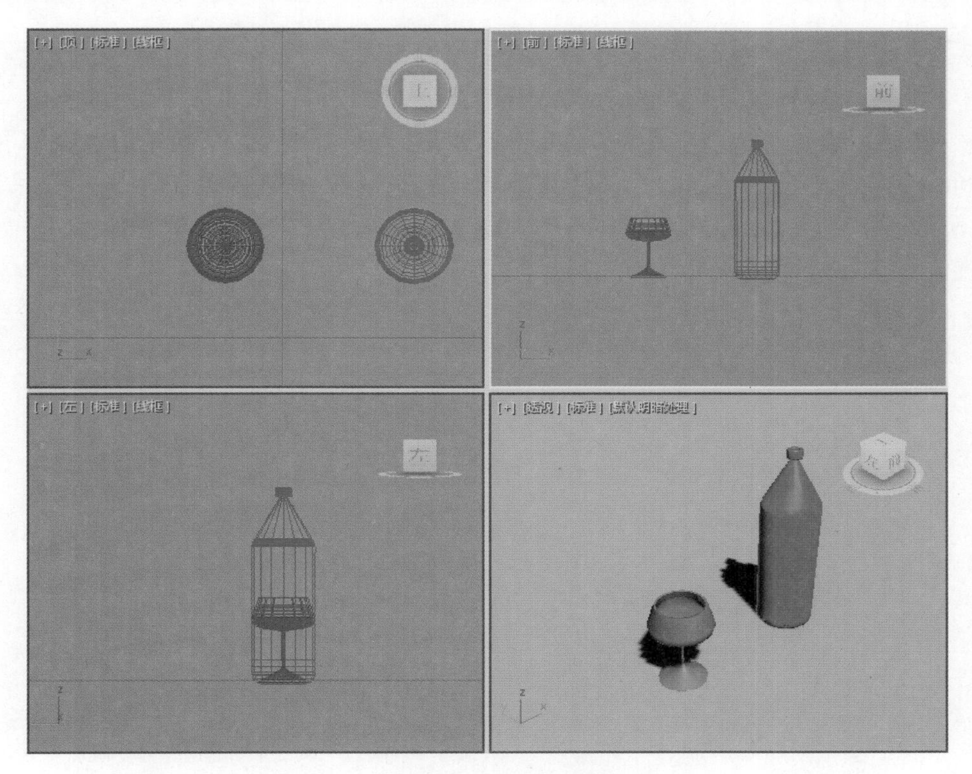

图2-66　添加场景后效果

- **Degrees（度数）**：确定对象绕轴旋转多少度，范围为 0 ~ 360，默认值是 360。
- **Weld Core（焊接内核）**：通过将旋转轴中的顶点焊接来简化网格。
- **Flip Normals（翻转法线）**：依赖图形上顶点的方向和旋转方向，旋转对象可能会内部外翻，可以勾选该复选框来修正它。
- **Segments（分段）**：在起始点与终点之间，确定在曲面上创建多少插值线段。
- **Min/Center/Max（最小 / 中心 / 最大）**：分别表示以曲线的最左、中间、最右侧为轴进行旋转。

2.4.2　挤出修改器

形状示例

挤出（Extrude）修改器将深度添加到图形中，并使其成为一个参数对象，如图 2-67 所示。

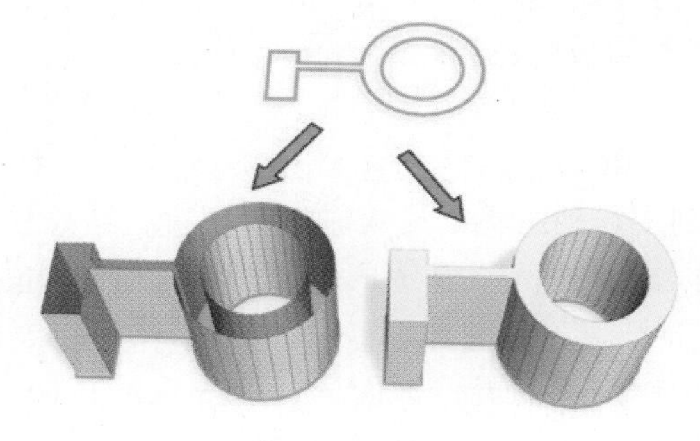

图2-67　挤出效果

创建步骤

（1）单击 3DS（文件）菜单中的 Reset（重置）命令，重新设置系统。

（2）单击 Create（创建）命令面板下的 Shapes（图形）图标，在下拉列表中选择 Spline（样条线），打开 Object Type（对象类型）面板，单击 Line（线）按钮，在前视图中绘制一条曲线，如图 2-68 所示。

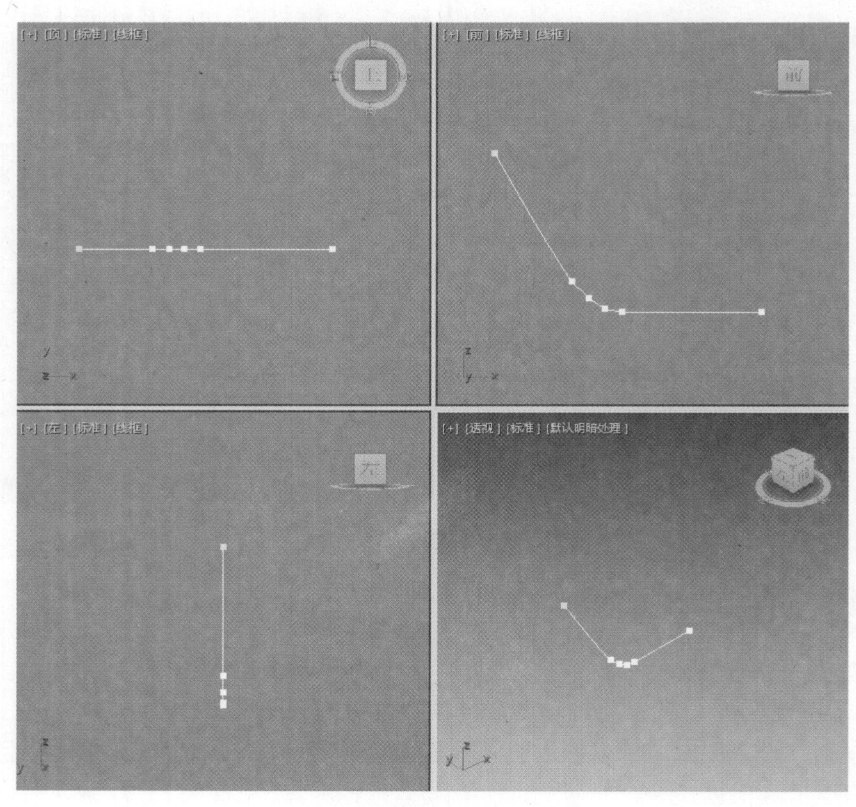

图2-68　绘制曲线

（3）打开修改面板，单击 Modifier List（修改器）下拉列表，选择 Lathe（车削）修改器，单击 Parameters（参数）面板下 Align（对齐）选项组中的 Max（最大）按钮，并适当设置车削参数。

（4）右击顶视图，然后单击视图显示控制区中的 Maximize Viewport Toggle（最大化视口切换）图标，将顶视图最大化显示。

（5）单击 Create（创建）图标，进入二维图形创建面板。单击 Line（线）按钮，绘制如图 2-69 所示的封闭曲线。

（6）单击视图显示控制区的 Maximize Viewport Toggle（最大化视口切换）图标，切换到四视图显示。确保封闭曲线处于选中状态，打开修改面板，单击 Modifier List（修改器）下拉列表，选择 Extrude（挤出）修改器，在 Parameters（参数）面板中适当设置 Amout（数量）值，车削生成的木桶主体，如图 2-70 所示。

（7）选中挤出物体（图 2-71），单击工具栏上的 Mirror（镜像）图标，在前视图中以 *Y* 轴为中心轴关联复制一个挤出物体，然后利用移动工具，沿 *X* 轴调整位置，结果如图 2-72 所示。

（8）单击 Create（创建）图标，进入二维图形创建面板。单击 Line（线）按钮，在前视图中绘制一条曲线，如图 2-73 所示。

（9）确保刚绘制的曲线处于选中状态，打开修改面板。单击 Selection（选择）面板中的 Spline（样条线）图标，进入样条线子物体编辑层级。

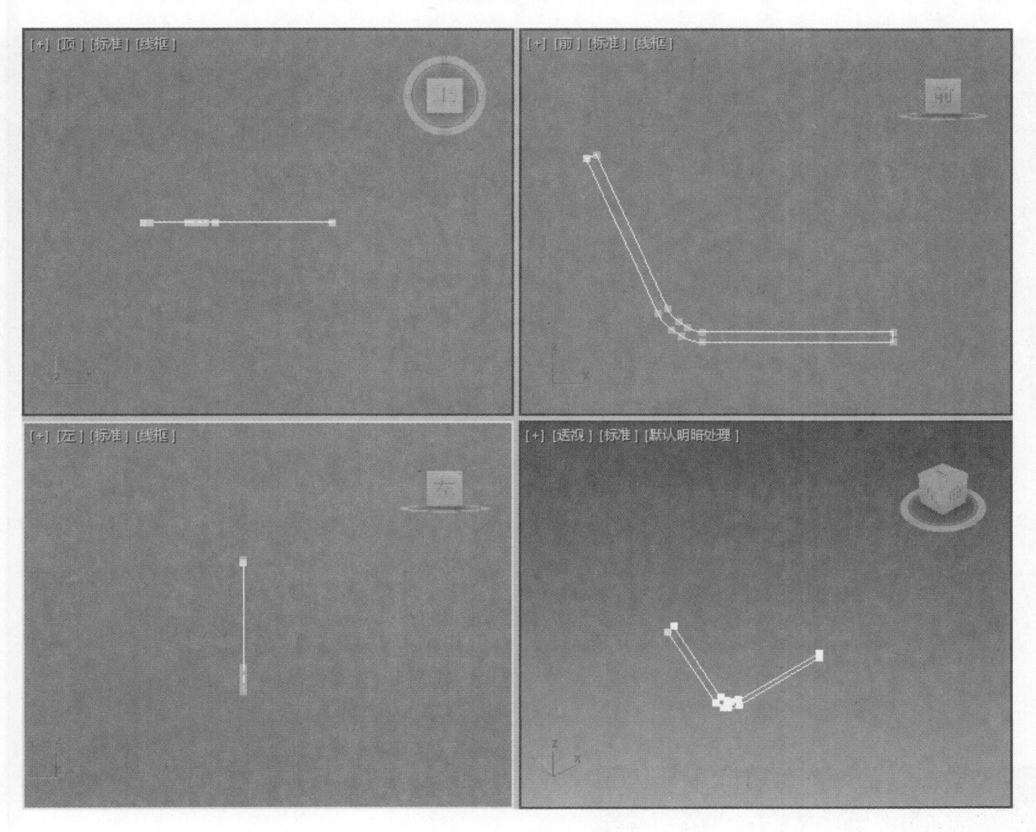

图2-69　绘制封闭曲线

图2-70　车削生成的木桶主体

图2-71 旋转挤出物体

图2-72 镜像复制挤出物体并调整位置

（10）单击曲线使其变成红色，打开 Geometry（几何体）面板，勾选 Mirror（镜像）下面的 Copy（复制）复选框，然后单击“镜像”按钮，如图 2-74 所示。

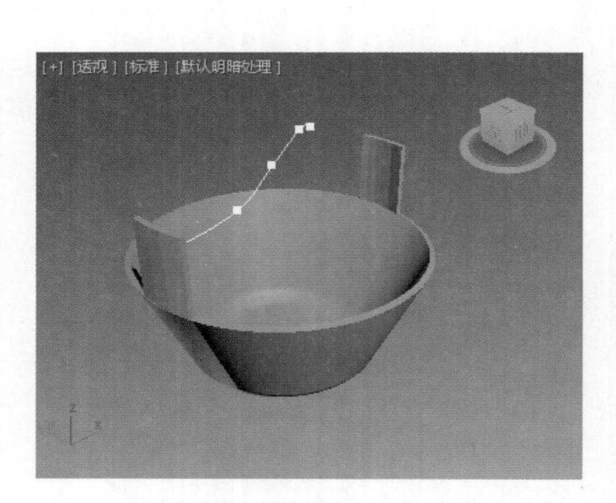

图2-73 绘制曲线

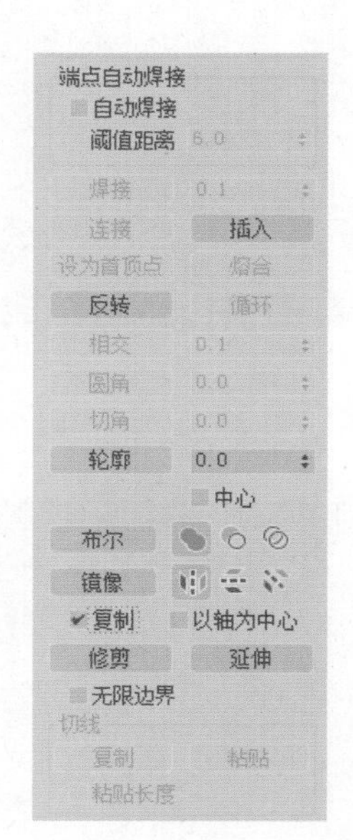

图2-74 勾选“复制”复选框

（11）单击工具栏上的 Select and Move（选择并移动）图标，在前视图中沿 X 轴向右移动镜像复制出的样条线，直到与源样条线相接，如图 2-75 所示。

图2-75 移动复制出的样条线

提示：

此处使用的是 Geometry（几何体）面板中的 Mirror（镜像）按钮，而不是工具栏中的 Mirror（镜像）图标。

（12）单击 Selection（选择）面板中的 Vertex（顶点）图标，进入点子物体编辑层级。采用框选的方法选中样条线上中间的两个点，然后单击 Geometry（几何体）面板中的 Weld（焊接）按钮，将两个点焊接在一起，如图 2-76 所示。

图2-76　焊接中间两点

提示：

如果中间的点上出现两个绿色手柄，表明焊接成功。如果不能正确焊接，可尝试增大 Weld（焊接）按钮后面的阈值。

（13）单击 Selection（选择）面板中的 Spline（样条线）图标，进入样条线子物体编辑层级。单击 Outline（轮廓）按钮，然后将光标移动到前视图中的曲线上单击并拖动鼠标，给样条线添加轮廓如图 2-77 所示。

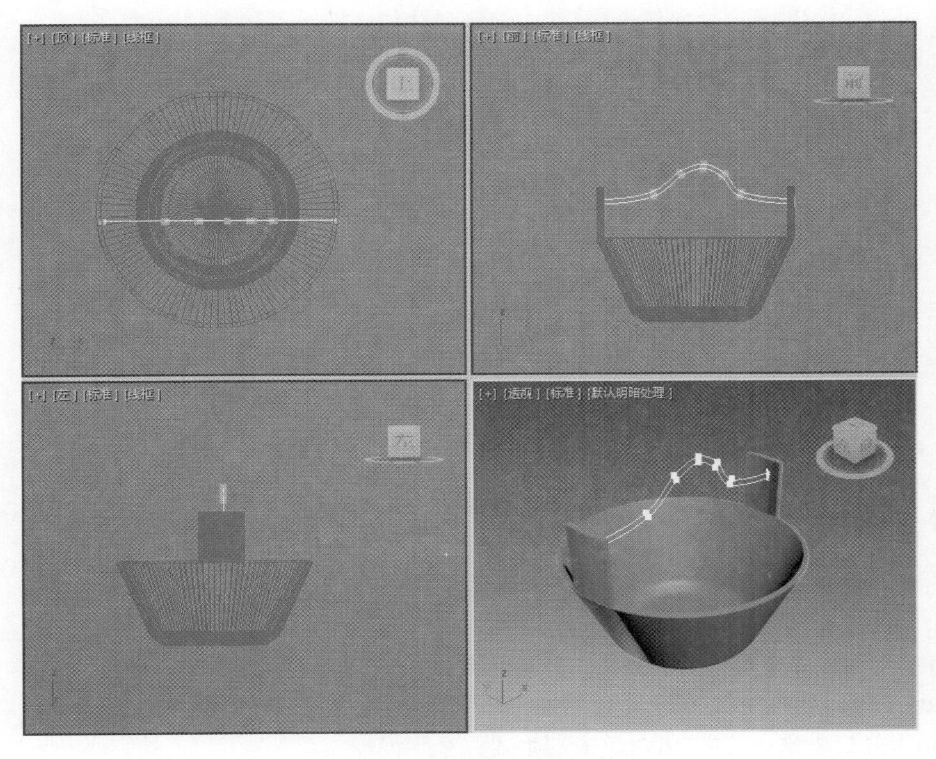

图2-77　给样条线添加轮廓

（14）单击 Modifier List（修改器）下拉列表，选择 Extrude（挤出）修改器，在 Parameters（参数）面板中适当设置 Amount（数量）值，挤出封闭曲线如图 2-78 所示。

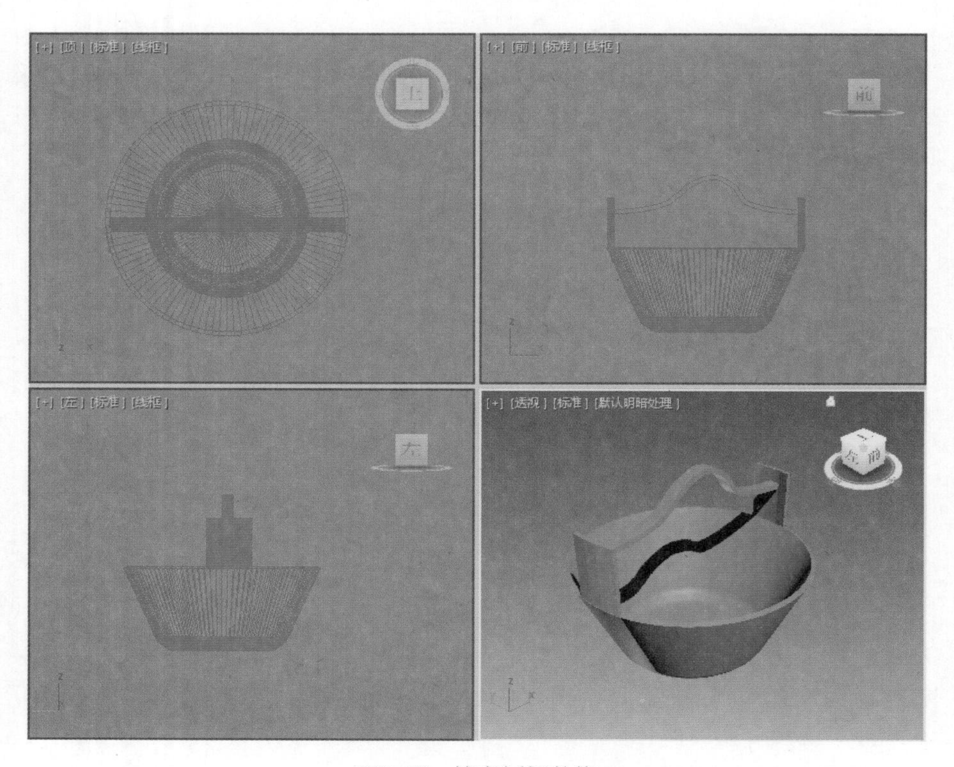

图2-78　挤出封闭曲线

（15）单击工具栏上的 Select and Move（选择并移动）图标，在前视图中将提手沿 X 轴向左移动到桶壁连接件正中间，调整提手位置，如图 2-79 所示。

图2-79　调整提手位置

下面简单介绍 Extrude（挤出）修改器的常用参数。

❖ **Amount（数量）**: 设置挤出的深度。

❖ **Segments（分段）**: 指定将要在挤出对象中创建线段的数目。

❖ **Cap Start（封口始端）**: 在挤出对象始端生成一个平面。

❖ **Cap End（封口末端）**: 在挤出对象末端生成一个平面。

2.4.3 倒角修改器

形状示例

倒角（Bevel）修改器将图形挤出为三维对象并在边缘应用平或圆的倒角。此修改器的一个常规用法是创建三维文本和徽标，而且可以应用于任意图形，效果如图 2-80 所示。

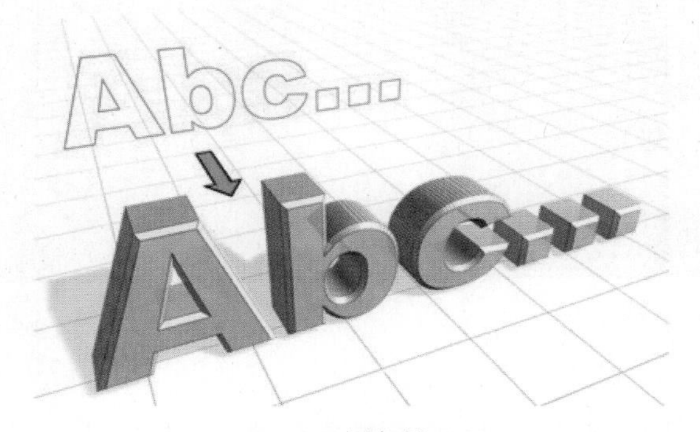

图2-80 倒角效果图

创建步骤

（1）单击 3DS（文件）菜单中的 Reset（重置）命令，重新设置系统。

（2）单击 Create（创建）命令面板下的 Shapes（图形）图标，在下拉列表中选择 Spline（样条线），打开 Object Type（对象类型）面板，单击 Line（线）按钮，在前视图中绘制一条曲线。

（3）打开修改面板，单击 Selection（选择）面板中的 Vertex（顶点）图标，进入点子物体编辑层级。改变拐角处点的类型，并进行适当调整，使拐角处变得光滑，如图 2-81 所示。

（4）单击 Selection（选择）面板中的 Spline（样条线）图标，进入样条线子物体编辑层级。单击曲线使其变成红色，打开 Geometry（几何体）面板，勾选 Mirror（镜像）按钮下面的 Copy（复制）复选框，然后单击 Mirror（镜像）按钮，镜像复制另一半曲线，如图 2-82 所示。

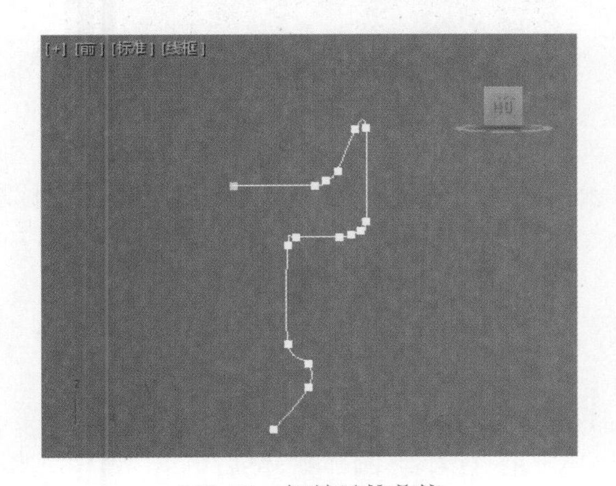

图2-81 调整后的曲线

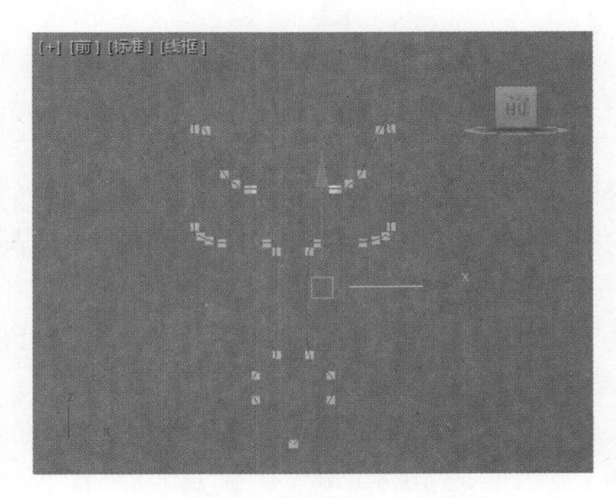

图2-82 镜像复制另一半曲线

（5）单击工具栏上的 Select and Move（选择并移动）图标，在前视图中沿 *X* 轴向右移动至刚好与源曲线相接，如图 2-83 所示。

（6）单击 Selection（选择）面板中的 Vertex（顶点）图标，进入点子物体编辑层级。采用框选的方法选中样条线上中间的 4 个点，然后单击 Geometry（几何体）面板中的 Weld（焊接）按钮，将相邻的点焊接在一起，如图 2-84 所示。

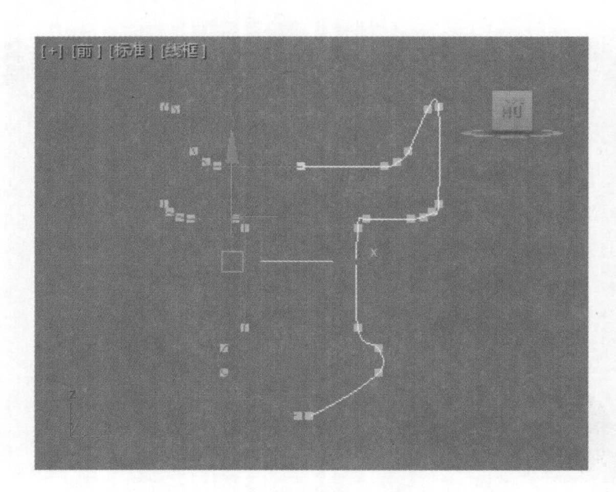

图2-83　调整复制出的样条线位置

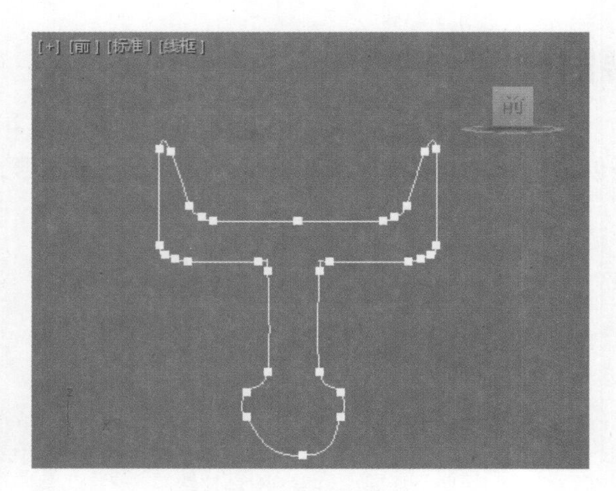

图2-84　焊接中间点

提示：

如果中间的点上出现绿色手柄，表明焊接成功。如果不能正确焊接，可尝试增大 Weld（焊接）按钮后面的阈值。

（7）单击打开 Modifier List（修改器）下拉列表，选择 Bevel（倒角）修改器，Bevel Values（倒角值）的参数参考图 2-85 设置，由倒角生成剑把，效果如图 2-86 所示。

图2-85　设置“倒角值”参数

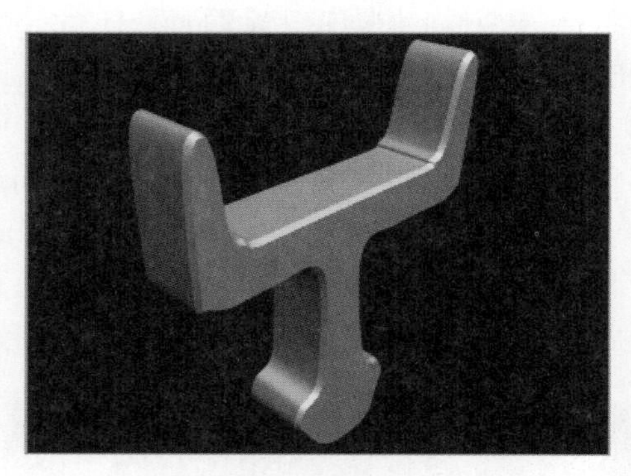

图2-86　倒角生成剑把

（8）激活顶视图，单击视图显示控制区中的 Maximize Viewport Toggle（最大化视口切换）图标，最大化显示顶视图。单击 Create（创建）图标，进入二维图形创建面板。单击 Line（线）按钮，在顶视图中绘制一条曲线，如图 2-87 所示。

（9）确保刚绘制的曲线处于选中状态，打开修改面板。单击 Selection（选择）面板中的 Spline（样条线）图标，进入样条线子物体编辑层级。

（10）单击曲线使其变成红色，打开 Geometry（几何体）面板，勾选 Mirror（镜像）按钮下面的 Copy（复制）复选框，单击 Mirror（镜像）按钮后的 Mirror Vertically（垂直镜像）图标，然后单击“镜像”按钮，镜像后的样条线如图 2-88 所示。

（11）单击工具栏上的 Select and Move（选择并移动）图标，在顶视图中沿 *Y* 轴向下移动，镜像复制出样条线，直到与源样条线相接，如图 2-89 所示。

图2-87 绘制曲线

图2-88 镜像后的样条线

提示：

此处使用的是 Geometry（几何体）面板中的 Mirror（镜像）按钮，而不是工具栏中的 Mirror（镜像）图标。

（12）单击 Selection（选择）面板中的 Vertex（顶点）图标，进入点子物体编辑层级。采用框选的方法选中样条线上中间一行的两个点，然后单击 Geometry（几何体）面板中 Weld（焊接）按钮，将两个点焊接在一起，适当调整点的位置，如图 2-90 所示。

图2-89 移动复制出的样条线

图2-90 焊接中间一行的两点

提示：

如果不能正确焊接，可尝试增大 Weld（焊接）按钮后面的阈值。

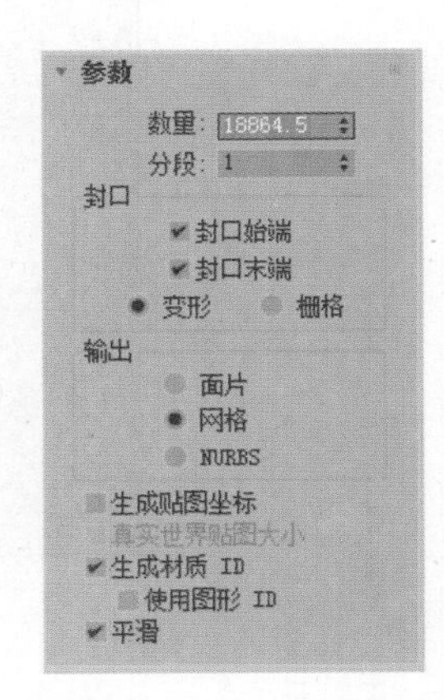

图2-91 设置挤出参数

（13）单击视图显示控制区中的 Maximize Viewport Toggle（最大化视口切换）图标，切换到四视图显示。

（14）确保封闭曲线处于选中状态，打开修改面板，单击 Modifier List（修改器）下拉列表，选择 Extrude（挤出）修改器，在 Parameters（参数）面板中适当设置 Amount（数量）及 Segments（分段）值，参数设置可以参考图 2-91。挤出后的剑身如图 2-92 所示。

（15）利用对齐、移动工具，调整剑身与剑柄刚好接触并对齐，如图 2-93 所示。

（16）下面调整剑身，确保剑身处于选中状态，单击打开 Modifier List（修改器）下拉列表，选择 FFD3×3×3（自由变形 3×3×3）修改器。在任意视图中右击，在弹出的快捷菜单中选择 Control Points（控制点），进入控制点子物体编辑层级。

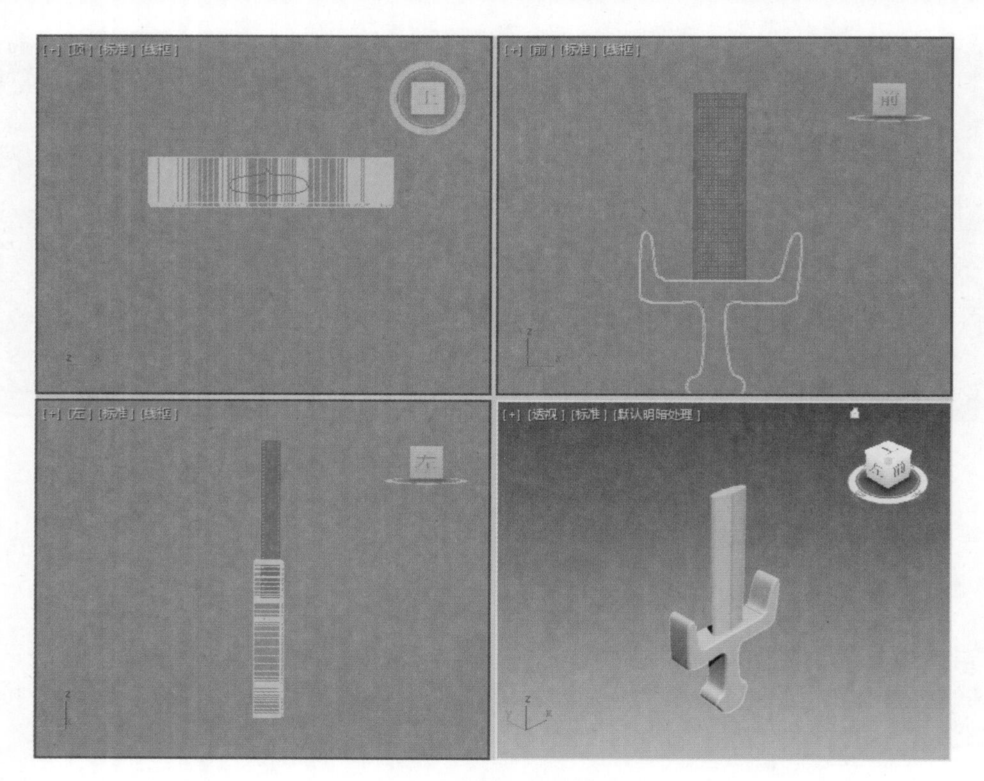

图2-92　挤出后的剑身

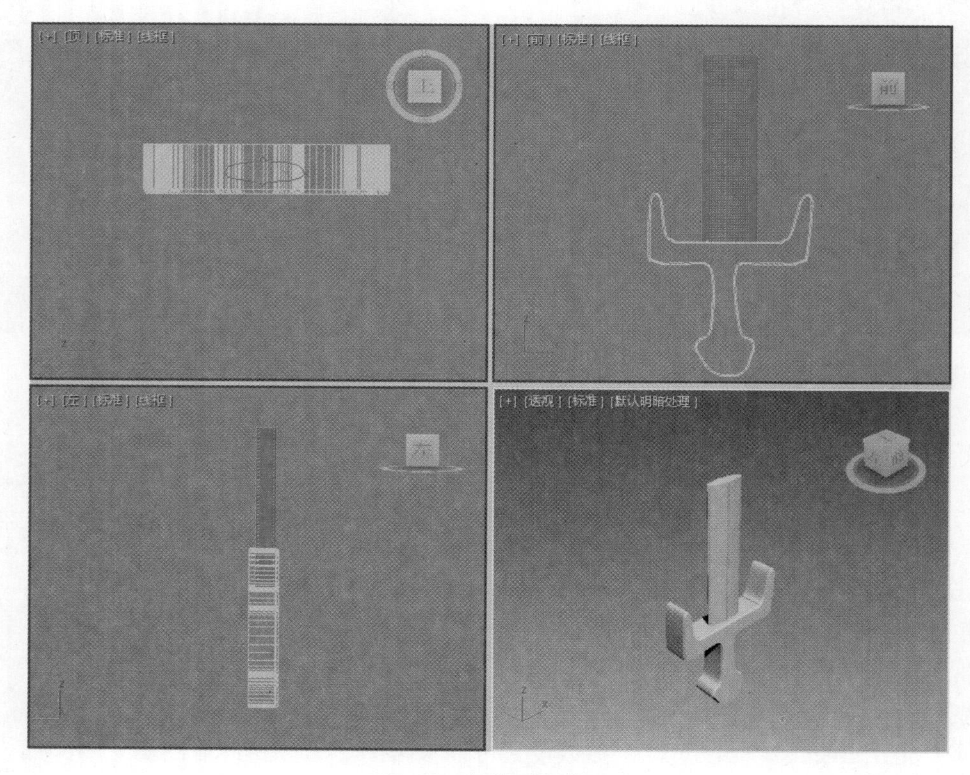

图2-93　调整剑身位置

（17）在前视图中框选最上层的点，使其变成亮黄色，如图 2-94 所示。

（18）单击工具栏上的 Select and Uniform Scale（选择并均匀缩放）图标，在顶视图中缩小最上层的点，如图 2-95 所示。

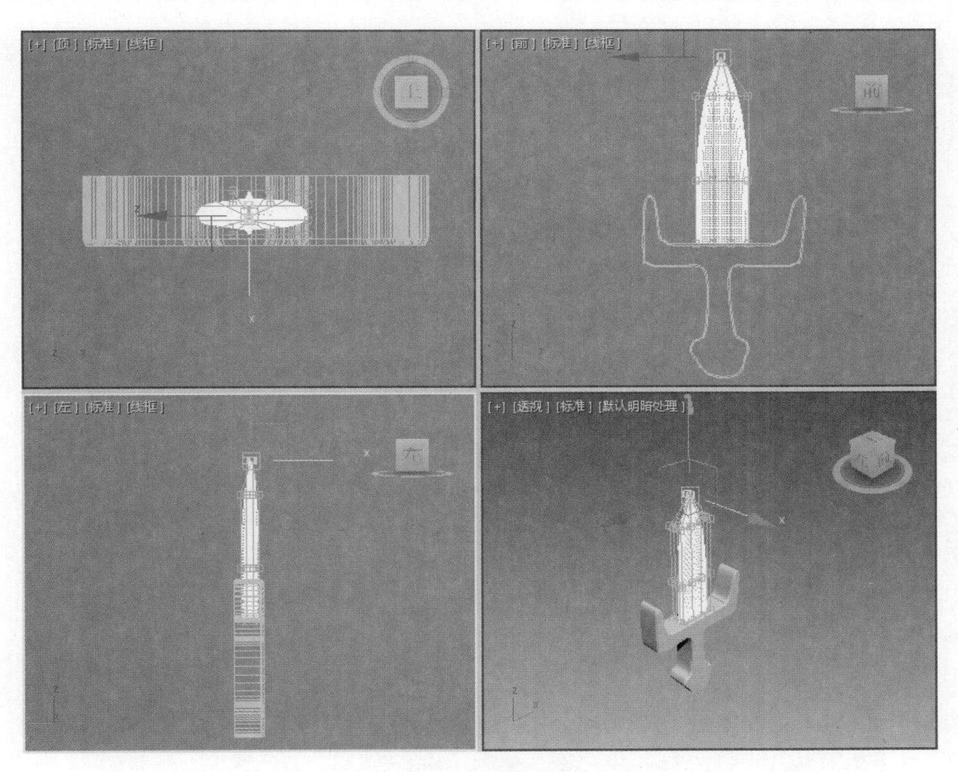

图2-94　选中最上层的点

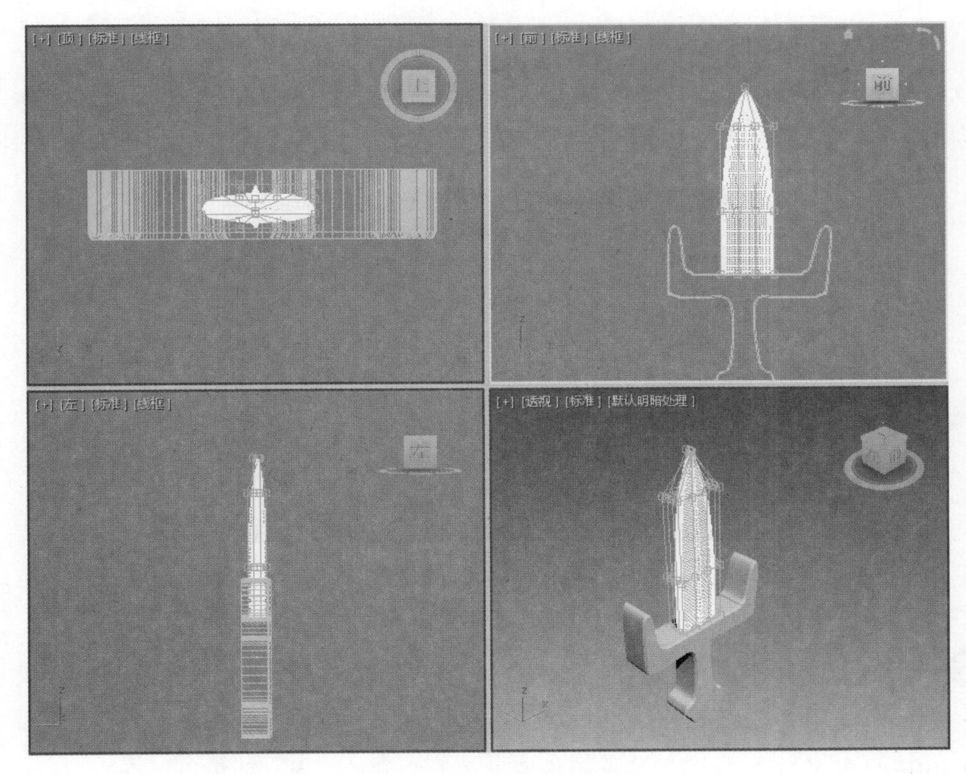

图2-95　缩小最上层的点

（19）在前视图中框选中间层的点，使其变成亮黄色，利用移动工具，沿 *Y* 轴向上移动控制点，然后单击工具栏上的 Select and Uniform Scale（选择并均匀缩放）图标，在顶视图中稍微放大中间层的控制点，如图 2-96 所示。至此，剑模型创建完毕。

提示： 如果缩放控制点后透视图中的剑身形状无变化，则有可能是前面进行挤出操作时没有设置足够的 Segments（分段）值，可以在修改器中单击 Extrude（挤出）回到“挤出”面板，增大 Segments（分段）值解决问题。

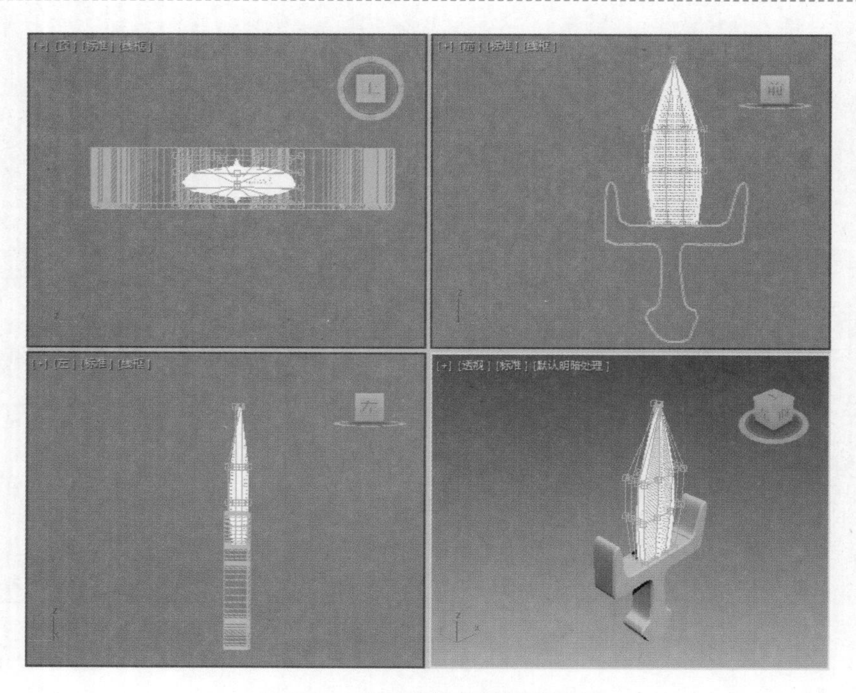

图2-96　移动并放大中间控制点

（20）进入标准基本体创建面板，在顶视图中创建一个平面作为地面。选中剑把和剑身，利用旋状工具将其在前视图中绕 *Z* 轴旋转 180°，适当调整其与平面位置，调整透视图，如图 2-97 所示。

图2-97　铜剑的透视图

下面介绍 Bevel（倒角）修改器的常用参数。

- **Start Outline（起始轮廓）**：设置轮廓距离原始图形的偏移距离。非零设置会改变原始图形的大小。
- **Level 1（级别 1）**：包含两个参数，表示起始级别的改变。
- **Height（高度）**：设置级别 1 在起始级别之上的距离。
- **Outline（轮廓）**：设置级别 1 的轮廓到起始轮廓的偏移距离。
- **Level 2（级别 2）**：在级别 1 之后添加一个级别。

❖ **Height**（高度）：设置级别 1 之上的距离。
❖ **Outline**（轮廓）：设置级别 2 的轮廓到级别 1 轮廓的偏移距离。
❖ **Level 3**（级别 3）：在前一级别之后添加一个级别。如果未启用 Level 2（级别 2），Level 3（级别 3）添加于 Level 1（级别 1）之后。
❖ **Height**（高度）：设置到前一级别之上的距离。
❖ **Outline**（轮廓）：设置 Level 3（级别 3）的轮廓到前一级别轮廓的偏移距离。

传统的倒角设置使用带有这些典型条件的所有级别：起始轮廓可以是任意值，通常为 0.0；Level 1（级别 1）轮廓为正值；Level 2（级别 2）轮廓值为 0.0；Level 3（级别 3）轮廓为 Level 1（级别 1）轮廓值的负值。

2.5 综合应用——古鼎

通过上面各小节的学习，读者对各种二维图形转换成三维模型的方法均有了初步的认识。为了巩固这些建模方法，本节将以古鼎为例，进一步带领读者学习这些建模方法的综合运用。

2.5 综合应用——古鼎

古鼎可以分解为支架、支架连接环、鼎座以及鼎身 4 部分。其中，支架的制作方法是：绘制线条并添加 Bevel（倒角）修改器。支架连接环的制作方法是：创建圆形并在 Rendering（渲染）面板中勾选 Enable in Renderer（在渲染中启用）和 Enable in Viewport（在视口中启用）复选框，适当设置线框参数。鼎座的制作方法是：创建圆形并添加 Extrude（挤出）修改器。鼎身的制作方法是：绘制曲线并编辑，然后添加 Lathe（车削）修改器。下面开始古鼎模型的制作。

（1）重置系统。

（2）激活前视图，单击 Create（创建）命令面板中的 Shapes（图形）图标，打开 Object Type（对象类型）面板，单击 Line（线）按钮，在前视图中绘制一条曲线。

（3）打开 Modify（修改）面板，单击 Slection（选择）面板中的 Splines（样条线）图标，打开样条线子物体编辑层级。单击 Geometry（几何体）面板中的 Outline（轮廓）按钮，然后将光标移动到曲线上，单击并拖动鼠标，给曲线添加轮廓，如图 2-98 所示。

图2-98 给曲线添加轮廓

（4）单击 Slection（选择）面板中的 Vertex（顶点）图标，打开点子物体编辑层级。删除或者移动轮廓线上不规则的点并作适当调整，如图 2-99 所示。

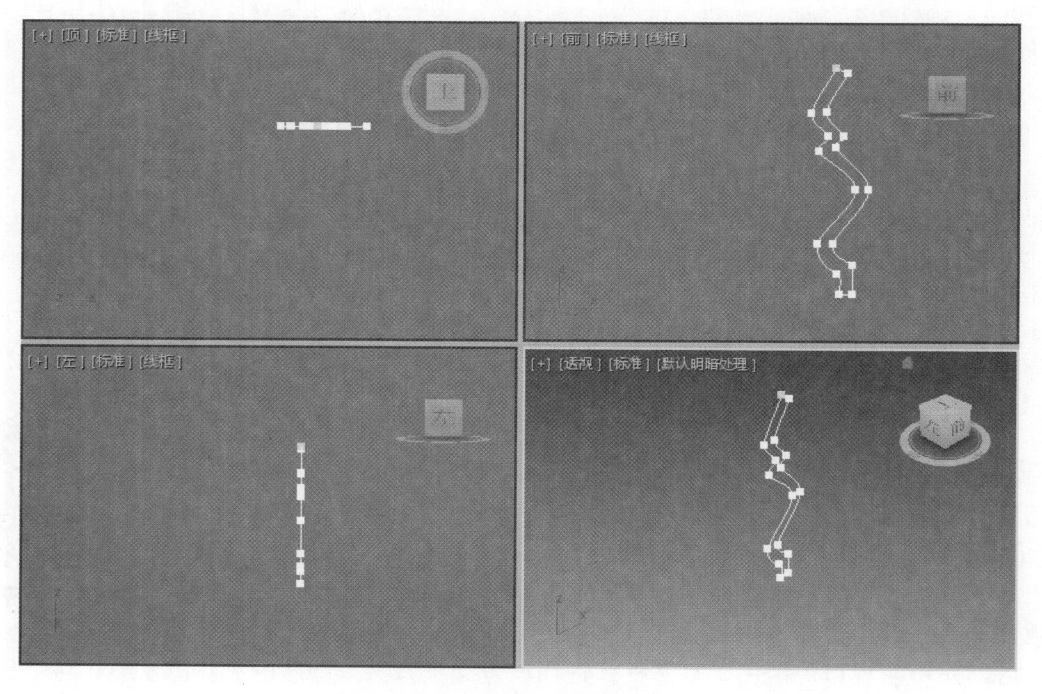

图2-99　调整轮廓线上的点

（5）单击 Modifier List（修改器）下拉列表，选择 Bevel（倒角）修改器，Bevel Values（倒角值）面板中的参数参考图 2-100 设置，效果如图 2-101 所示。

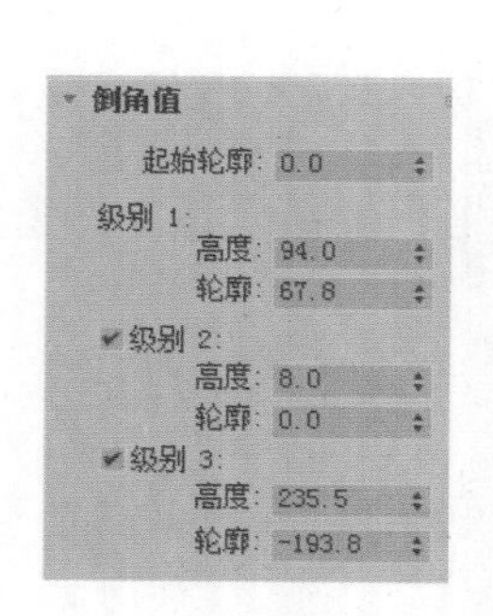

图2-100　设置“倒角值”参数

图2-101　倒角生成支架

（6）单击 Hierarchy（层次）图标，打开面板。单击 Adjust Pivot（调整轴）面板中的 Affect Pivot Only（仅影响轴）按钮，选择移动工具，在顶视图移动轴心点到图 2-102 所示的位置。

（7）单击 Affect Pivot Only（仅影响轴）按钮，退出轴心调整。确保支架被选中并且顶视图处于激活状态，单击 Tools（工具）菜单，选择 Array（阵列）命令，打开 Array（阵列）对话框，设置参数如图 2-103 所示。调整视图，如图 2-104 所示。

（8）单击 Circle（圆）按钮，在顶视图中创建一个圆，如图 2-105 所示。

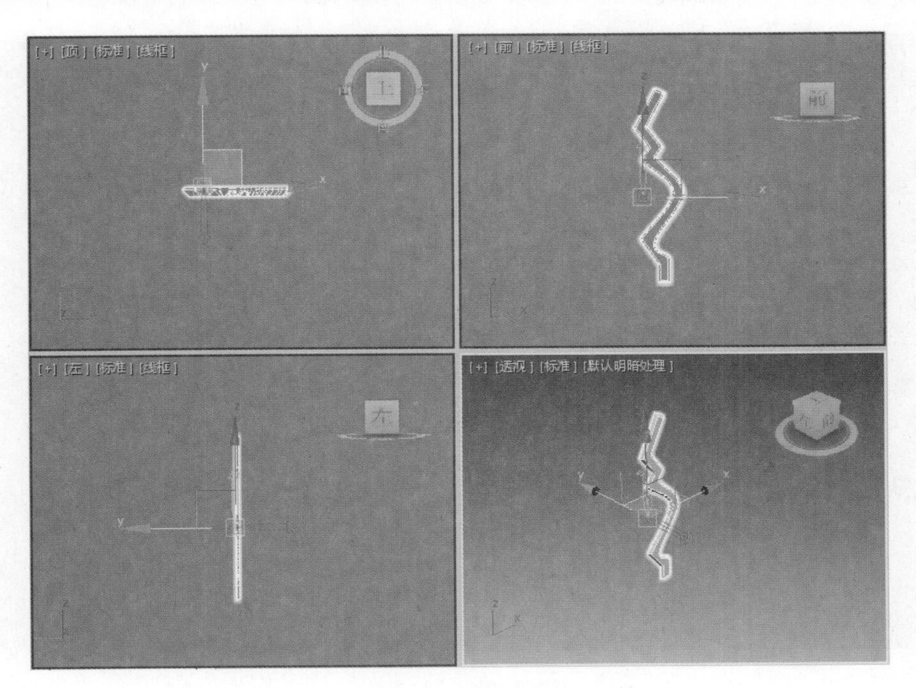

图2-102　调整轴心点

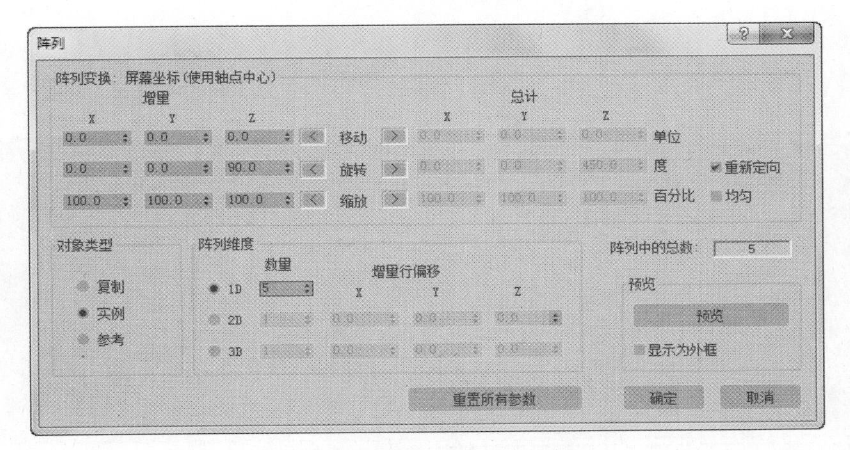

图2-103　设置“阵列”参数

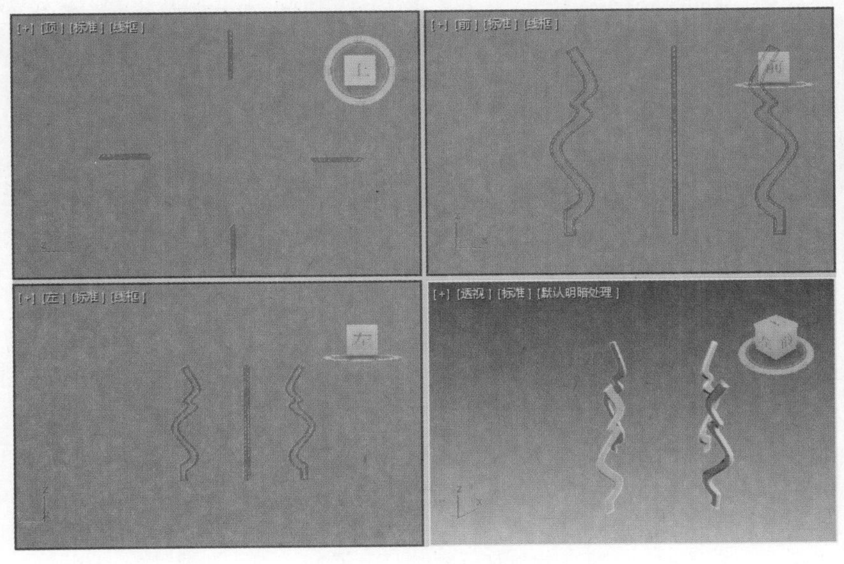

图2-104　阵列后的支架

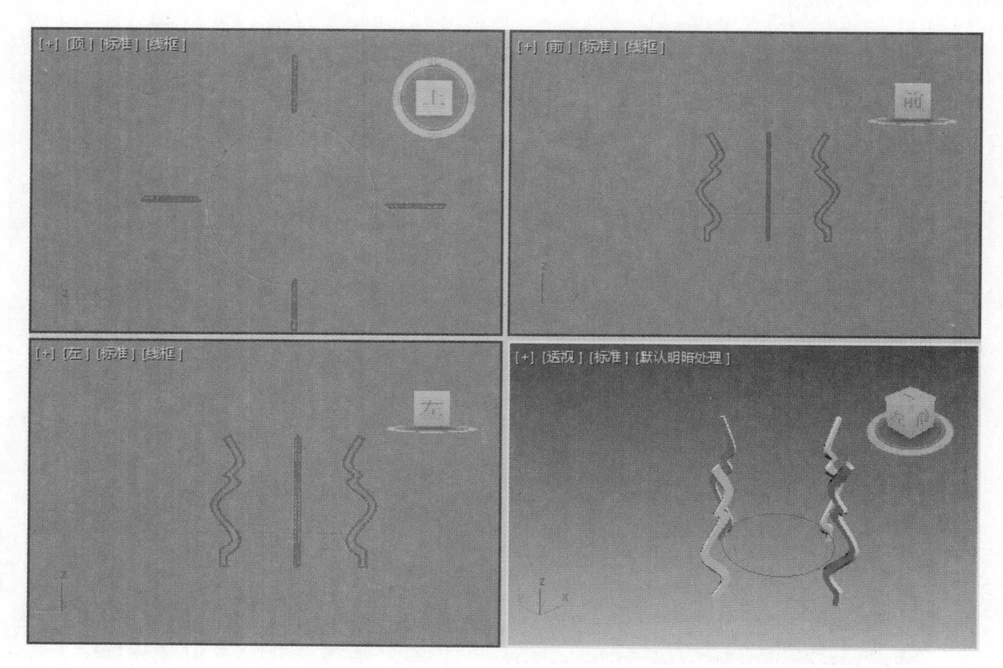

图2-105　创建圆

（9）打开 Modify（修改）面板,单击 Modifier List（修改器）下拉列表,选择 Extrude（挤出）修改器,在 Parameters（参数）面板中设置 Amount（数量）值，适当调整挤出物体位置，如图 2-106 所示。

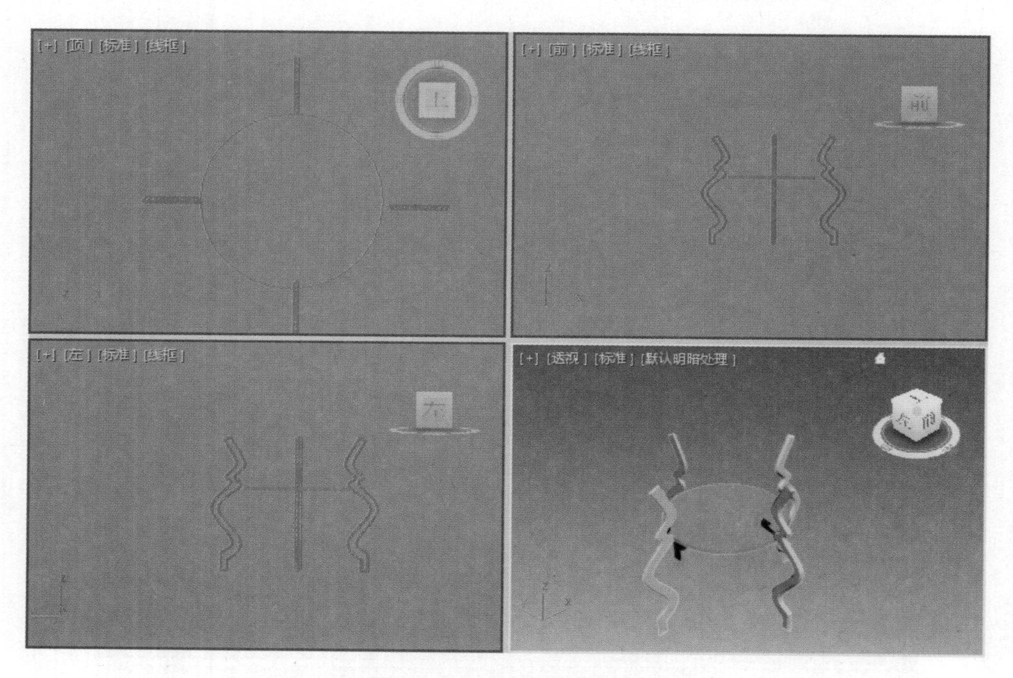

图2-106　挤出圆形垫板并调整位置

（10）单击 Create（创建）图标＋，打开二维图形 Create（创建）面板。单击 Circle（圆）按钮，在顶视图中再创建一个圆。利用移动工具，在前视图中将其沿 Y 轴向下移动到图 2-107 所示的位置。

（11）打开 Modify（修改）面板，打开 Rendering（渲染）面板，勾选 Enable in Renderer（在渲染中启用）和 Enable in Viewport（在视口中启用）复选框，并设置“渲染”参数，如图 2-108 所示。添加厚度后的圆如图 2-109 所示。

（12）单击 Create（创建）图标＋，打开二维图形 Create（创建）面板。单击 Line（线）按钮，在前视图中绘制一条曲线，如图 2-110 所示。

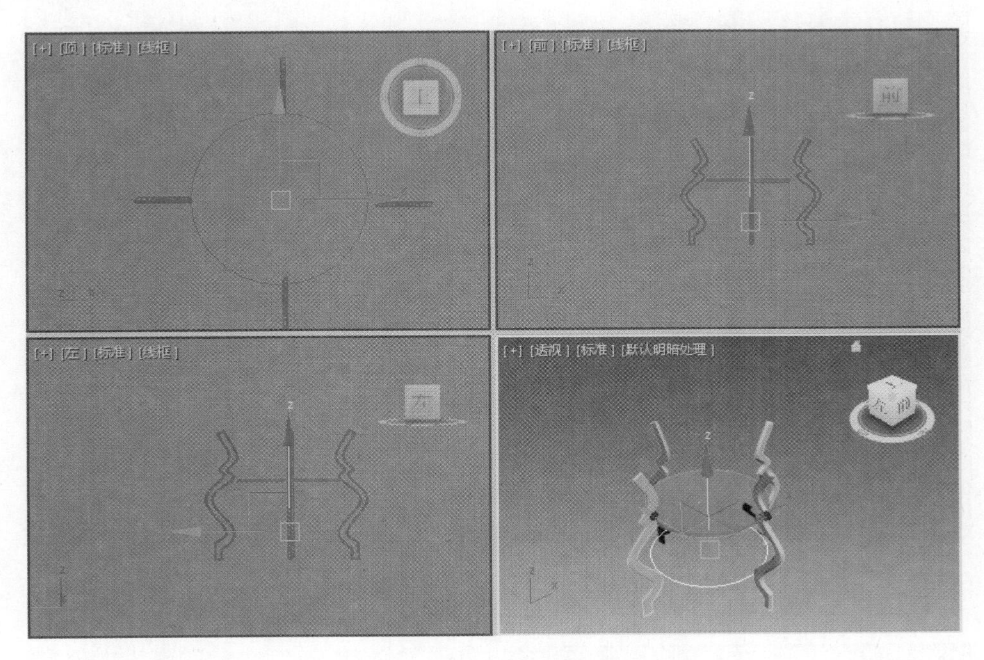

图2-107　创建圆并调整位置

渲染
在渲染中启用
在视口中启用
使用视口设置
生成贴图坐标
真实世界贴图大小
视口　渲染
径向
厚度：300.0
边：12
角度：0.0
矩形
长度：6.0
宽度：2.0
角度：0.0
纵横比：3.0

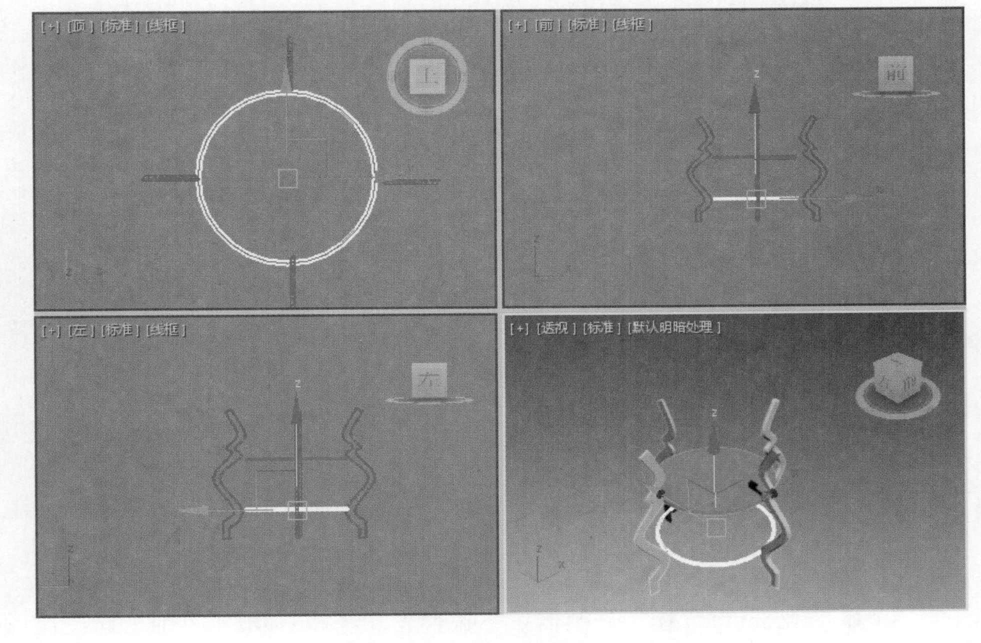

图2-108　设置“渲染”参数　　　　图2-109　添加厚度后的圆

（13）打开 Modily（修改）面板，单击 Slection（选择）面板中的 Splines（样条线）图标，打开样条线子物体编辑层级。单击 Geometry（几何体）面板中的 Outline（轮廓）按钮，然后将光标移动到曲线上，单击并拖动鼠标，为曲线添加轮廓，如图 2-111 所示。

（14）单击 Slection（选择）面板中的 Vertex（顶点）图标，打开点子物体编辑层级。选中曲线顶端的两个点，并在其上右击，在弹出的快捷菜单中选择 Smooth（光滑）类型。

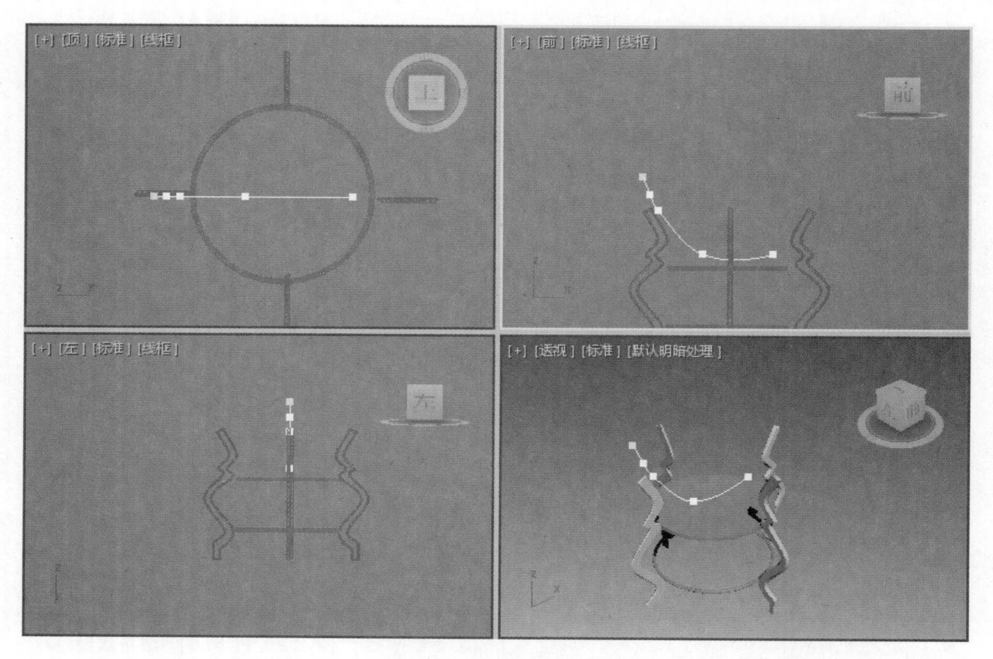

图2-110　绘制曲线

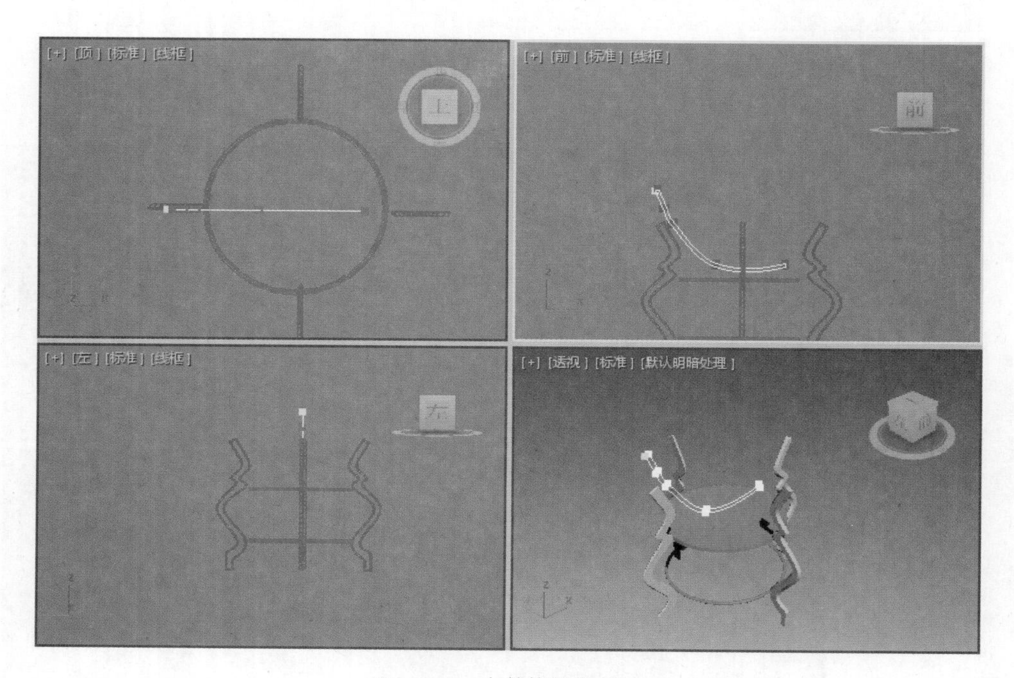

图2-111　为曲线添加轮廓

（15）单击 Modifier List（修改器）下拉列表，选择 Lathe（车削）修改器，单击 Parameters（参数）面板下 Align（对齐）选项组中的 Min（最小）按钮，并适当设置车削参数，如图 2-112 所示。至此，古鼎模型创建完毕。

（16）打开标准基本体创建面板，在顶视图中创建一个平面作为地面，适当调整古鼎的比例及其与地面的位置。调整透视图，添加场景后的效果如图 2-113 所示。

（17）打开材质编辑器，激活一个空白样本球。打开 Maps（贴图）面板，为 Diffuse Color（漫反射颜色）贴图通道指定“BENEDETI.JPG”文件，适当设置 Coordinates（坐标）面板下 U、V 方向的 Tiling（平铺）值，然后将制作好的材质赋给地面。

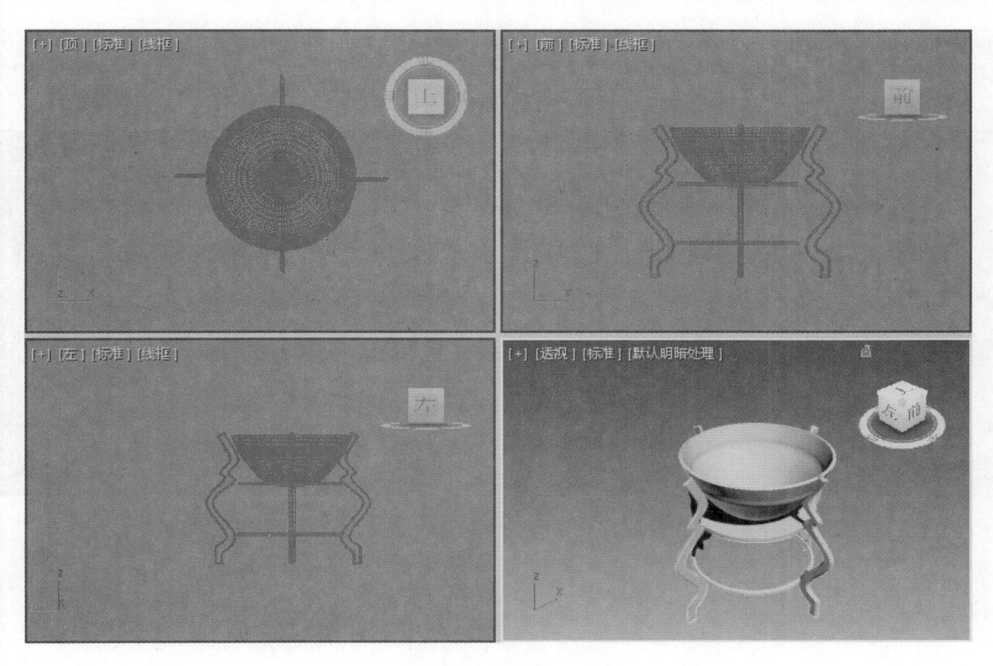

图2-112　车削生成古鼎

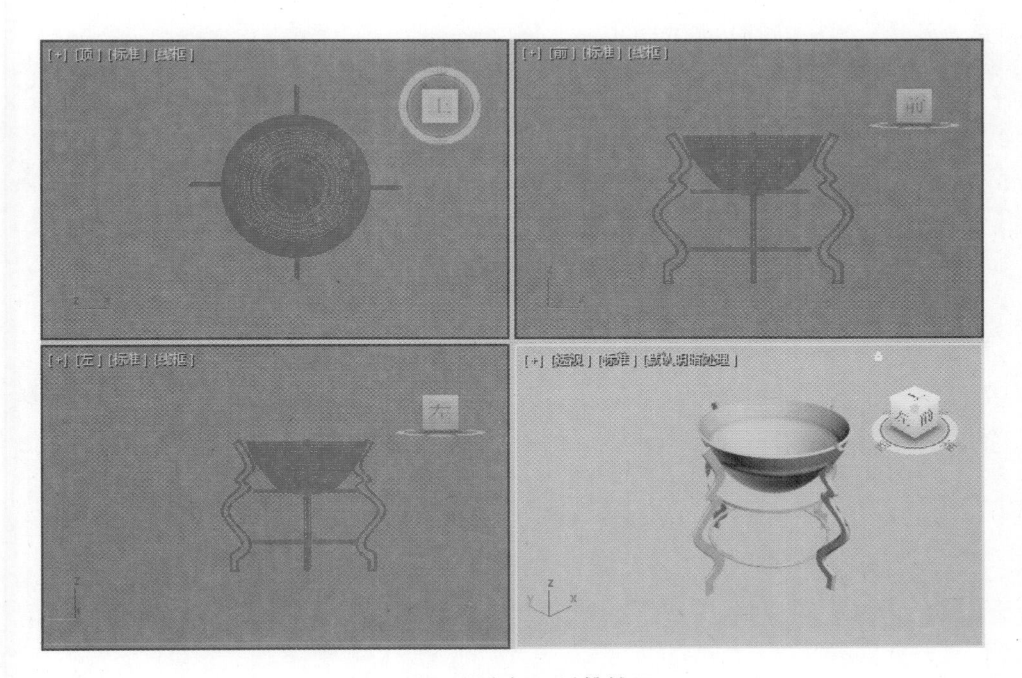

图2-113　添加场景后的效果图

（18）激活一个空白材质球，打开 Blinn Basic Parameters（Blinn 基本参数）面板，参考图 2-114 设置基本参数。

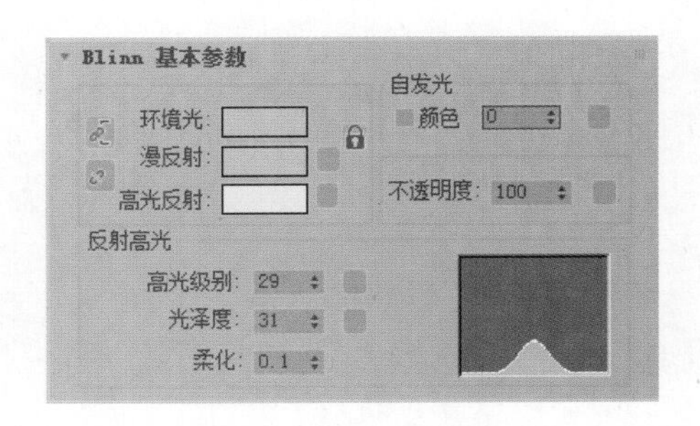

图2-114　设置"Blinn基本参数"

（19）打开 Maps（贴图）面板，为 Diffuse（漫反射颜色）贴图通道指定"OLDMETAL.JPG"文件，适当设置 Coordinates（坐标）面板下 U、V 方向的 TIling（平铺）值，然后将制作好的材质赋给古鼎。快速渲染透视图，观察为模型和场景赋予材质后的效果，如图 2-115 所示。

（20）打开 Light（灯光）创建面板，创建一盏目标聚光灯作为主光源并开启“阴影”选项，再创建两盏泛光灯，调小其 Multiplier（倍增）值作为辅光源。快速渲染透视图，最终的古鼎效果如图 2-116 所示。

图2-115　为模型和场景赋予材质后的效果图

图2-116　最终的古鼎效果图

第3章

几何体的创建与参数详解

内容指南

场景中实体三维对象和用于创建它们的对象，称为几何体。通常，几何体组成场景的主题和渲染的对象。可以说，熟悉几何体的创建和参数，是三维建模最基本的要求。

知识重点

- 各种几何体的形状
- 常用几何体的创建方法
- 常用几何体的参数意义
- 运用几何体进行简单建模

3.1 标准基本体

读者熟悉的几何体在现实世界中就是像管道、长方体、圆环和圆锥形冰激凌杯这样的对象。在 3ds Max 2018 中，可以使用单个几何体对很多这样的对象建模。还可以将基本体结合到更复杂的对象中，并使用修改器进一步细化。图 3-1 所示为 3ds Max 2018 提供的标准基本体。

图3-1 标准基本体

3.1.1 圆柱体

形状示例

Cylinder（圆柱体）用于生成各种柱状形体，可以围绕其主轴进行“切片”，圆柱体的形状示例如图 3-2 所示。

创建步骤

圆柱体的创建方法比较简单，下面简单叙述。

（1）单击 Create（创建）图标，单击 Geometry（几何体）图标，打开标准基本体创建面板。Object Type（对象类型）面板下列出了可以创建的各种标准基本体按钮，如图 3-3 所示。

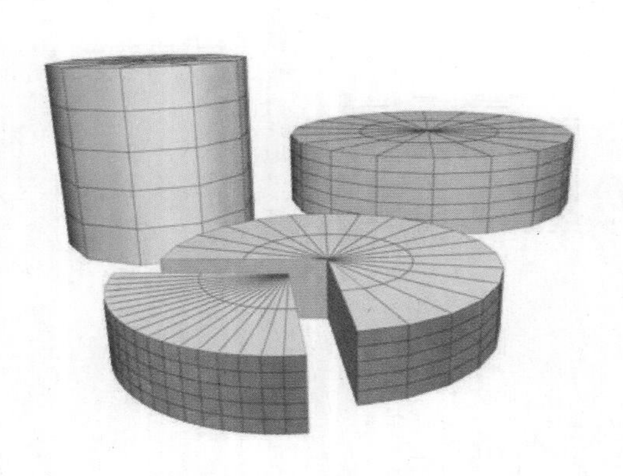

图3-2 圆柱体的形状示例

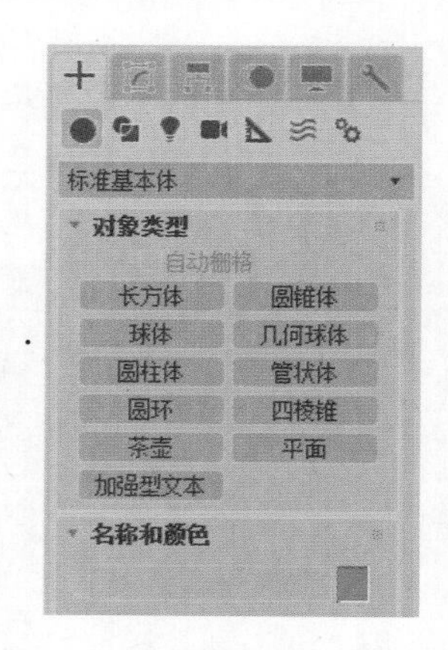

图3-3 标准基本体创建面板

（2）单击 Cylinder（圆柱体）按钮，在任意视图（这里是透视图）中单击并拖动鼠标以定义底部的半径，然后释放即可设置半径。

（3）上移或下移鼠标可定义高度，正数或负数均可。单击即可设置高度，完成圆柱体的创建，如图 3-4 所示。

（4）单击 Modify（修改）图标进入修改面板，圆柱体的“参数”面板如图 3-5 所示。下面详解圆柱体的常见参数。

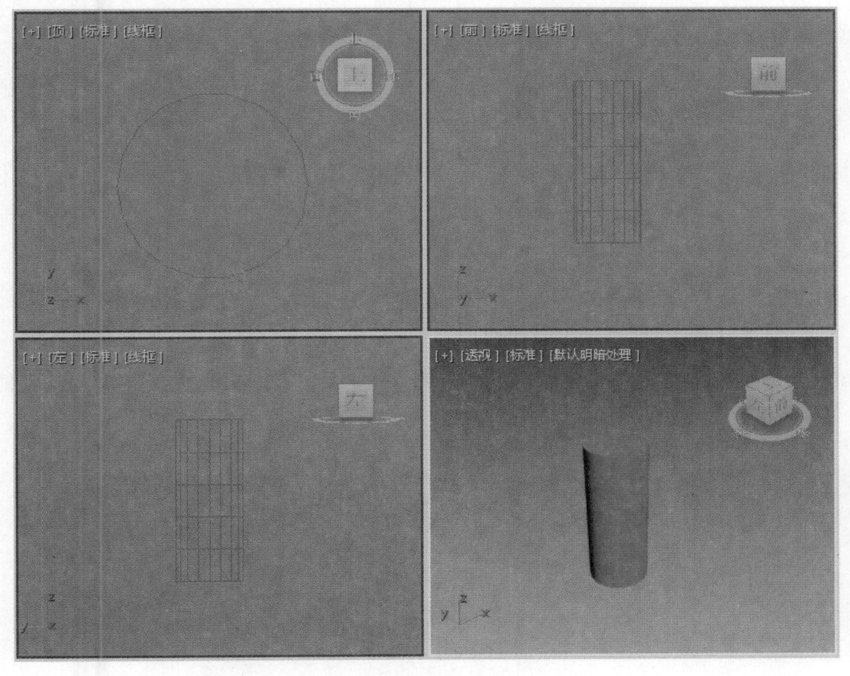

图3-4　创建完成的圆柱体

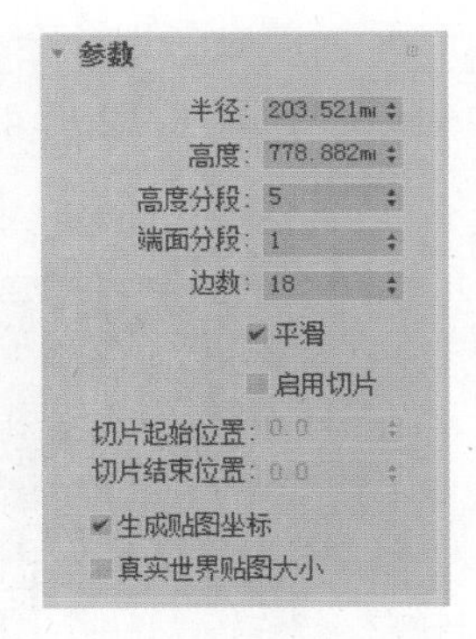

图3-5　圆柱体的“参数”面板

提示：如果对创建的几何体形状不满意，通常有两种方法解决：一是选中几何体，然后按 Delete 键将其删除；二是单击 Modify（修改）图标进入修改面板，对其参数进行修改，以获得满意的形状。通常采取修改的方法。

解

- **Radius（半径）**: 设置圆柱体的半径。
- **Height（高度）**: 设置沿着中心轴的长度。负数值将在构造平面下面创建圆柱体。圆柱体的半径和高度标示如图 3-6 所示。
- **Height Segments（高度分段）**: 设置沿着圆柱体主轴的分段数量。
- **Cap Segments（端面分段）**: 设置围绕圆柱体顶部和底部中心的同心分段数量。

高度分段和端面分段标示如图 3-7 所示。

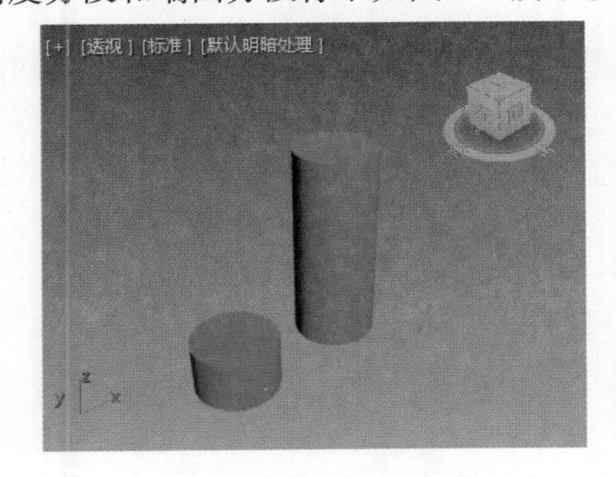

图3-6　圆柱体的半径和高度标示图

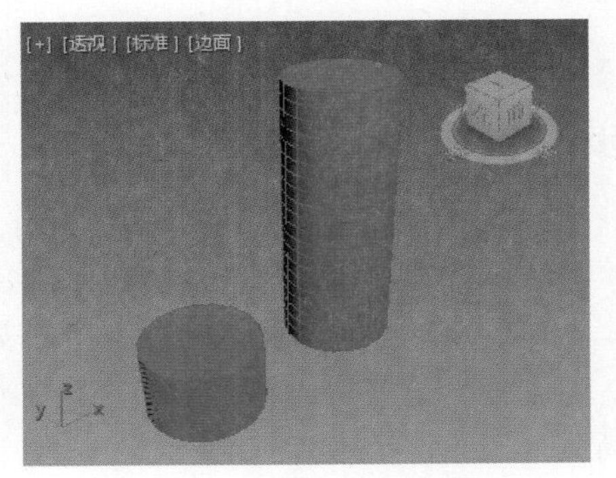

图3-7　高度分段和端面分段标示图

- **Sides（边数）**: 设置圆柱体周围的边数。启用“平滑”时，较大的数值将着色和渲染为真正的圆。

禁用“平滑”时，较小的数值将创建规则的多边形对象。

提示：分段是为了获得精细的模型，这一点在后面的修改器中有严格要求。不管是“高度分段”，还是“端面分段”，通常情况下分段数在透视图中是不可见的，但在其他三个视图中可见。如果要在透视图中直观地观察分段效果，可以在透视图中“Perspective”选项上右击，在弹出的快捷菜单中勾选 Edged Faces（边面）命令即可。

- ❖ **Smooth（平滑）**：将圆柱体的各个面混合在一起，从而在渲染视图中创建平滑的外观。边数和平滑命令效果图如图 3-8 所示。
- ❖ **Slice On（启用切片）**：启用切片功能。默认设置为禁用状态。
- ❖ **Slice From（切片起始位置）、Slice To（切片结束位置）**：设置从局部 X 轴的零点开始围绕局部 Z 轴的度数。切片命令效果图如图 3-9 所示。
- ❖ **Generate Mapping Coords（生成贴图坐标）**：生成将贴图材质用于圆柱体的坐标。默认设置为启用。

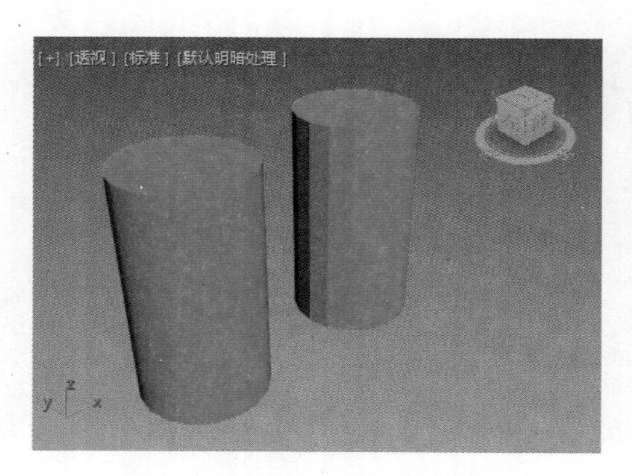

图3-8　边数和平滑效果图

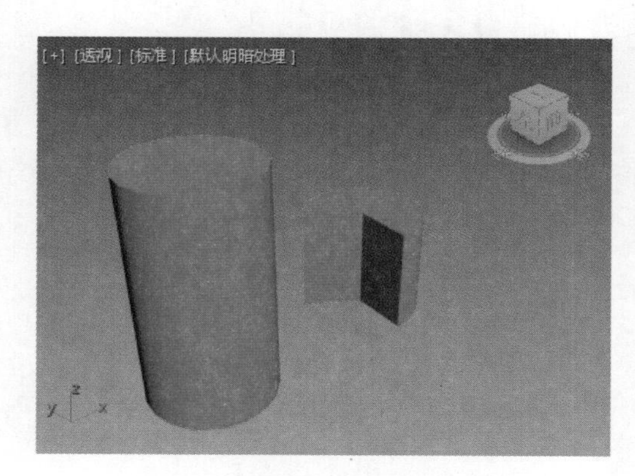

图3-9　切片效果标示图

提示：对于这两个设置，正数值将按逆时针移动切片的末端；负数值将按顺时针移动切片末端。这两个设置的先后顺序无关紧要。端点重合时，将重新显示整个圆柱体。

3.1.2　管状体

形状示例

Tube（管状体）可生成圆形和棱柱管道，可制作各类管道模型，管状体的形状示例如图 3-10 所示。

创建步骤

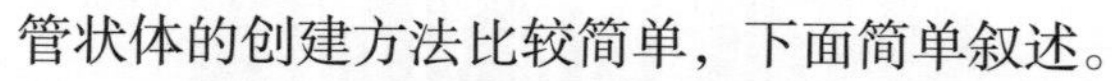

管状体的创建方法比较简单，下面简单叙述。

（1）打开标准基本体创建面板，单击“管状体”按钮。

（2）在任意视图中单击并拖动鼠标以定义第一个半径，释放鼠标可确定第一个半径。

（3）移动到合适位置，单击以确定第二个半径。上移或下移可定义高度，正数或负数均可。单击即可确定高度，完成管状体的创建。

参数详解

要对管状体的参数进行设置，可将其选中，单击 Modify（修改）图标进入修改面板，管状体的“参数”面板如图 3-11 所示。下面详解管状体的常见参数。

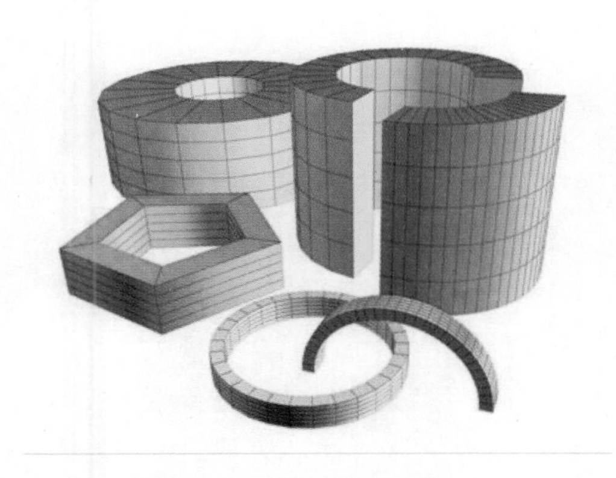
图3-10 管状体的形状示例

图3-11 管状体的“参数”面板

❖ **Radius 1（半径 1）、Radius 2（半径 2）**：较大的数值指定管状体的外部半径，而较小的数值则指定内部半径。两个半径的标示如图 3-12 所示。

❖ **Cap Segments（端面分段）**：设置围绕管状体顶部和底部中心的同心分段数量。端面分段标示如图 3-13 所示。

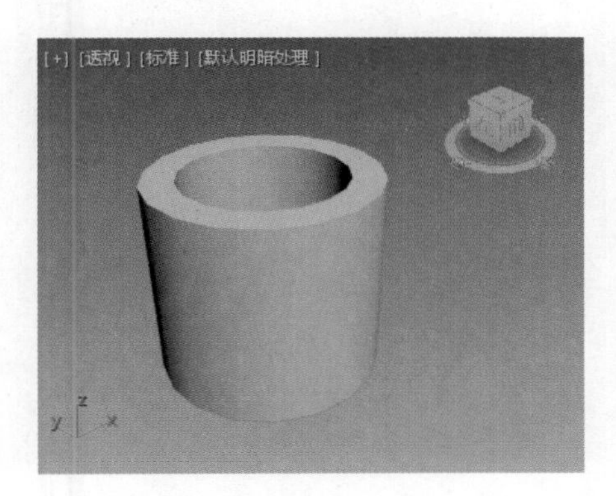

图3-12 半径1和半径2标示图

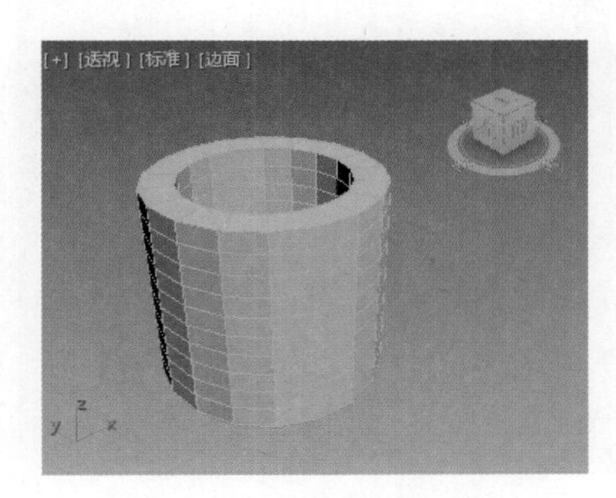

图3-13 管状体的端面分段标示图

3.1.3 长方体

形状示例

Box（长方体）是生成的最简单的几何体，立方体是长方体的特殊形状。可以缩放和改变比例以制作不同种类的矩形对象，类型从大而平的面板和板材到高方柱和小块，长方体的形状示例如图 3-14 所示。

创建步骤

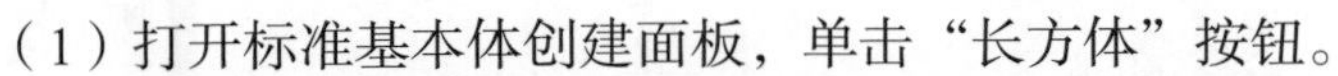

（1）打开标准基本体创建面板，单击“长方体”按钮。

（2）在任意视图中单击并拖动鼠标，设置矩形的长度和宽度。

（3）释放鼠标，上下移动并单击以定义高度，完成长方体的创建。

要对长方体的参数进行设置，可将其选中，单击 Modify（修改）图标进入修改面板。长方体的“参数”面板如图 3-15 所示。下面详解长方体的常见参数。

图3-14 长方体的形状示例

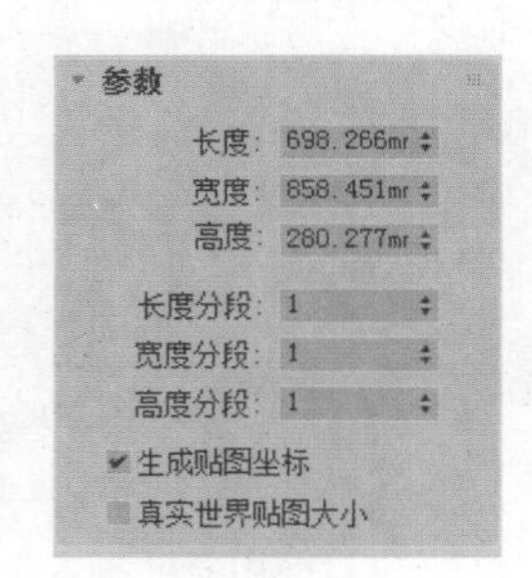

图3-15 长方体的“参数”面板

- ❖ **Length**（长度）、**Width**（宽度）、**Height**（高度）：设置长方体对象的尺寸。在拖动长方体的侧面时，这些字段作为读数在视图中显示。三种参数的标示如图 3-16 所示。
- ❖ **Length Segs**（长度分段）、**Width Segs**（宽度分段）、**Height Segs**（高度分段）：设置沿着对象三个坐标轴的分段数量。三种分段参数的标示如图 3-17 所示。

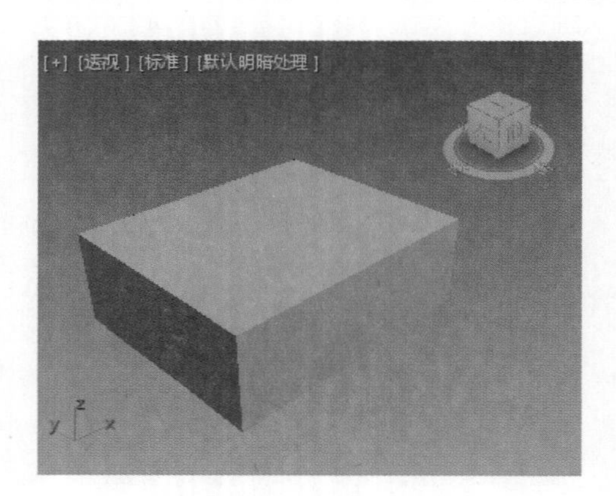

图3-16 长度、宽度和高度标示图

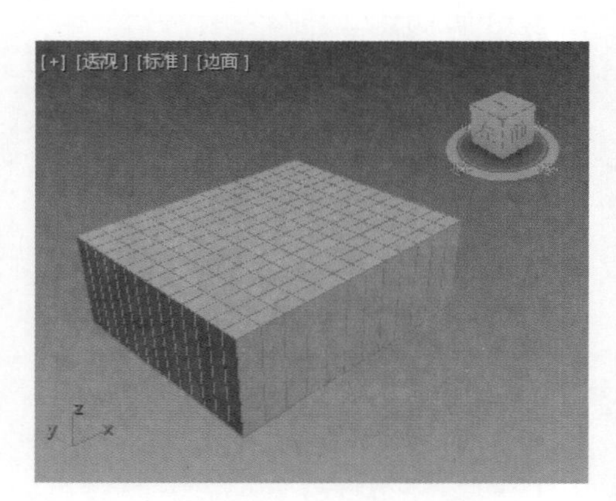

图3-17 长度、宽度和高度分段标示图

3.1.4 圆锥体

形状示例

Cone（圆锥体）可以产生直立或倒立的圆锥体，也可以产生圆台模型，圆锥体的形状示例如图 3-18 所示。

创建步骤

圆锥体的创建方法比较简单，下面简单叙述。

（1）打开标准基本体创建面板，单击“圆锥体”按钮。

（2）在任意视图中单击并拖动鼠标，然后释放即可设置半径。

（3）上下移动至合适高度，单击即可确定高度。移动鼠标以确定圆锥体另一端的半径，单击完成圆锥体的创建。

要对圆锥体的参数进行设置，可将其选中，单击 Modify（修改）图标 进入修改面板，圆锥体的“参数”面板如图 3-19 所示。下面详解圆锥体的主要参数，其他参考圆柱体的相关参数。

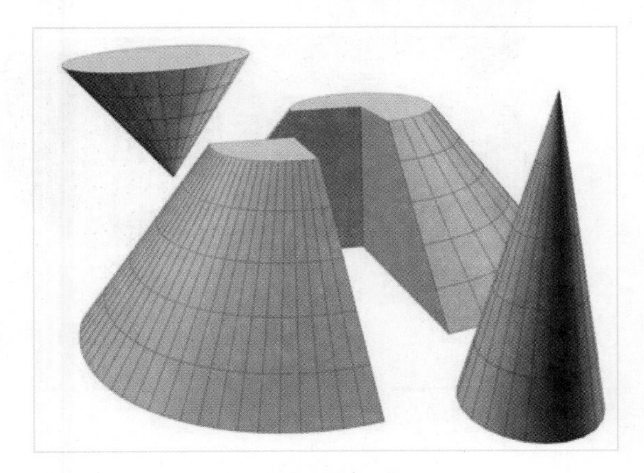

图3-18 圆锥体的形状示例

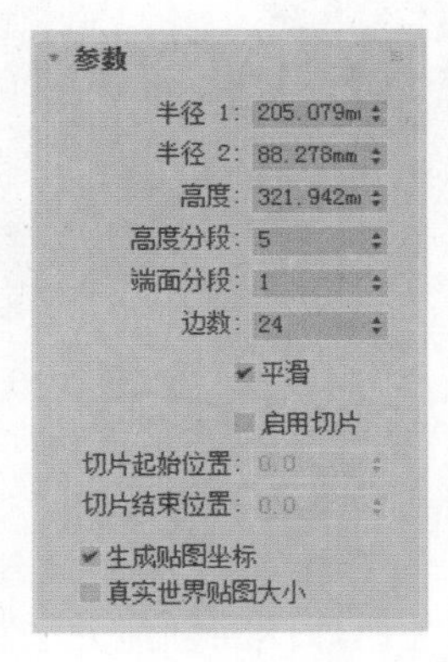

图3-19 圆锥体的“参数”面板

❖ **Radius 1**（半径 1）、**Radius 2**（半径 2）：设置圆锥体的第一个半径和第二个半径。最小设置为 0，负值将转换为 0。可以组合这些设置以创建直立或倒立的尖顶圆锥体和平顶圆锥体。两个半径的标示如图 3-20 所示。两种半径可以按照不同方式组合，如图 3-21 所示。

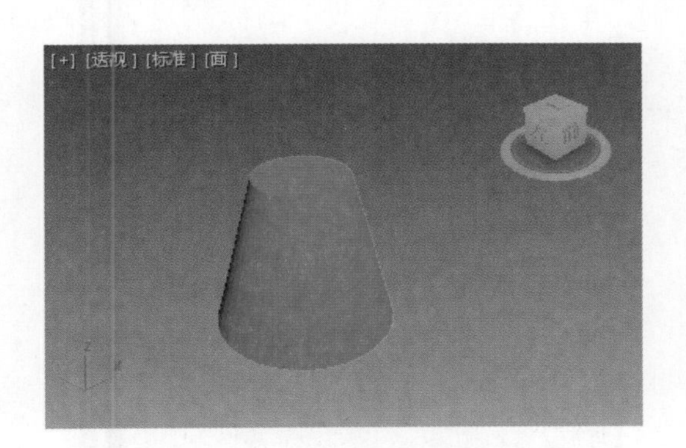

图3-20 圆锥体的半径1和半径2标示图

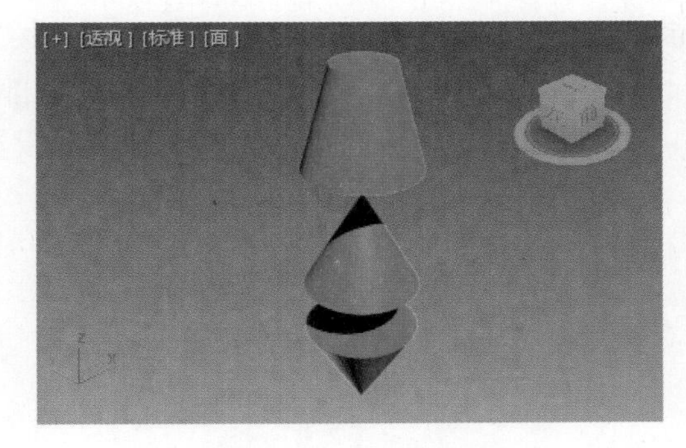

图3-21 半径1和半径2的组合效果图

提示：

如果半径 1 与半径 2 相同，则创建一个圆柱体。如果两个半径设置大小接近，则效果类似于将 Taper（锥化）修改器应用于圆柱体。

3.1.5 球体和几何球体

形状示例

Sphere（球体）可生成完整的球体、半球体或球体的其他部分，还可以围绕球体的垂直轴对其进行“切片”。球体的形状示例如图 3-22 所示。

GeoShpere（几何球体）是基于三类规则多面体制作球体和半球，能够生成更规则的曲面。几何球体的形状示例如图 3-23 所示。

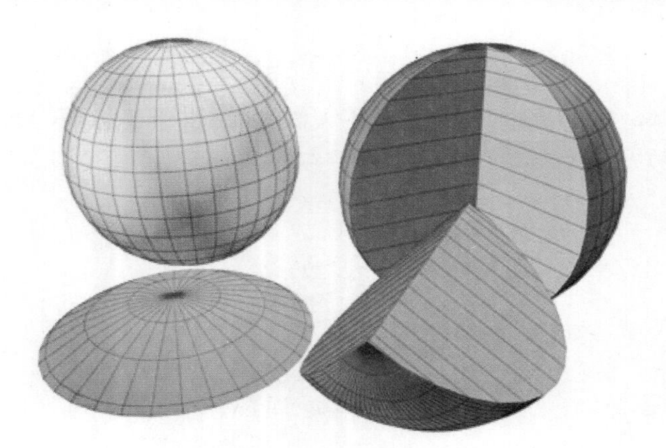

图3-22　球体的形状示例

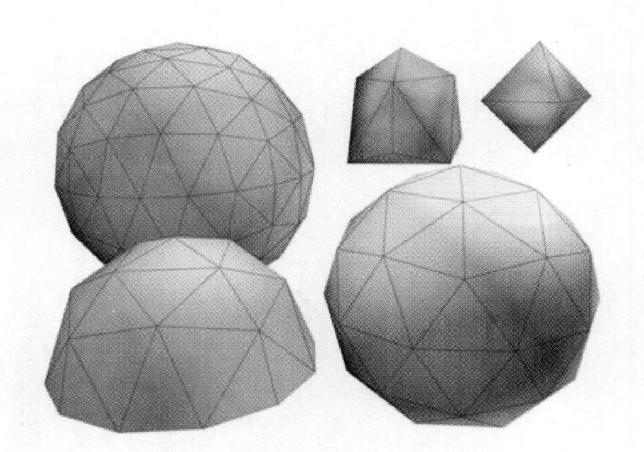

图3-23　几何球体的形状示例

创建步骤

球体和几何球体的创建方法相同，下面简单叙述。

（1）打开标准基本体创建面板，单击“球体”或“几何球体”按钮。

（2）在任意视图中单击并拖动鼠标，以定义半径，释放鼠标完成球体或者几何球体的创建。

要对球体或者几何球体的参数进行设置，可将其选中，单击 Modify（修改）图标进入修改面板，球体的“参数”面板如图 3-24 所示。下面详解球体的主要参数。

❖ **Hemisphere（半球）**：设置半球值将从底部“切断”球体，以创建部分球体。该值的范围为 0.0 ~ 1.0。默认值是 0.0，可以生成完整的球体。设置为 0.5 可以生成半球，设置为 1.0 会使球体消失。半球参数标示如图 3-25 所示。

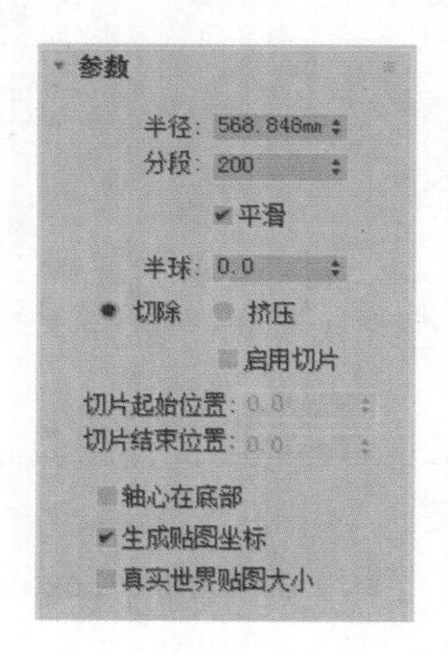

图3-24　球体的“参数”面板

图3-25　半球参数标示图

❖ **Chop（切除）**：半球断开时，将球体中的顶点数和面数“切除”来减少它们的数量。默认设置为启用。

❖ **Squash（挤压）**：半球断开时，保持原始球体中的顶点数和面数，将几何体向着球体的顶部“挤压”为越来越小的体积。切除和挤压效果标示如图 3-26 所示。

❖ **Base to Pivot（轴心在底部）**：禁用此选项时，轴点将位于球体中心的构造平面上。启用此选项时球体将沿着局部 *Z* 轴向上移动，轴点位于底部位置。该参数的效果标示如图 3-27 所示。

几何球体的“参数”面板如图 3-28 所示。可以看出，其参数与球体的参数基本相同。下面详解几何球体的主要参数。

图3-26 切除和挤压效果标示图

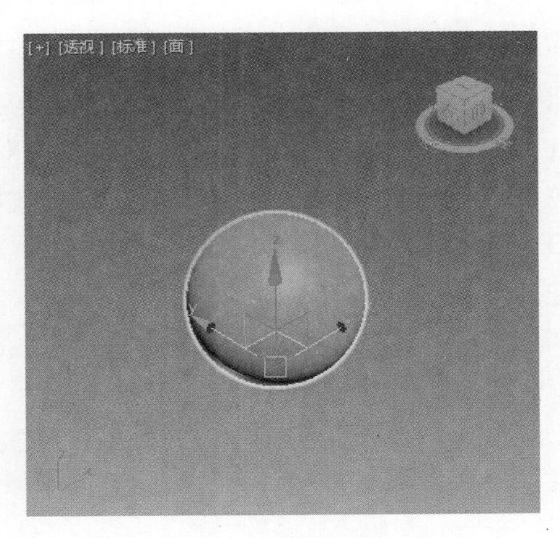

图3-27 轴心在底部的效果标示图

- ❖ **Tetra**（四面体）：基于 4 面的四面体，三角形面可以在形状和大小上有所不同，球体可以划分为 4 个相等的分段。
- ❖ **Octa**（八面体）：基于 8 面的八面体，三角形面可以在形状和大小上有所不同，球体可以划分为 8 个相等的分段。
- ❖ **Icosa**（二十面体）：基于 20 面的二十面体，面都是大小相同的等边三角形。根据与 20 个面相乘和相除的结果，球体可以划分为任意数量的相等分段。

三种基点面类型标示如图 3-29 所示。

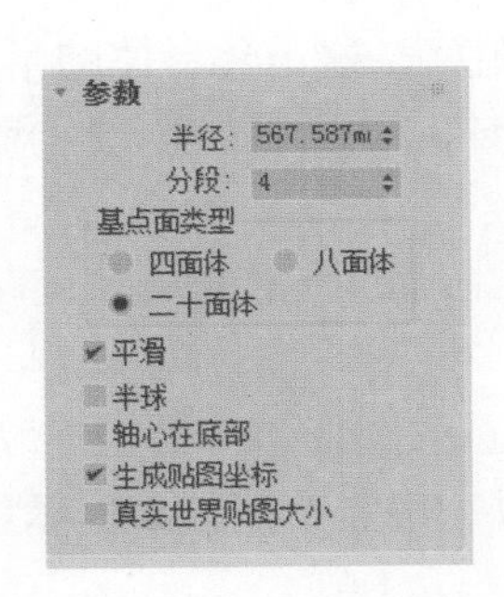

图3-28 几何球体的"参数"面板

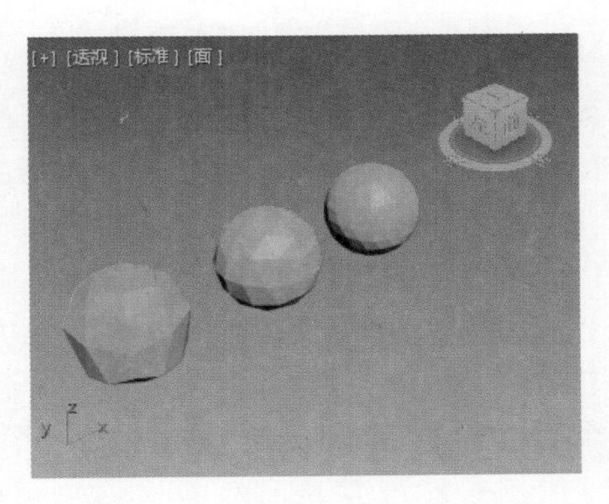

图3-29 三种基点面类型标示图

- ❖ **Hemisphere**（半球）：几何球体的半球参数不同于标准球体，勾选该复选框时，只能创建 1/2 的球体，这点希望读者注意。

提示：

与标准球体不同，几何球体没有极点，这对于应用某些修改器（如 FFD 修改器）非常有用。在指定相同面数的情况下，几何球体也可以使用比标准球体更平滑的剖面进行渲染。

3.1.6 环形体

形状示例

Torus（环形体）可生成一个环形或具有圆形横截面的环，有时称为圆环。可以将平滑选项与旋转和扭曲设置组合使用，以创建复杂的变体。环形体的形状示例如图 3-30 所示。

创建步骤

环形体的创建方法比较简单，下面简单叙述。

（1）打开标准基本体创建面板，单击“环形体”按钮。

（2）在任意视图中单击并拖动鼠标，释放鼠标以设置环形体的半径。

（3）移动鼠标以定义横截面圆形的半径，然后单击完成环形体的创建。

要对环形体的参数进行设置，可将其选中，单击 Modify（修改）图标进入修改面板，环形体的“参数”面板如图 3-31 所示。下面详解环形体的主要参数。

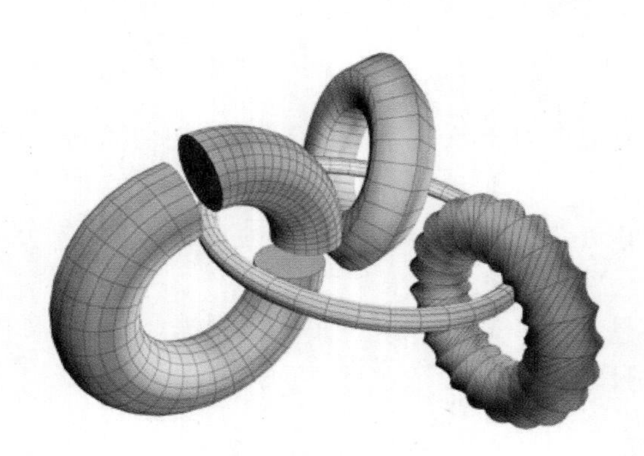

图3-30 环形体的形状示例

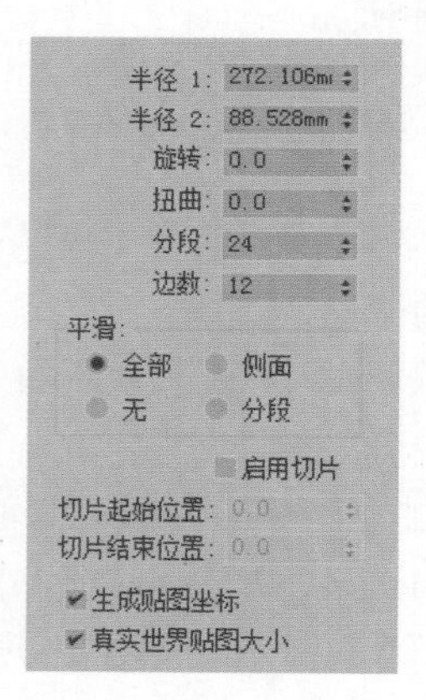

图3-31 环形体的“参数”面板

- **Radius 1（半径 1）**: 设置从环形的中心到横截面圆形中心的距离，这是环形体的半径。
- **Radius 2（半径 2）**: 设置横截面圆形的半径，每当创建环形体时就会替换该值。环形体的两个半径的标示如图 3-32 所示。
- **Rotation（旋转）**: 设置旋转的度数。顶点将围绕通过环形体中心的圆形非均匀旋转。此设置的正数值和负数值将在环形曲面上的任意方向“滚动”顶点。
- **Twist（扭曲）**: 设置扭曲的度数。横截面将围绕通过环形中心的圆形逐渐旋转。从扭曲开始，每个后续横截面都将旋转，直至最后一个横截面具有指定的度数。扭曲参数效果标示如图 3-33 所示。

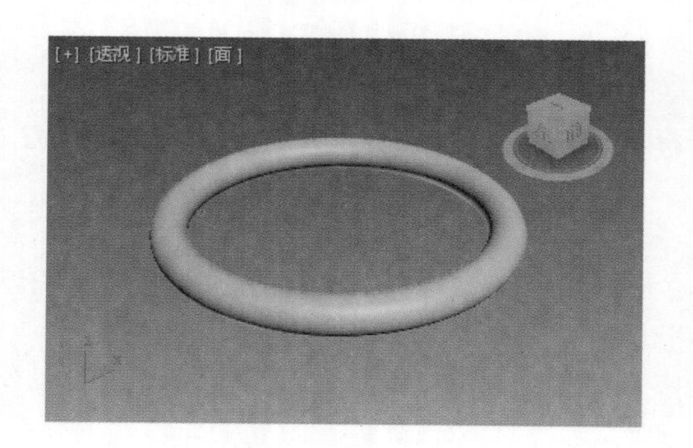

图3-32 环形体的半径1和半径2标示图

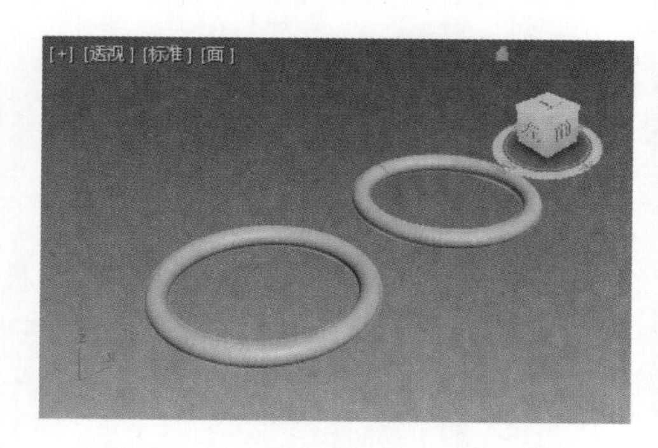

图3-33 扭曲参数效果标示图

- **All（全部）**: 为默认设置，将在环形体的所有曲面上生成完整平滑带。
- **Sides（侧面）**: 平滑相邻分段之间的边，从而生成围绕环形体运行的平滑带。
- **None（无）**: 完全禁用平滑，从而在环形体上生成类似棱锥的面。
- **Segments（分段）**: 分别平滑每个分段，从而沿着环形体生成类似环的分段。四种平滑选项标示如

图 3-34 所示。

图3-34　四种平滑选项标示图

3.1.7 四棱锥

形状示例 

Pyramid（四棱锥）具有方形或矩形底部和三角形侧面。四棱锥的形状示例如图 3-35 所示。

创建步骤

四棱锥的创建方法比较简单，下面简单叙述。

（1）打开标准基本体创建面板，单击“四棱锥”按钮。

（2）在任意视图中单击并拖动鼠标，释放鼠标即可确定矩形底面。

（3）移动鼠标以定义四棱锥的高度，单击完成四棱锥的创建。

要对四棱锥的参数进行设置，可将其选中，单击 Modify（修改）图标进入修改面板，四棱锥的“参数”面板如图 3-36 所示。四棱锥的参数比较简单，这里不再赘述。

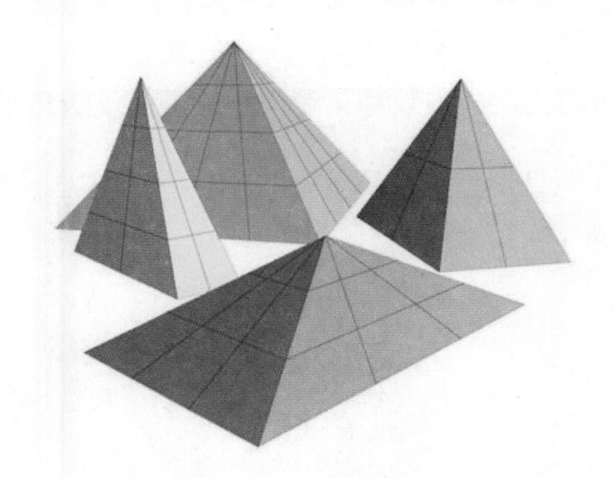

图3-35　四棱锥的形状示例

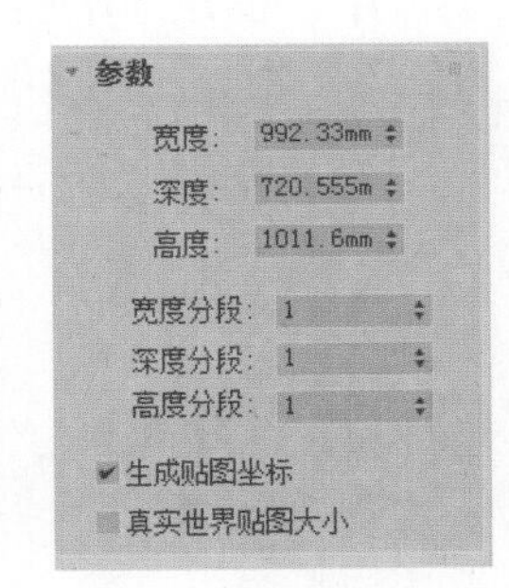

图3-36　四棱锥的“参数”面板

3.1.8 茶壶

形状示例 

Teapot（茶壶）可生成一个茶壶形状。由于茶壶是参量对象，因此可以选择创建之后显示茶壶的哪些部分。茶壶的形状示例如图 3-37 所示。

创建步骤

茶壶的创建方法比较简单，在创建面板上单击“茶壶”按钮，在任意视图中单击并拖动鼠标即可创建一个茶壶。

选中茶壶单击 Modify（修改）图标进入修改面板。茶壶的“参数”面板如图 3-38 所示。

图3-37 茶壶的形状示例

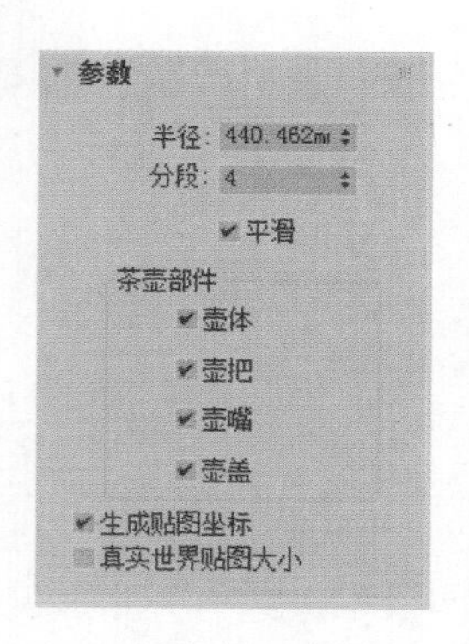

图3-38 茶壶的“参数”面板

❖ **Body**（壶体）、**Handle**（壶把）、**Spout**（壶嘴）、**Lid**（壶盖）：这些选项用于选择显示茶壶的哪一部分，默认情况下这些选项全部选中。

3.1.9 平面

形状示例

Plane（平面）可用来创建地平面、墙壁等对象。平面的创建和参数都比较简单，下面仅给出平面的形状示例图和“参数”面板，如图 3-39 和图 3-40 所示。

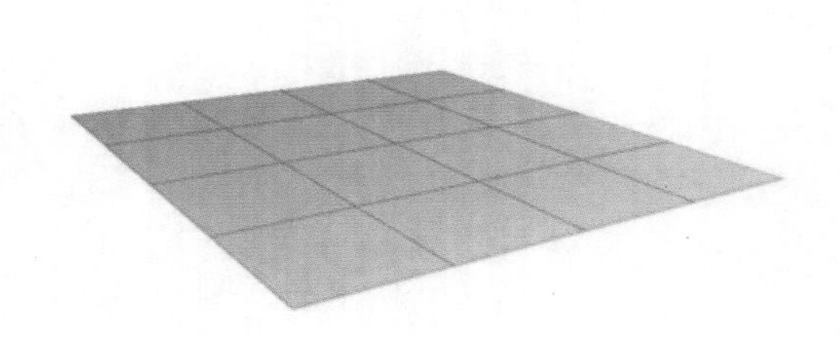

图3-39 平面的形状示例

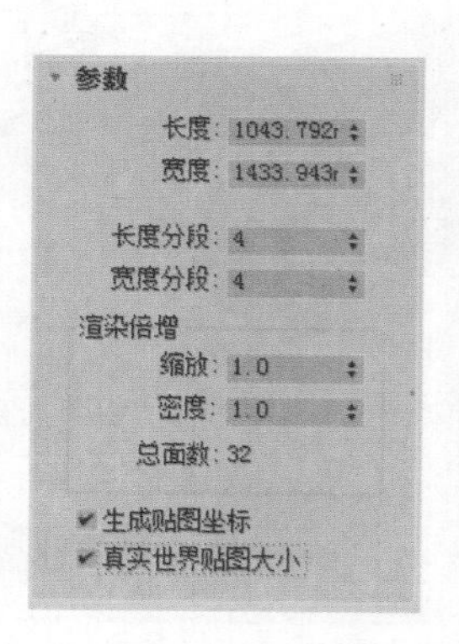

图3-40 平面的“参数”面板

3.2 扩展基本体

扩展基本体是 3ds Max 2018 中复杂几何体的集合，可用来创建更多复杂的三维对象，比如胶囊、油罐、纺锤体、异面体、环形结和棱柱等。后面主要介绍每种类型的扩展基本体及其参数。如图 3-41 所示为 3ds Max 2018 提供的扩展基本体。

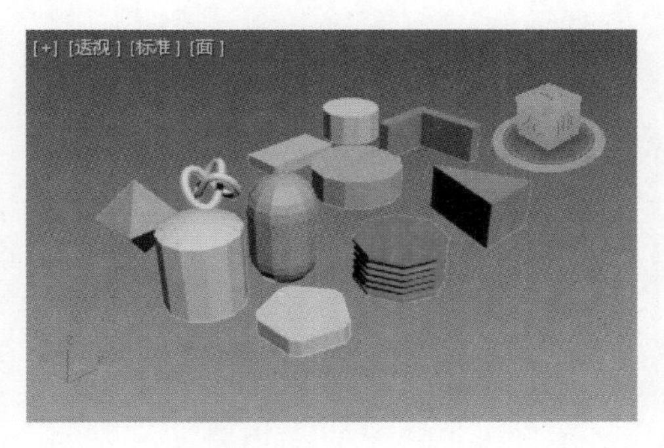

图3-41 扩展基本体

3.2.1 异面体

形状示例

Hedra（异面体）可通过几个系列的多面体生成复杂对象，异面体的形状示例如图 3-42 所示。

创建步骤

（1）单击 File（文件）菜单，选择 Reset（重置）命令，重置设定系统。

（2）单击 Create（创建）图标 +，单击 Geometry（几何体）图标，打开 Standard Primitives（标准基本体）下拉列表，选择 Extended Primitives（扩展基本体），打开扩展基本体创建面板。Object Type（对象类型）面板下列出了可以创建的各种扩展基本体按钮，如图 3-43 所示。

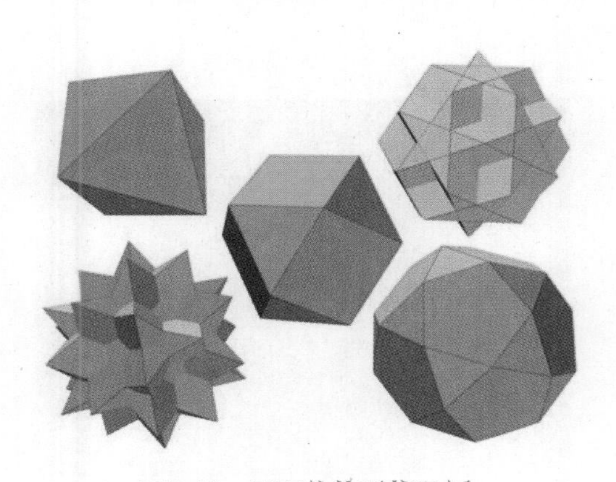

图3-42 异面体的形状示例

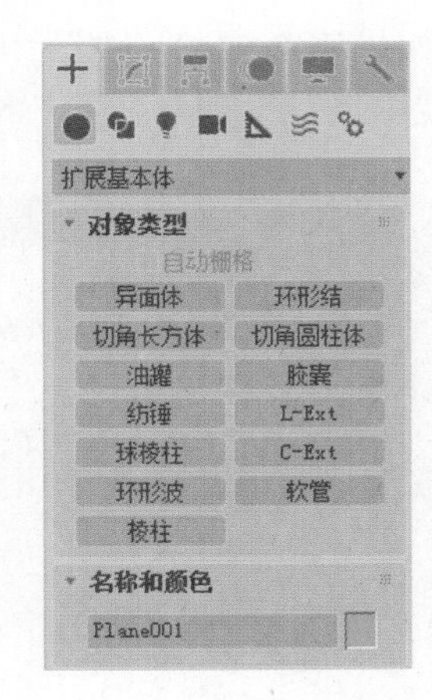

图3-43 “扩展基本体”参数面板

（3）单击“异面体”（Hedra）按钮，在任意视图（这里在透视图）中单击并拖动鼠标以定义异面体的半径，释放鼠标即可完成异面体的创建，如图 3-44 所示。

（4）单击 Modify（修改）图标进入修改面板。异面体的“参数”面板如图 3-45 所示。下面详解异面体的常见参数。

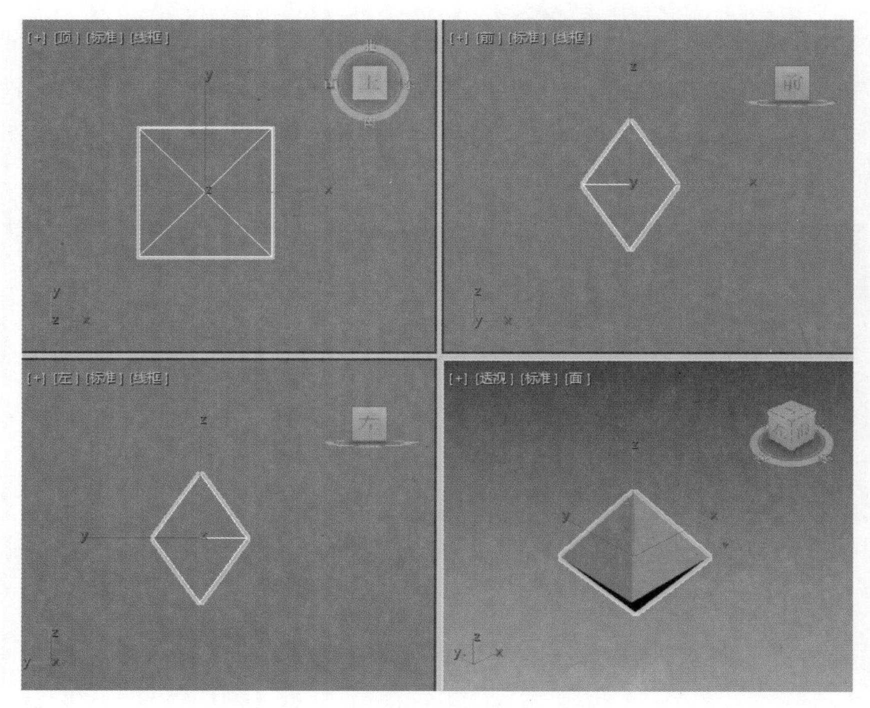

图3-44　创建完成的异面体

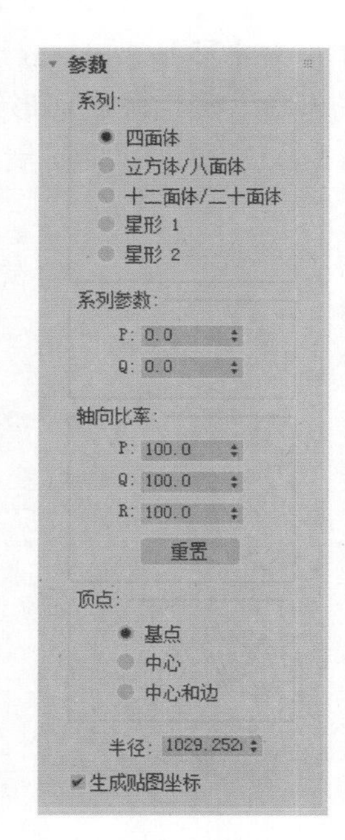

图3-45　异面体的"参数"面板

❖ **Family（系列）：** 该参数区用于选择要创建的多面体的类型。3ds Max 2018 提供了 Tetra（四面体）、Cube/Octa（立方体 / 八面体）、Dodec/Icos（十二面体 / 二十面体）、Star1（星形 1）、Star2（星形 2）五种类型。这几种类型的效果标示如图 3-46 所示。

❖ **Family Parameters（系列参数）：** 该参数区提供了 P 和 Q 两个参数。P 和 Q 将以最简单的形式在顶点和面之间来回更改几何体。可能值的范围为 0.0 ~ 1.0；P 值和 Q 值的组合总计可以等于或小于 1.0；如果将 P 或 Q 设置为 1.0，则会超出范围限制，其他值将自动设置为 0.0；在 P 和 Q 为 0 时会出现中点。系列参数的效果标示如图 3-47 所示。

图3-46　五种多面体类型标示图

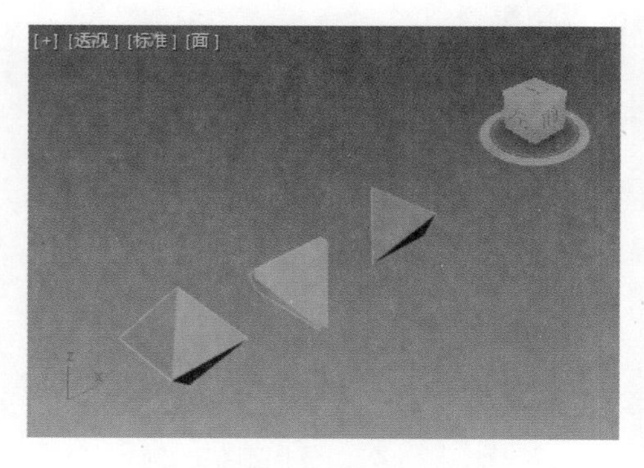

图3-47　系列参数的效果标示图

❖ **Axis Scaling（轴向比率）：** 多面体可以拥有多达三种多面体的面，如三角形、矩形或五角形。这些面可以是规则的，也可以是不规则的。如果多面体只有一种或两种面，则只有一个或两个轴向比率参数处于活动状态。不活动的参数不起作用。P、Q、R 就是控制多面体一个面反射的轴，实际上，这些字段具有将其对应面推进或推出的效果。

❖ **Vertices（顶点）:** 决定多面体每个面的内部几何体。Basic（基点）表示面的细分不能超过最小值；Center（中心）表示通过在中心放置另一个顶点（其中边是从每个中心点到面角）来细分每个面；Center & Sides（中心和边）通过在中心放置另一个顶点（其中边是从每个中心点到面角，以及到每个边的中心）来细分每个面。

提示:

Center（中心）和 Center & Sides（中心和边）会增加对象中的顶点数，因此增加面数。这些参数不可设置动画。

3.2.2 环形结

形状示例

Torus Knot（环形结）可以通过在正常平面中围绕三维曲线绘制二维曲线来创建复杂或带结的环形。三维曲线（称为“基础曲线”）既可以是圆形，也可以是环形结。环形结的形状示例如图 3-48 所示。

创建步骤

（1）打开扩展基本体创建面板，单击“环形结”按钮。
（2）在任意视图中单击并拖动鼠标，定义环形结的大小，至合适位置后释放鼠标。
（3）移动鼠标可定义半径，最后单击即可完成环形结的创建。

要对环形结的参数进行设置，可将其选中，单击 Modify（修改）图标进入修改面板，环形结的“参数”面板如图 3-49 所示。下面详解环形结的主要参数。

❖ **Base Curve（基础曲线）:** 提供影响环形结横截面的参数。

图3-48 环形结的形状示例

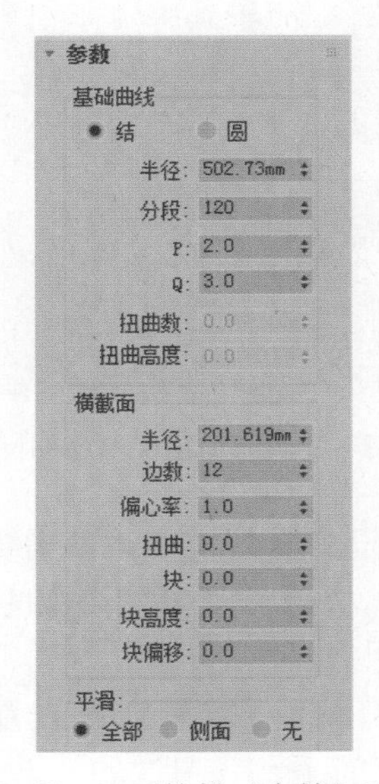

图3-49 环形结的“参数”面板

❖ **Knot（结）、Circle（圆）:** 使用 Knot（结）时，环形将基于其他各种参数自身交织。 如果使用

Circle（圆），基础曲线是圆形，在其默认设置中保留“扭曲数”和“偏心率”这样的参数，则会产生标准环形。两种基础曲线的标示如图 3-50 所示。

❖ **Radius**（半径）：设置基础曲线的半径。

❖ **P、Q**：描述上、下（P）和围绕中心（Q）的缠绕数值，只有在选中 Knot（结）时才处于活动状态，P、Q 的标示如图 3-51 所示。

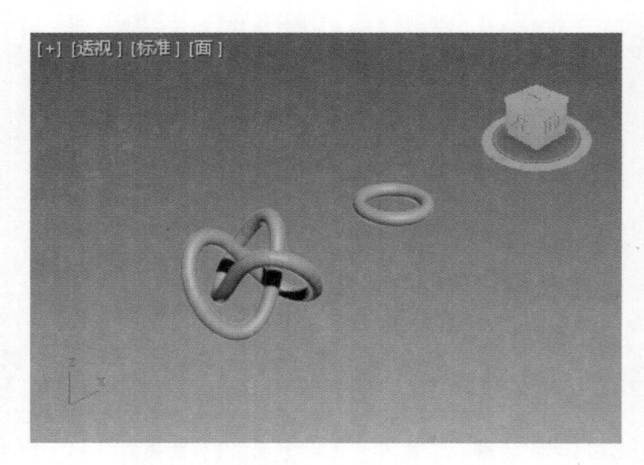

图3-50　两种基础曲线的标示图

图3-51　P、Q的标示图

❖ **Warp Count**（扭曲数）：设置曲线周期星形中的点数，只有在选中 Circle（圆形）时才处于活动状态。

❖ **Warp Height**（扭曲高度）：设置指定为基础曲线半径百分比的“点”的高度。扭曲数和扭曲高度的标示如图 3-52 所示。

❖ **Cross Section**（横截面）：提供影响环形结横截面的参数。

❖ **Radius**（半径）：设置横截面的半径。

❖ **Eccentricity**（偏心率）：设置横截面主轴与副轴的比率。值为“1.0”将提供圆形横截面，其他值将创建椭圆形横截面。偏心率的标示如图 3-53 所示。

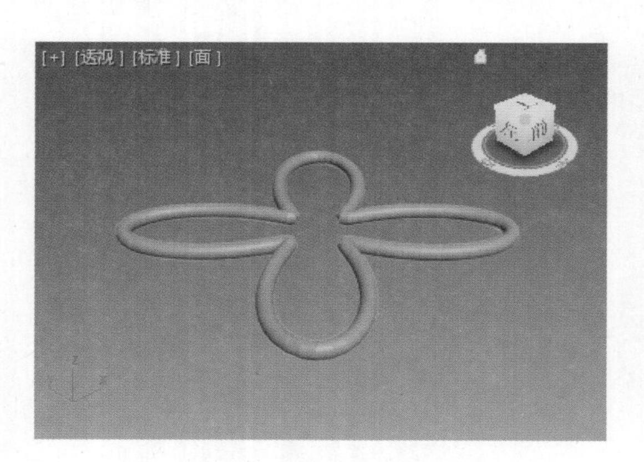

图3-52　扭曲数和扭曲高度的标示图

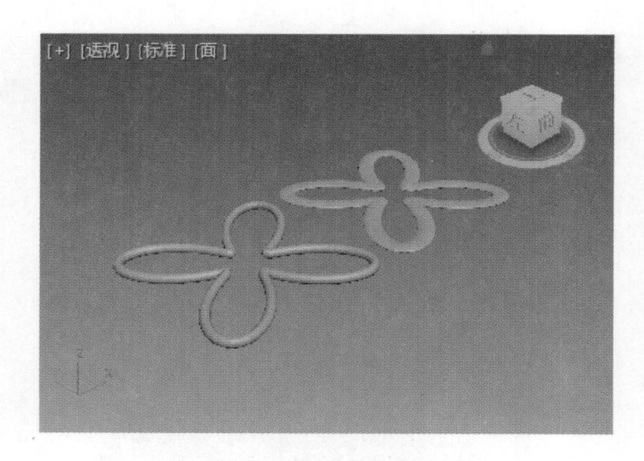

图3-53　偏心率的标示图

❖ **Twist**（扭曲）：设置横截面围绕基础曲线扭曲的次数。扭曲的标示如图 3-54 所示。

❖ **Lumps**（块）：设置环形结中的凸出数量。该参数只有在 Lumps Height（块高度）值大于 0 时才能看到效果。

❖ **Lumps Height**（块高度）：设置块的高度，作为横截面半径的百分比。注意，Lumps（块）值必须大于 0 才能看到该参数的效果。块和块高度的标示如图 3-55 所示。

❖ **Lumps Offset**（块偏移）：设置块起点的偏移，以度数来测量。该值的作用是围绕环形设置块的动画。

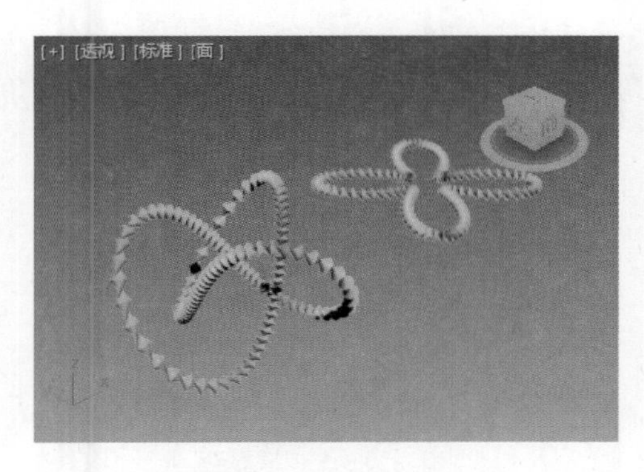

图3-54　扭曲的标示图

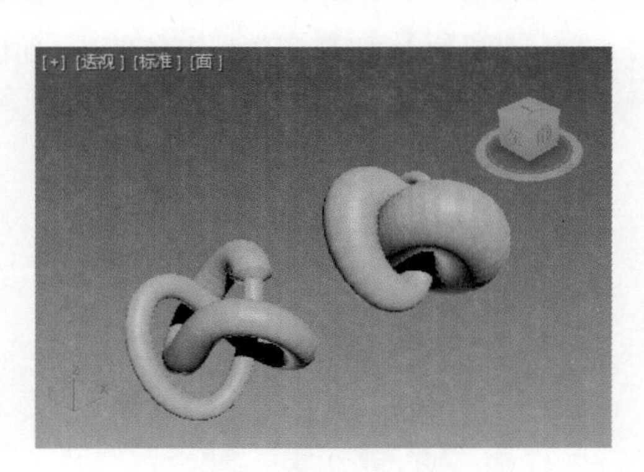

图3-55　块和块高度的标示图

3.2.3　切角长方体

形状示例

Chamfer Box（切角长方体）可以创建具有倒角或圆形边的长方体。切角长方体的形状示例如图 3-56 所示。

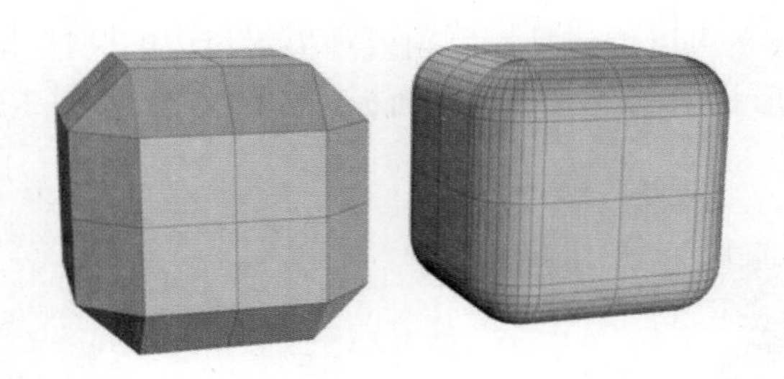

图3-56　切角长方体的形状示例图

创建步骤

（1）打开扩展基本体创建面板，单击“切角长方体”按钮。

（2）在任意视图中单击并拖动鼠标，定义切角长方体底部的对角线角点，释放鼠标。

提示：

按住 Ctrl 键可将底部约束为方形。

（3）移动鼠标以确定长方体的高度，至适当高度后单击。

（4）对角移动鼠标可定义圆角或倒角的高度，最后单击完成切角长方体的创建。

要对切角长方体的参数进行设置，可将其选中，单击 Modify（修改）图标进入修改面板，切角长方体的“参数”面板如图 3-57 所示。下面详解切角长方体的主要参数。

❖ **Fillet**（圆角）: 切开切角长方体的边，值越大切角长方体边上的圆角越精细。

❖ **Fillet Segs**（圆角分段）: 设置长方体圆角边时的分段数。 添加圆角分段将增加圆形边。圆角和圆角分段标示如图 3-58 所示。

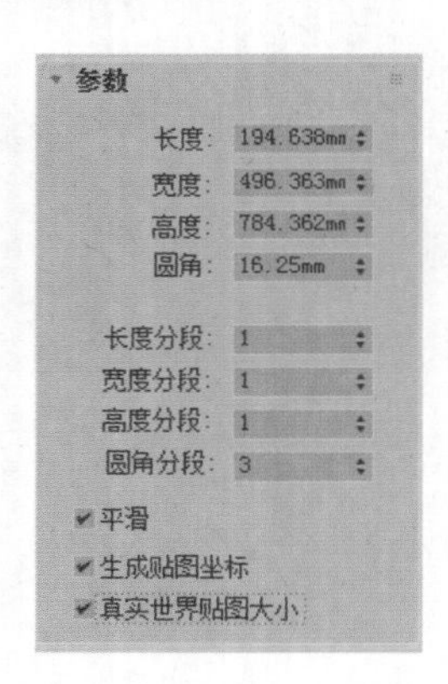

图3-57 切角长方体“参数”面板

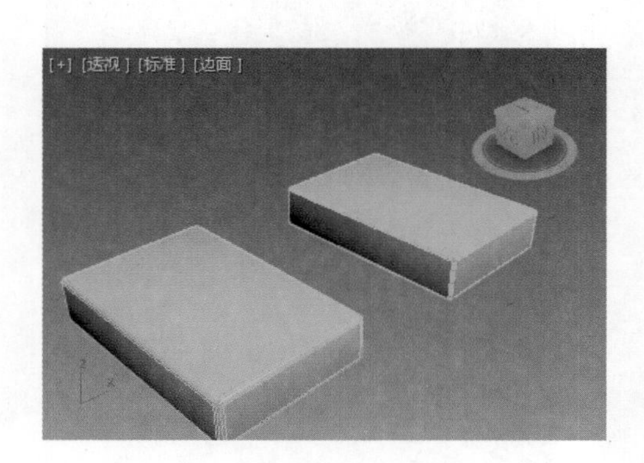

图3-58 圆角和圆角分段标示图

3.2.4 切角圆柱体

形状示例 

Chamfer Cyel（切角圆柱体）可以创建具有倒角或圆形封口边的圆柱体。切角圆柱体的创建方法和参数都比较简单，这里仅给出其形状示例及“参数”面板，如图 3-59 和图 3-60 所示。

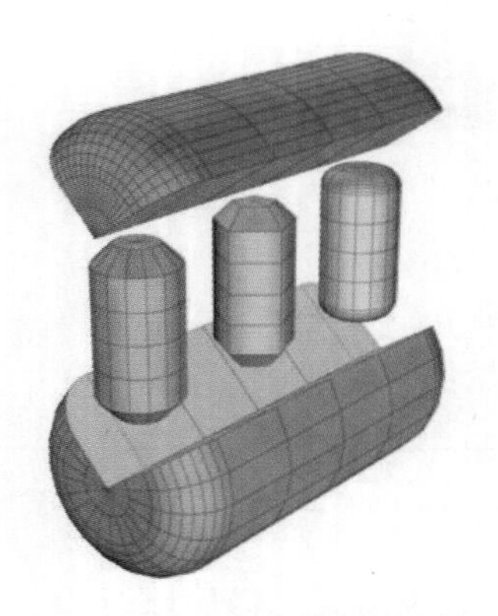

图3-59 切角圆柱体的形状示例

图3-60 切角圆柱体的“参数”面板

3.2.5 油罐

形状示例 

Oiltank（油罐）可以创建带有凸面封口的圆柱体。油罐的形状示例如图 3-61 所示。

创建步骤

（1）打开扩展基本体创建面板，单击“油罐”按钮。

（2）在任意视图中单击并拖动鼠标，定义油罐底部的半径，释放鼠标。

（3）移动鼠标以定义油罐的高度，至适当高度后单击确定。

（4）对角移动鼠标可定义油罐的高度，最后单击完成油罐的创建。

要对油罐的参数进行设置，可将其选中，单击 Modify（修改）图标进入修改面板，油罐的“参数”面板如图 3-62 所示。下面详解油罐的主要参数。

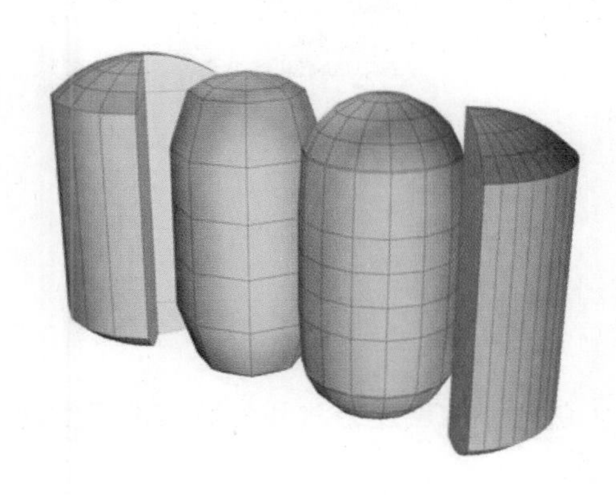

图3-61　油罐的形状示例

图3-62　油罐的“参数”面板

- ❖ **Cap Height（封口高度）**: 凸面封口的高度，最小值是半径设置值的 2.5%。若高度设置的绝对值小于 2 倍半径设置，在这种情况下，封口高度不能超过高度设置绝对值的 1/2，否则最大值是半径设置。封口高度标示如图 3-63 所示。
- ❖ **Overall（总体）、Centers（中心）**: 决定“高度”值指定的内容。“总体”是对象的总体高度。“中心”是圆柱体中部的高度，不包括其凸面封口。总体和中心标示如图 3-64 所示。
- ❖ **Blend（混合）**: 设置值大于 0 时将在封口的边缘创建倒角。

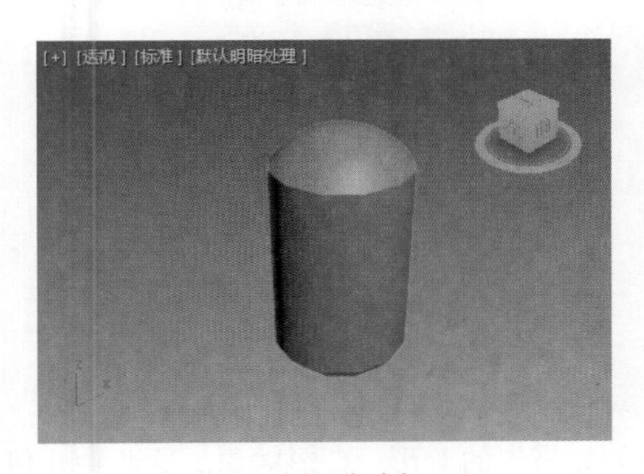

图3-63　封口高度标示图

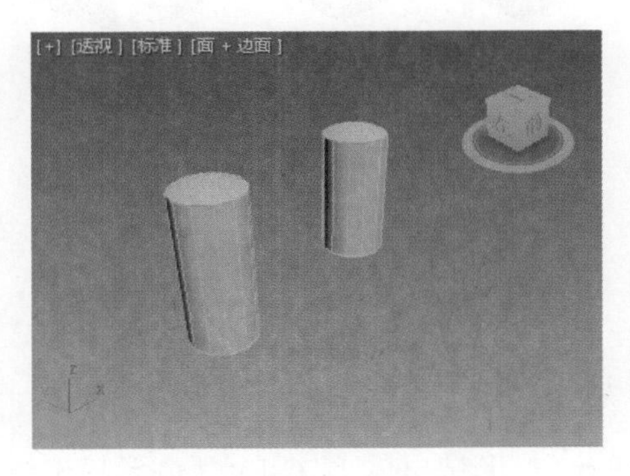

图3-64　总体和中心标示图

3.2.6　胶囊

形状示例

Capsule（胶囊）可以创建带有半球状封口的圆柱体。胶囊的创建方法和参数与油罐类似，这里仅给出其形状示例及“参数”面板，如图 3-65 和图 3-66 所示。

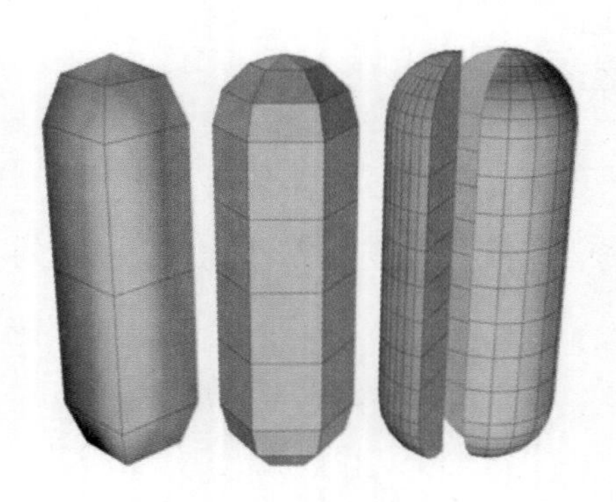

图3-65 胶囊的形状示例

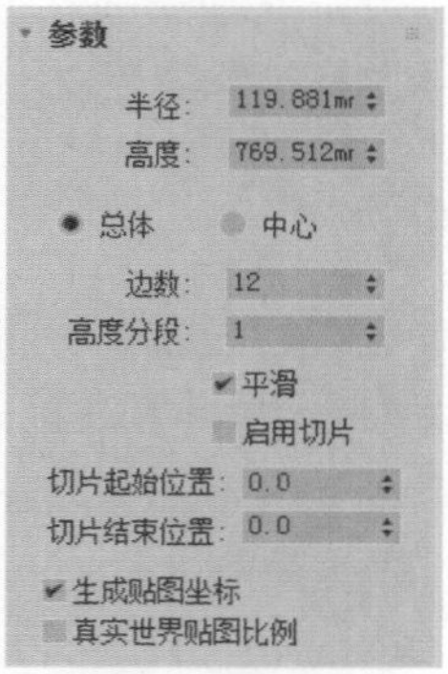

参数
半径: 119.881mr
高度: 769.512mr
总体 中心
边数: 12
高度分段: 1
平滑
启用切片
切片起始位置: 0.0
切片结束位置: 0.0
生成贴图坐标
真实世界贴图比例

图3-66 胶囊的“参数”面板

3.2.7 纺锤体

形状示例

Spindle（纺锤体）可以创建带有圆锥形封口的圆柱体。纺锤体的创建方法和参数与油罐类似，这里仅给出其形状示例及“参数”面板，如图 3-67 和图 3-68 所示。

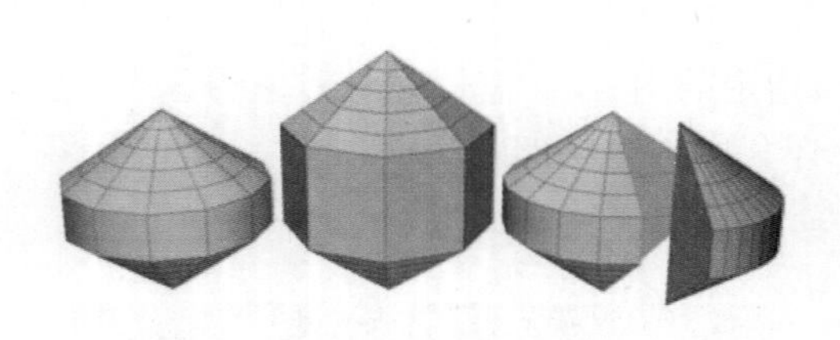

图3-67 纺锤体的形状示例

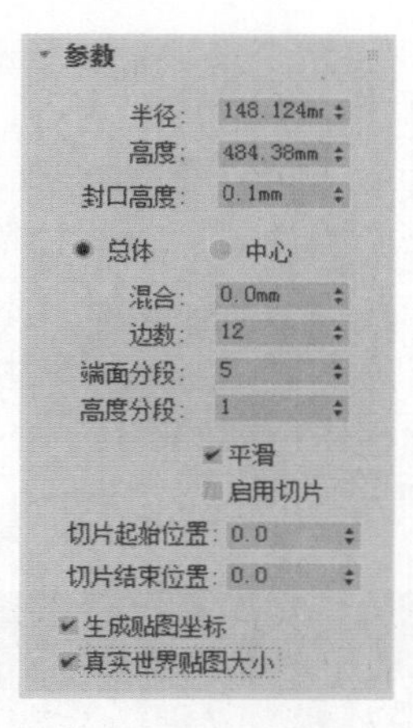

图3-68 纺锤体的“参数”面板

3.2.8 L 形挤出体和 C 形挤出体

形状示例

L-Ext（L 形挤出体）、C-Ext（C 形挤出体）可以分别创建挤出的 L 形、C 形对象。这两种几何体的创建方法和参数都比较简单，这里仅给出其形状示例，如图 3-69 和图 3-70 所示。

图3-69 L形挤出体的形状示例

图3-70 C形挤出体的形状示例

3.2.9 球棱柱

形状示例

Gengon（球棱柱）利用可选的圆角面边创建挤出的规则面多边形。其创建方法和参数都比较简单，这里仅给出其形状示例及“参数”面板，如图 3-71 和图 3-72 所示。

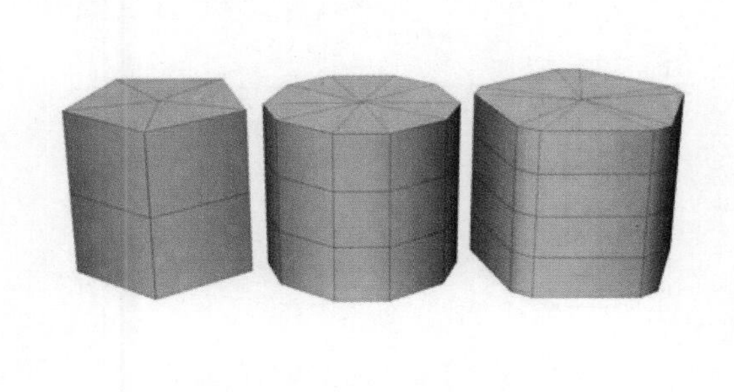

图3-71 球棱柱的形状示例

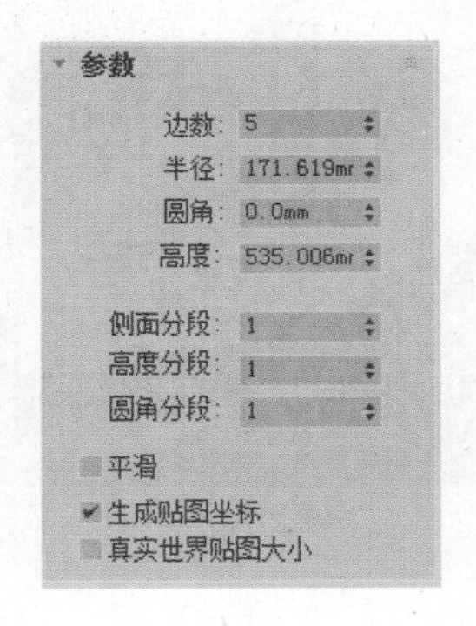

图3-72 球棱柱的“参数”面板

3.2.10 环形波

形状示例

Ringwave（环形波）可以创建一个环形，可选项是不规则内部和外部边，它的图形可以设置为动画，也可以设置环形波对象增长动画，还可以使用关键帧来设置所有数字为动画。环形波的形状示例如图 3-73 所示。

创建步骤

（1）打开扩展基本体创建面板，单击“环形波”按钮。

（2）在任意视图中单击并拖动鼠标，定义环形波的外半径，释放鼠标。

（3）将鼠标移回环形中心以设置环形内半径，单击可以创建环形波对象。

要对环形波的参数进行设置，可将其选中，单击 Modify（修改）图标进入修改面板，环形波的“参数”面板如图 3-74 所示。下面详解环形波的主要参数。

- **Ringwave Size（环形波大小）**：使用这些设置来更改环形波基本参数。
- **Radius（半径）**：设置圆环形波的外半径。
- **Radial Segs（径向分段）**：沿半径方向设置内外曲面之间的分段数目。
- **Ring Width（环形宽度）**：设置环形宽度，从外半径向内测量。半径、径向分段以及环形宽度标示如图 3-75 所示。
- **Sides（边数）**：对内、外和末端（封口）曲面沿圆周方向设置分段数目。
- **Height（高度）**：沿主轴设置环形波的高度。设置高度后的环形波如图 3-76 所示。
- **Height Segs（高度分段）**：沿高度方向设置分段数目。
- **Ringwave Timing（环形波计时）区域**：在环形波从零增加到其最大尺寸时，使用这些环形波动画的设置。

图3-73 环形波的形状示例

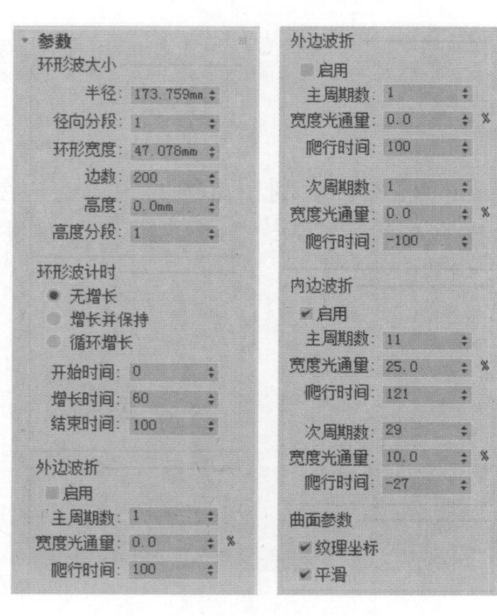

图3-74 环形波的“参数”面板

图3-75 半径、径向分段以及环形宽度标示图

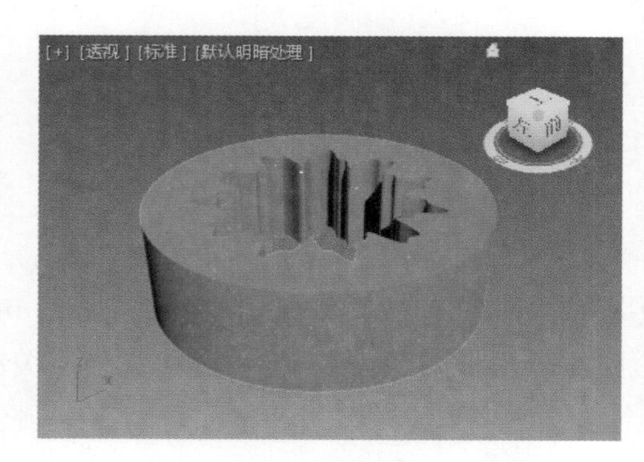

图3-76 设置高度后的环形波

❖ **No Growth**（无增长）：设置一个静态环形波，它在“开始时间”显示，在“结束时间”消失。

❖ **Grow and Stay**（增长并保持）：设置单个增长周期。 环形波在“开始时间”开始增长，并在“开始时间”以及“增长时间”处达到最大尺寸。

❖ **Cyclic Growth**（循环增长）：环形波从“开始时间”到“增长时间”以及从“增长时间”到“结束时间”间重复增长。

提示：

如果设置“开始时间”为 0，“增长时间”为 25，保留“结束时间”默认值 100，并选择“循环增长”，则在动画期间，环形波将从零增长到其最大尺寸 4 次。

❖ **Start Time**（开始时间）：如果选择“增长并保持”或“循环增长”，则环形波出现帧数并开始增长。

❖ **Grow Time**（增长时间）：从“开始时间”环形波达到其最大尺寸所需帧数。“增长时间”仅在选中“增长并保持”或“循环增长”时可用。

❖ **End Time**（结束时间）：环形波消失的帧数。

❖ **Out Edge Breakup**（外边波折）区域：使用这些设置来更改环形波外部边的形状。

❖ **On**（启用）：启用外部边上的波峰。仅启用此选项时，此组中的参数处于活动状态。默认设置为禁用状态。

❖ **Major Cycles**（主周期数）：设置围绕外部边的主波数目。

❖ **Width Flux**（宽度光通量）：设置主波的大小，以调整宽度的百分比表示。

主周期数和宽度波动标示如图 3-77 所示。

❖ **Crawl Time**（爬行时间）：设置每一主波绕环形波外周长移动一周所需帧数。

❖ **Minor Cycles**（次周期数）：在每一主周期中设置随机尺寸小波的数目。次周期数标示如图 3-78 所示。

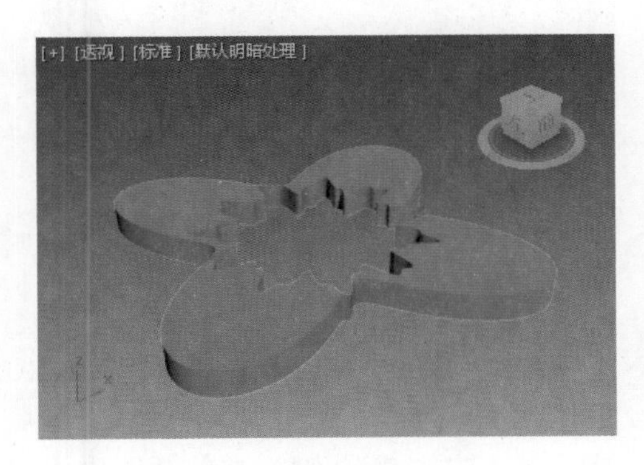

图3-77　主周期数和宽度波动标示图

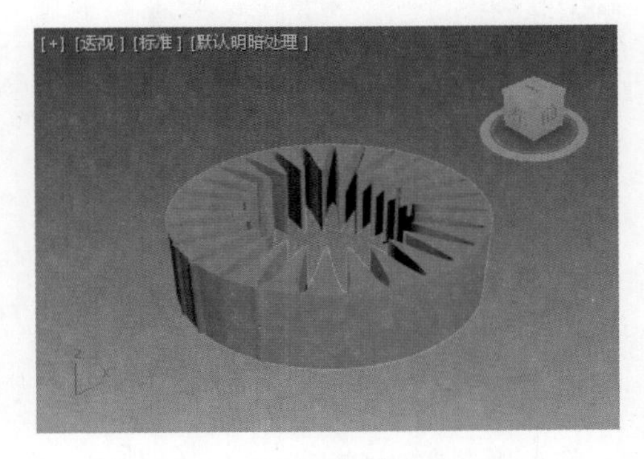

图3-78　次周期数标示图

❖ **Width Flux**（宽度光通量）：设置小波的平均大小，以调整宽度的百分比表示。

❖ **Crawl Time**（爬行时间）：设置每一小波绕其主波移动一周所需帧数。

❖ **Inner Edge Breakup**（内边波折）区域：使用这些设置来更改环形波内部边的形状。其参数与外部波折区域参数相同，此处不再赘述。

3.2.11　软管

形状示例

Hose（软管）对象是一个能连接两个对象的弹性对象，因而能反映这两个对象的运动。它类似于弹簧，但不具备动力学属性。可以指定软管的总直径和长度、圈数以及线的直径和形状。可以利用可选的圆角面边创建挤出的规则面多边形。软管形状示例如图 3-79 所示。

图3-79　软管的形状示例

创建步骤

本例将模拟形状示例中摩托车减震器效果。上、下杆背向运动时，中间的软管被拉伸；上、下杆相对运动时，中间的软管被挤压。

（1）打开扩展基本体创建面板，单击“软管”按钮。

（2）在顶视图中单击并拖动鼠标，定义软管的半径，释放鼠标。

（3）移动鼠标以定义软管的长度，单击完成软管对象的创建，透视图中软管效果如图 3-80 所示。

（4）单击 Extended Primitives（扩展基本体）下拉列表，选择 Standard Primitives（标准基本体），打开标准基本体创建面板。在顶视图中创建一个圆柱体，利用移动、对齐工具，调整位置如图 3-81 所示。

图3-80　创建完成的软管

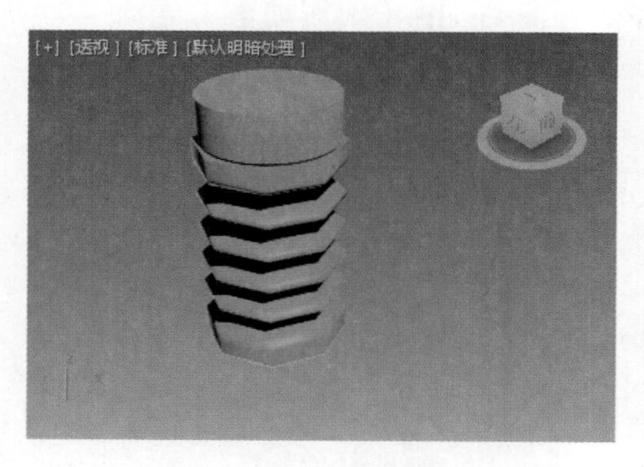

图3-81　创建圆柱体

（5）单击工具栏上的 Select and Move（选择并移动）图标，按住 Shift 键，在前视图中沿 *Y* 轴向上移动圆柱体，在弹出的对话框中单击 OK（确定）按钮，如图 3-82 所示。调整圆柱体的位置，如图 3-83 所示。

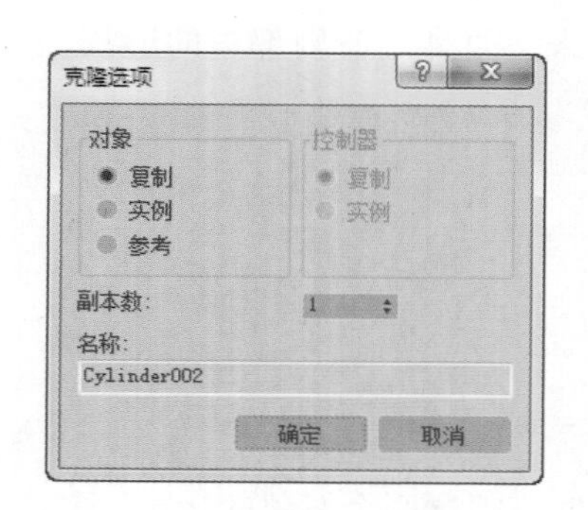

图3-82　复制对话框

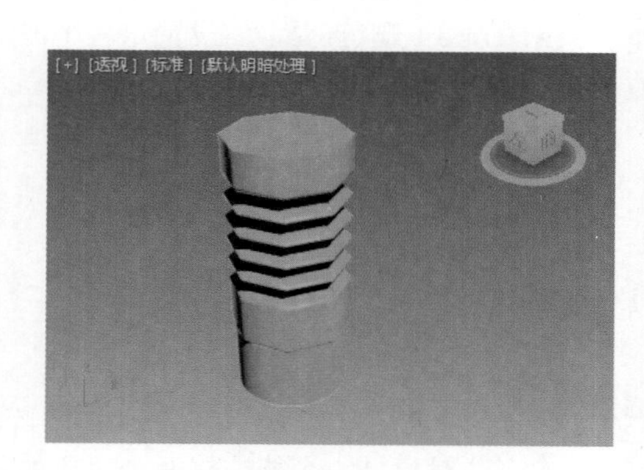

图3-83　复制出上面杆

提示：

在调整对象空间位置的过程中，可利用 Zoom Extents All（最大化显示所有视图）图标随时调整视图，以使对象全部可见。

（6）单击工具栏上的 Select Object（选择对象）图标，选中软管，单击 Modify（修改）图标进入“修改”面板。

（7）单击 Hose Parameters（软管参数）面板下的 Bound to Object Pivots（绑定到对象轴）选项，再单击 Pick Top Object（拾取顶部对象）选项，在任意视图中单击软管上方的圆柱体。

（8）单击 Pick Bottom Object（拾取底部对象）选项，在任意视图中单击软管下方的圆柱体，软管绑定过程如图 3-84 所示。

（9）将 Pick Top Object（拾取顶部对象）和 Pick Bottom Object（拾取底部对象）下方的 Tension（张力）值均设为 0，将软管绑定到上下杆，如图 3-85 所示。

（10）可以看出，绑定后的软管与上面杆的位置不对，这是因为上面圆柱体的轴心在上面杆所致，现在进行调整。选中上面圆柱体，单击 Hierarchy（层次）图标，单击 Affect Pivot Only（仅影响轴）选项。此时，可以清楚看到调整前圆柱体的轴心位置，如图 3-86 所示。

（11）单击工具栏上的 Select and Move（选择并移动）图标，在前视图中沿 *Y* 轴向下移动轴心位置到圆柱体的下表面，调整后的轴位置如图 3-87 所示。再次单击 Affect Pivot Only（仅影响轴）按钮，退出轴变换，透视图中效果如图 3-88 所示。

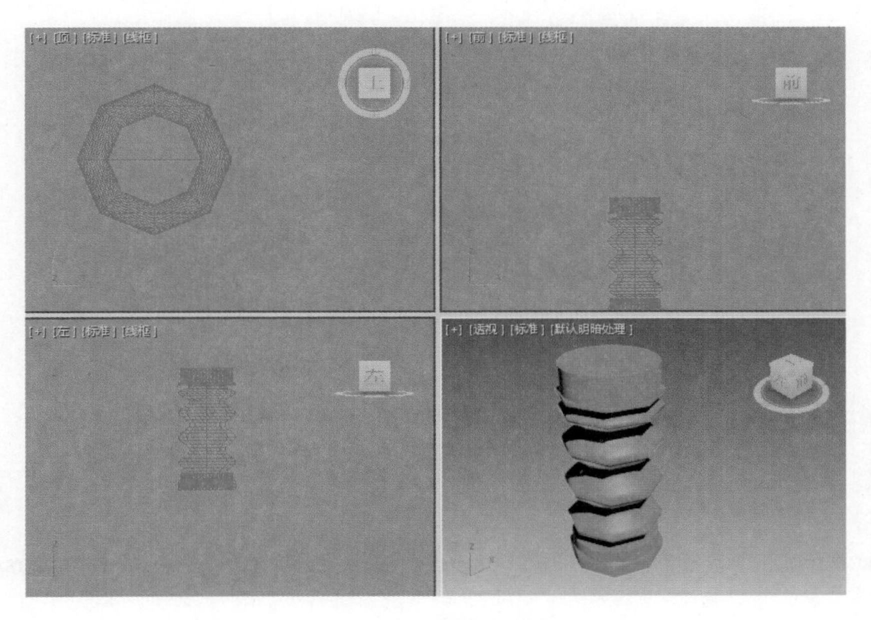

图3-84　软管绑定过程

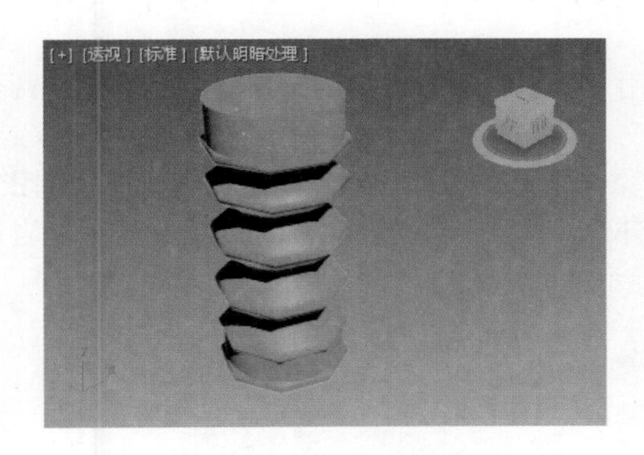

图3-85　绑定到上下杆的软管

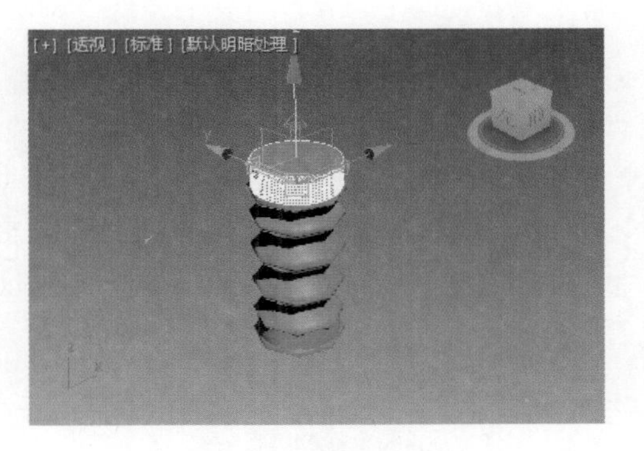

图3-86　调整前的轴心位置

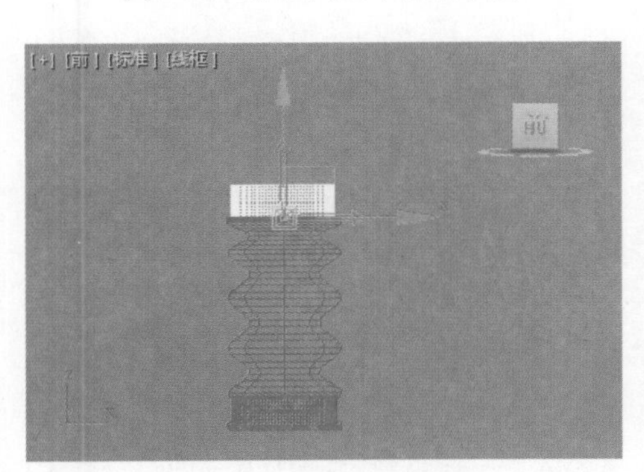

图3-87　调整后的轴位置

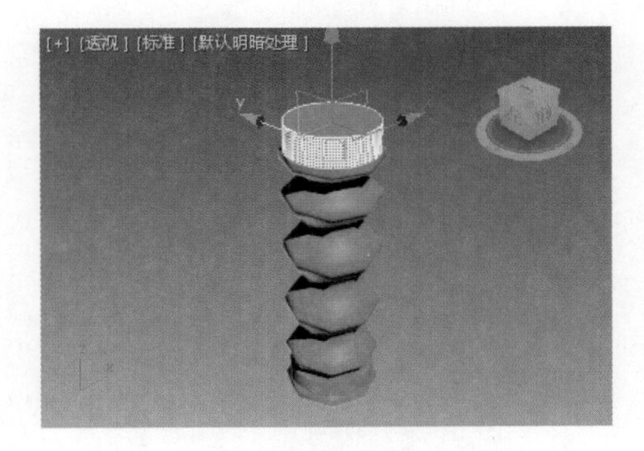

图3-88　调整轴后的绑定效果

提示：　圆柱体的轴心在上表面还是在下表面，取决于创建时高度的正负和空间位置，读者可根据具体情况进行调节。

（12）软管已被正确绑定在上下杆了，上下背向移动两个圆柱体，中间软管将被拉伸。上下相对移动两个圆柱体，中间的软管被挤压。如图 3-89 所示为几种软管随杆移动效果。

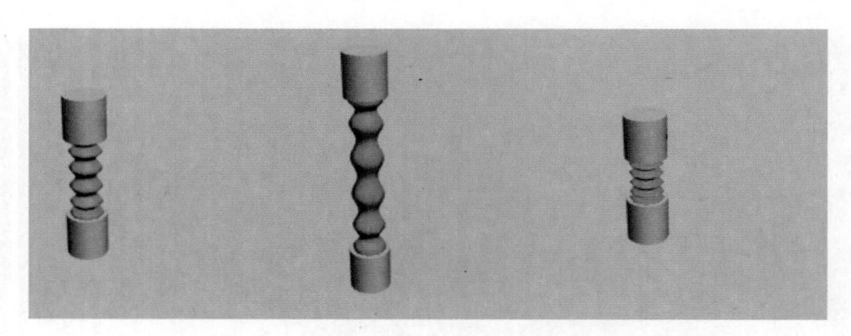

图3-89 绑定在杆上的软管随杆移动效果

通过上面创建步骤的学习，读者已经接触了部分软管参数，下面在参数区给出常用参数的意义，并详解软管的主要参数。

（1）End Point Method（端点方法）、Binding Objects（绑定对象）、Free Hose Parameters（自由软管参数）区域如图 3-90 所示。

- ❖ **Free Hose**（自由软管）：如果只是将软管作为一个简单的对象，而不绑定到其他对象，则选择此选项。
- ❖ **Bound to Object Pivots**（绑定到对象轴）：如果使用“绑定对象”组中的选项将软管绑定到两个对象，则选择此选项。
- ❖ **Tension**（张力）：确定当软管靠近底部（顶部）对象时顶部（底部）对象附近的软管曲线的张力。
- ❖ **Height**（高度）：设置软管未绑定时的垂直高度或长度，不一定等于软管的实际长度。仅当选择 Free Hose（自由软管）时，此选项才可用。高度标示如图 3-91 所示。

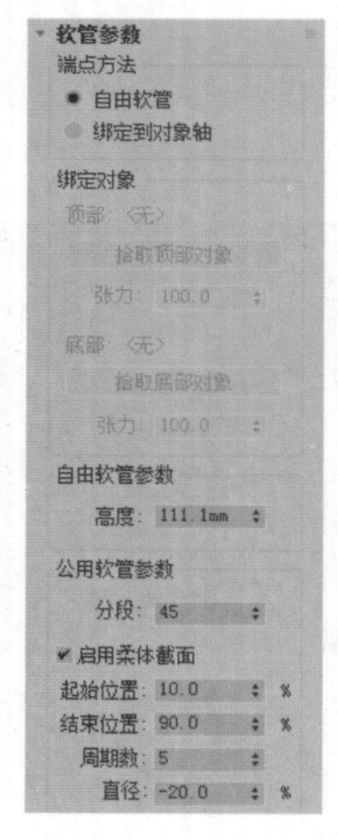

图3-90 “软管参数”面板

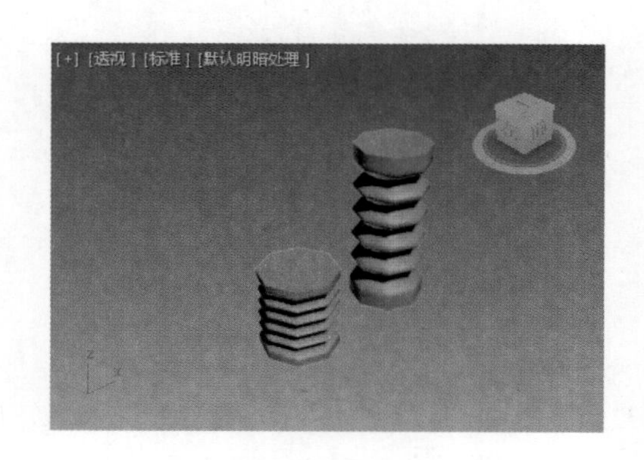

图3-91 高度标示图

（2）Common Hose Parameters（公用软管参数）区域可以设置软管起始位置、结束位置、周期数、直径等参数。“公用软管参数”面板如图 3-92 所示。

- ❖ **Flex Section Enable**（启用柔体截面）：如果启用，则可以为软管的中心柔体截面设置以下 4 个参数。如果禁用，则软管的直径沿软管长度不变。默认为启用状态。
- ❖ **Start**（起始位置）：从软管的始端到柔体截面开始处占软管长度的百分比。默认情况下，软管的始端指对象轴出现的一端。默认设置为 10%。
- ❖ **End**（结束位置）：从软管的末端到柔体截面结束处占软管长度的百分比。默认情况下，软管的末端指与对象轴出现相反的一端。默认设置为 90%。
- ❖ **Cycles**（周期数）：设置软管折曲部分的褶皱数量，默认为 5。起始位置、结束位置及周期数标示如图 3-93 所示。

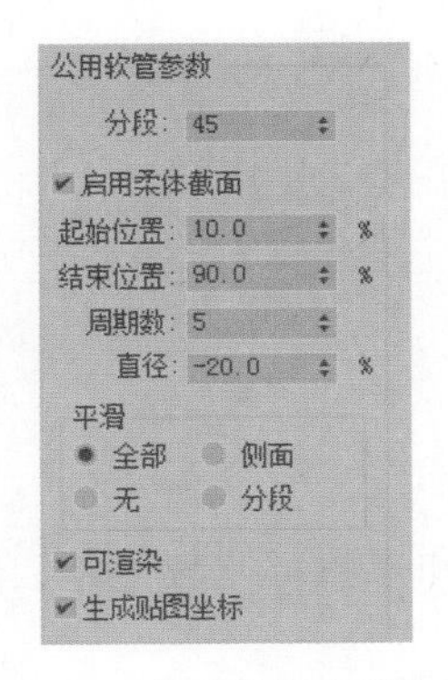

图3-92 “公用软管参数”面板

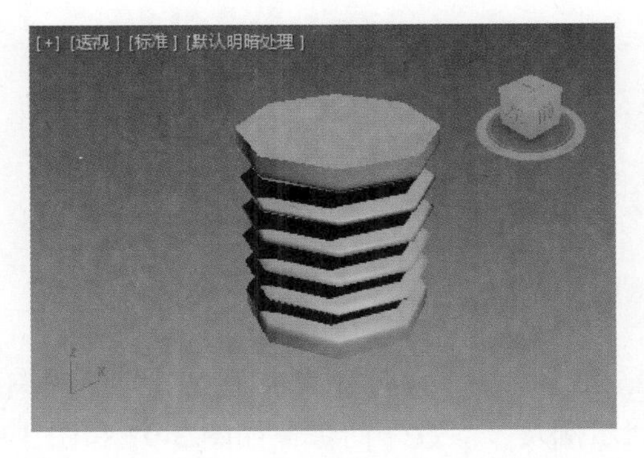

图3-93 起始位置、结束位置及周期数标示图

- ❖ **Diameter**（直径）：设置软管对象弯折时的剖面放缩量，在 –50 ~ 500 之间取值，默认为 –20。正值表示软管弯曲时剖面直径扩大；负值表示软管弯曲时剖面直径缩小。直径标示如图 3-94 所示。

（3）Hose Shape（软管形状）区域如图 3-95 所示，利用该区域的参数，可以设置软管截面为不同形状。

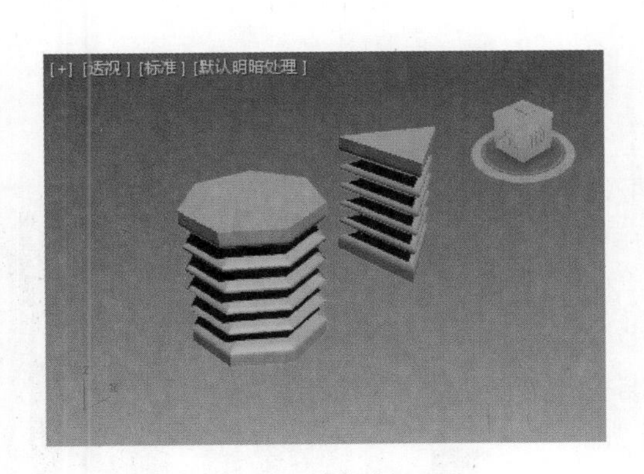

图3-94 直径标示图

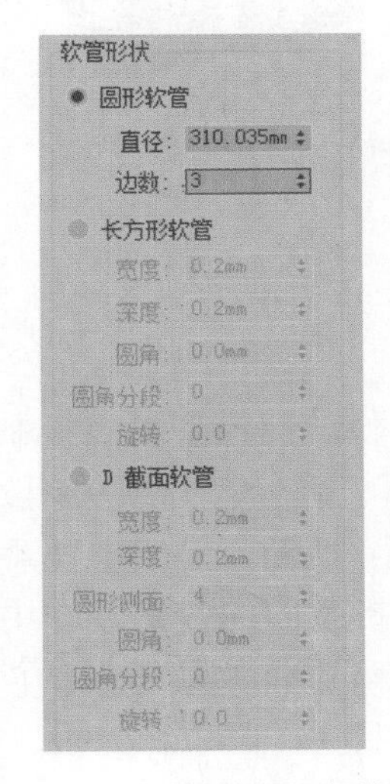

图3-95 “软管形状”参数面板

- ❖ **Round Hose**（圆形软管）：设置软管为圆形的横截面，该选项为默认设置。
- ❖ **Rectangular Hose**（长方形软管）：设置软管为矩形的横截面，可指定不同的宽度、深度、圆角等参数。
- ❖ **D-Section Hose**（D 截面软管）：与长方形软管类似，但一个边呈圆形，形成 D 形状的横截面。三种形状的软管标示如图 3-96 所示。

图3-96　三种形状的软管标示图

3.2.12　棱柱

形状示例

Prism（棱柱）可创建带有独立分段面的三面棱柱，其创建方法和参数都比较简单，这里仅给出棱柱的形状示例及“参数”面板，如图 3-97 和图 3-98 所示。

图3-97　棱柱的形状示例

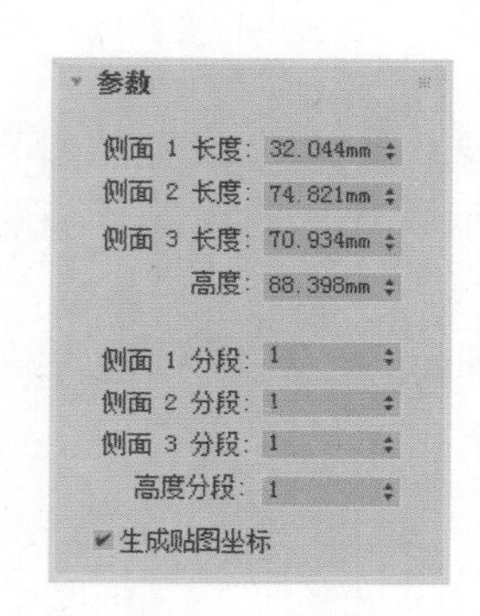

图3-98　棱柱的“参数”面板

3.3　门

使用软件提供的门模型可以控制门外观的细节，还可以将门设置为打开、部分打开或关闭，以及设置打开的动画。有三种类型的门：枢轴门是读者熟悉的，它是一种仅在一侧装有铰链的门；折叠门的铰链装在中间及侧端，就像许多壁橱的门那样，也可以将这些类型的门创建成一组双门；推拉门有一半固定，另一半可以推拉。图 3-99 所示为利用 3ds Max 2018 提供的门创建的模型。

图3-99　门的效果图

3.3.1　枢轴门

形状示例

Pivot（枢轴门）只在一侧用铰链接合，还可以将门制作成为双门，该门具有两个门元素，每个元素

在其外边缘处用铰链接合。枢轴门的形状示例如图 3-100 所示。

创建步骤

（1）单击 File（文件）菜单，选择 Reset（重置）命令，重置设定系统。

（2）单击 Create（创建）图标＋，单击 Geometry（几何体）图标●，打开 Standard Primitives（标准基本体）下拉列表，选择 Doors（门），进入门对象创建面板。Object Type（对象类型）面板下列出可以创建的各种门按钮，如图 3-101 所示。

图3-100　枢轴门的形状示例

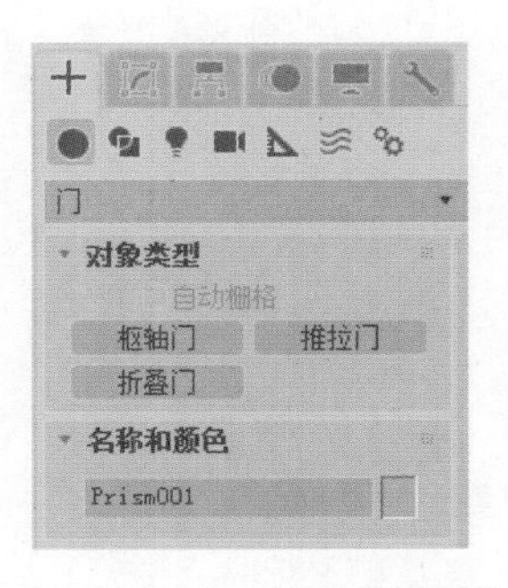

图3-101　门对象创建面板

（3）单击 Pivot（枢轴门）按钮，在透视图中单击并拖动鼠标以定义枢轴门的宽度，释放鼠标。

（4）移动鼠标，定义枢轴门的深度，单击确定深度。再次移动鼠标以定义门的高度，最后单击完成枢轴门的创建，如图 3-102 所示。

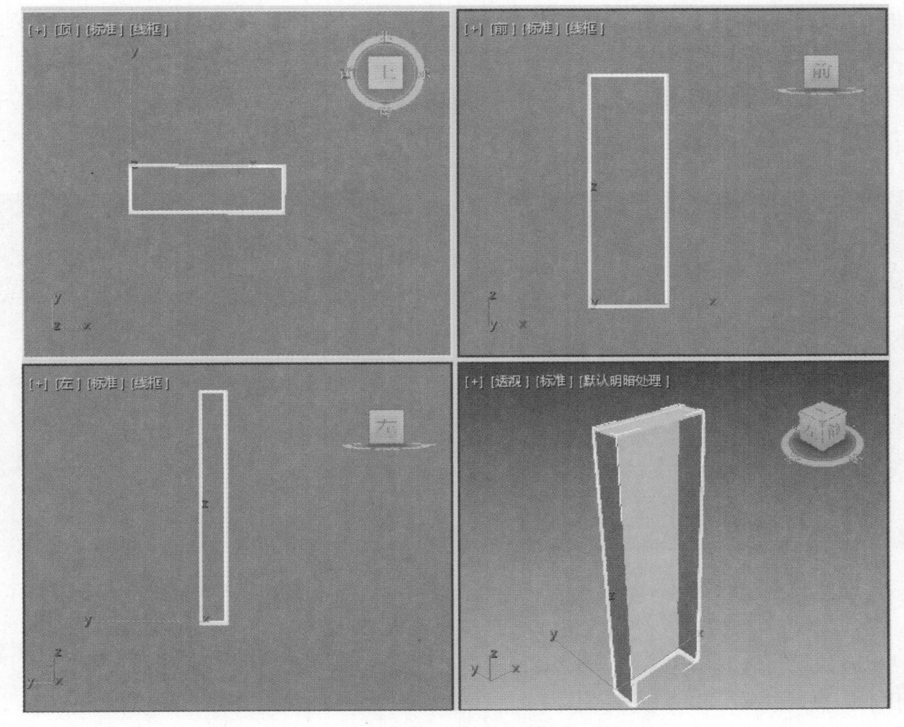

图3-102　创建完成的枢轴门

（5）可以看到，创建好的门跟形状示例中的门形状差别较大，可以通过修改参数改变门的形状。单击 Modify（修改）图标可进入修改面板，下面详解枢轴门的常见参数。

枢轴门有两个参数面板，分别是 Parameters（参数）面板和 Leaf Parameters（页扇参数）面板。

（1）枢轴门的“参数”面板如图 3-103 所示。

❖ **Height（高度）、Width（宽度）、Depth（深度）**：设置门装置的总体高度、宽度、深度。3 个参数标示如图 3-104 所示。

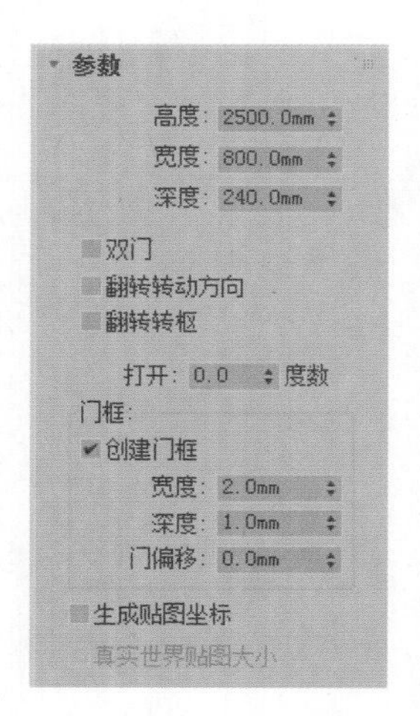

图3-103　枢轴门的“参数”面板

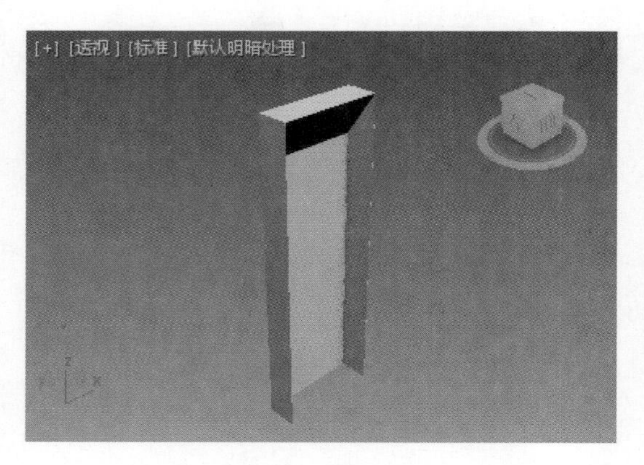

图3-104　高度、宽度、深度标示图

❖ **Double Door（双门）**：勾选此复选框可以创建双扇枢轴门。

❖ **Flip Swing（翻转转动方向）**：勾选此复选框可以使枢轴门扇面的开向逆转。

❖ **Flip Hinge（翻转转枢）**：勾选此复选框，可以使枢轴门扇面的转轴转移到门框的另一侧。

3 个复选框的效果标示如图 3-105 所示。

❖ **Open（打开）**：使用枢轴门时，指定以角度为单位表示门打开的程度。使用推拉门和折叠门时，该参数为门打开的百分比。“打开”参数标示如图 3-106 所示。

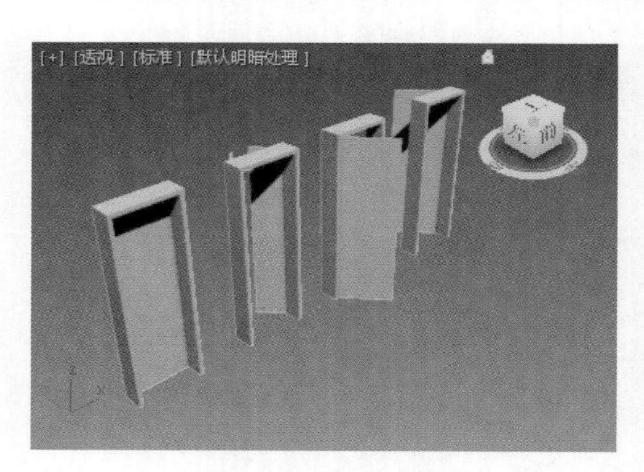

图3-105　3个复选框的效果标示图

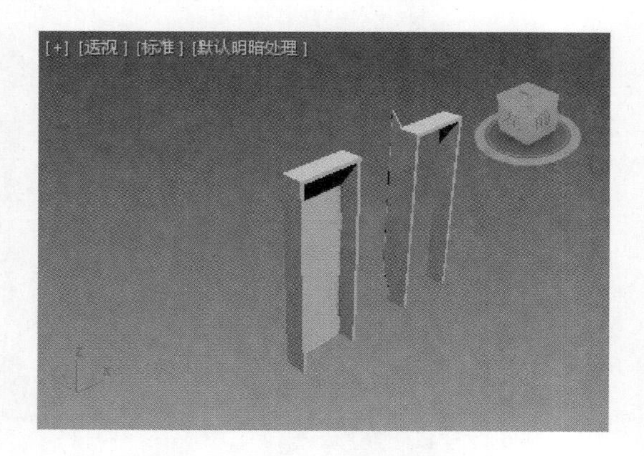

图3-106　“打开”参数标示图

❖ **Create Frame（创建门框）**：这是默认启用的，以显示门框，也可以设置门框的尺寸。禁用此选项可以禁用门框的显示。

❖ **Door Offset（门偏移）**：设置门相对于门框的位置。偏移量为 0.0 时，门与修剪的一个边平齐，此值可以是正数，也可以是负数，仅当启用了“创建门框”时可用。门偏移标示如图 3-107 所示。

（2）“页扇参数”面板如图 3-108 所示。提供影响门本身（相对于包括门框的门装置）的参数，可以调整门的大小、添加面板，以及调整这些面板的大小和位置。

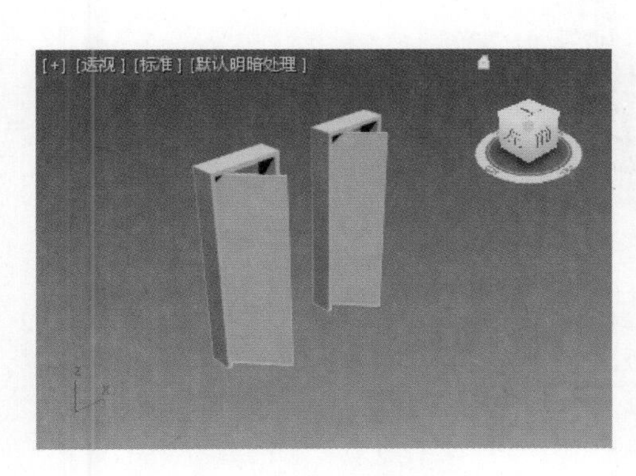

图3-107 门偏移标示图

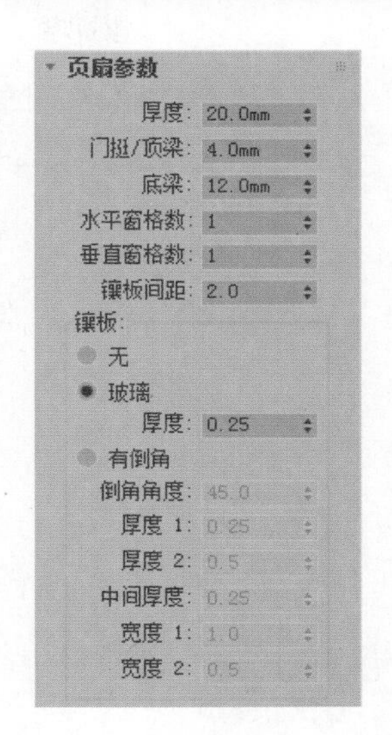

图3-108 “页扇参数”面板

- ❖ **Thickness**（厚度）: 设置门的厚度。
- ❖ **Stiles/Top Rail**（门挺 / 顶梁）: 设置顶部和两侧面板框的宽度。仅当门是面板类型时，才会显示此设置。
- ❖ **Bottom Rail**（底梁）: 设置门脚处面板框的宽度。仅当门是面板类型时，才会显示此设置。
- ❖ **Panels Horiz**（水平窗格数）: 设置面板沿水平轴划分的数量。
- ❖ **Panels Vert**（垂直窗格数）: 设置面板沿垂直轴划分的数量。
- ❖ **Muntin**（镶板间距）: 设置面板之间的间隔宽度。
- ❖ **Panels**（镶板）参数区: 用于确定在门中创建面板的方式，提供了三种方式并可设置相关参数。
- ❖ **None**（无）: 门没有面板。
- ❖ **Glass**（玻璃）: 选择此选项可以创建不带倒角的玻璃面板,并可利用“厚度”设置玻璃面板的厚度。
- ❖ **Beveled**（有倒角）: 选择此选项可以设置有倒角面板。其余的微调器影响面板的倒角。
- ❖ **Bevel Angle**（倒角角度）: 指定门的外部平面和面板平面之间的倒角角度。
- ❖ **Thinkness1**（厚度 1）: 设置面板的外部厚度。
- ❖ **Thinkness2**（厚度 2）: 设置倒角从该处开始的厚度。
- ❖ **Middle Thick**（中间厚度）: 设置面板内面部分的厚度。
- ❖ **Width1**（宽度 1）: 设置倒角从该处开始的宽度。
- ❖ **Width2**（宽度 2）: 设置面板内面部分的宽度。

3.3.2 推拉门

形状示例

使用 Sliding（推拉门）可以将门进行滑动，就像在轨道上一样。该门有两个元素：一个保持固定，而另一个可以移动。推拉门的形状示例如图 3-109 所示。其创建步骤与枢轴门类似，下面不再赘述。

图3-109 推拉门的形状示例

推拉门的参数与枢轴门类似，这里仅给出两个不同的参数意义。

❖ **Flip Front Back**（前后翻转）：以默认位置为起始位置，更改元素的前后位置。

❖ **Flip Side**（侧翻）：将当前滑动元素更改为固定元素，反之亦然。

3.3.3 折叠门

形状示例

BiFold（折叠门）在中间转枢也在侧面转枢。折叠门有 2 个门元素，也可以将该门制作成有 4 个门元素的双门。折叠门的创建步骤和参数与上面两种门相同，此处仅给出折叠门的形状示例，如图 3-110 所示。

图3-110 折叠门的形状示例

3.4 窗

使用窗口对象可以控制窗口外观的细节。此外，还可以将窗口设置为打开、部分打开或关闭，以及设置随时打开的动画。3ds Max 2018 提供了六种类型的窗口。图 3-111 所示为利用 3ds Max 2018 提供的窗口创建的模型。

图3-111 窗口效果图

3.4.1 遮篷式窗

形状示例

Awning（遮篷式窗）具有一个或多个可在顶部转枢的窗框。遮篷式窗的形状示例如图 3-112 所示。

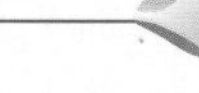

创建步骤

窗户的创建步骤基本相同，本节以遮篷式窗为例介绍，后面各节将直接介绍窗参数。

（1）单击 File（文件）菜单，选择 Reset（重置）命令，重置设定系统。

（2）单击 Create（创建）图标，单击 Geometry（几何体）图标，单击 Standard Primitives（标准基本体）下拉列表，选择 Windows（窗），进入窗对象创建面板。Object Type（对象类型）面板下列出可以创建的各种窗按钮，如图 3-113 所示。

图3-112　遮篷式窗的形状示例

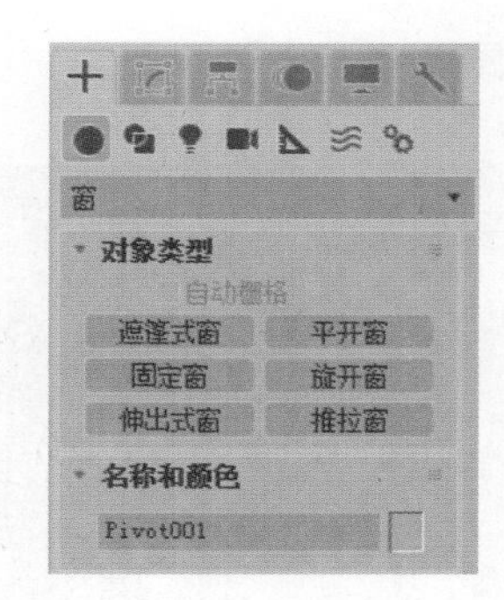

图3-113　窗户“对象类型”面板

（3）单击“遮篷式窗”按钮，在透视图中单击并拖动鼠标以定义遮篷式窗的宽度，释放鼠标，完成定义。

（4）移动鼠标，定义遮篷式窗的深度，单击确定深度。再次移动鼠标以定义遮篷式窗的高度，最后单击完成遮篷式窗的创建，如图 3-114 所示。

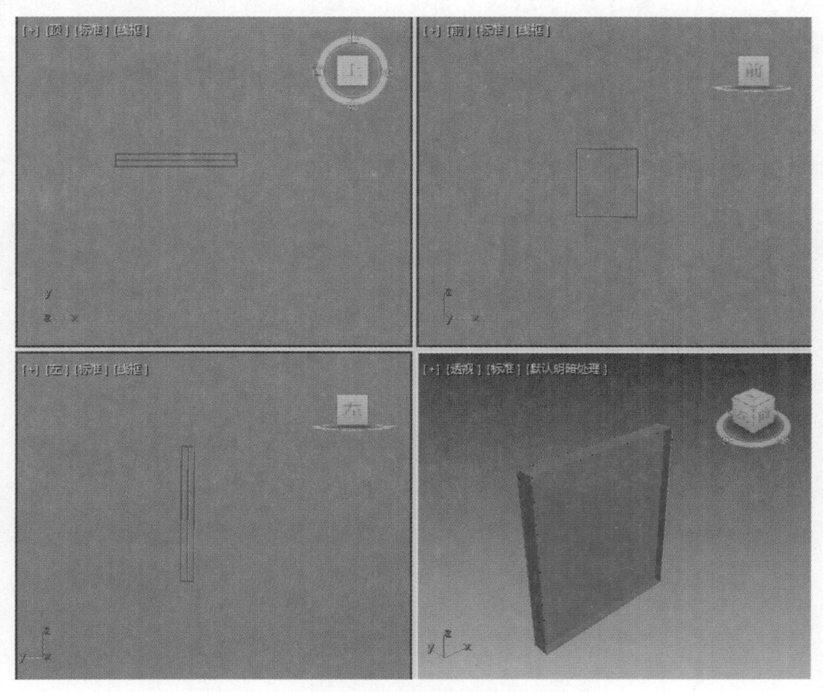

图3-114　创建完成的遮篷式窗

参数详解

要改变窗户的形状，可将其选中，单击 Modify（修改）图标可进入修改面板。遮篷式窗的“参数”面板如图 3-115 所示。下面详细介绍遮篷式窗的主要参数。

❖ **Horiz. Width（水平宽度）**：设置窗口框架水平部分的宽度（顶部和底部）。该设置也会影响窗口玻璃部分的宽度。

❖ **Vert. Width（垂直宽度）**：设置窗口框架垂直部分的宽度（两侧）。该设置也会影响窗口玻璃部分的高度。水平宽度和垂直宽度标示如图 3-116 所示。

❖ **Thickness（厚度）**：设置框架的厚度。该选项还可以控制窗口窗框中遮蓬或栏杆的厚度。框架的厚度标示如图 3-117 所示。

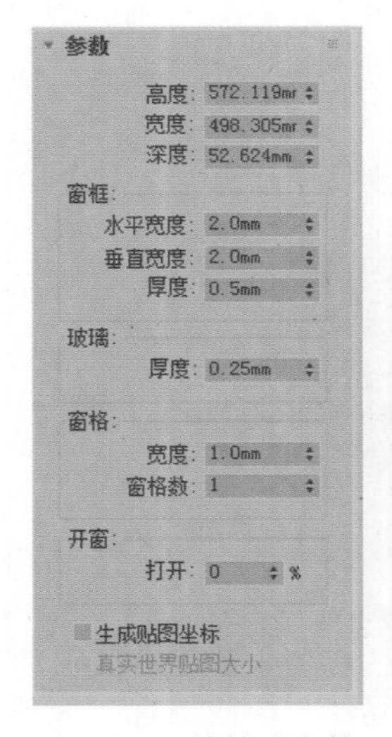

图3-115 遮篷式窗的“参数”面板

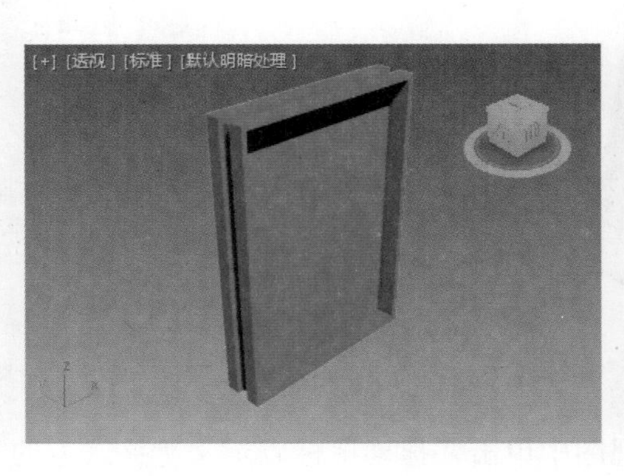

图3-116 水平宽度和垂直宽度标示图

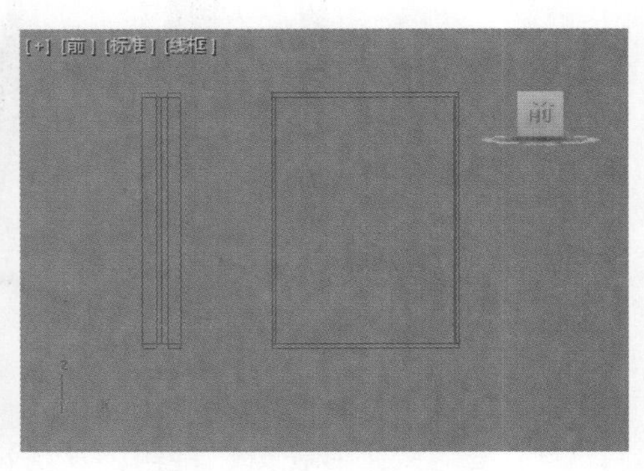

图3-117 框架的厚度标示图

❖ **Glazing（玻璃）**：参数区域用 Thickness（厚度）参数设置玻璃的厚度。

❖ **Width（宽度）**：设置窗框中窗格的宽度（深度）。

❖ **Panel Count（窗格数）**：设置窗口中窗框数。如果窗格数大于 1，则每个窗框将在其顶边转枢起来。窗格数标示如图 3-118 所示。

❖ **Open（打开）**：指定窗口打开的百分比，此控件可设置动画。打开参数标示如图 3-119 所示。

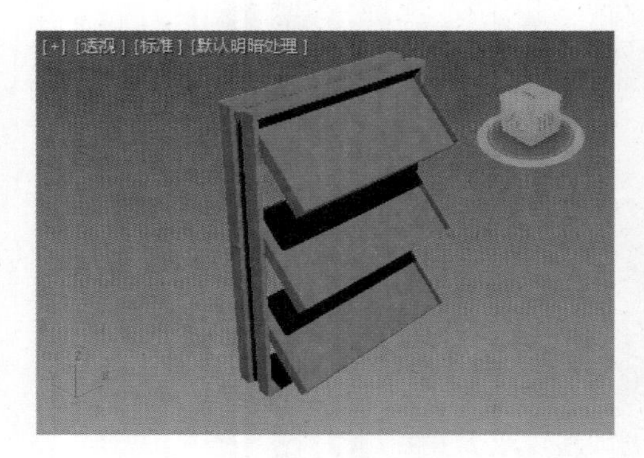

图3-118 窗格数标示图

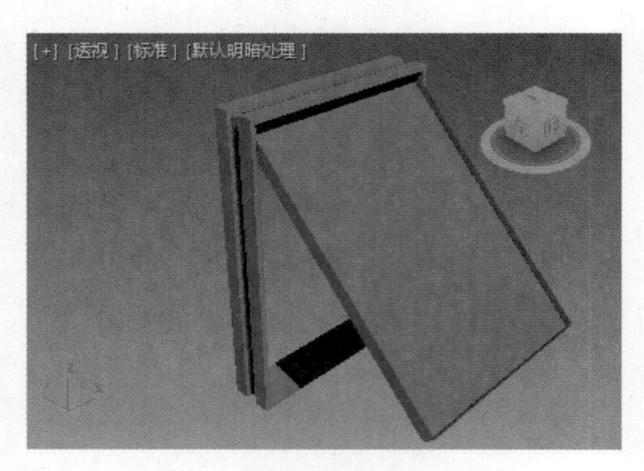

图3-119 打开参数标示图

3.4.2 平开窗

形状示例

Casement（平开窗）具有一个或两个可在侧面转枢的窗框（像门一样）。平开窗的形状示例如图 3-120 所示。创建步骤与遮篷式窗类似，在此不再详细介绍。

对于初步创建的平开窗，要改变窗户的形状，可将其选中，单击 Modify（修改）图标可进入修改面板，平开窗的“参数”面板如图 3-121 所示。下面详解平开窗的主要参数。

图3-120 平开窗的形状示例

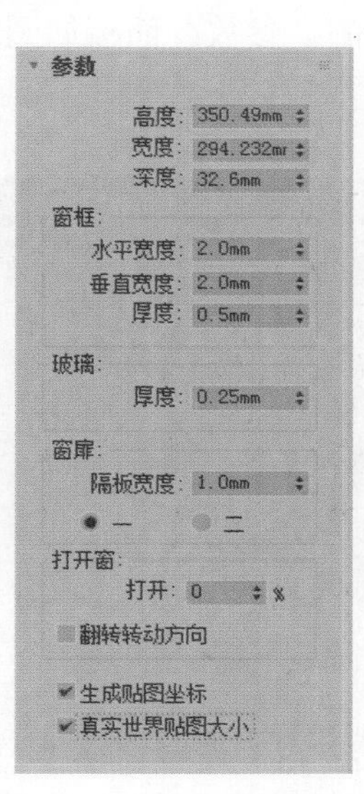

图3-121 平开窗的“参数”面板

- **Panel Width（隔板宽度）**: 在每个窗框内更改玻璃面板之间距离的大小。隔板宽度标示如图 3-122 所示。
- **One（一）、Two（二）**: 指定窗口面板数为一个或两个。使用两个面板来创建像双门一样的窗口，每个面板在其外侧面边上转枢。一个和两个标示如图 3-123 所示。

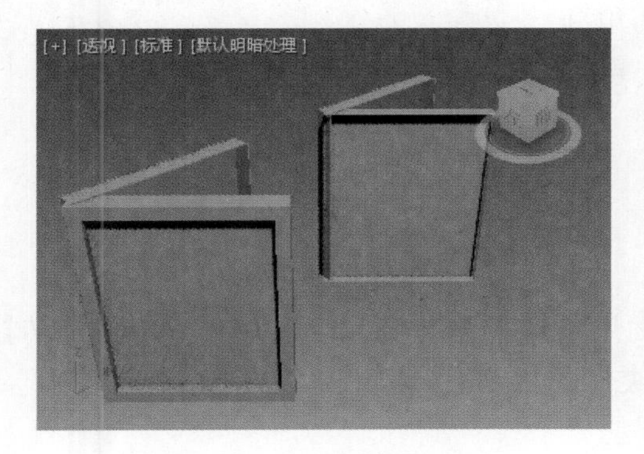

图3-122 隔板宽度标示图

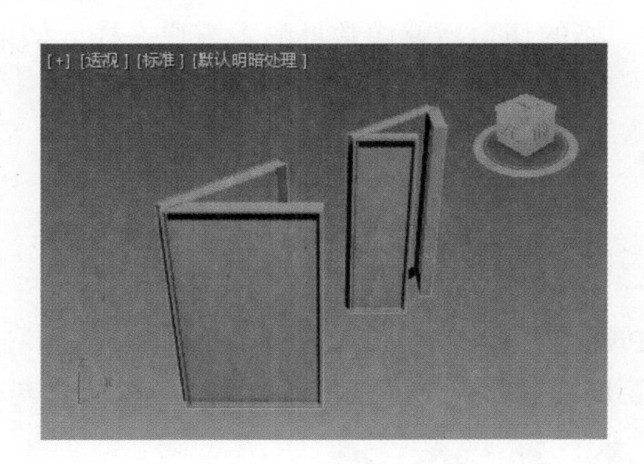

图3-123 一个和两个标示图

3.4.3 固定窗

形状示例

Fixed（固定窗）的窗口不能打开，因此没有“打开窗口”参数。除了标准窗口对象参数之外，固定窗口还为细分窗口提供了设置窗格和面板的参数区。固定窗的形状示例如图 3-124 所示。创建步骤与遮篷式窗类似在此不再详细介绍。

参数详解

对于初步创建的固定窗，要改变窗户的形状，可将其选中，单击 Modify（修改）图标，可进入修改面板，固定窗的“参数”面板如图 3-125 所示。下面详解固定窗的 Rails（窗格）主要参数。

图3-124　固定窗的形状示例

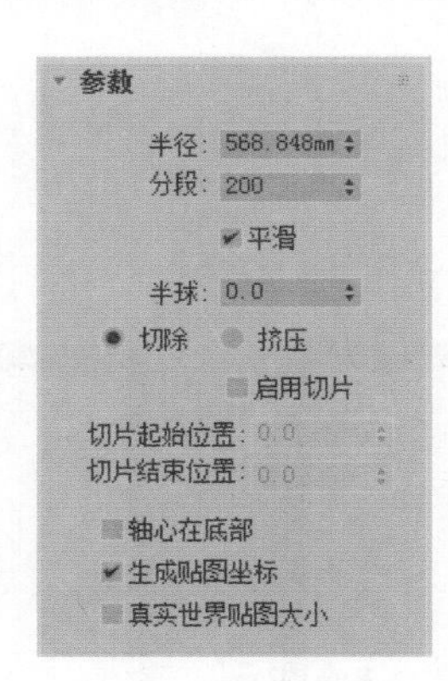

图3-125　固定窗的“参数”面板

- ❖ **Width**（宽度）：设置窗框中窗格的宽度（深度）。
- ❖ **Panels Horiz**（水平窗格数）：设置窗口中水平划分的数量。
- ❖ **Panels Vert**（垂直窗格数）：设置窗口中垂直划分的数量。

上述 3 个参数标示如图 3-126 所示。

- ❖ **Chamfered Profile**（切角剖面）：设置玻璃面板之间窗格的切角，就像常见的木窗户一样。如果禁用“切角剖面”，窗格将拥有一个矩形剖面。

图3-126　3个参数的标示图

3.4.4 旋开窗

形状示例

Pivoted（旋开窗）只具有一个窗框，中间通过窗框面用铰链接合起来，可以垂直或水平旋转打开。旋开窗的形状示例如图 3-127 所示。创建步骤与遮篷式窗类似，在此不再详细介绍。

参数详解

对于初步创建的旋开窗，要改变窗户的形状，可将其选中，单击 Modify（修改）图标进入修改面板。旋开窗的“参数”面板如图 3-128 所示。下面详解旋开窗的主要参数。

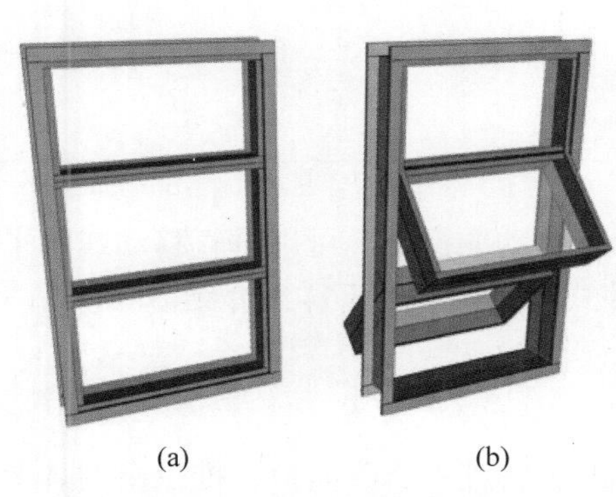

图3-127 旋开窗的形状示例

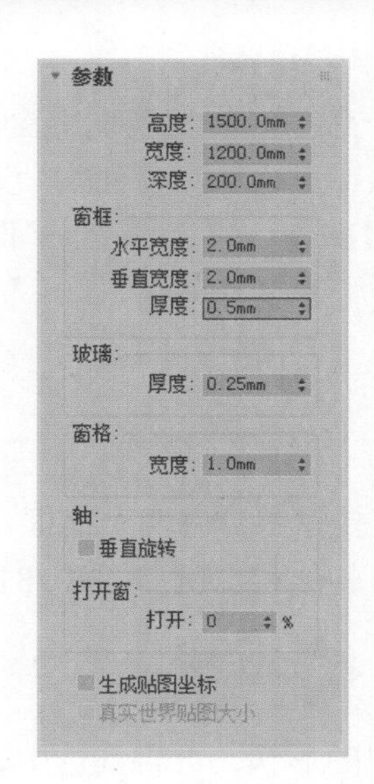

图3-128 旋开窗的"参数"面板

Rails（窗格）参数区：

❖ **Width（宽度）**: 设置窗框中窗格的宽度。

Pivots（轴）参数区：

❖ **Vertical Rotation（垂直旋转）**: 将轴坐标从水平切换为垂直。图 3-127（a）所示窗户为启用垂直旋转的效果，图 3-127（b）所示窗户为未启用垂直旋转的效果。

3.4.5 伸出窗

形状示例

Projected（伸出窗）具有三个窗框：顶部窗框不能移动,底部的两个窗框像遮篷式窗口那样旋转打开，但是却以相反的方向。伸出窗的形状示例如图 3-129 所示。创建步骤与遮篷式窗类似,在此不再详细介绍。

参数详解

对于初步创建的伸出窗，要改变窗户的形状，可将其选中，单击 Modify（修改）图标进入修改面板，伸出窗的"参数"面板如图 3-130 所示。下面简单介绍伸出窗的主要参数。

图3-129 伸出窗的形状示例

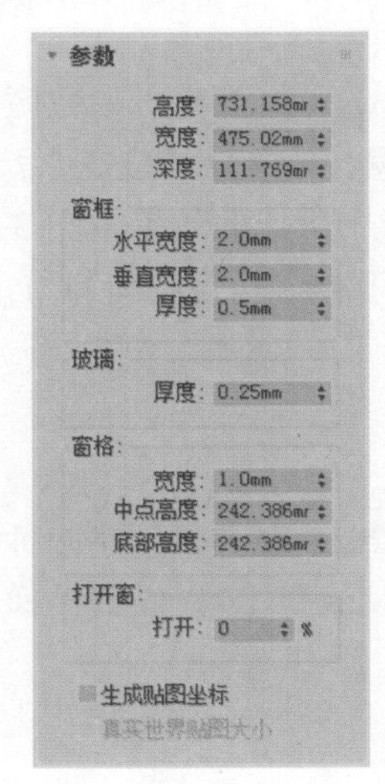

图3-130 伸出窗的"参数"面板

Rails（窗格）参数区：

- ❖ **Width**（宽度）：设置窗框中窗格的宽度（深度）。
- ❖ **Middle Height**（中点高度）：设置中间窗框相对于窗架的高度。
- ❖ **Bottom Height**（底部高度）：设置底部窗框相对于窗架的高度。

3.4.6 推拉窗

Sliding（推拉窗）具有两个窗框：一个固定的窗框；一个可移动的窗框。可以垂直移动或水平移动滑动部分。推拉窗的形状示例如图 3-131 所示，创建步骤与遮篷式窗类似在此不详细介绍。

参数详解

要改变窗户的形状，可将其选中，单击 Modify（修改）图标进入修改面板，推拉窗的“参数”面板如图 3-132 所示。下面详解推拉窗的主要参数。

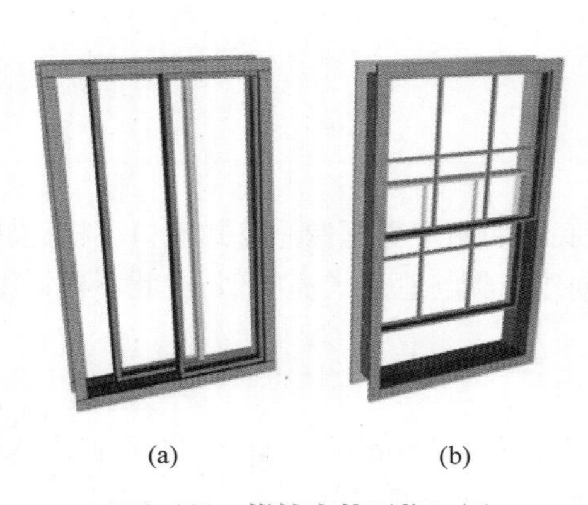

图3-131 推拉窗的形状示例

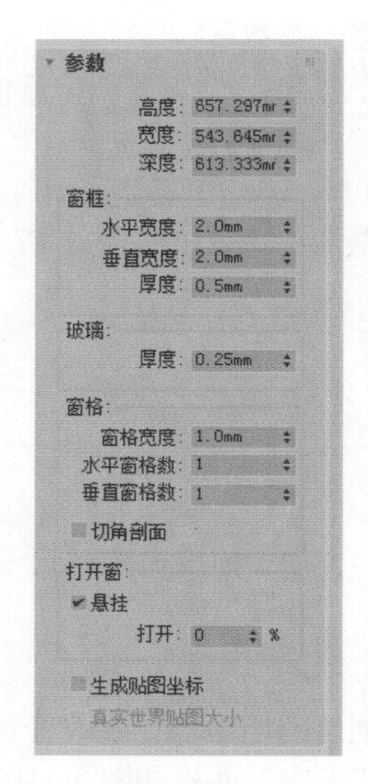

图3-132 推拉窗的“参数”面板

Open Windows（打开窗）参数区：

- ❖ **Hung**（悬挂）：启用该选项后，窗口将垂直滑动。禁用该选项后，窗口将水平滑动。图 3-131（a）所示为启用悬挂的效果，图 3-131（b）所示为禁用悬挂的效果。
- ❖ **Open**（打开）：指定窗口打开的百分比。此命令可设置动画。

3.5 楼　　梯

在 3ds Max 2018 中可以创建四种不同类型的楼梯：螺旋楼梯、直线楼梯、L 形楼梯、U 形楼梯。图 3-133 所示为利用 3ds Max 2018 提供的楼梯创建的模型。

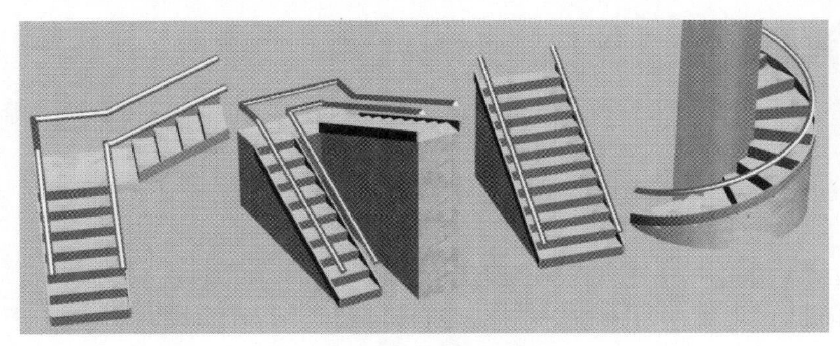

图3-133 楼梯模型

3.5.1 L 形楼梯

形状示例

使用 L Type Stair（L 形楼梯）命令可以创建彼此成直角的两段楼梯。L 形楼梯的形状示例如图 3-134 所示。

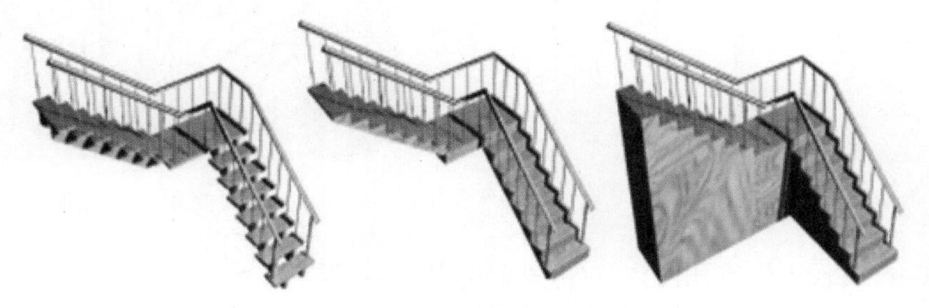

图3-134 L形楼梯的形状示例

创建步骤

（1）单击 File（文件）菜单，选择 Reset（重置）命令，重置设定系统。

（2）单击 Create（创建）图标，单击 Geometry（几何体）图标，单击 Standard Primitives（标准基本体）下拉列表，选择 Stairs（楼梯），进入楼梯对象创建面板。Object Type（对象类型）面板下列出可以创建的各种楼梯按钮，如图 3-135 所示。

（3）单击“L 形楼梯”按钮，在透视图中单击并拖动鼠标，设置第一段楼梯的长度，释放鼠标。

（4）移动鼠标并单击以设置第二段楼梯的长度和方向。将鼠标向上或向下移动以定义楼梯的升量，然后单击结束楼梯的创建，如图 3-136 所示。

图3-135 楼梯的创建面板

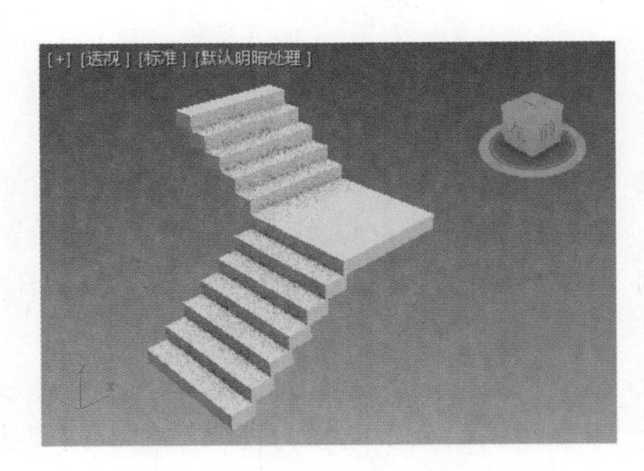

图3-136 创建完成的L形楼梯

要对 L 形楼梯的参数进行设置，可将其选中，单击 Modify（修改）图标进入修改面板。L 形楼梯的参数较多，下面讲解 L 形楼梯的主要参数。

（1）L 形楼梯的 Parameters（参数）面板分为若干参数区域，Type（类型）参数区如图 3-137 所示。

- ❖ **Open（开放式）**: 创建一个开放式的梯级竖板楼梯。
- ❖ **Closed（封闭式）**: 创建一个封闭式的梯级竖板楼梯。
- ❖ **Box（落地式）**: 创建一个带有封闭式梯级竖板和两侧有封闭式侧弦的楼梯。封闭式与落地式标示如图 3-138 所示。

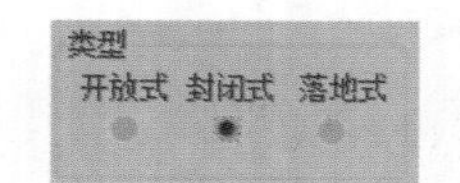

图3-137 “类型”参数区

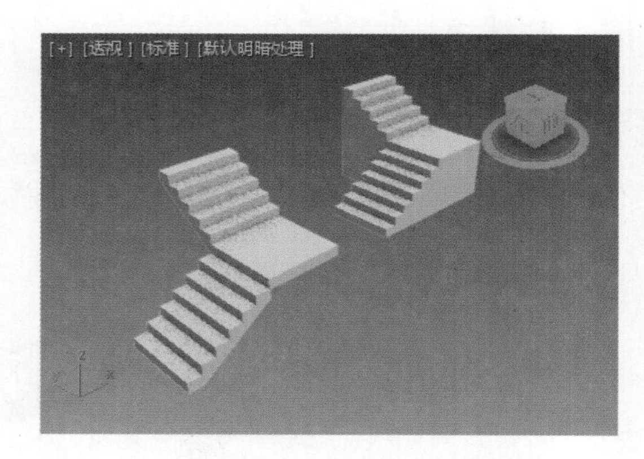

图3-138 封闭式与落地式楼梯标示图

（2）Generate Geometry（生成几何体）参数区如图 3-139 所示。

- ❖ **Stringers（侧弦）**: 沿着楼梯梯级的端点创建侧弦。要从参数面板中修改侧弦的深度、宽度、偏移和弹簧，可参见“侧弦”参数区。侧弦标示如图 3-140 所示。

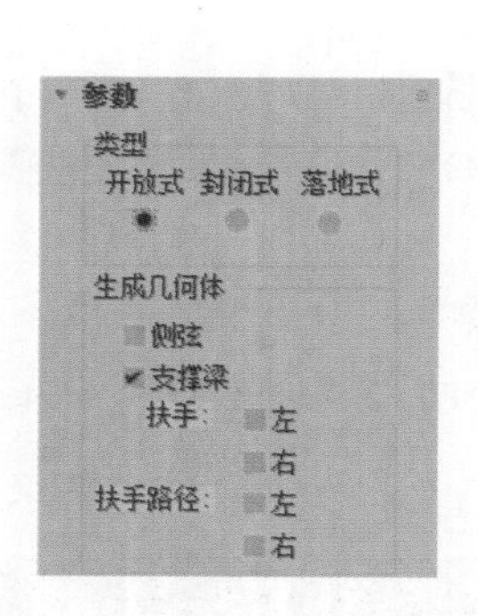

图3-139 “生成几何体”参数区

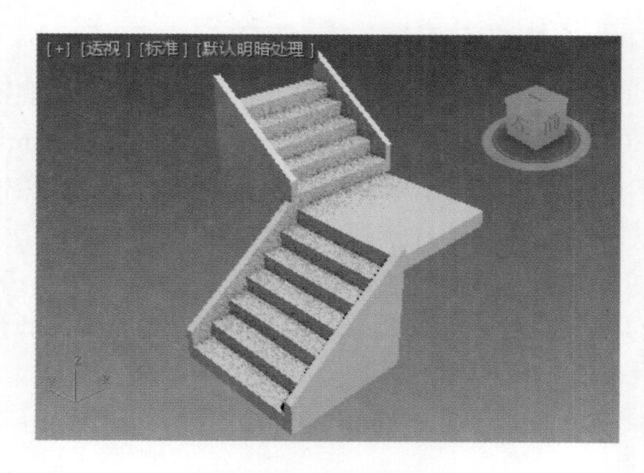

图3-140 侧弦标示图

- ❖ **Carriage（支撑梁）**: 在梯级下创建一个倾斜的切口梁，该梁支撑台阶或添加楼梯侧弦之间的支撑。要修改支撑梁的参数，可参见“支撑梁”参数区。支撑梁标示如图 3-141 所示。
- ❖ **Handrail（扶手）**: 创建左扶手和右扶手。参见“栏杆”参数区以修改扶手的高度、偏移、分段数和半径。扶手标示如图 3-142 所示。
- ❖ **Rail Path（扶手路径）**: 创建楼梯上用于安装扶手的左路径和右路径。可用 3.6 节“AEC 扩展对象”中介绍的沿扶手路径为楼梯添加护栏。扶手路径标示如图 3-143 所示。

（3）Layout（布局）参数区如图 3-144 所示。

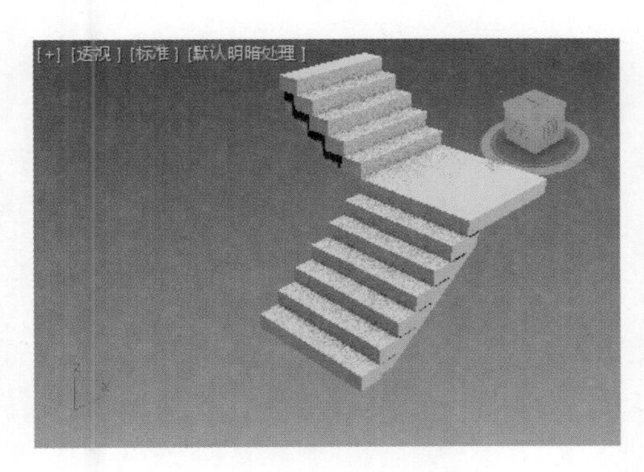

图3-141 支撑梁标示图

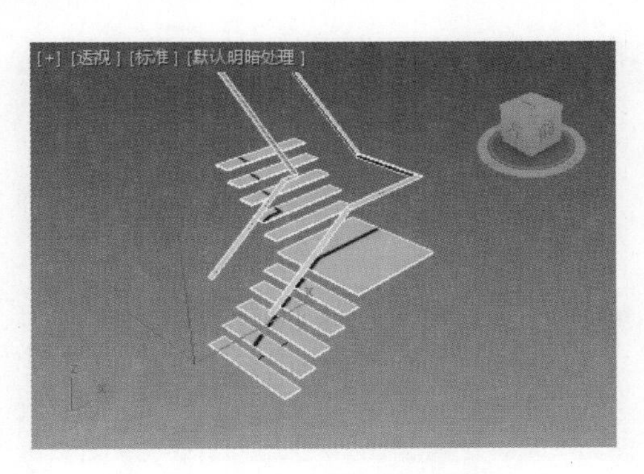

图3-142 扶手标示图

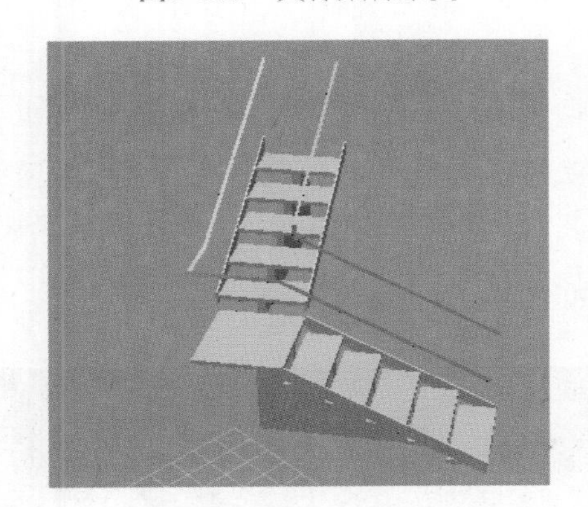
图3-143 扶手路径标示图

图3-144 “布局”参数区

- **Length 1**（长度 1）: 控制第一段楼梯的长度。
- **Length 2**（长度 2）: 控制第二段楼梯的长度。
- **Width**（宽度）: 控制楼梯的宽度，包括台阶和平台。长度 1、长度 2 和宽度标示如图 3-145 所示
- **Angle**（角度）: 控制平台与第二段楼梯的角度，范围为 –90° ~ 90°。角度标示如图 3-146 所示。

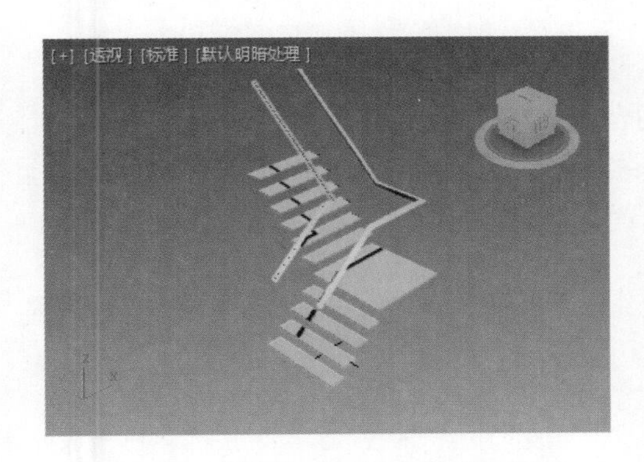

图3-145 长度1、长度2和宽度标示图

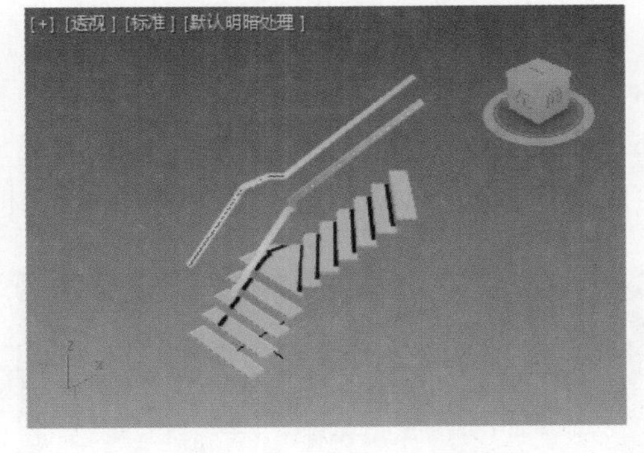

图3-146 角度标示图

- **Offset**（偏移）: 控制平台与第二段楼梯的距离，相应调整平台的长度。偏移标示如图 3-147 所示。

（4）Rise（梯级）及 Step（台阶）参数区如图 3-148 所示。

- **Overall**（总高）: 控制楼梯段的高度。
- **Riser Ht.**（竖板高）: 控制梯级竖板的高度。
- **Riser Ct.**（竖板数）: 控制梯级竖板数，梯级竖板总是比台阶多一个。隐式梯级竖板位于上板和楼梯顶部台阶之间。梯级参数区的相关概念标示如图 3-149 所示。

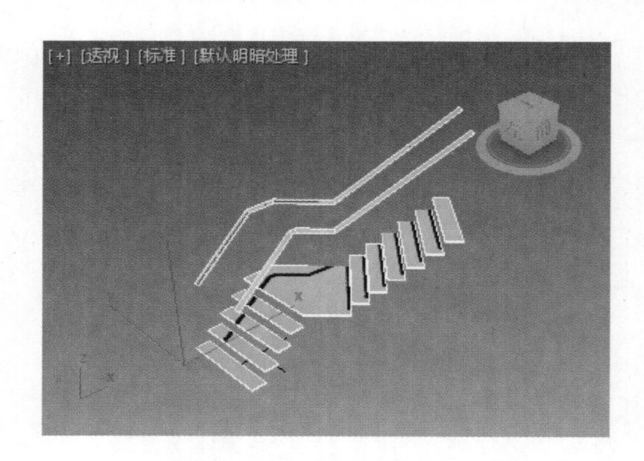

图3-147 偏移标示图

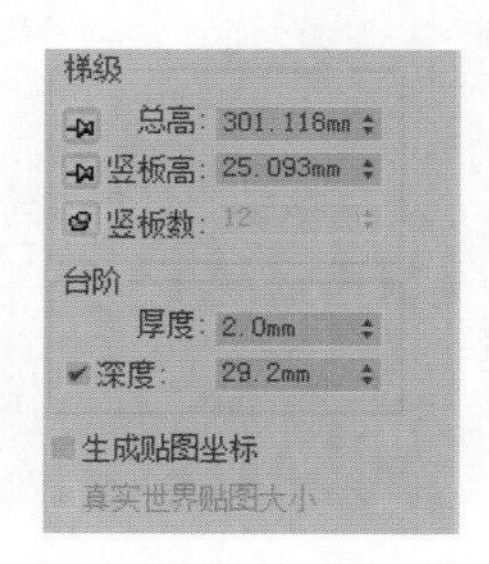

图3-148 “梯级”及“台阶”参数区

提示: 3ds Max 2018 使用按下去的图钉锁定参数的微调器数值。在总高、竖板高以及竖板数三个参数中，可任意锁定一个参数。默认情况下竖板数处于锁定状态，调整总高、竖板高两个参数之一时，另一个参数也会随之调整。单击三个参数其中一个前面的图钉按钮，该参数即被锁定。

❖ **Thickness（厚度）**: 控制台阶的厚度，台阶厚度标示如图 3-150 所示。

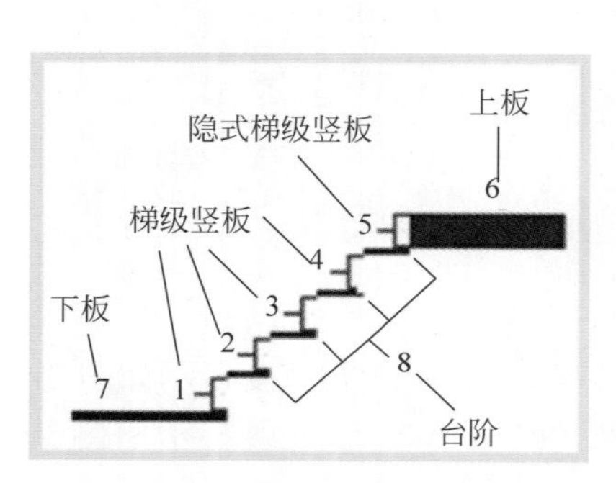

图3-149 梯级参数区的相关概念标示图

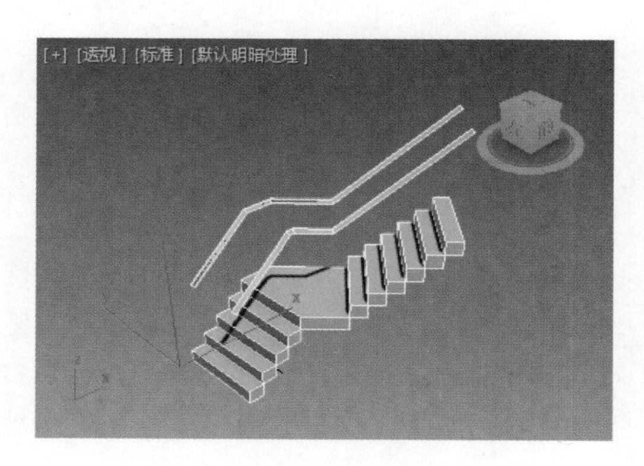

图3-150 台阶厚度标示图

❖ **Depth（深度）**: 控制台阶的深度，两个楼梯之间的台阶深度变化如图 3-151 所示。

（5）Carriage（支撑梁）参数区如图 3-152 所示。该参数区的参数仅对开放式楼梯起作用，并且需要在“生成几何体”参数区选中“支撑梁”复选框，才能设置支撑梁的相关参数。

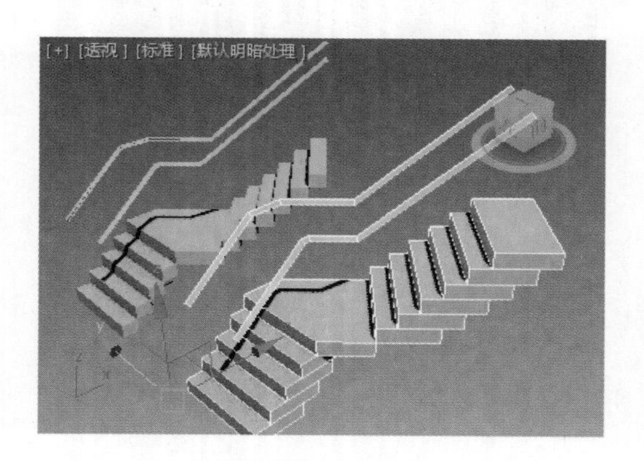

图3-151 两个楼梯之间的台阶深度变化图

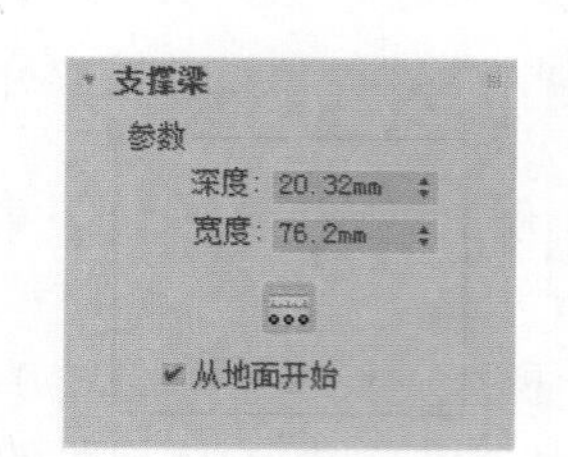

图3-152 “支撑梁”参数区

❖ **Depth（深度）**: 控制支撑梁离地面的深度。

❖ **Width（宽度）**: 控制支撑梁的宽度。支撑梁的深度、宽度标示如图 3-153 所示。

❖ **Carriage Spacing**（支撑梁间距）：设置支撑梁的间距。单击该图标时，将会显示“支撑梁间距”对话框，如图 3-154 所示。使用“计数”选项指定所需的支撑梁数。图 3-155 所示为利用该参数设置的两个支撑梁的楼梯。

❖ **Spring From Floor**（从地面开始）：控制支撑梁是从地面开始，还是与第一个梯级竖板的开始平齐，或是支撑梁延伸到地面以下。设置“偏移”量可以控制支撑梁延伸到地面以下的量。从地面开始标示如图 3-156 所示。

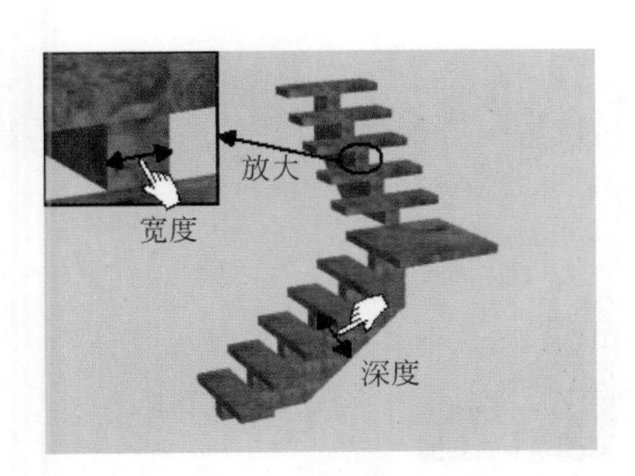

图3-153 支撑梁的深度、宽度标示图

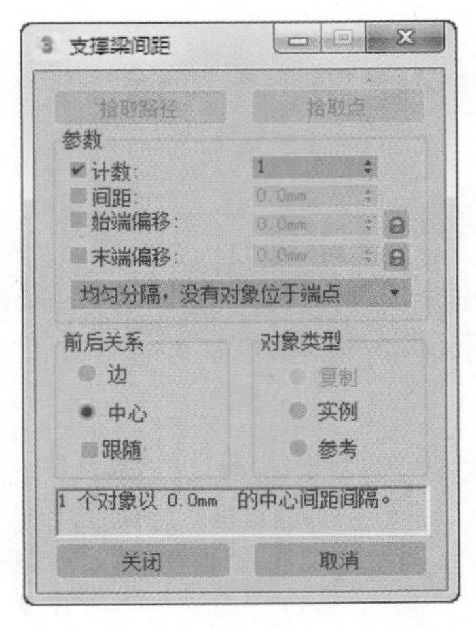

图3-154 “支撑梁间距”对话框

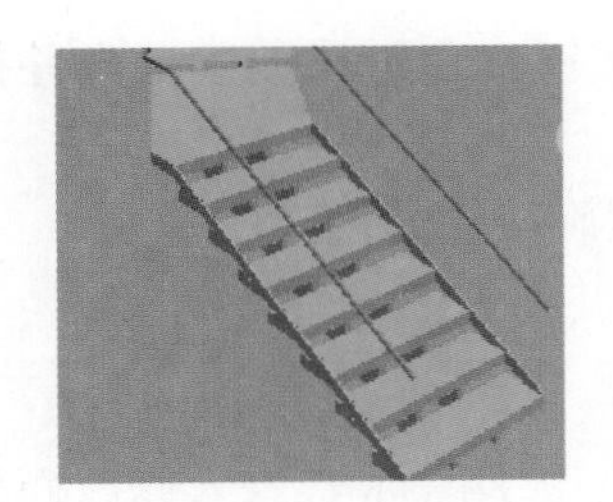

图3-155 两个支撑梁的楼梯

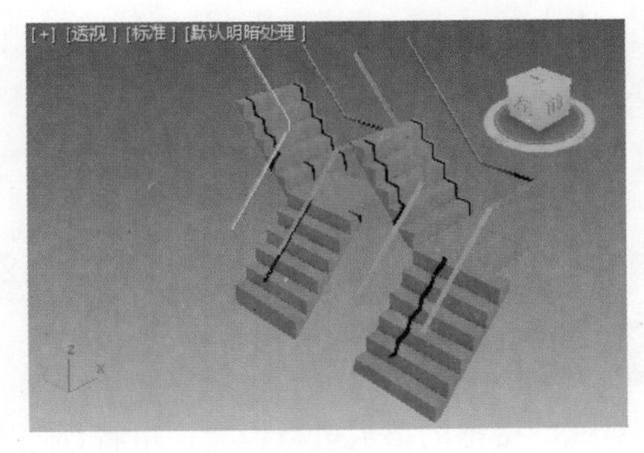

图3-156 从地面开始标示图

（6）Railings（栏杆）参数区如图 3-157 所示，只有在“生成几何体”参数区选中“栏杆”右侧的任意复选框，才能在该参数区设置扶手的相关参数。

❖ **Height**（高度）：控制栏杆离台阶的高度。

❖ **Offset**（偏移）：控制栏杆离台阶端点的偏移。偏移参数标示如图 3-158 所示。

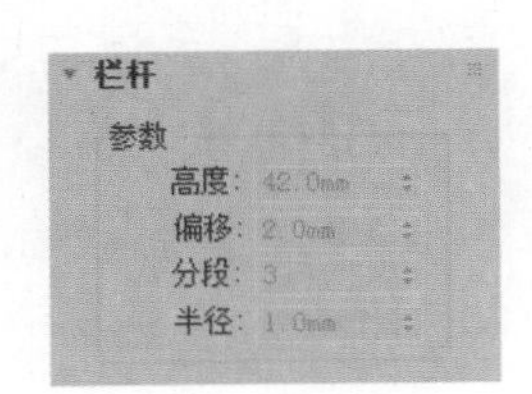

图3-157 “栏杆”参数区

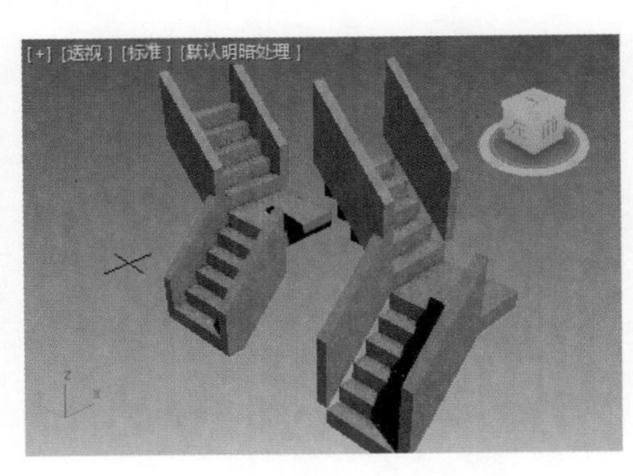

图3-158 偏移参数标示图

❖ **Segment**(分段): 指定栏杆中的分段数目。值越高,栏杆显示得越平滑。

❖ **Radius** (半径): 控制栏杆的厚度。

（7）Stringers（侧弦）参数区如图 3-159 所示，只有在“生成几何体”参数区选中“侧弦”右侧的复选框,才能在该参数区设置侧弦的相关参数。“侧弦”参数比较简单，这里不再介绍。

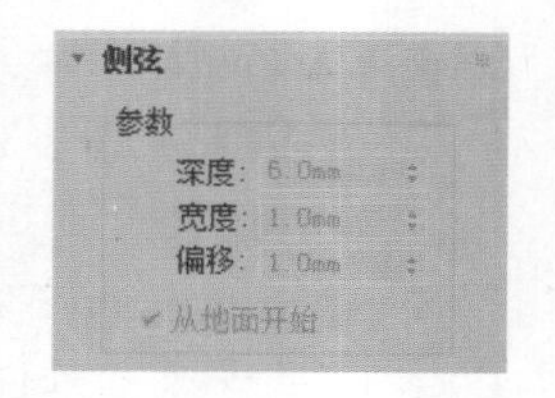

图3-159 “侧弦”参数区

3.5.2 螺旋楼梯

形状示例

使用 Spiral Stair（螺旋楼梯）可以指定对象旋转的半径和数量，添加侧弦和中柱，甚至更多。螺旋楼梯的形状示例如图 3-160 所示。

 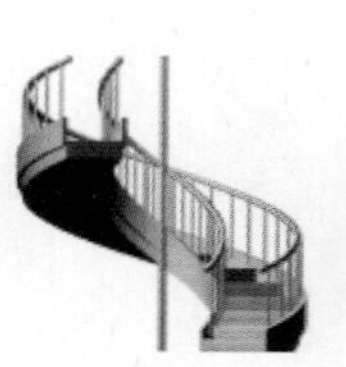 

图3-160 螺旋楼梯的形状示例

创建步骤

（1）进入楼梯对象创建面板，单击 Spiral Stair（螺旋楼梯）按钮，在透视图中单击并拖动鼠标，以指定想要的半径，然后释放鼠标。

（2）将光标向上或向下移动以指定总体高度，然后单击结束螺旋楼梯的创建。

要对螺旋楼梯的参数进行设置，可将其选中，单击 Modify（修改）图标进入修改面板。螺旋楼梯的参数与 L 形楼梯的参数相似，下面主要介绍螺旋楼梯的特别参数。

（1）螺旋楼梯的 Parameters（参数）面板的 Generate Geometry（生成几何体）参数区如图 3-161 所示。

❖ **Center Pole**（中柱）: 在螺旋的中心创建一个中柱。可参见“中柱”参数区以修改中柱的参数，中柱标示如图 3-162 所示。

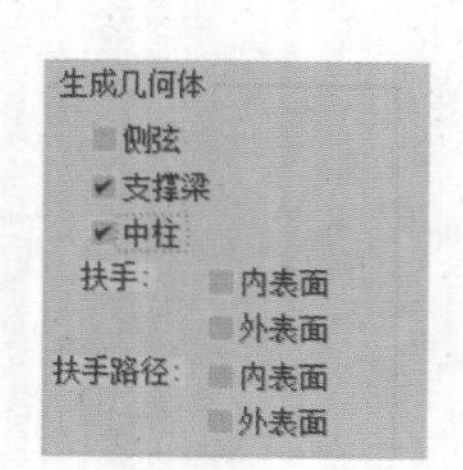

图3-161 “生成几何体”参数区

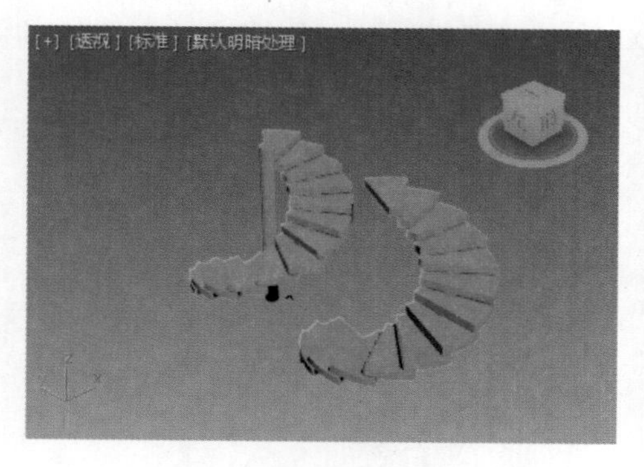

图3-162 中柱标示图

（2）Layout（布局）参数区如图 3-163 所示。

❖ **CCW**（逆时针）：使螺旋楼梯面向楼梯的右手段。
❖ **CW**（顺时针）：使螺旋楼梯面向楼梯的左手段。CCW 和 CW 标示如图 3-164 所示。

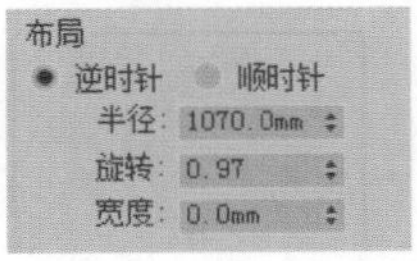

布局
逆时针 顺时针
半径：1070.0mm
旋转：0.97
宽度：0.0mm

图3-163 “布局”参数区

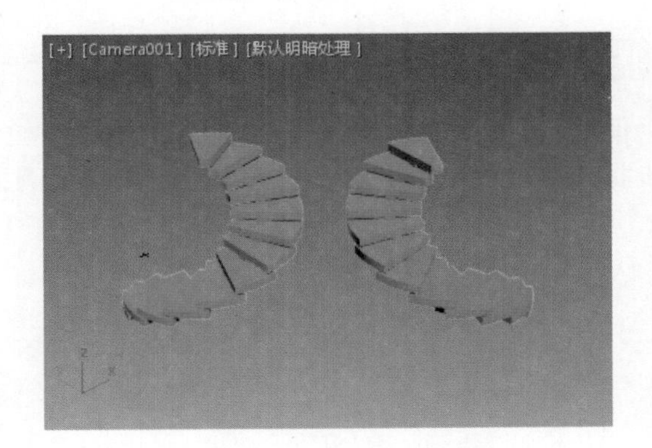

图3-164 CCW和CW标示图

❖ **Radius**（半径）：控制螺旋半径的大小，半径标示如图 3-165 所示。
❖ **Revs**（旋转）：指定螺旋的转数，转数标示如图 3-166 所示。

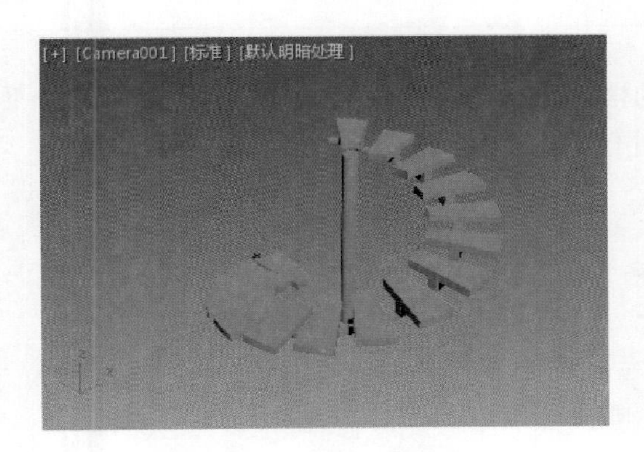

图3-165 半径标示图

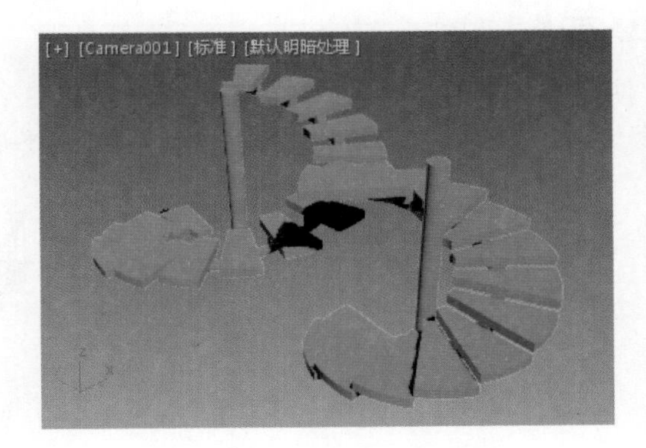

图3-166 转数标示图

（3）Center Pole（中柱）参数区如图 3-167 所示。“中柱”的参数比较简单，下面简单介绍。
❖ **Radius**（半径）：控制中柱半径大小。
❖ **Height**（高度）：微调器控制中柱的高度。启用该复选框可以独立调整楼梯柱的高度。禁用时微调器不可用，并且将柱的顶部锁定于上一个隐式梯级竖板的顶部。通常，该梯级竖板附着到平台的饰带。高度标示如图 3-168 所示。

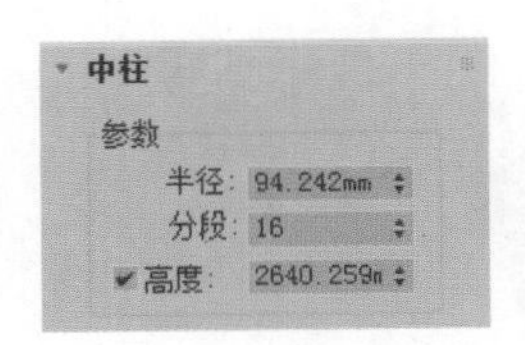

图3-167 “中柱”参数区

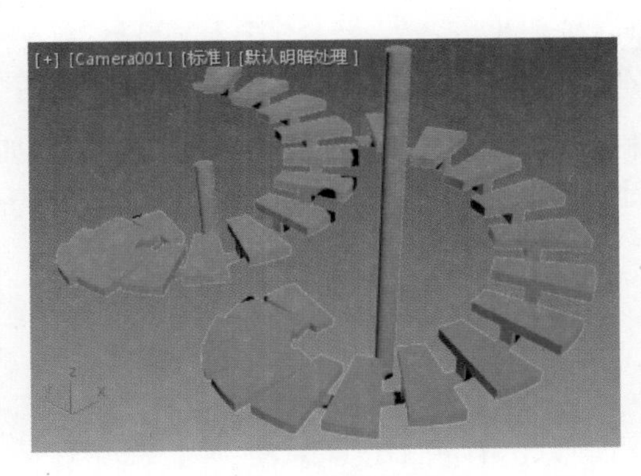

图3-168 高度标示图

3.5.3 直线楼梯

形状示例

使用 Straight Stair（直线楼梯）可以创建一个简单的楼梯，侧弦、支撑梁和扶手可选。直线楼梯的创建步骤和参数都比较简单，此处仅给出形状示例，如图 3-169 所示。

图3-169 直线楼梯的形状示例

3.5.4 U 形楼梯

形状示例

使用 U Type Stair（U 形楼梯）可以创建一个两段的楼梯，这两段彼此平行且它们之间有一个平台。U 形楼梯的创建步骤和参数与上面介绍的楼梯类似，此处仅给出形状示例，如图 3-170 所示。

图3-170 U形楼梯的形状示例

3.6 AEC 扩展对象

AEC 扩展对象专为在建筑、工程和构造领域的使用而设计。可以使用 Foliage（植物）来创建各种植物，使用 Railing（栏杆）来创建栏杆和栅栏，使用 Wall（墙）来创建墙。

3.6.1 植物

形状示例

利用 Foliage（植物）可创建各种植物对象，如杨树、柳树等。3ds Max 2018 用生成网格表示方法，快速、有效地创建漂亮的植物。植物的形状示例如图 3-171 所示。

图3-171 植物的形状示例图

创建步骤

（1）单击 File（文件）菜单，选择 Reset（重置）命令，重置设定系统。

（2）单击 Create（创建）图标＋，单击 Geometry（几何体）图标●，单击 Standard Primitives（标准基本体）下拉列表，选择 AEC Extended（AEC 扩展），进入 AEC 扩展对象创建面板。Object Type（对象类型）面板列出了可以创建的各种扩展对象按钮，如图 3-172 所示。

（3）单击 Foliage（植物）按钮，此时创建面板下面出现 Favorite Plant（收藏的植物）面板，如图 3-173 所示。

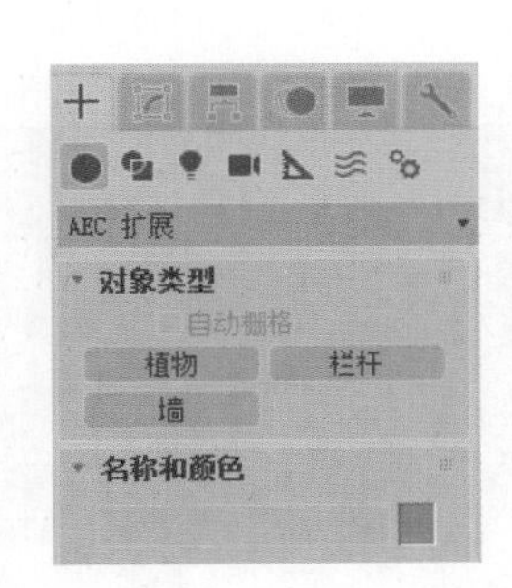

图3-172 “AEC扩展”对象创建面板

图3-173 “收藏的植物”面板

（4）选择需要创建的植物并将该植物拖动到视图中的某个位置。或者先单击植物，然后在视图中合适位置单击以放置植物，如图 3-174 所示。

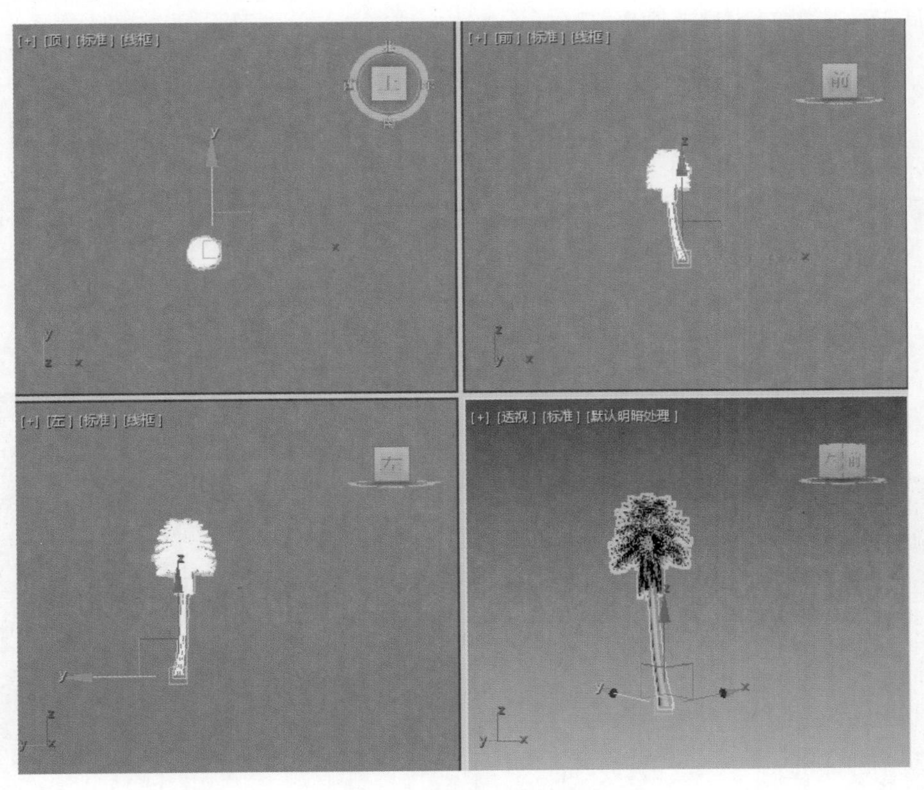

图3-174 创建好的植物

提示：初步创建的植物可能无法在视图中全部显示，可以单击 Zoom Extents All（所有视图最大化显示选定对象）图标随时调整视图，使植物全部可见。

要对创建好的植物参数进行设置，可将其选中，单击 Modify（修改）图标进入修改面板。植物的“参数”面板如图 3-175 所示，下面详解其主要参数。

- **Height（高度）**：控制植物的近似高度。3ds Max 2018 对所有植物的高度应用随机的噪波系数。因此，在视图中所测量的植物高度不一定等于在高度参数中指定的值。
- **Density（密度）**：控制植物上叶子和花朵的数量。值为“1.0”表示植物具有全部的叶子和花；“0.5”表示植物具有一半的叶子和花；“0.0”表示植物没有叶子和花。密度标示如图 3-176 所示。

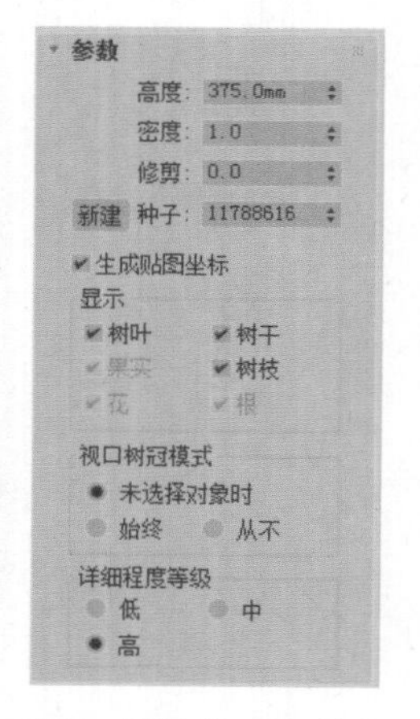

图3-175 植物的“参数”面板

图3-176 密度标示图

- **Pruning（修剪）**：只适用于具有树枝的植物。值为“0.0”表示不进行修剪；值为“0.5”表示根据一个比构造平面高出一半高度的平面进行修剪；值为“1.0”表示尽可能修剪植物上的所有树枝。修剪标示如图 3-177 所示。
- **New（新建）**：显示当前植物的随机变体。可反复单击该按钮，直至找到所需的变体。这比使用修改器调整树更为简便。
- **Seed（种子）**：取值介于 0 ~ 16777215 之间，表示当前植物可能的树枝变体、叶子位置以及树干的形状与角度。不同种子下的两棵树如图 3-178 所示。

图3-177 修剪标示图

图3-178 不同种子下的两棵树

图3-179　显示参数区标示图

- **Show（显示）**：控制植物的 Leaves（树叶）、Fruit（果实）、Flowers（花）、Trunk（树干）、Branches（树枝）和 Roots（根）的显示。选项是否可用取决所选的植物种类。禁用选项会减少所显示的顶点和面的数量。显示参数区标示如图 3-179 所示。
- **Viewport Canopy Mode（视口树冠模式）**：设置树冠在视图中的显示模式。
- **When Not Selected（未选择对象时）**：未选择植物时以树冠模式显示植物。
- **Always（始终）**：始终以树冠模式显示植物。
- **Never（从不）**：从不以树冠模式显示植物。

提示：视口树冠模式只适用于植物在视图中的表示方法，对 3ds Max 2018 渲染植物的方式毫无影响。

- **Level of Detail（详细程度等级）**：控制 3ds Max 2018 渲染植物的方式。

3.6.2　栏杆

形状示例

Railing（栏杆）对象的组件包括栏杆、立柱和栅栏。栅栏包括支柱（栏杆）或实体填充材质，如玻璃或木条，也可以使用 Railing（栏杆）为楼梯扶手添加护栏。栏杆的形状示例如图 3-180 所示。

图3-180　栏杆的形状示例图

创建步骤

可以创建独立的直线栏杆，也可以让栏杆沿样条曲线排布，正如形状示例图中的栏杆一样。下面先介绍直线栏杆的创建。

（1）进入“AEC 扩展”对象创建面板，单击 Railing（栏杆）按钮。

（2）在透视图中单击并拖动鼠标，以确定栏杆的长度，然后释放鼠标。

（3）向上移动鼠标以确定栏杆的高度，最后单击完成栏杆的创建，如图 3-181 所示。

下面接着介绍如何让栏杆沿路径排布，以创建复杂的栏杆。此处采用的路径为楼梯的扶手路径，用栏杆为楼梯添加护栏。

（1）单击 File（文件）菜单，选择 Reset（重置）命令，重置设定系统。

（2）单击 Create（创建）图标＋，单击 Geometry（几何体）图标●，单击 Standard Primitives（标准基本体）下拉列表，选择 Stairs（楼梯），进入楼梯对象创建面板。

（3）单击 L Type Stair（L 形楼梯）按钮，在透视图中创建一个 L 形楼梯，如图 3-182 所示。

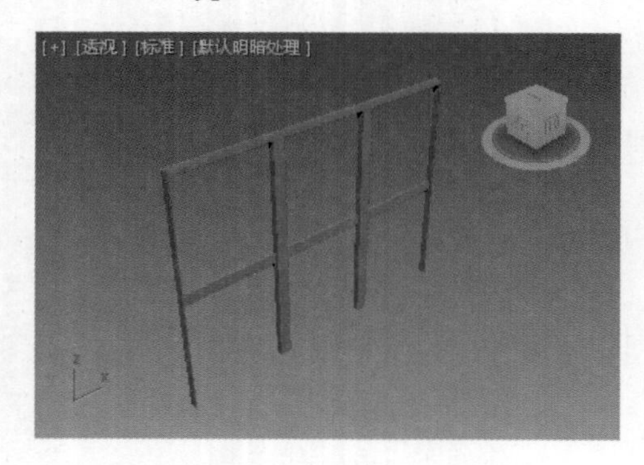

图3-181 创建好的栏杆

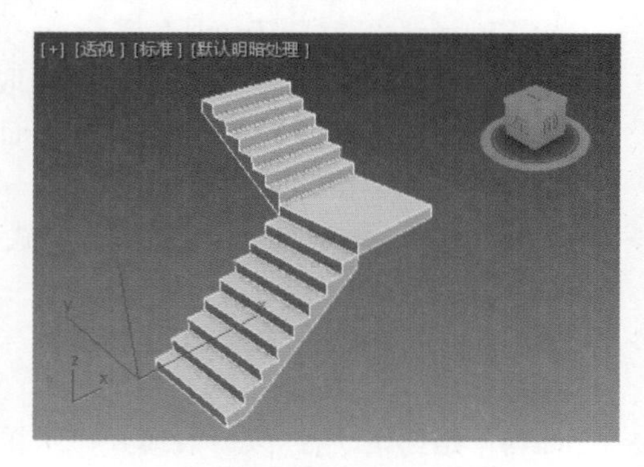

图3-182 创建好的L形楼梯

（4）选中楼梯,进入修改面板,在 Parameters（参数）面板选中 Close（封闭式）选项,并勾选 Rail Path（扶手路径）后面的 Left（左）和 Right（右）复选框，如图 3-183 所示，修改后的楼梯如图 3-184 所示。

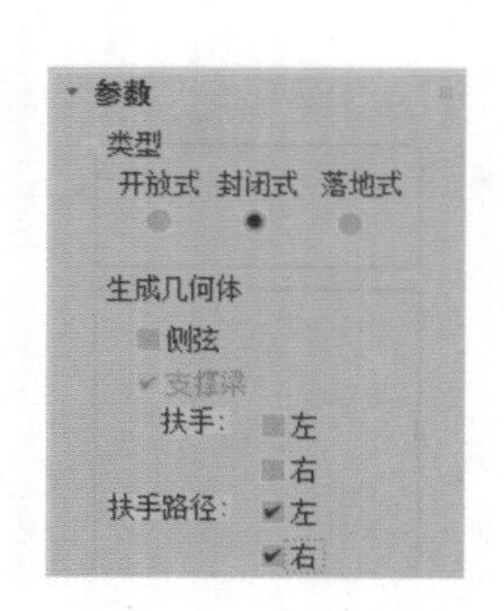

图3-183 设置楼梯参数

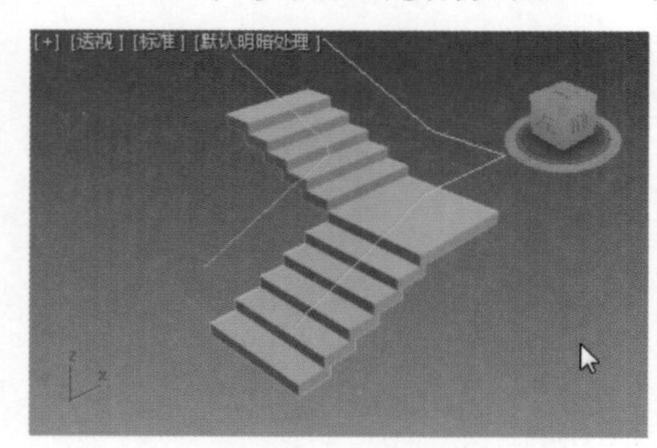

图3-184 修改后的楼梯

（5）单击 Create（创建）图标，单击 Geometry（几何体）图标，单击 Stairs（楼梯）下拉列表，选择 AEC Extended（AEC 扩展），进入“AEC 扩展”对象创建面板。

（6）单击 Railing（栏杆）按钮，单击 Railing（栏杆）面板下的 Pick Railing Path（拾取栏杆路径）按钮，然后在透视图中单击一条扶手路径。

（7）设置 Segments（段数）值为 6,勾选 Respect Corners（匹配拐角）复选框,适当设置 Top Rail（上围栏）参数区的 Height（高度）值，结果如图 3-185 所示。

（8）打开 Fencing（栅栏）面板，在弹出的对话框中设置一定的 Count（数目）值，然后单击 Close（关闭）按钮，如图 3-186 所示。此时的护栏效果如图 3-187 所示。

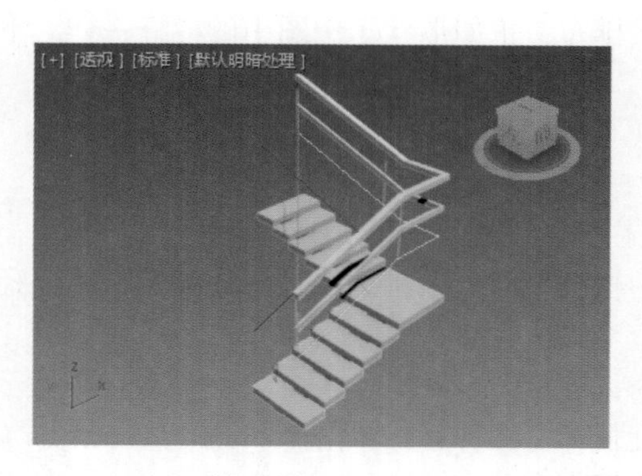

图3-185 沿扶手曲线排布栏杆并设置参数

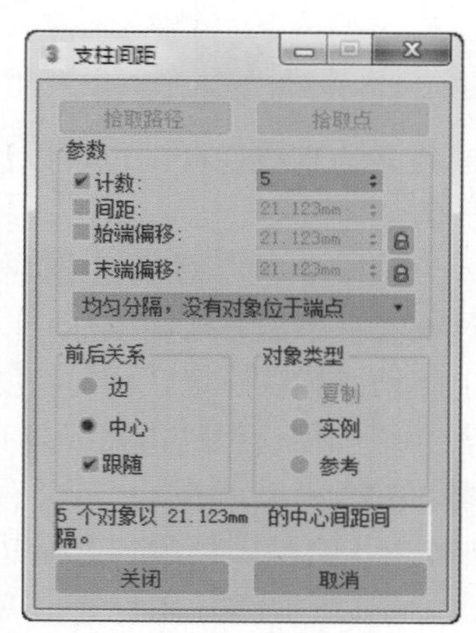

图3-186 设置栅栏数量

（9）单击工具栏上的 Select Object（选择对象）图标，再次单击 Railing（栏杆）按钮，单击 Railing（栏杆）面板的 Pick Railing Path（拾取栏杆路径）按钮，然后在透视图中单击另一条扶手路径，如图 3-188 所示。

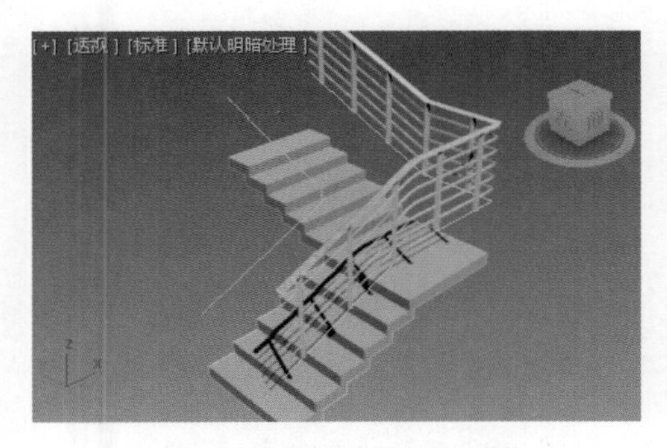

图3-187　设置好参数的护栏效果

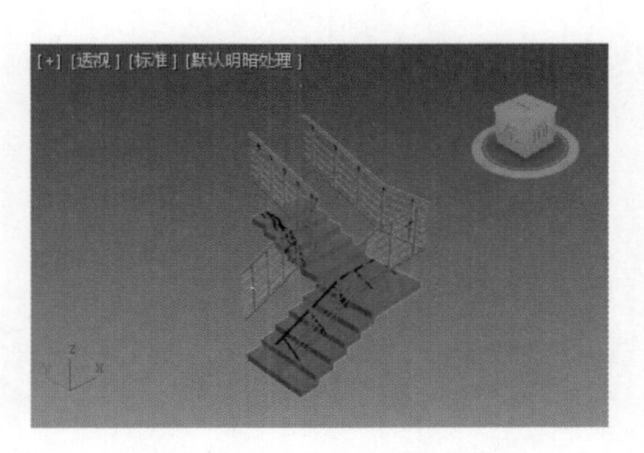

图3-188　沿另一条扶手路径排布栏杆

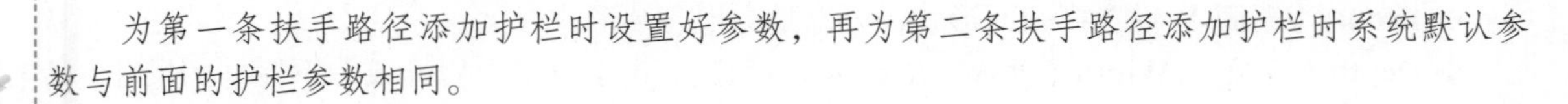

提示：为第一条扶手路径添加护栏时设置好参数，再为第二条扶手路径添加护栏时系统默认参数与前面的护栏参数相同。

（10）在前视图中选中两个护栏，沿 Y 轴向下移动至与楼梯台阶相接，如图 3-189 所示。删除两条扶手路径，透视图中利用栏杆生成的楼梯护栏如图 3-190 所示。

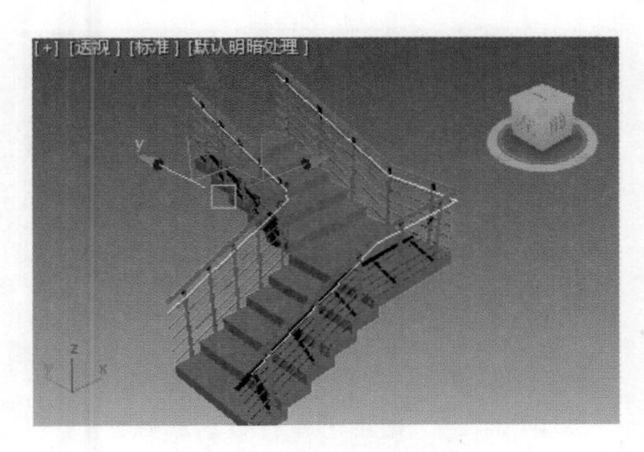

图3-189　向下移动护栏

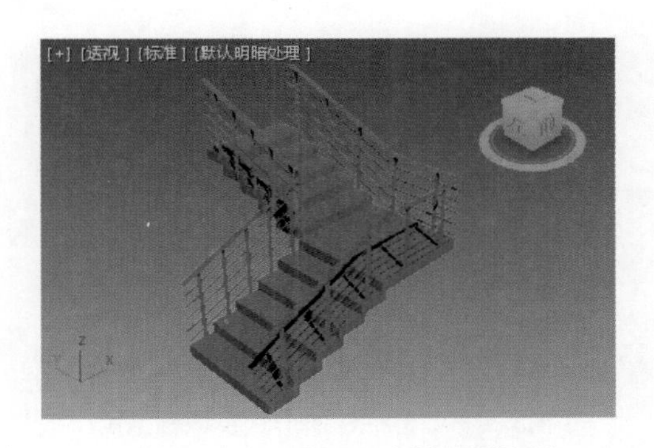

图3-190　利用栏杆生成的楼梯护栏

参数详解

要对创建好的护栏设置参数，可将其选中，单击 Modify（修改）图标进入修改面板。“栏杆”的参数区有 3 个，下面逐个介绍主要参数。

（1）Railing（栏杆）参数区如图 3-191 所示。

❖ **Pick Railing Path（拾取栏杆路径）**：单击该按钮，然后单击视图中的样条曲线，将其用作栏杆路径。

提示：创建栏杆时一般先绘制一条样条曲线，定义栏杆的路径，然后将栏杆按该路径分布。

❖ **Segments（分段）**：设置栏杆对象的分段数。只有使用栏杆路径时，才能使用该选项。

❖ **Respect Corners（匹配拐角）**：在栏杆中放置拐角，以便与栏杆路径的拐角相符。匹配拐角标示如图 3-192 所示。

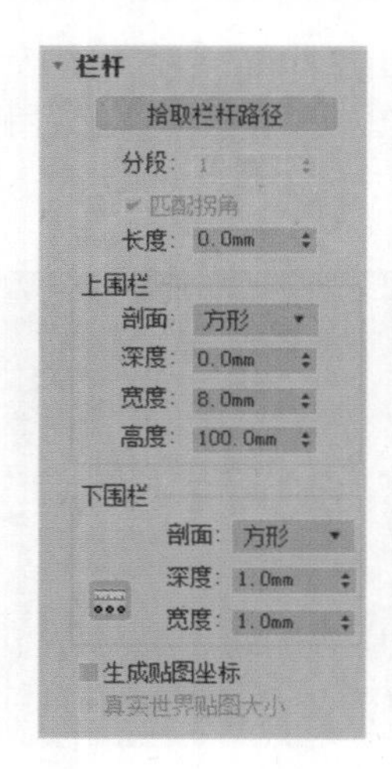

图3-191 “栏杆”参数区

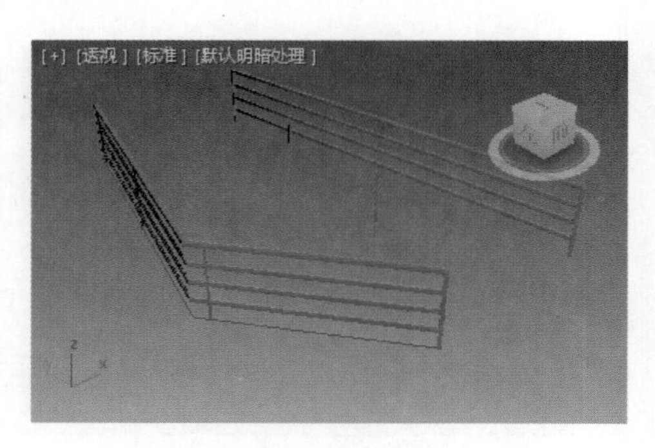

图3-192 匹配拐角标示图

（2）Top Rail（上围栏）参数区和 Lower Rails（下围栏）参数区的参数相似。

❖ **Profile（剖面）**: 设置横截面形状，可以是方形、圆形或者无。

❖ **Depth（深度）/Width（宽度）/Height（高度）**: 用于设定上栏杆或者下栏杆的尺寸。上栏杆的形状参数标示如图 3-193 所示。

❖ **Lower Rail Spacing（下围栏间距）**: 单击该图标时，将会显示“下围栏间距”对话框，使用“计数”选项指定所需的下栏杆数。图 3-194 所示为利用该按钮指定下栏杆数后的效果。

图3-193 上栏杆的形状参数标示图

图3-194 指定下栏杆数后的效果

（3）Post（立柱）参数区如图 3-195 所示，控制立柱的剖面、深度、宽度和延长以及其间的间隔。

❖ **Extension（延长）**: 设置立柱在上栏杆底部的延长，延长标示如图 3-196 所示。

❖ **Post Spacing（立柱间距）**: 设置立柱的间隔。单击该图标时，将会显示“立柱间隔”对话框。使用 Count（计数）选项指定所需的立柱数。图 3-197 所示为利用该按钮指定立柱数后的效果。

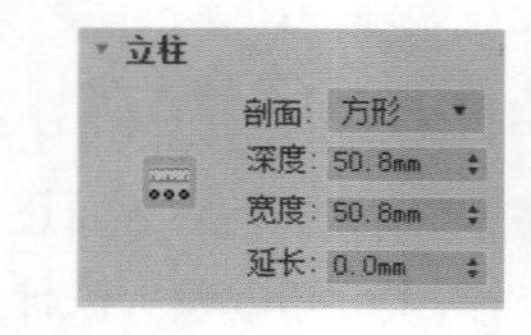

图3-195 “立柱”参数区

（4）Fencing（栅栏）参数区如图 3-198 所示。

❖ **Type（类型）**: 设置立柱之间的栅栏类型如 None（无）、Pickets（支柱）或 Solid Fill（实体填充）。默认为 Pickets（支柱）类型。选择相应类型，相应参数可用。三种栅栏类型标示如图 3-199 所示。

❖ **Extension（延长）**: 设置支柱在上栏杆底部的延长量。

❖ **Bottom Offset（底部偏移）**: 设置支柱与栏杆对象底部的偏移量。

❖ **Picket Spacing（支柱间距）**: 设置支柱的间隔。单击该图标时，将会显示“支柱间隔”对话框，使用 Count（计数）选项指定所需的支柱数。

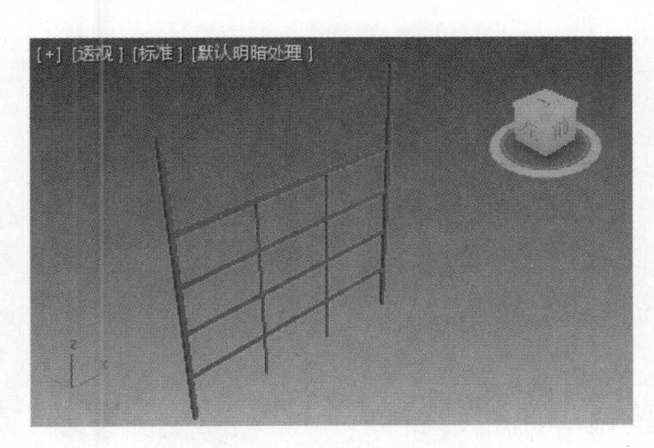

图3-196 延长标示图

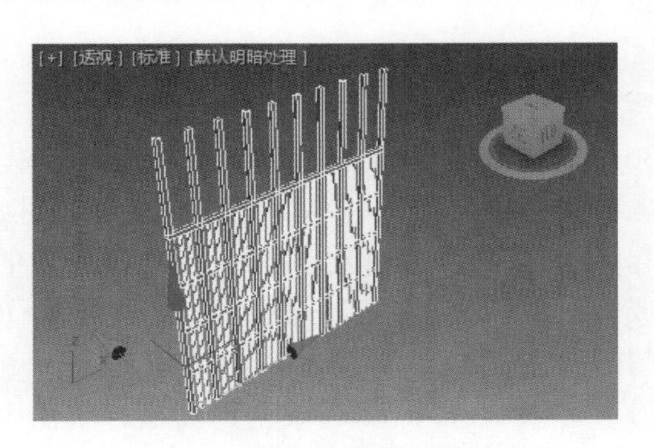

图3-197 指定立柱数后的效果

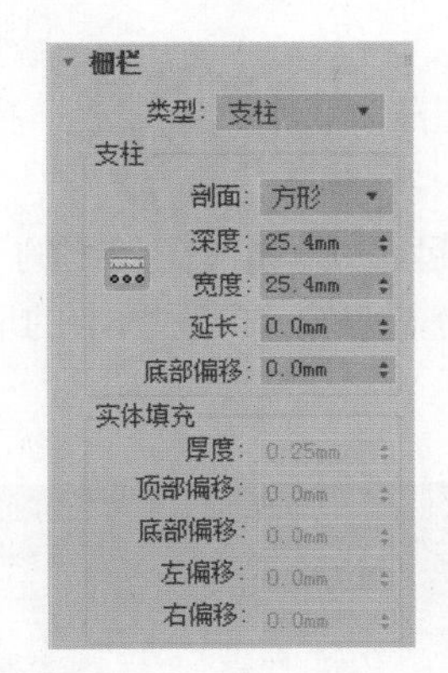

图3-198 “栅栏”参数区

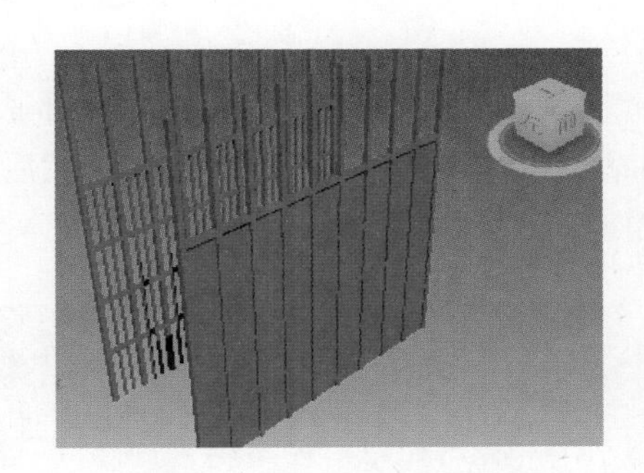

图3-199 三种栅栏类型标示图

- ❖ **Thickness（厚度）**: 设置实体填充的厚度。
- ❖ **Top Offset（顶部偏移）**: 设置实体填充与上栏杆底部的偏移量。
- ❖ **Bottom Offset（底部偏移）**: 设置实体填充与栏杆对象底部的偏移量。
- ❖ **Left Offset（左偏移）**: 设置实体填充与相邻左侧立柱之间的偏移量。
- ❖ **Right Offset（右偏移）**: 设置实体填充与相邻右侧立柱之间的偏移量。

3.6.3 墙

形状示例

Wall（墙）对象由三个子对象类型构成，这些对象类型可以在修改面板中进行修改。利用“墙”，可以轻松创建围墙效果，墙的形状示例如图 3-200 所示。

图3-200 墙的形状示例图

创建步骤

3ds Max 2018 可以自动在墙上开门和开窗。同时，它还将门窗作为墙的子对象链接至墙。如果移动、缩放或旋转墙对象，则链接的门或窗也会随着墙一起移动、缩放或旋转。完成此操作最有效的方法，是捕捉到墙对象的面、顶点或边，从而直接在墙分段上创建门窗。下面介绍墙的创建方法以及在墙上开门的方法。

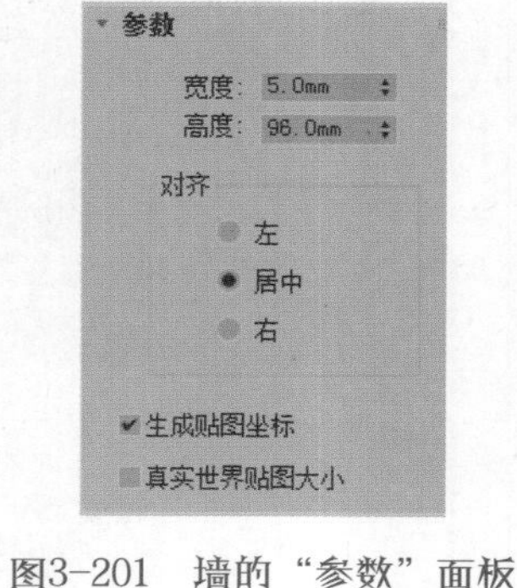

图3-201 墙的“参数”面板

（1）进入 AEC 扩展对象创建面板，单击 Wall（墙）按钮。此时，右侧出现墙的 Parameters（参数）面板，如图 3-201 所示。可以在此设置墙的宽度、高度以及对齐方式，这里采用默认设置。

（2）在顶视图中单击以定义墙的起点，移动鼠标到另一点，单击即可创建一段墙体。

（3）继续移动鼠标并单击，如此往复，生成更多面墙，最终在墙的起点处单击，在弹出的 Weld Point（焊接点）对话框中单击 OK（确定）按钮，然后右击结束墙的创建。调整视图，顶视图中的墙如图 3-202 所示，透视图中的墙如图 3-203 所示。

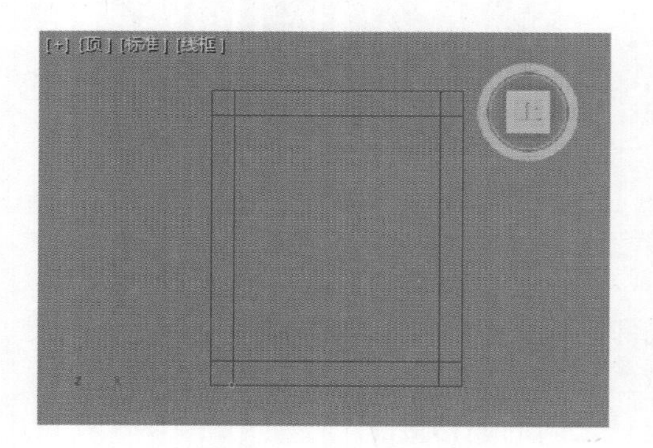
图3-202 顶视图中的墙

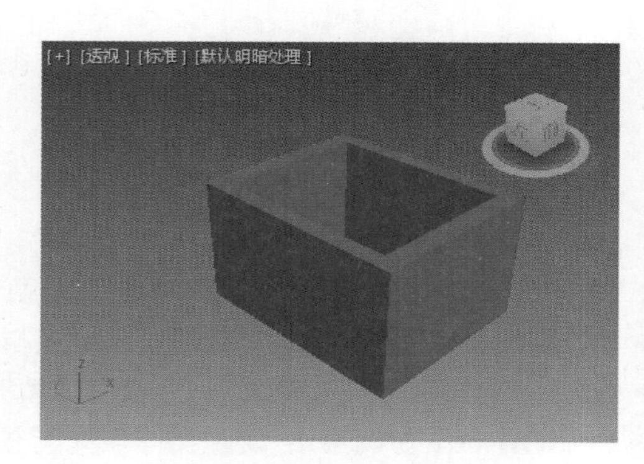

图3-203 透视图中的墙

参数详解

墙的修改方式类似样条曲线的修改，样条曲线将在后面章节中介绍，此处仅给出墙在 Vertex（顶点）、Segment（分段）以及 Profile（轮廓）层级下的编辑面板，如图 3-204 ~ 图 3-206 所示。

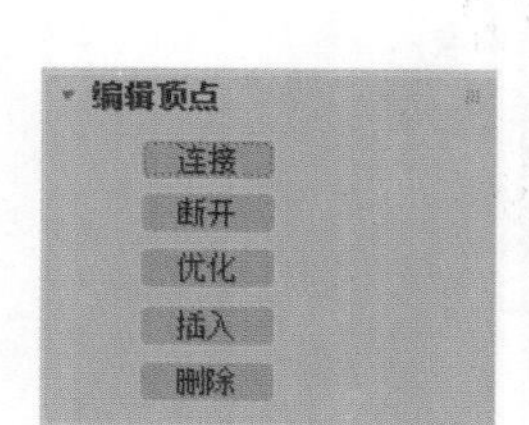

图3-204 “编辑顶点”面板

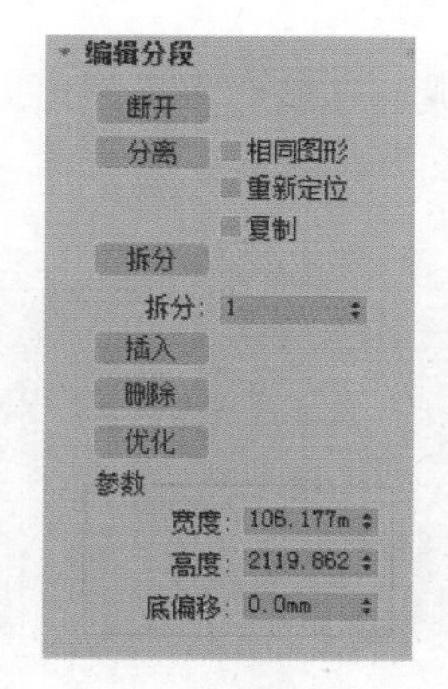

图3-205 “编辑分段”面板

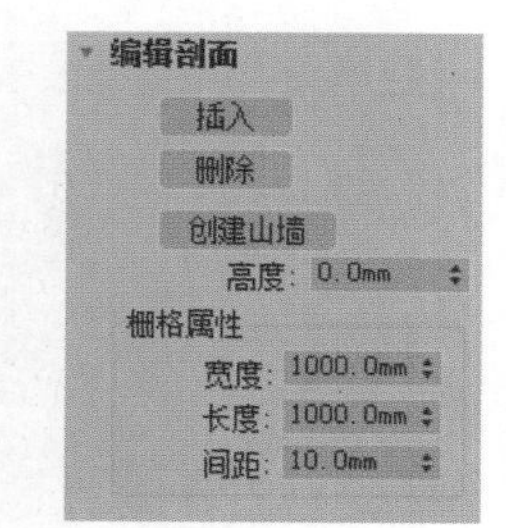

图3-206 “编辑剖面”面板

3.7 综合应用——双摆图形

（1）重置系统。

（2）单击 Create（创建）命令面板中的几何体按钮，打开 Object Type（对象类型）面板，选择 Extended Primitives（扩展基本体）。

3.7 综合应用——双摆图形

（3）单击 Chamfer Box（切角长方体）按钮，在顶视图单击并拖动鼠标，创建一个切角方体，适当调整参数作为底板，如图 3-207 所示。

（4）单击 ChamferBox（切角长方体）按钮，在顶视图切角长方体的左下角位置单击并拖动鼠标，再创建一个切角长方体，作为一个支架，如图 3-208 所示。

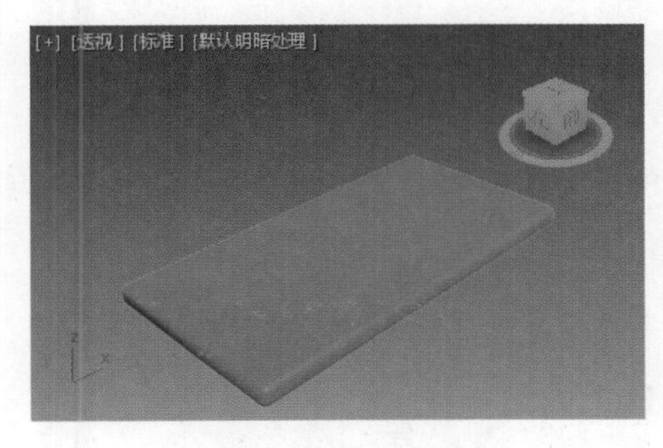

图3-207 板切角长方体

图3-208 在左下角位置创建支架切角长方体

（5）单击移动工具，在前视图中将新创建的支架切角长方体沿 Y 轴向上移动，如图 3-209 所示。

（6）按住 Shift 键，在前视图中沿 Y 轴向右移动支架，在弹出的“克隆选项”对话框中选择 Instance（实例）选项，然后单击 OK（确定）按钮，即可复制支架，如图 3-210 所示。

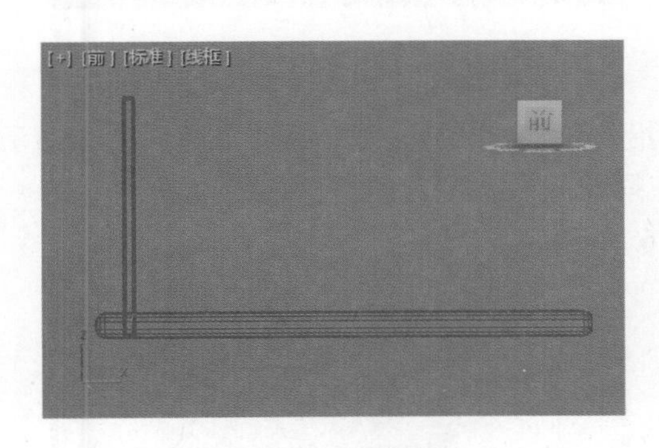

图3-209 调整位置

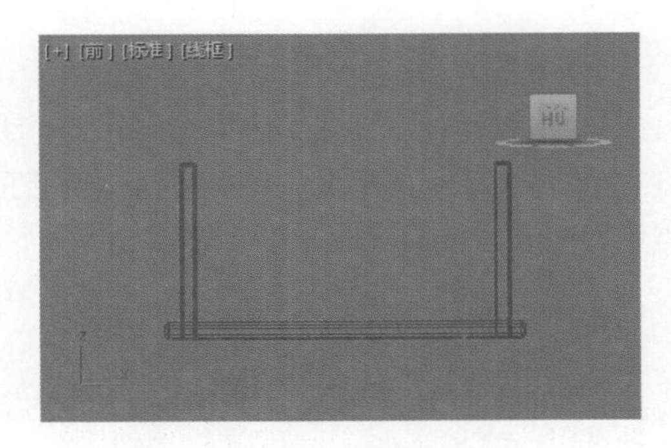

图3-210 复制支架

提示：

在建模过程中，经常使用复制操作来快速创建同类模型。

（7）单击 Extended Primitives（扩展基本体）下拉列表，选择 Standard Primitives（标准基本体），打开 Standard Primitives（标准基本体）创建面板。

（8）单击界面右下方的“所有视图最大化显示选定对象”图标，然后单击 Cylinder（圆柱体）按钮，在顶视图中创建一个圆柱体。

（9）在前视图中调整圆柱体的方向和 Height（高度）以使细杆位于两个支架之间，如图 3-211 所示。

（10）利用区域选择的方式，在前视图中选中两个支架和细杆，在顶视图中右击将其激活，利用移动复制的方法，按住 Shift 键，沿 *Y* 轴向上移动复制支架和杆，如图 3-212 所示。此时透视图中效果如图 3-213 所示。

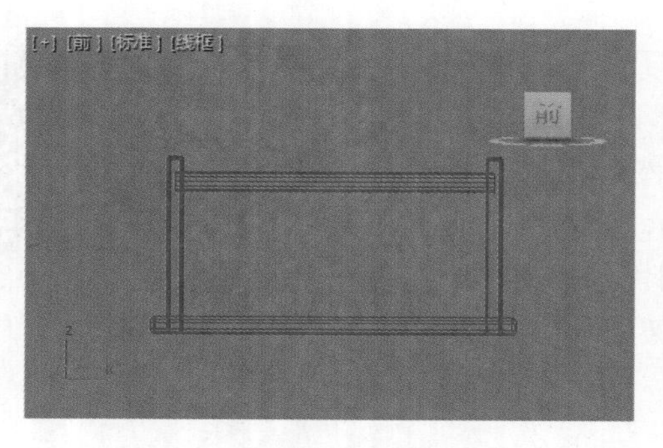

图3-211　调整圆柱体位置和参数

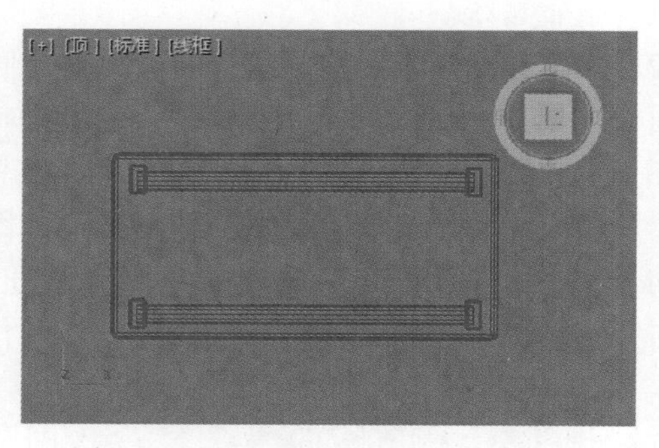

图3-212　移动复制支架和杆

（11）单击 Shpere（球体）按钮，在顶视图中两个细杆的中心位置单击并拖动鼠标，创建一个球体作为摆球，如图 3-214 所示。

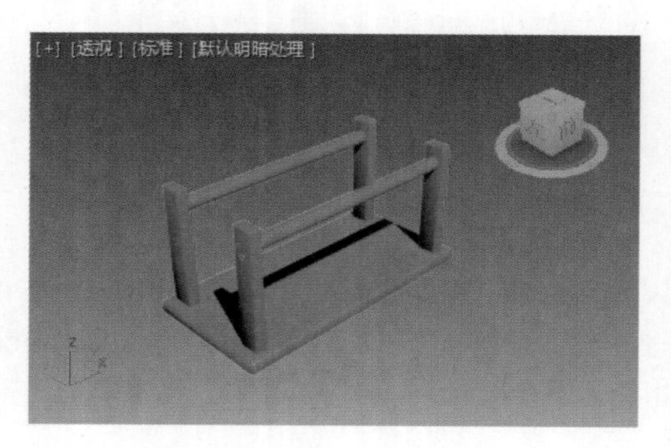

图3-213　透视图中效果

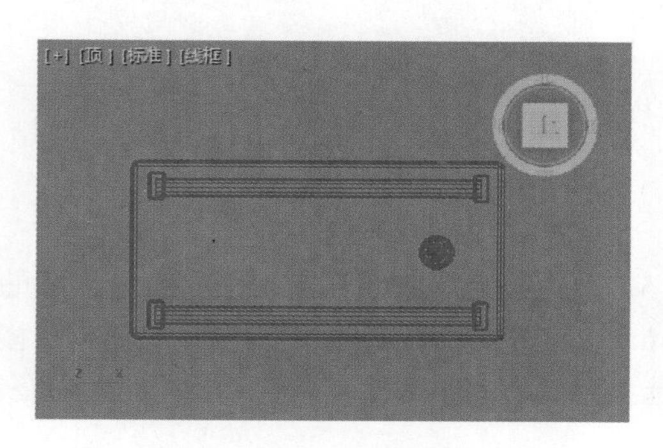

图3-214　创建摆球

（12）激活前视图，单击 Move（移动）工具，将球体沿 *Y* 轴向上移动一定高度，如图 3-215 所示。

（13）单击 Cylinder（圆柱体）按钮，激活顶视图，在摆球的中心位置单击并拖动鼠标，创建一个细圆柱体作为绳索，在前视图中沿 *Y* 轴移动绳索，如图 3-216 所示。

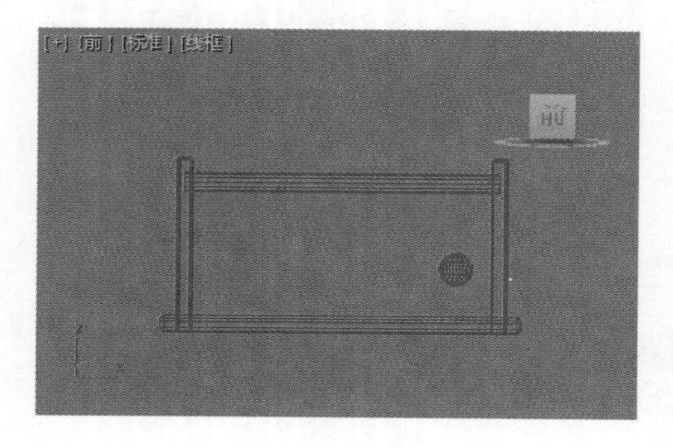

图3-215　调整摆球位置

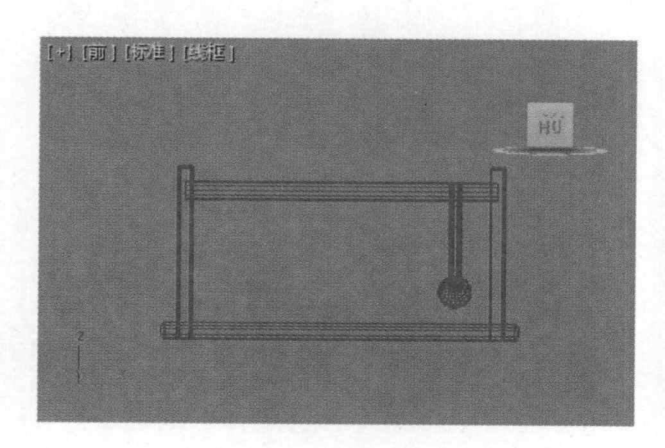

图3-216　调整绳索位置

（14）激活左视图，利用旋转工具旋转绳索，并适当调整绳索圆柱体的 Height（高度）和 Radius（半径）值，如图 3-217 所示。

（15）选中绳索，单击 Mirror（镜像）图标，在弹出的 Mirror（镜像）对话框中设置参数，如图 3-218 所示。镜像复制绳索如图 3-219 所示。

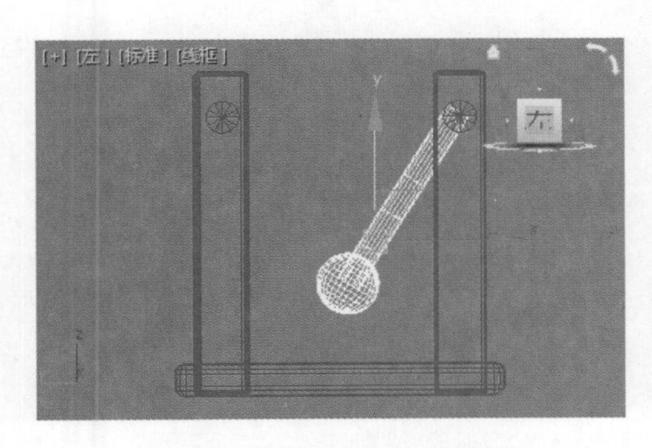

图3-217 旋转绳索并调整参数

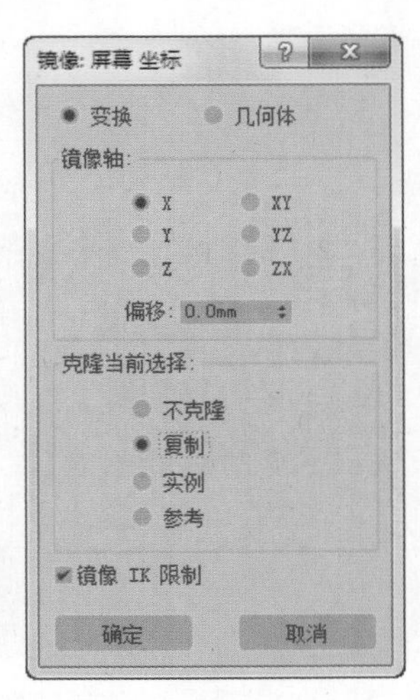

图3-218 “镜像：屏幕 坐标”对话框

（16）在左视图中使用区域选择的方法，选中两个绳索和摆球。在顶视图中右击将其激活，按住 Shift 键，沿 X 轴向左移动复制对象，在弹出的 Copy（复制）选项对话框中设置 Number of Copies（副本数目）为 4，如图 3-220 所示。

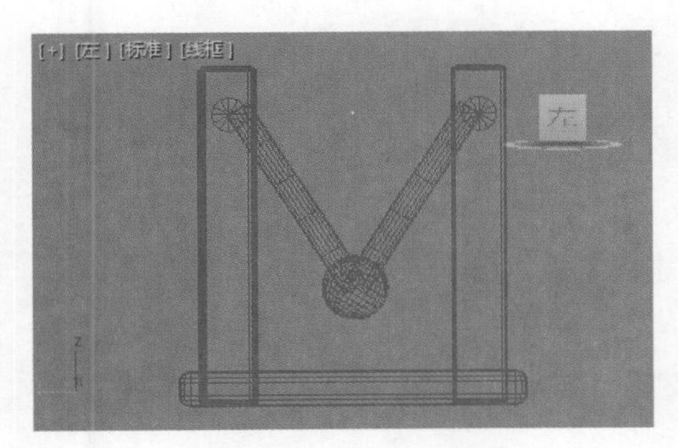

图3-219 镜像复制绳索

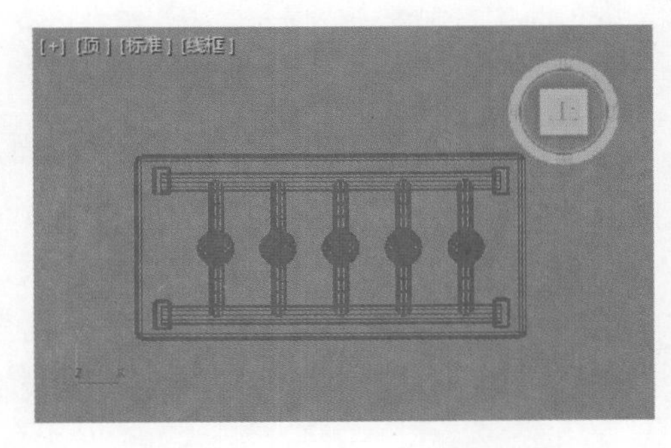

图3-220 移动复制摆球和绳索

（17）调整透视图，最终的双摆效果如图 3-221 所示。还可以为双摆赋予材质、装饰环境，参考效果如图 3-222 所示。

图3-221 完成的双摆模型效果图

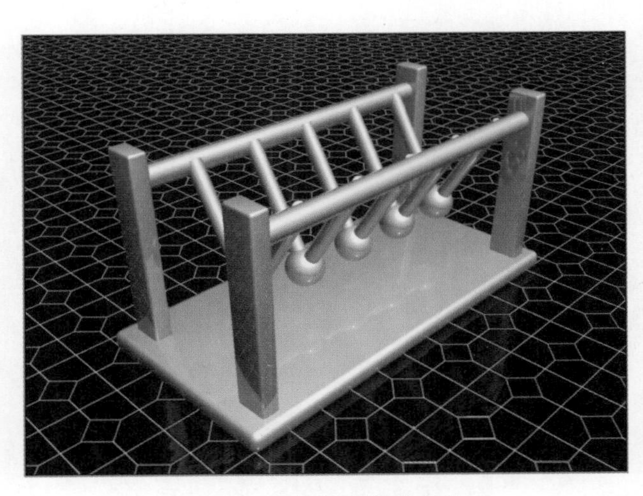

图3-222 双摆模型的参考效果

第4章

复合建模

内容指南

三维模型的创建方法有很多种，在本章将主要讲述复合建模的基本方法，包括放样建模、布尔运算建模以及Morph变形建模三种。本章内容都是创建三维造型常用的方法，也是制作三维动画必要的步骤。

知识重点

- ❖ 变截面放样操作
- ❖ 对放样物体的修改
- ❖ 布尔运算操作

4.1 常用复合建模

利用复合建模命令，可以将两个或多个对象组合成单个对象。3ds Max 2018 提供 Loft（放样）、Boolean（布尔）、Scatter（散布）、Shape Merge（图形合并）等多种复合建模命令，下面介绍常用的建模命令。

4.1.1 放样建模

形状示例

Loft（放样）建模是沿着路径挤出二维图形，从两个或多个现有样条线对象中创建放样对象，其中一条样条线会作为路径，其余的会作为放样对象的横截面或图形。沿着路径排列图形时，3ds Max 2018 会在图形之间生成曲面。放样的效果示例如图 4-1 所示。

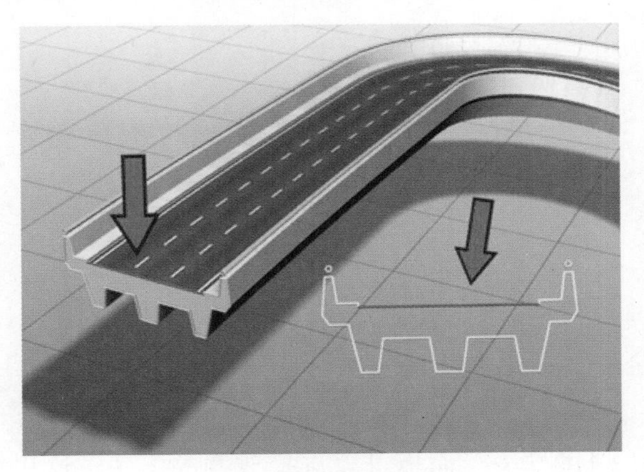

图4-1 放样的效果示例图

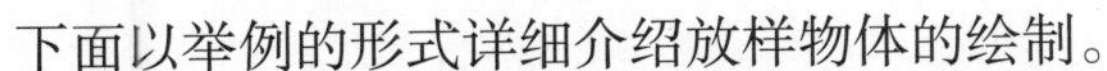

创建步骤

下面以举例的形式详细介绍放样物体的绘制。

（1）单击 Create（创建）命令面板下的 Shapes（图形）图标，在下拉列表中选择 Spline（样条线），打开 Object Type（对象类型）面板，单击 Circle（圆）按钮，在顶视图创建一大一小两个圆形。然后单击 Star（星形）按钮，继续在顶视图创建一个带圆角的多点星形，如图 4-2 所示。这三个图形将作为放样图形。

（2）单击 Line（线）按钮，在前视图中从上到下创建一条直线段，作为放样的路径，如图 4-3 所示。

图4-2 创建图形

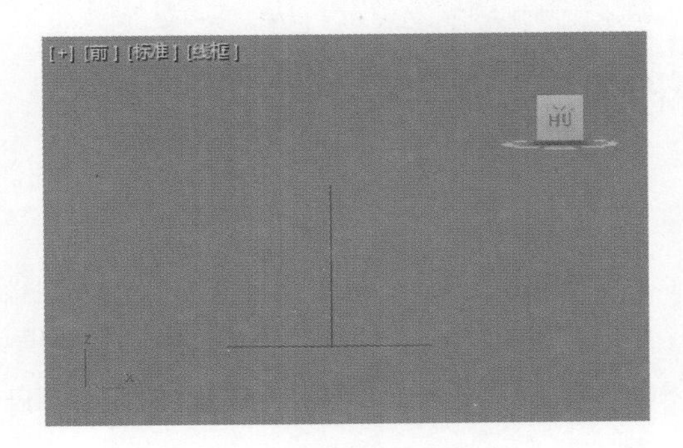

图4-3 创建放样路径

提示： 对初学者而言，创建路径时最好不要在图形的中心创建，以免得到初步放样体后不易找到其他图形。

（3）选中直线段，单击几何体图标●进入创建命令面板，单击 Standard Primitives（标准基本体），在下拉菜单里选择 Compound Objects（复合对象），如图 4-4 所示，即可进入“复合对象”创建面板，如图 4-5 所示。

（4）在 Object Type（对象类型）面板单击 Loft（放样）按钮，面板上出现放样的相关参数，如图 4-6 所示。

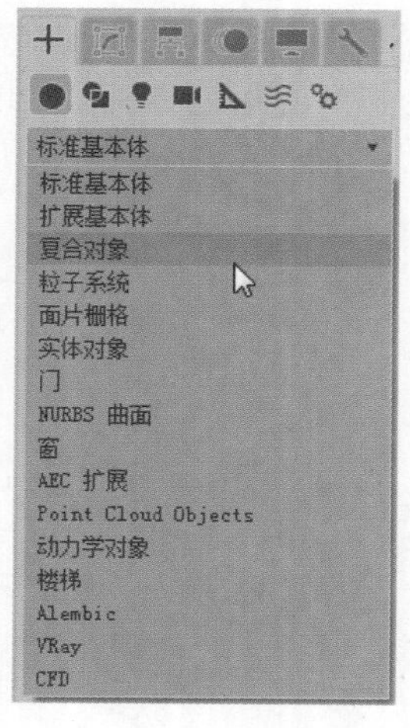

图4-4 选择“复合对象”

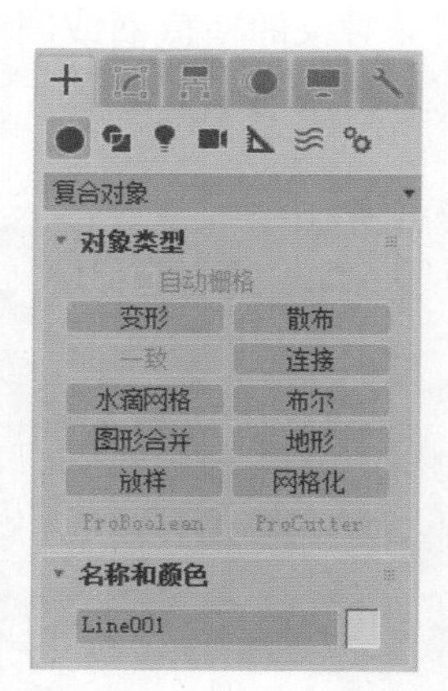

图4-5 “复合对象”创建面板

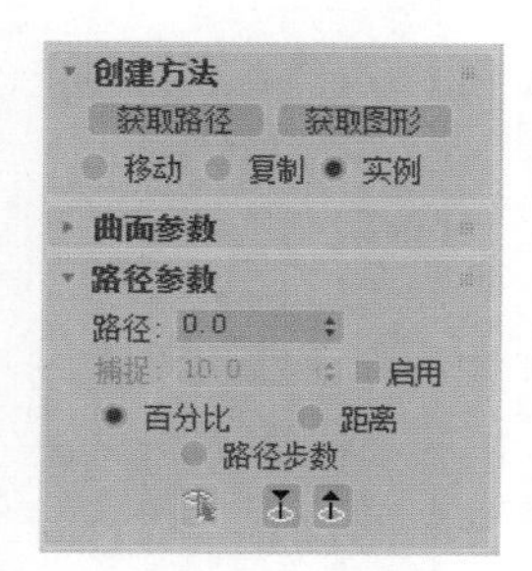

图4-6 参数面板

（5）在 Creation Method（创建方法）面板可以选择放样的方法，这里单击 Get Shape（获取图形）按钮。在顶视图中将光标移动到较小的圆形图形上，当光标变成形状时单击，获取圆形，效果如图 4-7 所示。

（6）在 Path Parameters（路径参数）面板中将 Path（路径）设为 3，再次单击 Get Shape（获取图形）按钮，在顶视图中单击较大的圆形，效果如图 4-8 所示。

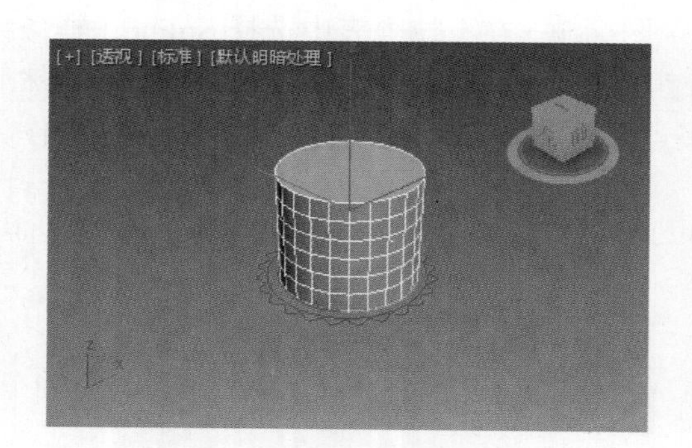

图4-7 获取第一个图形后的放样效果

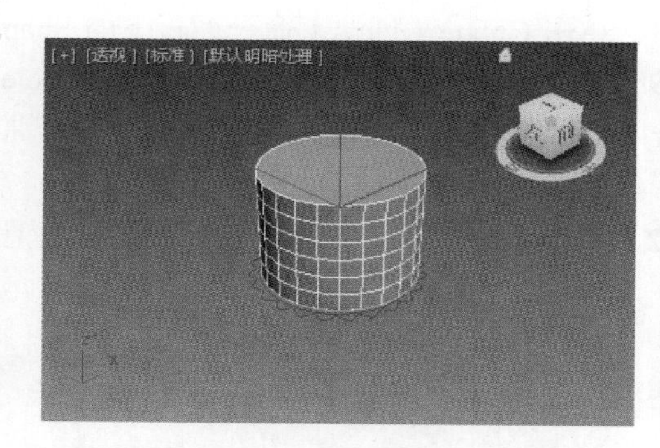

图4-8 获取第二个图形后的放样效果

（7）在 Path Parameters（路径参数）面板中将 Path（路径）设为 100，再次单击 Get Shape（获取图形）按钮，在顶视图中单击星形，并将图形旋转效果如图 4-9 所示。

（8）如果想让桌布的褶皱稍微扭曲以显得自然一些，可单击 Modify（修改）图标，进入修改命令面板。

（9）在修改器堆栈中单击“Loft”字样前面的 ▼ 号，进入放样子对象层级。单击“图形”选项，修改面板上出现 Shape Commands（图形命令）参数区，如图 4-10 所示。

图4-9 获取第三个图形后的放样效果

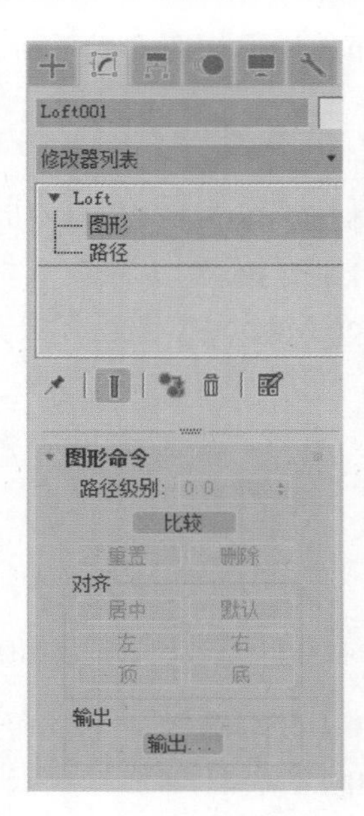

图4-10 修改命令面板

（10）单击 Compare（比较）按钮，弹出“比较”对话框，如图 4-11 所示。

（11）单击对话框上的 Pick Shape（拾取图形）图标，将光标放在放样体的顶端位置，此时，光标形态变成图 4-12 所示的形态。

（12）单击即可将较小的圆形拾取进来，用同样的方法在放样体上拾取较大的圆形和星形，拾取所有图形后“比较”对话框如图 4-13 所示。

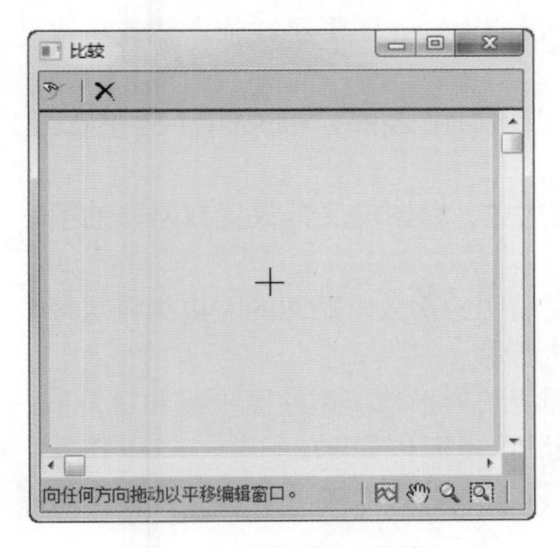

图4-11 “比较”对话框

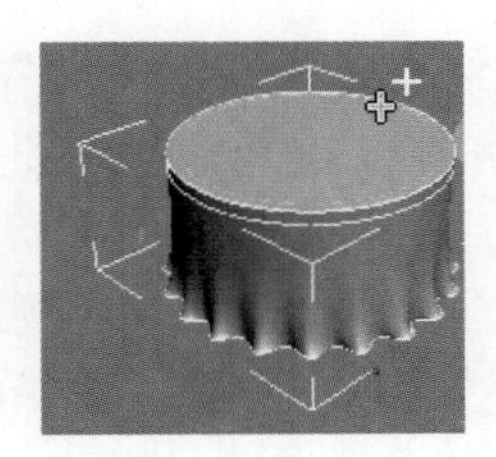

图4-12 拾取图形时光标的形态

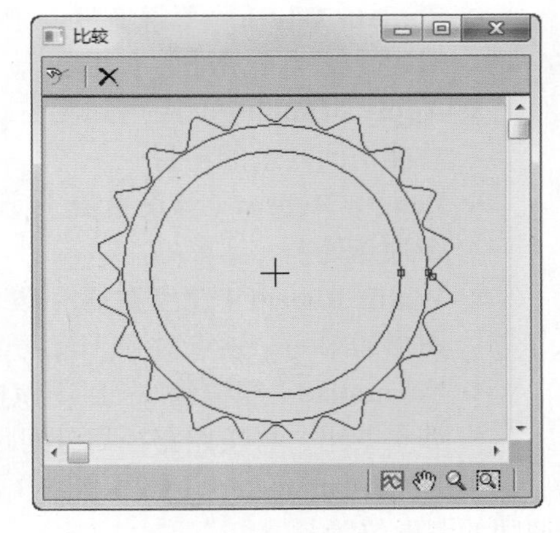

图4-13 拾取所有图形后的“比较”对话框

提示： 这里需要在放样体上拾取图形，而不是拾取刚开始绘制的图形。另外，读者也可以在其他视图中拾取图形。

（13）从图 4-13 中可以看出，所有图形的首顶点都是对齐的，所以生成的放样体比较规则，下面进行适当调整。

（14）单击“比较”对话框上的 Pick Shape（拾取图形）图标，退出拾取图形操作。

（15）在左视图中放样体的末端单击，选中星形图形，单击工具栏上的 Select and Rotate（选择并旋转）图标，在顶视图中绕 Z 轴适当旋转选中的图形，“比较”对话框中图形的位置也将发生变化。

（16）单击修改器堆栈中的“图形”选项，退出图形子对象层级。删除视图中多余的样条线，调整视

图，最终的桌布放样体如图 4-14 所示

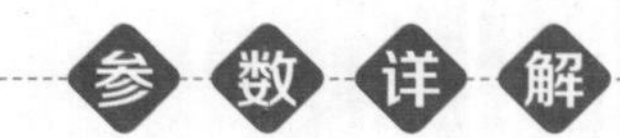

生成放样体后，就可以对放样体进行各种修改。选中放样体，进入修改面板后，可以看到共有 5 个参数区，下面分别介绍。

（1）Creation Method（创建方法）面板如图 4-15 所示。

图4-14　最终的桌布放样体

图4-15　“创建方法”面板

❖ **Get Path（获取路径）**: 将路径指定给选定图形或更改当前指定的路径，先选中图形时使用该按钮。

❖ **Get Shape（获取图形）**: 将图形指定给选定路径或更改当前指定的图形，先选中路径时使用该按钮。

❖ **Move/Copy/Instance（移动 / 复制 / 实例）**: 用于指定路径或图形转换为放样对象的方式。可以移动，但这种情况下不保留副本，或转换为副本或实例。

（2）Surface Parameters（曲面参数）面板如图 4-16 所示，可以在此控制放样曲面的平滑以及指定是否沿着放样对象应用纹理贴图。

❖ **Smooth Length（平滑长度）**: 沿着路径的长度提供平滑曲面，当路径曲线或路径上的图形更改大小时，这类平滑非常有用。

❖ **Smooth Width（平滑宽度）**: 围绕横截面图形的周界提供平滑曲面，当图形更改顶点数或更改外形时，这类平滑非常有用。

❖ **Apply Mapping（应用贴图）**: 启用和禁用放样贴图坐标，必须启用 Apply Mapping（应用贴图）才能访问其余的项目。

❖ **Length Repeat（长度重复）**: 设置沿路径的长度重复贴图的次数，贴图的底部放置在路径的第一个顶点处。

❖ **Width Repeat（宽度重复）**: 设置围绕横截面图形的周界重复贴图的次数，贴图的左边缘将与每个图形的第一个顶点对齐。长度重复和宽度重复标示如图 4-17 所示。

❖ **Normalize（规格化）**: 启用该选项后，将沿着路径长度并围绕图形平均应用贴图坐标和重复值；如果禁用，将按照路径划分间距或图形顶点间距成比例应用贴图坐标和重复值。

（3）Path Parameters（路径参数）面板如图 4-18 所示，在此可以控制沿着放样对象路径在各个间隔期间的图形位置。

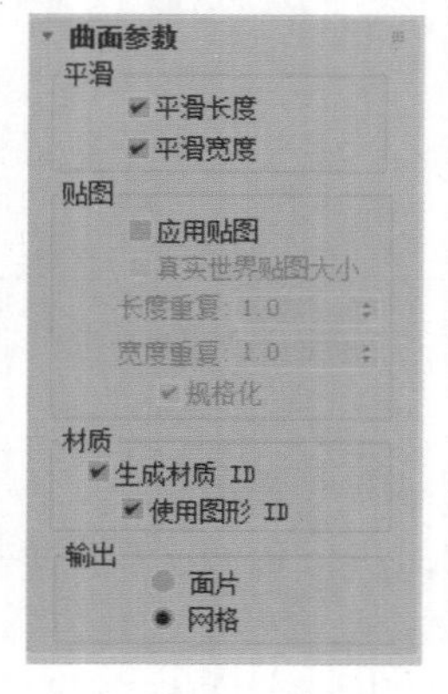

图4-16　“曲面参数”面板

图4-17　长度重复和宽度重复标示图

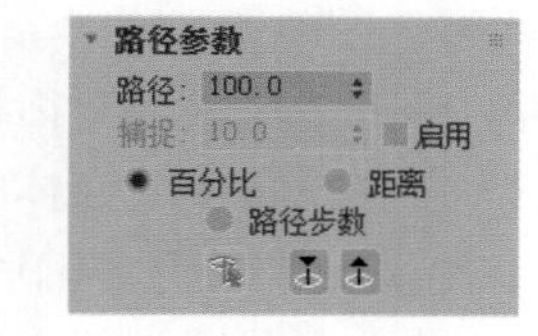

图4-18　“路径参数”面板

- ❖ **Path（路径）:** 通过输入值或拖动微调器来设置路径的级别，该路径值依赖于所选择的测量方法，更改测量方法将导致路径值的改变。
- ❖ **Snap（捕捉）:** 用于设置沿着路径图形之间的恒定距离，仅当后面的 On（启用）复选框选中时才可用。
- ❖ **Percentage（百分比）:** 将路径级别表示为路径总长度的百分比。
- ❖ **Distance（距离）:** 将路径级别表示为路径第一个顶点的绝对距离。
- ❖ **Path Steps（路径步数）:** 将图形置于路径步数和顶点上，而不是作为沿着路径的一个百分比或距离。

（4）Skin Parameters（蒙皮参数）面板如图 4-19 所示，在此可以调整放样对象网格的复杂性，还可以通过控制面数来优化网格。

- ❖ **Cap Start（封口始端）:** 如果启用，则路径第一个顶点处的放样端被封口；如果禁用，则放样端为打开或不封口状态。封口始端标示如图 4-20 所示。
- ❖ **Cap End（封口末端）:** 如果启用，则路径最后一个顶点处的放样端被封口；如果禁用，则放样端为打开或不封口状态。封口末端标示如图 4-21 所示。

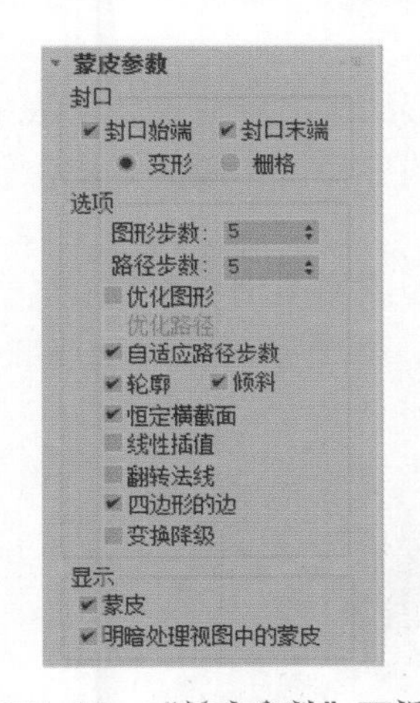

图4-19 “蒙皮参数”面板

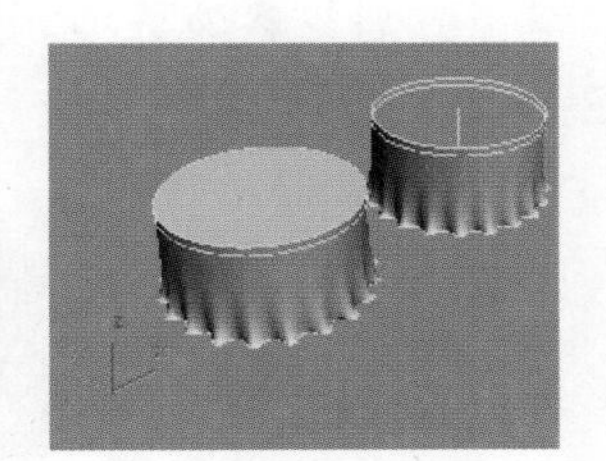

图4-20 封口始端标示图

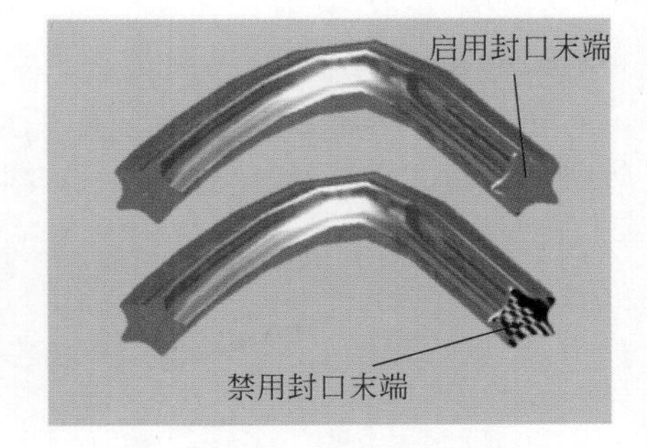

图4-21 封口末端标示图

- ❖ **Shape Steps（图形步数）:** 设置横截面图形的每个顶点之间的步数。该值会影响围绕放样周界的边的数目。图形步数标示如图 4-22 所示。
- ❖ **Path Steps（路径步数）:** 设置路径的每个主分段之间的步数，该值会影响沿放样长度方向的分段的数目。路径步数标示如图 4-23 所示。

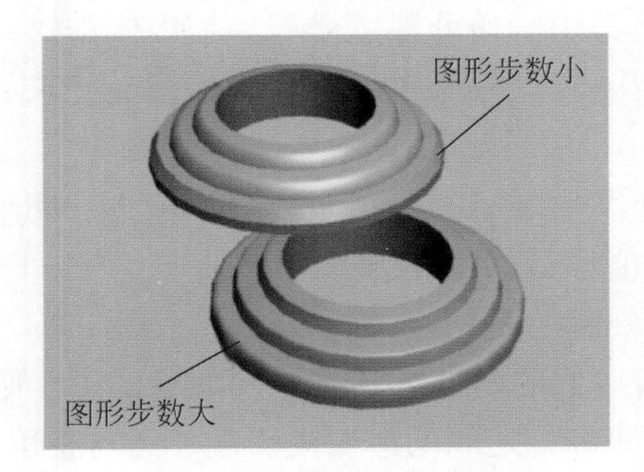

图4-22 图形步数标示图

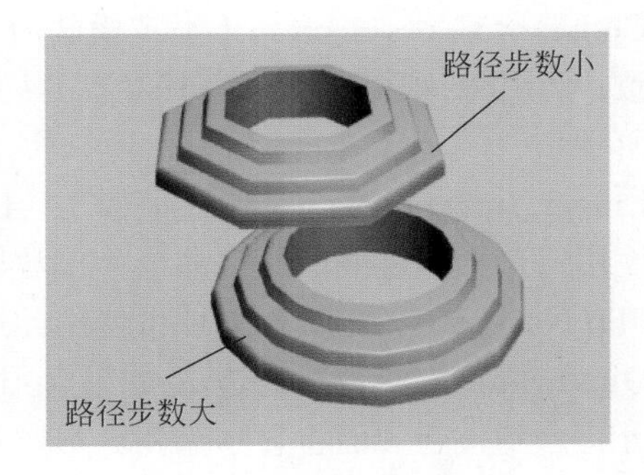

图4-23 路径步数标示图

- ❖ **Optimize Shapes（优化图形）:** 启用时，则对横截面图形的直分段忽略 Shape Steps（图形步数）。如果路径上有多个图形，则只优化在所有图形上都匹配的直分段。优化图形标示如图 4-24 所示。
- ❖ **Optimize Path（优化路径）:** 启用时，则对路径的直分段忽略 Path Steps（路径步数），路径步数设置仅适用于弯曲截面，仅在路径步数模式下才可用。优化路径标示如图 4-25 所示。

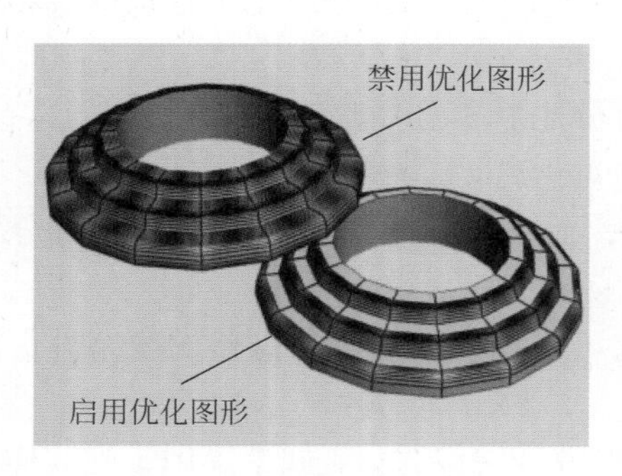

图4-24 优化图形标示图

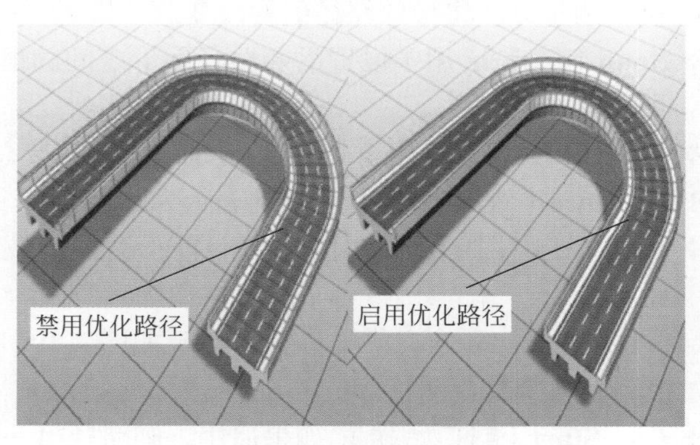

图4-25 优化路径标示图

❖ **Adaptive Path Steps（自适应路径步数）**：如果启用，则分析放样并调整路径分段的数目，以生成最佳蒙皮。主分段将沿路径出现在路径顶点、图形位置和变形曲线顶点处；如果禁用，则主分段将沿路径只出现在路径顶点处。

❖ **Contour（轮廓）**：启用时，每个图形都将遵循路径的曲率。每个图形的正 Z 轴与形状层级中路径的切线对齐；如果禁用，则图形保持平行，且与放置在层级 0 中的图形保持相同的方向。轮廓标示如图 4-26 所示。

❖ **Banking（倾斜）**：启用时，只要路径弯曲并改变其局部 Z 轴的高度，图形便围绕路径旋转。倾斜量由 3ds Max 2018 控制。如果是 2D 路径，则忽略该选项。禁用时，则图形在穿越 3D 路径时不会围绕 Z 轴旋转。倾斜标示如图 4-27 所示。

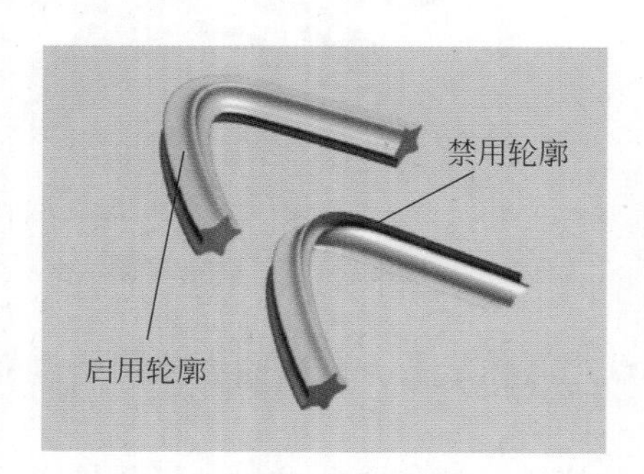

图4-26 轮廓图形标示图

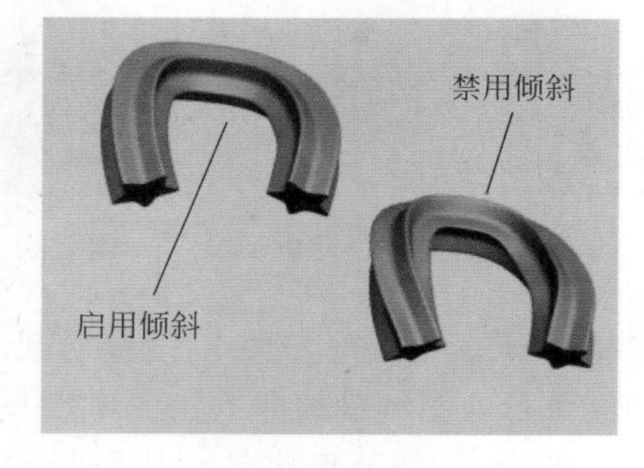

图4-27 倾斜标示图

❖ **Constant Cross-Section（恒定横截面）**：启用时，在路径中的角处缩放横截面，以保持路径宽度一致；禁用时，则横截面保持其原来的局部尺寸，从而在路径角处产生收缩。恒定横截面标示如图 4-28 所示。

❖ **Linear Interpolation（线性插值）**：启用时，使用每个图形之间的直边生成放样蒙皮；禁用时，则使用每个图形之间的平滑曲线生成放样蒙皮。线性插值标示如图 4-29 所示。

❖ **Flip Normals（翻转法线）**：可使用此选项来修正内部外翻的对象。

❖ **Quad Sides（四边形的边）**：如果启用该选项，且放样对象的两部分具有相同数目的边，则将两部分缝合到一起的面将显示为四方形。具有不同边数的两部分之间的边不受影响，仍与三角形连接。

❖ **Transform Degrade（变换降级）**：使放样蒙皮在子对象图形 / 路径变换过程中消失。

❖ **Skin（蒙皮）**：如果启用，则使用任意着色层在所有视图中显示放样的蒙皮，并忽略着色视图中的蒙皮设置。如果禁用，则只显示放样子对象。蒙皮标示如图 4-30 所示。

❖ **Skin in Shaded（明暗处理视图中的蒙皮）**：如果启用，则忽略蒙皮设置，在明暗处理视图中显示放样的蒙皮。如果禁用，则根据蒙皮设置来控制蒙皮的显示。明暗处理视图中的蒙皮标示如图 4-31 所示。

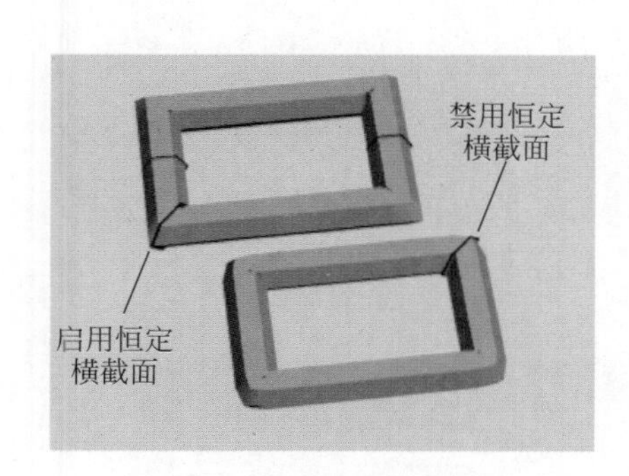

图4-28 恒定横截面标示图

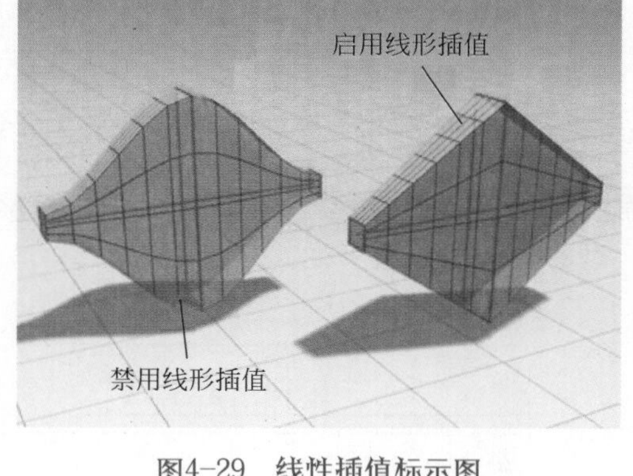

图4-29 线性插值标示图

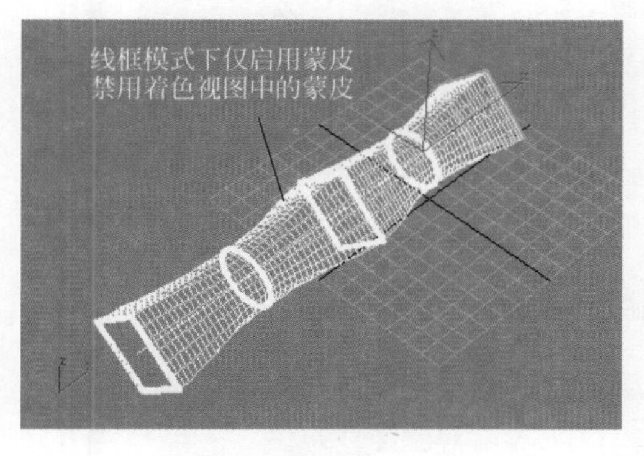

图4-30 蒙皮标示图

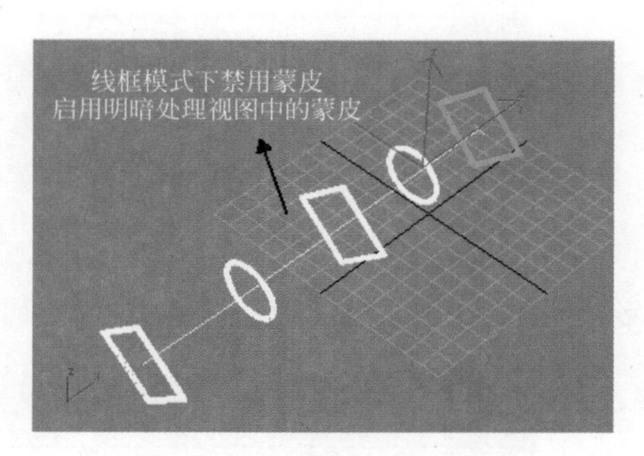

图4-31 明暗处理视图中的蒙皮标示图

（5）Deformations（变形）面板如图 4-32 所示，可以用来沿着路径缩放、扭曲、倾斜、倒角或拟合形状。以 Scale（缩放）变形为例，对话框如图 4-33 所示。下面逐个介绍各个变形参数。

图4-32 “变形”面板

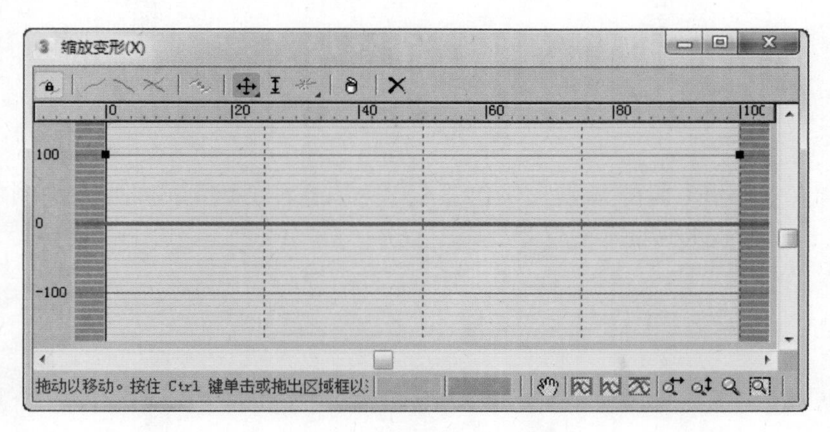

图4-33 “缩放变形”对话框

- ❖ **Scale（缩放）**：单击该按钮打开“缩放变形”对话框，可以利用曲线控制图形沿路径的缩放程度。缩放变形效果标示如图 4-34 所示。
- ❖ **Twist（扭曲）**：使用扭曲变形可以沿着对象的长度创建盘旋或扭曲的对象，扭曲将沿着路径指定旋转量。扭曲变形效果标示如图 4-35 所示。

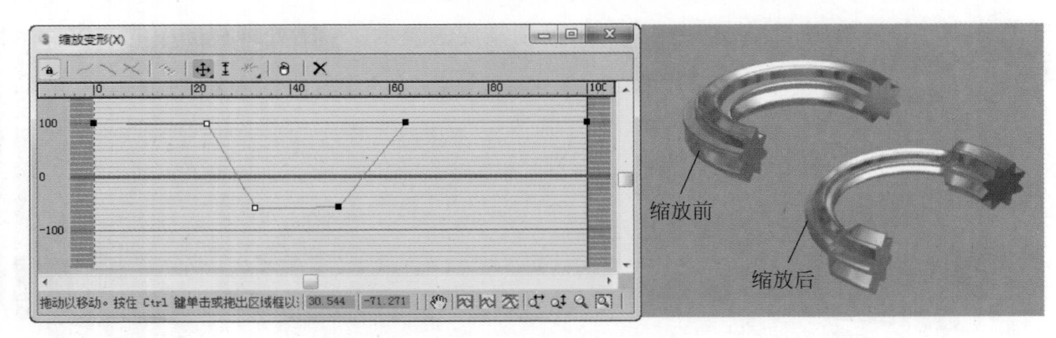

图4-34　缩放变形效果标示图

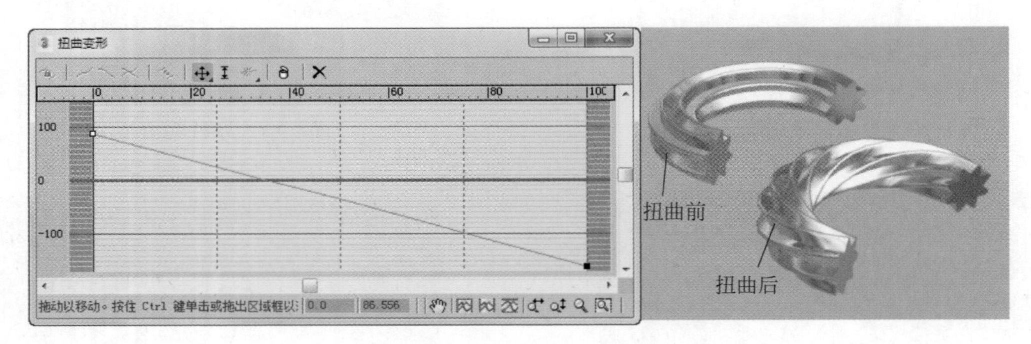

图4-35　扭曲变形效果标示图

❖ **Teeter（倾斜）**: 倾斜变形围绕局部 X 轴和 Y 轴旋转图形。倾斜变形效果标示如图 4-36 所示。

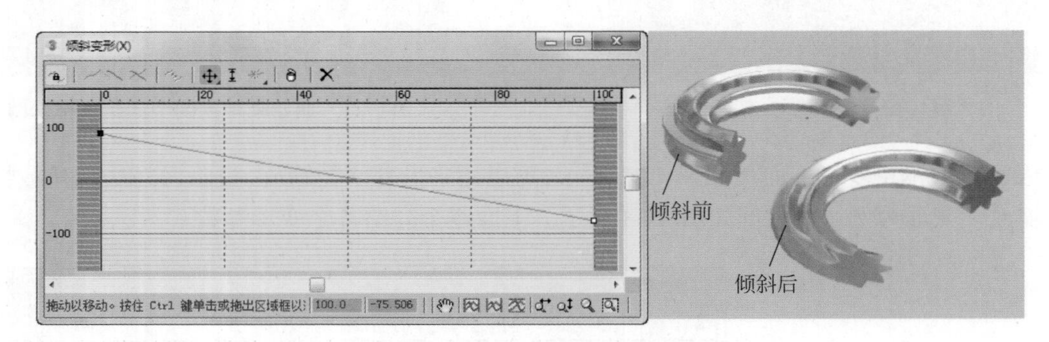

图4-36　倾斜变形效果标示图

❖ **Bevel（倒角）**: 使用倒角变形可为放样体的边部添加切角，倒角曲线控制切角的程度。倒角变形效果标示如图 4-37 所示。

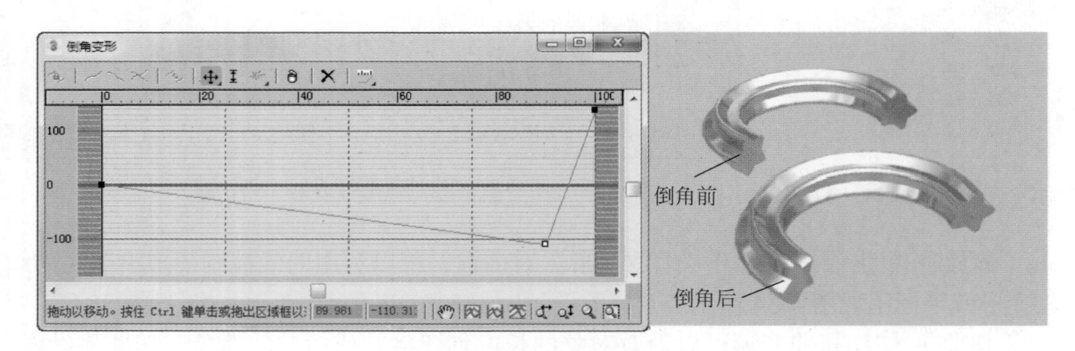

图4-37　倒角变形效果标示图

❖ **Fit（拟合）**: 使用拟合变形可以用两条拟合曲线来定义对象的顶部和侧剖面。拟合变形效果标示如图 4-38 所示。

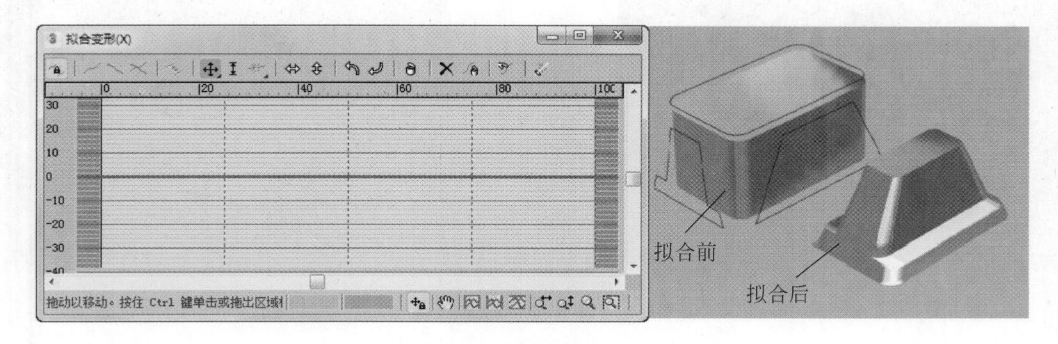

图4-38 拟合变形效果标示图

4.1.2 布尔建模

效果示例

Boolean（布尔）建模是通过对其他两个对象执行布尔运算将它们组合起来。例如，可以从一个对象中挖去与其相交的对象，也可以创建两个对象相交的部分等。布尔运算的效果示例如图 4-39 所示。

创建步骤

下面以举例的形式详细介绍布尔建模的绘制。

（1）单击 Create（创建）图标，单击 Geometry（几何体）图标，单击 Standard Primitives（标准基本体）下拉列表，打开 Object Type（对象类型）面板，在透视图中创建一个 Box（长方体）和一个 Cylinder（圆柱体），如图 4-40 所示。

图4-39 布尔运算的效果示例

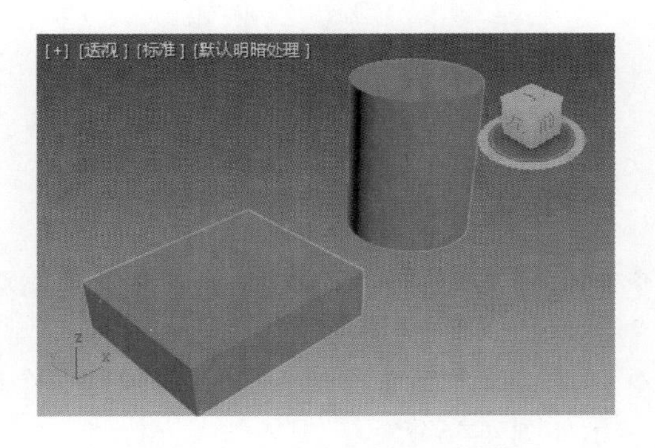

图4-40 创建长方体和圆柱体

（2）单击工具栏上的 Select and Move（选择并移动）图标，在视图中调整其相对位置，使长方体和圆柱体相交，如图 4-41 所示。

（3）单击 Standard Primitives（标准基本体），在下拉菜单里选择 Compound Objects（复合对象），在 Object Type（对象类型）面板单击 Boolean（布尔）按钮，修改面板上出现布尔运算相关参数面板。

（4）在 Parameters（参数）面板的 Operation（操作）参数区选择要采用哪种布尔运算，这里采用默认设置。

（5）在 Pick Boolean（拾取布尔）面板单击 Pick Operand B（拾取操作对象 B）按钮，然后在视图中单击圆柱体，布尔运算效果如图 4-42 所示。

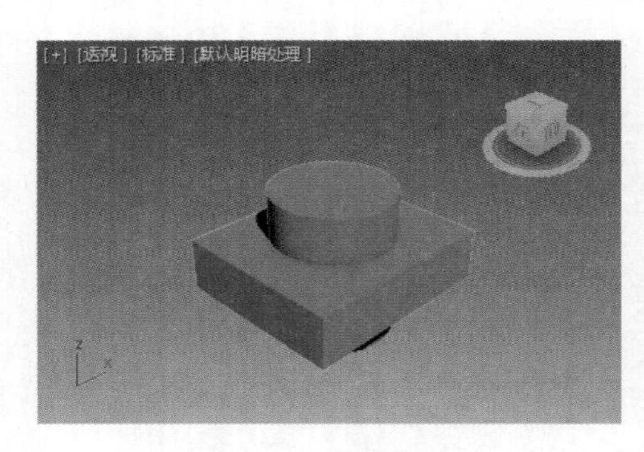

图4-41 调整位置

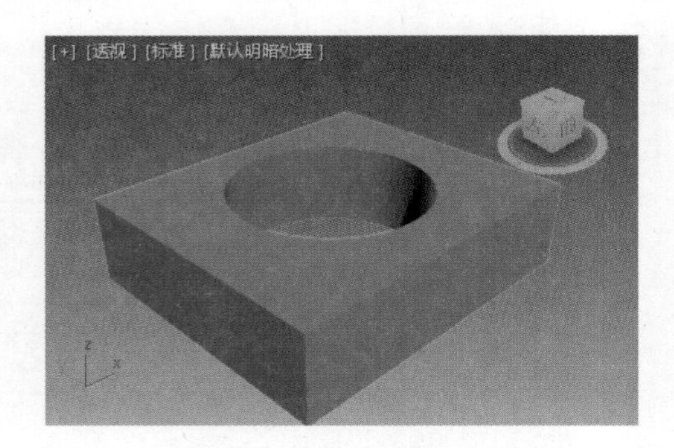

图4-42 布尔运算效果

布尔运算有两个参数面板，下面分别介绍。

（1）Boolean Parameters（布尔参数）面板如图 4-43 所示。

❖ **Add Operands（添加运算对象）**：用于选择完成布尔操作的第二个对象。

❖ **Remove Operands（移除运算对象）**：将所选运算对象从复合对象中移除。

（2）Operands Parameters（运算对象参数）面板如图 4-44 所示，在这里可以选择布尔运算类型。

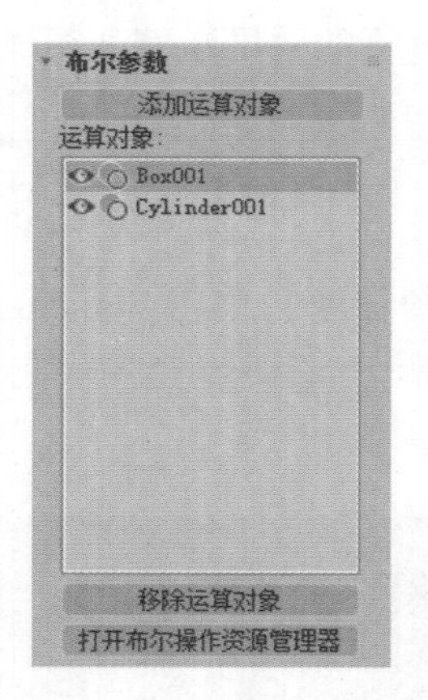

图4-43 "布尔参数"面板

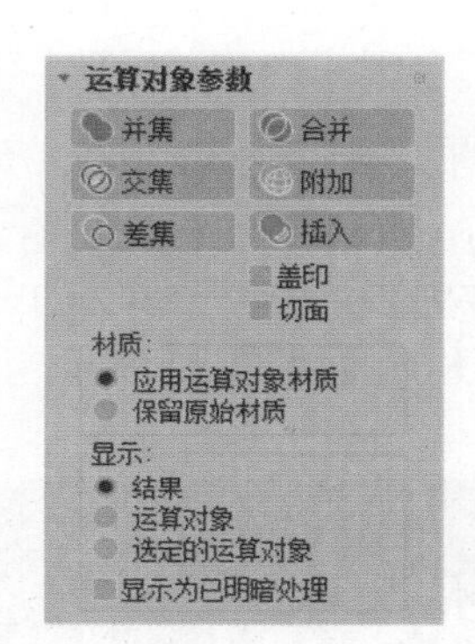

图4-44 "运算对象参数"面板

❖ **Union（并集）**：布尔对象包含两个原始对象的体积，将移除几何体的相交部分或重叠部分。并集标示如图 4-45 所示。

❖ **Intersect（交集）**：布尔对象只包含两个原始对象共用的体积（也就是说，重叠的位置）。交集标示如图 4-46 所示。

图4-45 并集标示图

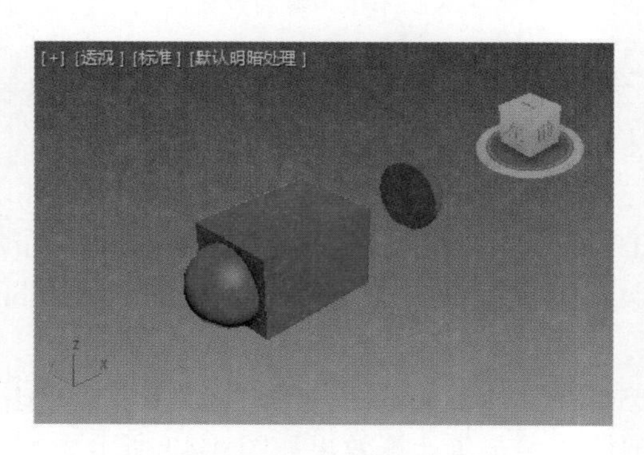

图4-46 交集标示图

❖ **Subtract**（差集）：从基础（最初选定）对象减去相交的操作对象的体积。差集标示如图 4-47 所示。

❖ **Merge**（合并）：使两个网格相交并组合，而不移除任何原始多边形，在相交对象的位置创建新边。对于需要有选择地移除网格的某些部分的情况，合并操作很有用。合并标示如图 4-48 所示。

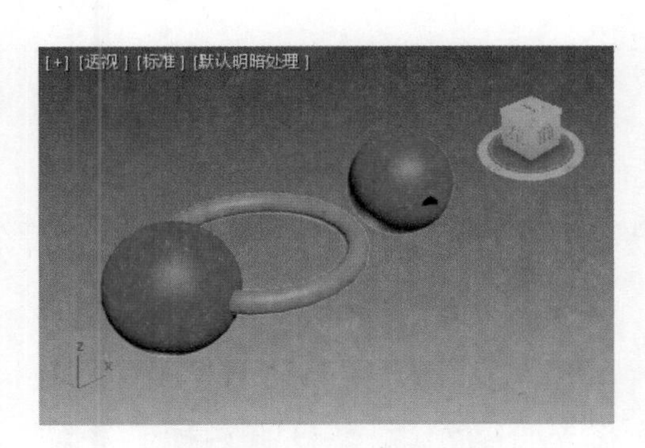

图4-47　差集标示图

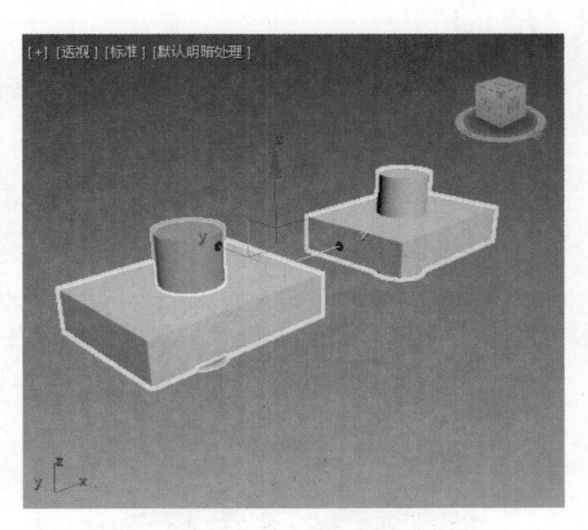

图4-48　合并标示图

❖ **Attach**（附加）：将多个对象合并成一个对象，而不影响各对象的拓扑；各对象实质上是复合对象中的独立元素。

❖ **Insert**（插入）：从操作对象 A（当前结果）减去操作对象 B（新添加的操作对象）的边界图形，操作对象 B 的图形不受此操作的影响。

❖ **Imprint**（盖印）：启用此选项可在操作对象与原始网格之间插入（盖印）相交边，而不移除或添加面。

❖ **Cookie**（切面）：启用“切面”选项可执行指定的布尔操作，但不会将操作对象的面添加到原始网格中。选定运算对象的面未添加到布尔结果中，可以使用该选项在网格中剪切一个洞，或获取网格在另一对象内部的部分。

❖ **Apply Operand Material**（应用运算对象材质）：将已添加操作对象的材质应用于整个复合对象。

❖ **Retain Original Material**（保留原始材质）：保留应用复合对象的现有材质。

❖ **Result**（结果）：显示布尔操作的结果，即布尔对象。布尔操作结果标示如图 4-49 所示。

❖ **Operands**（运算对象）：显示操作对象，而不是布尔结果。操作对象标示如图 4-50 所示。

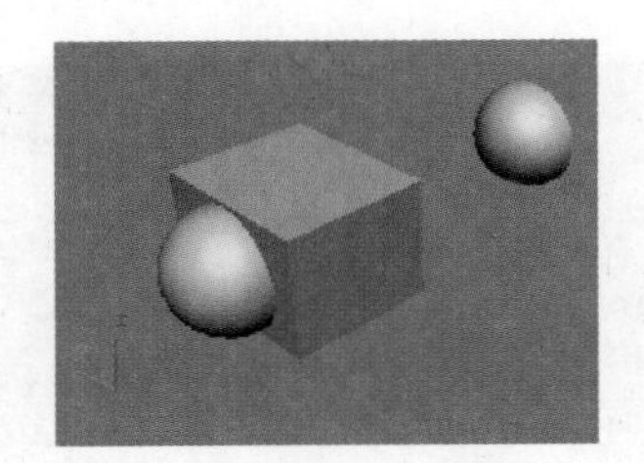

图4-49　布尔操作结果标示图

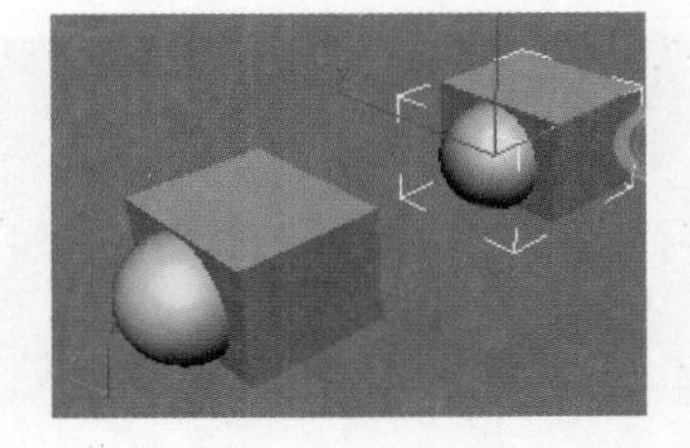

图4-50　操作对象标示图

❖ **Selected Operands**（选定的运算对象）：显示选定的操作对象。操作对象的轮廓会以一种显示当前所执行布尔操作的颜色标出。

❖ **Display as Shaded**（显示为已明暗处理）：如果启用，则在视口中显示已明暗处理的操作对象。

4.1.3 散布建模

形状示例 

Scatter（散布）是复合对象的一种形式，将所选的源对象散布为阵列，或散布到分布对象的表面。散布的效果示例如图 4-51 所示。

创建步骤

下面以举例的形式详细介绍“散布”建模的绘制。

（1）单击 Create（创建）图标，单击 Geometry（几何体）图标，单击 Standard Primitives（标准基本体）下拉列表，单击 Plane（平面）按钮，并在透视图中创建一个 Sphere（球体），如图 4-52 所示。

图4-51 散布的效果示例

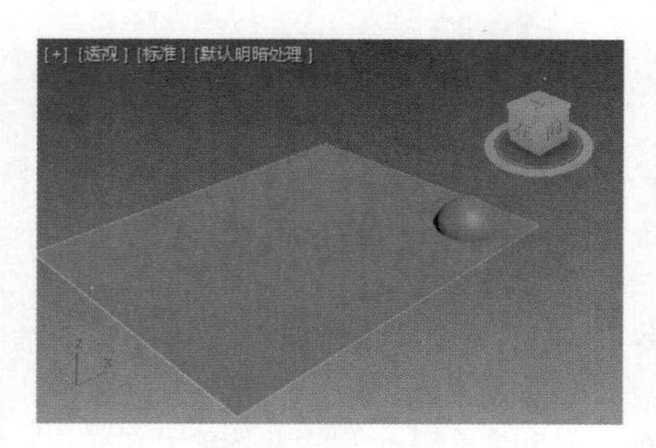

图4-52 创建球体

（2）选中球体，单击 Standard Primitives（标准基本体），在下拉菜单里选择 Compound Objects（复合对象），在 Object Type（对象类型）面板单击 Scatter（散布）按钮，修改面板上出现“散布”相关参数面板。

（3）在 Pick Distribution Object（拾取分布对象）面板单击 Pick Distribution Object（拾取分布对象）按钮，然后在透视图中单击球体，效果如图 4-53 所示。

（4）在 Scatter Objects（散布对象）面板设置 Duplicates（重复数）为 15，效果如图 4-54 所示。

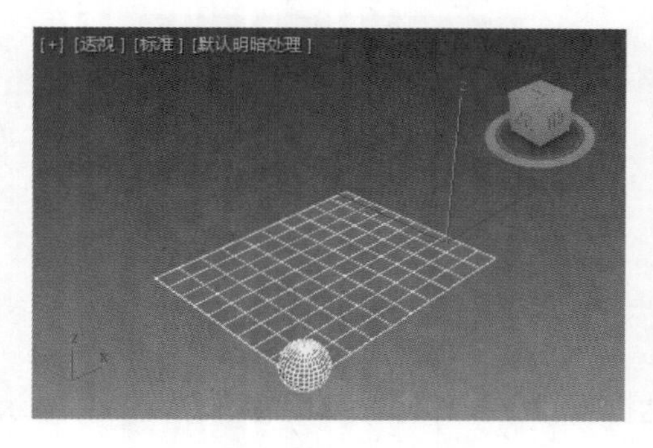

图4-53 初步散布效果

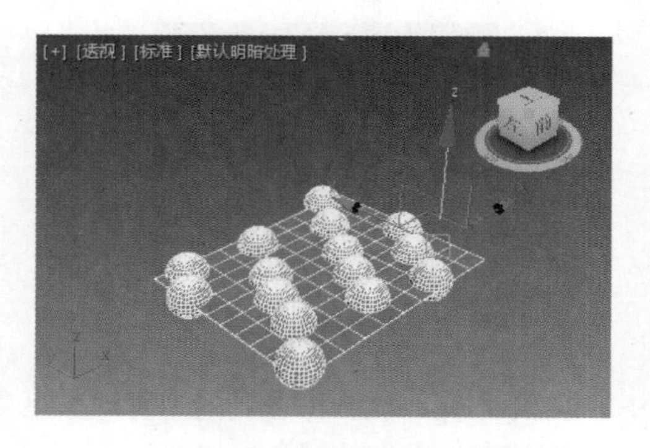

图4-54 设置重复数后的散布效果图

散布对象的参数较多，这里只介绍常用的参数面板。

（1）Pick Distribution Object（拾取分布对象）面板如图 4-55 所示。

❖ **Pick Distribution Object（拾取分布对象）**：单击此按钮，然后在场景中单击一个对象，将其指定为分布对象。

（2）Source Object Parameters（源对象参数）面板如图 4-56 所示。

Duplicates（重复数）：指定散布的源对象的重复项数目。如果使用面中心或顶点分布重复项，则重复数将被忽略。重复数标示如图 4-57 所示。

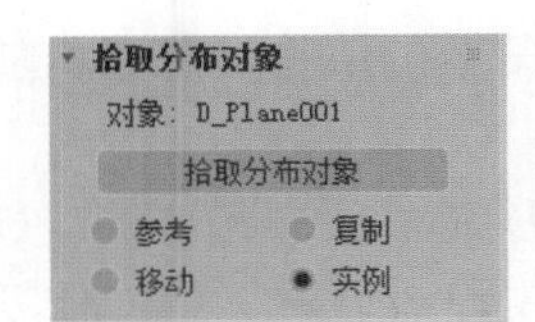

图4-55　拾取分布对象面板

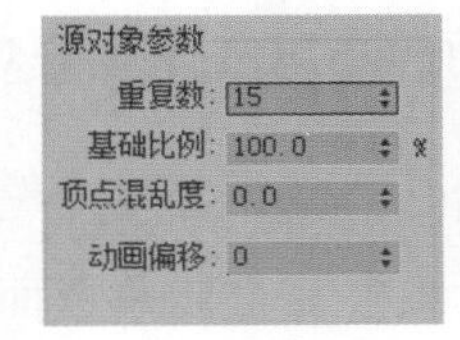

图4-56　“源对象参数”面板

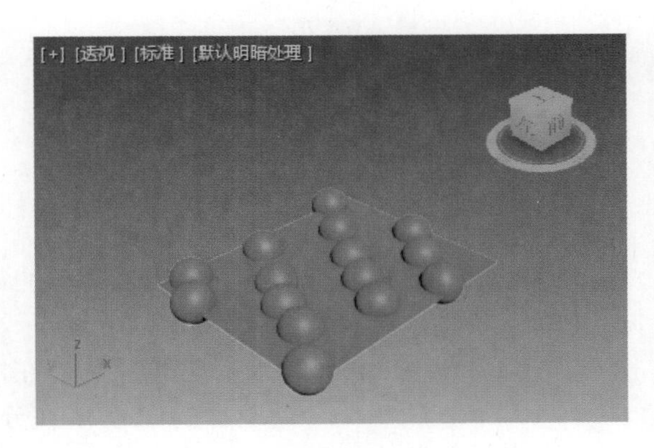

图4-57　重复数标示图

❖ **Base Scale（基础比例）**：改变源对象的比例，同样也影响每个重复项。该比例作用于其他任何变换之前。基础比例标示如图 4-58 所示。

❖ **Vertex Chaos（顶点混乱度）**：对源对象的顶点应用随机扰动。顶点混乱度标示如图 4-59 所示。

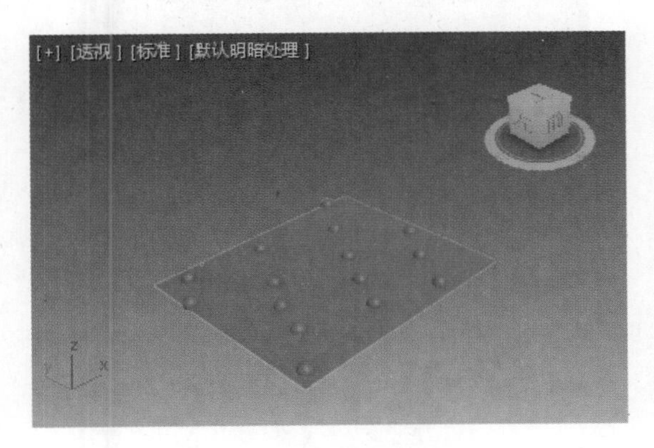

图4-58　基础比例标示图

图4-59　顶点混乱度标示图

❖ **Animation Offset（动画偏移）**：用于指定每个源对象重复项的动画偏移前一个重复项的帧数，可以使用此功能来生成波形动画。

（3）Distribution Object Parameters（分布对象参数）面板如图 4-60 所示，在这里可以设置源对象如何在分布对象上散布。

❖ **Area（区域）**：在分布对象的整个表面区域上均匀分布重复对象。

❖ **Even（偶校验）**：用分布对象中的面数除以重复项数目，并在放置重复项时跳过分布对象中相邻的面数。

❖ **Skip N（跳过 N 个）**：在放置重复项时跳过 N 个面，该可编辑字段指定放置下一个重复项之前要跳过的面数。例如设置为 1，则跳过相邻的面。区域、偶校验及跳过 N 个标示如图 4-61 所示。

❖ **Random Faces（随机面）**：在分布对象的表面随机地放置重复项。

❖ **Along Edges（沿边）**：沿着分布对象的边随机地放置重复项。

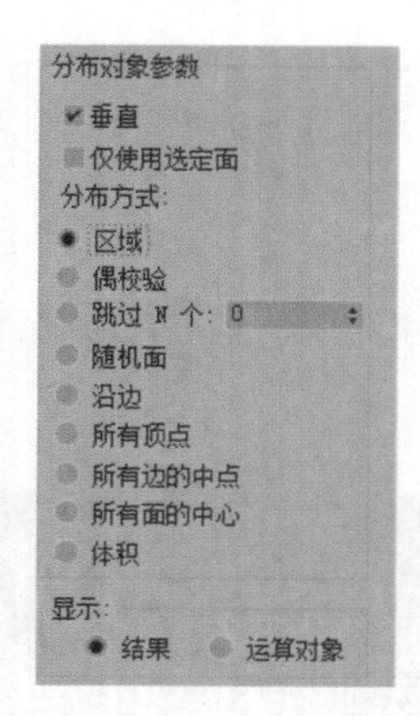

图4-60　“分布对象参数”面板

图4-61　区域、偶校验及跳过N个标示图

❖ **All Vertices（所有顶点）**：在分布对象的每个顶点放置一个重复对象，重复数的值将被忽略。随机面、沿边、所有顶点标示如图 4-62 所示。

❖ **All Edge Midpoints（所有边的中点）**：在每个分段边的中点放置一个重复项，重复数的值将被忽略。

❖ **All Face Centers（所有面的中心）**：在分布对象上每个三角形面的中心放置一个重复项，重复数的值将被忽略。

❖ **Volume（体积）**：遍及分布对象的体积散布对象，而其他所有选项都将分布限制在表面。所有边的中点、所有面的中心、体积标示如图 4-63 所示。

图4-62　随机面、沿边、所有顶点标示图

图4-63　所有边的中点、所有面的中心、体积标示图

4.1.4　连接建模

形状示例

使用 Connect（连接）建模，可通过对象表面的洞连接两个或多个对象。要执行此操作，应删除每个对象的面，在其表面创建一个或多个洞，并确定洞的位置，以使洞与洞之间面对面，然后应用 Connect（连接）命令。

创建步骤

（1）单击 Create（创建）命令面板下的 Shapes（图形）图标，在下拉列表中选择 Spline（样条线），打开 Object Type（对象类型）面板，单击 Line（线）按钮，在前视图中绘制杯子曲线，如图 4-64 所示。

（2）选中曲线，进入修改面板，单击 Selection（选择）面板的 Spline（样条线）按钮进入样条线层级。

（3）单击曲线，在 Geometry（几何体）面板单击 Outline（轮廓）按钮，为样条线添加适当的轮廓，改变顶点的类型为 Smooth（光滑），如图 4-65 所示。

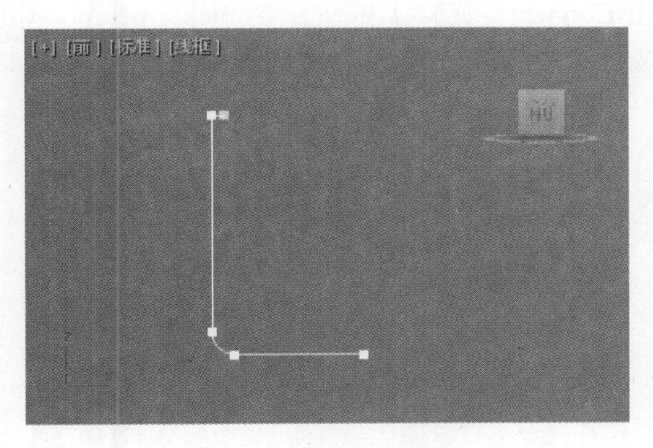

图4-64　绘制杯子曲线

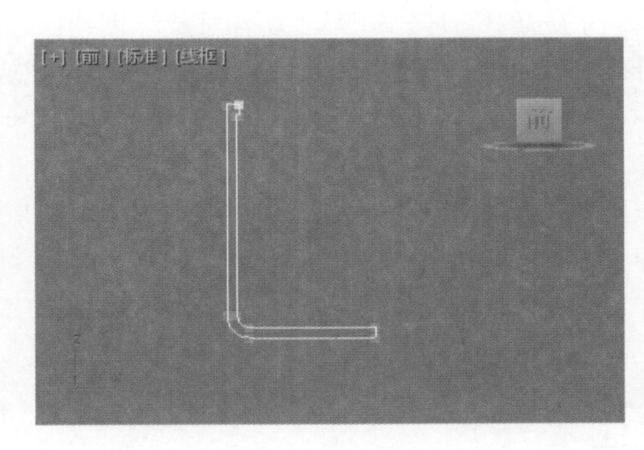

图4-65　添加轮廓

（4）退出子对象层级，选中曲线，在修改器列表中选择 Lathe（车削）修改器，适当设置参数，如图 4-66 所示。

（5）选中车削生成体，在修改器列表中选择 Edit Mesh（编辑网格）修改器，进入多边形子对象层级。

（6）确保 Ignore Backfacing（忽略背面）复选框处于选中状态，然后在左视图中选中如图 4-67 所示的多边形面。

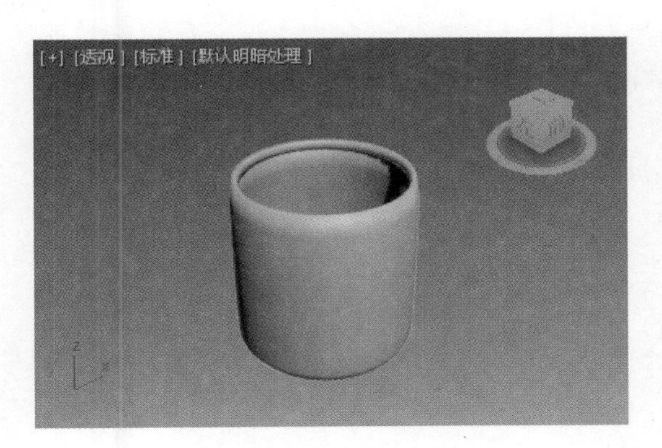

图4-66　车削生成体

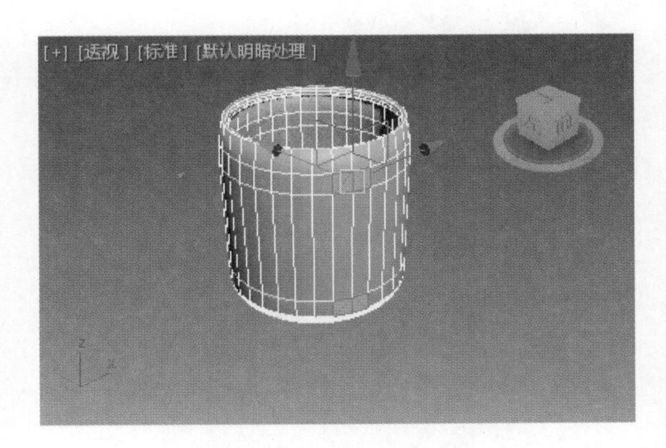

图4-67　选中多边形面

（7）按 Delete 键将选中的多边形面删除，形成两个洞，如图 4-68 所示。

（8）打开标准基本体创建面板，在左视图中创建一个 Torus（圆环），结果如图 4-69 所示。

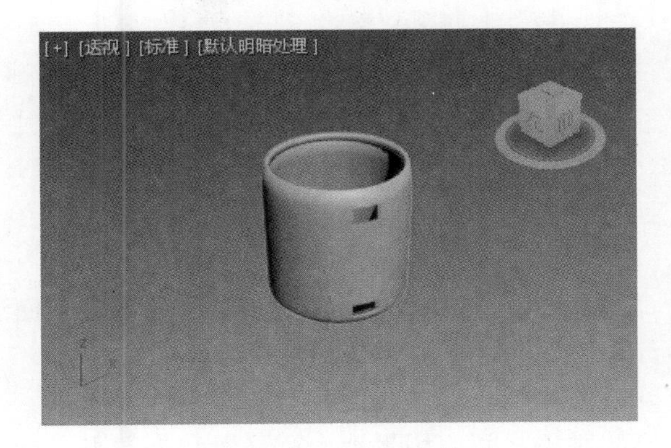

图4-68　删除选中的多边形面

图4-69　创建圆环

（9）选中圆环，为其添加 Edit Mesh（编辑网格）修改器，进入多边形子对象层级，取消勾选 Ignore Backfacing（忽略背面）复选框，删除圆环右侧的多边形面，适当调整位置，如图 4-70 所示。

（10）选中圆环，进入“复合对象”创建面板。单击 Connect（连接）按钮，在 Pick Operand（拾取操作对象）面板单击“拾取操作对象”按钮，然后在透视图中单击车削生成体，连接生成体如图 4-71 所示。

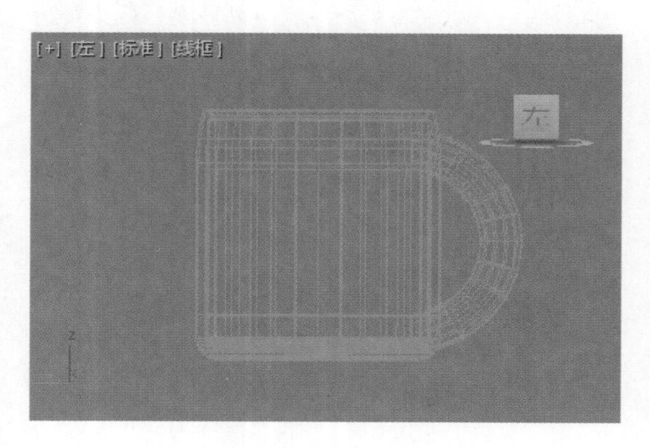

图4-70　删除圆环上的多边形面

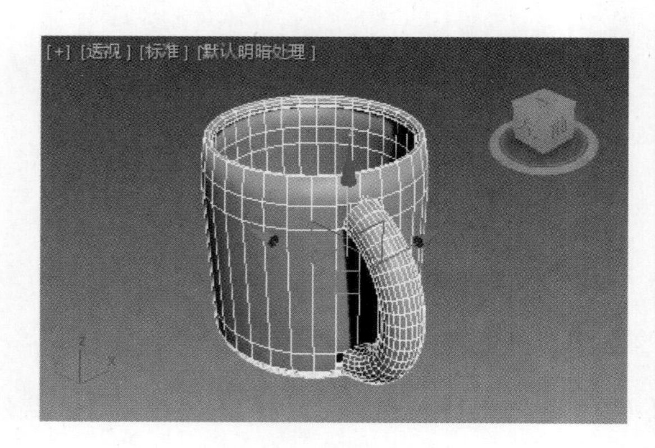

图4-71　连接生成体

（11）生成初步连接体后，就可以在参数面板中设置连接参数，以获得满意的连接效果。

Connect（连接）的参数面板与其他符合对象的参数面板有相似之处，下面只介绍其独特的参数。参数面板如图 4-72 所示。

❖ **Segments（分段）**：设置连接桥中的分段数目。分段标示如图 4-73 所示。

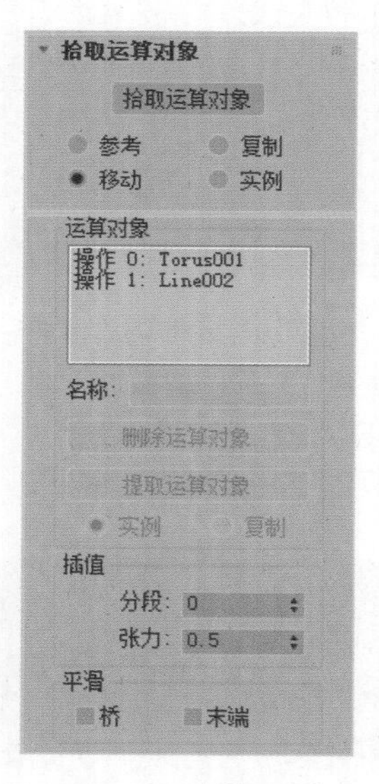

图4-72　参数面板

图4-73　分段标示图

❖ **Tension（张力）**：控制连接桥的曲率。值为“0”表示无曲率，值越高，匹配连接桥两端的表面法线的曲线越平滑。张力标示如图 4-74 所示。

❖ **Bridge（桥）**：在连接桥的面之间应用平滑。

❖ **Ends（末端）**：在和连接桥新旧表面接连的面与原始对象之间应用平滑。桥平滑和末端平滑标示如图 4-75 所示。

图4-74　张力标示图

图4-75　桥平滑和末端平滑标示图

4.2　综合应用——雕塑图形

上面简单介绍了“放样”建模的基础知识，下面将通过实例，带领读者学习如何使用放样建模，创建复杂模型。

4.2　综合应用——雕塑图形

（1）单击 Create（开始）菜单中的 Reset（重置）命令，重置系统。

（2）打开 Splines（样条线）对象类型面板，单击 Line（线）按钮，在顶视图中绘制如图 4-76 所示的 3 条封闭的曲线，右击结束画线。

（3）单击 Arc（弧）按钮，在前视图中绘制一条弧线，作为放样的路径，如图 4-77 所示。

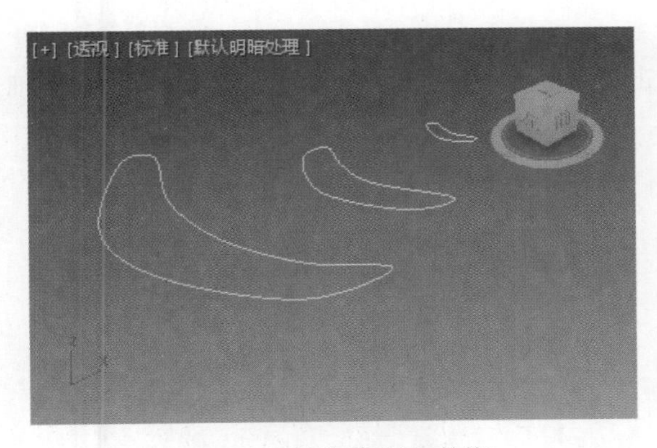

图4-76　创建3条封闭曲线

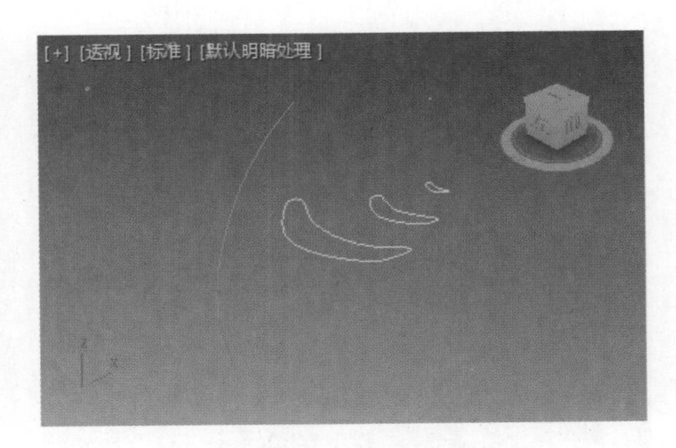

图4-77　绘制放样路径

（4）在前视图中选中弧线，单击 Geometry（几何体）图标●，在下拉列表中选择 Compound Objects（复合物体）选项，打开“对象类型”面板。

（5）单击 Loft（放样）按钮，然后在打开的“创建方法”面板中单击 Get Shape（获取图形）按钮，在任意视图中单击最小的截面，初步放样效果如图 4-78 所示。

（6）打开 Modify（修改）命令面板，将 Path Parameters（路径参数）面板中的 Path（路径）的值设为“50”，单击 Get Shape（获取图形）按钮，在任意视图中单击最大的截面，如图 4-79 所示。

（7）按照同样的方法，将路径值改为“100”，在任意视图中单击中间的截面，如图 4-80 所示。

（8）单击修改器中“放样”旁的符号以查看其层次，单击 Shape（图形）子对象层级使其颜色变黄。

（9）激活透视图，分别选择三个截面部分，单击工具栏上的 Select and Move（选择并移动）图标✥，进行调整。

（10）单击工具栏上的 Select and Uniform Scale（选择并均匀缩放），适当调整放样体的比例，如图 4-81 所示。

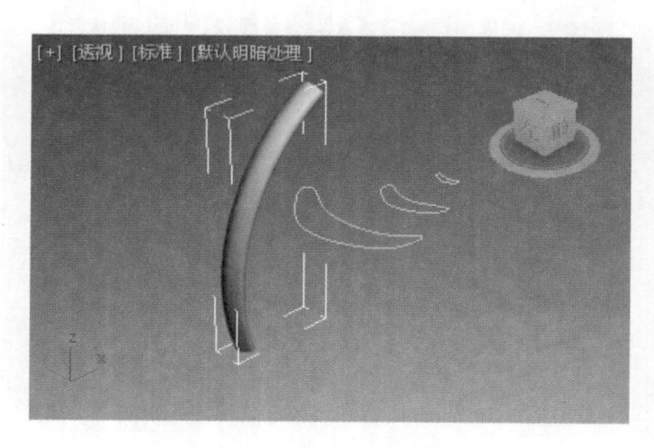

图4-78 初步放样效果

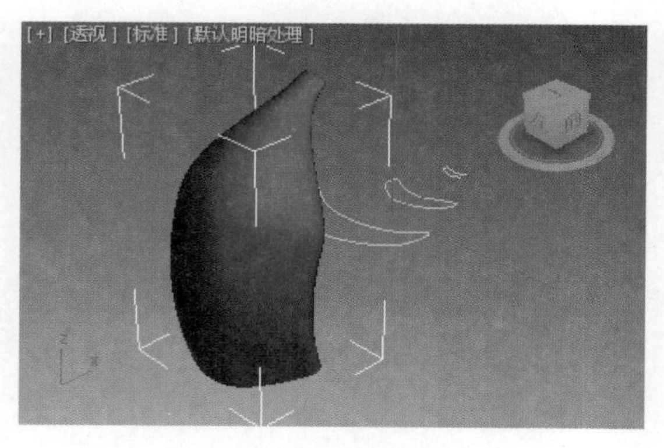

图4-79 在路径50处放置最大的截面

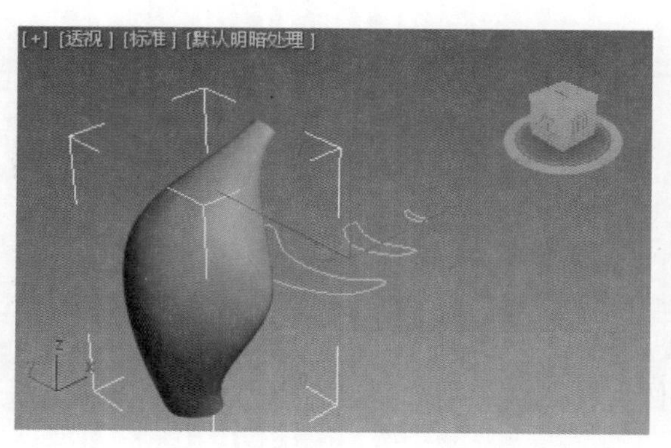

图4-80 在路径100处放置中间的截面

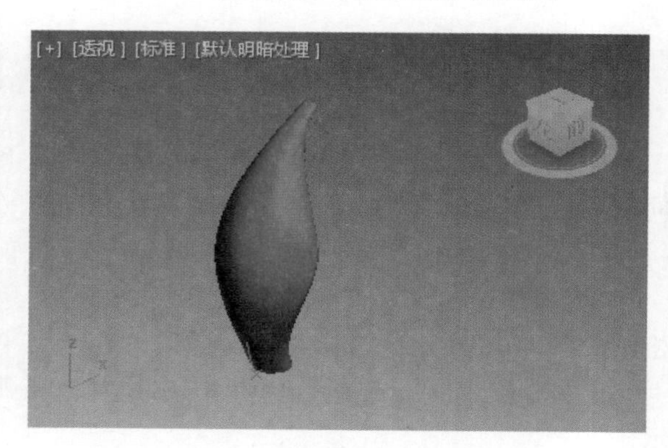

图4-81 调整比例后的放样体

（11）确保放样体处于选中状态，激活前视图。单击工具栏上的 Mirror（镜像）图标，沿 *X* 轴镜像复制出一个放样体。调整位置，如图 4-82 所示。

（12）利用缩放工具，适当调整放样体的副本比例。利用移动工具调整其空间位置，如图 4-83 所示。

图4-82 镜像复制放样体

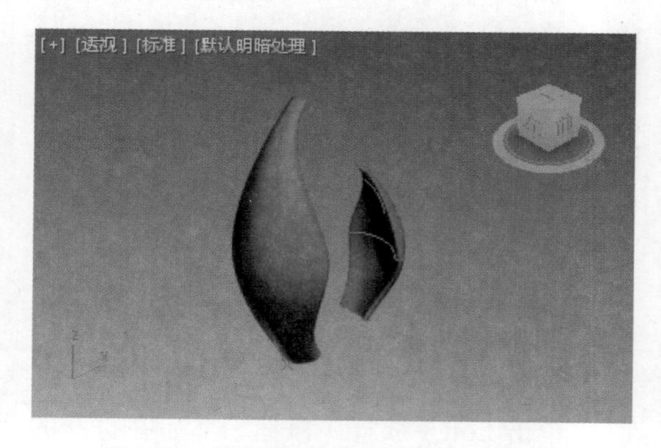

图4-83 调整放样体副本的比例和位置

（13）单击 Create（创建）命令面板下的 Geometry（几何体）图标，在下拉列表中选择（标准基本体），打开 Object Type（对象类型）面板，单击 Sphere（球体）按钮，在顶视图中创建一个球体，适当调整参数及位置，如图 4-84 所示。

（14）利用上述方法创建三个倒角圆柱体，分别作为球体的支柱、雕塑的底座及池底。适当调整其参数及位置，如图 4-85 所示。

（15）打开二维图形创建面板，在顶视图中创建两个圆，半径大于最底下的圆柱体，如图 4-86 所示。

（16）激活前视图，单击 Line（线）按钮，在倒角圆柱体边缘处绘制外围截面，如图 4-87 所示。

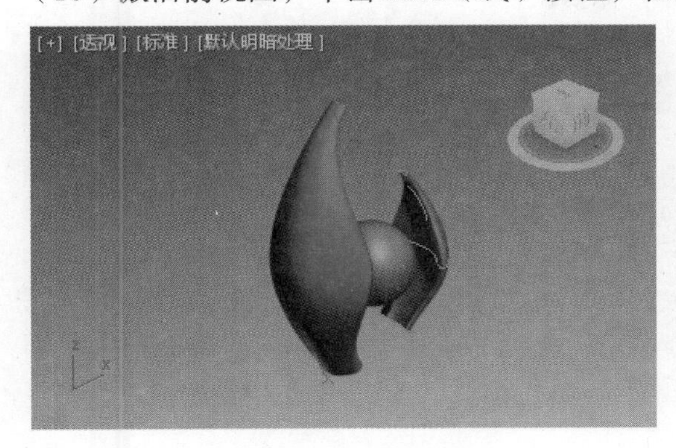

图4-84　创建球体并调整位置

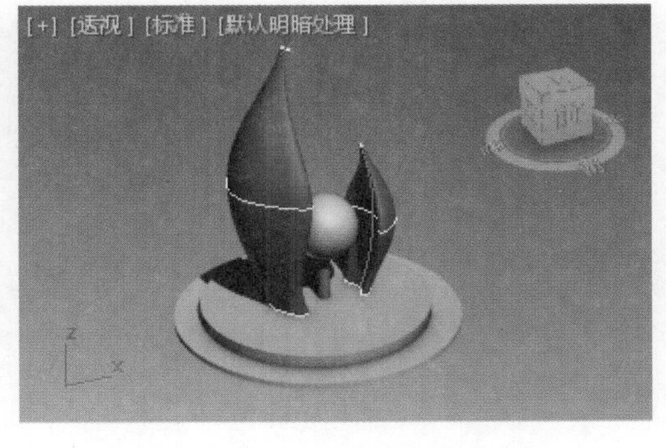

图4-85　添加支柱、底座及池底

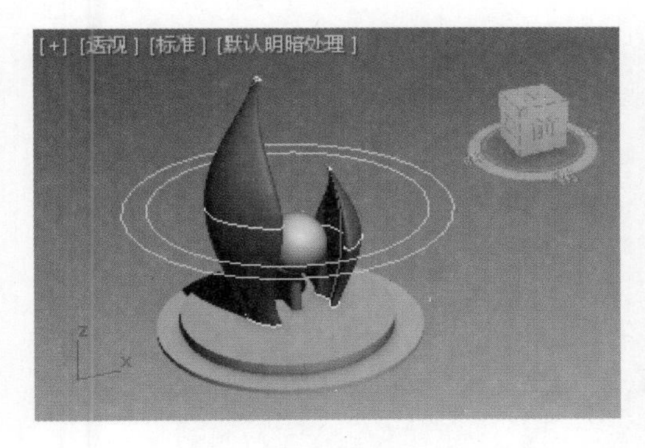

图4-86　创建两个圆

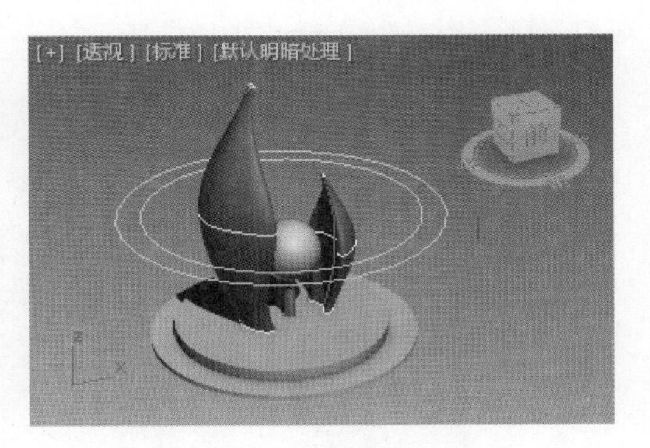

图4-87　创建底部外围截面

（17）选中大圆，右击弹出快捷菜单，选择“转换为可编辑样条线”，如图 4-88 所示。

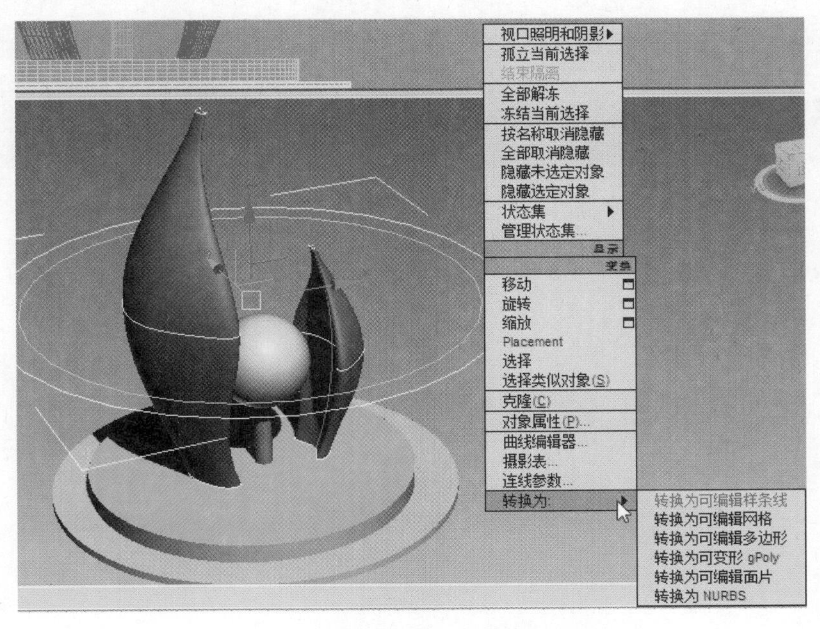

图4-88　选择“转换为可编辑样条线”

（18）单击修改器列表，打开“几何体”面板，单击“附加”按钮，如图 4-89 所示，选择小圆，如图 4-90 所示。

（19）选中直线，打开“复合物体”创建面板。单击 Loft（放样）按钮，然后在打开的 Create（创建方法）面板中单击 Get Shape（获取图形）按钮，在任意视图中单击圆，即可放样物体，如图 4-91 所示。

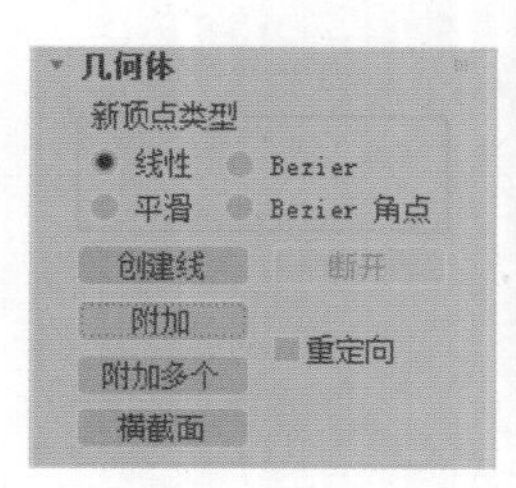

图4-89 “几何体”面板

图4-90 选择小圆

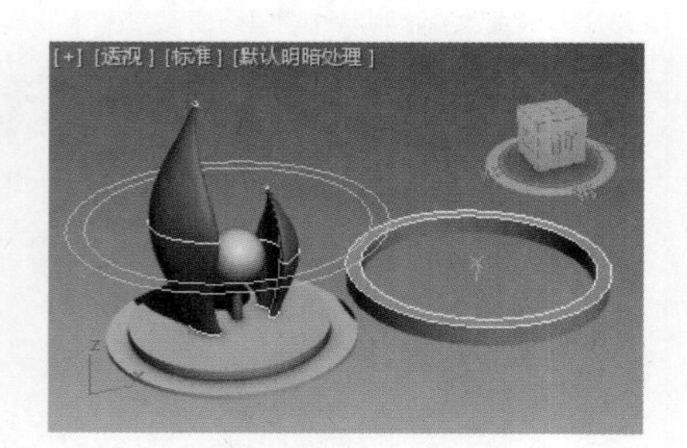

图4-91 放样物体

（20）利用缩放工具调整外围放样体的大小，利用移动工具调整其空间位置。删除所有的二维线条，调整视图，最终的雕塑模型如图 4-92 所示。

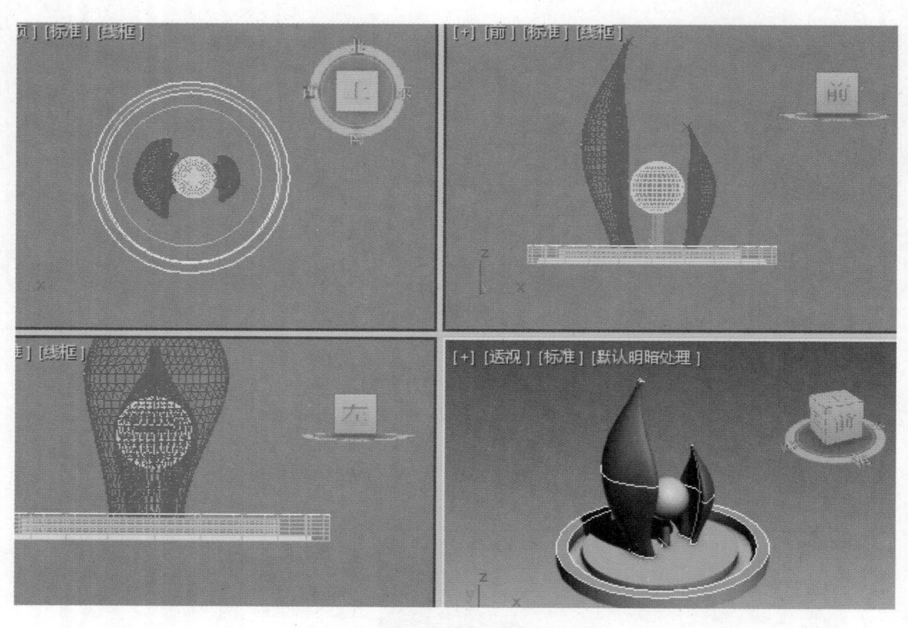

图4-92 最终的雕塑模型

第5章

多边形建模

内容指南

多边形建模是应用较多的建模方法，在计算机视图中见到最多的就是由无数三角面组合而成的三维对象。通过三角面的神奇排列，简单形体会变得越来越复杂。多边形建模的过程也能制作成动画，只要把更改多边形的尺寸、方向记录下来便能产生弯曲、扭转或变形动画。多边形建模的应用领域很广，具有足够的细节，可以创建任意表面，是最常见的建筑模型。本章通过利用多边形创建杯子的全过程，介绍如何快速应用多边形建模技术，创建复杂的模型。

知识重点

- 多边形对象的转化
- 多边形对象元素的选择
- 挤压、缩放等命令的运用

5.1 多边形网格建模

多边形网格建模是高效建模的手段之一，利用它可以对模型的网格密度进行较好的控制，对细节少的地方少细分一些，对细节多的地方多细分一些，使最终模型的网格分布稀疏得当，后期还能及时对不太合适的网格分布进行纠正。

5.1.1 多边形网格建模概述

多边形网格建模的流程包括：

❖ 创建简单几何图形；

❖ 将几何体转换成可编辑多边形，或者应用编辑多边形修改器转换几何体；

❖ 进入子对象编辑层级，对子对象进行编辑，生成模型；

❖ 对模型进行细化。

创建步骤

下面举例介绍简单多边形网格建模的流程。

（1）进入“标准几何体”创建面板，在透视图中创建一个 Tube（管状体），设置 Cap Segments（端面分段）为“2”，Height Segments（高度分段）为“1”，如图 5-1 所示。

（2）在透视图中的“真实”字样上右击，在弹出的快捷菜单中选择 Edged Faces（边面）命令，如图 5-2 所示。

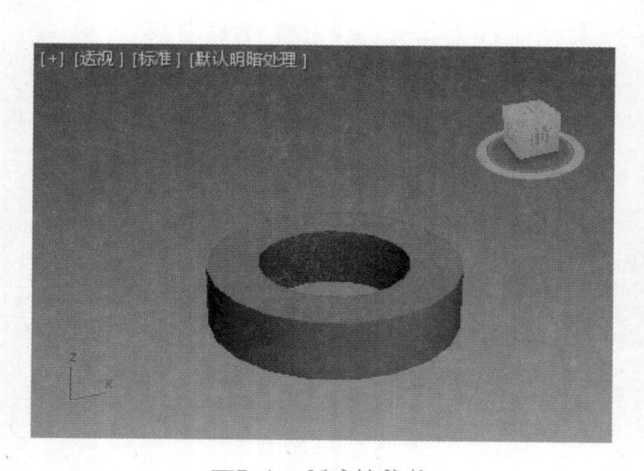

图5-1 创建管状体

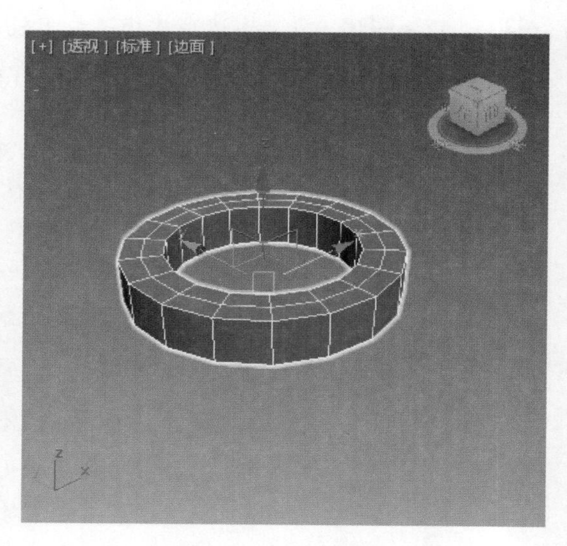

图5-2 边面显示模式

提示：

使用 Edged Faces（边面）命令，可以使视图中的所有边面显示出来，便于选择并查看。

（3）单击选中管状体，在其上右击，在弹出快捷菜单中选择 Covert to | Covert to Editable Poly（转换为 | 转换为可编辑多边形）命令，将管状体转换为可编辑多边形对象。此时，右侧面板上出现“可编辑多边形”修改面板。

（4）单击 Selection（选择）面板的 Polygon（多边形）图标，勾选 Ignore Backfacing（忽略背面）

复选框。按住 Ctrl 键选中如图 5-3 所示的多边形面。

（5）往下拖动面板，打开 Edit Polygons（编辑多边形）面板，单击 Extrude（挤出）后面的图标，在弹出的“挤出”对话框中适当设置 Extrusion Height（挤出高度），然后单击 OK（确定）按钮，如图 5-4 所示。

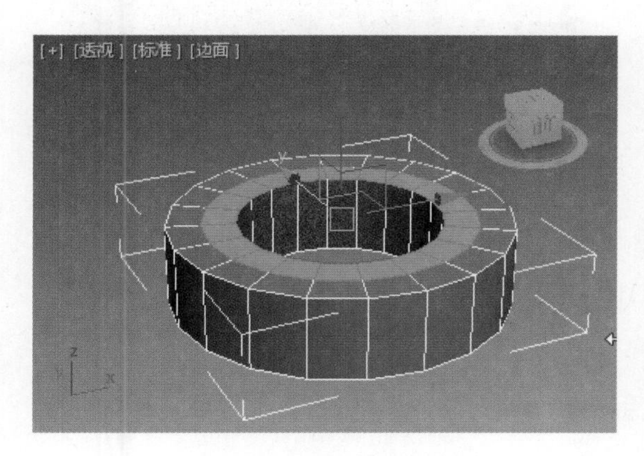

图5-3 选中多边形面

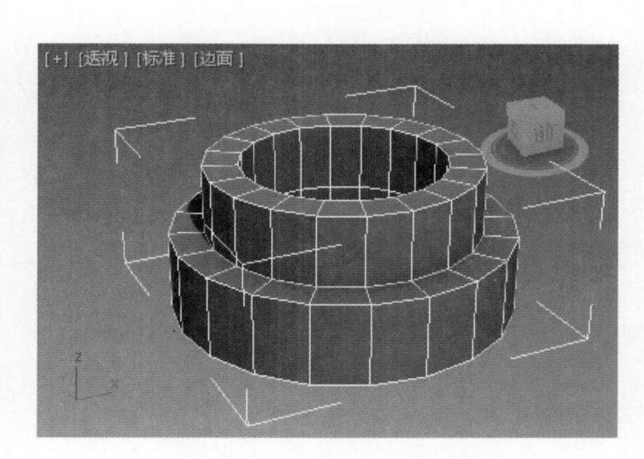

图5-4 挤出选中多边形面

提示： 按住 Ctrl 键的同时单击多边形面，可以往面选择集中添加多边形面；按住 Alt 键的同时单击多边形面，可以从面选择集中减少多边形面。

（6）利用选择工具和界面右下角的环绕子对象图标，按住 Ctrl 键，每隔一个多边形面单击一次将管状体下层外围的所有多边形面选中，如图 5-5 所示。

（7）单击 Edit Polygons（编辑多边形）面板 Bevel（倒角）后面的图标，在弹出的“倒角多边形”对话框中设置 Height（高度）和 Outline Amount（轮廓量）参数，然后单击 OK（确定）按钮，如图 5-6 所示。

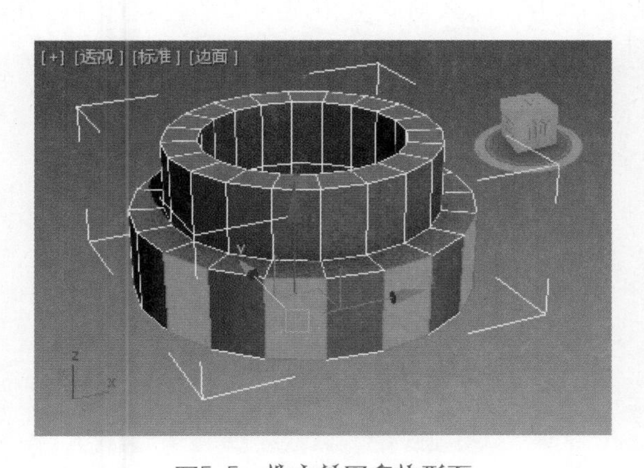

图5-5 选中外围多边形面

图5-6 设置倒角

（8）单击 Selection（选择）面板的 Polygon（多边形）图标，退出多边形子对象编辑层级。

（9）打开 Subdivision Surface（细分曲面）面板，勾选 Use NURMS Subdivision（使用 NURMS 细分）复选框，然后将 Iterations（迭代次数）值设为“2”，如图 5-7 所示。调整视图，细分后的多边形网格如图 5-8 所示。

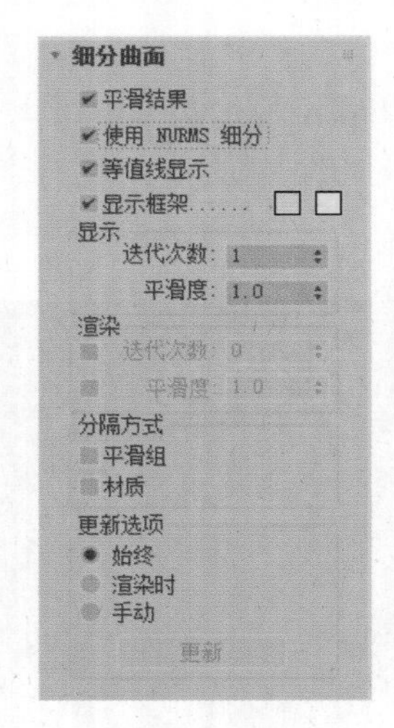

图5-7 “细分曲面”面板

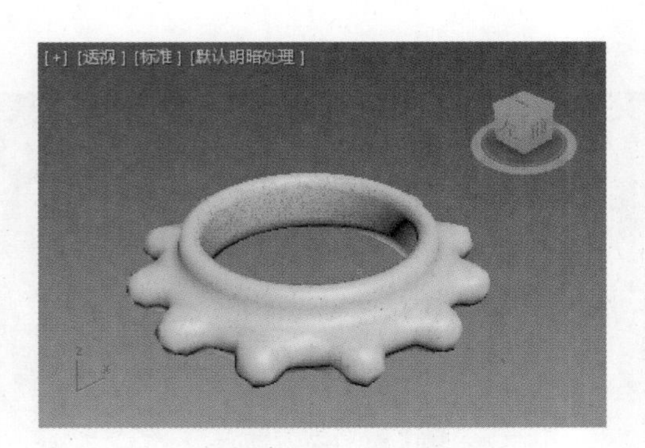

图5-8 细分后的多边形网格

5.1.2 多边形网格子对象的选择

要对多边形网格子对象进行编辑，首要的问题是子对象的选择，多边形网格子对象的选择是在 Selection（选择）面板进行的。Selection（选择）面板如图 5-9 所示，下面介绍其常用的命令。

该面板上的 5 个图标分别对应于多边形的 5 种子对象（顶点）、（边）、（边界）、（多边形）、（元素），被激活的子对象图标呈黄色显示，再次单击可以退出当前的子对象编辑层级。下面介绍“选择”面板中常用的命令。

❖ **By Vertex（按顶点）**: 它只能在除了点以外的其余 4 个子层级中使用。比如进入边子对象编辑层级，勾选此项，然后在视图中多边形上有点的位置单击，那么与此点相连的边都会被选择，在其他层级中也是同样的操作。按顶点选择标示如图 5-10 所示。

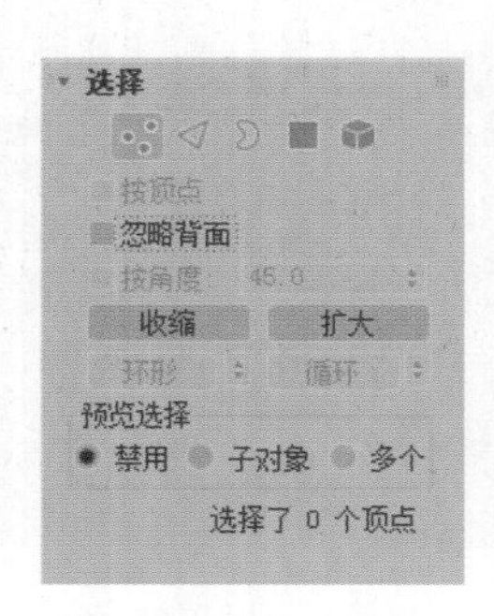

图5-9 “选择”面板

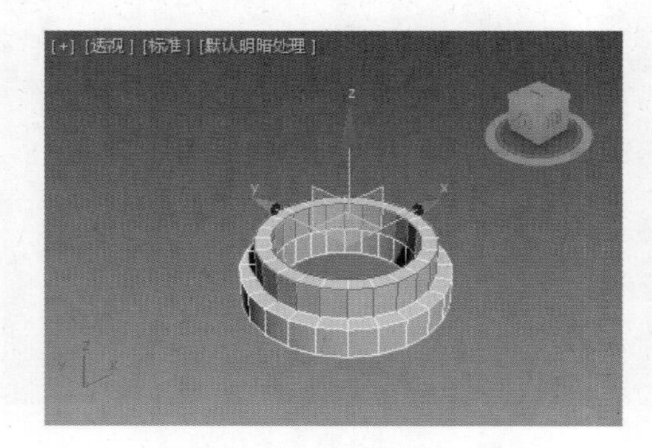

图5-10 按顶点选择标示图

❖ **Ignore Backfacing（忽略背面）**: 一般在选择的时候，比如框选时会将背面的子对象一起选中，如果勾选此项，再选择时只会选择可见的表面，而背面不会被选中，此功能只能在进入子对象编辑层级时才被激活。忽略背面标示如图 5-11 所示。

❖ **By Angle（按角度）**: 启用并选择某个多边形时，可以根据复选框右侧的角度设置选择邻近的多边形。该值可以确定要选择的邻近多边形之间的最大角度，仅在多边形子对象层级可用。按角度选择标示如图 5-12 所示。

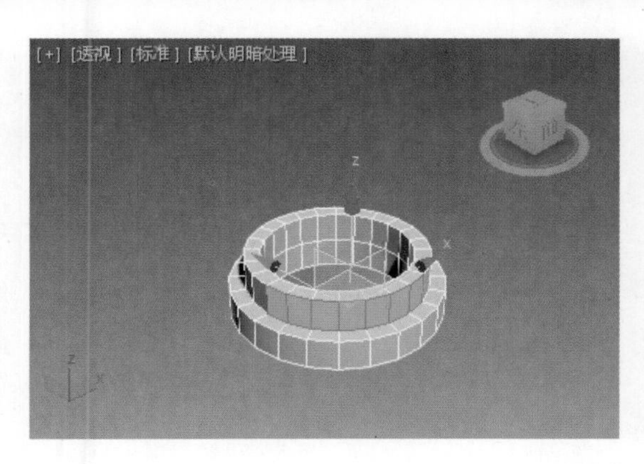

图5-11　忽略背面标示图

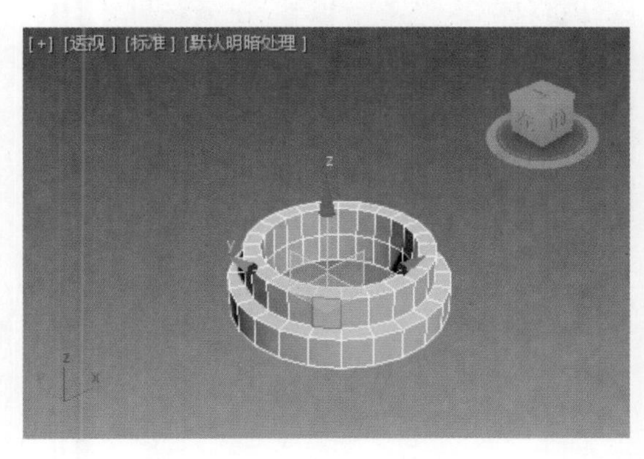

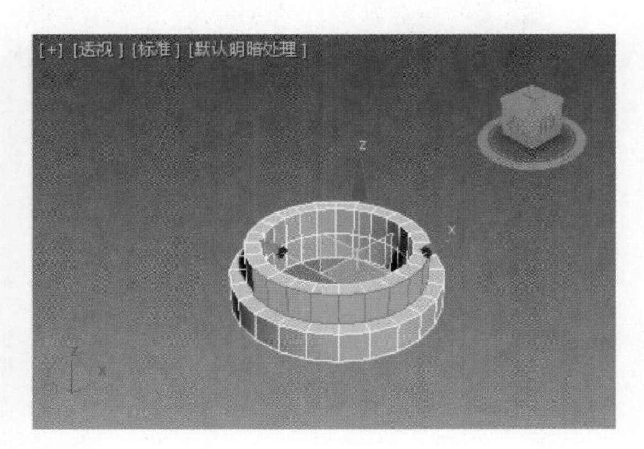

图5-12　按角度选择标示图

❖ **Shrink（收缩）**：通过取消选择最外部的子对象，缩小子对象的选择区域。如果无法再减小选择区域的大小，将会取消选择其余的子对象。

❖ **Grow（扩大）**：朝所有可用方向外侧扩展选择区域。对于此功能，边框被认为是边选择。收缩和扩大标示如图 5-13 所示。

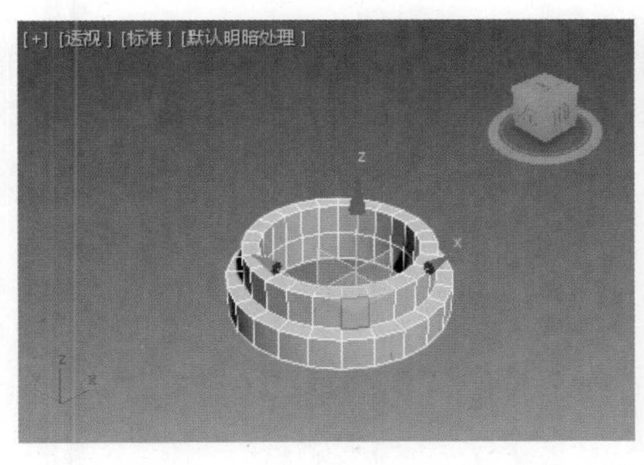

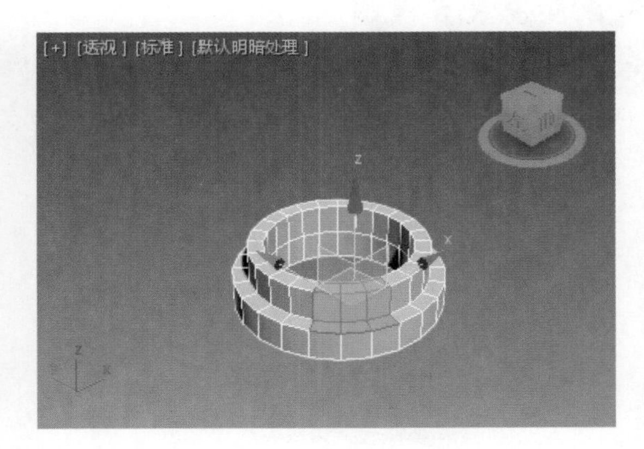

图5-13　收缩和扩大标示图

❖ **Ring（环形）**：通过选择与选定边平行的所有边来扩展边选择。环形仅适用于边和边界选择。环形标示如图 5-14 所示。

❖ **Loop（循环）**：尽可能扩大选择区域，使其与选定的边对齐。循环仅适用于边和边界选择，且只能通过四路交点进行传播。循环标示如图 5-15 所示。

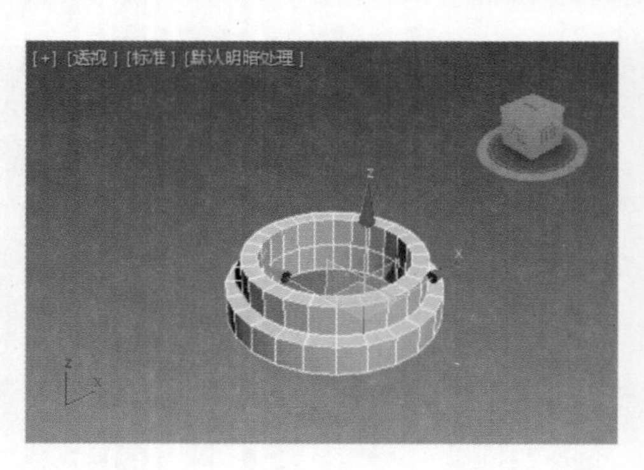

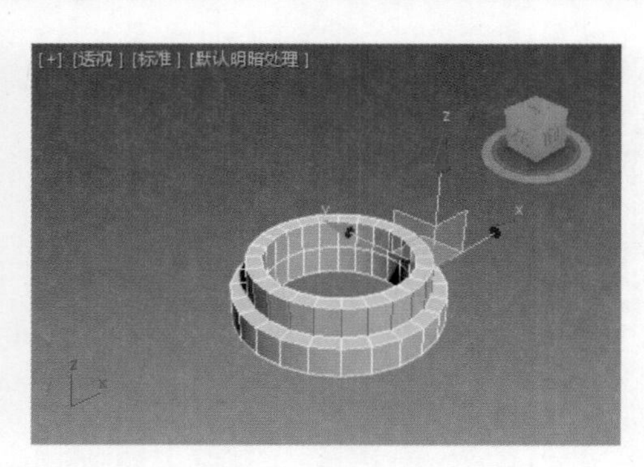

图5-14　环形标示图

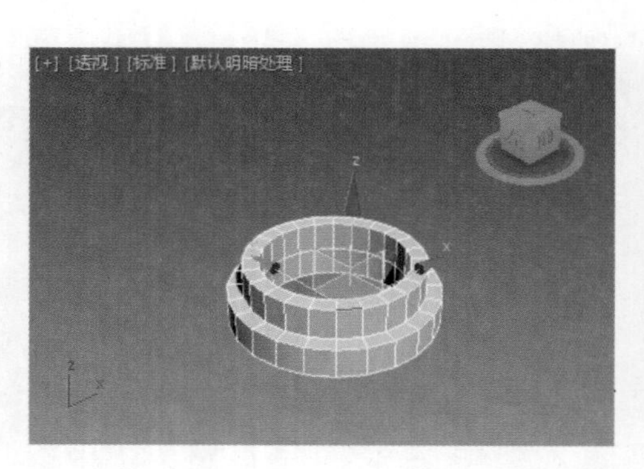

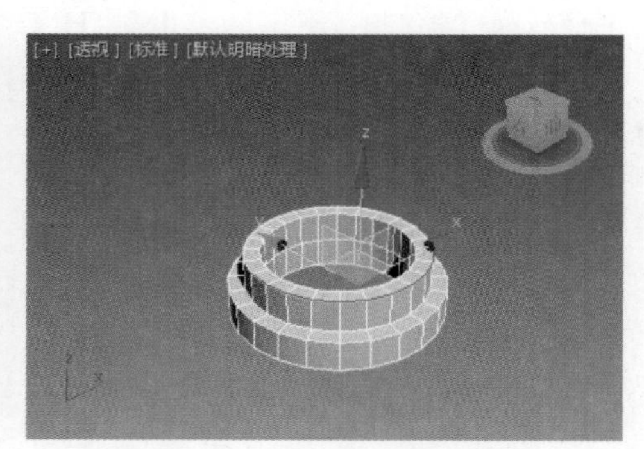

图5-15　循环标示图

5.1.3　多边形网格点子对象的编辑

当用户单击 Selection（选择）面板的顶点图标，进入点子对象层级时，修改面板上将出现 Edit Vertices（编辑顶点）面板，如图 5-16 所示，下面介绍其常用命令。绘制步骤较简单，在此不再详细阐述。

- **Remove**（移除）：删除选定顶点，并组合使用这些顶点的多边形，使表面保持完整。如果使用 Delete 键，那么依赖于那些顶点的多边形也会被删除，这样将会在网格中创建一个洞。移除点标示如图 5-17 所示。

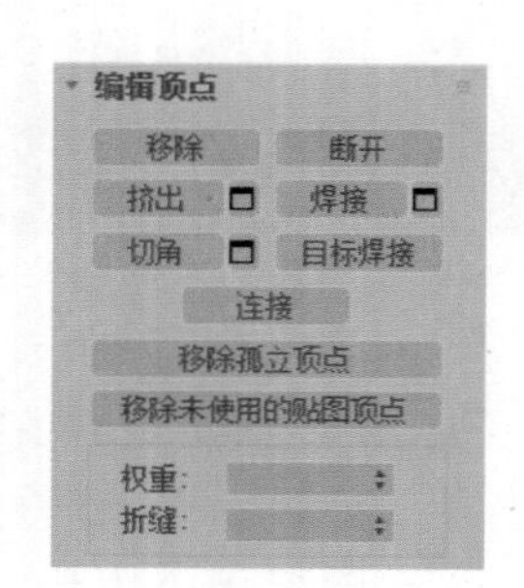

图5-16　“编辑顶点”面板

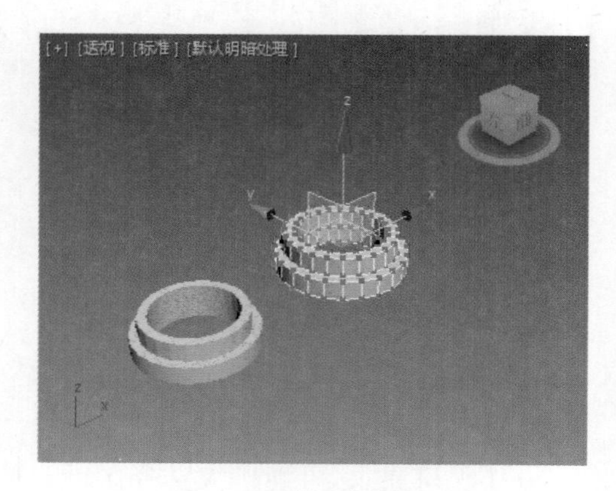

图5-17　移除点标示图

- **Break**（断开）：在与选定顶点相连的每个多边形上都创建一个新顶点，这可以使多边形的转角相互分开，使它们不再与原来的顶点相连。如果顶点是孤立的或者只有一个多边形使用，则顶点不受影响。

❖ **Extrude（挤出）**：可以手动挤出顶点，方法是在视口中直接操作。单击“挤出”按钮，然后垂直拖动到任何顶点上，就可以挤出此顶点。挤出点标示如图 5-18 所示。

❖ **Weld（焊接）**：对“焊接”对话框中指定的公差范围之内连续的、选中的顶点进行合并。焊接点标示如图 5-19 所示。

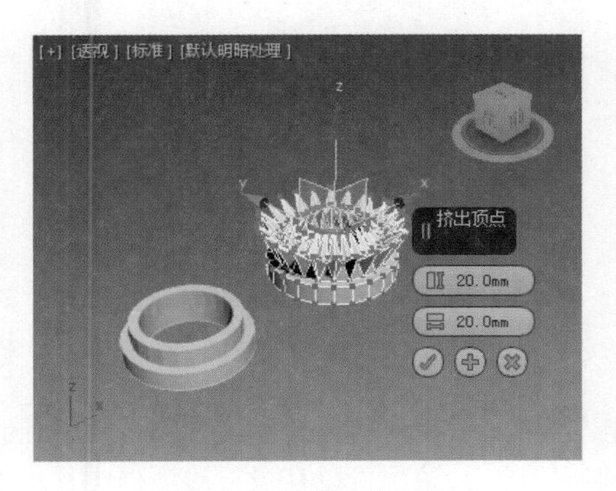

图5-18　挤出点标示图

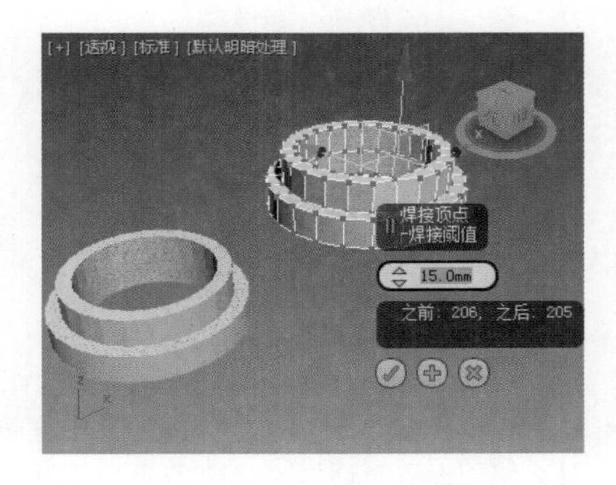

图5-19　焊接点标示图

❖ **Target Weld（目标焊接）**：可以选择一个顶点，并将它焊接到目标顶点。

❖ **Chamfer（切角）**：单击此按钮，然后在活动对象中拖动顶点，形成切角。切角点标示如图 5-20 所示。

❖ **Connect（连接）**：在选中的顶点之间创建新的边。连接标示如图 5-21 所示。

图5-20　切角点标示图

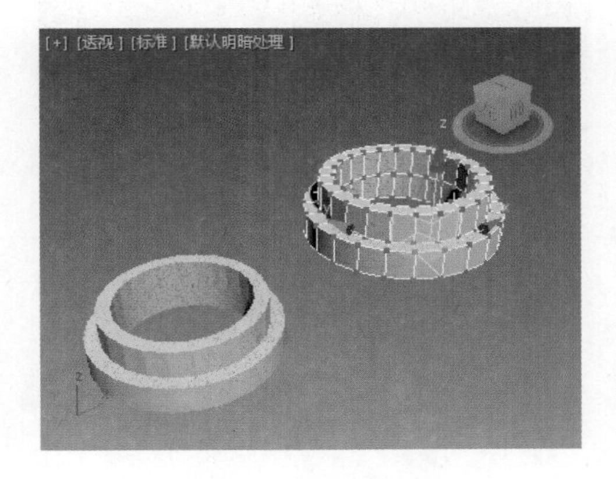

图5-21　连接点标示图

5.1.4　多边形网格边子对象的编辑

当用户单击 Selection（选择）面板的“边”图标，进入边子对象层级时，修改面板上将出现 Edit Edges（编辑边）面板，如图 5-22 所示。下面介绍其常用命令。

❖ **Split（分割）**：沿着选定边分割网格。对网格中心的单条边应用时，不会起任何作用。影响边末端的顶点必须是单独的，才能使用该选项。

❖ **Chamfer（切角）**：单击该按钮，然后拖动活动对象中的边，对边进行切角处理。要采用数字方式对边进行切角处理，可以单击“切角”按钮后面的小方块图标，然后更改切角量。边的切角标示如图 5-23 所示。

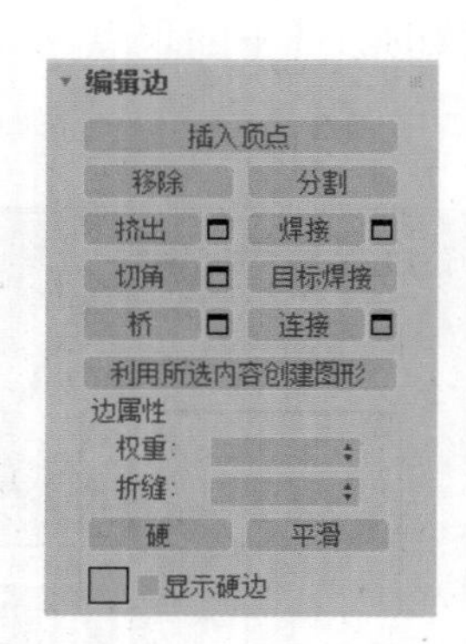

图5-22 “编辑边”面板

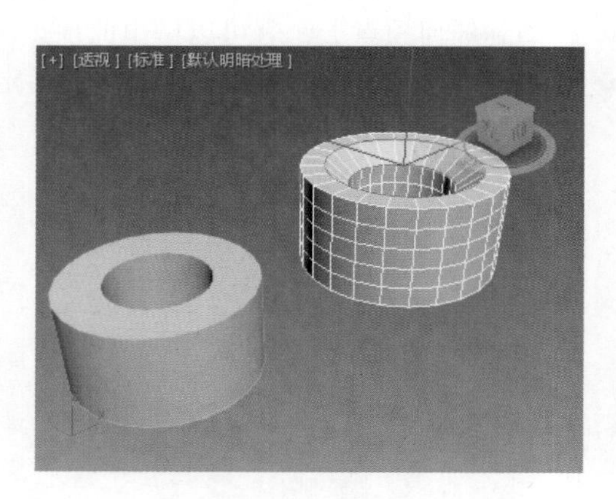

图5-23 边的切角标示图

❖ **Connect（连接）**：在选定的边之间创建新边。只能连接同一多边形上的边，连接不会让新的边交叉。使用设置对话框连接两条或多条边时，将会创建等距的边，边数可以在设置对话框中进行设置。单击“连接”按钮时，可以对当前选定对象应用上一次的对话框设置。连接标示如图 5-24 所示。

❖ **Create Shape From Selection（利用所选内容创建图形）**：选择一个或多个边后，单击该按钮，可以通过选定的边创建样条线形状。利用所选内容创建图形标示如图 5-25 所示。

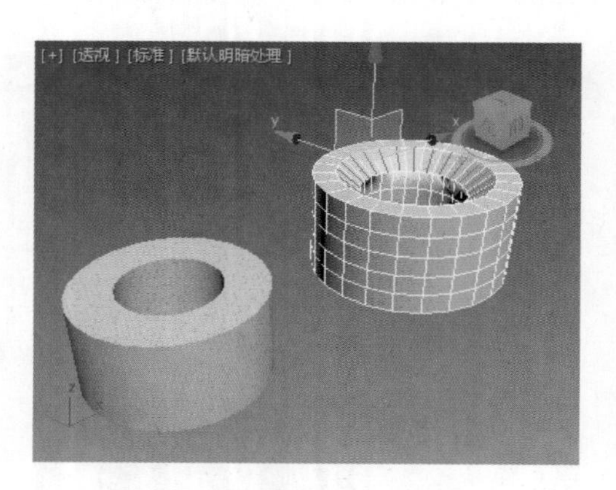

图5-24 边的连接标示图

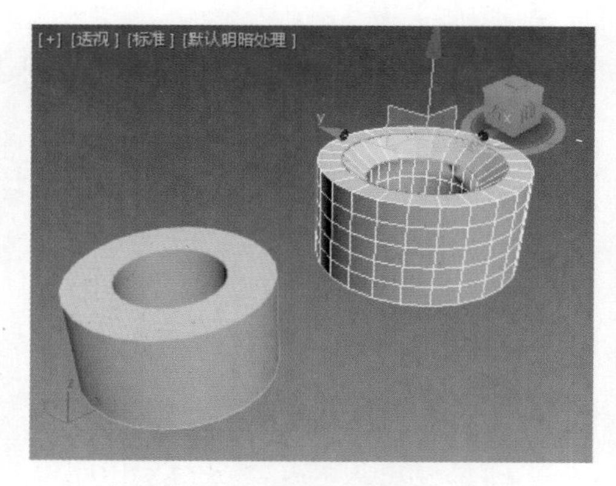

图5-25 利用所选内容创建图形标示图

5.1.5 多边形网格多边形面子对象的编辑

当用户单击 Selection（选择）面板的 Polygon（多边形）图标■，进入多边形子对象层级时，修改面板上将出现 Edit Polygons（编辑多边形）面板，如图 5-26 所示。下面介绍其常用命令。

❖ **Extrude（挤出）**：直接在视口中操纵时，可以执行手动挤出操作。单击此按钮，然后垂直拖动任何多边形，以便将其挤出。也可以单击“挤出”后面的图标■进行精确挤出。多边形面的挤出标示如图 5-27 所示。

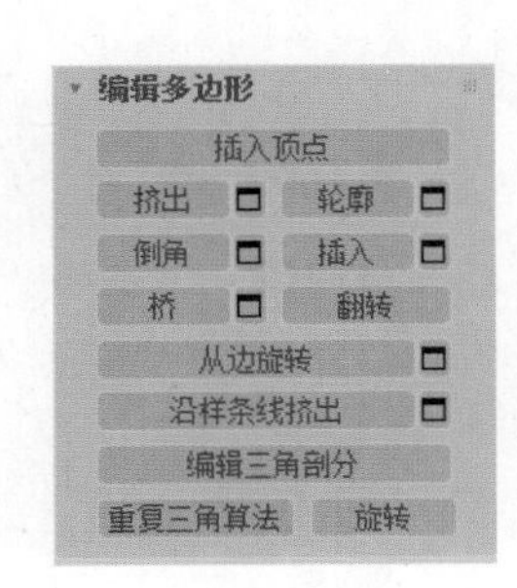

图5-26 “编辑多边形”面板

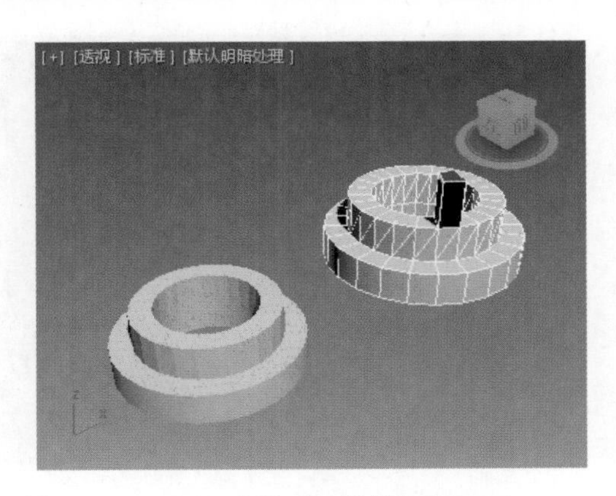

图5-27 多边形面的挤出标示图

❖ **Outline（轮廓）**：用于增加或减小每组连续的选定多边形的外边。执行挤出或倒角操作后，通常可以使用 Outline（轮廓）调整挤出面的大小。它不会缩放多边形，只会更改外边的大小。轮廓标示如图 5-28 所示。

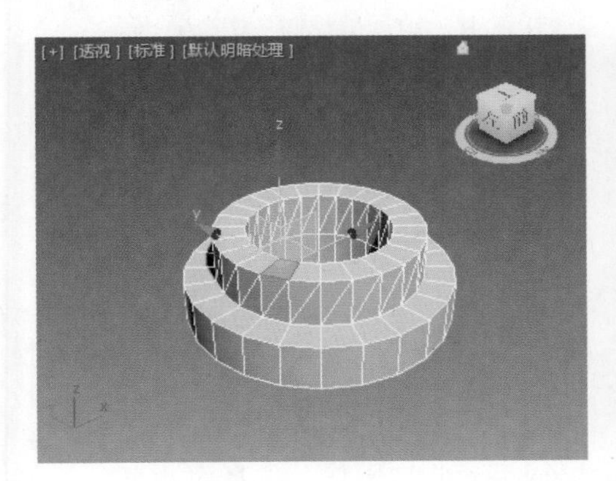

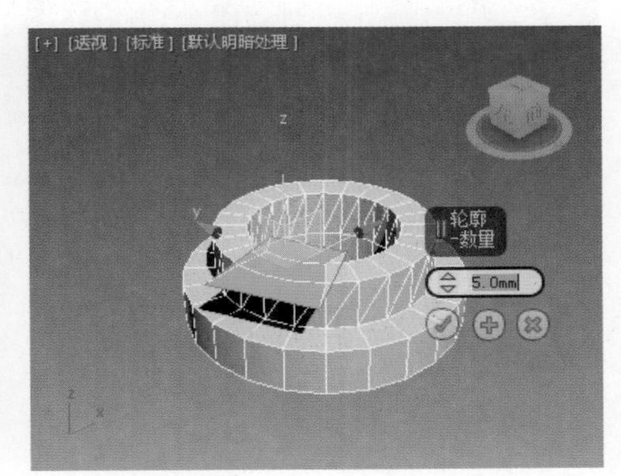

图5-28 轮廓标示图

❖ **Bevel（倒角）**：可以直接在视口中执行手动倒角操作，也可以单击“倒角”后面的图标▣进行精确挤出。倒角标示如图 5-29 所示。

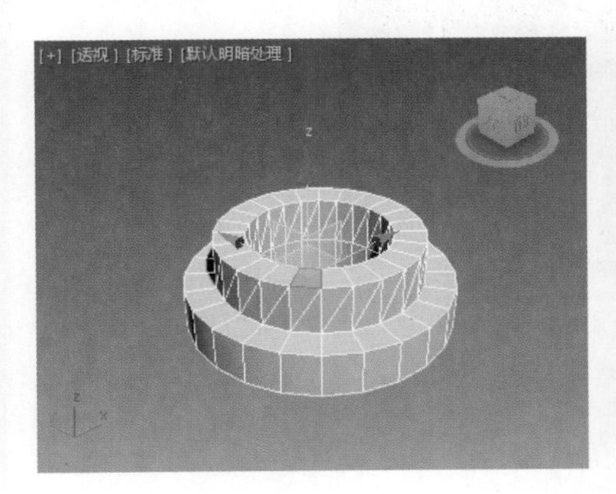

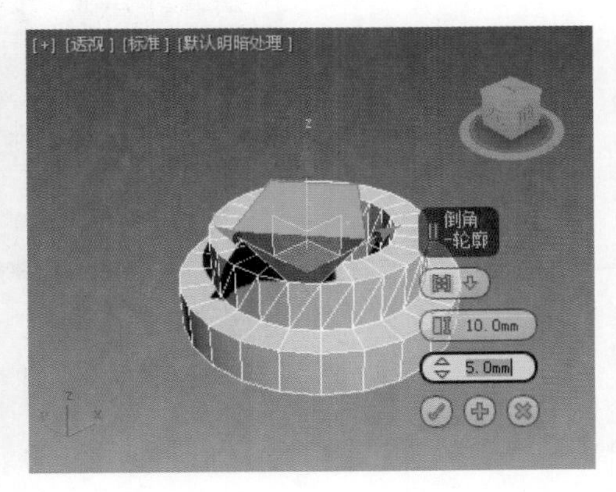

图5-29 倒角标示图

❖ **Insert（插入）**：执行没有高度的倒角操作，即在选定多边形的平面内执行该操作。单击此按钮，然后垂直拖动任何多边形，以便将其插入。插入标示如图 5-30 所示。

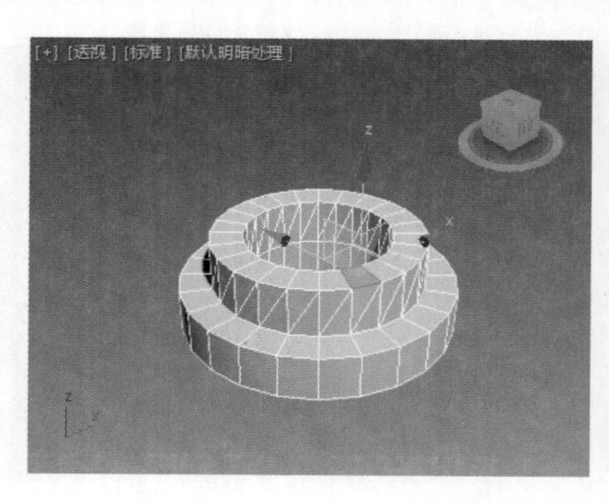

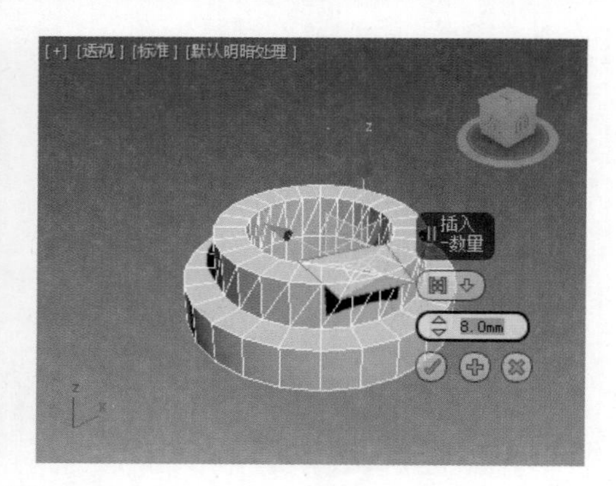

图5-30　插入标示

❖ **Bridge（桥）:** 使用该按钮可以连接对象上的两个多边形或选定多边形。桥标示如图 5-31 所示。

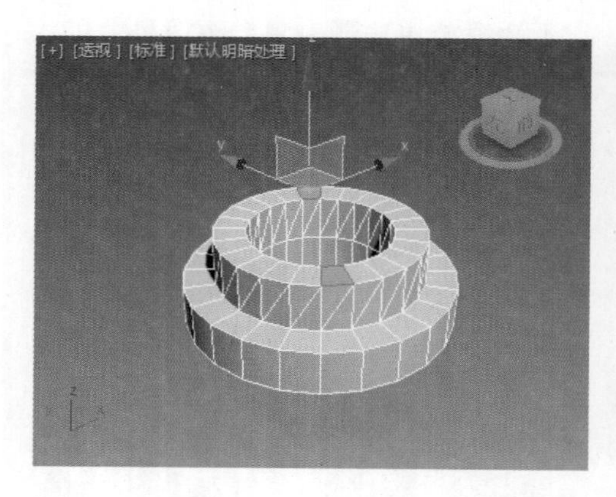

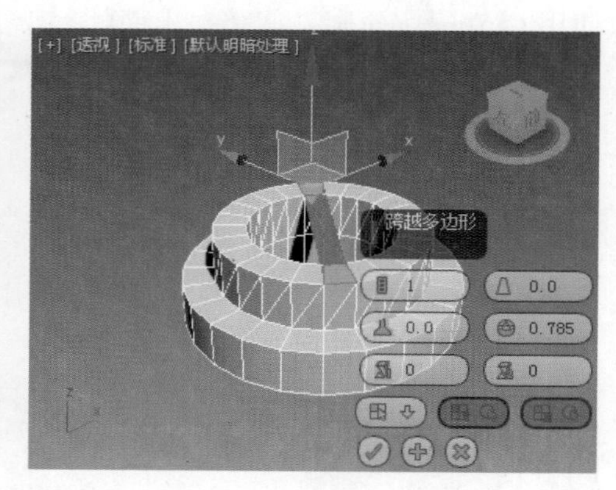

图5-31　桥标示图

❖ **Hinge From Edge（从边旋转）:** 可以在视口中执行手动旋转操作。选择多边形，并单击该按钮，然后沿着垂直方向拖动任何边，以便旋转选定多边形，如果光标在某条边上，将会更改为十字形状。从边旋转标示如图 5-32 所示。

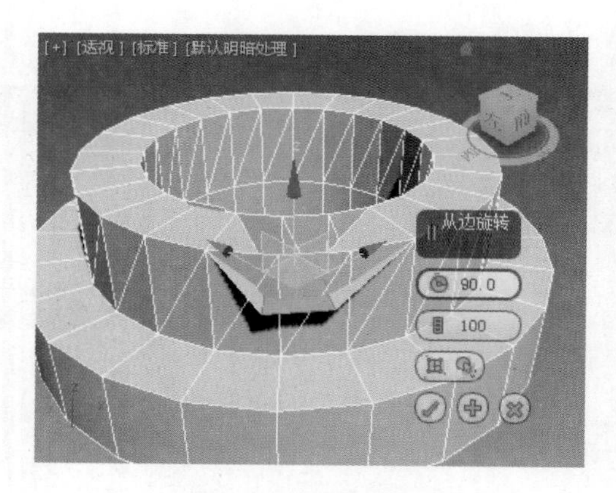

图5-32　从边旋转标示图

❖ **Extrude From Spline（沿样条线挤出）:** 沿样条线挤出当前的选定多边形面。选中多边形面并单击该按钮，然后选择场景中的样条线。使用样条线的当前方向，可以沿该样条线挤出选定内容，就好像该样条线的起点被移动到每个多边形或组的中心一样。沿样条线挤出标示如图 5-33 所示。

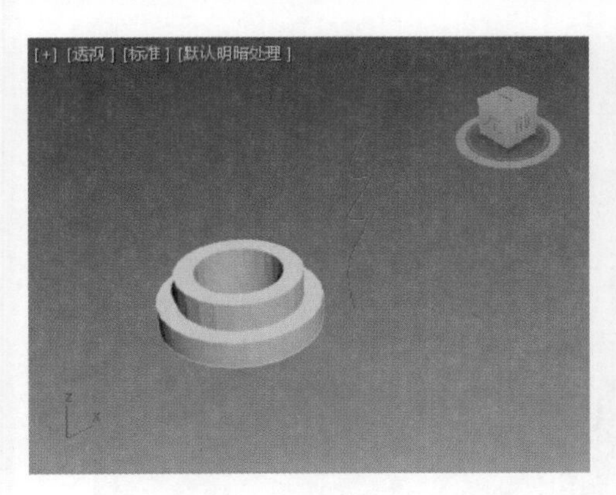

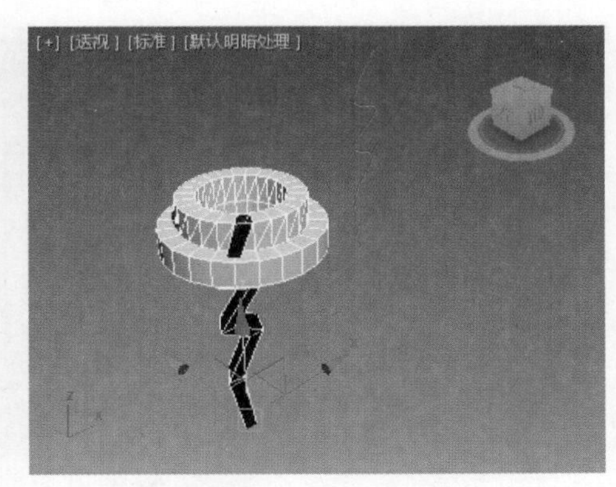

图5-33 沿样条线挤出标示图

还可以利用 Extrude Along Spline（沿样条线挤出）按钮后面的小方块图标，打开对话框进行详细设置，控制挤出的形状，沿样条线挤出多边形效果如图 5-34 所示。利用对话框设置的效果如图 5-35 所示。

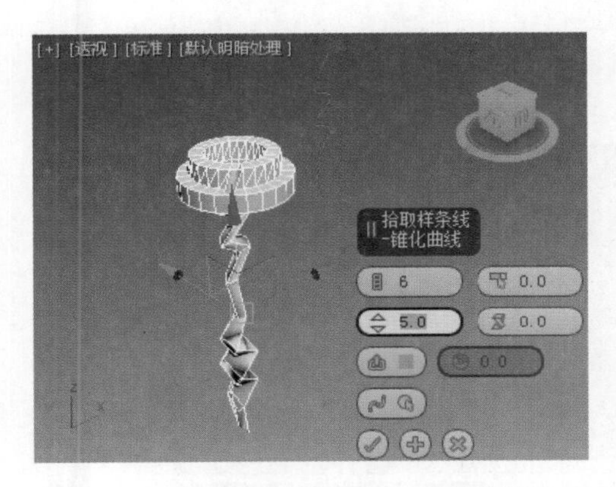

图5-34 沿样条线挤出多边形面效果图

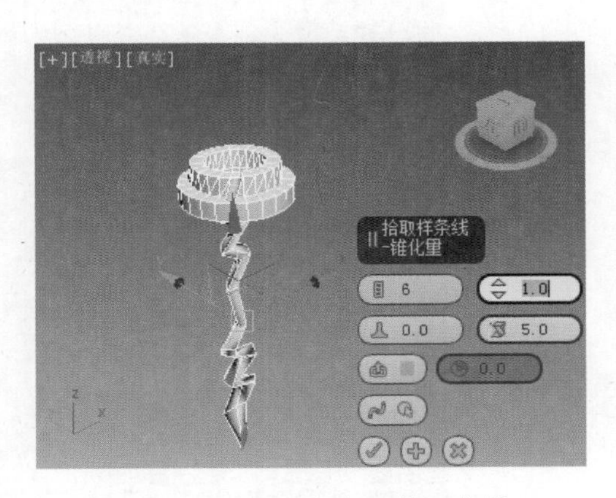

图5-35 利用对话框设置的两种效果

5.2 综合应用——杯子

5.2.1 创建杯子底部

（1）单击“开始”菜单中的 Reset（重置）命令，重新设置系统。

（2）单击 Create（创建）命令面板下的 Geometry（几何体）图标●，在下拉列表中选择“标准基本体”，打开 Object Type（对象类型）面板，在视图中创建一个圆柱体。如图 5-36 所示。

5.2 综合应用——杯子

（3）在透视图中的“默认明暗处理”选项上右击，在弹出的快捷菜单中选择 Edged（边面）命令，如图 5-37 所示。

（4）单击选中圆柱体，在圆柱体上右击，在弹出快捷菜单中选择 Covertto /Covert to Editable（转换为 / 转换为可编辑多边形）命令，将圆柱体转换为可编辑多边形物体。此时，右侧面板上出现“可编辑多边形”修改面板。

（5）在 Selection（选择）面板单击 Polygon（多边形）图标■，打开多边形编辑层级，勾选 Ignore Backfacing（忽略背面）复选框，这样在选择面的时候，背部的面不会被选中。

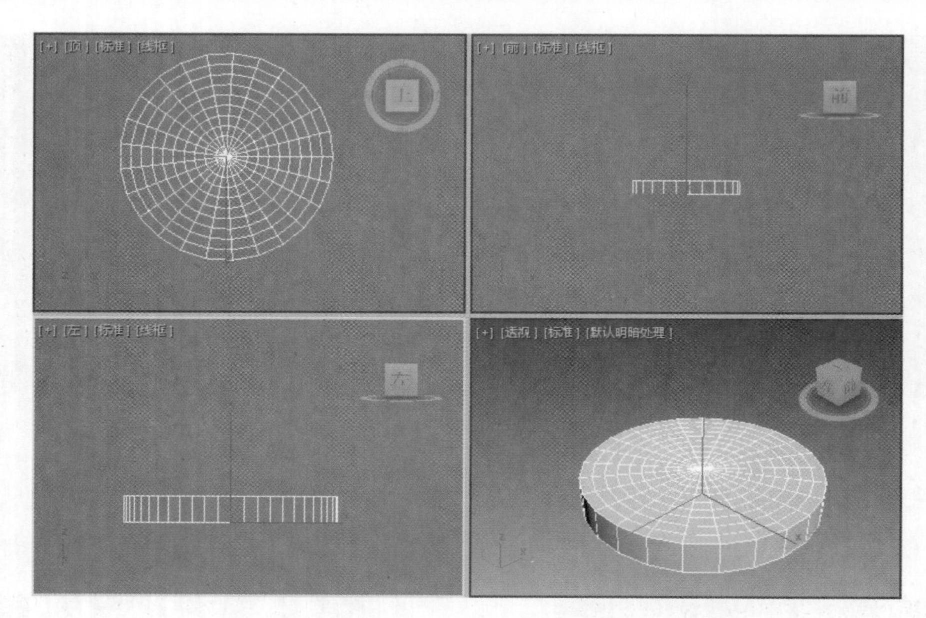

图5-36　创建圆柱体

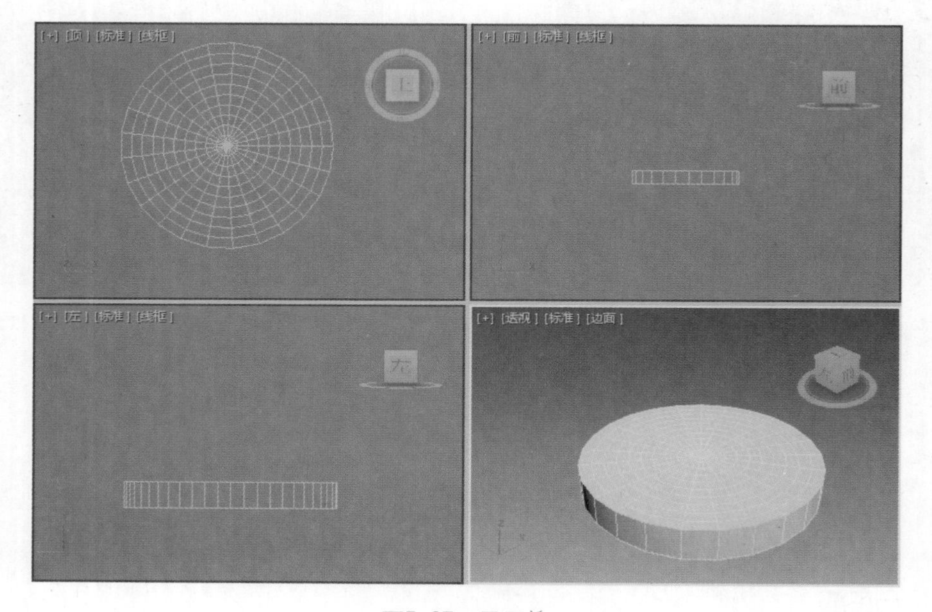

图5-37　显示边

5.2.2　创建杯体图形

（1）激活顶视图，按住 Ctrl 键，选中最外面的一圈多边形面，如图 5-38 所示。

（2）往下拖动面板，打开 Edit Polygons（编辑多边形）面板，单击 Extrude（挤出）图标，在弹出的“挤出多边形”小工具栏中设置挤出高度为“5.0mm”，如图 5-39 所示。然后单击 OK（确定）按钮，挤出 5mm 后的造型如图 5-40 所示。

（3）单击 Extrude（挤出）图标，在弹出的“挤出”对话框中设置挤出高度为“30.0”，然后单击确定图标，调整视图，挤出 30 个单位后的造型如图 5-41 所示。

（4）用同样的方法，继续将所选中的面分别挤出 5mm 和 30 个单位，调整视图，造型效果如图 5-42 所示。

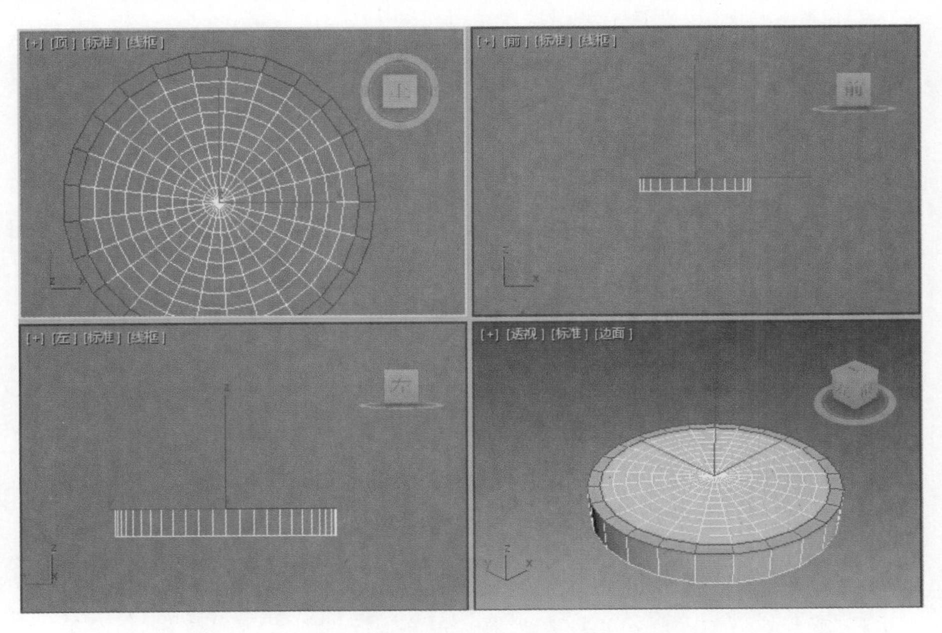

图5-38　选中最外面的一圈多边形

图5-39　设置挤出高度

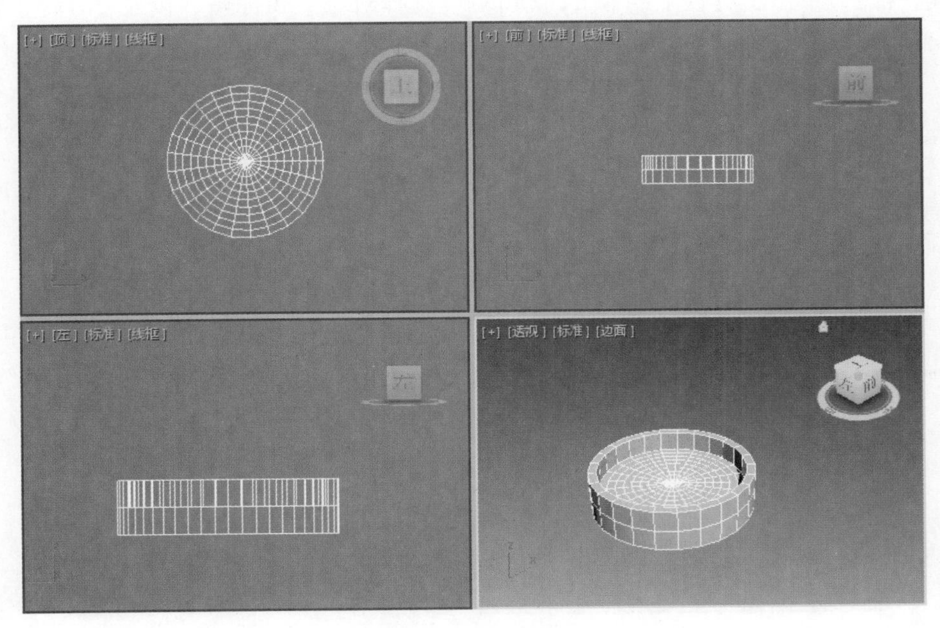

图5-40　挤出5mm后的造型

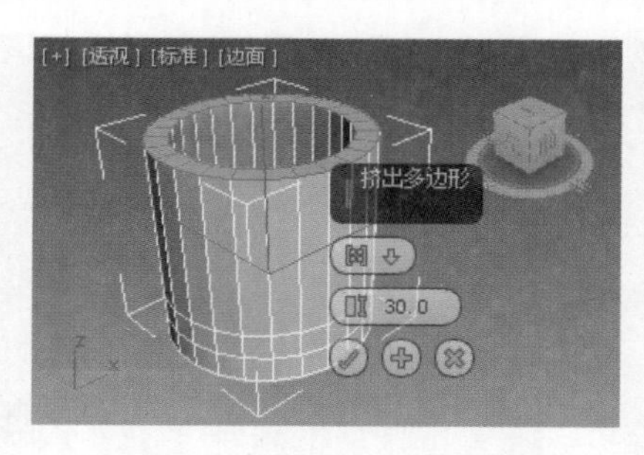

图5-41 挤出30个单位后的造型

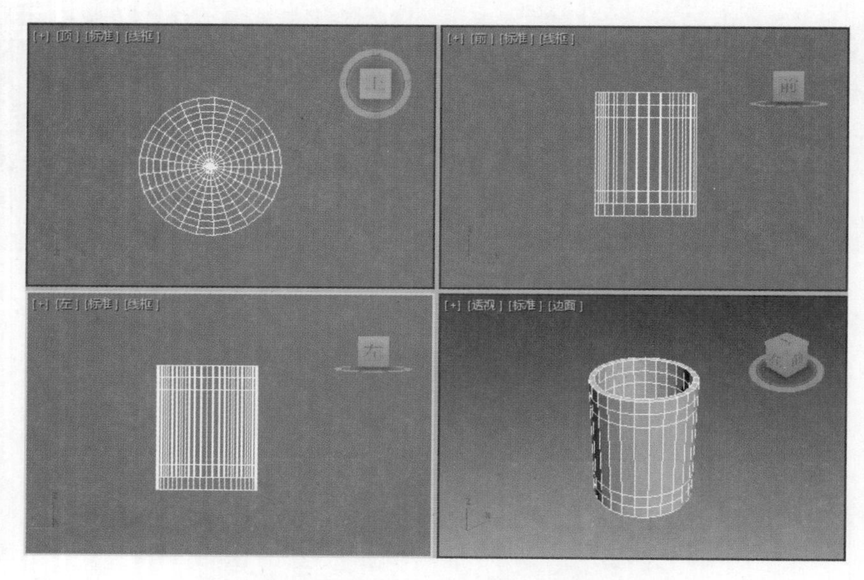

图5-42 分别挤出5mm和30个单位后的造型效果图

5.2.3 挤出杯把

（1）激活前视图，单击工具栏上的 Select Object（选择对象）图标，按住 Ctrl 键，选中如图 5-43 所示的多边形面。

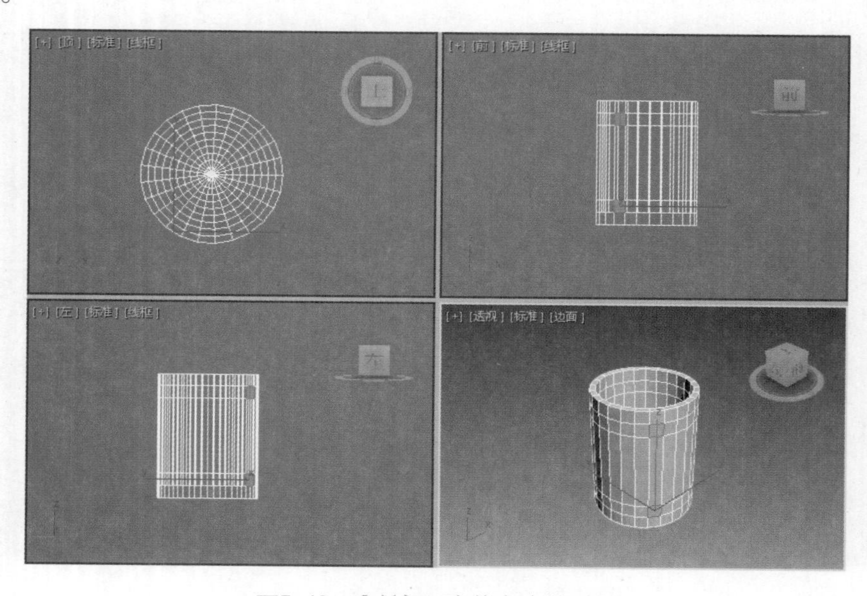

图5-43 在前视图中选中多边形面

（2）单击 Extrude（挤出）图标，在弹出的“挤出”对话框中设置挤出高度为“5.0mm”，然后单击 OK（确定）按钮，调整视图，如图 5-44 所示。

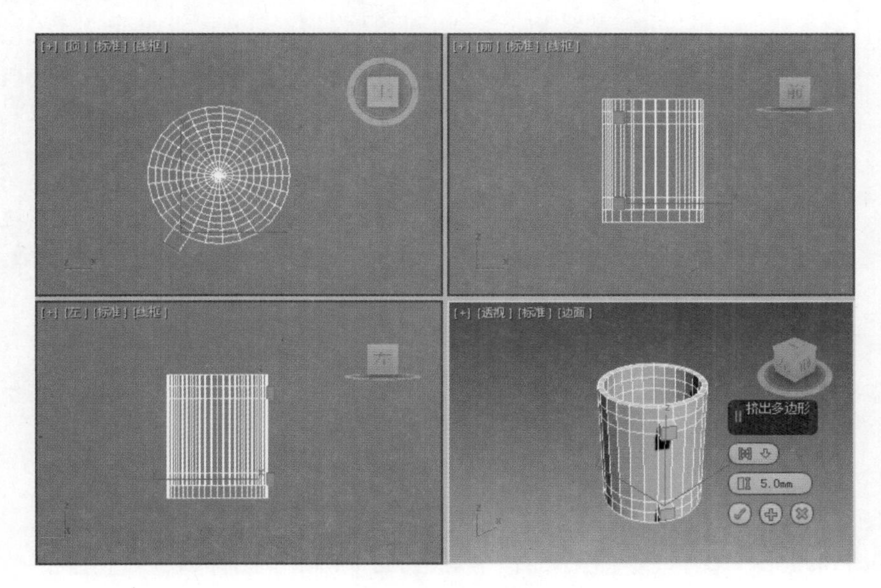

图5-44　开始挤出杯子把手

（3）单击工具栏上的 Select Object（选择对象）图标，在前视图中选中第 1 个挤出的多边形面，如图 5-45 所示。

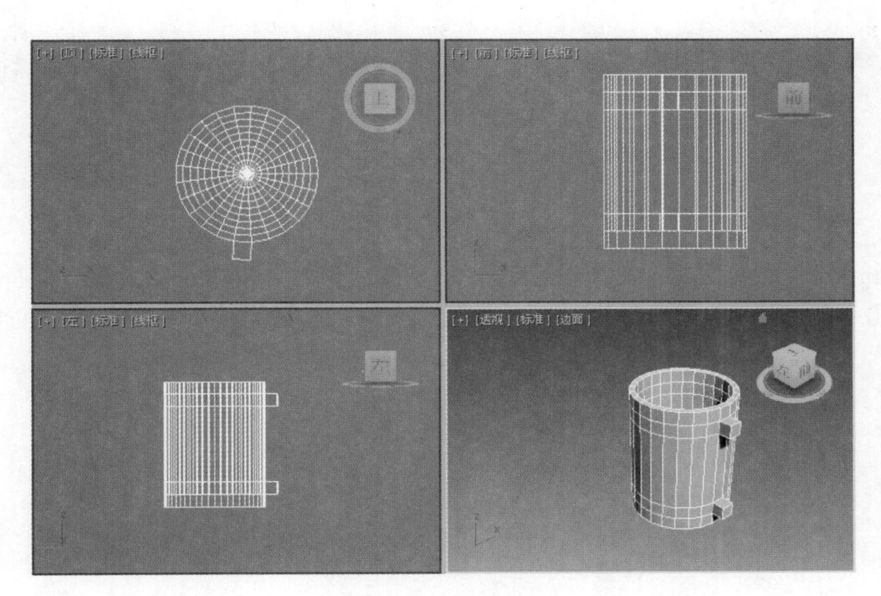

图5-45　选中多边形面

（4）激活左视图，单击工具栏上的 Select and Rotate（选择并旋转）图标，然后在该图标上右击，在弹出的对话框中 Offset World（偏移：屏幕）下的 X 微调器框内输入“20”，如图 5-46 所示。然后按 Enter 键，旋转第 1 个挤出的多边形，如图 5-47 所示。

（5）选中挤出来的第 2 个多边形面，激活左视图，用同样的方法将多边形面绕 X 轴旋转 –20°，如图 5-48 所示。

（6）单击工具栏上的 Select Object（选择对象）图标，在前视图中选中如图 5-49 所示的两个端面，准备下一次挤出操作。

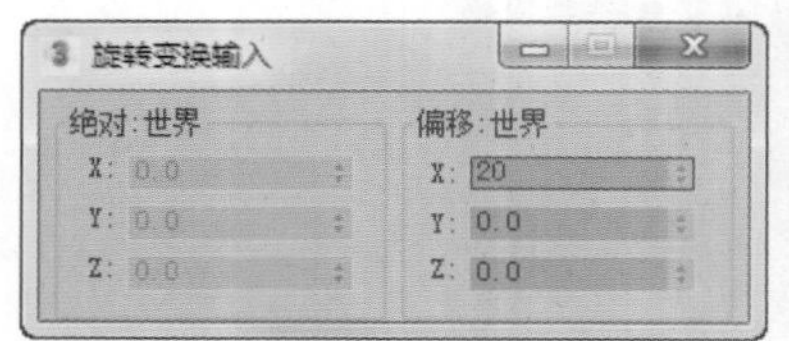

图5-46 设置“旋转变换输入”度数

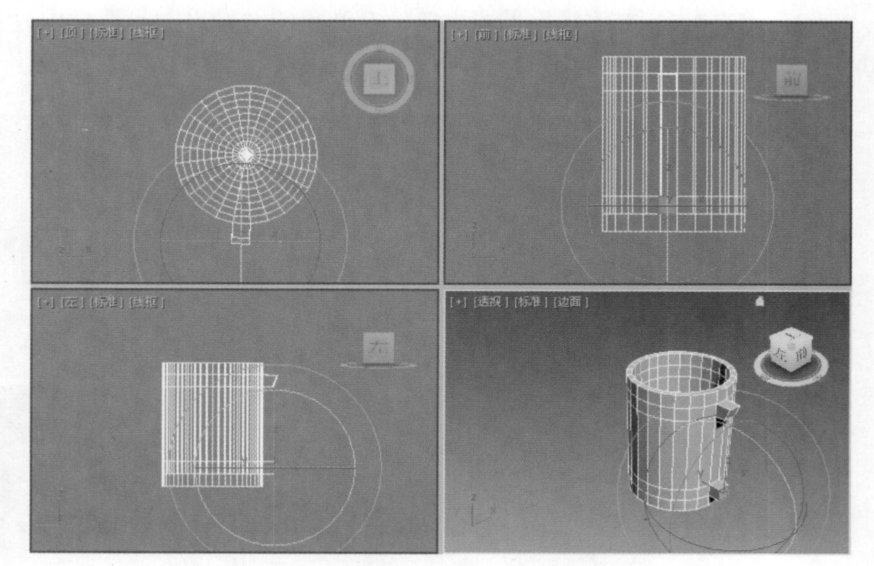

图5-47 旋转第1个挤出的多边形面

（7）单击 Edit Polygons（编辑多边形）面板中 Extrude（挤出）图标，在弹出的“挤出多边形”小工具栏中设置挤出高度为“5.0mm”，然后单击“确定”图标，第二次挤出后的效果如图 5-50 所示。

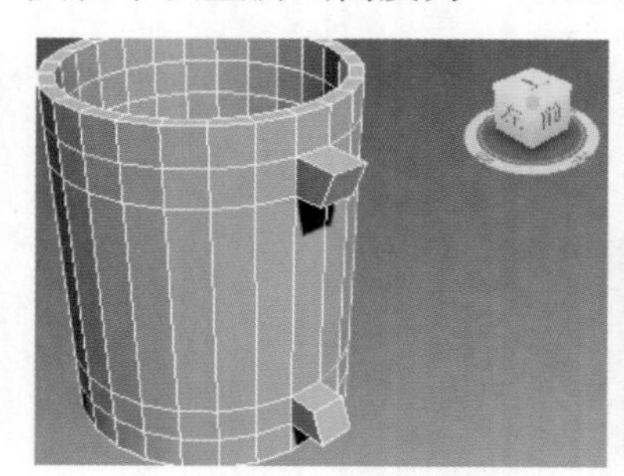

图5-48 旋转第2个挤出的多边形面

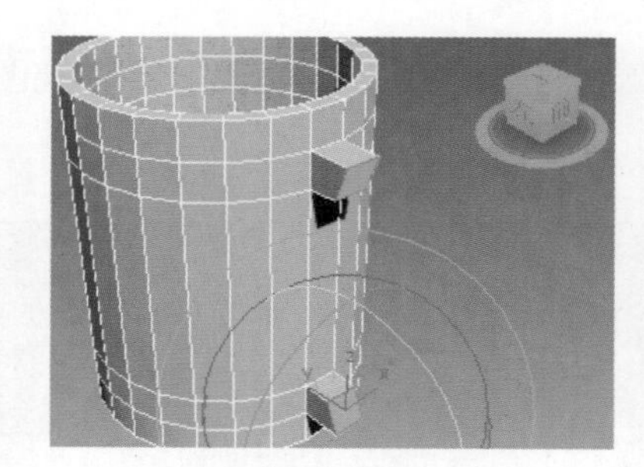

图5-49 选中两个端面

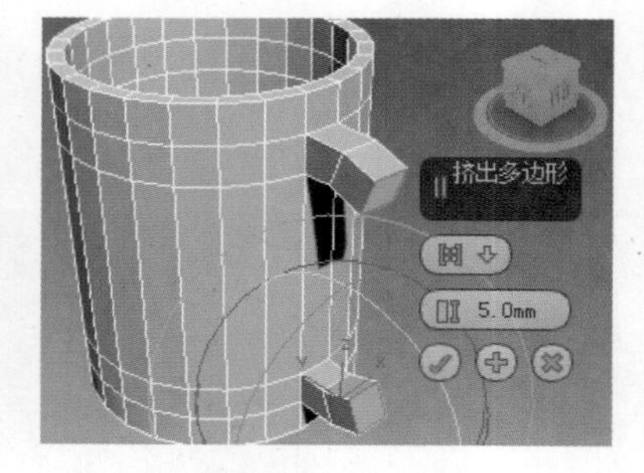

图5-50 第二次挤出后的效果图

（8）单击 Edit Polygons（编辑多边形）面板中的 Bridge（桥）按钮，在第 2 个端面上单击，移动鼠标，发现鼠标引出一条虚线，将鼠标移动到第 1 个端面上，再次单击，即可在两个端面间生成一段连接体，如图 5-51 所示。

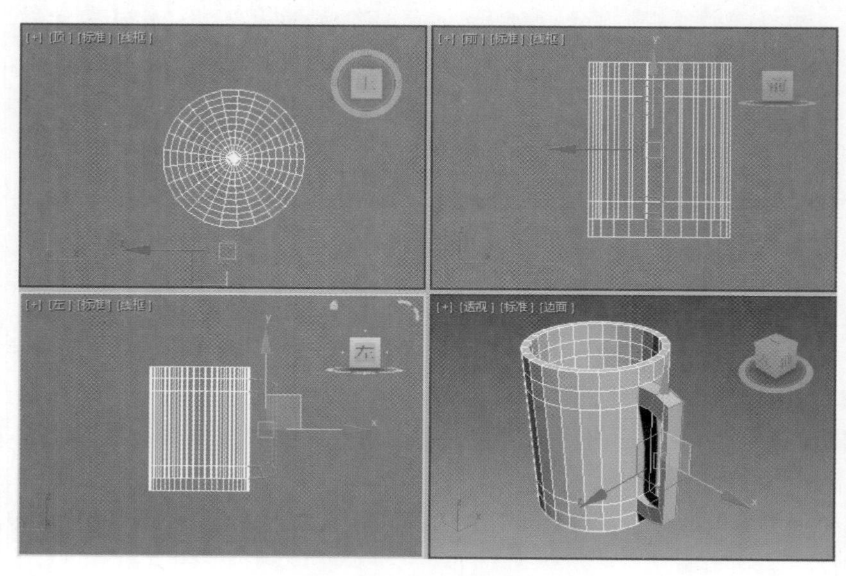

图5-51 选中杯子把手的所有侧边

（9）在 Select（选择）面板单击 Edge（边）图标，打开边编辑层级，在左视图中选中杯子把手即可选中杯子把手的所有侧边。

（10）单击 Edit Edge（编辑边）面板中的 Chamfer（切角）图标，在弹出的 Chamfer（切角）小工具栏中设置切角数量为“1.0”，如图 5-52 所示。然后单击“确定”图标，给杯把手处的边添加切角后的效果如图 5-53 所示。

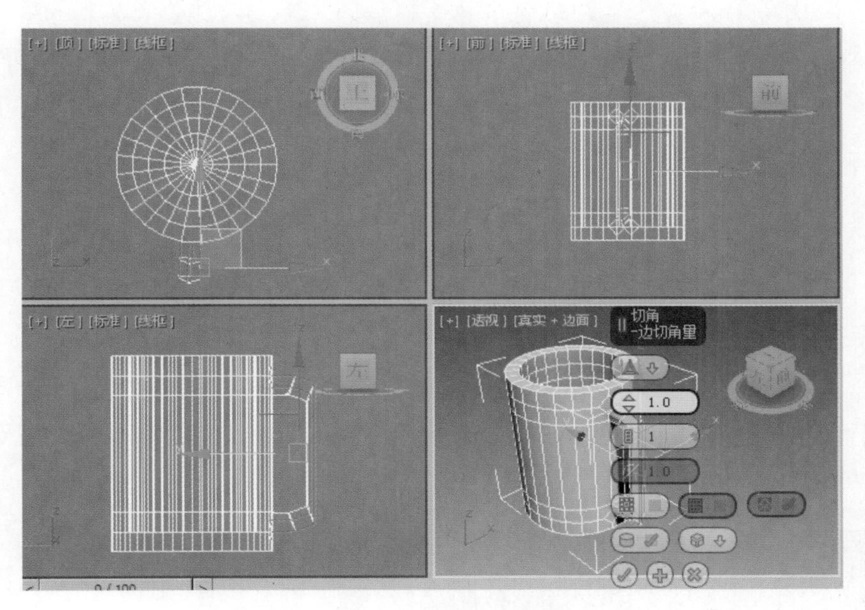

图5-52　设置切角量

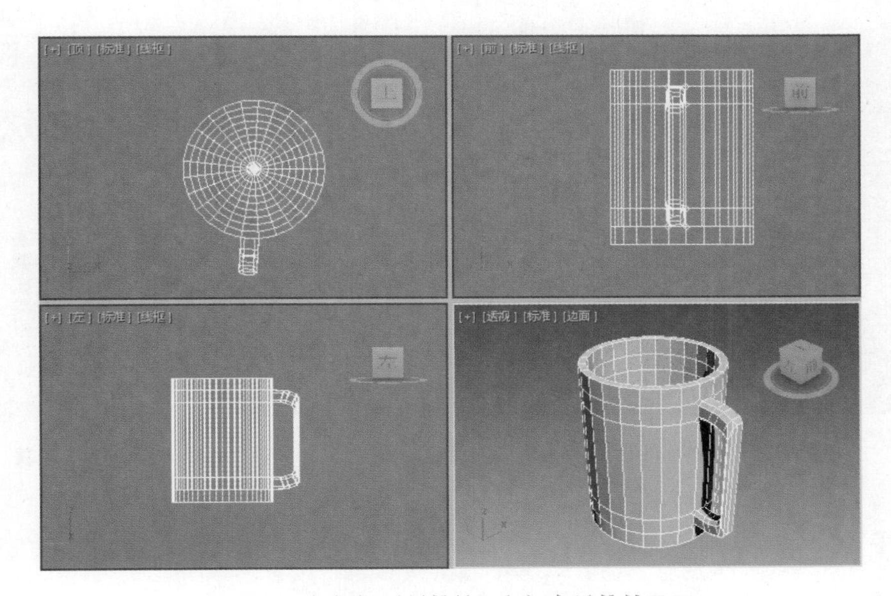

图5-53　给杯把手处的边添加切角后的效果图

（11）调整视图，在透视图中选中杯子口部边缘的一对平行边，然后单击 Loop（循环）按钮，即可选中杯子口部边缘的两圈边，如图 5-54 所示。

（12）单击 Edit Edges（编辑边）面板的 Chamfer（切角）图标，在弹出的 Chamfer（切角）小工具栏中设置切角数量为“1.0”，杯口部的边添加切角后的效果如图 5-55 所示，退出边编辑层级。至此，杯子造型完毕，下面细化杯子表面。

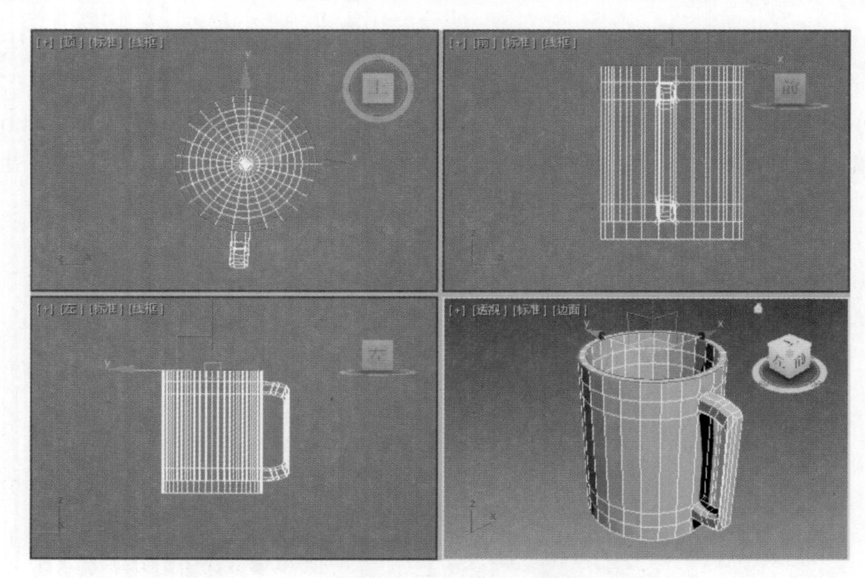

图5-54　选中杯子口部边缘的两圈边

（13）适当调整视图，打开 Subdivsion Surface（细化曲面）面板，然后将 Iterations（迭代次数）值设为“1”，如图 5-56 所示。

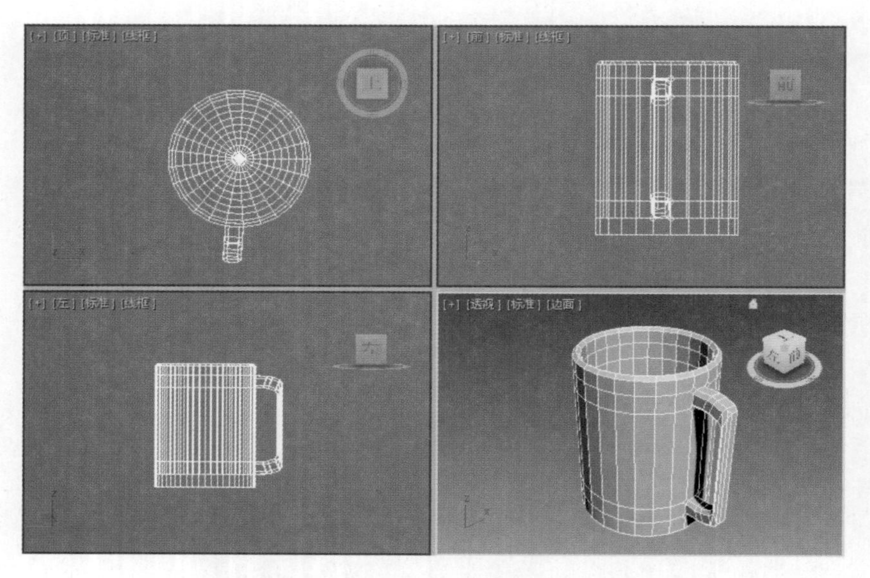

图5-55　杯口部的边添加切角后的效果

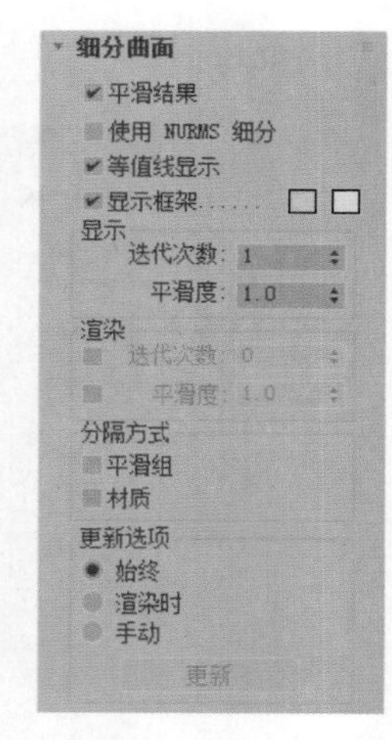

图5-56　设置“细分曲面”参数

5.2.4　细化杯子

（1）选中杯子，打开 Modify（修改）面板，在 Subdivsion Surface（细分曲面）面板勾选“使用 NURMS 细分”复选框。

（2）单击 Select（选择）面板的 Polygons（多边形）图标■，打开多边形子物体编辑层级。选中所有的多边形面，在 Polygon Properties（多边形属性）面板的 Set ID（材质 ID）文本框内输入“1”，然后按 Enter 键，如图 5-57 所示。

（3）激活前视图，先选中所有多边形面。在左视图中配合 Alt 键，去掉杯子把手部分的多边形面，如图 5-58 所示。

图5-57　多边形属性面板

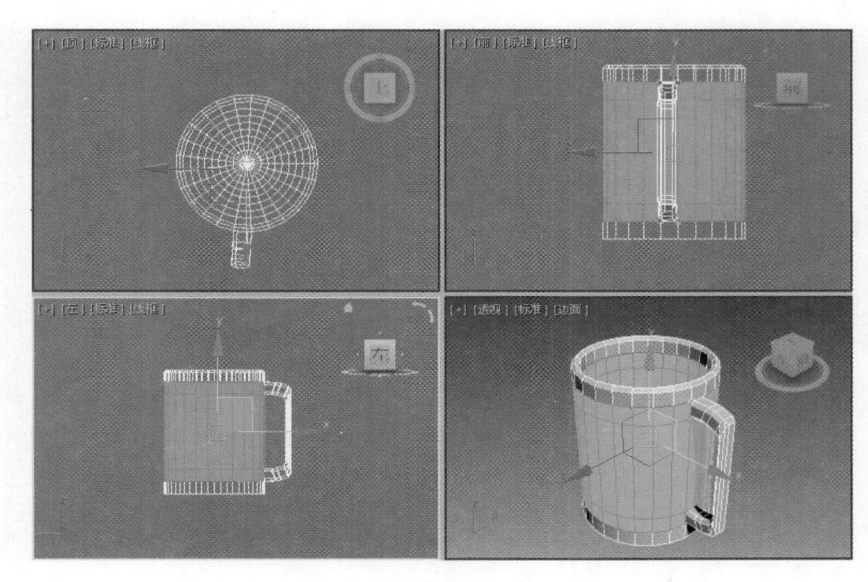

图5-58　去掉杯子把手多边形面

（4）单击工具栏上的 Rectangular Selection Regiion（矩形选择区域）图标并按住鼠标，在弹出的图标中选择 Circular Selection Regiion（圆形选择区域）图标。按住 Alt 键，在顶视图中杯子的圆心位置单击并拖动鼠标，拉出一个圆形区域，使杯子内侧的多边形面被包围在内，而外侧的多边形面不被包围在内。

（5）2 号多边形面选择完毕，如图 5-59 所示。在 Polygon Properties（多边形属性）面板的 Set ID（设置 ID）文本框内输入“2”，然后按 Enter 键。

（6）在 Subdivsion Surface（细化曲面）面板勾选“使用 NURMS 细分”复选框，退出多边形子物体编辑层级。

（7）打开 Material Editor（材质编辑器），激活一个空白样本球，为其指定源文件中的“茶杯 .jpg”文件，然后将材质赋予杯子。渲染透视图，效果如图 5-60 所示。贴图效果不理想，这是因为贴图坐标不正确，下面进行修正。

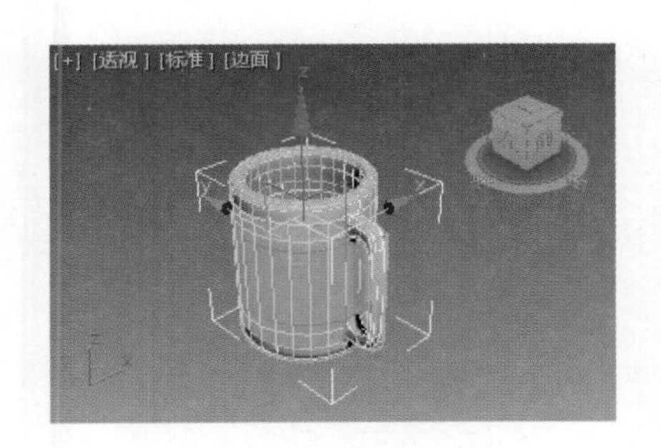

图5-59　最终的2号多边形面图

图5-60　贴图坐标不正确时的效果

（8）打开 Midoly（修改）面板，单击 Selection（选择）面板的 Polygon（多边形）图标，打开多边形子物体编辑层级。此时 2 号材质处于选中状态。在修改器列表中选择 UVW Map（UVW 贴图）修改器，在 Mapping（贴图）参数区选择 Cylindrical（柱形），然后单击 Alignment（对齐）参数区的 Fit（适配）按钮。渲染透视图，观察修正贴图坐标后的贴图效果，如图 5-61 所示。

（9）单击 Box（长方体）按钮，创建一个平面作为桌面，适当调整长方体参数，如图 5-62 所示。打开 Light（灯光）创建面板，为场景添加灯光，最后渲染透视图，最终的茶杯效果如图 5-63 所示。

图5-61　修正贴图坐标后的效果

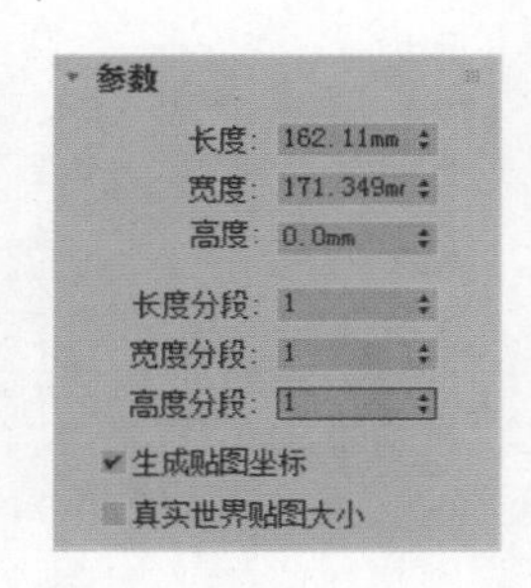

图5-62　调整长方体参数

图5-63　最终的茶杯效果图

第 6 章

高级建模技术

内容指南

如果说使用几何体进行简单堆积建模，利用修改器进行修改建模是简单建模，那么本章将要介绍的各种建模方法可称为高级建模，因为它们的功能非常强大，在建模过程中应用十分广泛。

知识重点

- ❖ 掌握 NURBS 建模技术
- ❖ 熟悉 NURBS 各种子对象的创建及效果
- ❖ 熟悉 NURBS 建模的流程及常用子对象的编辑

6.1 NURBS 建模

NURBS 是非均匀有理数 B- 样条线的缩写，它已成为设置和建模曲面的行业标准，尤其适合于使用复杂的曲线建模曲面。NURBS 的建模工具具有算法效率高、计算稳定性好等优点，因而受到越来越多用户的青睐。3ds Max 2018 提供 NURBS 曲面和曲线建模工具。

6.1.1 NURBS 建模概述

可以采用多种方法创建 NURBS 模型，下面介绍四种常见的方法。

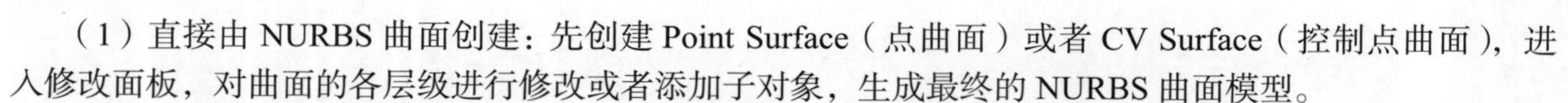

（1）直接由 NURBS 曲面创建：先创建 Point Surface（点曲面）或者 CV Surface（控制点曲面），进入修改面板，对曲面的各层级进行修改或者添加子对象，生成最终的 NURBS 曲面模型。

（2）由 NURBS 曲线创建：先创建 Point Curve（点曲线）或者 CV Curve（控制点曲线），进入修改面板，应用 Create Extrude Surface（创建挤出曲面）、Create Lathe Surface（创建车削曲面）等命令创建 NURBS 曲面模型。

（3）由样条线开始创建：进入“图形”创建面板，先绘制样条线。选中样条线，在视图中右击，在快捷菜单中选择 Convert to（转化为）/Convert to NURBS（转化为 NURBS 对象），将样条线转换为 NURBS 曲线，然后按照步骤（1）进行建模。此种建模方法标示如图 6-1 所示。

（4）由标准几何体开始创建：进入“标准几何体”创建面板，先创建标准几何体。选中创建好的几何体，在视图中右击，在快捷菜单中选择 Convert to（转化为）| Convert to NURBS（转化为 NURBS 对象），将几何体转换为 NURBS 对象，然后进入修改面板，采用各种方法进行编辑，得到最终的 NURBS 曲面模型。除了标准几何体外，还可将环形结和棱柱扩展基本体转化为 NURBS 对象。此种建模方法标示如图 6-2 所示。

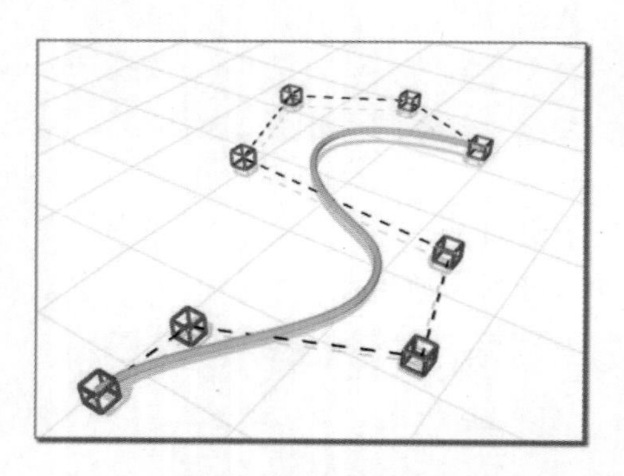

图6-1 由样条线开始创建NURBS模型

图6-2 由标准几何体开始创建NURBS模型

6.1.2 NURBS 曲面基本体

NURBS 曲面对象是 NURBS 模型的基础。使用创建面板来创建的初始曲面是带有点或 CV 的平面段。意味着它是用于创建 NURBS 模型的初始形态。创建初始的曲面后，就可以通过移动 CV 或 NURBS 点，附加其他对象，创建子对象等来修改初始曲面，最终得到想要的模型。3ds Max 2018 提供两种基本曲面，即 Point Surface（点曲面）和 CV Surface（控制点曲面）。进入几何体创建面板，单击 Standard Primitives（标准几何体）下拉列表，选择 NURBS Surfaces（NURBS 曲面），如图 6-3 所示，就可看到“NURBS 曲面”创建面板，如图 6-4 所示。

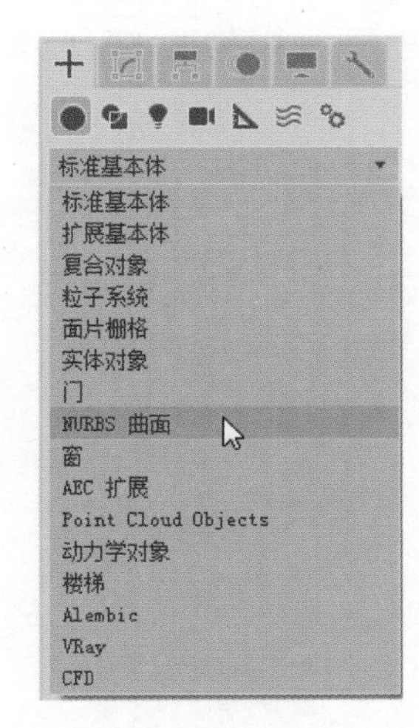

图6-3 选择“NURBS 曲面”

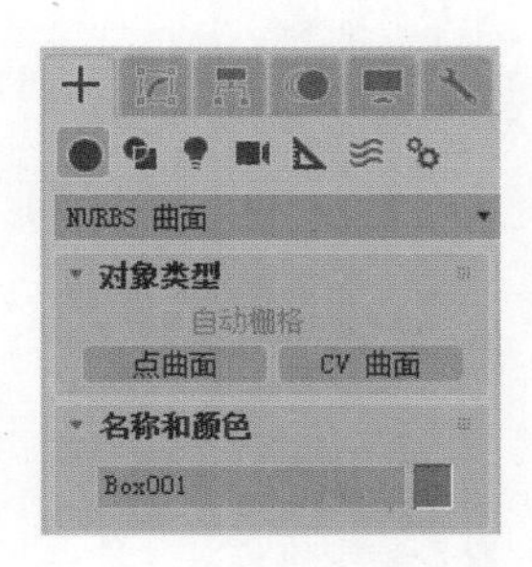

图6-4 “NURBS曲面”创建面板

- ❖ **Point Surface（点曲面）:** 点曲面是 NURBS 曲面的一种，面上的点被约束在曲面上。点曲面形态如图 6-5 所示。
- ❖ **CV Surface（CV 曲面）:** CV 曲面由控制点控制。CV（控制点）不在曲面上，它们定义一个控制晶格包住整个曲面，每个 CV 均有相应的权重，可以调整权重从而更改曲面形状。CV 曲面如图 6-6 所示。

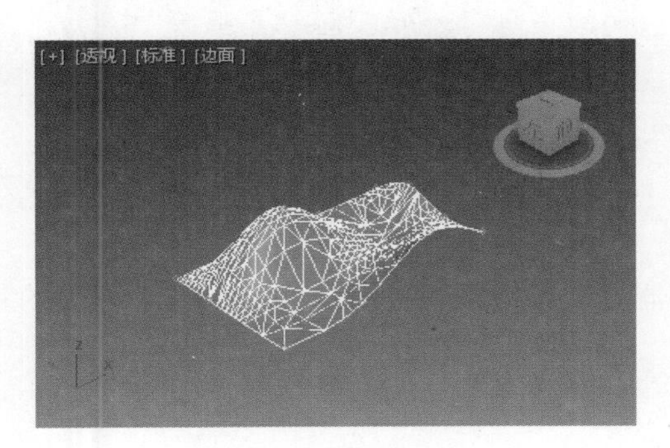

图6-5 点曲面形态

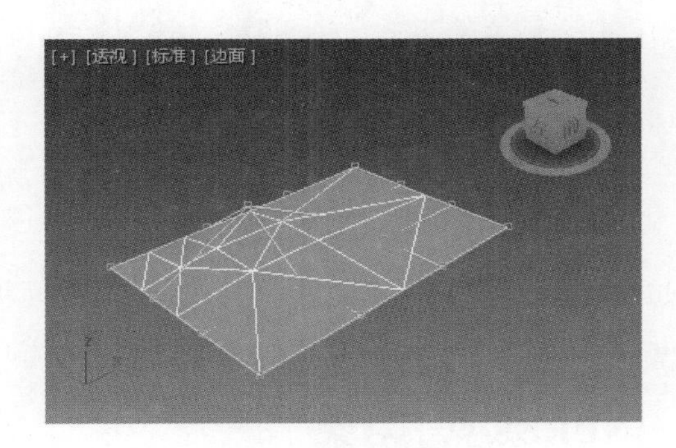

图6-6 CV曲面形态

如果已经创建基本曲面，可进入修改面板，在修改器堆栈中单击“NURBS 曲面”选项前面的 + 号，在 Surface CV（曲面 CV）和 Surface（曲面）子对象层级进行修改。

6.1.3 NURBS 曲线基本体

NURBS 曲线是图形对象，在制作样条线时可以使用这些曲线。可以使用“挤出”或“车削修改器”来生成基于 NURBS 曲线的 3D 曲面，也可以将 NURBS 曲线用作放样的路径或图形生成 3D 曲面。

3ds Max 2018 提供两种基本曲线，即 Point Curve（点曲线）和 CV Curve（CV 曲线）。进入“图形”创建面板，单击 Splines（样条线）下拉列表，选择 NURBS Curves（NURBS 曲线），如图 6-7 所示，就可看到“NURBS 曲线”创建面板，如图 6-8 所示。

- ❖ **Point Curve（点曲线）:** 点曲线是 NURBS 曲线的一种，线上的点被约束在曲线上。点曲线如图 6-9 所示。
- ❖ **CV Curve（CV 曲线）:** CV 曲线是由控制顶点控制的 NURBS 曲线。CV（控制点）不在曲线上，它们定义一个包含曲线的控制晶格，每一 CV 具有一个权重，可通过调整权重来更改曲线。在创建 CV 曲线时可在同一位置（或附近位置）创建多个 CV，这将增加 CV 在此曲线区域内的影响。

创建两个重叠CV来锐化曲率,创建三个重叠CV可在曲线上创建一个转角。CV曲线形态如图6-10所示。

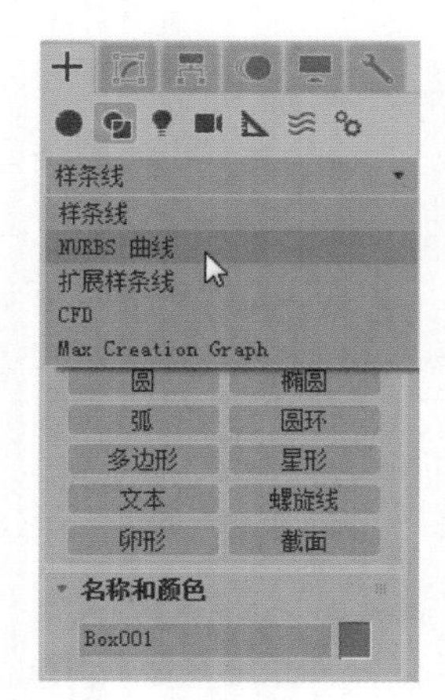

图6-7　选择“NURBS Curves”

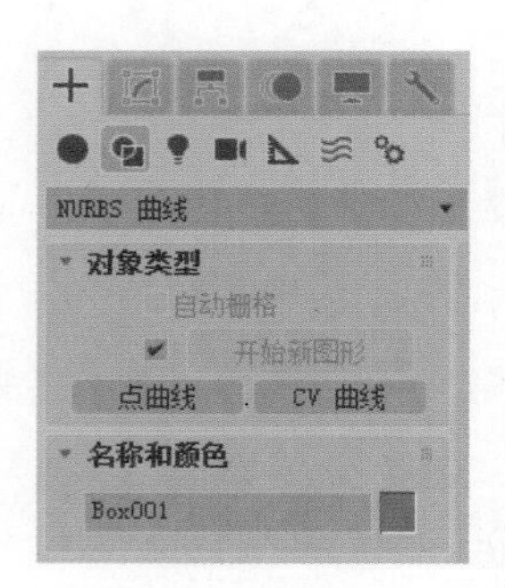

图6-8　“NURBS曲线”创建面板

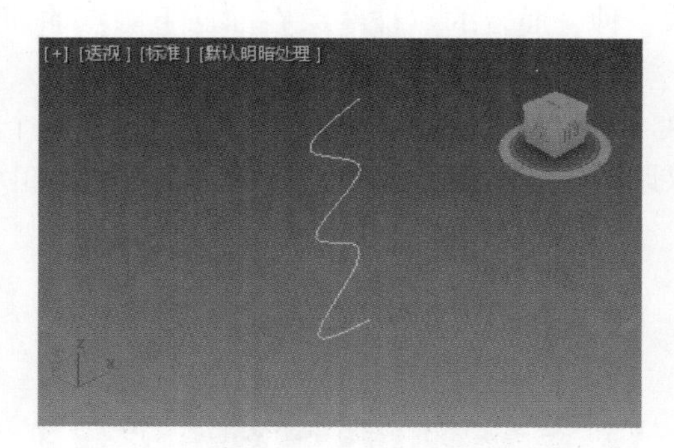

图6-9　点曲线形态

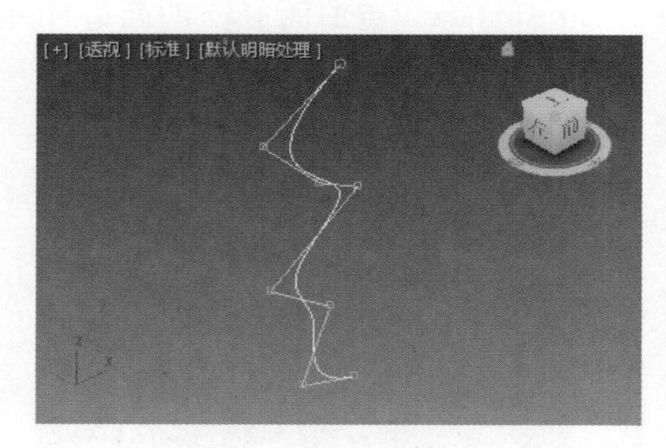

图6-10　CV曲线形态

如果已经创建了基本曲线,可以进入修改面板,在修改器堆栈中单击“NURBS Curve”选项前面的+号,在Point(点)和Curve(曲线)子对象层级进行修改。

6.1.4 NURBS点子对象

创建好NURBS曲面基本体或者曲线基本体后,进入修改面板,可以看到一系列的参数面板,这些面板用途各异,其中很重要的功能就是为曲面基本体或者曲线基本体添加子对象。而添加子对象的操作一般是通过NURBS工具箱完成的。

打开NURBS工具箱的方法是,选中NURBS对象,进入修改面板,打开General(常规)参数面板,如图6-11所示。单击图标即可打开NURBS工具箱,如图6-12所示。在这里可以为NURBS对象添加子对象、曲线子对象以及曲面子对象。

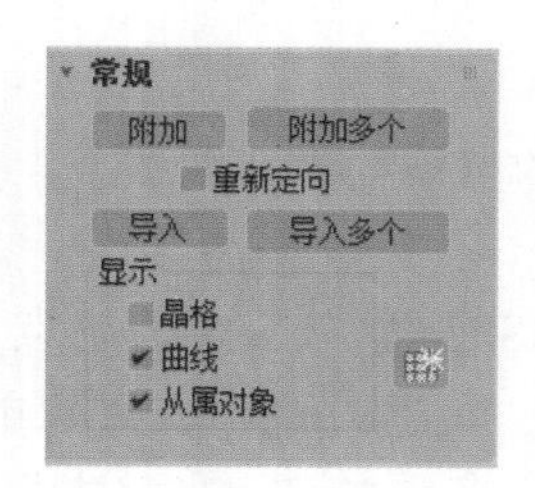

图6-11　“常规参数”面板

图6-12　NURBS工具箱

“NURBS”工具箱的最上一行用于创建点子对象，下面主要介绍两个命令的功能。

1. “创建曲线点”

此命令用于创建依赖于曲线或与其相关的从属点。该点既可以位于曲线上，也可以偏离曲线。

创建步骤

（1）进入“NURBS 曲线”创建面板，单击 Point Curve（点曲线）按钮，在前视图中创建一条点曲线。

（2）选中点曲线，进入修改面板，打开 General（常规）参数面板，单击图标打开 NURBS 工具箱，单击“曲线点子对象”图标。

（3）将光标移动到曲线上，在需要创建曲线点的位置单击，即可创建一个曲线点子对象，如图 6-13 所示。同时，右侧面板上出现 Curve Point（曲线点）面板，如图 6-14 所示。

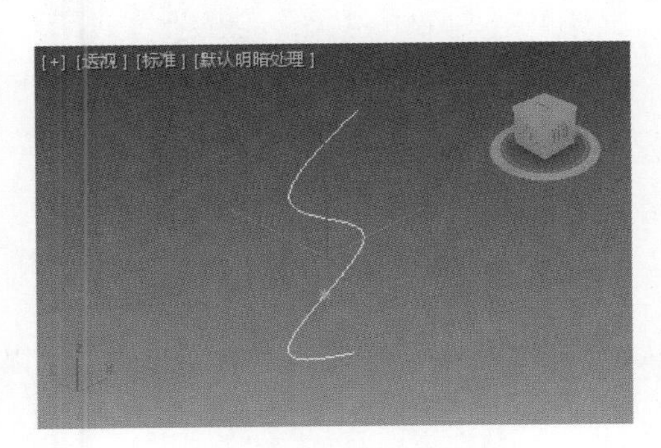

图6-13　创建曲线点子对象

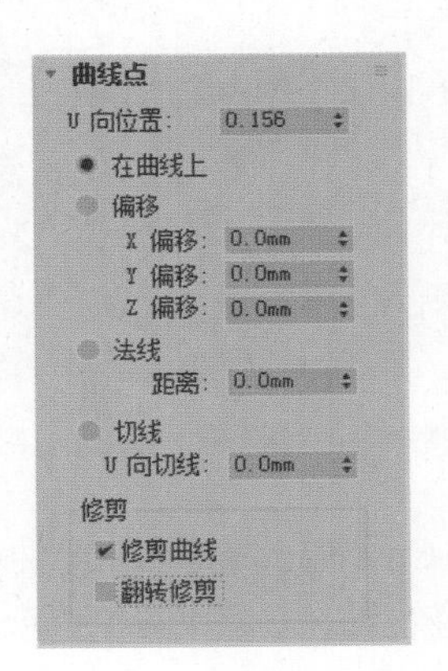

图6-14　“曲线点”面板

提示： 创建子对象后即出现相关参数面板，如果需要对创建的子对象进行修改，可及时在面板上进行修改；如果创建结束，可单击右键退出子对象创建状态，此时子对象相关面板消失，若要再对其修改，可从修改器堆栈中进入相应子对象层次，然后进行修改。

（4）勾选 Curve Point（曲线点）面板中的 Trim Curve（修剪曲线）复选框，即可从该点处修剪曲线，如图 6-15 所示。若要翻转修剪，可勾选 Flip Trim（翻转修剪）复选框，如图 6-16 所示。

图6-15　在曲线点处修剪曲线

图6-16　翻转修剪效果

2. “创建曲线-曲线点”

使用此命令可以在两条曲线的相交处创建从属点，还可在此点处对曲线进行修剪。需要说明的是，这里的两条曲线必须是同一对象的两条曲线，如果它们相互独立，可以先利用 General（常规）参数面板 Attach（附加）命令将二者结合成一体。

创建步骤 

（1）进入“NURBS 曲线”创建面板，单击 Point Curve（点曲线）按钮，在前视图中创建两条相交的点曲线。

（2）选中其中的一条点曲线，进入修改面板，打开“常规”参数面板，单击“附加”按钮，将二者结合在一起，如图 6-17 所示。

（3）单击图标打开 NURBS 工具箱，单击“创建曲线 - 曲线点”图标，在其中一条点曲线上单击并拖动到另一条曲线上，即可创建曲线 - 曲线相交点子对象，如图 6-18 所示。

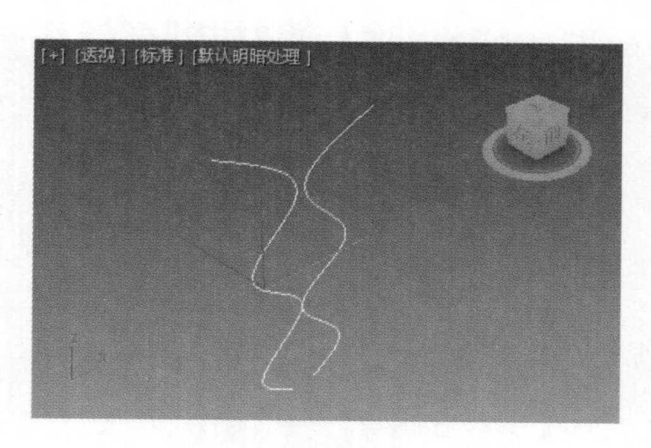

图6-17　将两条点曲线结合在一起

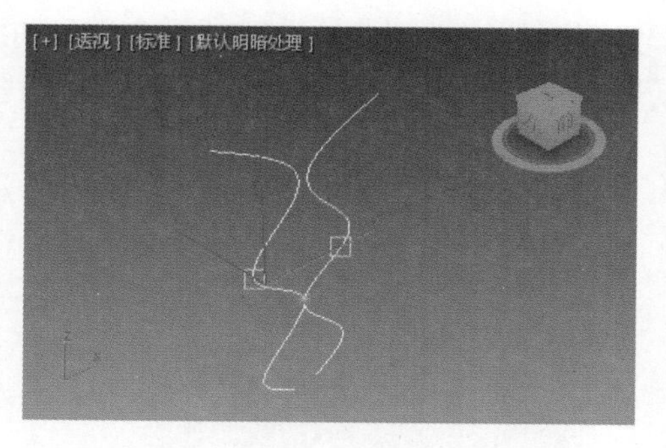

图6-18　创建曲线-曲线相交点子对象

（4）Curve-Curve Intersection（曲线 - 曲线相交）面板如图 6-19 所示，勾选其中的复选框，可以得到各种不同的修剪效果，如图 6-20 所示。

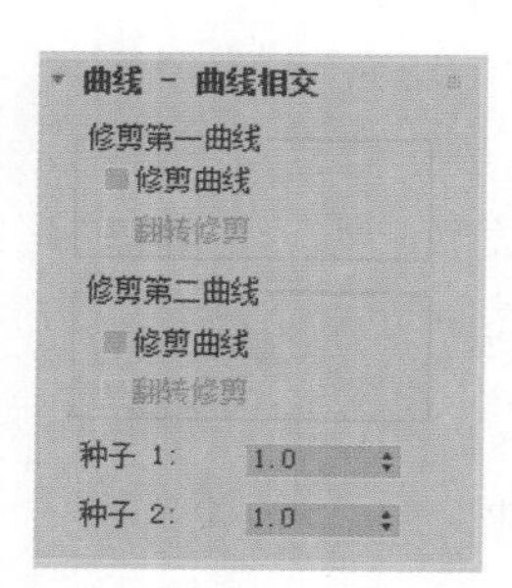

图6-19　“曲线-曲线相交”面板

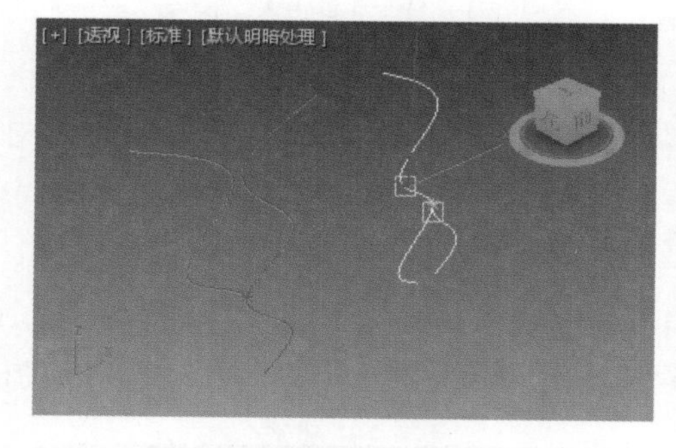

图6-20　修剪相交线

6.1.5　NURBS 曲线子对象

曲线子对象是独立的点和 CV 曲线，或是从属曲线。从属曲线是几何体依赖 NURBS 中其他曲线、点或曲面的曲线子对象。当更改原始几何体——父子对象时，从属曲线随之更改。下面介绍“NURBS”工具箱中创建 NURBS 曲线子对象的相关命令。

1. “创建 CV曲线子对象”

CV 曲线子对象类似于对象级 CV 曲线。主要差别在于不能在子对象层级上给出 CV 曲线渲染的厚度。CV 曲线子对象标示如图 6-21 所示。

2. “创建点曲线子对象”

点曲线子对象类似于对象级点曲线，点被约束在该曲线上。主要差别在于不能在子对象层级上给出点曲线渲染的厚度。

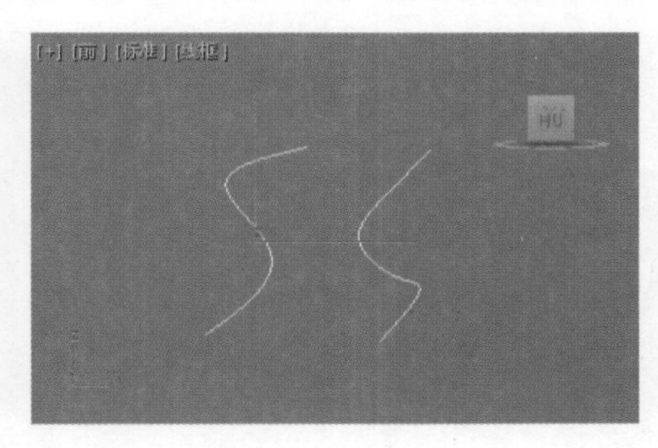

图6-21　CV曲线子对象标示图

3. “创建拟合曲线子对象”

此命令将创建在选定点上拟合的点曲线。该点可以是以前创建点曲线和点曲面对象的部分，也可以是明确创建的点对象，但不能是 CV。拟合曲线子对象标示如图 6-22 所示。

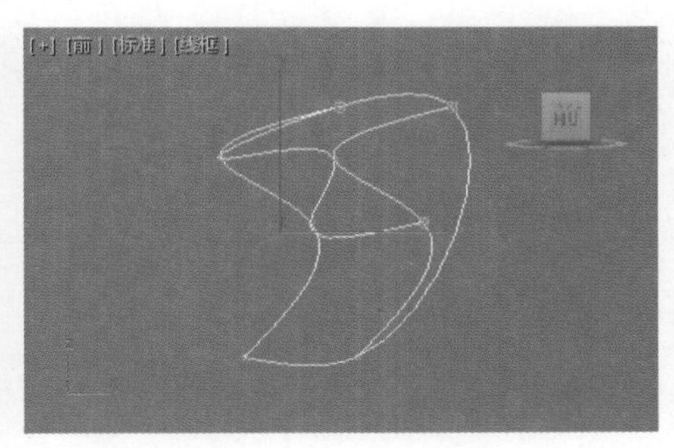

图6-22　拟合曲线子对象标示图

4. “创建变换曲线子对象”

变换曲线是具有不同位置、旋转或缩放的原始曲线的副本。变换曲线子对象标示如图 6-23 所示。

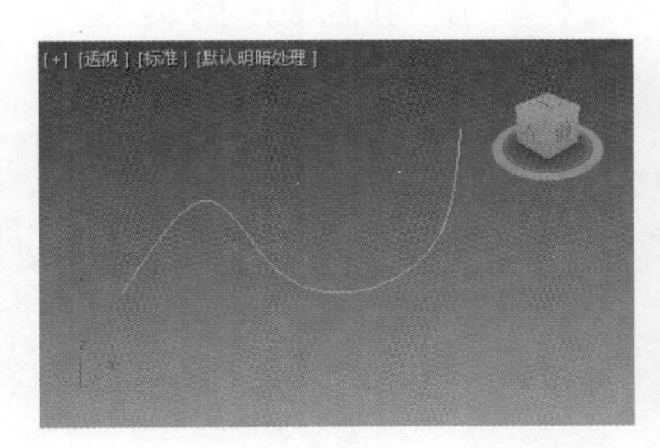

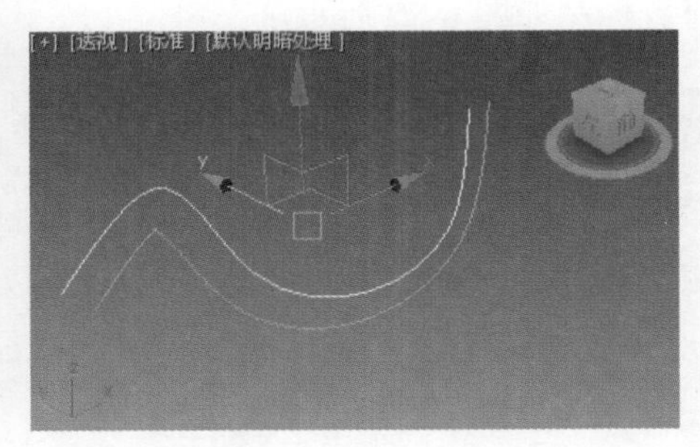

图6-23　变换曲线子对象标示图

5. “创建混合曲线子对象”

混合曲线是指将一条曲线的一端与其他曲线的一端连接起来，混合曲线的曲率，在曲线之间创建平滑的曲线。可以将相同类型的曲线，点曲线与 CV 曲线相混合，将从属曲线与独立曲线混合起来。混合曲线子对象标示如图 6-24 所示。

Blend Curve（混合曲线）面板如图 6-25 所示。

❖ **Tension 1（张力 1）**: 控制第一条曲线边上的张力。张力值越大，切线与父曲线越接近平行，且变换越平滑；张力值越小，切线角度越大，父曲线与混合曲线之间的变换越清晰。张力标示如图 6-26

所示。

❖ **Tension 2**（张力 2）：控制第二条曲线边上的张力。

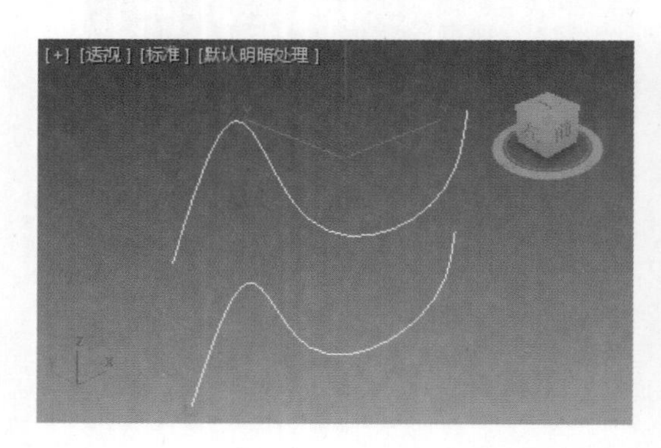

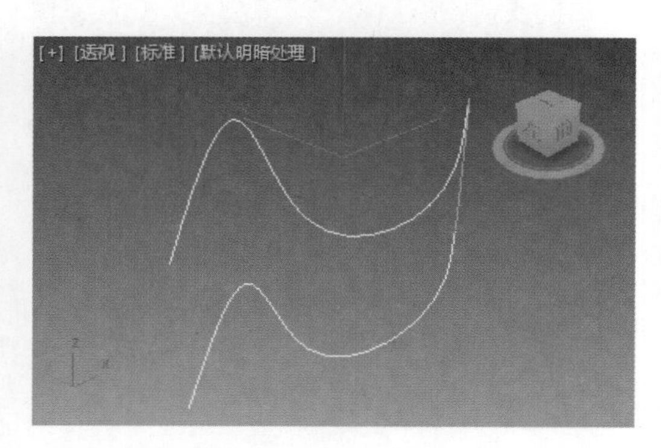

图6-24　混合曲线子对象标示图

混合曲线
张力 1: 1.0
张力 2: 1.0

图6-25　“混合曲线”面板

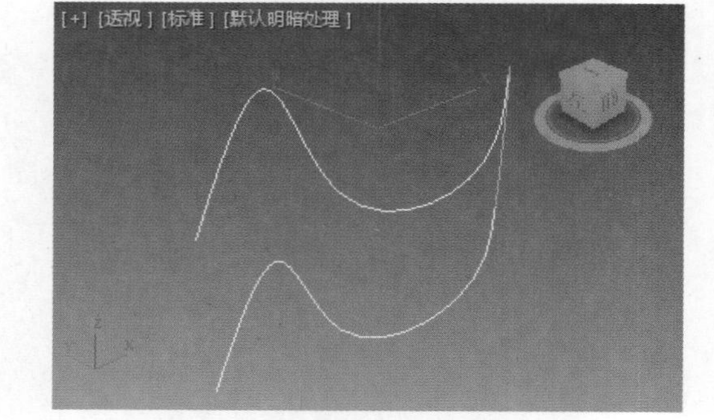

图6-26　张力标示图

6. “创建偏移曲线子对象”

偏移曲线沿中心向内或向外以辐射方式复制曲线，与制作轮廓曲线类似，可以偏移平面和 3D 曲线。与变换曲线不同的是，偏移曲线子对象的大小与源曲线不同，而变换曲线子对象的大小与源对象相同。偏移曲线子对象标示如图 6-27 所示。

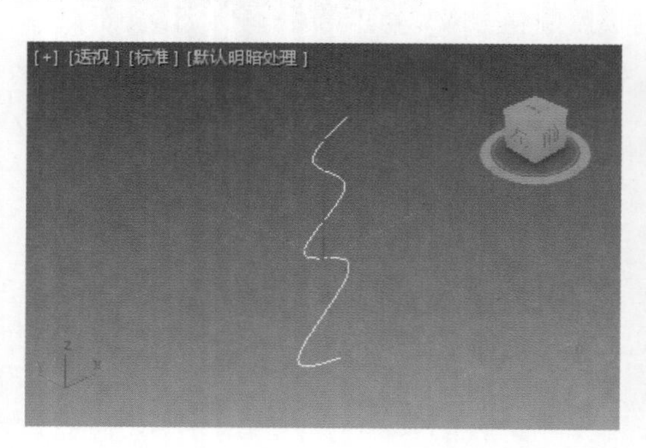

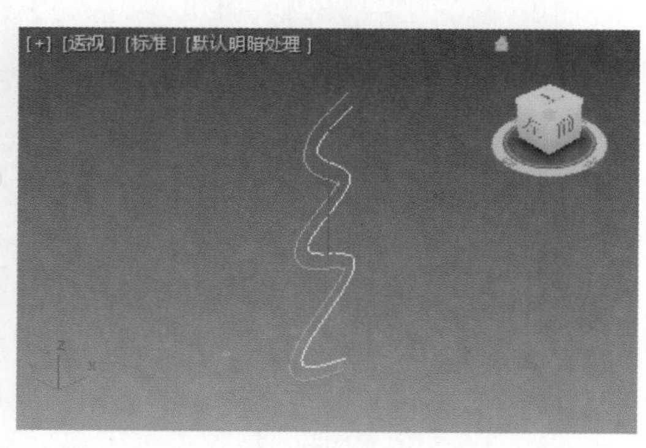

图6-27　偏移曲线子对象标示图

7. “创建镜像曲线子对象”

镜像曲线是原始曲线的镜像图像。镜像曲线子对象标示如图 6-28 所示。

8. “创建切角曲线子对象”

使用切角曲线子对象将创建两个父曲线之间为直倒角的曲线。切角曲线子对象标示如图 6-29 所示。

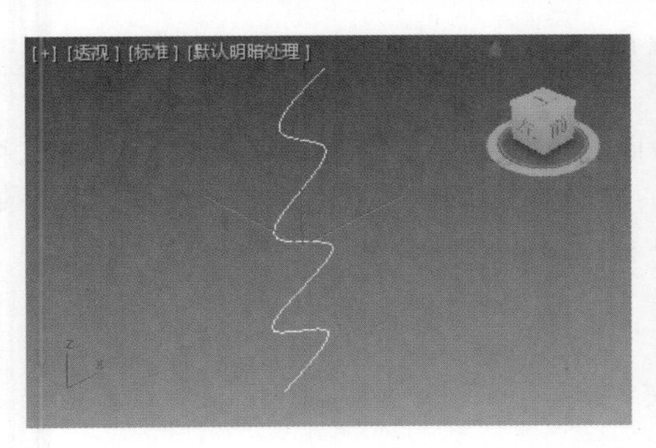

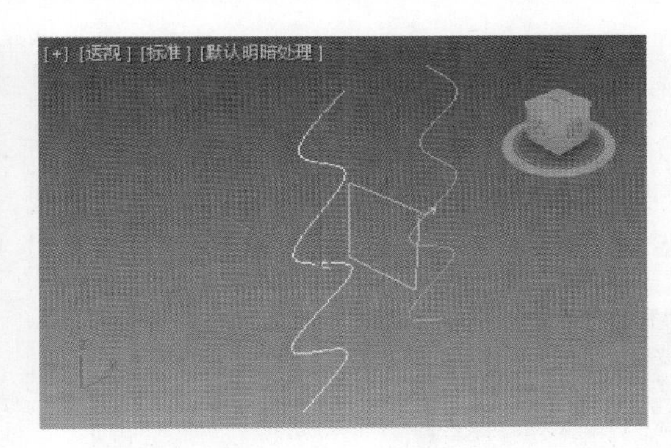

图6-28　镜像曲线子对象标示图

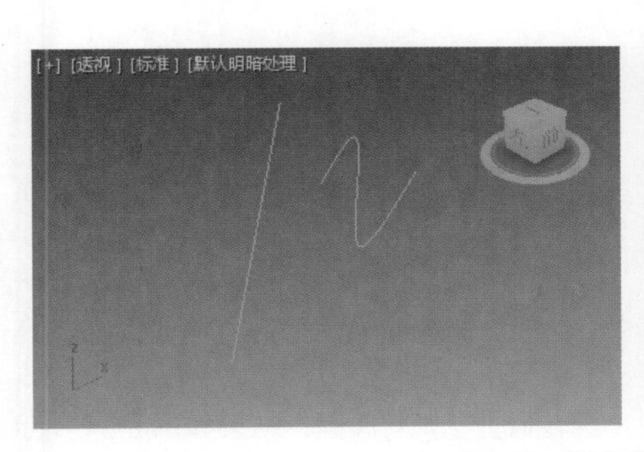

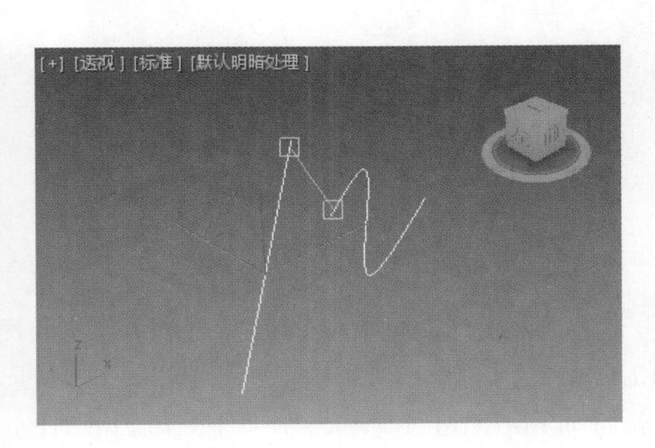

图6-29　切角曲线子对象标示图

9. "创建圆角曲线子对象"

使用圆角曲线子对象将创建两个父曲线之间为圆角的曲线。圆角曲线子对象标示如图 6-30 所示。

图6-30　圆角曲线子对象标示图

10. "创建曲面-曲面相交曲线子对象"

此命令将创建由两个曲面相交定义的曲线。可以将曲面 - 曲面相交曲线用于修剪。如果曲面相交位于两个或多个位置上，则与种子点最近的相交是创建曲线的相交。下面介绍曲面 - 曲面相交曲线子对象的创建方法。

创建步骤

（1）进入"标准几何体"创建面板，在透视图中创建一个圆柱体。

（2）进入"NURBS 曲面"创建面板，单击 Point Surface（点曲面）按钮，在顶视图中创建一个点曲面，利用移动、旋转工具，调整其与圆柱体的位置，如图 6-31 所示。

（3）选中创建好的点曲面，进入修改面板，在“常规”面板单击“附加”按钮，在视图中单击圆柱体，即可将点曲面和圆柱体结合成一个 NURBS 对象。

（4）打开“NURBS”工具箱，单击“创建曲面 - 曲面相交曲线”图标，在点曲面上单击并拖动鼠标到圆柱体曲面上，两个曲面相交处出现绿色曲线，即为两个曲面的相交曲线。同时，右侧参数面板出现 Surf-Surf Intersection Curve（曲面 - 曲面相交曲线）面板，如图 6-32 所示。

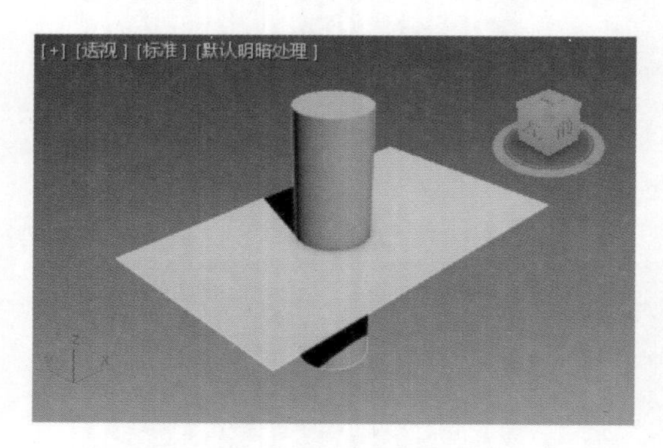

图6-31 创建圆柱体和点平面

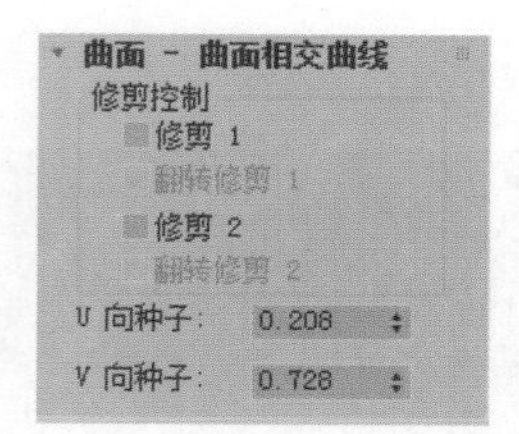

图6-32 “曲面-曲面相交曲线”面板

（5）勾选面板上的复选框，即可实现利用“面 - 面相交曲线”修剪曲面的目的。例如，勾选 Trim 1（修剪 1）和 Trim 2（修剪 2）复选框，结果如图 6-33 所示。

（6）勾选 Flip Trim 1（翻转修剪 1）和 Flip Trim 2（翻转修剪 2）复选框，结果如图 6-34 所示。

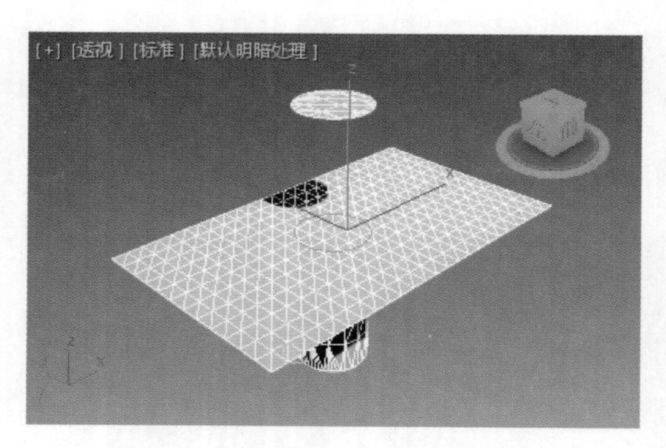

图6-33 利用面-面相交曲线修剪曲面

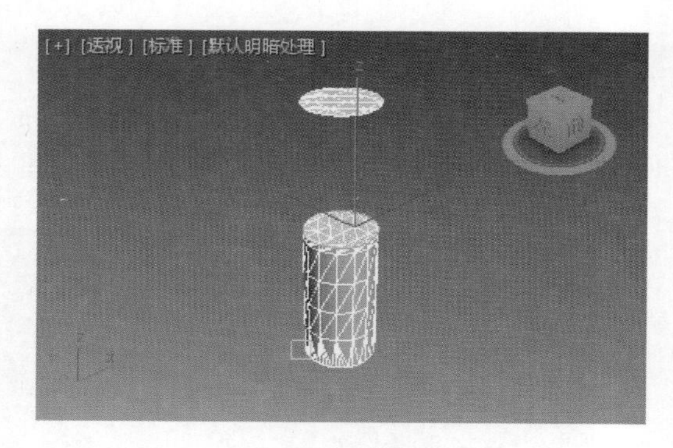

图6-34 翻转修剪

11. “创建U向等参曲线子对象”和“创建V向等参曲线子对象”

U 向和 V 向等参曲线是从 NURBS 曲面的等参线创建的从属曲线。可以使用 U 向和 V 向等参曲线来修剪曲面。U 向等参曲线子对象和 V 向等参曲线子对象标示如图 6-35 和图 6-36 所示。

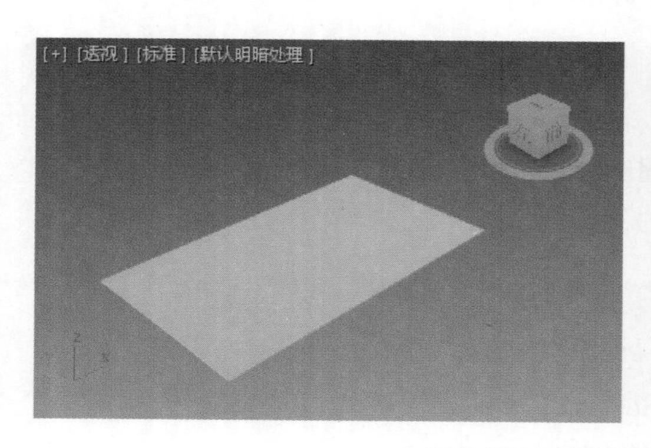

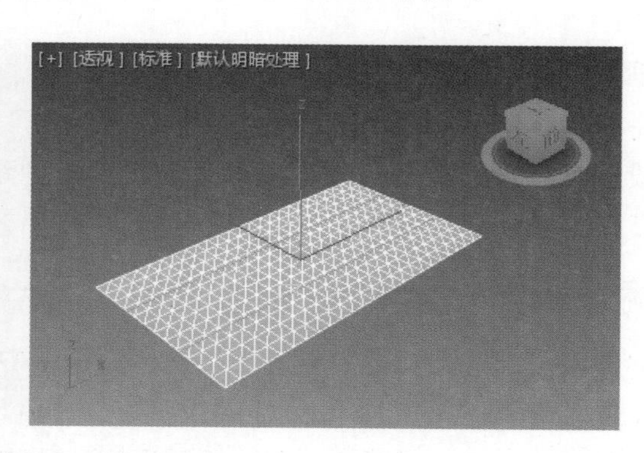

图6-35 U向等参曲线子对象标示图

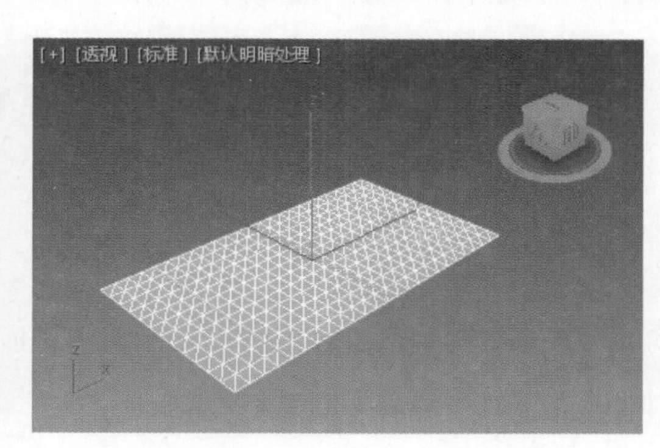

图6-36　V向等参曲线子对象标示图

12. “创建法向投射曲线子对象”

法向投射曲线依赖于曲面，该曲线基于原始曲线，以曲面法线的方向投影到曲面。可以将法向投射曲线用于修剪。法向投射曲线子对象标示如图 6-37 所示。

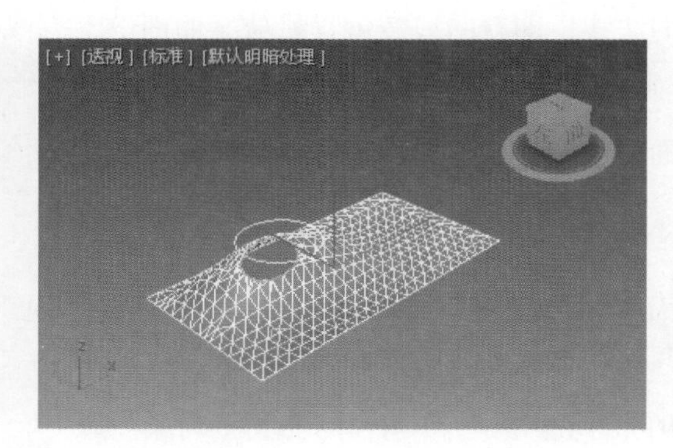

图6-37　法向投射曲线子对象标示图

13. “创建矢量投射曲线子对象”

矢量投射曲线依赖于曲面，除了从原始曲线到曲面的投影位于可控制的矢量方向，该曲线几乎与法向投射曲线完全相同。可以将矢量投射曲线用于修剪。矢量投射曲线子对象标示如图 6-38 所示。

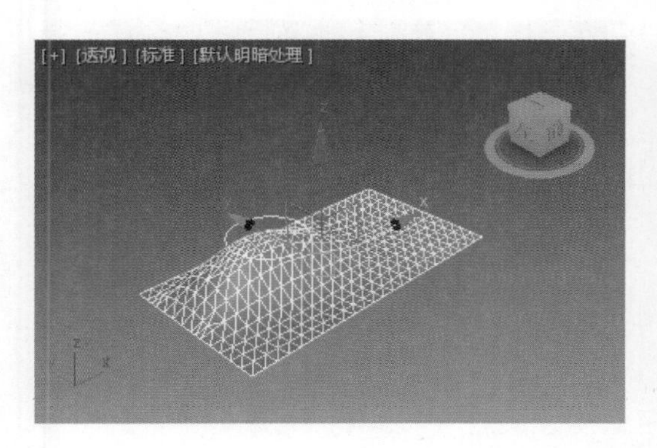

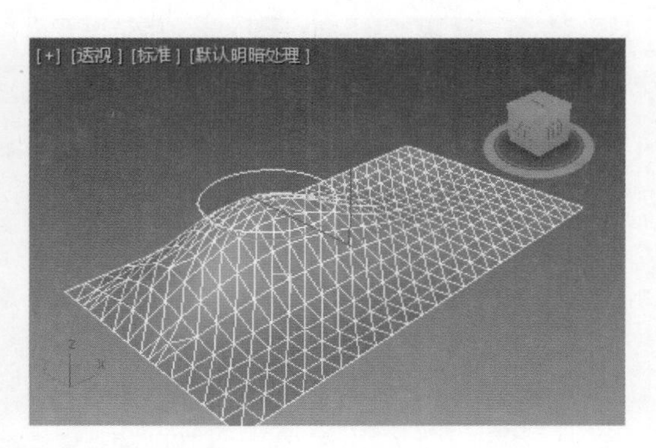

图6-38　矢量投射曲线子对象标示图

提示：

投射曲线子对象要求曲线与投射在其上的曲面应属同一 NURBS 对象，否则，应使用“常规”面板的“附加”命令先将其结合在一起。

提示：

矢量投射曲线子对象的操作结果与在哪个视图操作相关，这点希望引起读者注意。

14. “创建面上的CV曲线子对象”

曲面上的 CV 曲线类似于普通 CV 曲线，只不过其位于曲面上。该曲线的创建方式是绘制，而不是从不同的曲线投射。可以将此曲线类型用于修剪其所属的曲面。

15. “创建曲面上的点曲线子对象”

曲面上的点曲线类似于普通点曲线，只不过其位于曲面上。该曲线的创建方式是绘制，而不是从不同的曲线投射。可以将此曲线类型用于修剪其所属的曲面。

16. “创建曲面偏移曲线子对象”

此命令将创建依赖于曲面的曲线偏移。换句话说，父曲面曲线必须具有其中一种类型：曲面 - 曲面相交、U 向等参、V 向等参、法线、投射、投射的矢量、曲面上的 CV 曲线或曲面上的点曲线。该偏移是曲面的法线，即新曲线按偏移量位于曲面的上方或下方。

17. “创建曲面边曲线子对象”

曲面边曲线是位于曲面边界的从属曲线类型，该曲线可以是曲面的原始边界，也可以是修剪边。

6.1.6 NURBS 曲面子对象

曲面子对象既可以是独立的点和 CV 曲面，也可以是从属曲面。从属曲面是指几何体依赖 NURBS 模型中其他曲面或曲线的曲面子对象。 在更改原始父曲面或曲线的几何体时，从属曲面也将随之更改。

1. “CV曲面子对象”与“点曲面子对象”

CV 曲面子对象类似于对象级 CV 曲面。点曲面子对象类似于对象级点曲面。这些点被约束在曲面上。

2. “变换曲面子对象”

变换曲面是具有不同位置、旋转或缩放的原始曲面的副本。变换曲面子对象标示如图 6-39 所示。

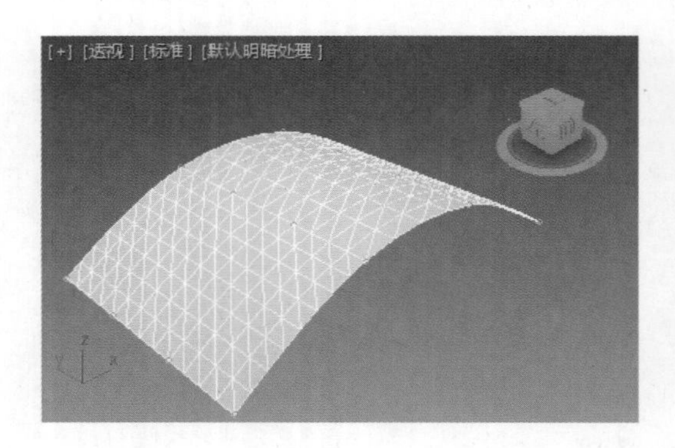

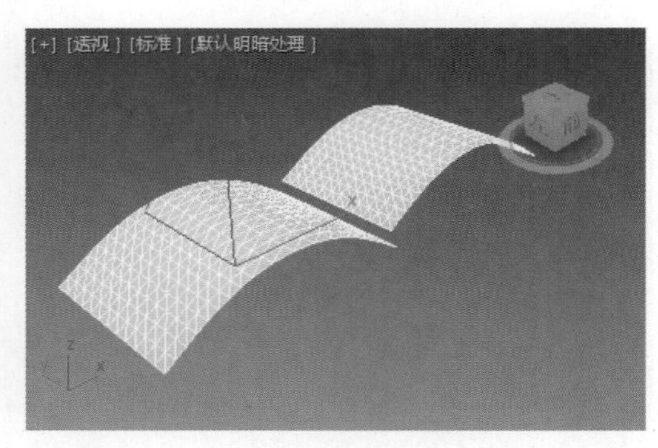

图6-39　变换曲面子对象标示图

3. “混合曲面子对象”

混合曲面将一个曲面与另一个相连接，混合父曲面的曲率在两个曲面间创建平滑曲面。也可以将一个曲面与一条曲线混合，或者将一条曲线与另一条曲线混合。混合曲面子对象标示如图 6-40 所示。

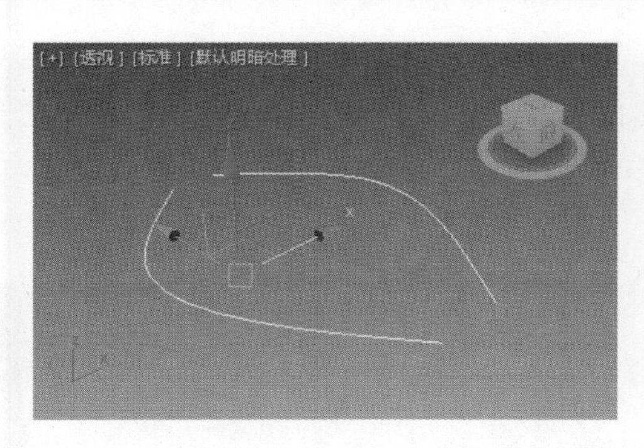

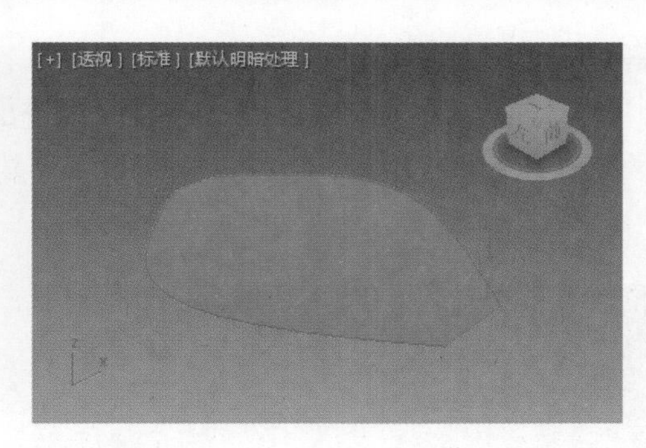

图6-40　混合曲面子对象标示图

Blend Surface（混合曲面）面板如图 6-41 所示，在此可以设置各种参数，以控制混合曲面的形态。

混合曲面
张力 1: 1.0
张力 2: 1.0
翻转末端 1
翻转末端 2
翻转切线 1
翻转切线 2
起始点 1: 0.0
起始点 2: 0.0
翻转法线

图6-41　“混合曲面”面板

❖ **Tension 1 /Tension 2（张力 1/ 张力 2）**: 控制第一 / 二个曲面边上的张力。张力影响父曲面和混合曲面之间的切线。张力值越大，切线与父曲面越接近平行，且变换越平滑；张力值越小，切线角度越大，父曲线与混合曲线之间的变换越清晰。

❖ **Flip End 1/Flip End 2（翻转末端 1/ 翻转末端 2）**: 用翻转构建混合曲面的两条法线之一。混合曲面是使用父曲面的法线创建的。如果两个父曲面法线相对，或者一条法线方向相反，那么混合曲面会形成蝴蝶结的形状。

❖ **Flip Tangent 1/Flip Tangent 2（翻转切线 1/ 翻转切线 2）**: 在第一个或第二个曲线或曲面的边上翻转切线，翻转切线会反转混合曲面，在边上接近父子对象的方向。

4. “偏移曲面子对象”

偏移曲面沿着父曲面法线按指定的原始距离偏移。偏移曲面子对象标示如图 6-42 所示。

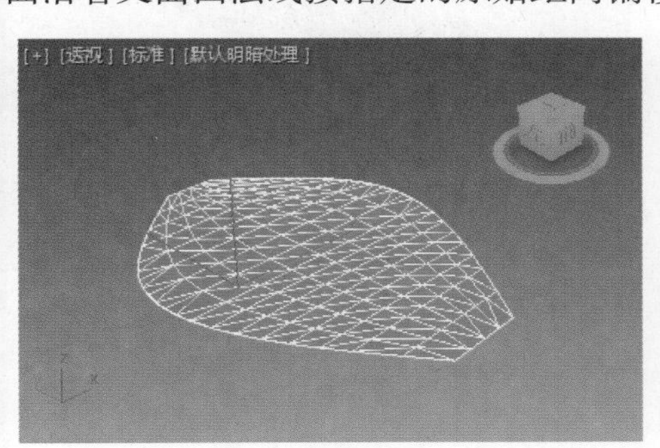

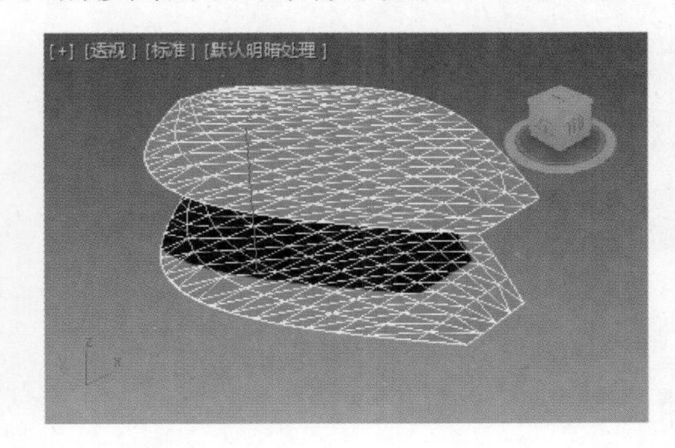

图6-42　偏移曲面子对象标示图

5. “镜像曲面子对象”

镜像曲面是原始曲面的镜像图像。镜像曲面子对象标示如图 6-43 所示。

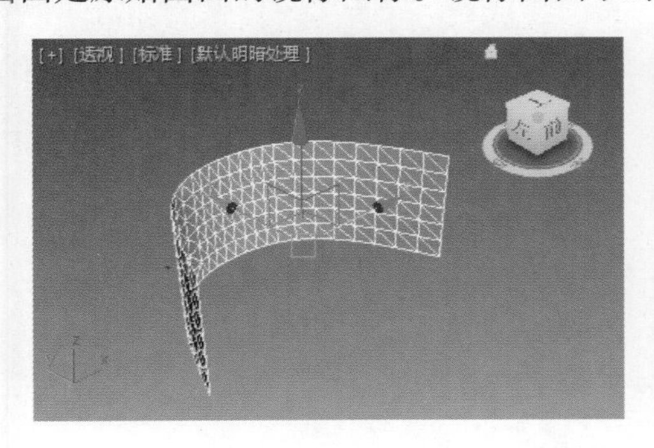

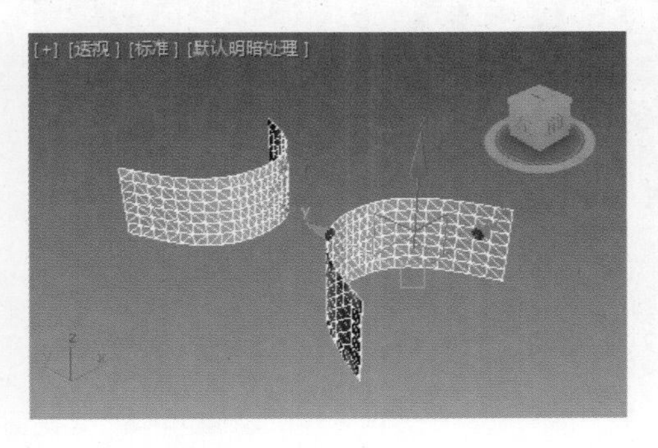

图6-43　镜像曲面子对象标示图

6. “挤出曲面子对象”

挤出曲面将从曲面子对象中挤出，这与使用挤出修改器创建的曲面类似。但是其优势在于挤出子对象是 NURBS 模型的一部分，因此可以使用它来构造曲线和曲面子对象。挤出曲面子对象标示如图 6-44 所示。

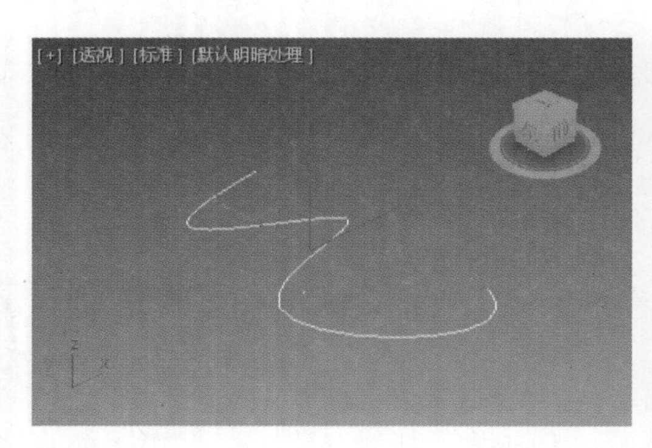

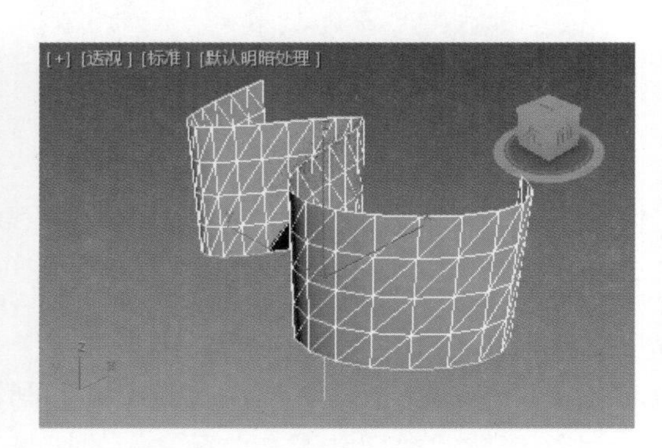

图6-44　挤出曲面子对象标示图

7. “车削曲面子对象”

车削曲面将通过曲线子对象生成，这与使用车削修改器创建的曲面类似。但是其优势在于车削子对象是 NURBS 模型的一部分，因此可以使用它来构造曲线和曲面子对象。车削曲面子对象标示如图 6-45 所示。

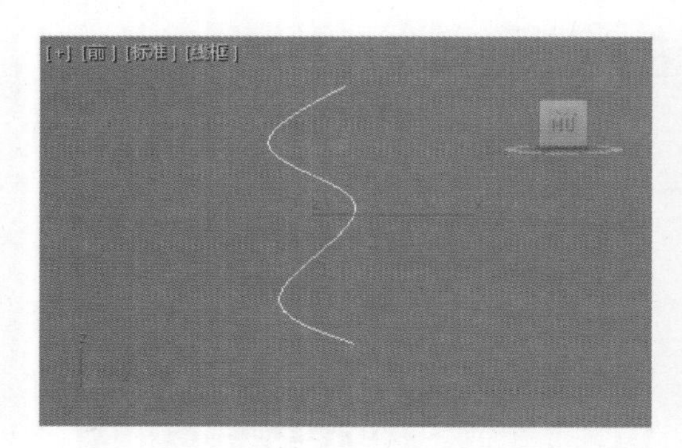

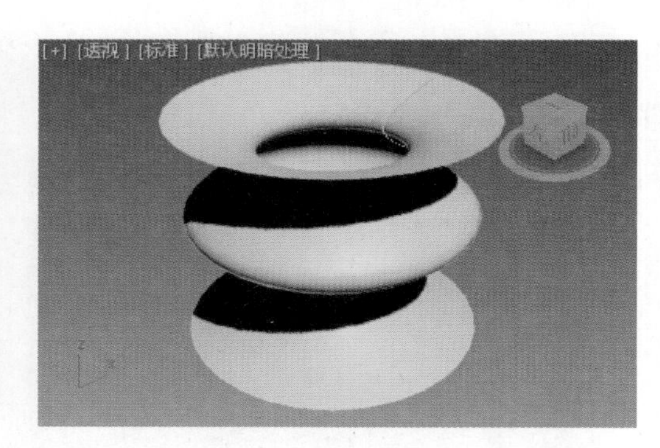

图6-45　车削曲面子对象标示图

8. “规则曲面子对象”

规则曲面通过两个曲线子对象生成，使用曲线以设置曲面的两个相反边界。可以设置父曲线或其 CV 的动画以更改规则曲面。规则曲面子对象标示如图 6-46 所示。

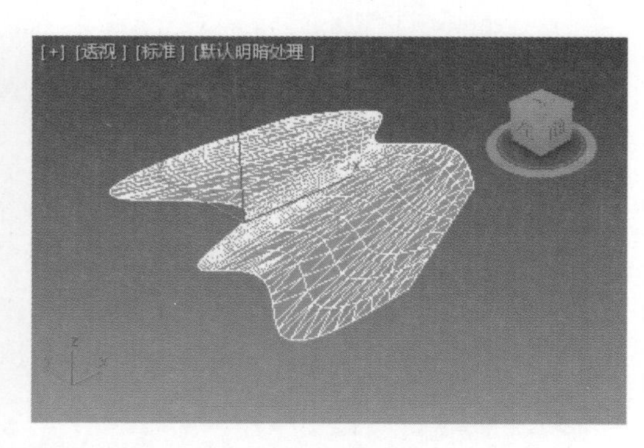

图6-46　规则曲面子对象标示图

9. “封口曲面子对象”

使用此命令可创建封口闭合曲线或闭合曲面边的曲面，封口尤其适用于挤出曲面。封口曲面子对象标示如图 6-47 所示。

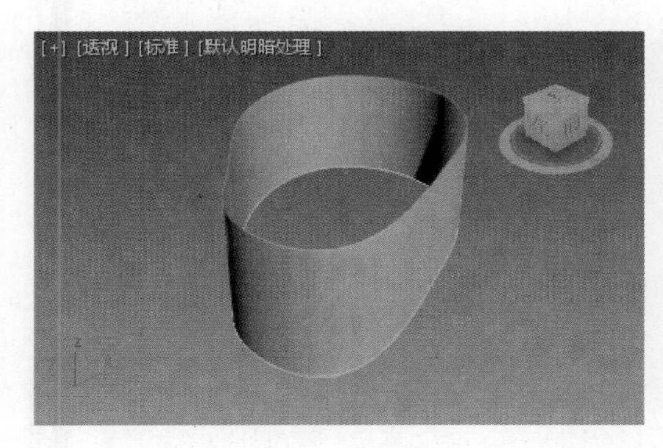

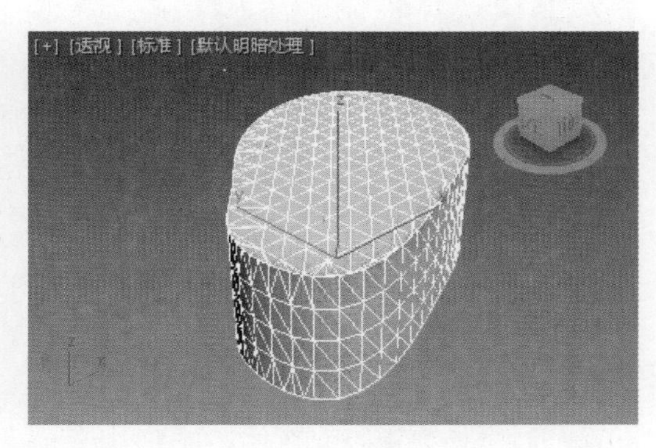

图6-47　封口曲面子对象标示图

10. “U放样曲面子对象”

一个 U 放样曲面可以穿过多个曲线子对象插入一个曲面。此时，曲线成为曲面的 U 轴轮廓。U 放样曲面子对象标示如图 6-48 所示。

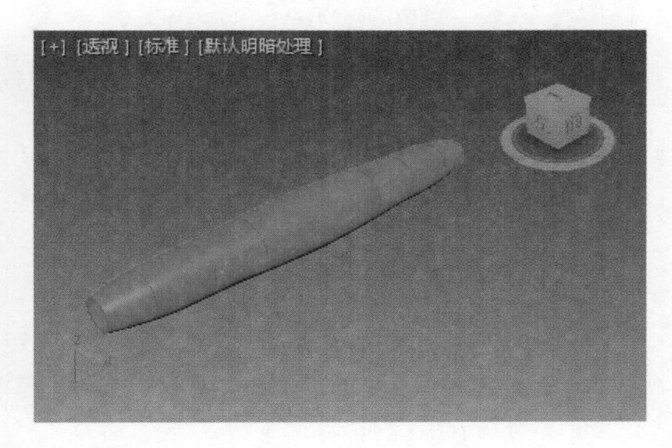

图6-48　U放样曲面子对象标示图

提示：

如果得不到封口，可尝试勾选 Cap Surface（封口曲面）面板的 Flip Normal（翻转法线）复选框修正。

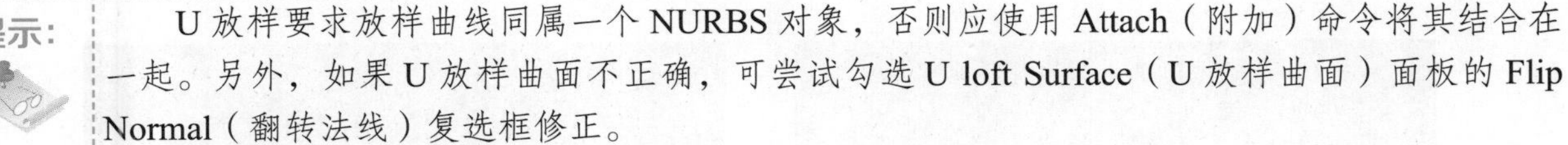

提示：

U 放样要求放样曲线同属一个 NURBS 对象，否则应使用 Attach（附加）命令将其结合在一起。另外，如果 U 放样曲面不正确，可尝试勾选 U loft Surface（U 放样曲面）面板的 Flip Normal（翻转法线）复选框修正。

11. “UV放样曲面子对象”

UV 放样曲面与 U 放样曲面相似，但是在 V 维和 U 维包含一组曲线。这样易于控制放样图形，并且用更少的曲线可以达到所要结果。UV 放样曲面子对象标示如图 6-49 所示。

12. “单轨扫描曲面子对象”

扫描曲面由曲线构建，一个单轨扫描曲面至少由两条曲线构成。一条轨道曲线定义曲面的边，另一条曲线定义曲面的横截面。单轨扫描曲面子对象标示如图 6-50 所示。

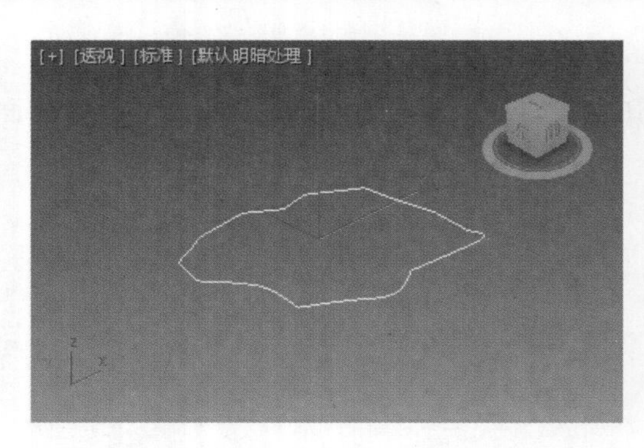

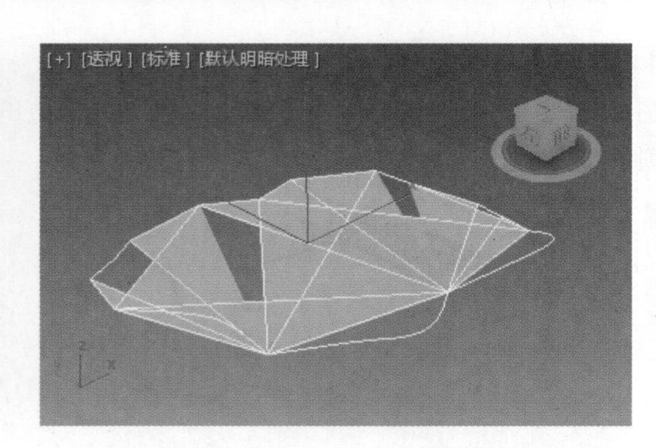

图6-49 UV放样曲面子对象标示图

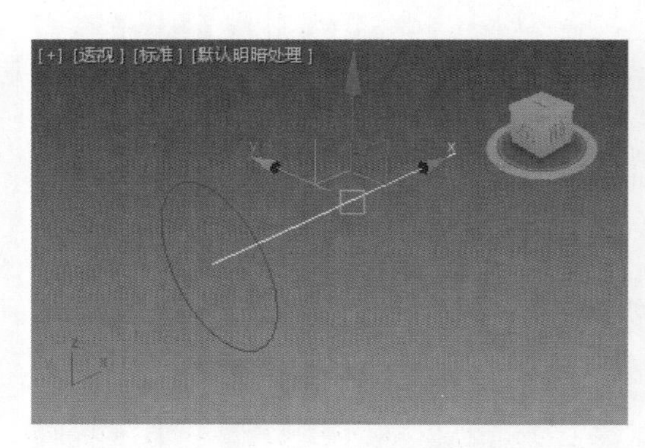

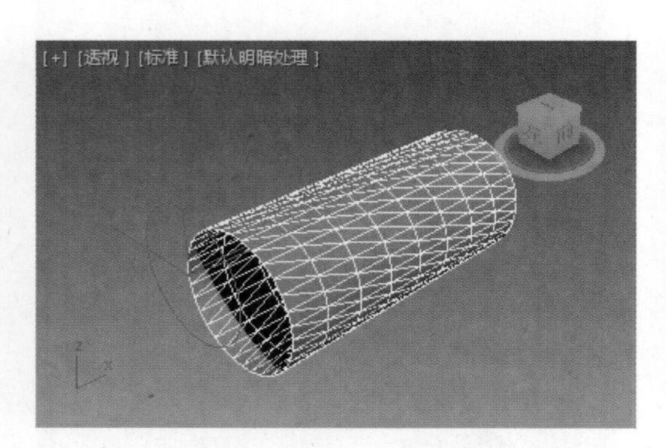

图6-50 单轨扫描曲面子对象标示图

提示:

操作时先在U维中单击每个曲线，然后右击它们。接着在V维中单击每个曲线，然后再次右击它们结束创建。其他注意事项可参考U放样曲面子对象。

提示:

横截面曲线应当与轨道曲线相交，如果横截面曲线与轨道不相交，那么会得到不可预测的曲面。操作时先单击曲线用作轨道，然后单击每个横截面曲线，右击结束创建。其他注意事项可参考U放样曲面子对象。

13. “双轨扫描曲面子对象”

一个双轨扫描曲面至少需要三条曲线。两条轨道曲线定义曲面的两边，另一条轨道曲线定义曲面的横截面。双轨扫描曲面类似于单轨扫描，额外的轨道可以更多地控制曲面的形状。双轨扫描曲面子对象标示如图6-51所示。

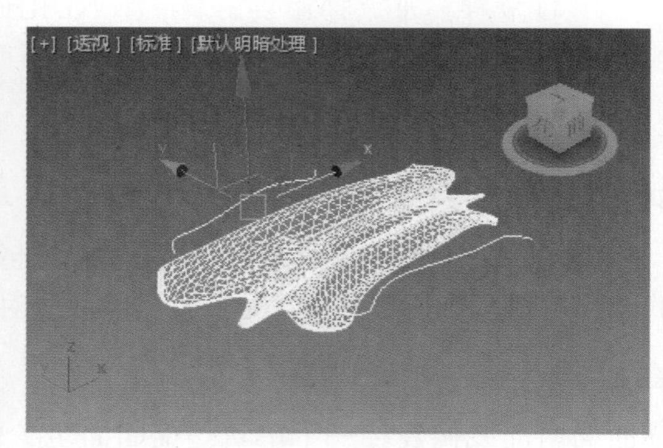

图6-51 双轨扫描曲面子对象标示图

提示：横截面曲线应当与两条轨道曲线都相交，如果横截面曲线与轨道不相交，那么会得到不可预测的曲面。操作时单击一条曲线作为第一条轨道使用，然后单击另一条曲线作为第二条轨道使用。接着单击每个横截面曲线，然后右击以结束创建过程。其他注意事项可参考U放样曲面子对象。

14. “多边混合曲面子对象”

多边混合曲面填充了由三个或四个其他曲线或曲面子对象定义的边。与规则、双面混合曲面不同，曲线或曲面的边必须形成闭合的环，即这些边必须完全围绕多边混合将要覆盖的开口。多边混合曲面子对象标示如图 6-52 所示。

15. “多重曲线修剪曲面子对象”

多重曲线修剪曲面是由多条组成环的曲线进行修剪而成曲面。多重曲线修剪曲面子对象标示如图 6-53 所示。

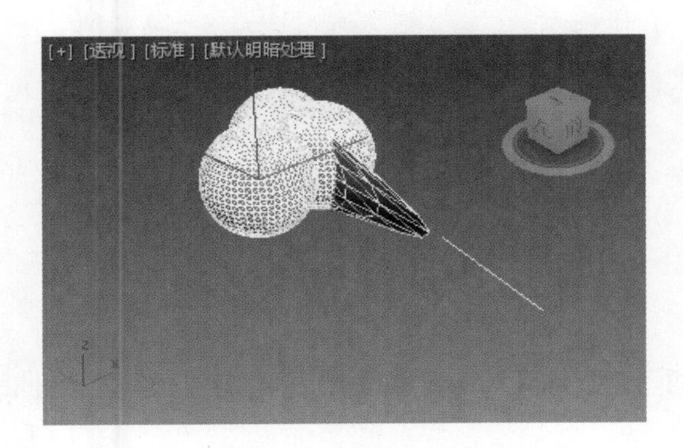

图6-52 多边混合曲面子对象标示图

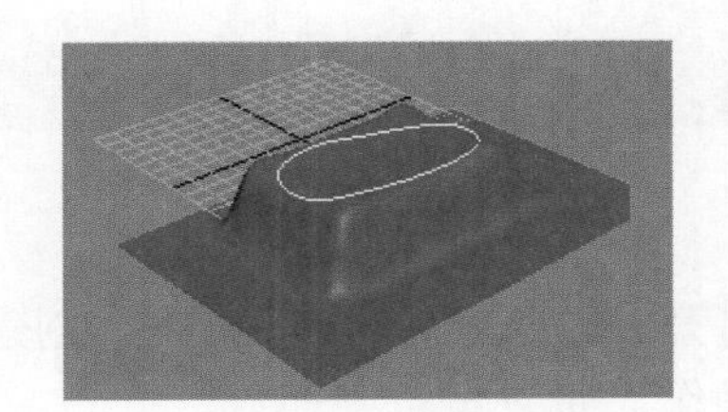

图6-53 多重曲线修剪曲面子对象标示图

提示：操作时单击要修剪的曲面，然后单击环中的每一条曲线，最后右击结束创建。其他注意事项可参考U放样曲面子对象。

16. “圆角曲面子对象”

通常使用圆角曲面的两边来修剪父曲面，并在圆角和父曲面之间创建一个过渡。圆角曲面子对象标示如图 6-54 所示。

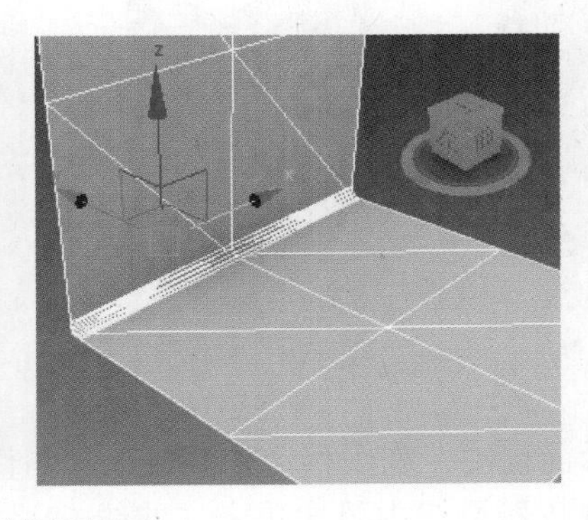

图6-54 圆角曲面子对象标示图

6.2 综合应用——头盔

6.2 综合应用——头盔

本节以头盔为例，巩固 NURBS 工具箱中选项的使用。所涉及的知识点有：创建 U 向放样曲面、NURBS 对象的编辑、创建封口曲面、创建曲面上的 CV 曲线、创建镜像曲线、创建法向投影曲线等，通过本例的学习，读者应对创建 NURBS 子对象有更深刻的认识。

（1）利用前面所学知识建立图形，如图 6-55 所示，这是一组独立的样条曲线。

（2）选中一条曲线，将其转换成 NURBS 对象。打开“常规”参数面板，单击“附加”按钮，依次单击曲线将其结合在一起，如图 6-56 所示。

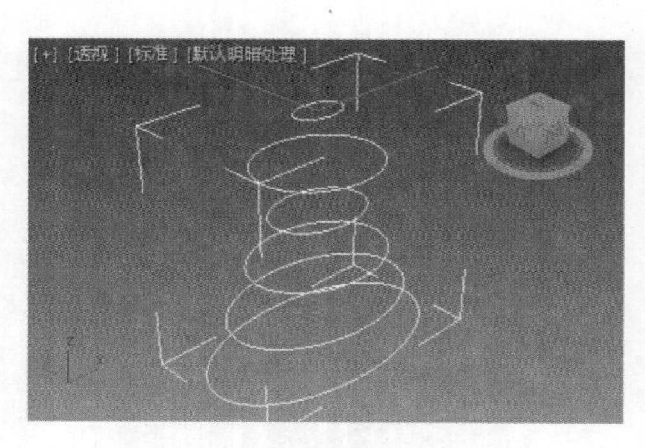

图6-55 建立图形

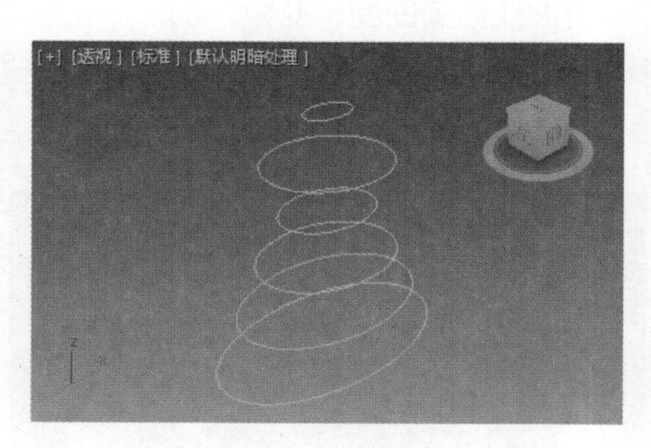

图6-56 附加曲线

（3）打开 NURBS 工具箱，单击“创建 U 向放样曲面”图标，在透视图中从上到下依次单击曲线，右击结束操作，如图 6-57 所示。

（4）在修改器堆栈中打开“NURBS 曲面”层级，单击 Curve CV（曲线 CV）选项，如图 6-58 所示。曲线上的控制点全部显现出来，如图 6-59 所示。

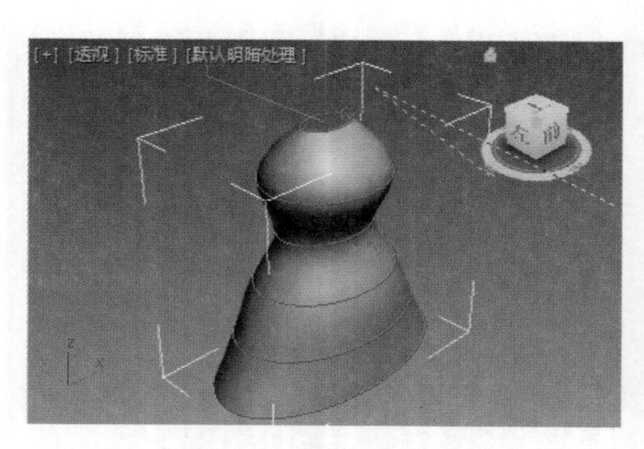

图6-57 创建U放样曲面

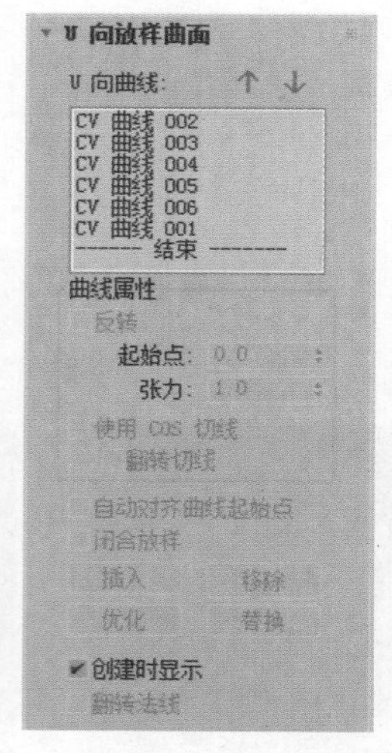

图6-58 U向放样曲面面板

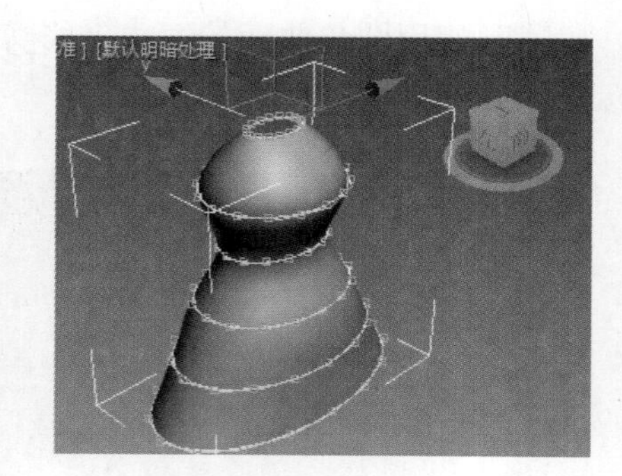

图6-59 曲线上的控制点

（5）激活前视图，利用移动和缩放工具调整曲线上的控制点，最终的效果如图 6-60 所示。

（6）在修改器堆栈中再次单击“曲线 CV”，退出子对象层级，在 NURBS 工具箱上单击“创建封口曲面”图标，为最顶部的曲线创建封口，如图 6-61 所示。

（7）单击 NURBS 工具箱上的“创建曲面上的 CV 曲线”图标，在头盔曲面上创建如图 6-62 所示的闭合曲线，作为头盔的眼睛曲线。

（8）单击 NURBS 工具箱上的“创建镜像曲线”图标，沿 X 轴镜像复制刚才创建的闭合曲线，如图 6-63 所示。

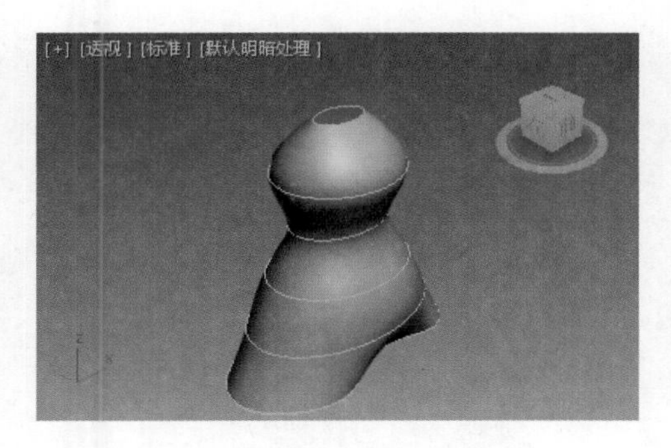

图6-60 调整控制点后效果图

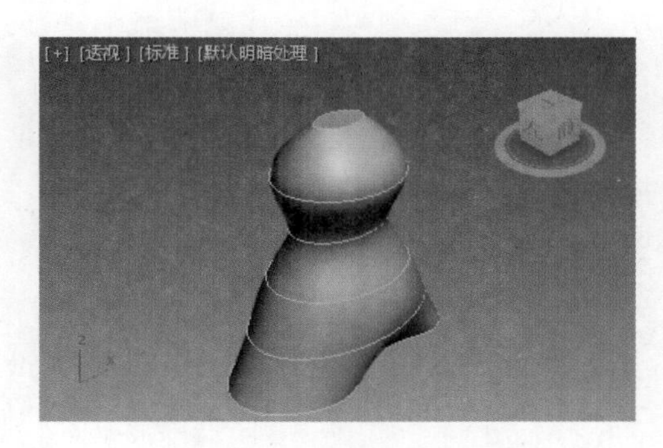

图6-61 为最顶部的曲线创建封口

图6-62 在曲面上创建眼睛曲线

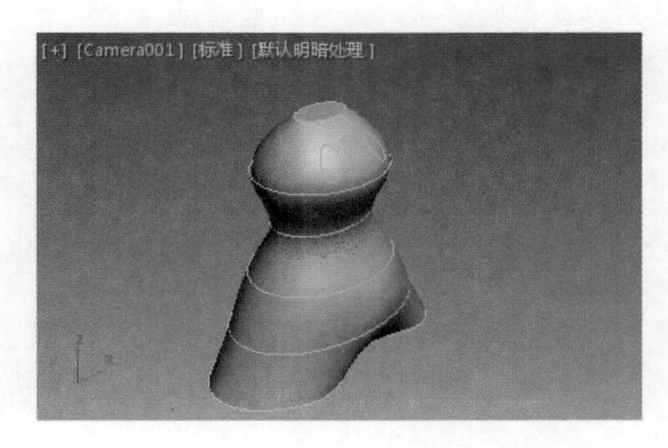

图6-63 镜像复制曲线

（9）分别选中两条眼睛曲线，单击 NURBS 工具箱上的“创建法向投影曲线”图标，将眼睛曲线投影在头盔曲面上。

（10）在修改器堆栈中打开 Curve（曲线）层级，分别选中两条眼睛曲线，打开“法向投影曲线”面板，勾选“修剪”和“翻转修剪”，如图 6-64 所示。将眼睛曲线的投影曲线从头盔曲面上挖掉，如图 6-65 所示。至此，头盔创建完成。

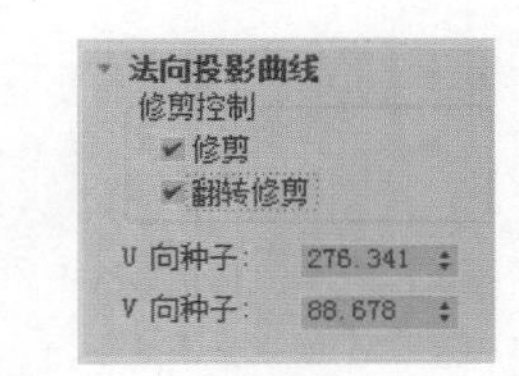

图6-64 “法向投影曲线”面板

（11）还可以为头盔赋予材质并装饰周围环境，最终的头盔效果如图 6-66 所示。

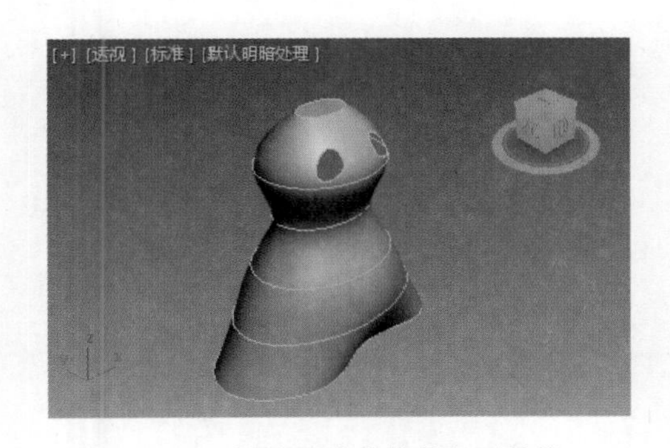

图6-65 挖掉眼睛曲线的投影曲线

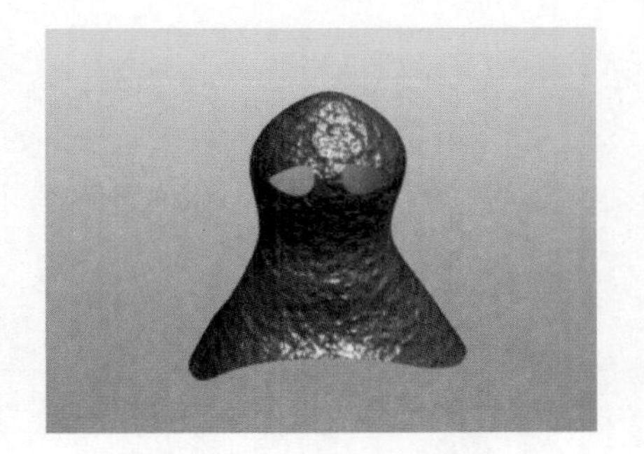

图6-66 最终的头盔效果图

提示：

如果修剪不正确，注意勾选“翻转修剪”及“翻转法线”并及时调整。

第 7 章

修改器的使用与参数详解

内容指南

仅仅使用 3ds Max 2018 提供的几何体建模是远远不够的。使用修改器可以塑形和编辑对象，可以更改对象的几何形状及其属性。熟练运用修改器，可以在几何体的基础上，制作较复杂的模型。

知识重点

- ❖ 掌握修改器堆栈的使用方法
- ❖ 熟练运用常见的图形修改器

7.1 使用修改器基本知识

使用修改器可以塑形和编辑对象，可以更改对象的几何形状及其属性。在介绍各种修改器之前，先来熟悉关于修改器的一些基本知识。

7.1.1 使用修改器堆栈

修改器堆栈（或简写为堆栈）是 Modify（修改）面板上的列表，包括累积历史记录，选定的对象，以及其应用的所有修改器。修改器堆栈及其编辑对话框是管理所有修改器的关键，使用这些工具可以执行以下操作：

- ❖ 找到特定修改器并调整其参数。
- ❖ 查看和操纵修改器的顺序。
- ❖ 在对象或对象集合之间对修改器进行复制、剪切和粘贴。
- ❖ 在堆栈、视口显示，或两者中取消激活修改器的效果。
- ❖ 选择修改器的组件，例如“Gizmo”或 Center（中心）。
- ❖ 删除修改器。

创建步骤

以圆柱体为例，图 7-1 所示为对圆柱体添加几个修改器后的堆栈，图 7-2 所示为添加修改器后的圆柱体效果。下面介绍修改器堆栈的相关知识。

（1）在堆栈的底部，第一个条目始终列出对象的类型，在这个例子中是 Cylinder（圆柱体）。单击此条目即可在修改面板上显示原始对象创建参数，以便对其进行调整，如图 7-3 所示。

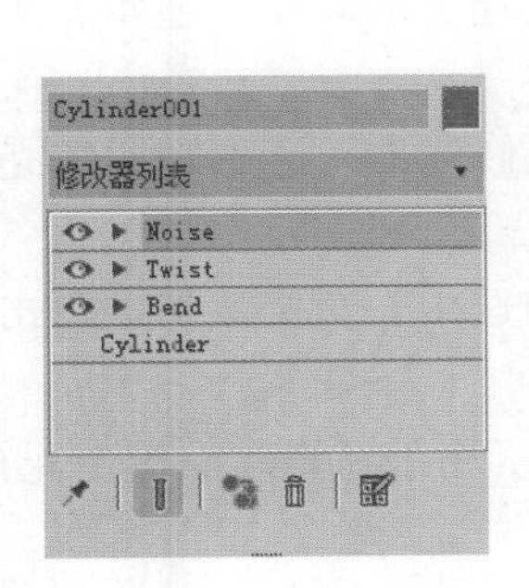

图7-1 圆柱体的修改器堆栈

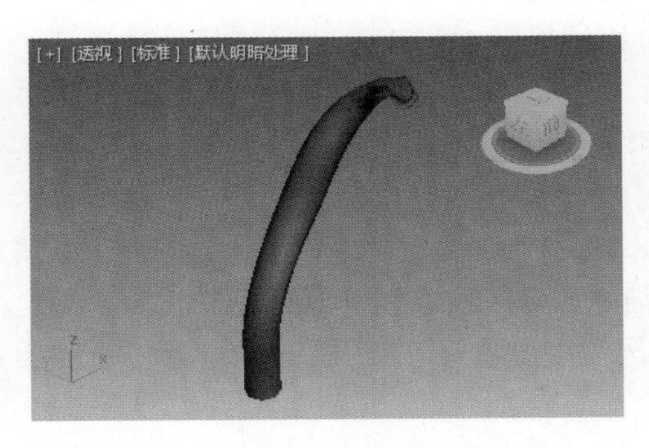

图7-2 添加修改器后的圆柱体效果

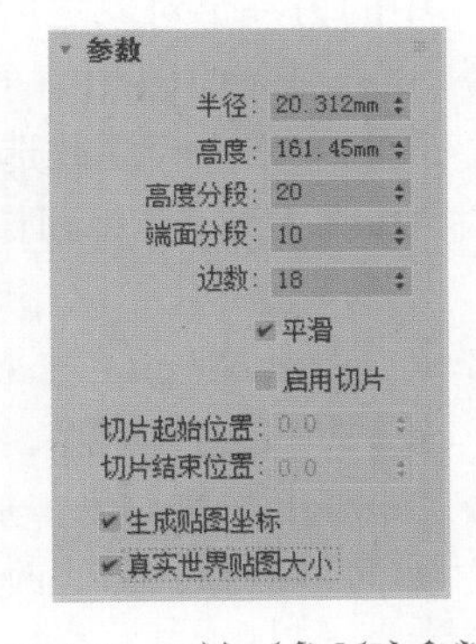

图7-3 原始对象创建参数

（2）在“对象类型”面板从下到上显示为对象添加的空间修改器。从图 7-1 可以看出，对圆柱体依次应用 Noise（噪波）、Twist（扭曲）、Bend（弯曲）修改器。单击堆栈中任一修改器条目即可显示修改器的参数，可以对其进行调整，或者删除修改器。如图 7-4 所示为单击 Bend（弯曲）修改器后回到弯曲“参数”面板。

（3）如果修改器有子对象（或子修改器）级别，那么它们前面会有“+”号或“–”号图标。单击修改器前面的“+”号，即可看到相应的子对象，单击子对象，即可在子对象层级下修改对象。例如，单击堆栈中“Bend”字样前面的“+”号，然后单击“Gizmo”，视图中出现“Gizmo”变换框，即可对“Gizmo”变换框进行移动、旋转、缩放等操作，进而影响修改效果，如图 7-5 所示。

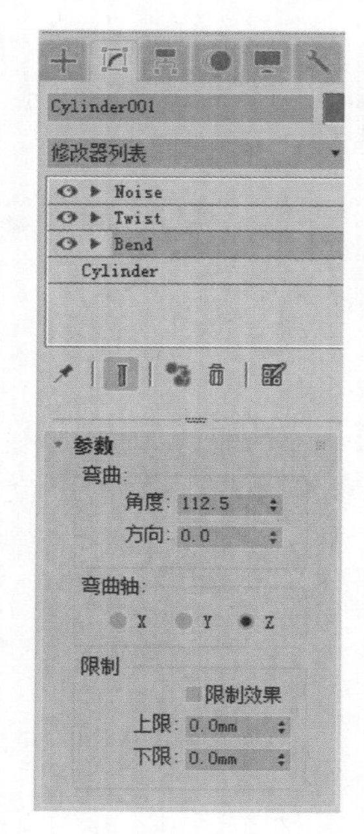

图7-4 回到弯曲“参数”面板

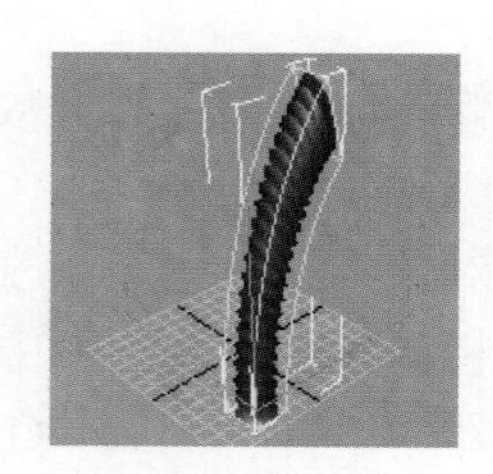

图7-5 进入“弯曲”修改器对Gizmo子对象修改

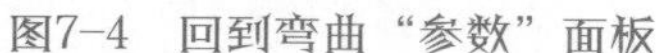

参数详解

在修改器堆栈的下方有一排图标，可以利用这些按钮对修改器堆栈进行各种操作，下面简单介绍这些按钮的作用。

❖ **Pin Stack**（锁定堆栈）：将堆栈和所有修改面板控件锁定到选定对象的堆栈。即使选择了视口中的另一个对象之后，也可以继续对锁定堆栈的对象进行编辑。

❖ **Show End Result**（显示最终结果开 / 关切换）：启用此选项后，会在选定的对象上显示整个堆栈的效果。禁用此选项后，仅显示到当前高亮修改器，堆栈的效果。

❖ **Make Unique**（使唯一）：使实例化对象成为唯一的，或者使实例化修改器对于选定对象是唯一的。

❖ **Remove Modifier from the Stack**（从堆栈中移除修改器）：从堆栈中选中一个修改器，单击该按钮即可将其删除，同时消除该修改器引起的所有更改。

❖ **Configure Modifier Sets**（配置修改器集）：单击可显示一个弹出菜单，用于在修改面板中配置，如何显示和选择修改器。

7.1.2 应用修改器的顺序

上节中提到，如果对同一对象添加一系列的修改器，则在堆栈中修改器是按添加顺序从下到上依次排列的。如果改变这些修改器的顺序，最终的修改效果也会发生变化。

创建步骤

（1）创建一个具有足够 Height Segments（高度段数）的长方体，先对其添加 Twist（扭曲）修改器，如图 7-6 所示。

（2）对扭曲后的长方体添加 Bend（弯曲）修改器，如图 7-7 所示。

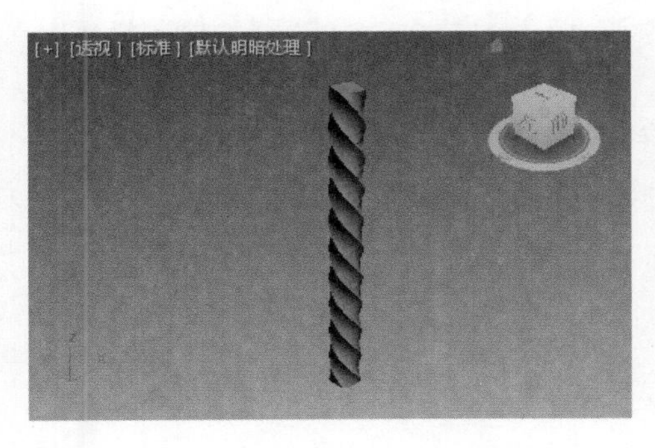

图7-6　先添加“扭曲”修改器

图7-7　再添加“弯曲”修改器

（3）创建同第一步相同的长方体（或者直接在修改器堆栈中删除上面的两个修改器，得到最初的长方体），先对其添加 Bend（弯曲）修改器，如图 7-8 所示。

（4）对弯曲后的长方体添加 Twist（扭曲）修改器，如图 7-9 所示。可以看到，虽然对同一对象添加的修改器及修改器参数相同，但因顺序不同而结果迥异，这点希望引起读者的注意。

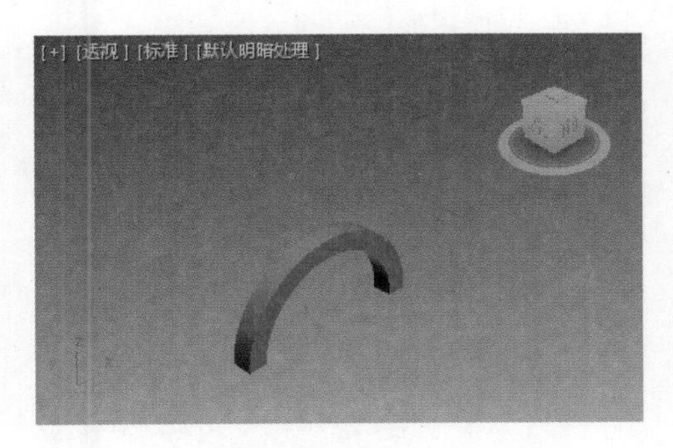

图7-8　先添加“弯曲”修改器

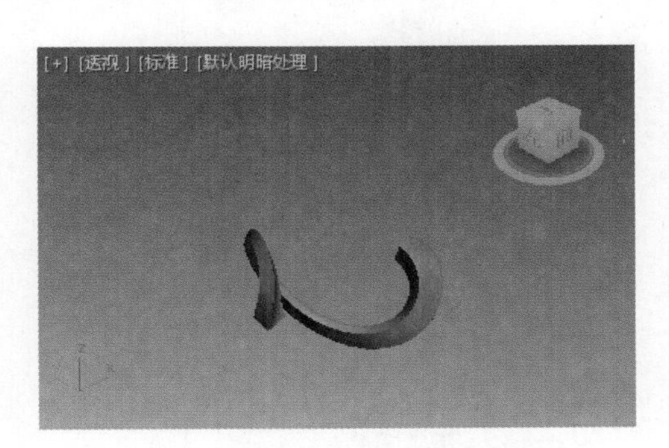

图7-9　再添加“扭曲”修改器

7.1.3　修改多个对象

可以将修改器应用于多个对象。通常，该处理与修改单个对象并行执行，生成一个选择集并应用可用的修改器，也可以对选择集中的对象独立应用修改器。下面简单介绍对多个对象应用修改器的这两种方式。

创建步骤 

（1）打开“标准几何体”创建面板，在透视图中创建 3 个圆锥体，如图 7-10 所示。

（2）利用区域选择的方式，全部选中 3 个圆锥体，为选择集添加 Taper（锥化）修改器，适当设置参数，如图 7-11 所示。

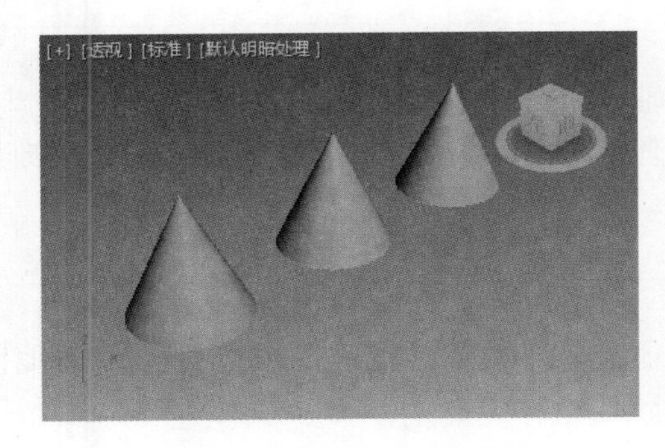

图7-10　创建3个圆锥体

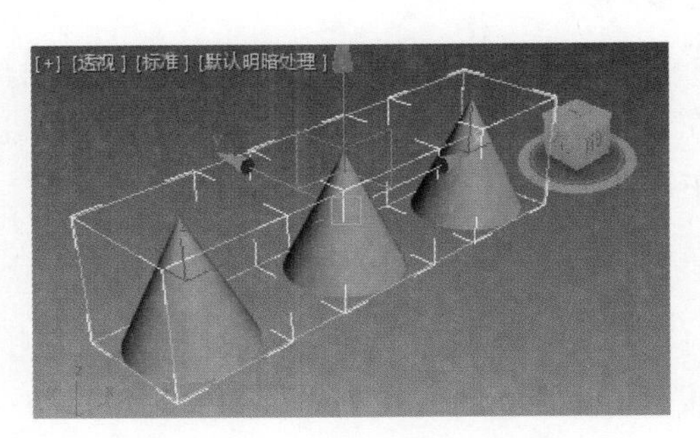

图7-11　未使用轴点的“锥化”修改器

（3）选中 3 个圆锥体，单击 Modifier List（修改器列表），单击 Use Pivot Points（使用轴点）使其处于选中状态，如图 7-12 所示。

（4）为选择集添加 Taper（锥化）修改器，适当设置参数，如图 7-13 所示。可以看到，对多个对象进行修改时，可以利用 Use Pivot Points（使用轴点）决定将选择集作为一个整体来修改，还是作为单个修改器来修改。

图7-12 选中“使用轴点”

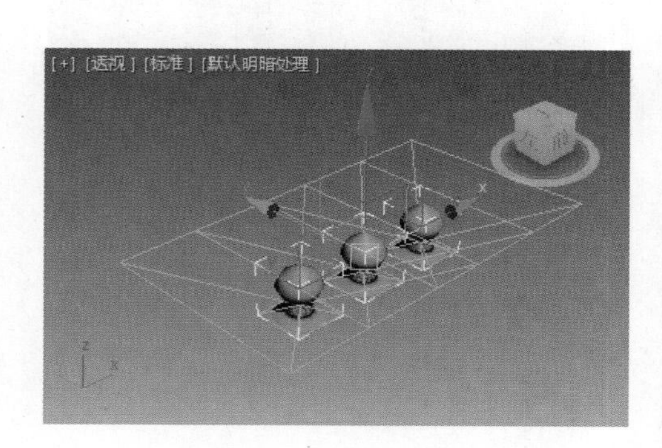

图7-13 “使用轴点”后的“锥化”修改器

7.2 常用的编辑修改器

除了上面介绍的针对二维图形的修改器，3ds Max 2018 还提供许多功能强大的针对三维造型的修改器。熟悉这些修改器的功能和使用方法，能够帮助读者制作出相对复杂的模型，从而提高建模能力。下面就来介绍常用的编辑修改器。

7.2.1 弯曲修改器

功能示例

Bend（弯曲）修改器允许将当前选中的对象围绕单独轴弯曲 360°，在对象几何体中产生均匀弯曲。可以在任意三个轴上控制弯曲的角度和方向，也可以对几何体的一段限制弯曲。Bend（弯曲）修改器的功能示例如图 7-14 所示。

创建步骤

（1）打开“标准几何体”创建面板，单击 Cylinder（圆柱体）按钮，在透视图中创建一个圆柱体，设置其 Height Segments（高度段数）为“15”，如图 7-15 所示。

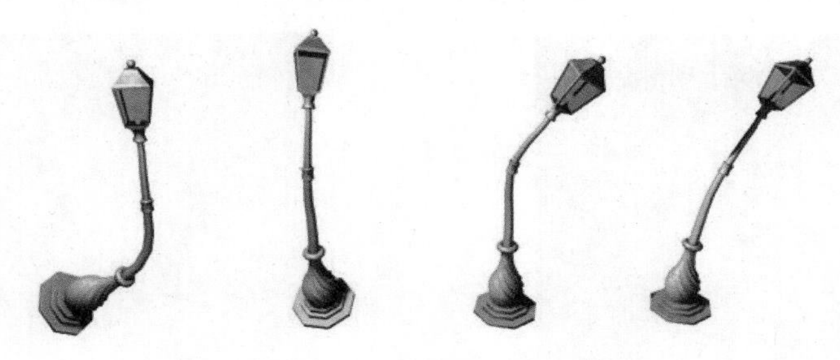

图7-14　弯曲修改器的功能示例

（2）选中圆柱体，进入修改面板。单击 Modifier List（修改器列表），在下拉列表中选择 Bend（弯曲）修改器。

（3）在 Parameters（参数）面板设置 Angle（角度）为“100”，观察弯曲效果，如图 7-16 所示。

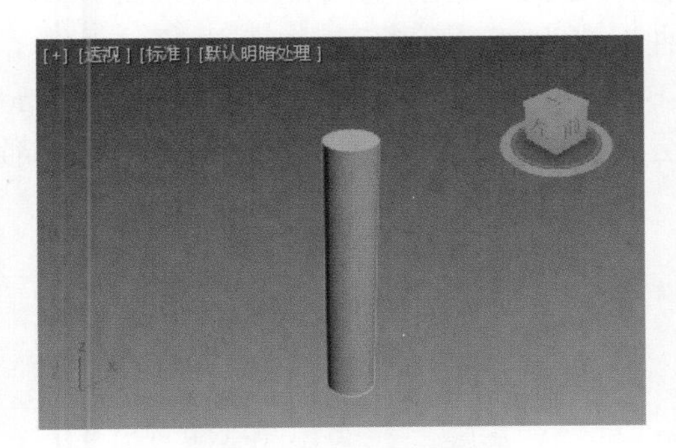

图7-15　创建圆柱体

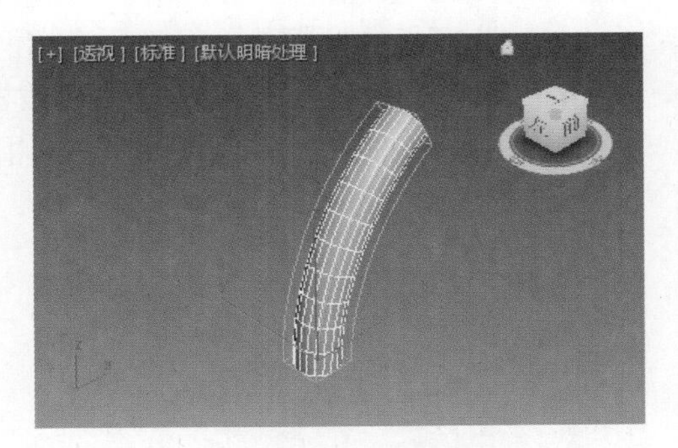

图7-16　弯曲后的圆柱体

提示：高度方向的段数对弯曲效果有着重要的影响，如果没有足够的段数，将不会得到预期的弯曲效果。

参数详解

Bend（弯曲）修改器的 Parameters（参数）面板如图 7-17 所示。下面详解 Bend（弯曲）修改器的主要参数。

❖ **Angle（角度）**：从顶点平面设置要弯曲的角度。角度标示如图 7-18 所示。

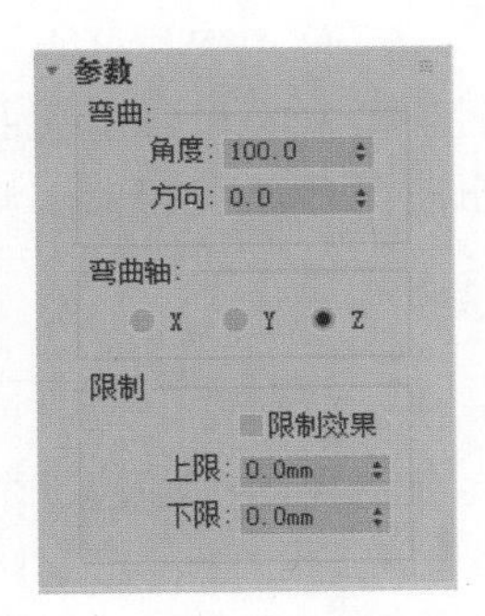

图7-17　“弯曲”修改器的“参数”面板

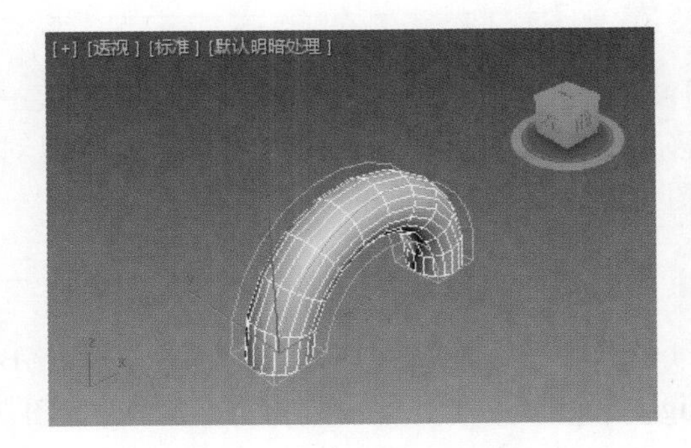

图7-18　角度标示图

❖ **Direction（方向）**：设置弯曲相对于水平面的方向。方向标示如图 7-19 所示。

❖ **Bend Axis（弯曲轴）**：指定要弯曲的轴，默认设置为 Z 轴。弯曲轴标示如图 7-20 所示。

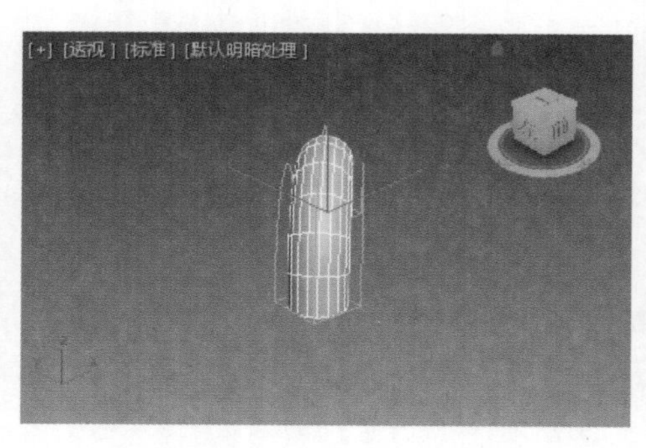
图7-19　方向标示图

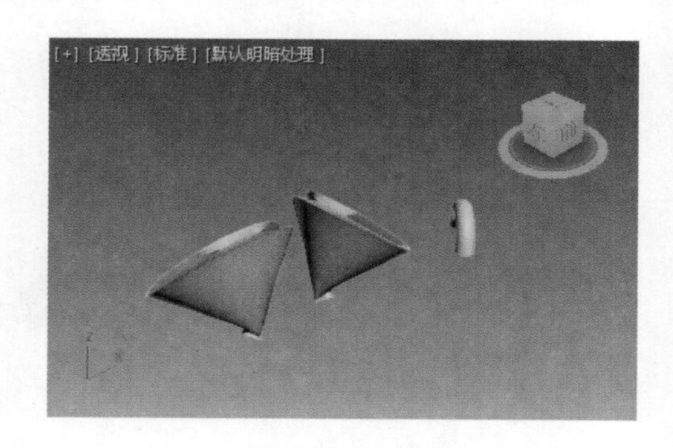
图7-20　弯曲轴标示图

❖ **Limit Effect（限制效果）**：将限制约束应用于弯曲效果，可以设置 Upper Limit（上限）/ Lower Limit（下限）值以确定受限制的区域，默认设置为禁用状态。限制效果标示如图 7-21 所示。

除了“参数”面板的参数外，下面再介绍两个与“弯曲”修改器相关的重要知识点。

❖ **Bend（弯曲）修改器子对象**：单击修改器堆栈中“Bend”前面的“+”号，即可看到“Gizmo”和 Center（中心），如图 7-22 所示。进入相应子对象层级，移动“Gizmo”或 Center（中心）都可以改变修改器作用的效果。

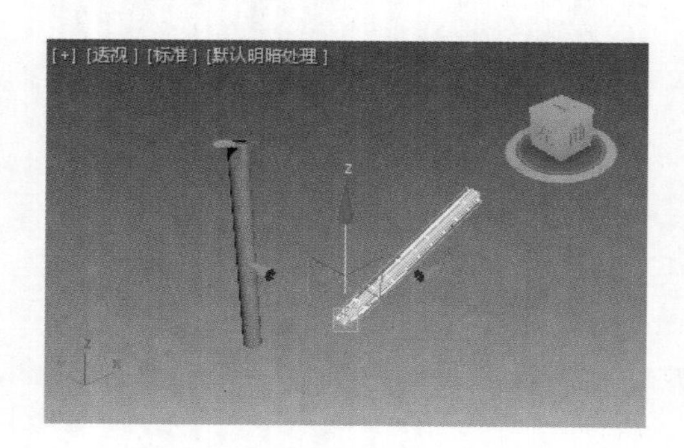
图7-21　限制效果标示图

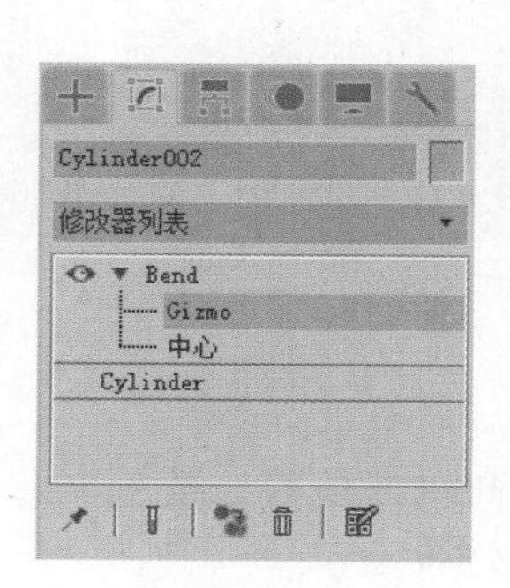

图7-22　弯曲轴标示图

7.2.2　扭曲修改器

形状示例

Twist（扭曲）修改器在对象几何体中产生一个旋转效果。可以控制任意三个轴上扭曲的角度，并设置偏移来压缩扭曲相对于轴点的效果，也可以对几何体的一段限制扭曲。Twist（扭曲）修改器的功能示例如图 7-23 所示。

创建步骤

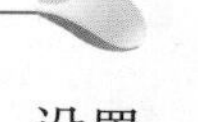

（1）打开“标准几何体”创建面板，单击 Box（长方体）按钮，在透视图中创建一个长方体，设置其 Height Segments（高度段数）为“30”，如图 7-24 所示。

（2）选中长方体，进入修改面板。单击 Modifier List（修改器列表），在下拉列表中选择 Twist（扭曲）修改器。

（3）在 Parameters（参数）面板设置 Angle（角度）为“360”，观察扭曲效果，如图 7-25 所示。

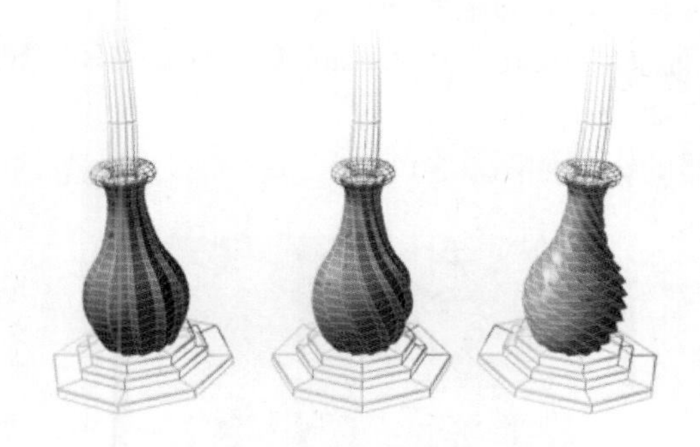

图7-23 “扭曲”修改器的功能示例

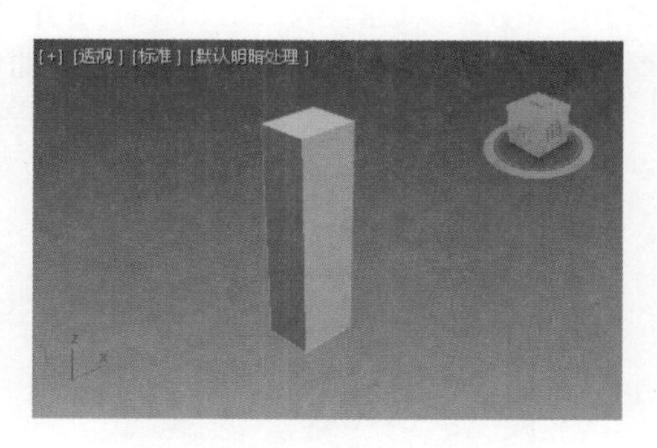

图7-24 创建长方体

提示：

高度方向的段数对扭曲效果有着重要的影响，如果没有足够的段数，不会得到预期的扭曲效果。

参数详解

Twist（扭曲）修改器的 Parameters（参数）面板如图 7-26 所示。下面详解 Twist（扭曲）修改器的主要参数。

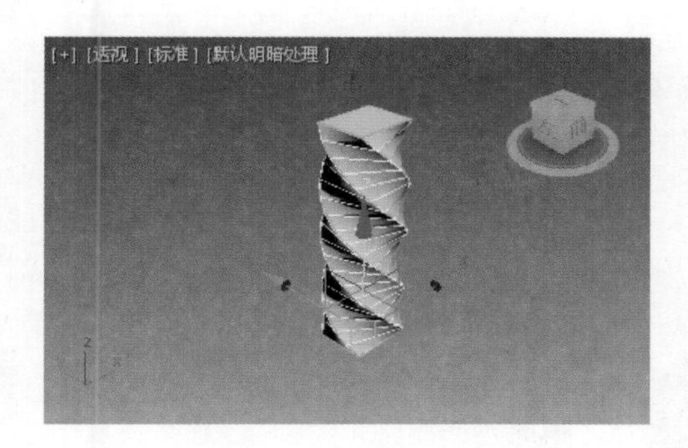

图7-25 扭曲后的长方体

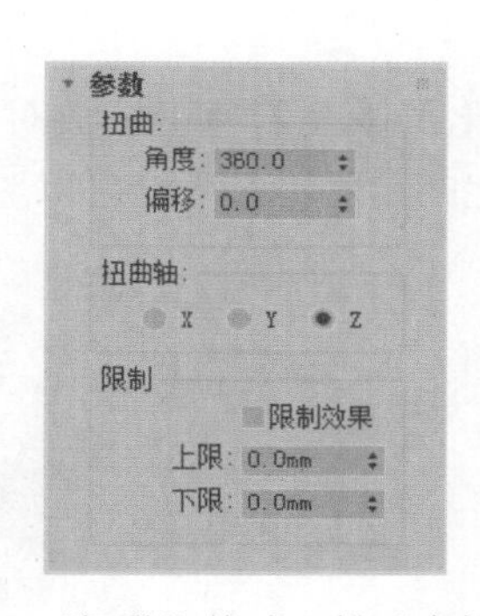

图7-26 “扭曲”修改器的“参数”面板

- **Angle**（角度）：确定围绕垂直轴扭曲的角度。
- **Bias**（偏移）：使扭曲旋转在对象的任意末端聚团。值为负时，对象扭曲会与 Gizmo 中心相邻；值为正时，对象扭曲远离于 Gizmo 中心；值为“0”时，将均匀扭曲。偏移标示如图 7-27 所示。
- **Limit Effect**（限制效果）：将限制约束应用于扭曲效果。限制效果标示如图 7-28 所示。

图7-27 偏移标示图

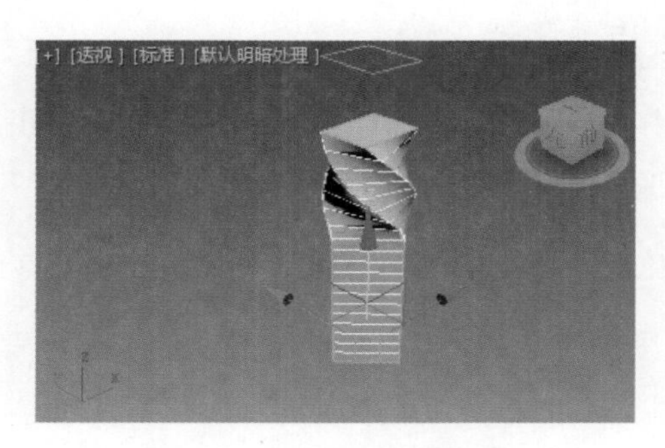

图7-28 限制效果标示图

除了“参数”面板的参数外，下面再介绍两个与扭曲修改器相关的重要知识点。

- **Twist（扭曲）修改器子对象**：移动扭曲修改器的子对象“Gizmo”或 Center（中心），都可以改变修改器作用的效果。子对象对扭曲效果的影响如图 7-29 所示。
- **几何体的段数对扭曲效果的影响**：段数对扭曲修改器的影响如图 7-30 所示。

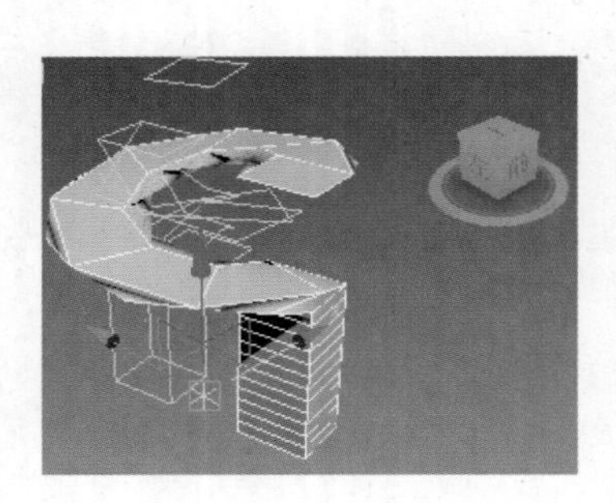

图7-29 子对象对扭曲效果的影响

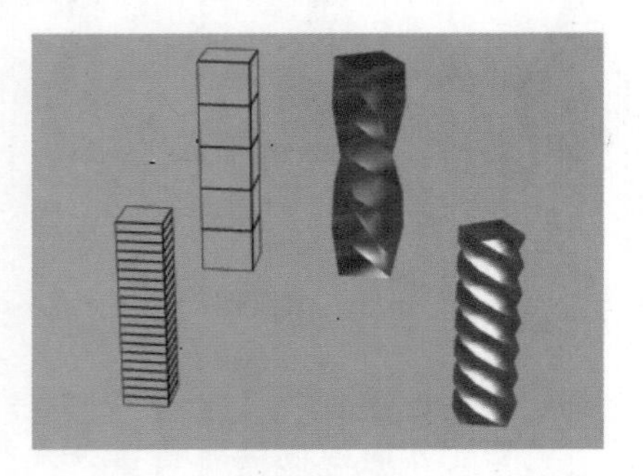

图7-30 段数对扭曲效果的影响

7.2.3 锥化修改器

形状示例

Taper（锥化）修改器通过缩放对象几何体的两端产生锥化轮廓，一端放大而另一端缩小。可以在两组轴上控制锥化的量和曲线，也可以对几何体的一端限制锥化。Taper（锥化）修改器的功能示例如图 7-31 所示。

图7-31 “锥化”修改器的功能示例

创建步骤

（1）打开“标准几何体”创建面板，单击 Box（长方体）按钮，在透视图中创建一个长方体，设置其 Length Segments（长度段数）、Width Segments（宽度段数）、Height Segments（高度段数）均为“10”，如图 7-32 所示。

提示：

锥化修改器也要求对象有足够的段数，如果段数不够，将得不到预期的锥化效果。

（2）选中长方体，进入修改面板。单击 Modifier List（修改器列表），在下拉列表中选择 Taper（锥化）修改器。

（3）在 Parameters（参数）面板设置 Amount（数量）为“–0.5”，Curve（曲线）为“1”，观察锥化效果，如图 7-33 所示。

图7–32　创建长方体

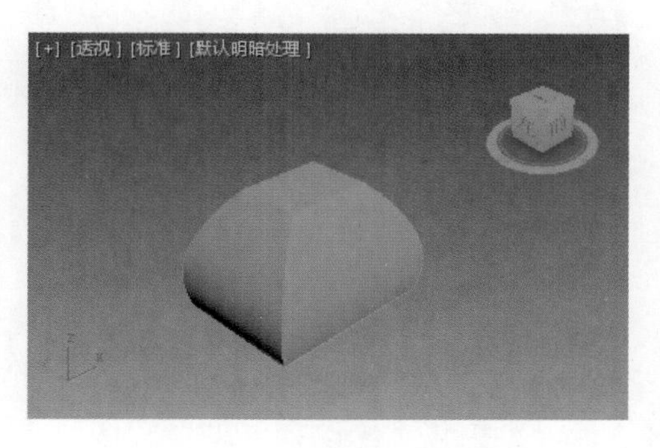

图7–33　锥化后的长方体

参数详解

Taper（锥化）修改器的 Parameters（参数）面板如图 7-34 所示。下面详解 Taper（锥化）修改器的主要参数。

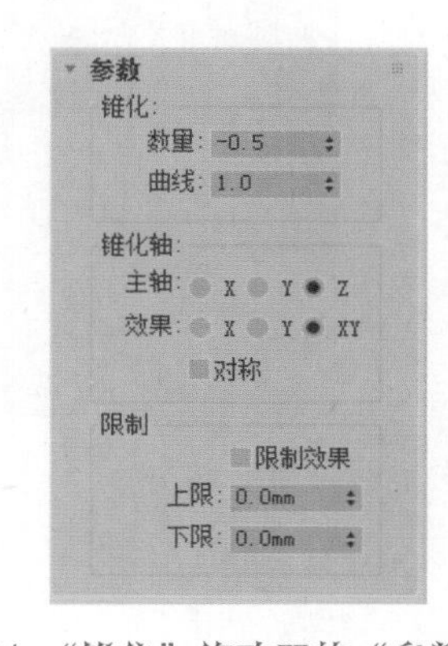

图 7–34　“锥化”修改器的“参数”面板

❖ **Amount（数量）**：缩放扩展的末端，该值实际上是一个倍数，最大为“10”。

❖ **Curve（曲线）**：对锥化 Gizmo 的侧面应用曲率，会影响锥化对象的形状。正值会沿着锥化侧面产生向外的曲线，负值产生向内的曲线。默认值为“0”，此时侧面不发生变化。曲线标示如图 7-35 所示。

❖ **Primary（主轴）**：锥化的中心样条线或中心轴为 X、Y 或 Z，默认设置为 Z。主轴标示如图 7-36 所示。

图7–35　曲线标示图

图7–36　主轴标示图

❖ **Effect（效果）**：用于表示主轴上锥化方向的轴或轴对，默认设置为 XY。可用选项取决于主轴的选取。影响轴可以是剩下两个轴的任意一个，或者是它们的合集。如果主轴是 X，影响轴可以是 Y、Z 或 YZ。效果标示如图 7-37 所示。

❖ **Symmetry（对称）**：围绕主轴产生对称锥化。锥化始终围绕影响轴对称，默认设置为禁用状态。对称标示如图 7-38 所示。

❖ **Limit Effect（限制效果）**：将限制约束应用于锥化效果。

除了“参数”面板的参数外，下面再介绍两个与“锥化”修改器相关的重要知识点。

❖ **几何体的段数对锥化效果的影响**：段数影响“锥化”修改器的效果。

图7-37 效果标示图

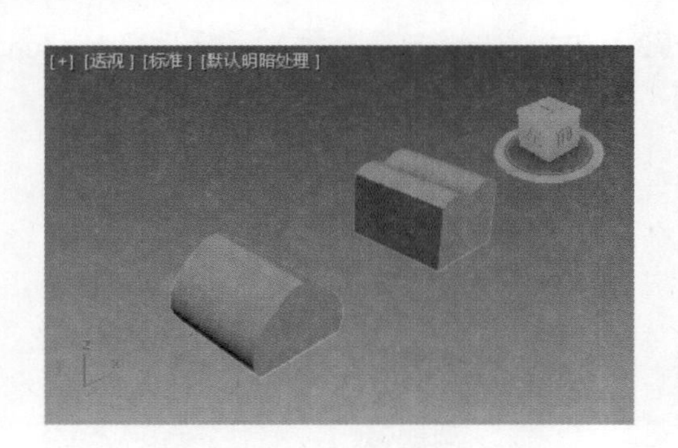

图7-38 对称标示图

❖ **Taper（锥化）修改器子对象：**移动“锥化”修改器的子对象“Gizmo”或 Center（中心），都可以改变修改器作用的效果。子对象对锥化效果影响如图 7-39 所示。

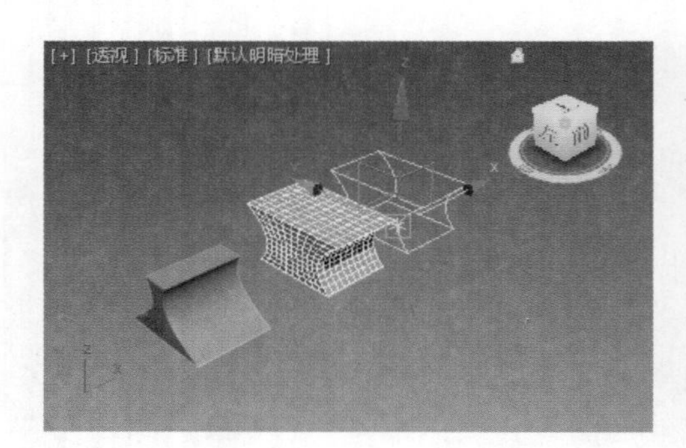

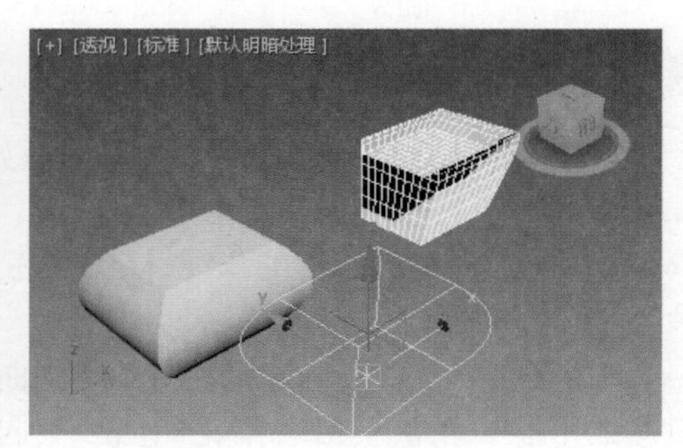

图7-39 子对象对锥化效果影响

7.2.4 噪波修改器

形状示例

Noise（噪波）修改器沿着三个轴的任意组合调整对象顶点的位置，它是模拟对象形状随机变化的重要动画工具。使用分形设置可以得到随机的涟漪图案，比如风中的旗帜，也可以从平面几何体中创建多山地形。Noise（噪波）修改器的功能示例如图 7-40 所示。

图7-40 “噪波”修改器的功能示例

创建步骤

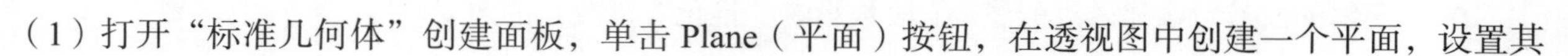

（1）打开“标准几何体”创建面板，单击 Plane（平面）按钮，在透视图中创建一个平面，设置其

Length Segments（长度段数）、Width Segments（宽度段数）均为“40”，如图 7-41 所示。

（2）选中平面，进入修改面板。单击 Modifier List（修改器列表），在下拉列表中选择 Noise（噪波）修改器。

（3）在 Parameters（参数）面板设置 Scale（比例）为“10”，Strength（强度）下的 Z 值为“40”，观察噪波效果，如图 7-42 所示。

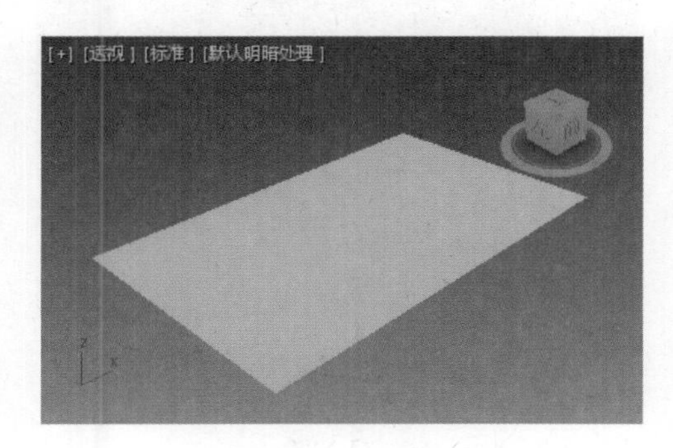

图7-41 创建平面

图7-42 噪波作用后的平面

提示：

噪波修改器也要求对象有足够的段数，如果段数不够，将不会得到预期的噪波效果。

参数详解

Noise（噪波）修改器的 Parameters（参数）面板如图 7-43 所示。下面详解“噪波”修改器的主要参数。

- **Seed（种子）**：从设置的数中生成一个随机起始点。在创建地形时尤其有用，因为每种设置都可以生成不同的配置。
- **Scale（比例）**：较大的值产生更为平滑的噪波，较小的值产生锯齿现象更严重的噪波，默认值为“100”。比例标示如图 7-44 所示。

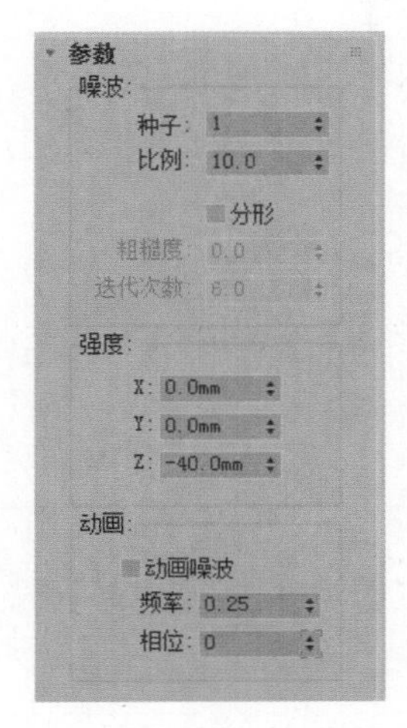

图7-43 “噪波”修改器的“参数”面板

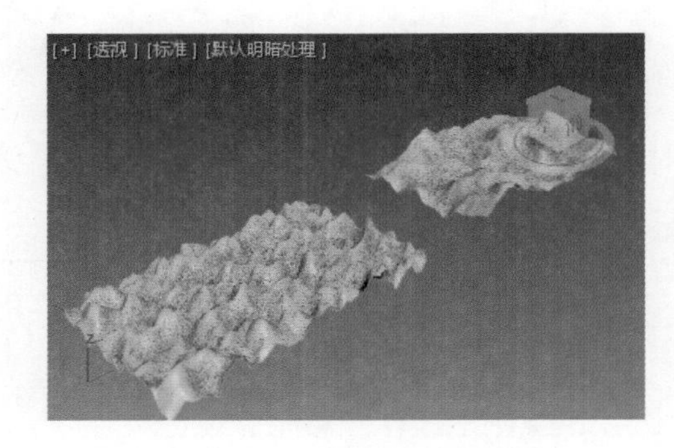

图7-44 比例标示图

- **Fractal（分形）**：根据当前设置产生分形效果，以得到更为杂乱的噪波效果，适用于制作山地。可以设置 Roughness（粗糙度）和 Iterations（迭代次数）两个参数，默认设置为禁用状态。分形效果标示如图 7-45 所示。

❖ **Strength**（强度）: 控制噪波效果的大小，只有设置了强度后噪波效果才会起作用。可以设置 X/Y/Z 每一个轴上的强度。强度标示如图 7-46 所示。

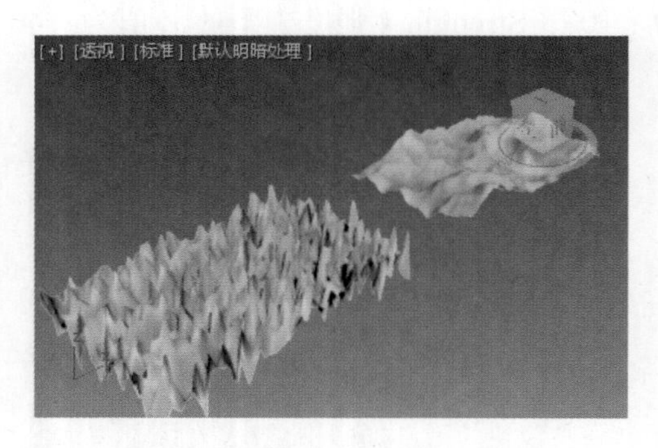

图7-45　分形效果标示图

图7-46　强度标示图

7.2.5　晶格修改器

形状示例

Lattice（晶格）修改器将图形的线段或边转化为圆柱形结构，并在顶点上产生可选的关节多面体。使用它可基于网格拓扑创建可渲染的几何体结构，或作为获得线框渲染效果的另一种方法。“晶格”修改器的功能示例如图 7-47 所示。

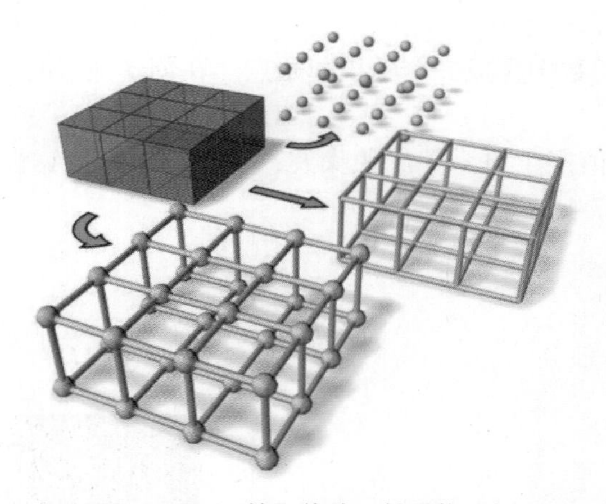

图7-47　“晶格”修改器的功能示例

创建步骤

（1）打开“标准几何体”创建面板，单击 Cone（圆锥）按钮，在透视图中创建一个圆锥体，如图 7-48 所示。

提示：

几何体的段数影响晶格化后支架和点的数量。读者可适当将圆锥的段数设置小些，以免进行晶格修改后支架和点数过多，不易看清。这里采用的 Height Segments（高度段数）为“5”，Cap Segments（端面段数）为“1”。

（2）选中圆锥体，进入修改面板。单击 Modifier List（修改器列表），在下拉列表中选择 Lattice（晶格）

修改器。

（3）采用默认设置，观察晶格化后的圆锥效果，如图 7-49 所示。

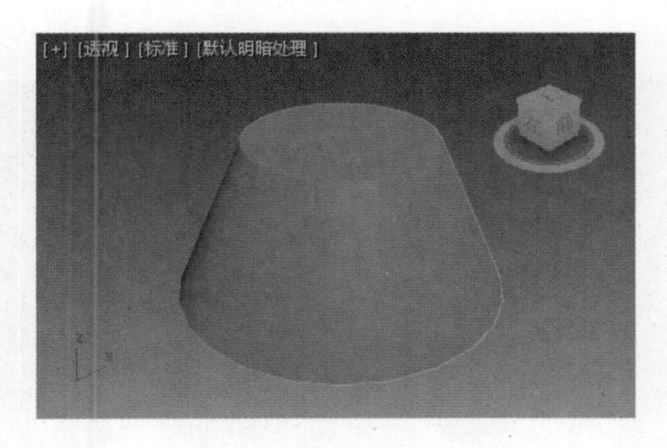

图7-48　创建圆锥体

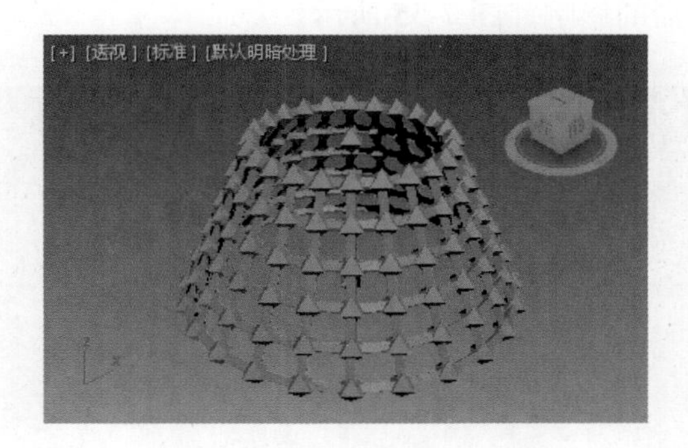

图7-49　晶格化后的圆锥

Lattice（晶格）修改器的 Parameters（参数）面板较长，下面分参数区进行介绍。

（1）Geometry（几何体）参数区如图 7-50 所示。

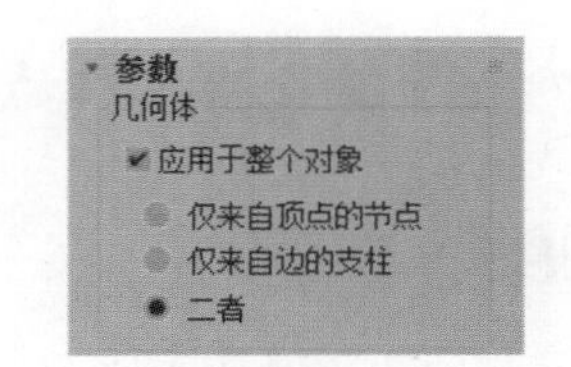

图7-50　“几何体”参数区

❖ **Apply to Entire Object（应用于整个对象）**：启用时，将晶格应用到对象的所有边或线段上；禁用时，仅将晶格应用在传送到堆栈中的选中子对象。

❖ **Joints Only from Vertices（仅来自顶点的节点）**：仅显示原始网格顶点产生的关节。

❖ **Structs Only from Edges（仅来自边的支柱）**：仅显示由原始网格线段产生的结构。

❖ **Both（二者）**：显示结构和关节。

（2）Structs（结构）参数区如图 7-51 所示，在这里可以设置结构的 Radius（半径）、Segments（分段）、Sides（边数）等参数。“结构”参数区的部分参数标示如图 7-52 所示。

（3）Joints（节点）参数区如图 7-53 所示，在这里可以设置节点的 Geodesic Basic Type（基点面类型）、Radius（半径）、Segments（分段）、Material ID（材质 ID）等参数。

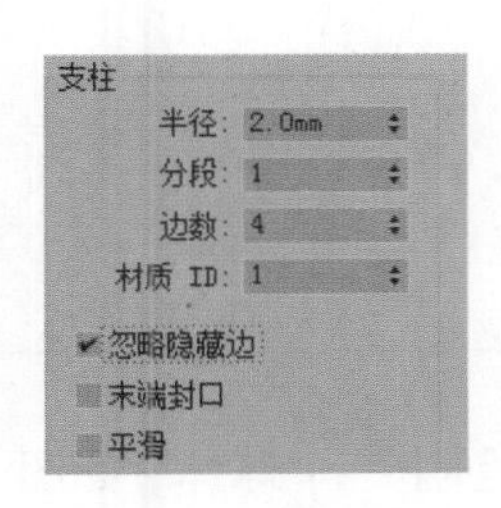

图7-51　结构参数区

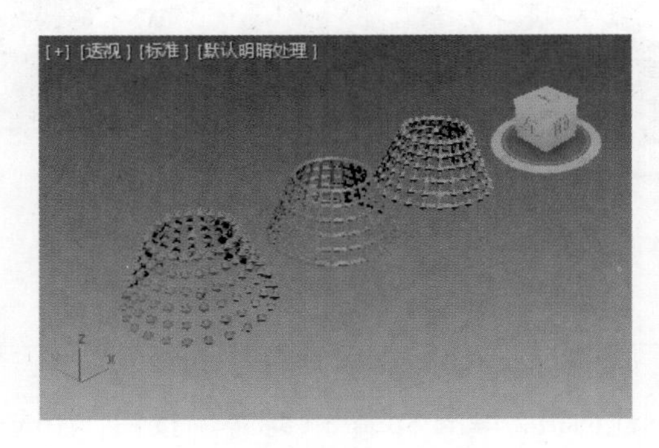

图7-52　“结构”参数区标示图

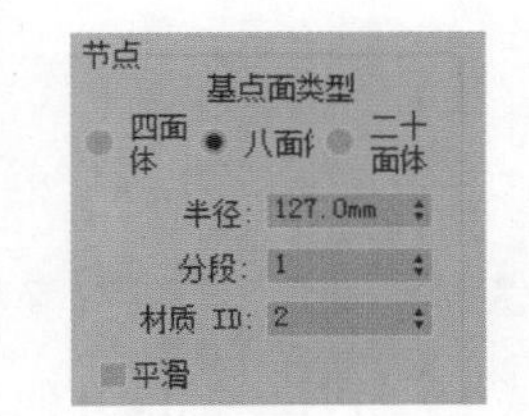

图7-53　“节点”参数区

❖ **Tetra（四面体）/Octa（八面体）/Icosa（二十面体）**：指定用于关节的多面体类型。3 种基点面类型标示如图 7-54 所示。

❖ **Material ID（材质 ID）**：指定用于关节的材质 ID，默认设置为 ID = 2。

除了“参数”面板的参数，下面再介绍一个与“晶格”修改器相关的重要知识点：创建好几何体，对其添加“晶格”修改器后，有可能发现结构及节点数目太多或者太少。这种情况就可以在修改器堆栈中进入几何体层级，修改几何体的段数，从而达到控制结构或者节点数的目的。几何体的段数对“晶格”修改器的影响如图 7-55 所示。

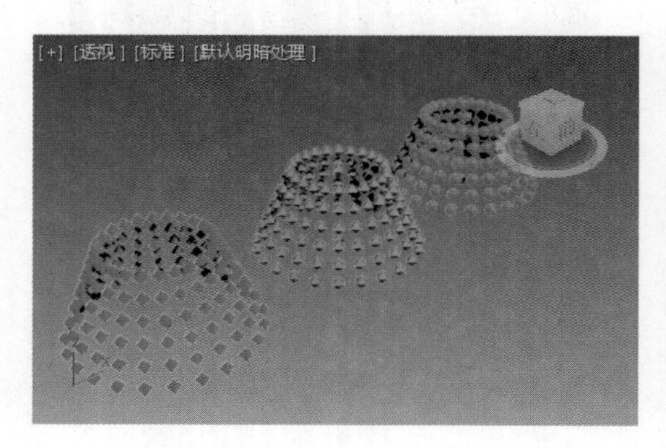

图7-54　3种基点面类型标示图

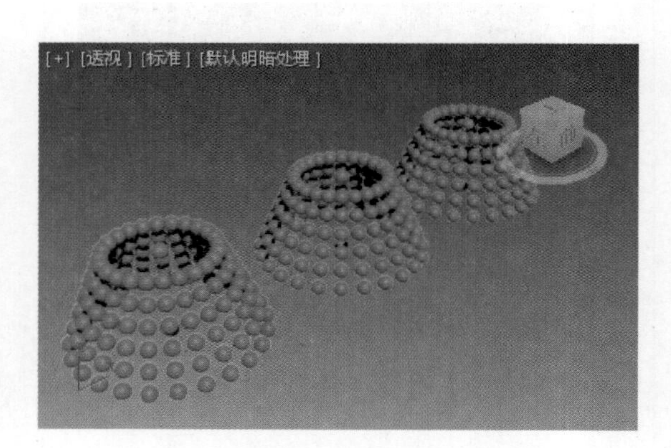

图7-55　段数对“晶格”修改器的影响

7.2.6　融化修改器

形状示例

Melt（融化）修改器可以将实际融化效果应用到所有类型的对象上，包括可编辑面片和 NURBS 对象，同样也包括传递到堆栈的子对象。Melt（融化）修改器的功能示例如图 7-56 所示。

图7-56　“融化”修改器的功能示例

创建步骤

（1）打开“标准几何体”创建面板，单击 Sphere（球体）按钮，在透视图中创建一个球体，如图 7-57 所示。

（2）选中球体，进入修改面板。单击 Modifier List（修改器列表），在下拉列表中选择 Melt（融化）修改器。

（3）适当设置 Parameters（参数）面板的 Amount（数量）值，观察球体的融化效果，如图 7-58 所示。

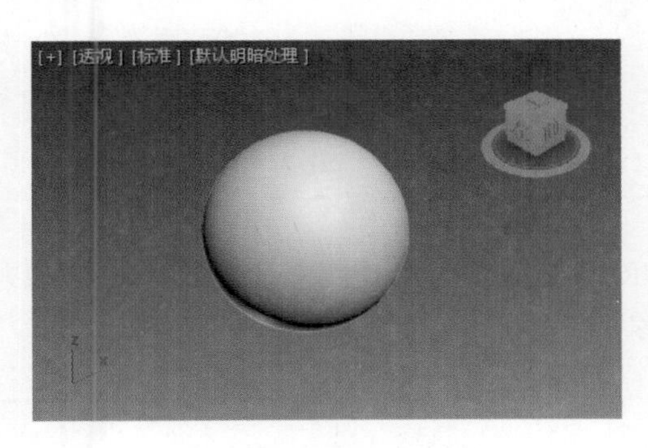

图7-57　创建球体

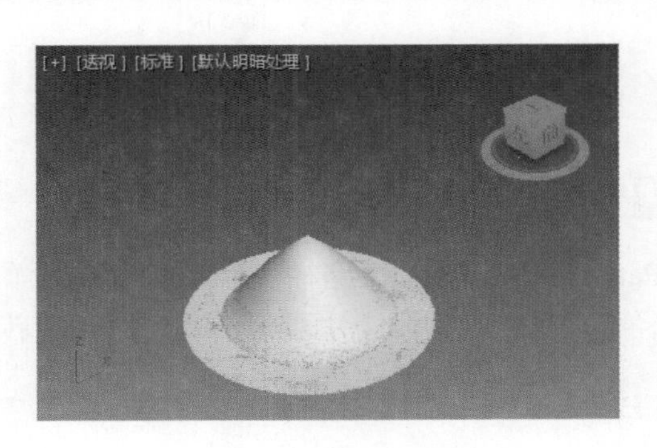

图7-58　融化的球体

Melt（融化）修改器的 Parameters（参数）面板如图 7-59 所示。下面详解 Melt（融化）修改器的主要参数。

❖ **Amount（数量）:** 指定衰减程度，或者应用到 Gizmo 上的融化效果，以此来影响对象。范围为 0.0 ～ 1000.0，数量标示如图 7-60 所示。

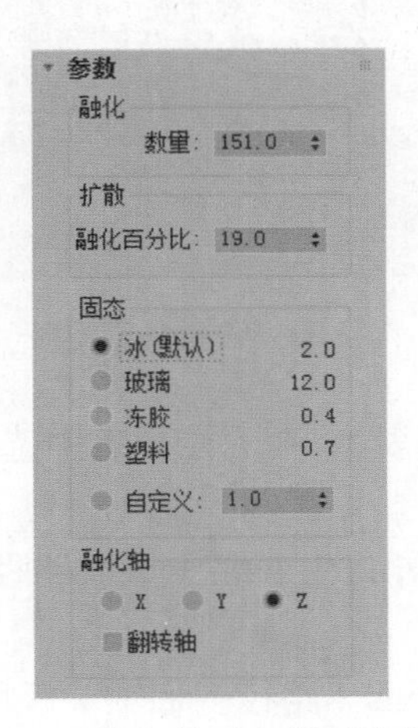

图7-59　“融化”修改器的“参数”面板

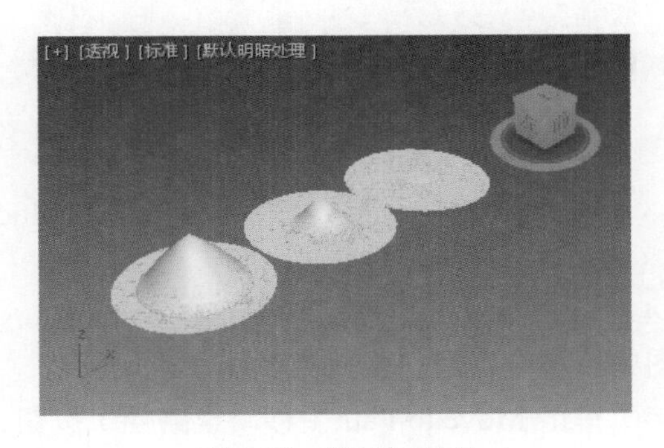

图7-60　数量标示图

❖ **% of Melt（融化百分比）:** 指定随着 Amount（数量）值增加多少对象和融化会扩展。该值基本上是沿着平面的凸起。融化百分比标示见功能示例。

❖ **Solidity（固态）:** 决定融化对象中心的相对高度，固态值稍低的物质，如冻胶在融化时中心会下陷得较多，该组为物质的不同类型提供多个预设值：Ice（冰）、Glass（玻璃）、Jelly（冻胶）以及 Plastic（塑料）。用户也可以使用 Custom（自定义）将固态值设置为 0.2 ～ 30.0 间的任何值。固态标示如图 7-61 所示。

❖ **Axis to Melt（融化轴）:** 选择会产生融化的轴（对象的局部轴）。请注意这里的轴是融化 Gizmo 的局部轴，而与选中的实体无关。

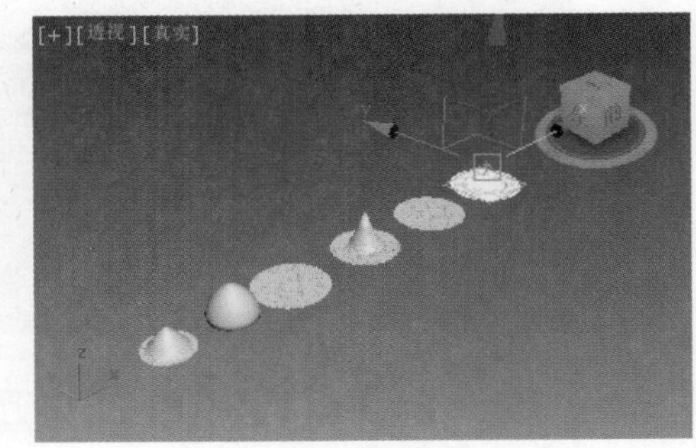

图7-61　固态标示图

7.2.7 路径变形修改器

形状示例

Path Deform WSM（路径变形）修改器将样条线或 NURBS 曲线作为路径使用来变形对象。可以沿着该路径移动和拉伸对象，也可以沿着该路径旋转和扭曲对象。

创建步骤

（1）打开“标准几何体”创建面板，单击 Box（长方体）按钮，在顶视图中创建一个长方体，设置其 Width Segments（宽度段数）为“20”，如图 7-62 所示。

（2）进入“图形”创建面板，单击 Line（线）按钮，在前视图中绘制一条曲线，作为变形路径，如图 7-63 所示。

图7-62　创建长方体

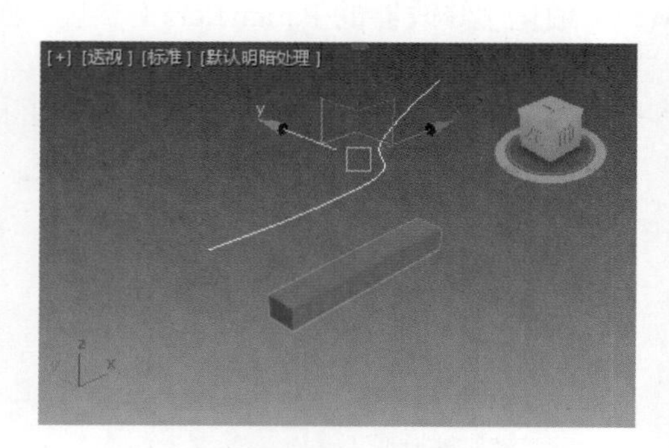

图7-63　绘制变形路径

（3）选中长方体，进入修改面板。单击 Modifier List（修改器列表），在下拉列表中选择 Path Deform WSM（路径变形）修改器。

（4）修改面板上出现路径变形的 Parameters（参数）面板，单击 Pick Path（拾取路径）按钮，然后在视图中单击变形路径，效果如图 7-64 所示。

（5）单击 Move to Path（移动至路径）按钮，并在 Path Deform Axis（路径变形轴）区域选择 *X* 轴，如图 7-65 所示。

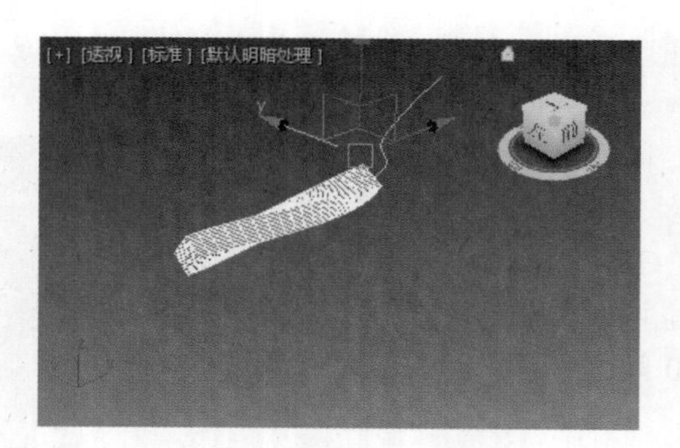

图7-64　拾取路径后效果图

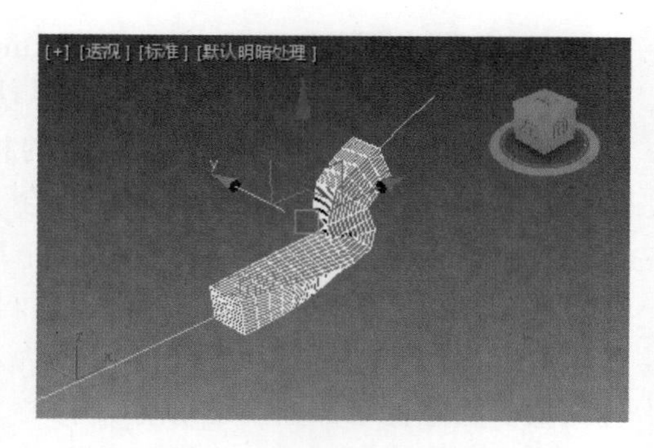

图7-65　移动至路径并选择变形轴

（6）适当增大 Percent（百分比）值，得到沿曲线变形的长方体，如图 7-66 所示。

Path Deform WSM（路径变形）修改器的 Parameters（参数）面板如图 7-67 所示。下面详解 Path

Deform WSM（路径变形）修改器的主要参数。

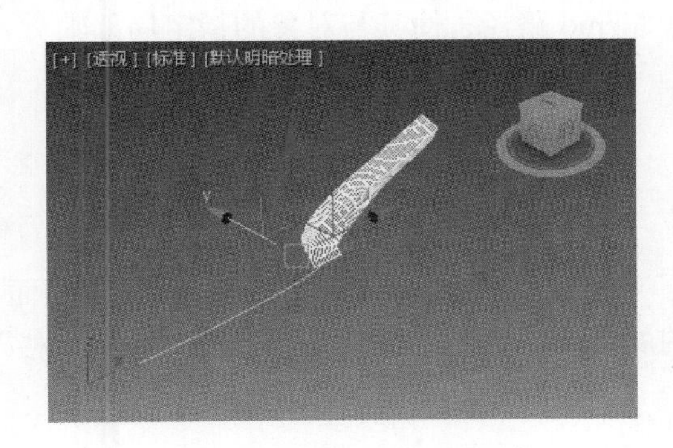

图7-66　沿曲线变形的长方体

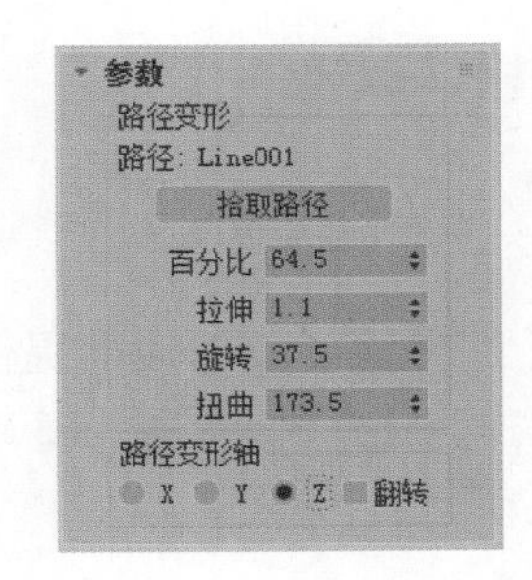

图7-67　“路径变形”修改器的“参数”面板

❖ **Pick Path（拾取路径）:** 单击该按钮，然后选择一条样条线或 NURBS 曲线作为路径使用。将视图中出现的 Gizmo 设置成与路径一样的形状并与对象的局部 *Z* 轴对齐。

提示：所拾取的路径应当含有单个的开放曲线或封闭曲线。如果使用含有多条曲线的路径对象，那么只使用第一条曲线。

❖ **Percent（百分比）:** 据路径长度的百分比，沿着 Gizmo 路径移动对象。百分比标示如图 7-68 所示。

❖ **Stretch（拉伸）:** 使用对象的轴点作为缩放的中心，沿着 Gizmo 路径缩放对象。拉伸标示如图 7-69 所示。

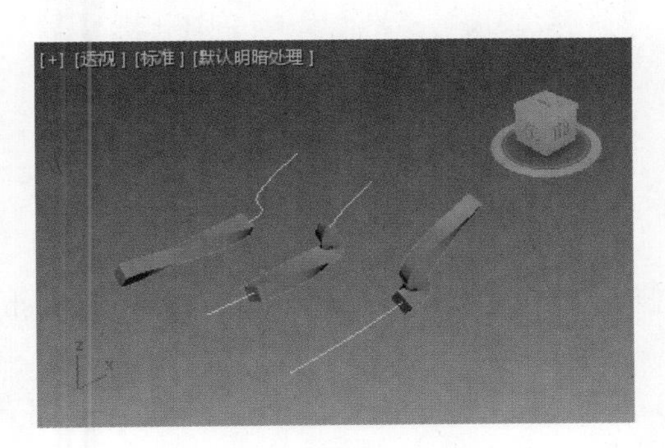

图7-68　百分比标示图

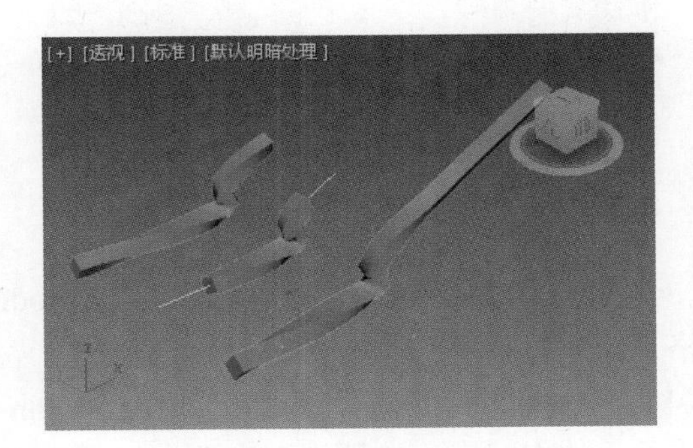

图7-69　拉伸标示图

❖ **Rotation（旋转）:** 绕 Gizmo 路径旋转对象。旋转标示如图 7-70 所示。

❖ **Twist（扭曲）:** 绕 Gizmo 路径扭曲对象。根据路径总体长度，一端的旋转决定扭曲的角度。通常，变形对象只占据路径的一部分，所以产生的效果很小。扭曲标示如图 7-71 所示。

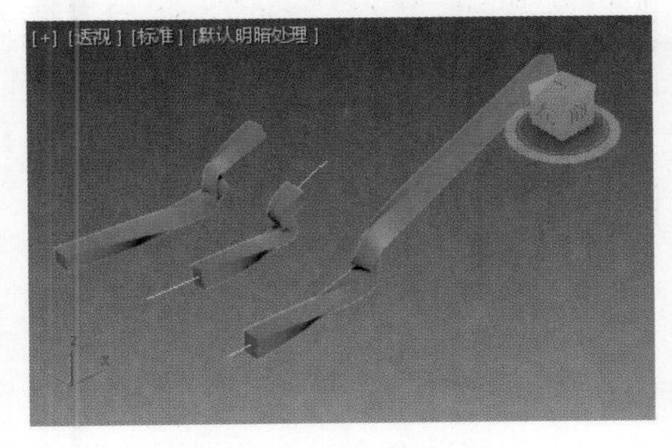

图7-70　旋转标示图

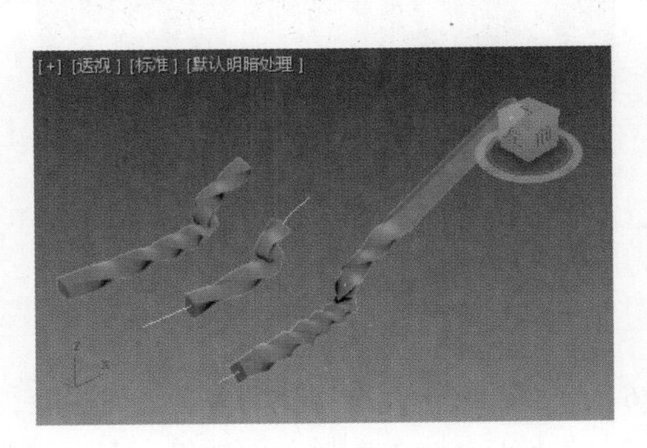

图7-71　扭曲标示图

❖ **Move to Path（转到路径）**：将对象从空间移动到路径上，便于观察变形情况。

❖ **Path Deform Axis（路径变形轴）**：选择一条轴旋转 Gizmo 路径，使其与对象的指定局部轴对齐。

7.2.8 编辑网格修改器

形状示例

Edit Mesh（编辑网格）修改器提供与选定对象不同子对象层级的显式编辑工具：顶点、边和面/多边形/元素。“编辑网格”修改器与基础可编辑网格对象的所有功能相匹配，只是不能在“编辑网格”修改器设置子对象动画。

创建步骤

（1）打开“标准几何体”创建面板，单击 Sphere（球体）按钮，在透视图中创建一个球体，设置 Hemisphere（半球）为“0.7”，Segments（分段）为“16”，如图 7-72 所示。

（2）在透视图中左上角的“真实”选项上右击，在弹出的快捷菜单中选择 Edged Faces（边面）命令，则几何体上的面全部显示出来，如图 7-73 所示。

图7-72　创建半球

图7-73　显示几何体上的面

（3）选中半球体，进入修改面板。单击 Modifier List（修改器列表），在下拉列表中选择 Edit Mesh（编辑网格）修改器。

（4）在 Selection（选择）面板单击 Polygon（多边形）图标■，确保 Ignore Backfacing（忽略背面）复选框处于选中状态，在顶视图中选中如图 7-74 所示的多边形面。

（5）选择 Edit（编辑）菜单下的 Select Invert（反选）按钮，将其余面选中，如图 7-75 所示。

图7-74　选中多边形面

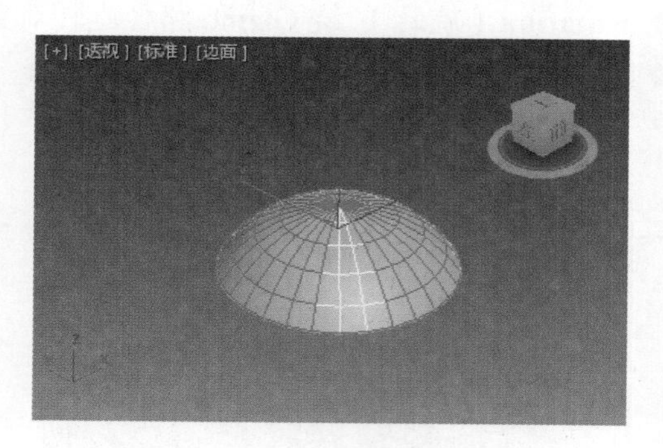

图7-75　反向选择多边形面

（6）按 Delete 键将所选择的多边形面删除，如图 7-76 所示。

（7）在 Selection（选择）面板单击 Vertex（顶点）图标，利用移动命令，在顶视图中调整中间一列点的位置，如图 7-77 所示。

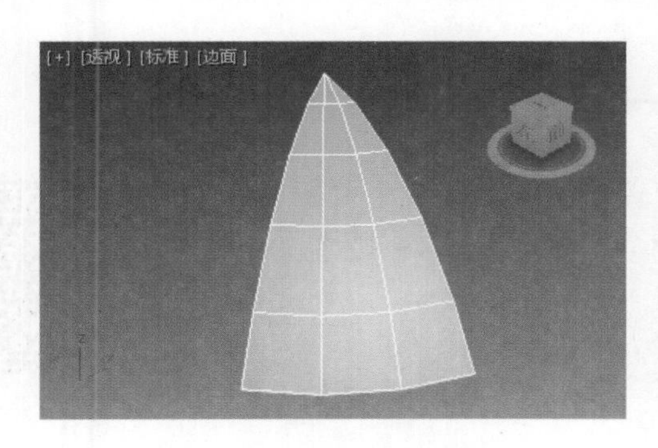

图7-76 删除多边形面

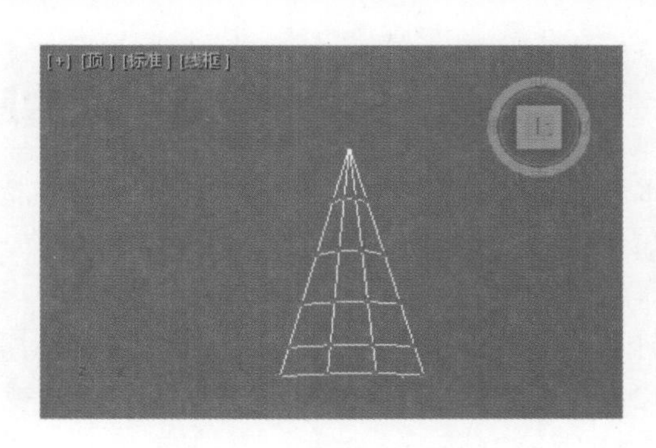

图7-77 调整中间一列点

（8）单击 Vertex（顶点）图标退出点子对象层级。在透视图中选中剩余对象，在 Tools（工具）菜单下选择 Array（阵列）命令，设置“阵列”参数如图 7-78 所示。

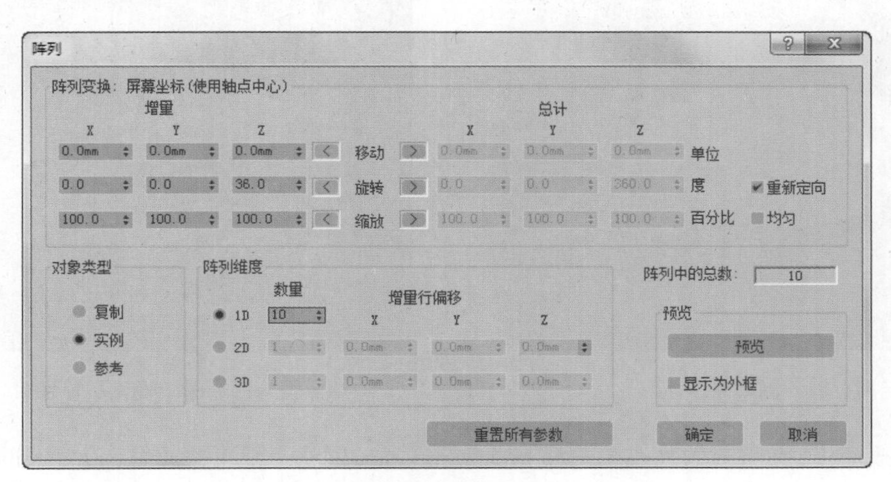

图7-78 设置“阵列”参数

（9）设置好阵列参数后，单击 OK（确定）按钮，即可阵列出伞布的大体轮廓，如图 7-79 所示。

（10）打开“标准几何体”创建面板，单击 Cylinder（圆柱体）按钮，在顶视图中创建一个圆柱体。适当设置参数，然后利用移动工具，将其调整到与伞布中心对齐，将圆柱体作为伞柄，如图 7-80 所示。

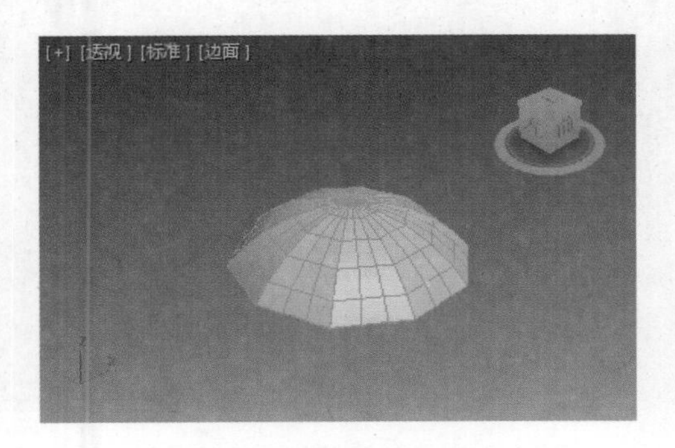

图7-79 阵列得到的伞布轮廓

图7-80 添加圆柱体作伞柄

Edit Mesh（编辑网格）修改器的参数与多边形网格的参数类似，相关知识将在后面介绍，这里不再赘述。

7.3 综合应用——鸟笼图形

本节通过鸟笼的制作，帮助读者进一步巩固常见修改器的使用方法。本节涉及的知识点有“锥化”修改器、“网格平滑”修改器、“晶格”修改器以及“挤压”修改器的使用。

7.3 综合应用——鸟笼图形

（1）单击菜单栏上的 3DS（文件）|Reset（重置）命令，重置设定系统。

（2）打开“标准几何体”创建面板，在透视图中创建一个上大下小的圆锥体，如图 7-81 所示。

（3）选中圆锥体，进入修改面板，在修改器列表中选择 Taper（锥化）修改器，适当设置锥化的 Amount（数量）和 Curve（曲线）参数，得到如图 7-82 所示的锥化效果。

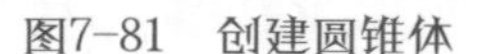

图7-81 创建圆锥体

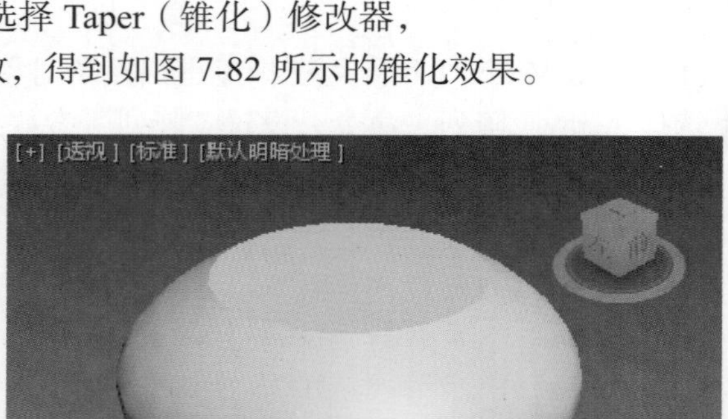

图7-82 锥化后效果图

（4）进入修改面板，在修改器列表中选择 Mesh Smooth（网格平滑）修改器，设置 Subdivision Amount（细分量）面板的 Iterations（迭代次数）为“1”，得到如图 7-83 所示的效果。

（5）在修改器列表中选择 Lattice（晶格）修改器，在“参数”面板选中 Structs Only From Edges（仅来自边的支柱）单选按钮，并适当设置边的 Radius（半径）值，效果如图 7-84 所示。

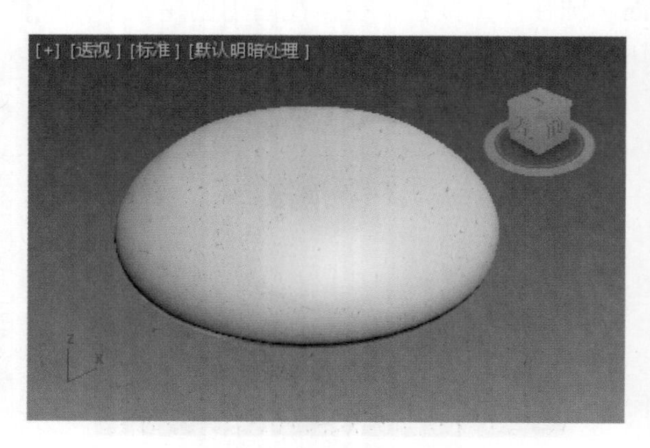

图7-83 平滑网格后效果

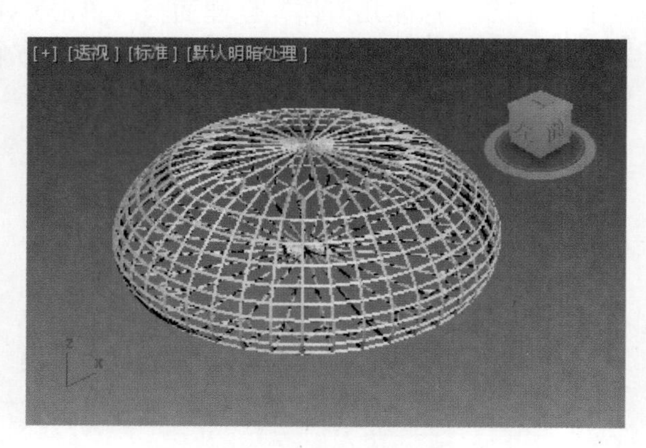

图7-84 添加晶格修改器后效果

（6）在修改器列表中选择 Squeeze（挤压）修改器，在“参数”面板的 Axial Bulge（轴向凸出）区域设置合适的 Amount（数量）值，得到最终的鸟笼造型，如图 7-85 所示。

（7）还可以为鸟笼赋予材质并装饰周围环境，鸟笼参考效果如图 7-86 所示。

提示：

如果此处“迭代次数”过大，则后面生成的晶格数量会激增。

图7-85　最终的鸟笼造型

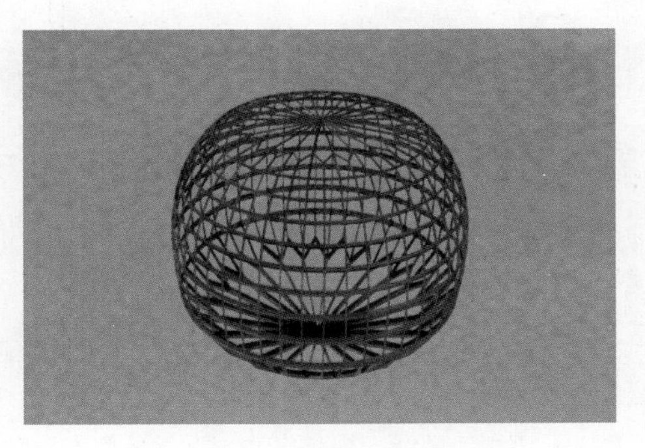

图7-86　鸟笼参考效果图

第 8 章

材质的使用

内容指南

材质属性与灯光属性相辅相成，着色或渲染时将两者合并，用于模拟对象在真实世界设置下的情况。“材质编辑器”提供创建和编辑材质及贴图的功能。

知识重点

- ❖ 材质编辑器的界面
- ❖ 复合材质的用法
- ❖ 常用材质类型

8.1 材质编辑器

所谓材质，就是指定物体的表面或数个面的特性，它决定这些平面在着色时以特定的方式出现，如Color（颜色）、Shininess（光亮程度）、Self-Illumination（自发光度）及 Opacity（不透明度）等。基础材质是指赋予对象光的特性而没有贴图的材质，上色最快，内存占用少。当模型完成后，为了表现出物体各种不同的性质，需要给物体的表面或里面赋予不同的特性，这个过程称为给物体加上材质。它可使网格对象在着色时以真实的质感出现，表现出如石头、木板、布等的性质特征来。

8.1.1 材质设计流程

在创建新材质并将其应用于对象时，我们应该按照以下步骤进行设计。

创建步骤

（1）单击工具栏上的 Material Editor（材质编辑器）图标，弹出 Material Editor（材质编辑器）窗口，如图 8-1 所示。

（2）激活一个空白示例窗，使其处于活动状态，输入要设计材质的名称，默认名称为“01-Default”。

（3）单击“Standard”按钮，打开 Material Editor（材质 / 贴图浏览器）对话框，选择材质类型，如图 8-2 所示。

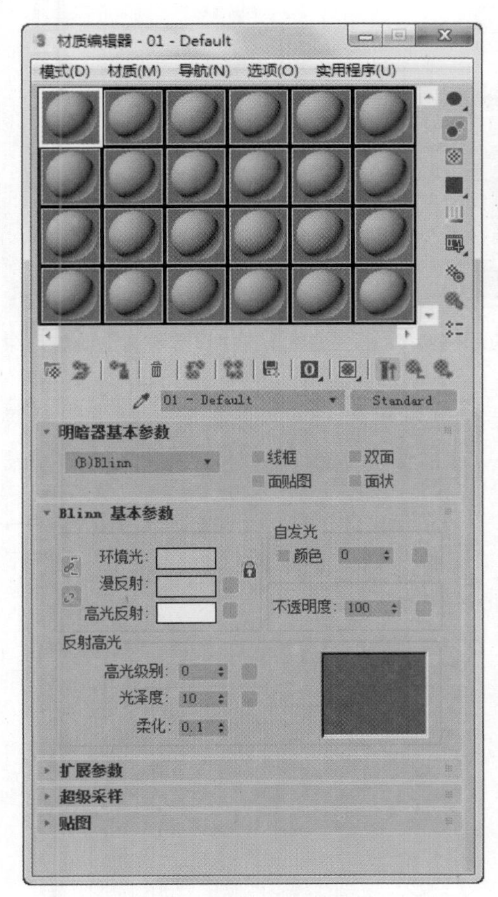

图8-1 “材质编辑器”窗口

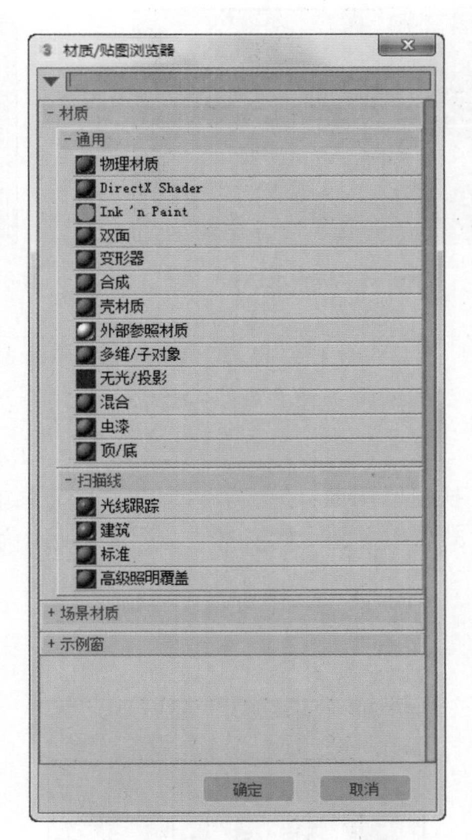

图8-2 “材质/贴图浏览器”对话框

（4）对于 Standard（标准）或 Raytrace（光线跟踪）材质，在 Shader Basic Parameters（明暗器基本参数）面板中选择着色类型。

（5）输入各种材质属性的设置条件：Diffuse（漫反射）、Color（颜色）、Specular Level（高光级别）、Opacity（不透明度）等。

（6）打开 Maps（贴图）面板，将贴图指定给贴图通道，并调整其参数。

（7）在视图中选中对象，将材质应用于对象。

（8）如有需要，应调整 UV 贴图坐标，以便正确定位带有对象的贴图。

（9）保存材质。

8.1.2 材质示例窗

材质示例窗是“材质编辑器”界面最突出的功能，可以显示材质的预览效果，如图 8-3 所示。关于材质的示例窗，读者应掌握以下知识：

❖ **放大单个示例窗**：如果读者觉得示例窗太小，材质效果不易观察，可双击需要观察的材质示例窗，即可单个显示示例窗。拖动弹出的示例窗的边框，即可放大材质示例窗。如图 8-4 所示为放大的材质示例窗。

❖ **改变示例窗的数量**：在默认情况下，“材质编辑器”显示 6 个示例窗。而实际上“材质编辑器”一次可存储 24 种材质。可以使用滚动栏在示例窗之间移动，或者在示例窗上右击，弹出快捷菜单，如图 8-5 所示。可以将显示的示例窗数量更改为 15 或者 24，图 8-6 所示为显示 24 个示例窗的效果。如果处理的是复杂场景，一次查看多个示例窗非常有帮助。

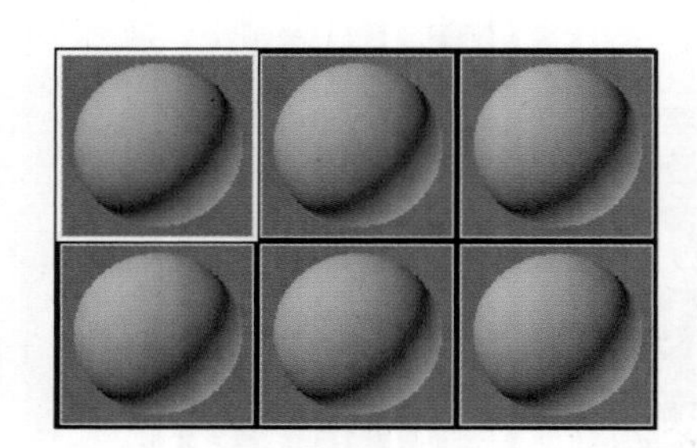

图8-3 材质示例窗

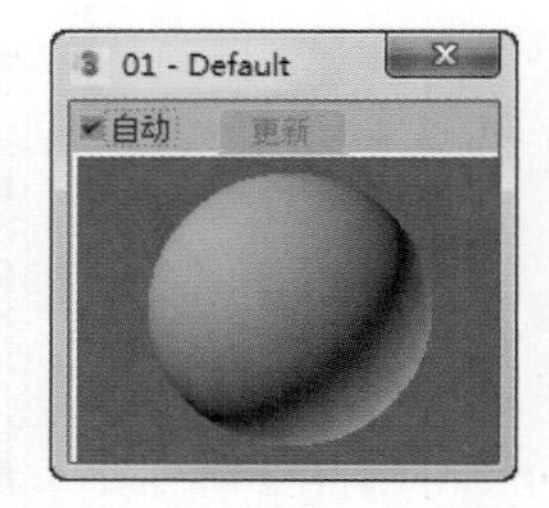

图8-4 放大的材质示例窗

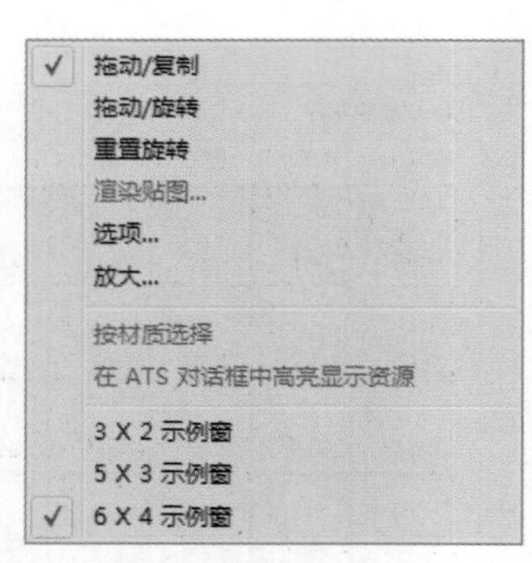

图8-5 材质示例窗上的快捷菜单

提示： “材质编辑器”一次不能编辑超过 24 种材质，但场景可包含不限数量的材质。如果要彻底编辑一种材质，并已将其应用到场景中的对象，可以使用示例窗从场景中获取其他材质或创建新材质，然后进行编辑。

❖ **拖植示例窗**：在默认状态下，快捷菜单中的“拖动 / 复制”项处于选择状态，表明采用拖动的方式可以复制示例窗材质。图 8-7 所示为复制示例窗的标示图。

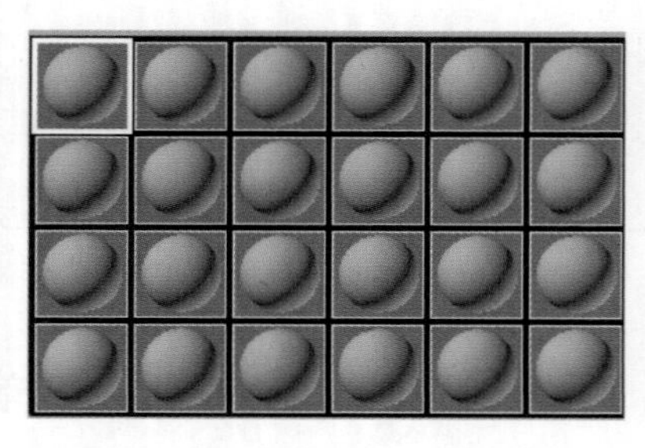

图8-6 显示为24个的材质示例框

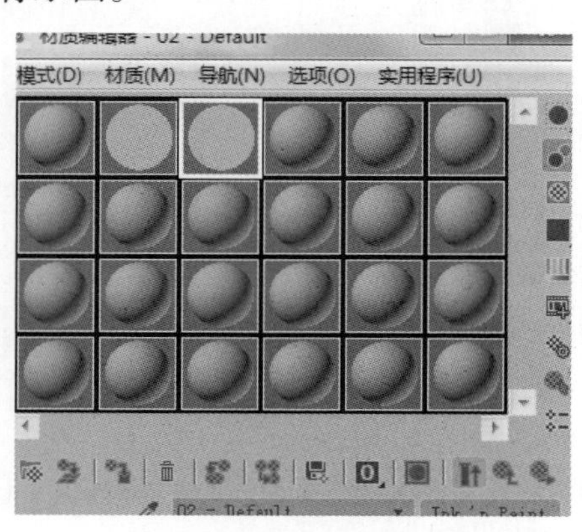

图8-7 复制示例窗标示图

❖ **同步材质和非同步材质**：当一个材质被指定给场景中的对象后，示例窗 4 个角出现白色的三角形标志，说明该材质为同步材质。编辑同步材质，场景中对象的材质也随之发生变化。如果一个材质没有被指定给任何对象，则其为非同步材质，对其进行编辑，不影响场景中的对象。

8.1.3 材质工具栏

示例窗的下方和右侧是“材质编辑器”的各种工具图标，用于管理和更改贴图及材质。凡是示例窗右下角有一个小三角形的图标，在其上单击并按住鼠标不放，可以看到与其相关的其他图标。熟悉这些图标的意义及功能，是熟练使用“材质编辑器”的关键。下面介绍“材质编辑器”工具栏中各图标的功能。

❖ **Sample Type（采样类型）**：使用“采样类型”弹出图标可以选择要显示在活动示例窗中的几何体。弹出三个图标，分别表示显示球体上的材质、显示圆柱体上的材质以及显示立方体上的材质。选中任意一个采样类型，即可将示例窗设为所选类型。

❖ **Back Light（背光）**：决定是否为示例球打开背光灯。在默认情况下，此图标处于启用状态。这样示例球体更容易看到效果，其中背光高亮在球的右下方边缘显示。创建“金属”和“Strauss”材质时，背光效果更明显，使用背光可以查看和调整由掠射光创建的反射高光，此高光在金属上更亮。

❖ **Background（背景）**：启用背景将多颜色的方格背景添加到活动示例窗中。如果要查看不透明度和透明度的效果，启用图案背景非常有帮助。也可以在“选项”对话框中指定位图作为自定义背景。

❖ **Sample UV Tiling（采样 UV 平铺）**：单击该图标并按住不放，弹出其他平铺图标，可以在活动示例窗中调整采样对象上的贴图图案。使用此选项设置的平铺图案只影响示例窗，对场景中几何体上的平铺没有影响，如果要影响场景中几何体上的平铺次数，可以更改贴图自身坐标的参数进行控制。由于贴图是围绕示例球以球形方式设置的，因此平铺贴图将覆盖球体的整个曲面。示例圆柱体是按照圆柱体方式设置贴图的。示例立方体使用立方体方式贴图，平铺出现在立方体的每一个面。

❖ **Video Color Check（视频颜色检查）**：可以用来比较材质的颜色与 NTSC 和 PAL 视频颜色标准，并根据参数对话框的设置，将颜色标准以外的颜色作上标记或者进行纠正。

❖ **Make Preview（生成预览）**：可以使用动画贴图命令向场景添加运动。例如，要模拟天空视图，可以将移动的云的动画添加到天窗窗口。利用生成预览选项可用于在将其应用到场景之前，在“材质编辑器”中可以试验动画效果。

❖ **Options（选项）**：单击此图标将弹出“材质编辑器”，可设置“材质编辑器”的多种参数。

❖ **Select By Material（按材质选择）**：使用该图标可以基于“材质编辑器”中的活动材质选择场景中的对象。如果活动示例窗包含场景中使用的材质，则该图标不可用。单击该图标显示“选择对象”对话框，所有应用选定材质的对象在列表中高亮显示，单击选择图标，即可选中所有包含该材质的对象。

❖ **Material/Map Navigator（材质 / 贴图导航器）**：该导航器显示当前活动实例窗中的材质和贴图。通过单击列在导航器中的材质或贴图，可以导航当前材质的层次。反之，当导航“材质编辑器”中的材质时，当前层级在导航器中高亮显示。选定的材质或贴图将在示例窗中处于活动状态，同时将显示选定材质或贴图面板。如图 8-8 所示，为一个砖块材质的材质 / 贴图导航图。

❖ **Get Material（获取材质）**：单击该图标将弹出“材质 / 贴图浏览器”对话框，如图 8-9 所示，可以调出材质和贴图，并进行编辑修改。

图8-8 砖块材质的“材质/贴图导航器”窗口

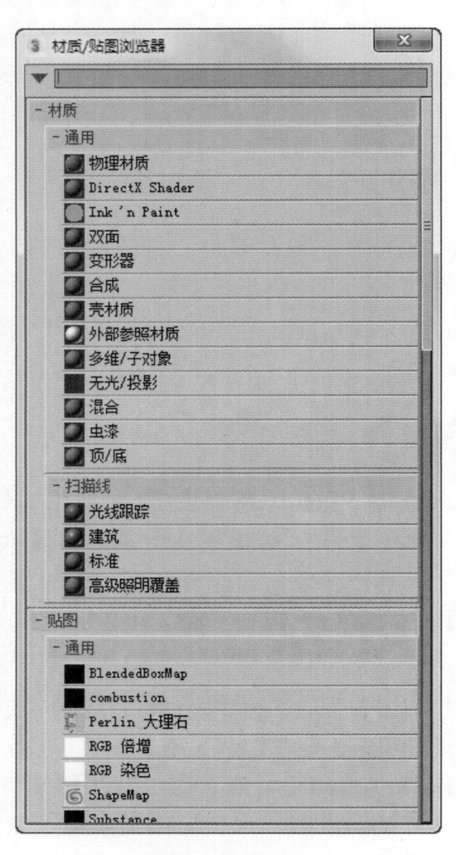

图8-9 “材质 / 贴图浏览器”对话框

- ❖ **Put Material to Scene**（将材质放入场景）：该图标用于在编辑材质之后更新场景中的材质。该图标仅在以下情况可用：在活动示例窗中的材质与场景中的材质具有相同的名称，活动示例窗中的材质不是热材质。
- ❖ **Assign Material to Selection**（将材质指定给选定对象）：使用该图标可将活动示例窗中的材质应用于场景中当前选定的对象，同时，示例窗将成为热材质。
- ❖ **Reset Map/Mtl to Default Settings**（重置贴图 / 材质为默认设置）：移除材质颜色并设置灰色阴影，将光泽度、不透明度等重置为默认值，移除指定给材质的贴图。选中一个示例窗，单击该图标会弹出是否重置询问对话框，如图 8-10 所示。如果确实要重置材质，单击 OK（是）按钮即可。
- ❖ **Make Material Copy**（生成材质副本）：可以在选定的样本槽中创建当前材质的副本。当示例窗不够用时选中一个示例窗，单击该图标，然后修改材质属性得到新的材质。示例窗不再是同步示例窗，但材质仍然保持其属性和名称。再将其指定给场景中的对象时会弹出对话框，如图 8-11 所示。选择重命名并输入新材质名称即可解决示例窗不够用的问题。

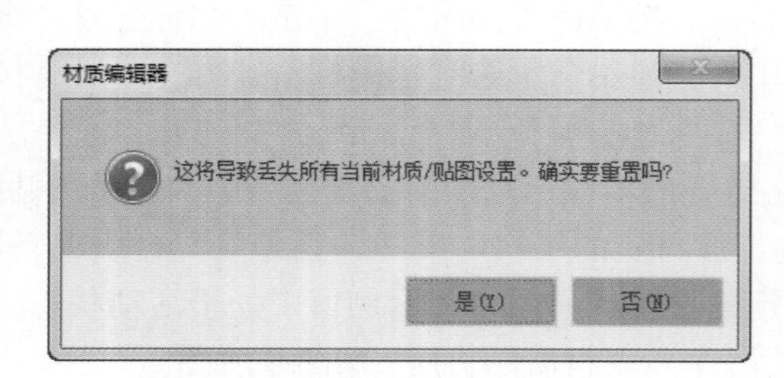

图8-10 重置提示

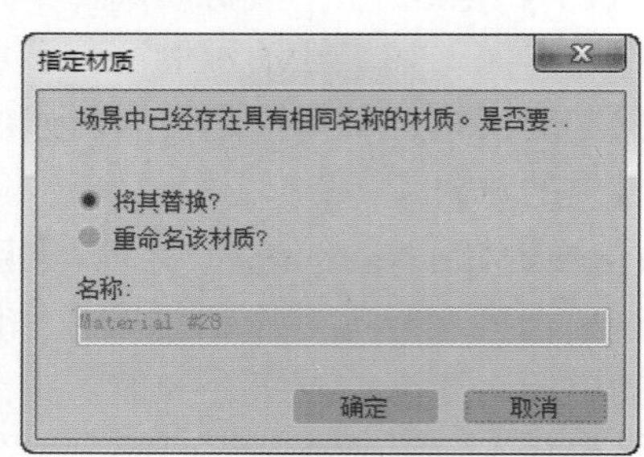

图8-11 材质同名提示

- ❖ **Make Unique（使唯一）**：可以使贴图实例成为唯一的副本，还可以使一个实例化的子材质成为唯一的独立子材质，可以为该子材质提供一个新材质名。
- ❖ **Put to Library（放入库）**：可以将选定的材质添加到当前库中。单击该图标将弹出“放入库”对话框，使用该对话框可以输入材质的名称。在材质 / 贴图浏览器中显示的材质库中，该材质可见。
- ❖ **Meterial ID Channel（材质 ID 通道）**：单击该图标并按住不放，可以弹出其他图标。默认值为零表示未指定材质效果通道。取值范围 1~15 之间的值表示将使用此通道 ID 的 Video Post 或渲染效果应用于该材质。
- ❖ **Show Map in Viewport（视口中显示明暗处理材质）**：在当前视图中显示二维材质贴图。
- ❖ **Show End Result（显示最终结果）**：在样本槽中显示材质所有层次的最终效果。
- ❖ **Go to parent（转到父对象）**：可以从下一级转移到上一级材质编辑状态，主要用在多层复合材质中。
- ❖ **Go Forward to Sibling（转到下一个同级项）**：转移到同一层级的下一个贴图或材质编辑状态。
- ❖ **Pick Material from Object（从对象拾取材质）**：将场景中对象的材质加载到当前的样本槽。
- ❖ **Standard**：系统提供 16 种类型的材质，默认情况下是标准材质。
- ❖ **材质名称** 02 - Default：可以在文本框内输入材质的名字，在大的场景制作中非常有用。

8.2 标准材质的使用

“材质编辑器”的下半部分为各种参数面板，包括“着色基本参数”“Blinn 基本参数”“扩展参数”“超级取样”“贴图”“动力学属性”。

提示： 参数区面板和着色基本参数区面板是动态参数区，它的界面不仅随材质类型的改变而改变，还随贴图层级的变化而改变。

“材质编辑器”的默认界面为“标准材质”界面。标准材质是默认的贴图类型，也是最基本最重要的一种。下面将介绍标准材质的几个参数面板。

8.2.1 明暗器基本参数

在标准材质编辑情况下，图 8-12 所示为 3ds Max 2018“材质编辑器”的 Shader Basic Parameters（明暗器基本参数）面板。它一共提供八种着色模式。单击左侧的下拉框可以在八种着色方式中任选一种，如图 8-13 所示。八种着色模式参数简介如下。

图8-12 “明暗器基本参数”面板

图8-13 八种着色模式

- ❖ **Anisotropic（各向异性）**：适合对场景中被省略的对象进行着色。
- ❖ **Blinn**：默认的着色方式，与“Phong”相似，适合为大多数普通的对象进行渲染。
- ❖ **Metal（金属）**：专门用作金属材质的着色方式，体现金属所需的强烈高光。

- ❖ **Multi-Layer（多层）**：为表面特征复杂的对象进行着色。
- ❖ **Oren-Nayar-Blinn**：为表面粗糙的对象，如织物等进行着色的方式。
- ❖ **Phong**：以光滑的方式进行着色，效果柔软细腻。
- ❖ **Strauss**：与其他着色方式相比，“Strauss”具有简单的光影分界线，可以为金属或非金属对象进行渲染。
- ❖ Translucent Shader（半透明明暗器）与“Blinn”着色类似，也可用于指定半透明，这种情况下光线穿过材质时会散开。

四种场景对象材质的显示模式：

- ❖ **Wire（线框）**：为线架结构显示模式。
- ❖ **2-Side（双面）**：为双面材质显示模式。
- ❖ **Face Map（面贴图）**：将材质赋予对象所有的面。
- ❖ **Face Map（面状）**：将材质以面的形式赋予对象。

8.2.2 Blinn 基本参数

如图 8-14 所示，Blinn Basic Parameters（Blinn 基本参数）包括颜色通道和强度通道两部分。其中颜色通道有阴影色区、固有色区和高光色区。强度通道有自发光区、不透明区、高光曲线区。

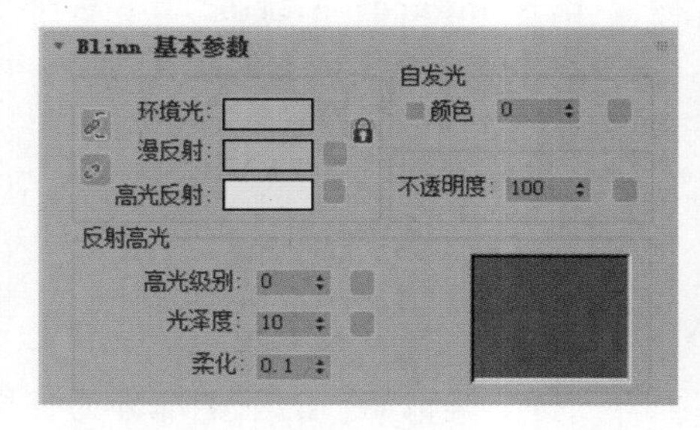

图8-14　“Blinn基本参数”面板

1. 颜色通道参数

- ❖ **Ambient（环境光）**：材质阴影部分反射的颜色。在样本球中是指绕着圆球右下角的部位。
- ❖ **Diffuse（漫反射）**：反射直射光的颜色。在样本球中是左上方及中心附近看到的主要颜色。
- ❖ **Specular（高光反射）**：物体高光部分直接反射到人眼的颜色。在样本球中反映为球体左上方白色聚光部分的颜色。

2. 强度通道参数

- ❖ **Self-Illumination（自发光）**：制作灯管、星光等荧光材质时选择此项，可以指定颜色，也能指定贴图，方法是单击“颜色”选择框旁边的空白图标。
- ❖ **Opacity（不透明度）**：控制灯管物体透明程度的工具，当值为“100”时为不透明荧光材质，值为“0”时则完全透明。
- ❖ **反射高光**：包括“高光级别”“光泽度”“柔化”三个参数区及右侧的“曲线”显示框，其作用是用来调节材质质感的。

提示：

高光级别、光泽度与柔化三个值共同决定物体的质感，曲线是对这三个参数的描述，通过它可以更好地对高光进行调整。

8.2.3　扩展参数

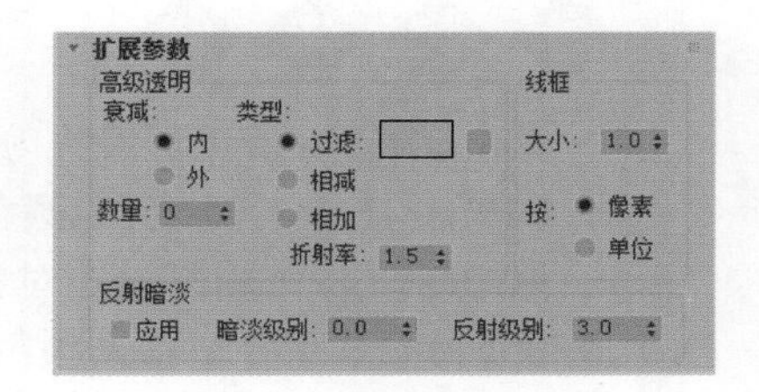

图8-15　“扩展参数”面板

Extended Parameters（扩展参数）是基本参数区的延伸，包括高级透明度控制区、线框控制区和反射暗淡控制区三部分，如图 8-15 所示。

1. 高级透明

Advanced Transparency（高级透明）用于调节透明材质的透明度。

- Falloff（衰减）分为 In（内）和 Out（外）两种透明材质的不同衰减效果。衰减程度由衰减参数控制。
- Type（类型）为不透明度控制区三种透明过滤方式，即 Filter（过滤）、Subtractive（相减）、Additive（相加）。在三种透明过滤方式中，Filter（过滤）是常用的选择，该方式用于制作玻璃等特殊材质的效果。

2. 线框

Wire（线框）必须与基本参数区中的“线架”选项结合使用，可以做出不同的线架效果。

解

- **Size（大小）**: 用来设置线框的大小。
- **In（按）**: 用来选择单位。

3. 反射暗淡

Reflection Dimming（反射暗淡）主要针对使用反射贴图材质的对象。当物体使用反射贴图后，全方位的反射计算导致其失去真实感。此时，单击应用选项旁的勾选框，打开反射暗淡，即可起作用。

8.2.4　超级采样

图 8-16 所示为“超级采样”的面板。针对使用凹凸感很强的贴图的对象，超级采样功能可以明显改善场景对象渲染的质量，并对材质表面进行抗锯齿计算，使反射的高光特别光滑，同时渲染时间也大大增加。“超级采样”面板的下拉列表中提供了四种不同类型的选择。

8.2.5　贴图

Maps（贴图）是材质制作的关键环节，3ds Max 2018 在标准材质的贴图区提供了 12 种贴图方式，如图 8-17 所示。每一种方式都有它独特之处，能否塑造真实材质在很大程度上取决于贴图方式与形形色色的贴图类型结合运用的成功与否。

图8-16　“超级采样”面板

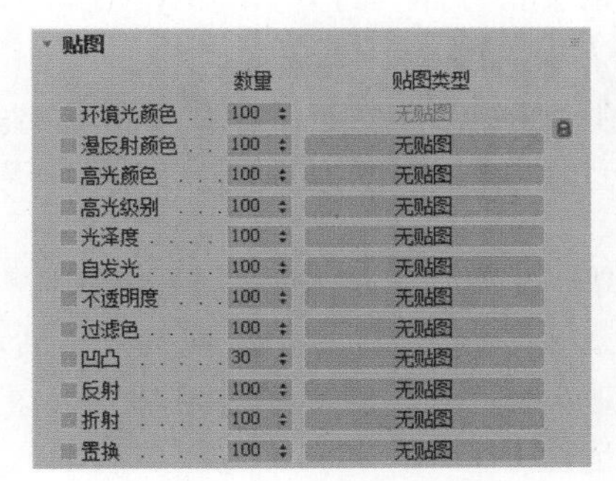

图8-17　“贴图”面板

- **Ambient Color（环境光颜色）**：默认状态中呈灰色显示，通常不单独使用，效果与漫射区贴图锁定。
- **Diffuse Color（漫反射颜色）**：使用该方式时，物体的固有色将被置换为所选择的贴图，应用漫反射原理，将贴图平铺在对象上，用以表现材质的纹理效果，是最常用的一种贴图。
- **Specular Color（高光颜色）**：高光色贴图与固有色贴图基本相近，不过贴图只展现在高光区。
- **Specular Level（高光级别）**：与高光色贴图相同，但强弱效果取决于参数区中的高光强度。
- **Glossiness（光泽度）**：贴图出现在物体高光处，控制对象高光处贴图光泽度。
- **Self-limination（自发光）**：当自发光贴图赋予对象表面后，贴图浅色部分产生发光效果，其余部分依旧。
- **Opacity（不透明度）**：依据贴图的明暗度在物体表面产生透明效果。贴图颜色深的地方透明，颜色越浅的地方越不透明。
- **Filter（过滤色）**：过滤色贴图会影响透明贴图，材质颜色取决于贴图的颜色。
- **Bump（凹凸）**：非常重要的贴图形式，贴图颜色浅的部分产生凸起效果，颜色深的部分产生凹陷效果，是塑造真实材质的重要手段。
- **Reflection（反射）**：反射贴图是一种非常重要的贴图方式，用以表现金属的强烈反光质感。
- **Reflection（折射）**：折射贴图运用于制作水、玻璃等材质的折射效果，可通过参数控制面板中的“折射贴图/光线跟踪折射率”调节其折射率。
- **Displacement（置换）**：置换贴图是新增的贴图方式。

8.3 常用材质类型

材质可以详细描述对象如何反射或透射灯光，将使场景更加具有真实感。3ds Max 2018 提供多种材质类型，如 Double Sided（双面）材质、Muti/Sub-Object（多维/子对象）材质、（混合）材质等。下面将介绍常见的材质类型。

8.3.1 双面材质

使用 Double Sided（双面）材质可以向对象的前面和后面指定两个不同的材质。对象的前面为法线指向的方向，背面为背向法线的方向。一般情况下，只有前面可见，背面不可见，如果为具有两个面的对象赋予双面材质，则双面都可见。

创建步骤

（1）单击 Create（创建）命令面板下的 Geometry（几何体）图标●，在下拉列表中选择“标准基本体”，打开“对象类型”面板单击“长方体”按钮，在透视图创建一个长方体，如图 8-18 所示。

（2）选中长方体，打开 Modify（修改）面板，单击 Modifier List（修改器列表），在下拉列表中选择 Edit Mesh（编辑网格）修改器。

（3）在 Selection（选择）面板单击 Polygon（多边形）图标■，在透视图中选中长方体顶部的“多变形面”，然后按 Delete 键将其删除，如图 8-19 所示。退出“编辑网格”修改器，此时剩余的对象即具有正面和背面。

（4）单击工具栏上的 Material Editor（材质编辑器）图标，弹出 Material Editor（材质编辑器）对话框。

（5）激活一个空白示例窗，使其处于活动状态，单击“材质编辑器”上的“Standard”选项，打开“材质/贴图浏览器”对话框，如图 8-20 所示。

（6）选择 Double-Sided（双面）选项，单击 OK（确定）按钮，弹出 Replace Material（替换材质）对话框，如图 8-21 所示。

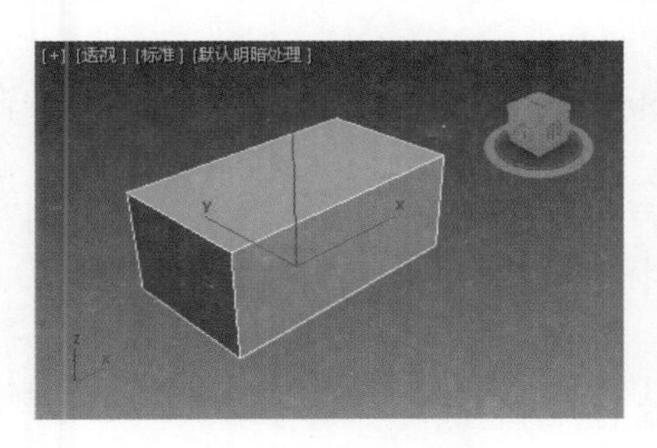

图8-18　创建长方体

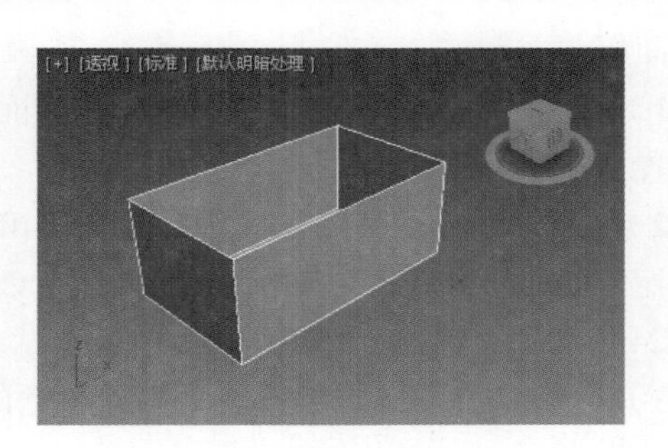

图8-19　删除顶部多边形面

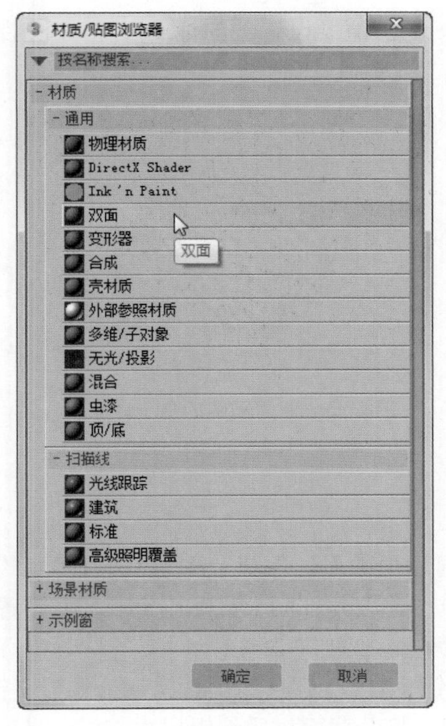

图8-20　打开“材质/贴图浏览器”对话框

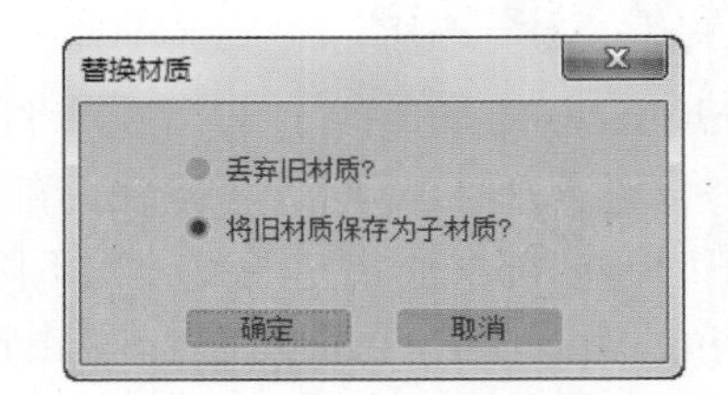

图8-21　“替换材质”对话框

（7）选择 Discard Old Material（丢弃旧材质），单击 OK（确定）按钮，打开 Replace Material（双面基本参数）面板，如图 8-22 所示。

（8）单击 Facing Material（正面材质）后面的“01-Default（Composite）”选项，打开正面材质编辑层级，设置“Blinn 基本参数”，如图 8-23 所示。

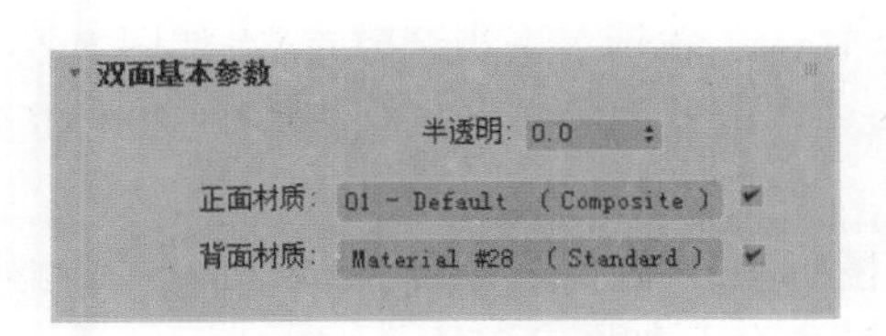

图8-22　“双面基本参数”面板

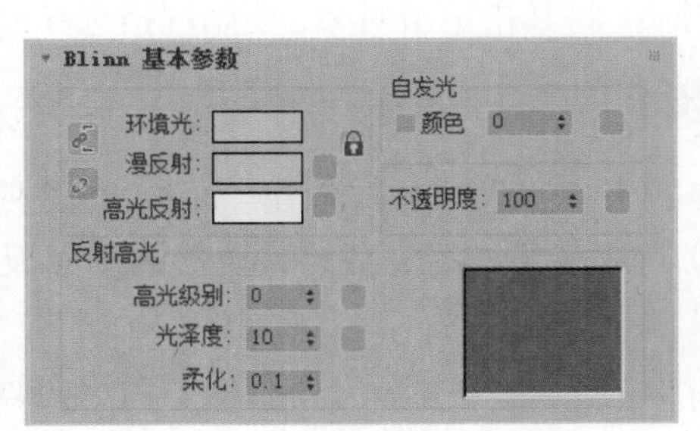

图8-23　“Blinn基本参数”面板

（9）打开 Maps（贴图）面板，单击 Diffuse Color（漫反射颜色）贴图通道后面的按钮，为其指定 Bimp（位图）贴图类型，然后任意选择一张图片。

（10）连续单击“材质编辑器”工具栏上的 Go to Parent（转到父对象）图标，返回“双面材质基本参数”面板。

（11）单击 Back Material（背面材质）后面的“Material#50（Standard）”选项，打开背面材质编辑层级，适当设置“Blinn 基本参数”。

（12）打开 Maps（贴图）面板，单击 Diffuse Color（漫反射颜色）贴图通道后面的“无贴图”选项，为其指定 Checker（方格）贴图类型，设置 Coordinates（坐标）面板的 U、V 方向的平铺值均为“4.0”，如图 8-24 所示。

（13）连续单击“材质编辑器”工具栏上的 Go to Parent（转到父对象）图标，返回“双面材质基本参数”面板。

（14）在视图中选中长方体对象，单击“材质编辑器”工具栏上的 Assign Material to Selection（将材质指定给选定对象）图标，然后单击工具栏上的 Render Setup（渲染设置）图标，渲染透视图，观察双面贴图后盒子的效果，如图 8-25 所示。

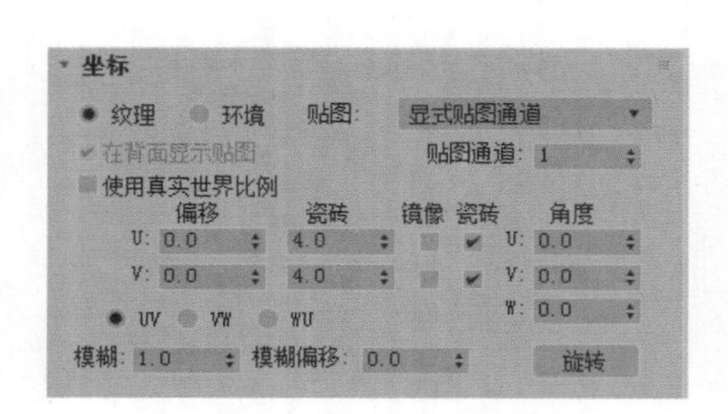

图8-24　设置贴图坐标

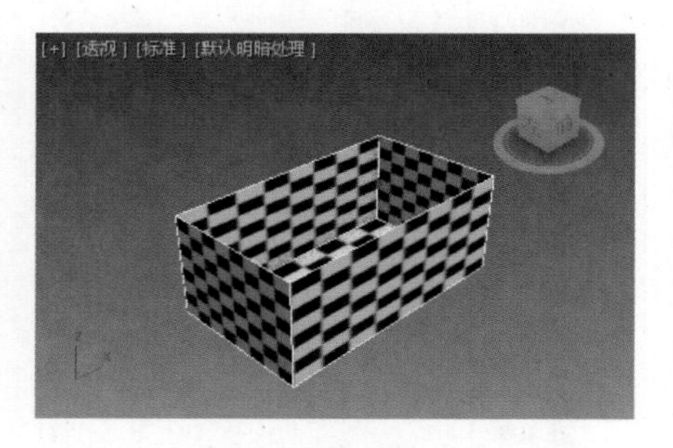

图8-25　双面贴图的盒子效果图

❖ **Transluceny（半透明）**：设置一个材质通过其他材质显示的数量。取值范围是 0.0~100.0 的百分比值，设置为“100”时，可以在内部面上显示外部材质，并在外部面上显示内部材质；设置为中间的值时，内部材质指定的百分比下降，并显示在外部面上。

❖ **Facing Material（正面材质）**：单击正面材质后面的按钮，打开正面材质编辑层次。

❖ **Back Material（背面材质）**：单击背面材质后面的按钮，打开背面材质编辑层次。

8.3.2　多维 / 子对象材质

使用 Multi/Sub-Object Basic Parameters（多维 / 子对象）可以给几何体的子对象级别分配不同的材质。创建多维材质，将其指定给对象，使用网格选择修改器选中面，然后选择多维材质中的子材质指定给选中的面。

创建步骤

（1）打开扩展基本体“创建”面板，在透视图中创建一个 Hose（软管），适当调整参数，如图 8-26 所示。

（2）选中软管，打开 Modify（修改）面板，单击 Modifier（修改器列表）下拉列表中的 Edit Mesh（编辑网格）修改器。

（3）在 Selection（选择）面板单击 Polygon（多边形）图标，确保 Ignore Backfacing（忽略背面）复选框没有选中，在前视图中选中所有的多边形面，使其变成红色，如图 8-27 所示。

（4）向下拖动面板，找到 Surface Properties（曲面属性）面板，在 Set ID（设置 ID）后面的微调器框内输入“1”，然后按 Enter 键确定，如图 8-28 所示。

（5）在顶视图中选中软管上部的面，如图 8-29 所示，在 Set ID（设置 ID）后面的微调器框内输入“2”，然后按 Enter 键确定。

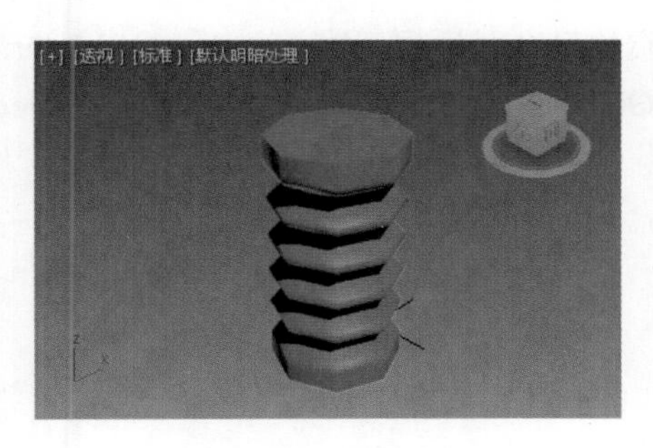

图8-26 创建软管

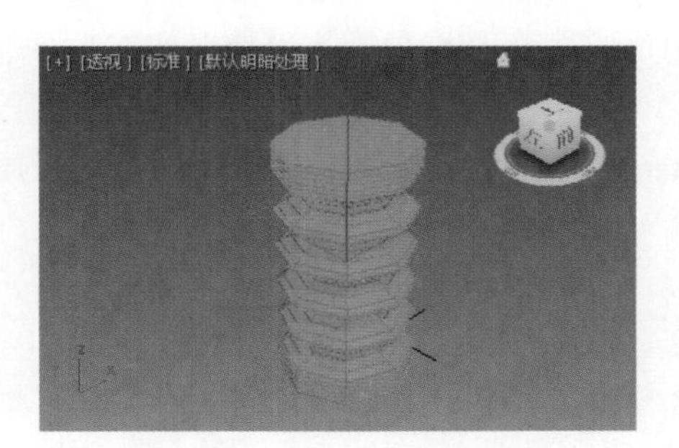

图8-27 选中所有多边形面

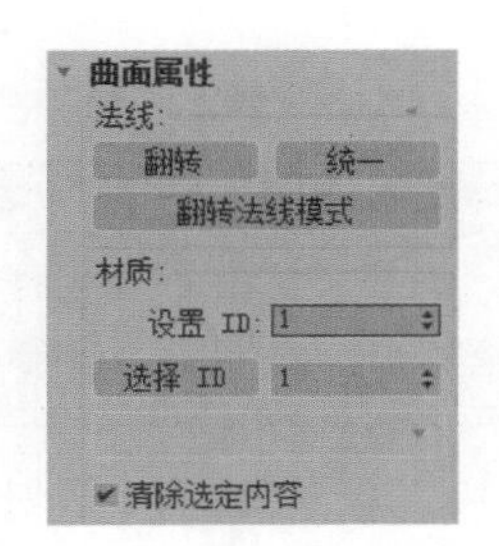

图8-28 设置选中面ID

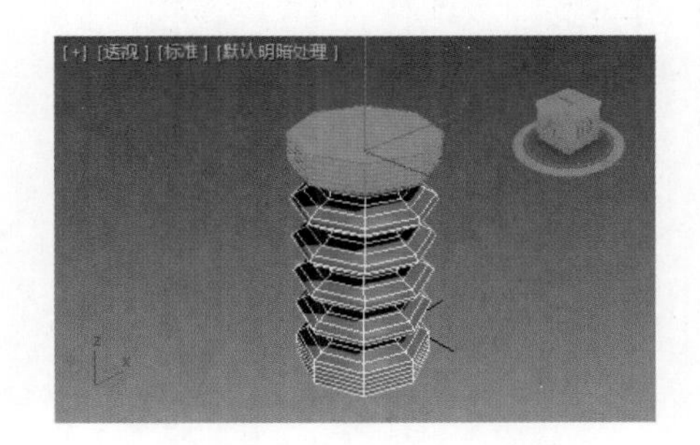

图8-29 选软管上部的面

（6）在顶视图中选中软管下部的面，如图 8-30 所示，在 Set ID（设置 ID）后面的微调器框内输入“3”，然后按 Enter 键确定。

（7）在 Selection（选择）面板再次单击 Polygon（多边形）图标，退出多边形层级。

（8）单击工具栏上的 Material Editor（材质编辑器）图标，弹出“材质编辑器”对话框。

（9）选择 Multi/Sub-Object Basic Parameters（多维 / 子对象），如图 8-31 所示，然后单击 OK（确定）按钮。弹出 Replace Material（替换材质）对话框，选择 Discard Old Material（忽略旧材质），单击 OK（确定）按钮，打开“多维 / 子对象基本参数”面板，如图 8-32 所示。

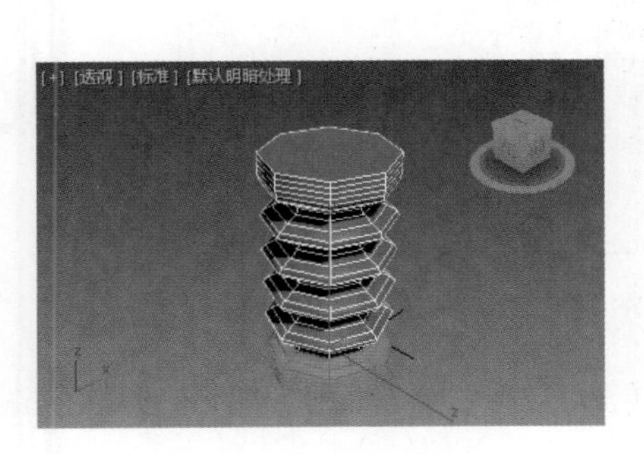

图8-30 选软管下部的面

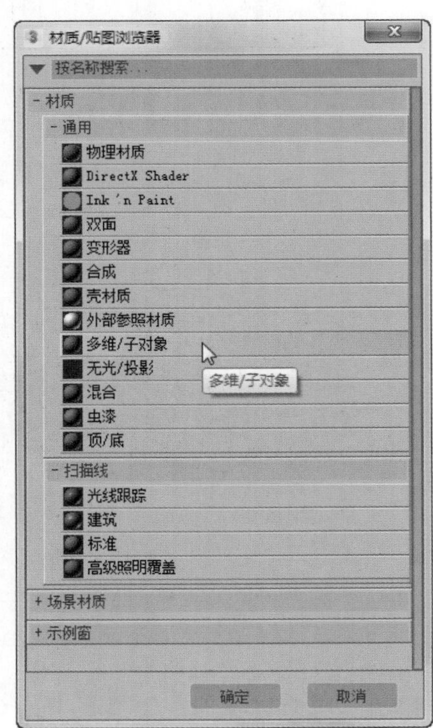

图8-31 选择多维/子对象类型

（10）单击 Set Number（设置数量）按钮,弹出“设置材质数量”对话框。在 Number Of Materials（材质数量）微调器框内输入“3”，如图 8-33 所示，然后单击 OK（确定）按钮，则 Multi/Sub-Object Basic Parameters（多维 / 子对象）基本参数中的材质变为 3 个。

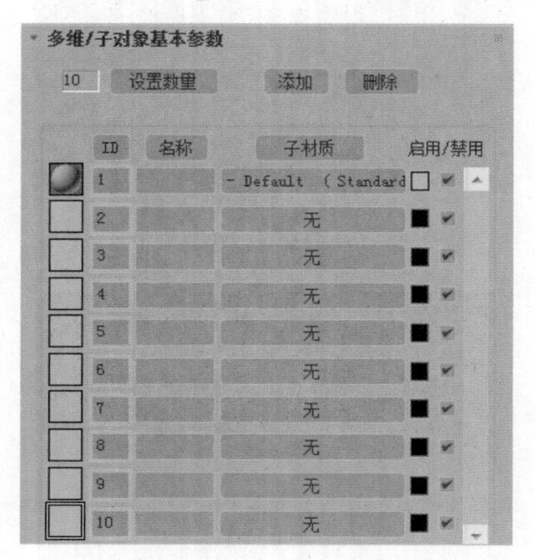

图8-32 “多维/子对象基本参数”面板

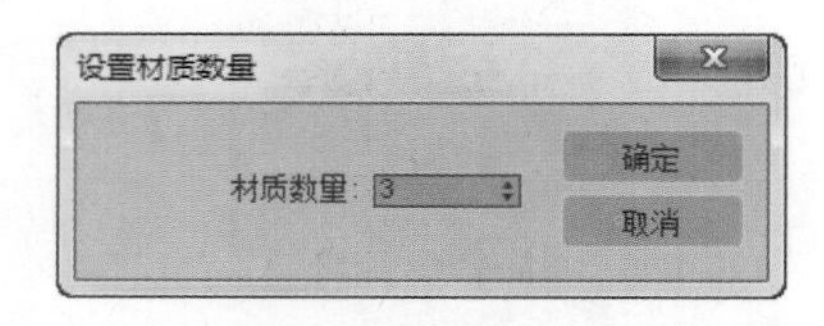

图8-33 “设置材质数量”对话框

（11）单击 1 号材质进入标准材质编辑器，设置 1 号材质基本参数，如图 8-34 所示。

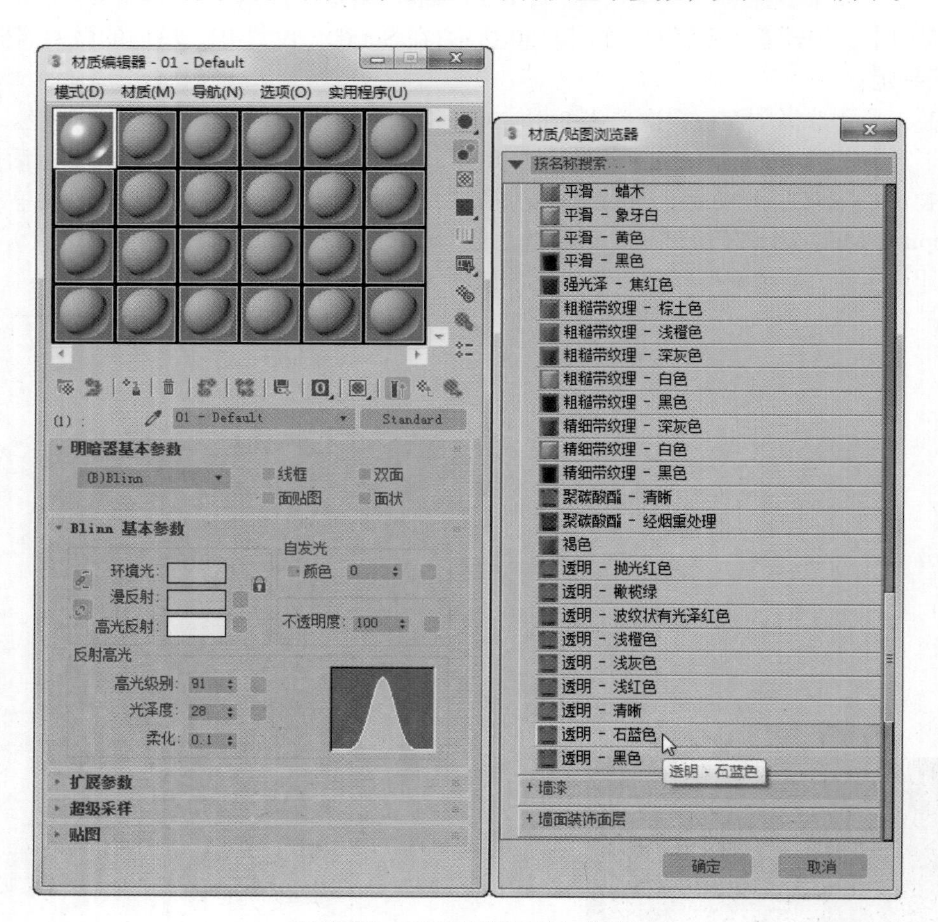

图8-34 设置1号材质基本参数

（12）单击“材质编辑器”工具栏上的 Go to Parent（转到父对象）图标，返回 Multi/Sub-Object Basic Parameters（多维 / 子对象）材质基本参数面板。

（13）单击 2 号材质，在 Shader Basic Parameters（明暗器基本参数）面板选择 Metal（金属）明暗器并适当设置金属基本参数，如图 8-35 所示。

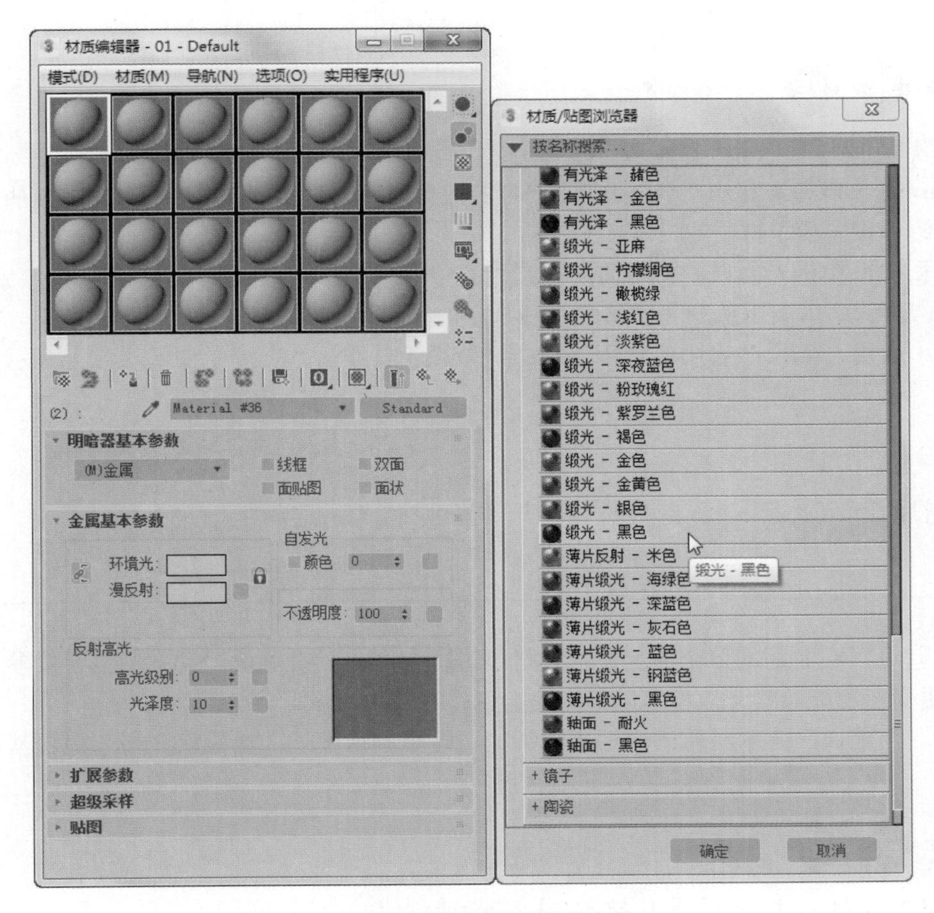

图8-35 设置2号材质基本参数

（14）打开 Maps（贴图）面板，单击 Reflection（反射）贴图通道后面的长按钮，为其指定“位图”贴图类型，并选择一张金属纹理图片。

（15）适当调整参数后，连续单击“材质编辑器”工具栏上的 Go to Parent（转到父对象）图标，返回 Multi/Sub-Object Basic Parameters（多维 / 子对象）材质基本参数面板。

（16）拖动 1 号材质后面的长图标到 3 号材质的长图标上，弹出 Copy（复制）材质对话框，选择 Instance（关联）选项，然后单击 OK（确定）按钮，即可将 1 号材质复制到 3 号材质，如图 8-36 所示。

（17）在视图中选中软管对象，单击“材质编辑器”工具栏上的 Assign Material to Selection（将材质指定给选定对象）图标，然后单击工具栏上的 Render Production（渲染产品）图标，渲染透视图，观察多维子对象材质效果，如图 8-37 所示。

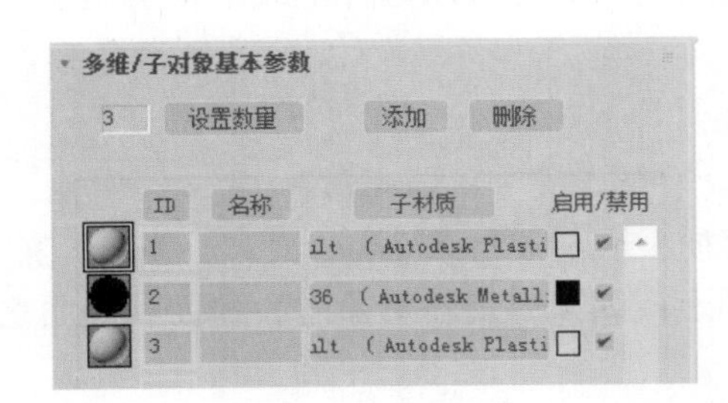

图8-36 复制材质后的“多维/子对象基本参数”面板

图8-37 多维子对象材质效果

提示：

在复合材质制作中，经常使用这样的方法编辑材质，即拖动子材质后面的长图标复制材质，在复制得到材质的基础上再进行编辑，从而节省时间。

这里仅介绍 Multi/Sub-Object Basic Parameters（多维 / 子对象基本参数）面板常用参数。

- ❖ **Set Number（设置数量）**：设置构成材质的子材质的数量。在“多维 / 子对象”材质级别上，示例窗的示例对象显示子材质的拼凑。
- ❖ **Add（添加）**：单击子材质，将材质添加到列表中。
- ❖ **Delete（删除）**：单击可从列表中移除当前选中的子材质。
- ❖ **On/Off（启用 / 禁用）**：启用或禁用子材质。禁用子材质后，在场景中的对象上和示例窗中会显示黑色。

8.3.3 混合材质

创建步骤

“混合材质”可以在曲面的单个面上将两种材质进行混合，具有可设置动画的混合量参数，该参数可以用来绘制材质变形功能曲线，以控制随时间混合两个材质的方式。

“混合材质”与前面已介绍材质的应用步骤类似，这里不再赘述。这里仅介绍“混合基本参数”面板常用参数。

- ❖ **Material 1/ Material 2（材质 1/ 材质 2）**：选择或创建两个用以混合的材质。可以使用后面的复选框来启用或禁用该材质。
- ❖ **Mask（遮罩）**：选择或创建用作遮罩的贴图。根据贴图的强度，两个材质会以更大或更小度数进行混合。较明亮较白区域显示材质 1；而较暗较黑区域则显示材质 2。
- ❖ **Mix Amount（混合数量）**：确定混合的比例百分比。0 表示只有材质 1 在曲面上可见；100 表示只有材质 2 在曲面上可见。

8.3.4 顶 / 底材质

使用 Top/Bottom（顶 / 底）材质可以向对象的顶部和底部指定两个不同的材质，也可以将两种材质混合在一起。对象的顶面是法线向上的面，底面是法线向下的面。可以选择上或下来引用场景的世界坐标或引用对象的本地坐标。

- ❖ **Top/Bottom（顶 / 底材质）**：单击该选项打开顶材质及底材质层级。
- ❖ **World（世界）**：按照场景的世界坐标让各个面朝上或朝下，旋转对象时，顶面和底面之间的边界仍保持不变。
- ❖ **Local（局部）**：按照场景的局部坐标让各个面朝上或朝下，旋转对象时，材质随着对象旋转。

❖ **Blend**（混合）：混合顶材质和底材质之间的边缘。值为 0 时，顶材质和底材质之间存在明显的界线；值为 100 时，顶材质和底材质彼此混合。
❖ **Position**（位置）：确定两种材质在对象上划分的位置。这是一个取值范围为 0~100 的百分比值。值为 0 时表示划分位置在对象的底部，只显示顶材质；值为 100 时表示划分位置在对象顶部，只显示底材质。

8.3.5 虫漆材质

Shellac（虫漆）材质通过叠加将两种材质混合，叠加材质中的颜色称为虫漆材质，被添加到基础材质颜色中，还可以控制颜色混合的量。

❖ **Base Material**（基础材质）：单击选项转到"基础子材质"的层级。
❖ **Shellac Material**（虫漆材质）：单击该选项转到"虫漆材质"的层级。
❖ **Shellac Color Blend**（虫漆颜色混合）：控制颜色混合的量。值为 0.0 时，虫漆材质没有效果；增加虫漆颜色混合值将增加混合到基础材质颜色中虫漆材质颜色的量；该参数没有上限。

8.3.6 无光 / 投影材质

Matte/Shadow（无光 / 投影）材质允许将整个对象（或面的任何一个子集）构建为显示当前环境贴图的隐藏对象。

❖ **Apply Atmosphere**（应用大气）：启用或禁用隐藏对象的雾效果。
❖ **Receive Shadows**（接收阴影）：渲染无光曲面上的阴影，默认设置为启用。
❖ **Shadow Brightness**（阴影亮度）：设置阴影的亮度。值为 0.5 时，阴影不会在无光曲面上衰减；值为 1.0 时，阴影使无光曲面的颜色变亮；值为 0.0 时，阴影变暗使无光曲面完全不可见。
❖ **Color**（颜色）：单击显示"颜色选择器"可对阴影的颜色进行选择，默认设置为"黑色"。
❖ **Reflection**（反射）：该组中的控制器用来确定无光曲面是否具有反射，可以使用"阴影贴图"创建无光反射。

8.4 综合应用——金属材质

本节主要介绍标准材质及复合材质的制作方法。下面将通过制作一个玻璃茶几的练习来巩固所学知识，利用前面学到的知识给模型赋予适当的材质。

8.4 综合应用——金属材质

（1）扫描前言的二维码，打开"源文件 / 第 08 章 /8-4-1 金属材质的绘制的 max 文件"，如图 8-38 所示。这是一个平面已制作好的模型。

（2）单击工具栏上的 Material Editor（材质编辑器）图标，弹出"材质编辑器"对话框。激活一个空白示例窗，使其处于活动状态。

（3）打开 Shader Basic Parameters（明暗器基本参数）面板，在下拉列表中选择"金属"明暗器。

（4）打开 Metal Basic Parameters（金属基本参数）面板，单击 Diffuse（漫反射）后面的颜色块，在弹出的“颜色选择”对话框中选择漫反射色为“黄色”，然后设置“金属基本参数”，如图 8-39 所示。

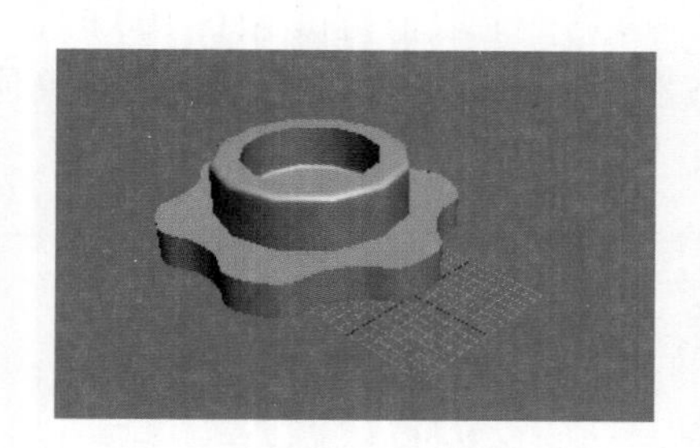

图8-38 打开文件

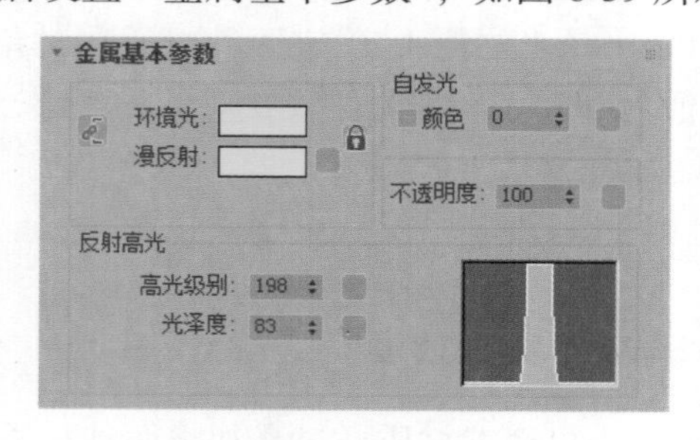

图8-39 设置“金属基本参数”

（5）打开 Maps（贴图）面板，单击 Diffuse（反射）贴图通道后面的“无贴图”选项，为其指定 Bimp（位图）贴图类型，并选择“源文件 / 贴图 /006.jpg 文件”。

（6）打开位图贴图的 Coordinates（坐标）面板，参考图 8-40 所示设置贴图的“坐标”参数。

（7）单击“材质编辑器”工具栏上的 Go to Parent（转到父对象）图标，返回上一层次。在摄像机视图中选中工艺品，单击“材质编辑器”工具栏上的 Assign Material to Selection（将材质指定给选定对象）图标，将制作好的材质赋予工艺品，快速渲染摄像机视图，如图 8-41 所示。

（8）激活另一个空白示例窗，使其处于活动状态，设置“Blinn 基本参数”，如图 8-42 所示。

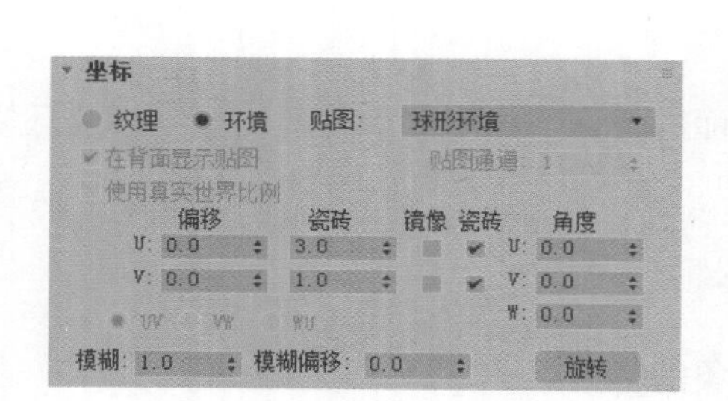

图8-40 设置贴图的“坐标”参数

图8-41 赋予金属材质的工艺品

（9）打开 Maps（贴图）面板，单击 Diffuse Color（漫反射颜色）贴图通道后面的“无贴图”选项，为其指定 Bimp（位图）贴图类型，并选择“源文件 / 贴图 /wood.jpg 文件”，如图 8-43 所示。

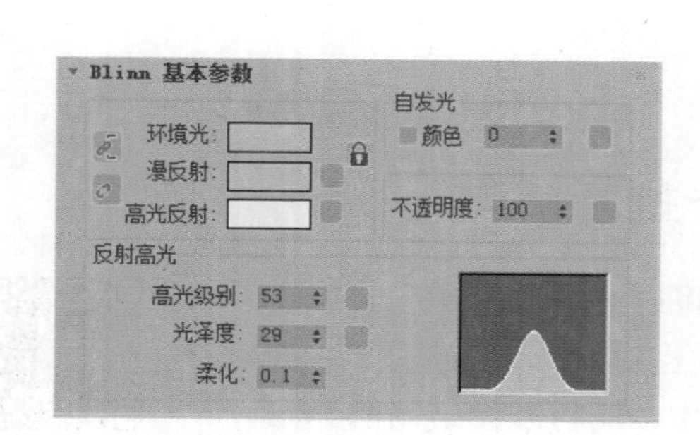

图8-42 设置“Blinn基本参数”

图8-43 地板漫反射贴图文件

（10）单击“材质编辑器”工具栏上的 Go to Parent（转到父对象）图标，返回上一层级。在摄像机视图中选中地面，为其赋予制作好的材质，快速渲染摄像机视图，观察效果，如图 8-44 所示。

（11）打开 Maps（贴图）面板，单击 Diffuse（反射）贴图通道后面的“无贴图”选项，为其指定 Flat Mirror（平面镜）贴图类型，设置 Flat Mirror Parameters（平面镜参数）的“模糊”值为“8”。

（12）单击“材质编辑器”工具栏上的 Go to Parent（转到父对象）图标，返回上一层级。在 Maps（贴图）面板设置 Reflection（反射）贴图通道的 Amount（数量）值为“50”，再次渲染摄像机视图，观察最终效果，如图 8-45 所示。

图8-44 添加漫反射贴图后的地面效果

图8-45 最终效果图

第 9 章

贴图的使用

内容指南

贴图是继材质之后又一个增强物体质感和真实感的强大技术。可以说，即使很蹩脚的模型，如果能很好地进行贴图处理，它的面目会得到很大改观。本章将全面介绍贴图类型、贴图通道以及贴图方式。其中，贴图通道的使用是本章的重点，正确运用贴图通道，是贴图成功与否的关键所在。

知识重点

- ❖ 掌握贴图通道的含义
- ❖ 采用正确的贴图方式

9.1 常用贴图类型

不同的贴图类型产生不同的效果，并且有其特定的行为方式。3ds Max 2018 提供八类贴图，分别为位图贴图、渐变贴图、细胞贴图、平面镜贴图、反射 / 折射贴图、薄壁折射贴图、光线跟踪贴图以及其他贴图。

9.1.1 位图贴图

形状示例

Bitmap（位图）是由彩色像素的固定矩阵生成的图像，是最常用的贴图类型。位图可以用来创建多种材质，从木纹和墙面到蒙皮和羽毛，也可以使用动画或视频文件替代位图来创建动画材质。位图贴图的效果示例如图 9-1 所示。

图9-1　位图贴图类型效果示例

创建步骤

（1）进入“标准几何体”创建面板，在透视图创建一个 Box（长方体），如图 9-2 所示。

（2）单击工具栏上的 Material Editor（材质编辑器）图标，打开“材质编辑器”对话框。

（3）激活一个空白示例窗，使其处于活动状态，在材质名称框内输入材质的名称，这里命名为“门”。

（4）打开 Blinn Basic Parameters（Blinn 基本参数）面板并设置参数，如图 9-3 所示。

图9-2　创建长方体

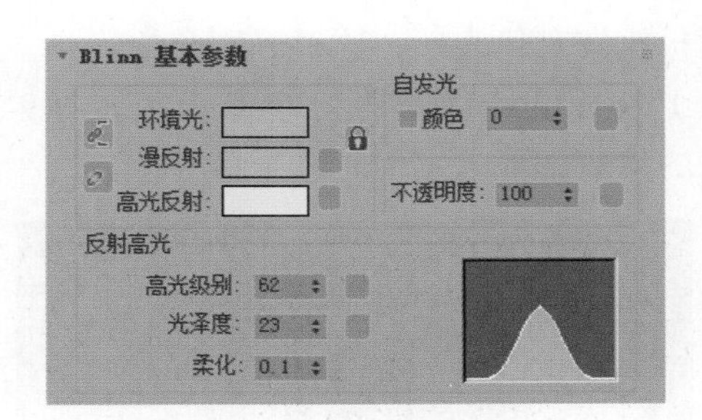

图9-3　设置“Blinn基本参数”

（5）打开 Maps（贴图）面板，单击 Diffuse Color（漫反射颜色）贴图通道后面的“无贴图”选项，弹出 Material/Map Browser（材质 / 贴图浏览器）对话框，选择贴图类型，如图 9-4 所示。

（6）选择 Bitmap（位图）类型，然后单击 OK（确定）按钮。在弹出的 Select Bitmap Image 3DS（选择位图图像文件）对话框中选择一张图片（这里选择一张门的贴图），然后单击“打开”按钮，如图 9-5 所示。

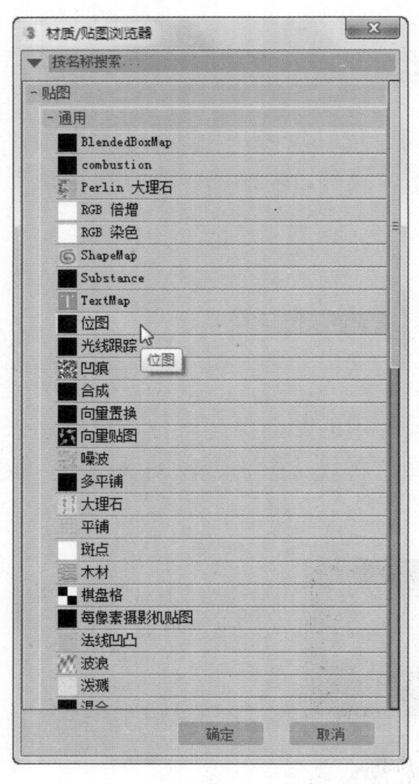

图9-4 选择贴图类型

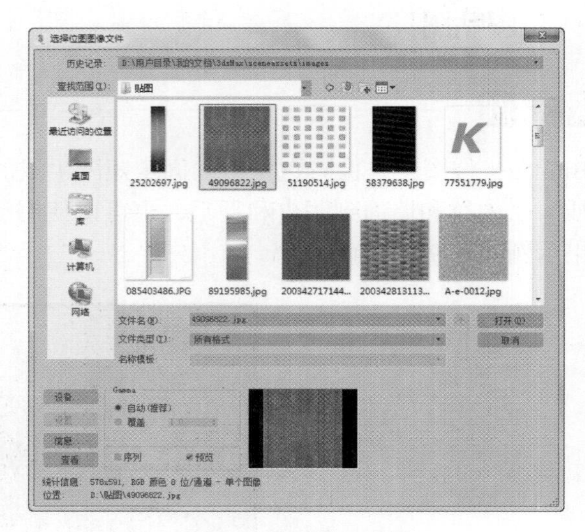

图9-5 选择贴图文件

（7）单击“材质编辑器”进入位图调整面板，如果需要对位图作进一步调整，可在参数面板上设置相关参数，这里采用默认设置。

（8）单击“材质编辑器”工具栏上的转到父对象图标，返回上一层级。在视图中选中长方体，单击将材质指定给选定对象图标，将制作好的门材质赋予长方体。

（9）如果要在视图中查看贴图效果，可单击“材质编辑器”工具栏上的在视图中显示贴图图标。

（10）在透视图中的空白处单击将其激活，单击工具栏上的 Render Production（渲染产品）图标，渲染透视图，观察给长方体添加位图贴图后的效果，如图 9-6 所示。

从创建步骤中的第（7）步操作可知，在为材质指定位图贴图后，可以对位图进行适当调整。位图的参数面板比较有代表性，这里分别介绍。

（1）Coordinates（坐标）参数面板如图 9-7 所示，在这里可以调整位图的重复次数、偏移等参数，几个常用的参数如下。

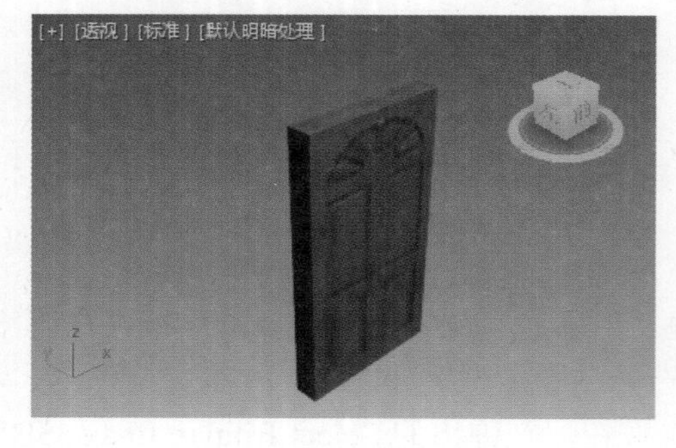

图9-6 位图贴图效果

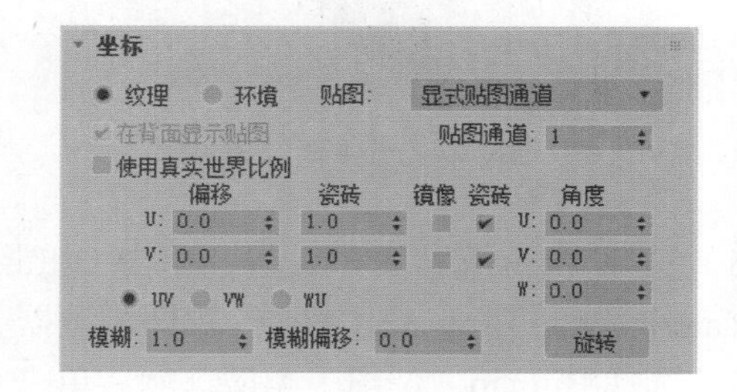

图9-7 “坐标”参数面板

❖ **Texture（纹理）**：将该贴图作为纹理贴图在模型表面应用，可从其后的 Mapping（贴图）列表中选择坐标类型。

❖ **Environment（环境）**：使用贴图作为环境贴图，可从其后的 Mapping（贴图）列表中选择坐标类型。纹理和环境贴图标示如图 9-8 所示。

❖ **Offset（偏移）**：在 UV 坐标中更改贴图的位置，在“偏移”微调器中填入数值，贴图相对于自身大小移动。例如，如果希望将贴图从原始位置向左移动其整个宽度，并向下移动其一半宽度，可在 U 后的微调器中输入“–1”，在 V 后的微调器中输入“–0.5”。偏移标示如图 9-9 所示。

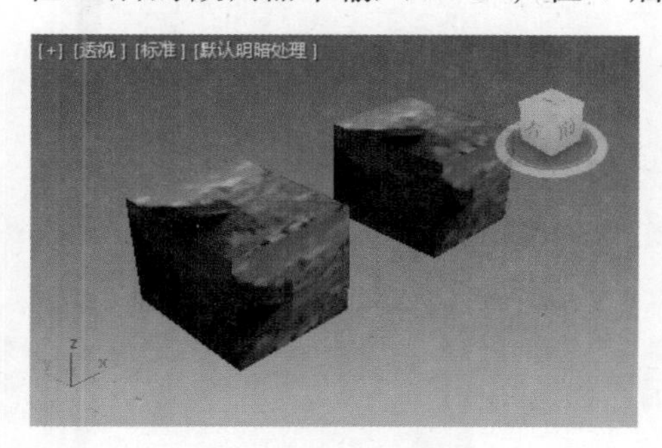

图9–8　纹理和环境贴图标示图

图9–9　偏移标示图

❖ **Mirror（镜像）**：可从左至右（U 轴）和 / 或从上至下（V 轴）复制贴图。镜像标示如图 9-10 所示。

❖ **Tile（平铺）**：决定贴图沿每根轴平铺（重复）的次数。可在 U 轴或 V 轴中启用或禁用平铺。如果禁用平铺，则在 Tiling（平铺数）设置参数后，只能放大或者缩小贴图在对象上的尺寸，不能使贴图重复排布。平铺标示如图 9-11 所示。

图9–10　镜像标示图

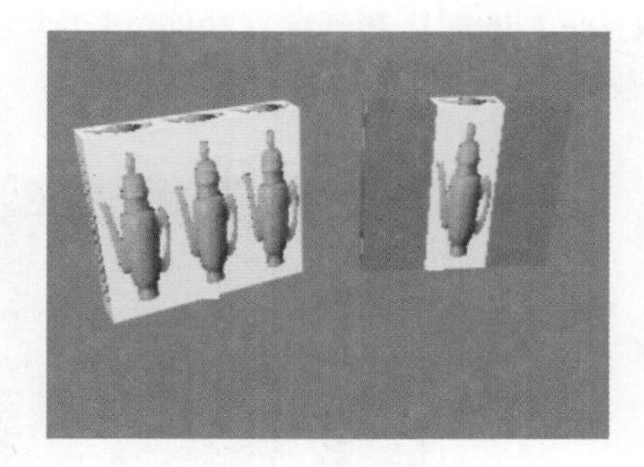

图9–11　平铺标示图

❖ **Angle（角度）**：可以绕 U、V 或 W 轴旋转贴图，以度数为单位。角度标示如图 9-12 所示。

提示：

Mirror（镜像）和 Tile（平铺）只能选择一个。例如：当选中 U 轴后面的 Mirror（镜像）复选框时，Tile（平铺）复选框自动禁用。

❖ **Blur（模糊）**：贴图与视图的距离影响其清晰度和模糊度。贴图距离越远，模糊度就越大。模糊标示如图 9-13 所示。

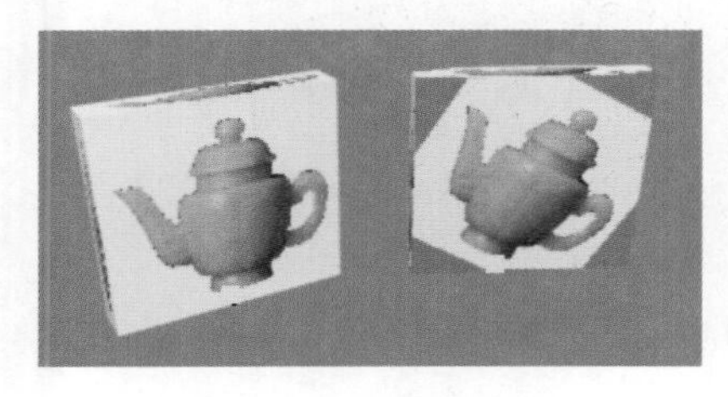

图9–12　角度标示图

图9–13　模糊标示图

（2）Noise（噪波）参数面板如图 9-14 所示，在这里可以为贴图添加扰动效果，下面介绍几个常用的参数。

❖ **On（启用）**：决定噪波参数是否影响贴图。噪波对贴图的影响标示如图 9-15 所示。

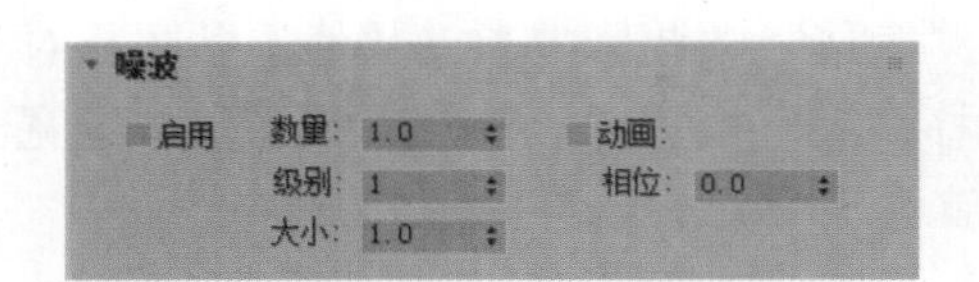

图9-14 “噪波”参数面板

图9-15 噪波对贴图的影响标示图

❖ **Amount（数量）**：设置分形功能的强度值，以百分比表示。

❖ **Levels（级别）**：应用函数的次数。级别的效果依赖于数量值，数量值越大，增加级别值的效果就越强。

❖ **Size（大小）**：设置噪波函数相对于几何体的比例。

（3）Bitmap Parameters（位图参数）面板如图 9-16 所示，在这里可以裁减位图，下面介绍几个常用的参数。

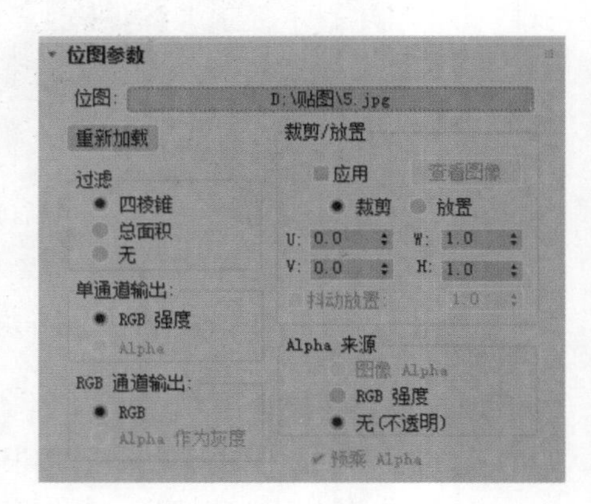

图9-16 “位图参数”面板

❖ **Apply（应用）**：启用此选项可使用裁剪或放置设置。

❖ **View Image（查看图像）**：显示渲染帧窗口，此窗口显示区域轮廓包围的位图。该区域轮廓在边角处有控制柄，启用裁剪后，可以拖动控制柄更改裁剪区域的大小，也可以直接在该区域内拖动裁剪区。

❖ **Crop（裁减）**：激活裁减功能，将在 View Image（查看图像）中设置的贴图区域裁减后贴在对象上。裁减标示如图 9-17 所示。

图9-17 裁减标示图

❖ **Place（放置）**：激活放置功能，将在 View Image（查看图像）中设置的贴图区域放置在对象上，选定的贴图区域大小不变。放置标示如图 9-18 所示。

图9-18 放置标示图

9.1.2 渐变贴图

形状示例

Gradient（渐变）从一种颜色到另一种颜色进行着色。为渐变指定两种或三种颜色，该软件将插补中间值。渐变贴图的效果示例如图 9-19 所示。

图9-19 渐变贴图效果示例图

创建步骤

渐变贴图类型的应用步骤跟方格贴图类型的应用步骤类似，下面简单介绍。

（1）打开“材质编辑器”对话框，激活一个空白示例窗并命名，设置好基本参数。

（2）打开 Maps（贴图）面板，单击需要添加贴图的通道后面的 None（无贴图）按钮，在弹出 Material/Map Browser（材质 / 贴图浏览器）对话框中选择 Gradient（渐变）贴图类型，然后单击 OK（确定）按钮。

（3）若要设置 3 种颜色的渐变，可在 Gradient Parameters（渐变参数）面板中单击 Color #1（颜色 1）、Color #2（颜色 2）和 Color #3（颜色 3）后面的色样，设置不同的颜色。

（4）若要设置 3 张贴图的渐变，可单击相应颜色色样后面的 None（无贴图）按钮，为其添加相应的贴图。

（5）每添加一次贴图并调整贴图参数后，单击“材质编辑器”工具栏上的转到父对象图标，可以返回到上一层级继续编辑。

（6）在 Gradient Parameters（渐变参数）面板设置渐变的其他参数。

（7）选中对象，将制作好的材质赋予对象，快速渲染视图，观察材质效果。

Gradient（渐变）贴图的 Gradient Parameters（渐变参数）面板如图 9-20 所示。

- **Color #1/ Color #2/ Color #3（颜色 1/ 颜色 2/ 颜色 3）**：设置方格的颜色 1/ 颜色 2/ 颜色 3，单击可显示颜色选择器。3 种颜色的渐变标示如图 9-21 所示。
- **Maps（贴图）**：单击下面的 None（无贴图）按钮，可以用贴图替代 3 种颜色。3 种贴图的渐变标示如图 9-22 所示。
- **Color 2 Position（颜色 2 位置）**：控制中间颜色的中心点，位置范围为 0~1。当为 0 时，颜色 2 替换颜色 3；当为 1 时，颜色 2 替换颜色 1。颜色 2 位置标示如图 9-23 所示。

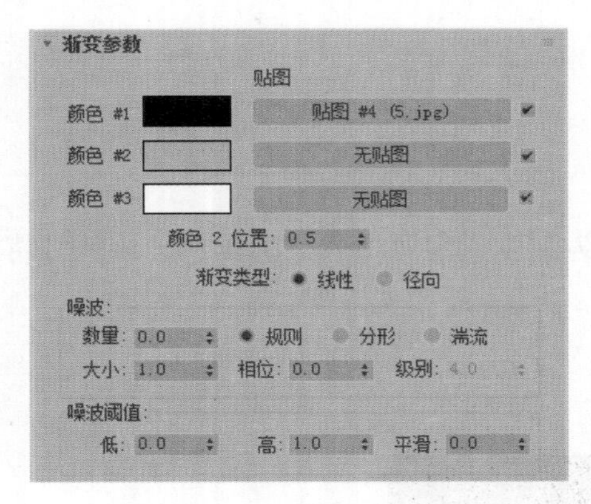

图9-20 "渐变参数"面板

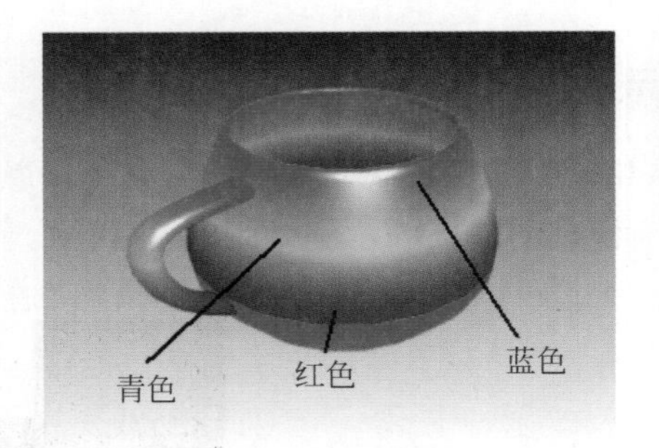

图9-21 3种颜色渐变标示图

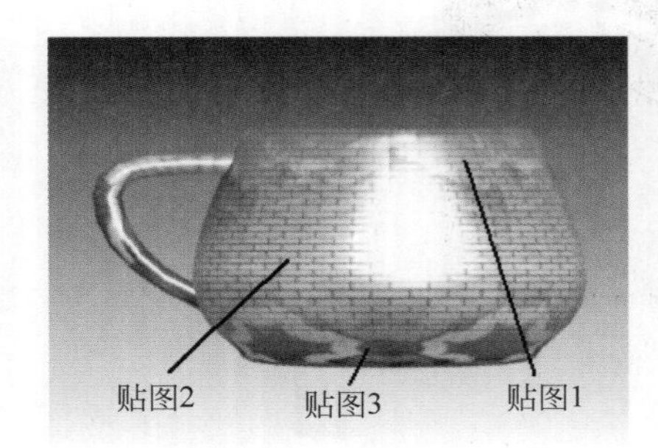

图9-22 3种贴图的渐变标示图

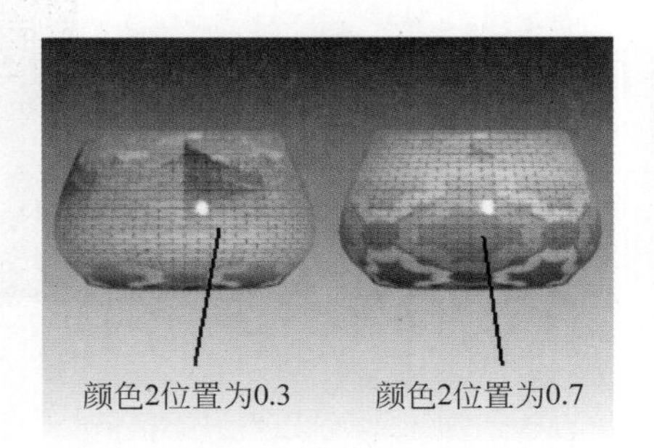

图9-23 颜色2位置标示图

❖ **Gradient Type（渐变类型）**: Linear（线性）渐变基于垂直位置插补颜色，而 Radial（径向）渐变则基于距贴图中心的距离插补颜色，默认为线性渐变类型。径向渐变标示如图 9-24 所示。

❖ **Noise（噪波）**: 可以设置 Amount（数量）、Size（大小），基于 U、V 和相位来影响颜色插值参数，还可设置噪波的类型。添加噪波的渐变效果如图 9-25 所示。

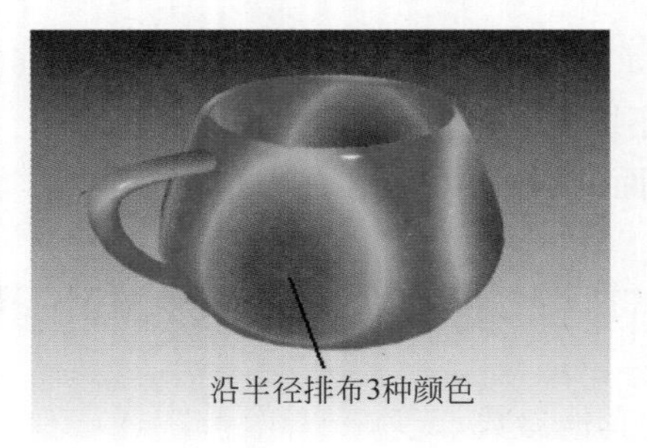

图9-24 径向渐变标示图

图9-25 添加噪波的渐变效果图

9.1.3 细胞贴图

形状示例

Cellular（细胞）贴图是一种程序贴图，可以生成用于各种视觉效果的细胞图案，包括马赛克瓷砖、鹅卵石表面甚至海洋表面。细胞贴图类型的效果示例如图 9-26 所示。

图9-26 细胞贴图类型效果示例图

Cellular Parameters（细胞参数）面板如图 9-27 所示。

❖ **Cell Color（细胞颜色）**: 为细胞指定颜色或者贴图，还可以设置 Variation（变化）值随机改变细胞的颜色。

❖ **Variation（变化）**: 通过随机改变 RGB 值改变细胞的颜色。变化值越大，随机效果越明显。

❖ **Division Colors（分界颜色）**: 这些控件用于指定细胞间的分界颜色，细胞分界是两种颜色或两个贴图之间的斜坡。

❖ **Circular/Chips（圆形 / 碎片）**: 使用 Circular（圆形）时，细胞为圆形，可以提供一种更为有机或泡状的外貌；使用 Chips（碎片）时，细胞具有线性边缘，可以提供一种更为零碎或马赛克的外观。默认设置为“圆形”。圆形 / 碎片标示如图 9-28 所示。

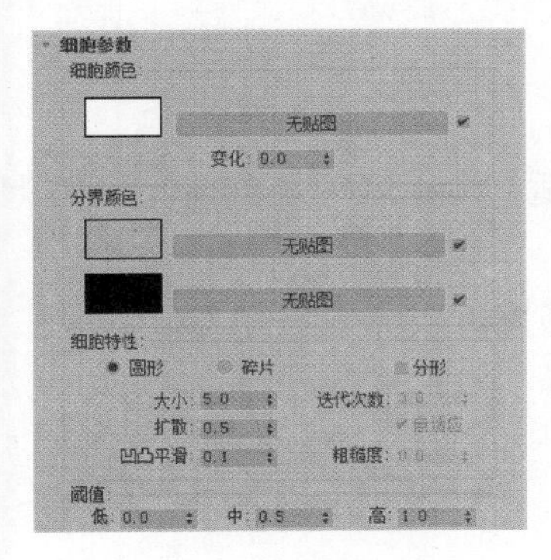

图9-27 “细胞参数”面板

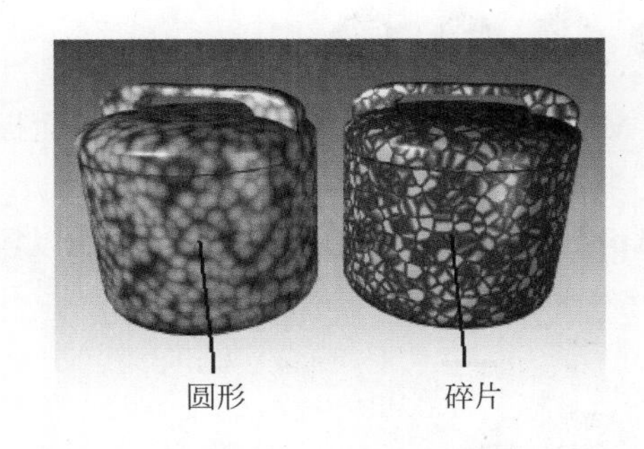

图9-28 圆形/碎片标示图

❖ **Size（大小）**: 更改贴图的总体尺寸，调整此值使贴图大小适合几何体。大小标示如图 9-29 所示。

❖ **Spread（扩散）**: 更改单个细胞的大小。扩散标示如图 9-30 所示。

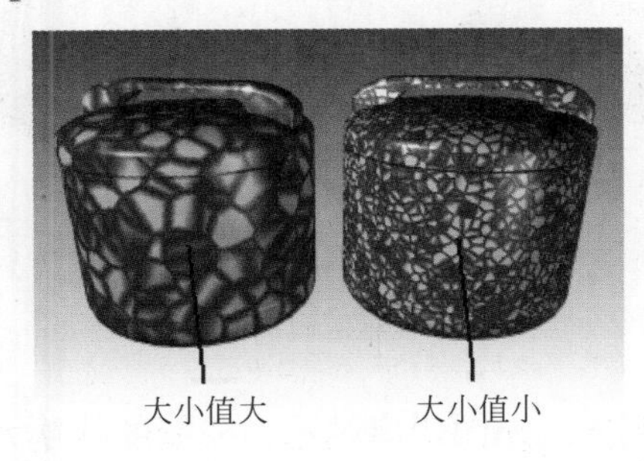

图9-29 贴图大小标示图

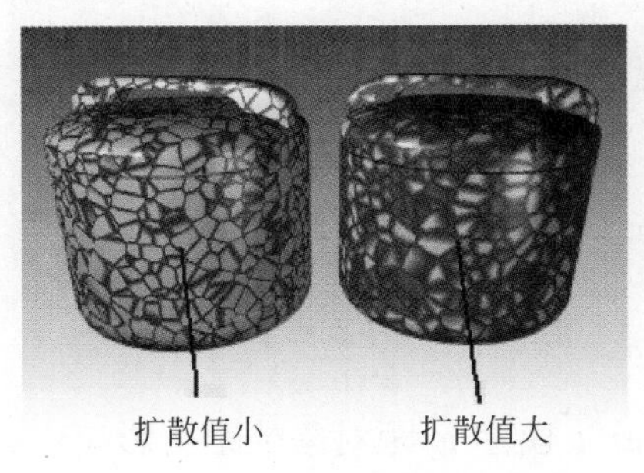

图9-30 扩散标示图

❖ **Bump Smoothing（凹凸平滑）:** 将细胞贴图用作凹凸贴图时，在细胞边界处可能会出现锯齿效果。如果发生这种情况，可以增加该值，达到平滑效果。

9.1.4 平面镜贴图

当 Flat Mirror（平面镜）贴图应用到共面、面集合时生成反射环境对象的材质，自动生成包含大部分环境的反射，以更好地模拟类似镜子的曲面。可以将它指定为材质的反射贴图通道。平面镜贴图的效果示例如图 9-31 所示。

图9-31 平面镜贴图效果示例图

参数详解

Flat Mirror Parameters（平面镜参数）面板如图 9-32 所示，适当运用这些参数，可以模拟真实的平面镜效果，下面介绍其常用参数。

❖ **Apply Blur（应用模糊）:** 启用过滤以模糊贴图。应用模糊标示如图 9-33 所示。

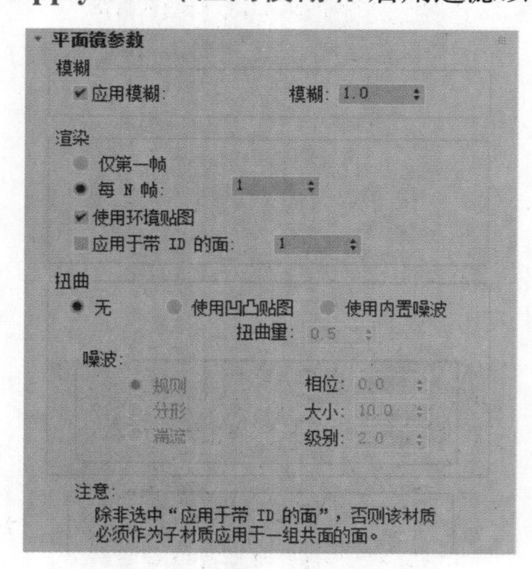

图9-32 “平面镜参数”面板

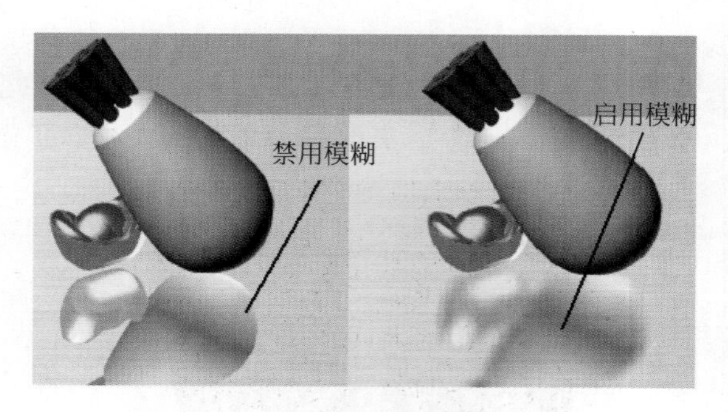

图9-33 应用模糊标示图

❖ **Blur（模糊）:** 距对象的距离影响生成贴图的锐度和模糊度。贴图距离越远，模糊度就越大。应用模糊可避免锯齿。

❖ **Render（渲染）**：用于设置在渲染过程中如何创建平面镜效果。可以选择 First Frame Only（仅第一帧）、Every Nth Frame（每 N 帧）、Use Environment Map（使用环境贴图）等选项。

❖ **Distortion（扭曲）**：可以扭曲平面镜反射模拟不规则曲面。扭曲可以基于凹凸贴图，也可以基于内置在平面镜材质中的噪波控件。

❖ **None（无）**：无扭曲。

❖ **Use Bump Map（使用凹凸贴图）**：使用材质的凹凸贴图扭曲反射。有凹凸贴图的平面镜曲面看起来会凹凸不平，但其反射不会被凹凸所扭曲，除非使用凹凸贴图选项。使用凹凸贴图标示如图 9-34 所示。

❖ **Use Built-in Noise（使用内置噪波）**：选中该项后，面板下面的 Noise（噪波）组中的参数变得可用，设置参数可扭曲反射。使用内置噪波标示如图 9-35 所示。

图9-34 使用凹凸贴图标示图

图9-35 使用内置噪波标示图

❖ **Distortion Amount（扭曲量）**：调整反射图像的扭曲量。这是唯一能够影响扭曲量的值，不管凹凸贴图的数量微调器设置多高，或噪波设置多极端，如果该值设为 0，就不会在反射中出现扭曲。

9.1.5 反射 / 折射贴图

形状示例

Reflect/Refract（反射 / 折射）贴图生成反射或折射表面，专门用于弯曲或不规则形状的对象。反射 / 折射贴图的效果示例如图 9-36 所示。

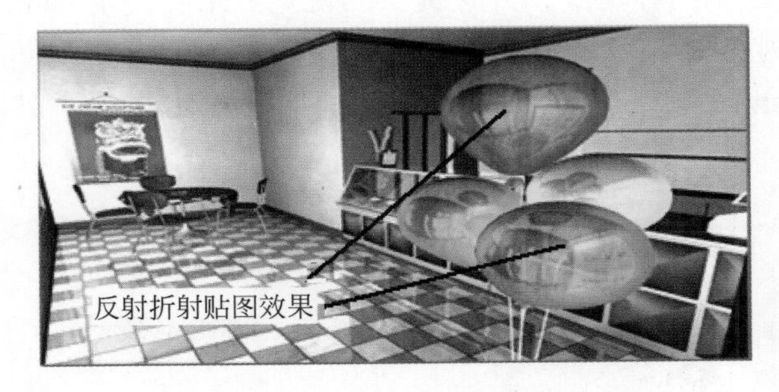

图9-36 反射/折射贴图效果示例图

Reflect/Refract Parameters（反射 / 折射参数）面板如图 9-37 所示，下面介绍其常用参数。

❖ **Source（来源）**：可选择 6 个立方体贴图的来源。

❖ **Automatic（自动）**：自动生成，方法是从具有该材质的对象的轴点向 6 个方向看，然后在渲染时贴图到表面。

❖ **From 3DS（从文件）**：启用时可在下面的 From 3DS（从文件）参数区指定 6 个方向的位图。

❖ **Size（大小）**：设置反射 / 折射贴图的大小。默认值为 100，会生成清晰图像，较低的值会逐渐损失更多细节。大小标示如图 9-38 所示。

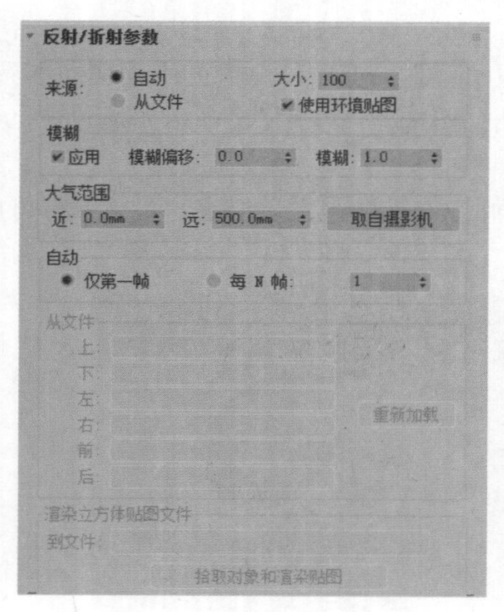

图9-37 “反射/折射参数”面板

图9-38 大小标示图

❖ **Blur（模糊）**：启用过滤以模糊贴图。

❖ **Atmosphere Ranges（大气范围）**：如果场景包含环境雾，立方体贴图必须具有近距离范围和远距离范围设置，才能从为材质指定的对象的角度正确渲染雾。

9.1.6 薄壁折射贴图

形状示例

Thin Wall Refraction（薄壁折射）模拟缓进或偏移效果。对于为玻璃建模的对象（如窗口窗格形状的框），这种贴图的速度更快，占用内存更少，并且提供的视觉效果要优于 Reflect/Refract（反射 / 折射）贴图。薄壁折射贴图的效果示例如图 9-39 所示。

Thin Wall Refraction Parameters（薄壁折射参数）面板如图 9-40 所示，其中的参数都比较简单，这里不再赘述。

图9-39 薄壁折射贴图效果示例图

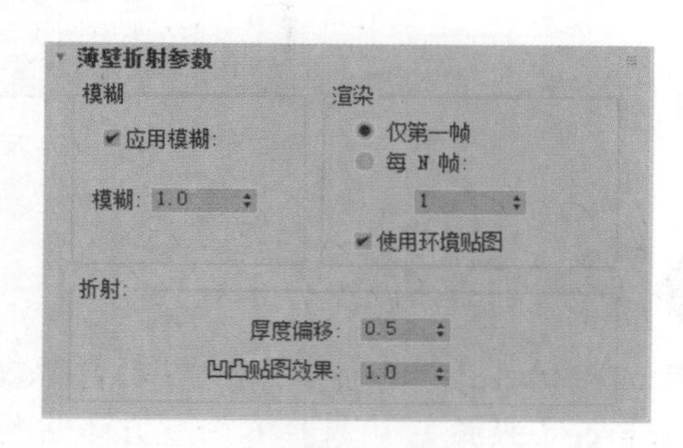

图9-40 “薄壁折射参数”面板

9.1.7 光线跟踪贴图

形状示例

使用 Raytrace（光线跟踪）贴图可以提供全部光线跟踪反射和折射，生成的反射和折射比反射 / 折射贴图的更精确，但渲染光线跟踪对象的速度比使用反射 / 折射的速度慢。光线跟踪贴图的效果示例如图 9-41 所示。

图9-41 光线跟踪贴图效果示例图

Raytrace（光线跟踪）贴图的参数较多，这里仅介绍 Raytracer Parameters（光线跟踪器参数），如图 9-42 所示，下面介绍其常用参数。

- **Use Environment Setting（使用环境设置）**：涉及当前场景的环境设置。使用环境设置的光线跟踪效果如图 9-43 所示。

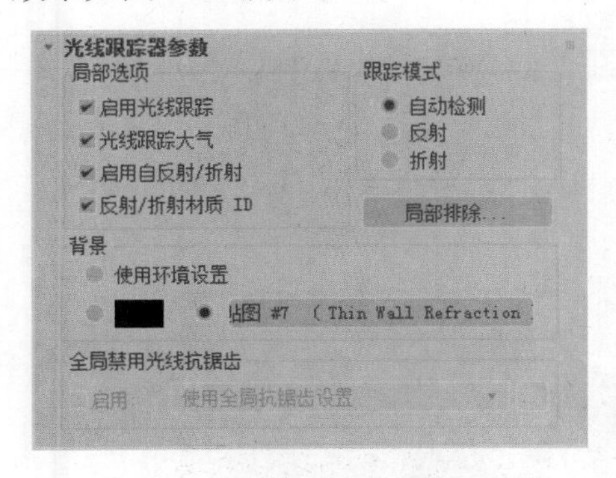

图9-42 “光线跟踪器参数”面板

图9-43 使用环境设置的光线跟踪效果图

- **色样**：使用指定颜色覆盖环境设置。使用色样的光线跟踪效果如图 9-44 所示。
- **None（无贴图）按钮**：使用指定贴图覆盖环境设置。通过指定环境贴图，可以将场景的环境贴图作为整体进行覆盖。使用此按钮，可以基于每个对象来使用不同的环境贴图，或没有作为整体的场景时，向指定对象提供环境。使用贴图的光线跟踪效果如图 9-45 所示。

图9-44 使用色样的光线跟踪效果图

图9-45 使用贴图的光线跟踪效果

9.1.8 其他贴图

其他贴图还包括 Hequer（方格）贴图、Gradient Ramp（渐变坡度）贴图、Swirl Map（漩涡）贴图、Tiles（平铺）贴图、Marble（大理石）贴图、Noise（噪波）贴图、Composite（合成）贴图、Mask（遮罩）贴图、Dent（凹痕）贴图、Mix（混合）贴图，如图 9-46 所示。这些贴图的使用方法与上面讲的各种贴图类似，这里不再赘述。

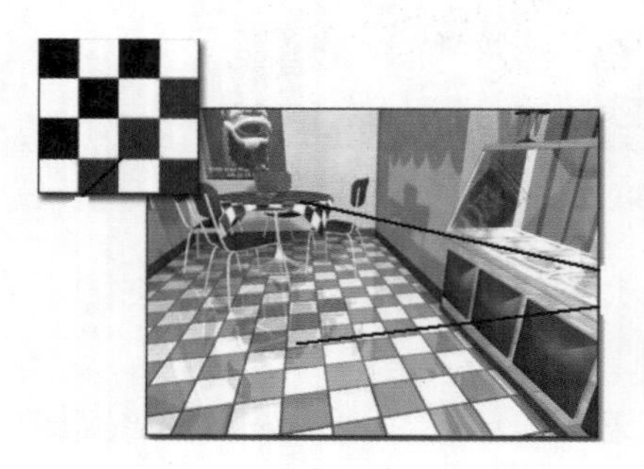

方格贴图效果示例图

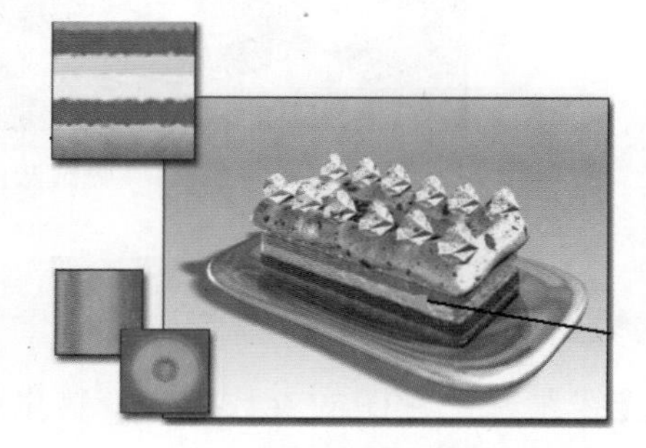

渐坡度贴图效果示例图

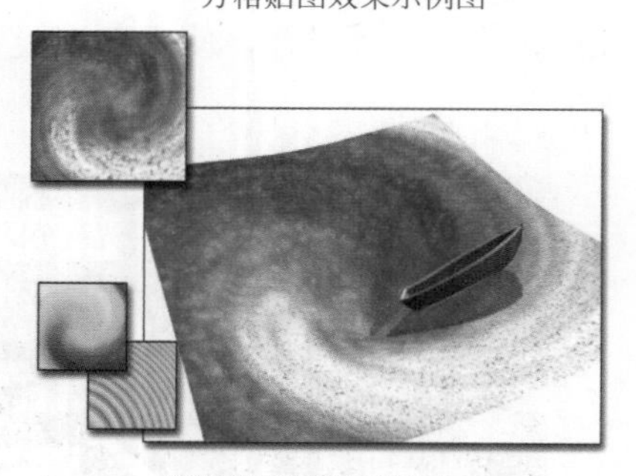

漩涡贴图效果示例图

平铺贴图效果示例图

大理石贴图效果示例图

噪波贴图效果示例图

图9-46 其他贴图效果示例图

合成贴图效果示例图

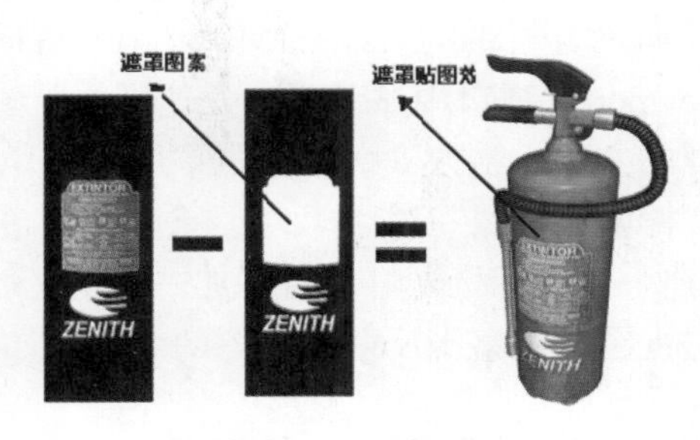

遮罩贴图效果示例图

凹痕贴图效果示例图

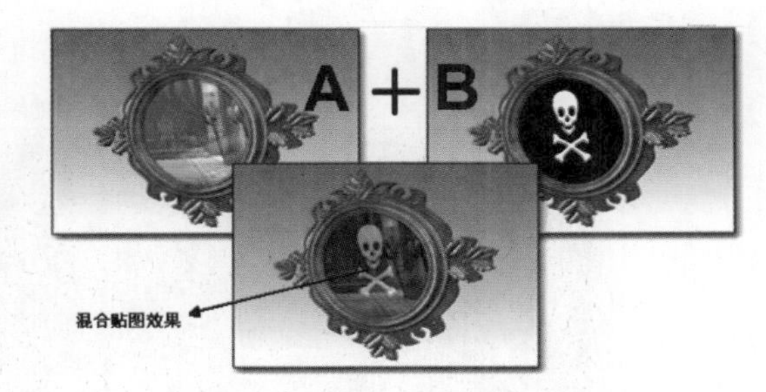

混合贴图效果示例图

图9-46 （续）

9.2 贴图通道

9.2.1 漫反射贴图通道

形状示例

Diffuse（漫反射）贴图通道是最常见的一种贴图通道，它将一个图片直接贴到材质的光色部分上。当此贴图激活时，贴图的效果将完全取代基本漫反射的颜色。默认情况下，将同时影响 Ambient（阴影区）贴图，如图 9-47 所示。

创建步骤

（1）重置系统。

（2）单击 Create（创建）命令面板下的 Geometry（几何体）图标●，在下拉列表中选择“标准基本体”，打开 Object Type（对象类型）面板，在透视图中创建一个球体和一个长方体，如图 9-48 所示。

图9-47 漫反射贴图

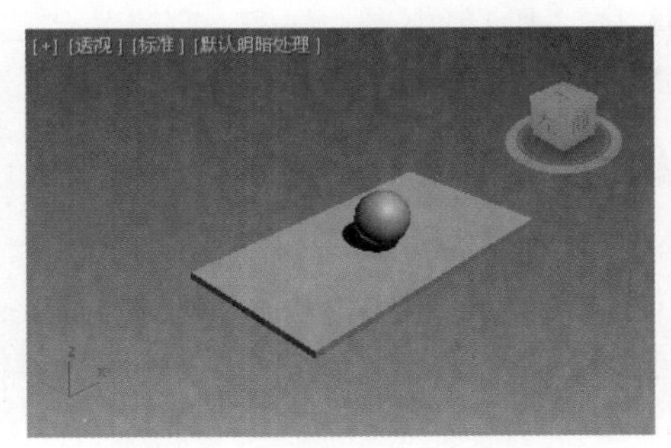

图9-48 创建球体和长方体

（3）选中球体，单击工具栏中的 Material Editor（材质编辑器）图标，打开“材质编辑器”对话框。

（4）在“贴图”面板选择 Diffuse（漫反射颜色）选项，并单击它旁边的 None（无贴图）按钮，在弹出的“材质浏览器”中为球体选择一张图片，作为漫反射区的贴图。

（5）单击横向工具栏中的 Assign Material to Selection（将材质指定给选定对象）图标，然后单击 Show Map in Viewport（视口中显示明暗处理材质）图标。

（6）用同样的方法，给方盒赋予一张草地的图片。

（7）关闭“材质编辑器”对话框，在“创建”命令面板中单击 Light（灯光），然后单击 Target Spot（目标泛光灯），创建一个目标聚光灯，再添加一盏泛光灯，调整它们到适当位置，用作照明球体和长方体。

（8）渲染透视图，观察漫反射区贴图的效果，如图 9-49 所示。

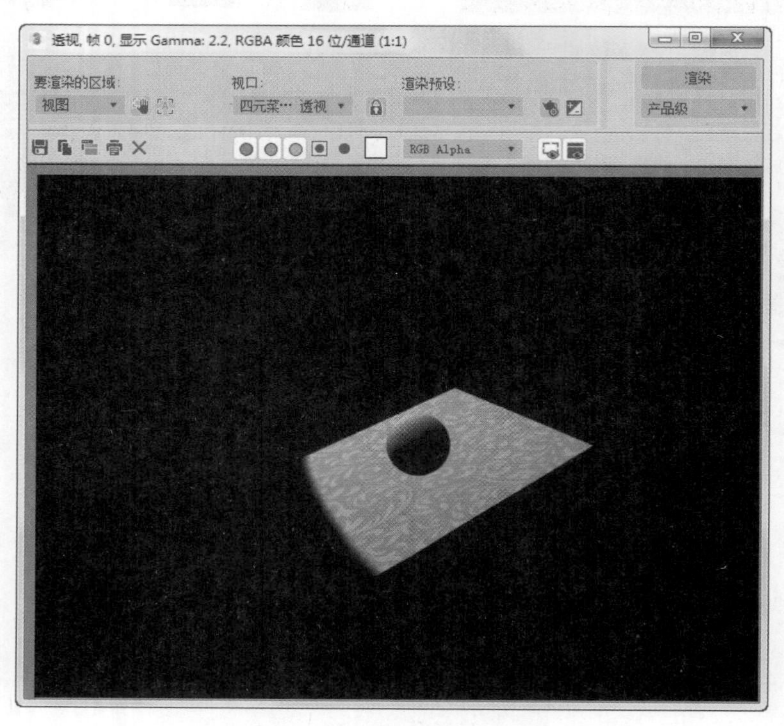

图9-49　漫反射贴图的效果图

9.2.2　高光颜色贴图通道

形状示例

Specular Color（高光颜色）贴图可以控制材质在高光区域里能看到些什么，它根据贴图决定高光经过材质表面时的变化或细致的反射。通常高光颜色贴图用来达到这样一种效果，即光源及其附近的图像照在物体上，被反射出来的样子。高光颜色贴图的效果有时和高光贴图及高光强度贴图类似，但它们的工作方式不同，高光颜色贴图不改变高光的明亮度，只改变高光的颜色，如图 9-50 所示。

创建步骤

（1）重置系统。

（2）单击 Create（创建）命令面板中的 Geometry（几何体）图标，打开 Object Type（对象类型）面板，单击长方体按钮，在透视图中创建一个长方体作为贴图的对象，如图 9-51 所示。

图9-50 高光颜色贴图

图9-51 创建长方体作为贴图对象

（3）选中长方体，单击工具栏中的 Material Editor（材质编辑器）图标，打开“材质编辑器”对话框。

（4）在“贴图”面板选择 Specular Color（高光颜色）选项，并单击它旁边的“无贴图”按钮，在弹出的“材质浏览器”中为长方体选择一张“门”的图片，作为高光区的贴图。

（5）单击 Go to Parent（转到父对象）图标，从样本窗口中可以看到，这时的高光变化并不理想。

（6）将“贴图”面板中的 Specular Color（高光颜色）向上拖曳复制到 Diffuse（漫反射）旁的 None（无贴图）选项上，在弹出的对话框中选择“关联”选项。

（7）同样，将 Specular Color（高光颜色）向下拖曳复制到 Diffuse（反射）旁的“无贴图”选项上。在弹出的对话框中选择“关联”选项。

（8）单击横向工具栏中的 Assign Material to Selection（将材质指定给选定对象）图标，然后单击 Show Map in Viewport（视口中显示明暗处理材质）图标，将材质赋予物体。

（9）立方体就有了明显的高光颜色效果渲染透视图，观察高光颜色贴图的效果，如图 9-52 所示。

图9-52 高光颜色贴图的效果

9.2.3 高光强度贴图通道

形状示例 

在材质编辑器中，“高光颜色”值用来调整高光区的大小，“高光强度”值用来调整光亮强度。在贴图设置时，从表面上看高光颜色贴图和高光强度贴图的差别只有一点，但在实际应用中，使用哪一个贴图还要根据实际情况决定，如图 9-53 所示。

创建步骤

（1）重置系统。

（2）单击 Create（创建）命令面板中的 Geometry（几何体）图标●，打开 Object Type（对象类型）面板，单击茶壶，在透视图中创建一个茶壶作为贴图的对象，如图 9-54 所示。

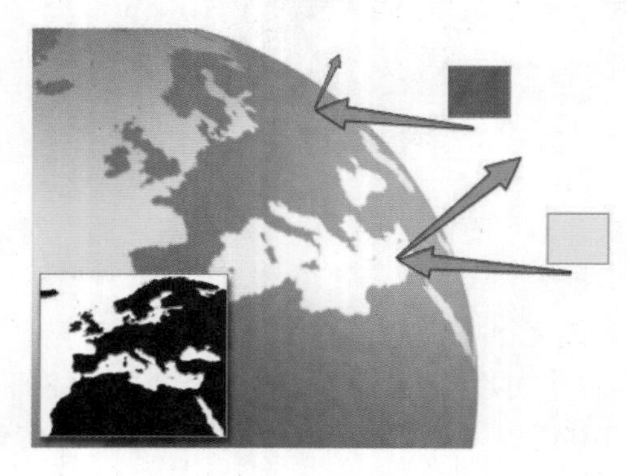

图9-53 高光强度贴图

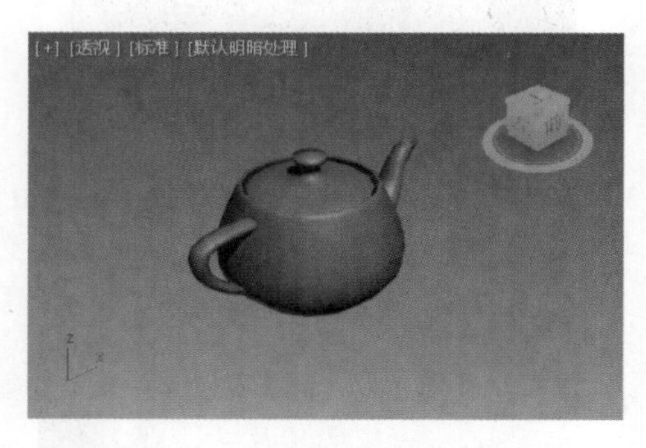

图9-54 创建茶壶高光强度贴图对象

（3）选中茶壶，单击工具栏中的 Material Editor（材质编辑器）图标，打开“材质编辑器”对话框。

（4）在“贴图”面板选择 Specular Leval（高光强度）选项，并单击它旁边的“无贴图”按钮，在弹出的“材质浏览器”中为茶壶选择一张花的图片，作为“高光强度”的贴图。

（5）单击 Go to Parent（转到父对象）图标。

（6）单击横向工具栏中的 Assign Material to Selection（将材质指定给选定对象）图标。渲染透视图，发现高光强度贴图是白色处有很强的反光，黑色处没有反光，效果如图 9-55 所示。

（7）还可通过在 Diffuse Color（漫反射颜色）上贴同样图的办法，在物体上罩一层漫反射的颜色。将高光强度贴图复制到漫反射贴图上去，再次渲染透视图，观察贴图效果，如图 9-56 所示。

图9-55 高光强度贴图的效果图

图9-56 综合漫反射与高光强度贴图的效果图

9.2.4 光泽度贴图通道

形状示例

材质的光泽度主要体现在物体的高光区域上。Glossiness（光泽度）贴图和“高光强度”贴图将定义图案高光域的形状和百分比的状态。

创建步骤

（1）选择上例中的茶壶，单击工具栏中的图标，打开“材质编辑器”对话框。

（2）在“位图”面板选择 Glossiness（光泽度）选项，并单击它旁边“无贴图”按钮，在弹出的材质浏览器中为茶壶选择同一张花的图片，作为“光泽度”的贴图。

（3）单击 Go to Parent（转到父对象）图标。

（4）单击横向工具栏中的 Assign Material to Selection（将材质指定给选定对象）图标。渲染透视图，在“渲染”对话框中观察，只看到淡淡的贴图影子，效果如图 9-57 所示。

（5）在“Blinn 参数”的“反射高光”面板中，将 Speculay Level（高光强度）值设为“200”，将 Glossiness（光泽度）值设为“0”，将 Soften（柔化）值设为“0.5”。

（6）再次渲染透视图，发现贴图中各处的光泽度发生了变化，黑色处有很强的反光，白色处没有反光，颜色光泽度也介于两者之间，如图 9-58 所示。

（7）还可通过在 Differ Color（漫反射颜色）上贴同样图的办法，使物体上罩一层漫反射的颜色。将光泽度贴图复制到漫反射贴图上去，再次渲染透视图，观察贴图效果，如图 9-59 所示。

图9-57　光泽度贴图效果

图9-58　修改参数后的光泽度贴图效果

图9-59　漫反射与光泽度综合贴图的效果

9.2.5　自发光贴图通道

形状示例

Self Illumination（自发光）贴图可影响对象自发光效果的强度，它根据图像文件的灰度值决定自发光的强度。白色部分产生的效果最强烈，而黑色部分则不产生任何效果，如图 9-60 所示。

图9-60　自发光贴图标示图

创建步骤

（1）选中上例中的茶壶，单击工具栏中的 Material Editor（材质编辑器）图标，打开“材质编辑器”对话框。

（2）在“贴图”面板选择 Self Illumination（自发光）选项，并单击它旁边的“无贴图”按钮，在弹出的“材质浏览器”中为茶壶选择一张金属网格的图片，作为自发光的贴图。

（3）单击 Go to Parent（转到父对象）图标。

（4）单击横向工具栏中的 Assign Material to Selection（将材质指定给选定对象）图标。渲染透视图，观察自发光贴图的效果，如图 9-61 所示。可以发现，白色部分产生自发光效果，而黑色部分不产生任何效果。

（5）将自发光贴图复制到漫反射贴图上去，再次渲染透视图，可以更明显地看到自发光贴图的效果，如图 9-62 所示。

图9-61　自发光贴图效果

图9-62　漫反射与自发光综合贴图的效果

9.2.6　透明度贴图通道

形状示例

Opacity（透明度）贴图根据图像中颜色的强度值来决定物体表面的不透明度，如图 9-63 所示。

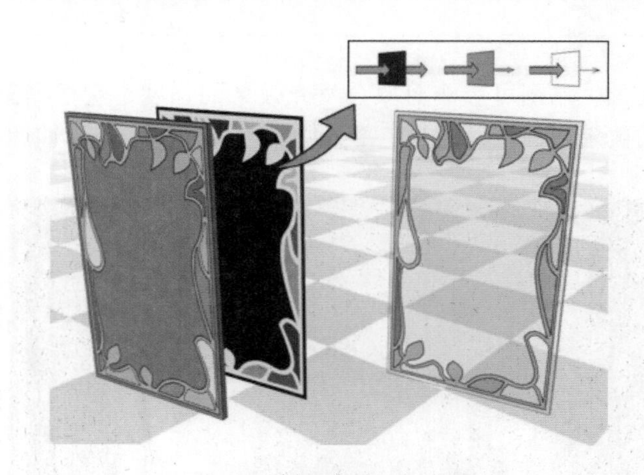

图9-63　透明度贴图标示图

创建步骤

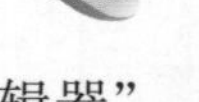

（1）选中上例中茶壶，单击工具栏中的 Material Editor（材质编辑器）图标，打开“材质编辑器”对话框。

（2）在“贴图”面板选择 Opacity（透明度）选项，并单击它旁边的“无贴图”按钮，在弹出的“材质浏览器”中为茶壶选择上例中金属网格的图片，作为透明度贴图的图片。

（3）单击 Go to Parent（转到父对象）图标。

（4）单击横向工具栏中的 Assign Material to Selection（将材质指定给选定对象）图标。渲染透视图，观察透明度贴图的效果，如图 9-64 所示。可以发现，白色部分完全不透明，而黑色部分完全透明。

（5）将透明度贴图复制到漫反射贴图上去，再次渲染透视图，可以更明显地看到透明度贴图的效果，如图 9-65 所示。

图9-64 透明度贴图效果

图9-65 漫反射与透明度综合贴图的效果

（6）回到材质的顶层，在“明暗器基本参数”面板中勾选 2 Side (双面) 复选框，渲染透视图，可以通过茶壶的透明部分观察茶壶的另一面。

提示：

图像中的黑色表示完全透明，白色表示完全不透明，介于两者之间的颜色显示半透明。

9.2.7 凹凸贴图通道

形状示例

Bump（凹凸）贴图是通过改变图像文件的明亮程度来影响贴图的。在“凹凸”贴图中，图像文件的明亮程度会影响物体表面的光滑平整程度，白色的部分会凸出，而黑色的部分则会凹进，具有浮雕效果。凹凸贴图并不影响几何体，升起的边缘只是一种模拟高光和阴影特征的渲染效果。要真正变形物体的表面可以通过“偏移”贴图来实现。

图9-66 凹凸贴图效果

（1）选中上例中的茶壶，单击工具栏中的图标，打开“材质编辑器”对话框。

（2）在 Map（贴图）面板选择 Bump（凹凸）贴图选项，并单击它旁边的“无贴图”按钮，在弹出的“材质浏览器”中为茶壶选择上例的金属网格图片，作为凹凸贴图的图片。

（3）单击 Go to Parent（转到父对象）图标。

（4）单击横向工具栏中的 Assign Material to Selection（将材质指定给选定对象）图标。渲染透视图，观察凹凸贴图的效果，如图 9-66 所示。白色部分凸了出来，而黑色部分凹了进去。

（5）将“凹凸”贴图的“数量”值由默认的“30”改为“200”。“凹凸”贴图的“数量”值不是由百分比的方式来定义的，它有一个取值范围是 0~999，值不同凹凸的程度也不同。渲染透视图，观察修改后参数的效果，如图 9-67 所示。

（6）将“凸凹”贴图复制到漫反射贴图上去，再次渲染透视图，可以更明显地看到凸凹贴图的效果，如图 9-68 所示。

图9-67 修改参数后的效果图

图9-68 漫反射与凸凹综合贴图的效果

9.2.8 反射贴图通道

形状示例

Diffuse（反射）贴图虽然也是将图像贴在物体上，但它是周围环境的一种作用，因此不使用或不要求贴图坐标，而是固定于世界坐标系上，这样贴图不会随着物体移动，而是随着场景的改变而改变。

创建步骤

（1）选中上例中的茶壶，单击工具栏中的图标，打开“材质编辑器”对话框。

（2）在“贴图”面板选择 Diffuse（反射）选项，并单击它旁边“无贴图”按钮，在弹出的“材质浏览器”中双击 Reflect/Refract（反射 / 折射）选项，打开 Reflect/Refract Parameters（反射 / 折射参数）面板，设置参数，如图 9-69 所示。

（3）单击 Go to Parent（转到父对象）图标，单击横向工具栏中的 Assign Material to Selection（将材质指定给选定对象）图标。

（4）关闭“材质编辑器”，单击 Rendering（渲染）菜单下 Environment and Effects（环境和效果）的命令，打开“环境和效果”对话框，如图 9-70 所示。在 Common Parameters（一般参数）面板下单击下面的长图标来指定一幅背景图，然后关闭对话框。

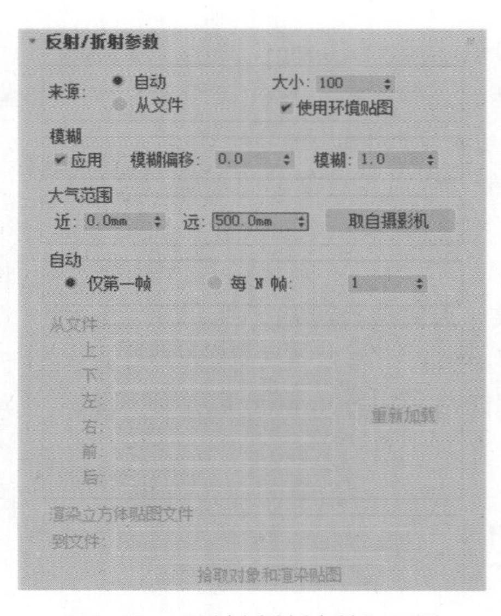

图9-69 “反射/折射参数”面板

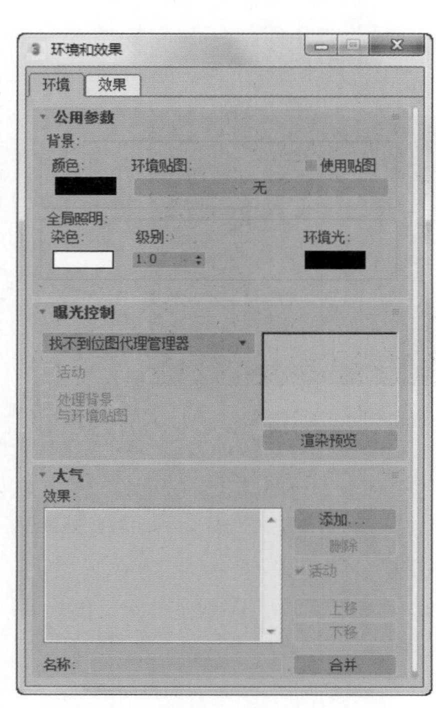

图9-70 “环境和效果”对话框

（5）渲染透视图，观察赋予反射贴图的茶壶，效果如图 9-71 所示。

图9-71 反射贴图效果

9.2.9 折射贴图通道

形状示例

当透过玻璃瓶或放大镜观察时，场景中的物体看起来是弯曲的。这个效果是由于光线通过透明物体表面时被折射造成的。Refraction（折射）贴图时将环境图形贴到物体表面上，产生一定弯曲变形，使物体看起来好像可以被透过。用折射贴图可以模拟通过透明的厚物体时光线的弯曲效果。Refraction（折射）贴图实际上是不透明贴图的变形，如图 9-72 所示。

（1）选中上例中的茶壶，单击工具栏中的图标，打开“材质编辑器”对话框。

（2）在“贴图”面板选择 Refraction（折射）选项，并单击它旁边“无贴图”按钮，在弹出的“材质浏览器”中双击“反射 / 折射参数”选项。此时，“材质编辑器”转到 Reflect/Refract Parameters（反射 / 折射参数）面板。

（3）单击“转到父对象”图标，然后单击横向工具栏中的 Assign Material to Selection（将材质指定给选定对象）图标。

（4）关闭“材质编辑器”对话框，单击菜单栏上的 Rendering（渲染）菜单，在下拉菜单中选择 Environment（环境），打开“环境”对话框。在 Common Parameters（一般参数）面板单击下面的长图标来指定同上例相同的背景图，然后关闭对话框。

（5）渲染透视图，观察赋予折射贴图的茶壶，效果如图 9-73 所示。

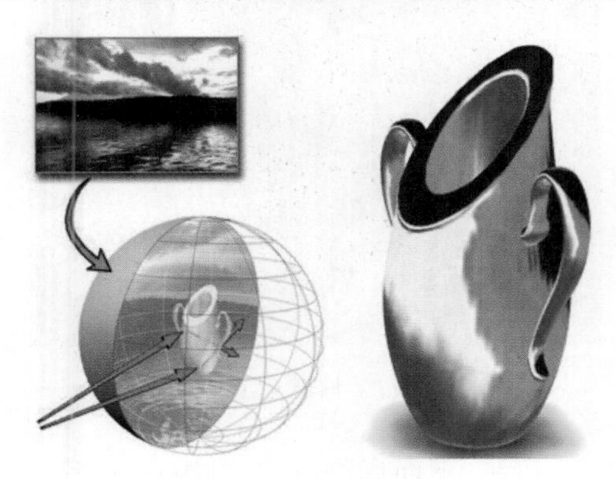

图9-72 折射贴图效果

图9-73 折射贴图效果

9.3 UVW 贴图修改器

9.3.1 初识 UVW 贴图修改器

创建步骤

（1）重置系统。

（2）单击 Create（创建）命令面板下的 Geometry（几何体）图标●，在下拉列表中选择“标准基本体”，打开 Object Type（对象类型）面板，在透视图中创建一个长方体作为贴图的对象，如图 9-74 所示。

（3）在“贴图”面板选择 Diffuse（漫反射颜色）选项，并单击它旁边的“无贴图”按钮，在弹出的“材质 / 贴图浏览器”对话框中双击的 Bimp（位图）贴图，从弹出的对话框中选择一张砖墙图片。

（4）单击横向工具栏中的 Assign Material to Selection（将材质指定给选定对象）图标，然后单击 Show Map in Viewport（视口中显示明暗处理材质）图标，将砖墙图片贴到长方体上，如图 9-75 所示。

图9-74 创建长方体

图9-75 贴上砖墙图片的长方体

（5）从透视图中看，砖块的大小不合适。打开 Modify（修改）面板，在下拉列表中选择 UVW Map（UVW 贴图）命令，如图 9-76 所示。

（6）在“参数”面板中选择“长方体”贴图方式，再单击 Fit（适配）按钮，微调 U 向平铺和 V 向平铺的值，从透视图中观察调整的效果，直到满意为止。此时透视图中的效果如图 9-77 所示。

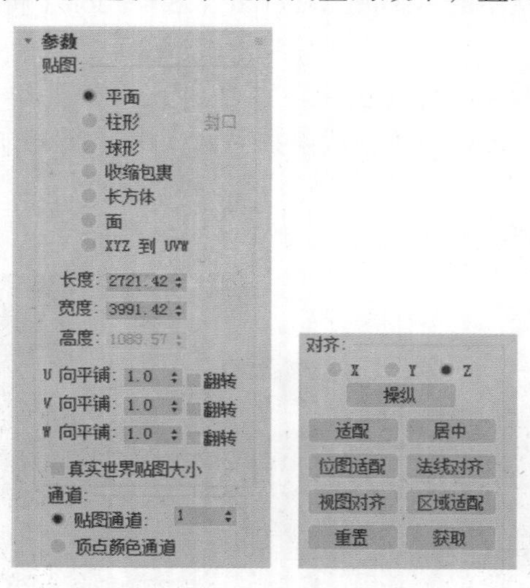

图9-76 “参数”面板

图9-77 修改后的效果

上例是对一个场景对象进行材质赋予并调整贴图坐标的全过程。下面详细讲述“UVW 贴图”修改器的功能。

9.3.2 贴图方式

3ds Max 2018 主要提供平面、圆柱体、球体、收缩包裹、长方体、面等六种贴图方式。打开“UVW 贴图调整器”就可以选择适合对象的贴图方式。

1. 平面

形状示例

平面贴图方式在物体只需要一个面有贴图时使用，贴图从一个平面被投下，如图 9-78 所示。

创建步骤

（1）重置系统。

（2）单击 Create（创建）命令面板下的 Geometry（几何体）图标，在下拉列表中选择“标准基本体”，打开 Object Type（对象类型）面板，在透视图中创建一个长方体，作为贴图的对象。

（3）选中长方体，打开“材质编辑器”对话框。

（4）在“贴图”面板选择 Diffuse（漫反射颜色）选项，并单击它旁边的“无贴图”按钮，在弹出的“材质 / 贴图浏览器”对话框中双击 Bimp（位图）贴图。从弹出的对话框中随便选择一张图片作为贴图图片。

（5）单击横向工具栏中的 Assign Material to Selection（将材质指定给选定对象）图标。

（6）打开 Modify（修改）面板，在下拉列表中选择 UVW Map（UVW 贴图）命令。在参数中选择 Planar（平面）贴图方式，再单击 Fit（适配）按钮。

（7）观察透视图中的效果，如图 9-79 所示。发现长方体的顶部出现贴图图片，其他侧面发生了变化，被贴上了条纹，此时为平面映射方式。

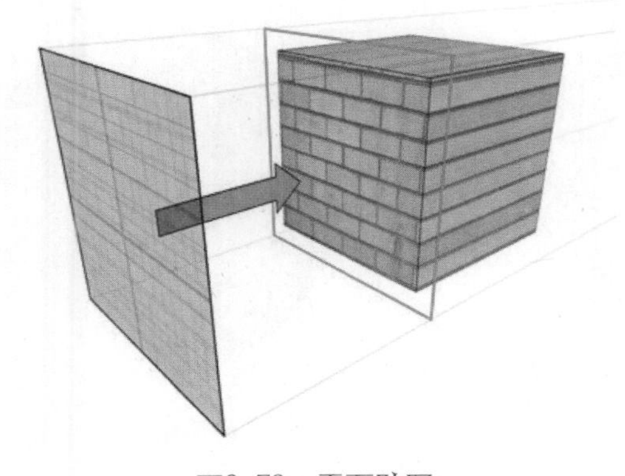

图9-78　平面贴图

图9-79　平面贴图效果图

2. 圆柱体

形状示例

圆柱体贴图是将贴图投射在一个柱面上，环绕在圆柱体的侧面。这种贴图坐标在物体造型近似柱体时非常有用，如图 9-80 所示。

创建步骤

（1）重置系统。

（2）单击 Create（创建）命令面板下的 Geometry（几何体）图标，在下拉列表中选择 Standard Primitives（标准基本体），打开 Object Type（对象类型）面板，在透视图中创建一个圆柱体作为贴图的对象。

（3）选中圆柱体，打开“材质编辑器”对话框。

（4）在“贴图”面板选择“漫反射颜色”选项，并单击它旁边的“无贴图”按钮，在弹出的“材质/贴图浏览器”对话框中双击“贴图”下的 Bimp（位图）贴图。从弹出的对话框中选择一张图片作为贴图。

（5）单击横向工具栏中的 Assign Material to Selection（将材质指定给选定对象）图标，继续单击 Show Map in Viewport（视口中显示明暗处理材质）图标。

（6）打开 Modify（修改）命令面板，在下拉列表中选择 UVW Map（贴图坐标）命令。在 Mapping（贴图）参数中选择 Cylindrical（圆柱体）贴图方式，再单击 Fit（适配）按钮。

（7）观察透视图中的效果，如图 9-81 所示，发现贴图是环绕在圆柱的侧面。

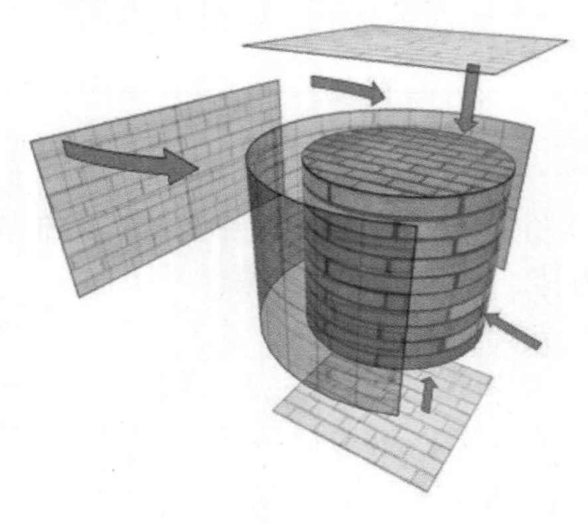

图9-80 圆柱体贴图

图9-81 圆柱贴图效果

3. 球体

形状示例

“球体”贴图坐标以球面方式环绕在物体表面，产生接缝。这种方式用于造型类似球体的物体，如图 9-82 所示。

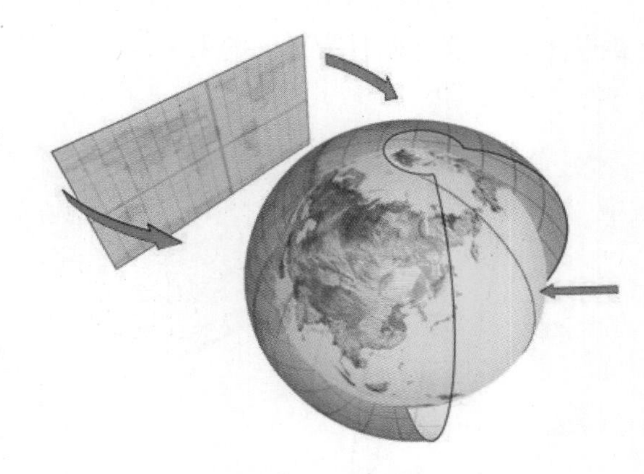

图9-82 球体贴图

创建步骤

（1）重置系统。

（2）单击 Create（创建）命令面板下的 Geometry（几何体）图标，在下拉列表中选择“标准基本体”，打开 Object Type（对象类型）面板，在透视图中创建一个球体，作为贴图的对象

（3）选中球体，打开“材质编辑器”对话框。

（4）在“贴图”面板选择 Diffuse（漫反射颜色）选项，并单击它旁边“无贴图”按钮，在弹出的“材质/贴图浏览器”对话框中双击“贴图”下的 Bimp（位图）贴图。从弹出的对话框中选择一张图片作为贴图图片。

（5）单击横向工具栏中的 Assign Material to Selection（将材质指定给选定对象）图标，然后单击 Show Map in Viewport（视口中显示明暗处理材质）图标。

（6）打开 Modify（修改）面板，在下拉列表中选择 UVW Map（UVW 贴图）命令。在 Mapping（贴图）中选择 Spherical（球体）贴图方式，再单击 Fit（适配）按钮。

（7）观察透视图中的效果，正面如图 9-83 所示，反面如图 9-84 所示。发现贴图是以球面方式环绕在球体表面，产生接缝。

图9-83　球体贴图正面

图9-84　球体贴图背面

4. 收缩包裹

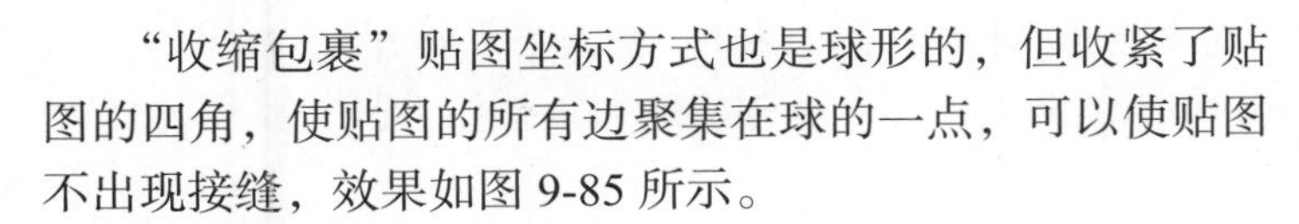

“收缩包裹”贴图坐标方式也是球形的，但收紧了贴图的四角，使贴图的所有边聚集在球的一点，可以使贴图不出现接缝，效果如图 9-85 所示。

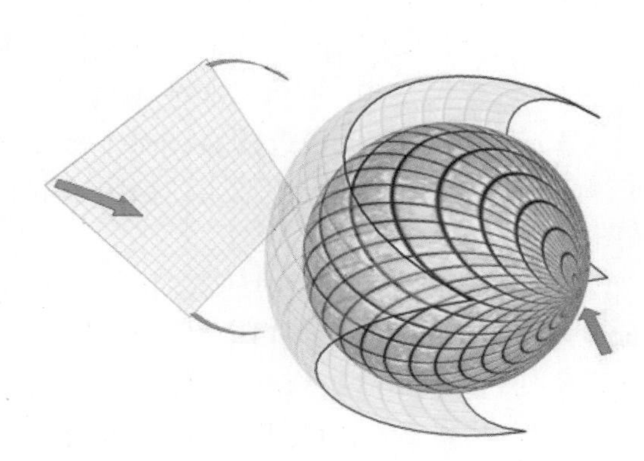

图9-85　收缩包裹贴图效果

创建步骤

（1）重置系统。

（2）单击 Create（创建）命令面板下的 Geometry（几何体）图标●，在下拉列表中选择“标准基本体”，打开 Object Type（对象类型）面板，在透视图中创建一个球体作为贴图的对象。

（3）选中球体，打开“材质编辑器”对话框。

（4）在“贴图”面板选择 Diffuse（漫反射颜色）选项,并单击它旁边的“无贴图”按钮,在弹出的“材质 / 贴图浏览器”对话框中双击“贴图”下的 Bimp（位图）贴图。从弹出的对话框中选择一张图片作为贴图图片。

（5）单击横向工具栏中的 Assign Material to Selection（将材质指定给选定对象）图标，然后单击 Show Map in Viewport（视口中显示明暗处理材质）图标。

（6）打开 Modify（修改）面板，在下拉列表中选择 UVW Map（UVW 贴图）命令。在参数中选择 Shrink（收缩包裹）贴图方式，再单击 Fit（适配）按钮。

（7）观察透视图中的效果，正面如图 9-86 所示，背面如图 9-87 所示。发现贴图收紧了四角，使贴图的所有边聚集在球的一点，不出现接缝。

图9-86　收缩包裹贴图正面

图9-87　收缩包裹贴图背面

5. 长方体

“长方体”贴图是给场景对象 6 个表面同时赋予贴图的一种贴图方式，就好像有一个盒子将对象包裹起来，这里不再赘述。

6. 面

形状示例

“面”贴图方式不是以投影的方式来赋给场景对象贴图，而是根据场景中对象的面片数来分布贴图。

创建步骤

（1）重置系统。

（2）在透视图中创建一个长宽高段数均为 2 的长方体，作为贴图的对象。

（3）选中长方体，打开“材质编辑器”对话框。

（4）在“贴图”面板选择 Diffuse（漫反射颜色）选项，并单击它旁边的“无贴图”按钮，在弹出的“材质 / 贴图浏览器”对话框中双击“贴图”下的 Bimp（位图）贴图。从弹出的对话框中选择一张图片作为贴图图片。

（5）单击横向工具栏中的 Assign Material to Selection（将材质指定给选定对象）图标，然后单击 Show Map in Viewport（视口中显示明暗处理材质）图标。

（6）打开 Modify（修改）面板，在下拉列表中选择 UVW Map（UVW 贴图）命令。在参数栏中选择 Face（面）贴图方式，再单击（适配）按钮。

（7）观察透视图中的效果，如图 9-88 所示，发现长方体的每个表面上有 4 个贴图，这是因为“面”贴图方式是根据场景中对象的面片数来分布贴图，每个表面上有 4 个面片，所以有 4 个贴图。

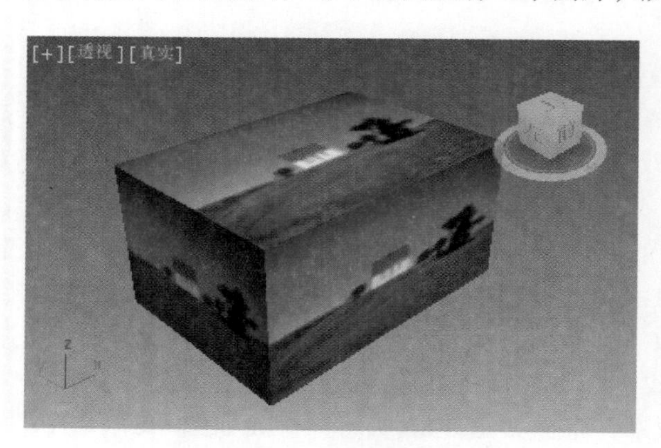

图9-88　面贴图效果图

- ❖ **Length**（长度）、**Width**（宽度）、**Height**（高度）：用来定义“Gizmo”尺寸，用工具栏中的缩放工具压缩可以达到同等效果。
- ❖ **U Tile**（U 向平铺）：定义贴图 U 方向上重复的次数。
- ❖ **V Tile**（V 向平铺）：定义贴图 V 方向上重复的次数。
- ❖ **W Tile**（W 向平铺）：定义贴图 W 方向上重复的次数。
- ❖ **Flip**（操纵）：激活此项，贴图在对应方向上发生翻转。
- ❖ **Channel**（通道）：为每个场景对象指定两个通道，“通道 1”是在 UVW 贴图中所选择的贴图方式，“通道 2”是系统为场景对象缺省赋予的贴图坐标。

❖ **Fit**（适配）：单击此项后，贴图坐标会自动与对象的外轮廓边界大小一致，它会改变贴图坐标原有的位置和比例。
❖ **Center**（居中）：使贴图坐标中心与对象中心对齐。
❖ **Bitmap Fit**（位图适配）：此图标可以强行把已经选择的贴图的比例转变成为所选择位图的高宽比例。
❖ **Normal Align**（法线对齐）：使贴图坐标与面片法线垂直。
❖ **View Align**（视图对齐）：将贴图坐标与所选视窗对齐。
❖ **Region Fit**（区域适配）：此图标可以在不影响贴图方向的情况下，通过拖动视窗来定义贴图的区域。
❖ **Reset**（重置）：贴图坐标自动恢复到初始状态。
❖ **Acquire**（获取）：获取其他场景对象贴图坐标的角度、比例及位置。

第10章

灯光和摄像机

内容指南

灯光和摄像机用于模拟真实世界中等同于它们的场景对象。3ds Max 2018 中，灯光为场景的几何体提供照明，而摄像机提供观察对象的工具，利用摄像机，可以模拟景深和运动模糊等效果。

知识重点

- ❖ 熟悉常见的标准灯光
- ❖ 理解三点照明理论
- ❖ 掌握灯光常见参数
- ❖ 掌握摄像机的参数及调整方法

10.1　3ds Max 2018 中的灯光

在 3ds Max 2018 中，灯光可以直接影响到场景对象的光泽度、色彩度和饱和度，并且对场景对象的材质也产生巨大的烘托效果。利用灯光可以模拟日光灯、舞台灯、太阳光等，本节将介绍常用灯光及其使用方法。

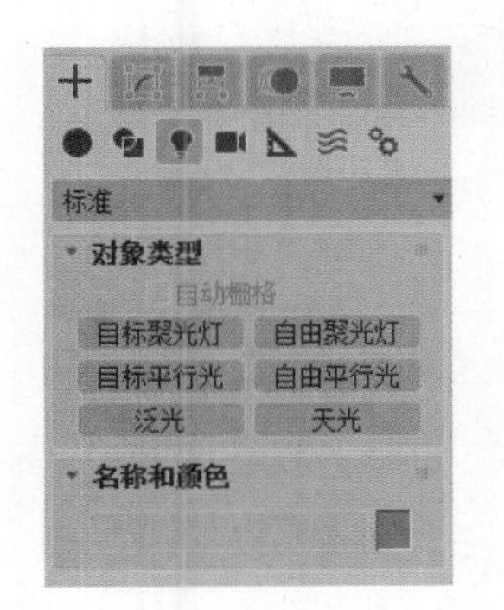

图10-1　“标准”灯光创建面板

10.1.1　常用灯光介绍

在现实世界中光源是多方面的，如阳光、烛光、荧光灯等，不同光源的影响下所观察到的事物效果也会不同。三维场景中，灯光是必不可少的，它不仅仅是将物体照亮，还决定场景的基调或感觉，烘托场景气氛，向观众传达更多的信息。

3ds Max 2018 提供两种类型的灯光：Standard（标准）灯光和 Photometric（光度学）灯光。这两种灯光中以标准灯光最为常用。

“标准”灯光的创建面板如图 10-1 所示。单击创建面板上的 Lights（灯光）图标即可创建。可以看出，标准灯光共有六种，下面分别介绍。

- **Omni（泛光）**：从单个光源向各个方向投射光线。“泛光”用于将辅助照明添加到场景中，或模拟点光源。
- **Target Spot（目标聚光灯）**：聚光灯像闪光灯一样投射聚焦的光束，可以模拟剧院中或桅灯下的聚光区，“目标聚光灯”可以使目标对象指向被照明的对象。
- **Free Spot（自由聚光灯）**：与“目标聚光灯”不同，“自由聚光灯”没有目标对象，可以移动和旋转“自由聚光灯”以使其指向任何方向。
- **Target Direct（目标平行光）**：当太阳在地球表面上投射时，所有光线以一个方向投射平行光线。“目标平行光”主要用于模拟太阳光，可以调整灯光的颜色和位置并在 3D 空间中旋转灯光。
- **Free Direct（自由平行光）**：与“目标平行光”不同，“自由平行光”没有目标对象，移动和旋转灯光对象，可以将其指向任意方向。
- **Skylight（天光）**：“天光”用来模拟日光，与光跟踪器一起使用。可以设置天空的颜色或将其指定为贴图，在天空建模中作为场景上方的圆屋顶。

10.1.2　灯光的阴影效果

为场景中的对象添加灯光后，可以照亮对象、烘托材质。但是，如果作品中没有阴影，画面就显得不真实。本节就来学习如何为场景添加灯光并添加阴影效果。

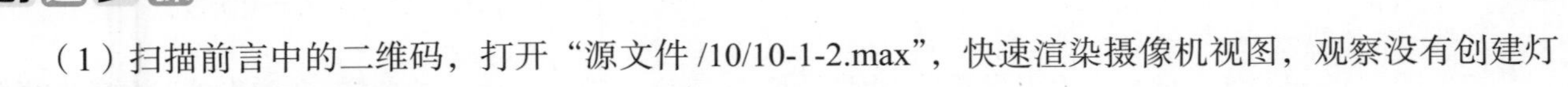

（1）扫描前言中的二维码，打开“源文件 /10/10-1-2.max”，快速渲染摄像机视图，观察没有创建灯光时的效果，如图 10-2 所示。

（2）进入创建面板，单击 Lights（灯光）图标，进入“标准”灯光创建面板，单击 Omni（泛光）按钮，然后在前视图中椅子上方单击，即可创建“泛光”，如图 10-3 所示。

（3）在主工具栏上单击 Select and Move（选择并移动）图标，在顶视图中调整“泛光”的位置，如图 10-4 所示。

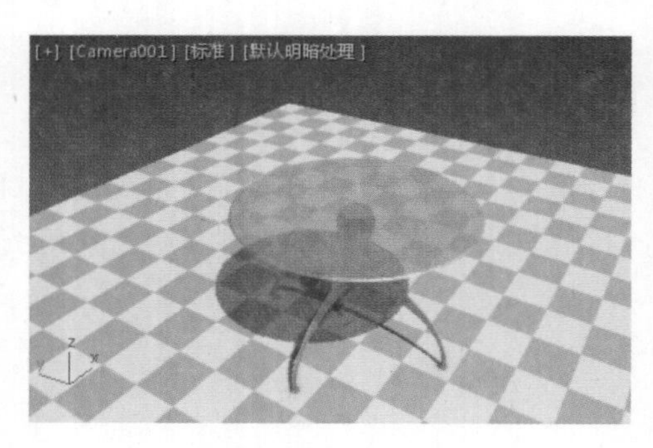

图10-2　无灯光效果

图10-3　创建泛光

提示：

当场景中没有灯光时，系统使用默认的照明着色或渲染场景。默认的光源是放在场景中对角线节点处的两盏泛光灯，它类似于自然界中的太阳光，在通常状态下是不会被察觉到的。

（4）快速渲染摄像机视图，观察添加泛光后的场景照明效果，如图 10-5 所示。

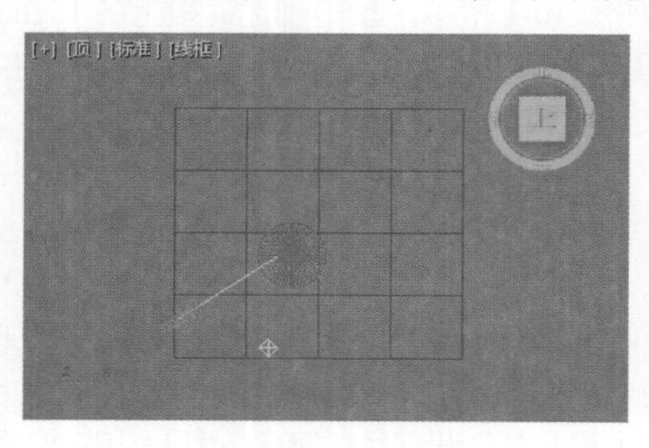

图10-4　在顶视图中调整泛光的位置

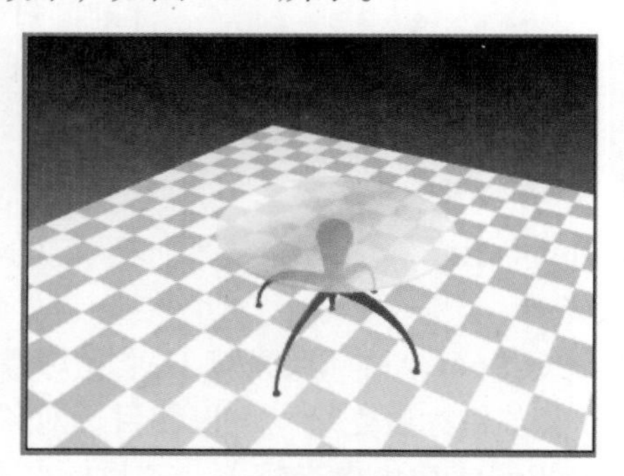
图10-5　泛光下的场景照明效果

（5）选中泛光，进入修改面板。打开 General Parameters（常规参数）面板，勾选 Shadows（阴影）下的 On（启用）按钮，启用阴影如图 10-6 所示。

（6）快速渲染摄像机视图，观察添加阴影后的场景照明效果，如图 10-7 所示。可以看到，添加阴影后的画面更加真实。

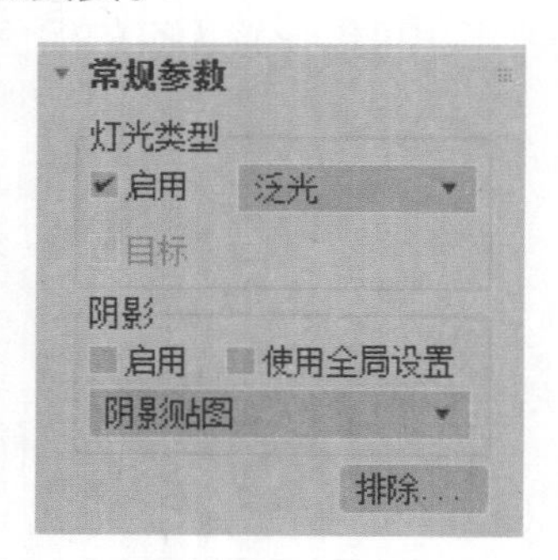

图10-6　启用阴影

图10-7　添加阴影后的场景照明效果

（7）打开 Shadow Parameters（阴影参数）面板，单击 Color（颜色）后面的色样，在弹出的“颜色选择”对话框中将阴影颜色设置为“淡灰色”，如图 10-8 所示。

（8）快速渲染摄像机视图，观察减淡阴影颜色后的场景效果，如图 10-9 所示。可以看到，减淡阴影颜色后的场景画面更加真实。

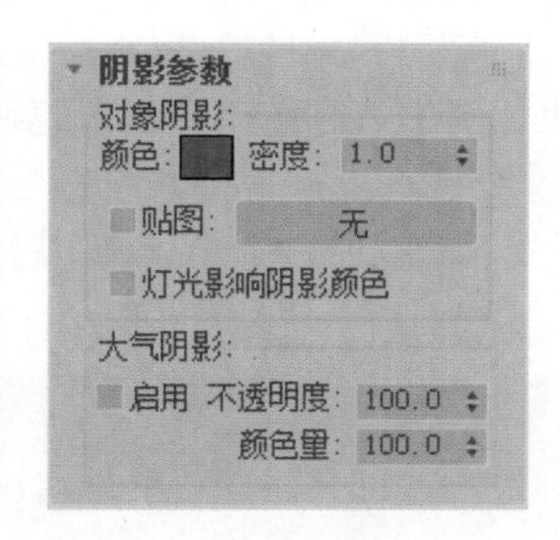

图10-8 设置阴影“颜色”

图10-9 减淡阴影颜色后的场景效果

10.1.3 灯光的三点照明

灯光的三点照明又称区域照明，一般用于较小范围的场景照明。如果场景很大，可以把它拆分成若干个较小的区域进行布光。一般有三盏灯即可，分别为主体光、辅助光与轮廓光。

创建步骤

下面将通过例子介绍三点照明理论的具体应用。

（1）扫描前言中的二维码，打开“源文件 /10/10-1-3.max”，如图 10-10 所示。快速渲染摄像机视图，观察没有创建灯光时的效果。

（2）进入创建面板，单击 Lights（灯光）图标，进入标准灯光创建面板，单击 Target Spot（目标聚光灯）按钮，然后在左视图的右上方单击并向对象拖动，创建聚光灯作为主体光源，如图 10-11 所示。

图10-10 默认照明效果

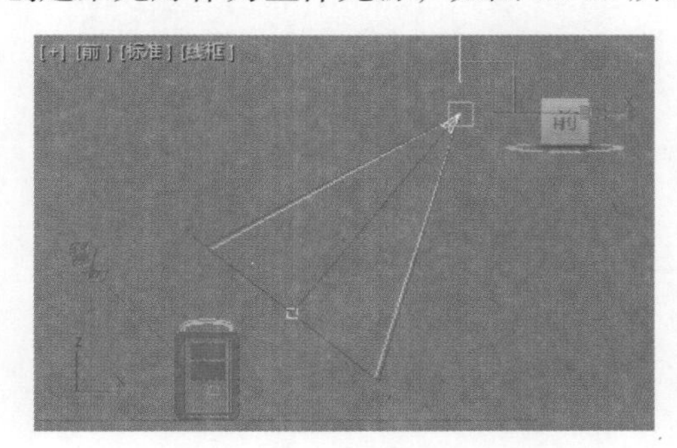
图10-11 创建聚光灯作为主体光源

（3）在主工具栏上单击 Select and Move（选择并移动）图标，在顶视图中调整“目标聚光灯”的光源点位置，如图 10-12 所示。

（4）快速渲染摄像机视图，观察添加一盏“目标聚光灯”后的场景照明效果，如图 10-13 所示。

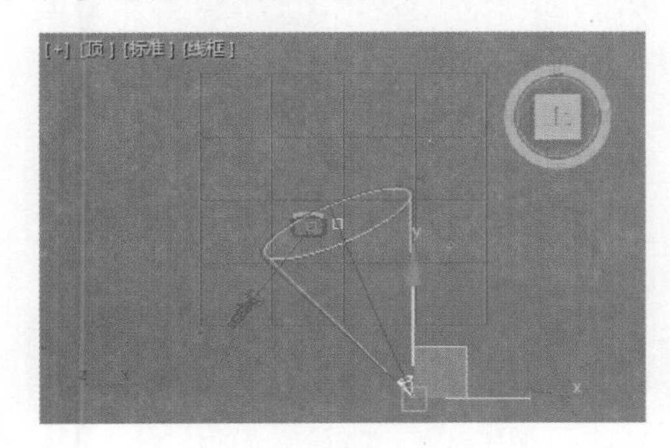
图10-12 在顶视图中调整目标聚光灯的位置

图10-13 一盏目标聚光灯下的场景照明效果

（5）选中“目标聚光灯”的光源，打开 General Parameters（常规参数）面板，勾选 Shadows（阴影）下的 On（启用）按钮，渲染摄像机视图，添加阴影后的场景效果如图 10-14 所示。可以看到，主光源范围之外的场景没有被照明，而且阴影特别浓，下面添加辅助光改善照明。

（6）在灯光创建面板上单击 Omni（泛光）按钮，在前视图中单击添加“泛光”，将其作为辅助光，位置如图 10-15 所示。

图10-14　添加阴影后的场景照明效果

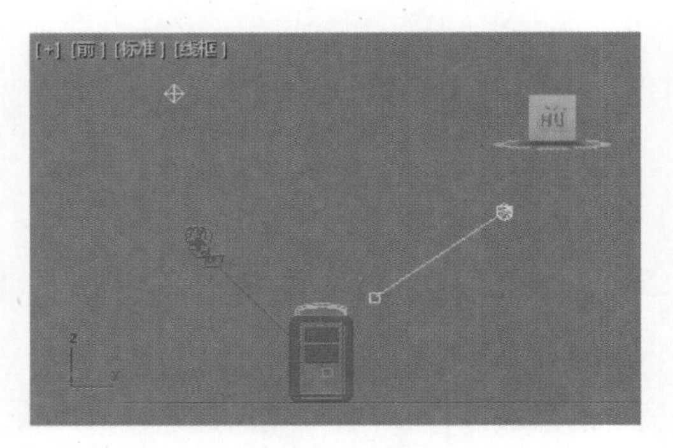

图10-15　添加泛光为辅助光源

（7）利用移动工具，在顶视图中调整泛光的位置，如图 10-16 所示。

（8）选中泛光，在 Intensity/Color/Attenuation（强度／颜色／衰减）面板中设置 Multiplier（倍增）为“0.5”。渲染摄像机视图，添加辅助光源后的照明效果如图 10-17 所示。

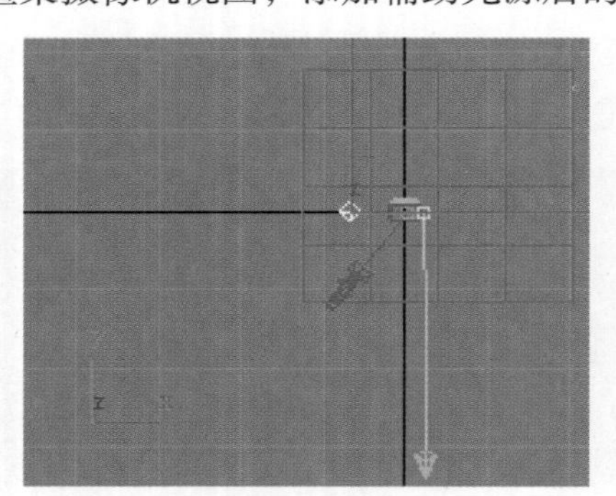

图10-16　调整泛光位置

图10-17　添加辅助光源后的照明效果

（9）在灯光创建面板上单击 Omni（泛光）按钮，在顶视图中单击添加泛光，将其作为轮廓光源位置如图 10-18 所示。

（10）利用移动工具，在前视图中调整轮廓光的位置，如图 10-19 所示。快速渲染摄像机视图，观察添加轮廓光后的效果，如图 10-20 所示。

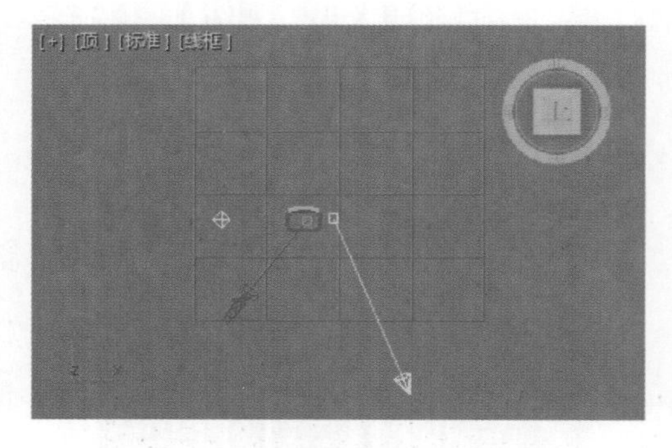

图10-18　创建轮廓光

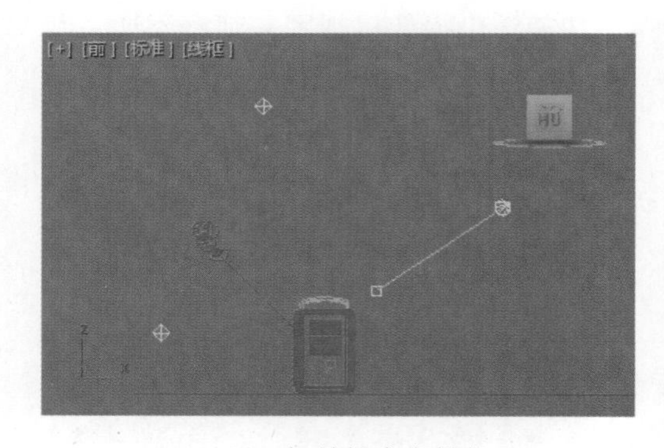

图10-19　调整轮廓光的位置

（11）由于添加了轮廓光，使得地板太亮，下面进行排除照明。选中刚添加的轮廓光，进入修改面板，在 General Parameters（常规参数）面板单击 Extrude（排除）按钮，打开“排除”对话框，在其中排除灯光对 Plane01 的照明，渲染摄像机视图，最终的照明效果如图 10-21 所示。

图10-20　添加轮廓光后的效果

图10-21　最终的照明效果

- ❖ **主体光**：通常用它来照亮场景中的主要对象与其周围区域，并且担任给主体对象投影的功能。主要的明暗关系由主体光决定，包括投影的方向。根据需要主体光的任务也可以用几盏灯光来共同完成。如主光灯在 15° ~30° 的位置上，称为顺光；在 45° ~90° 的位置上，称为侧光；在 90° ~120° 的位置上，称为侧逆光。主体光常用聚光灯来完成。
- ❖ **辅助光**：又称为补光。用一个聚光灯或者泛光灯照射扇形反射面，以形成一种均匀的、非直射性的柔和光源，用它来填充阴影区以及被主体光遗漏的场景区域，调和明暗区域之间的反差，同时能形成景深与层次，而且这种广泛均匀布光的特性使它为场景打一层底色，定义了场景的基调。由于要达到柔和照明的效果，通常辅助光的亮度只有主体光的 50%~80%。
- ❖ **轮廓光**：它的作用是增加轮廓的亮度，从而衬托主体，并使主体对象与背景相分离。一般使用泛光灯，亮度较暗时会得到较好的效果。

10.2 灯光的公用照明参数面板

对于标准灯光，它们有着相似的参数面板，掌握这些参数面板参数的意义和用法，是学好标准灯光的关键，也是学习其他灯光的基础。下面将逐个介绍这些常用的参数面板。

10.2.1 常规参数面板

General Parameters（常规参数）面板如图 10-22 所示，用于启用或禁用灯光，启用或禁用投射阴影，以及选择灯光使用的阴影类型等。

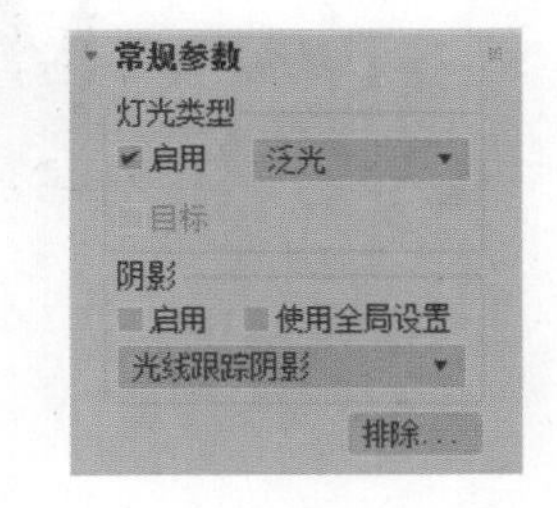

图10-22　“常规参数”面板

1. Light Type（灯光类型）

- ❖ **On（启用）**：用于启用或禁用灯光。当该选项处于启用状态时，使用灯光着色和渲染以照亮场景；当该选项处于禁用状态时，进行着色或渲染时不使用该灯光。启用灯光标示如图 10-23 所示。
- ❖ **“灯光类型”列表**：位于 On（启用）之后，用于更改灯光的类型。如果使用的是“标准灯光”类型，可以将灯光更改为“泛光”“聚光灯”或“平行灯光”。

❖ **Target（目标）**：启用该选项后，灯光将成为目标，灯光与其目标之间的距离显示在复选框的右侧。泛光不可用；对于自由灯光，可以设置该值；对于目标灯光，可以通过禁用该复选框或移动灯光或灯光的目标对象对其进行更改。

图10-23　启用灯光标示图

2. Shadows（阴影）

❖ **On（启用）**：决定当前灯光是否投射阴影，默认设置为启用。启用阴影标示如图 10-24 所示。

❖ **Use Global Setting（使用全局设置）**：当启用该复选框后，切换阴影参数显示全局设置的内容，该数据由此类别的其他每个灯光共享。禁用后，阴影参数将只针对特定灯光使用。

图10-24　启用阴影标示图

❖ **阴影类型列表**：决定渲染器使用哪种方法生成阴影，可以选择 Shadow Map（阴影贴图）、Ray traced Shadows（光线跟踪阴影）、Area Shadow（区域阴影）等生成该灯光的阴影。选择好阴影类型后，会出现相应的阴影类型参数面板，这将在后面详细介绍。阴影类型标示如图 10-25 所示。

图10-25　阴影类型标示图

提示：

如果要不透明对象投射阴影，应使用光线跟踪阴影。阴影贴图不识别透明部分，因此它们看起来并不真实可信。

❖ **Extrude（排除）**：将选定对象排除于灯光效果之外。单击此按钮可以显示 Extrude/Include（排除/包含）对话框，应用排除照明过程标示如图 10-26 所示。排除的对象仍在着色视图中被照亮，只有当渲染场景时排除才起作用。排除照明标示如图 10-27 所示。

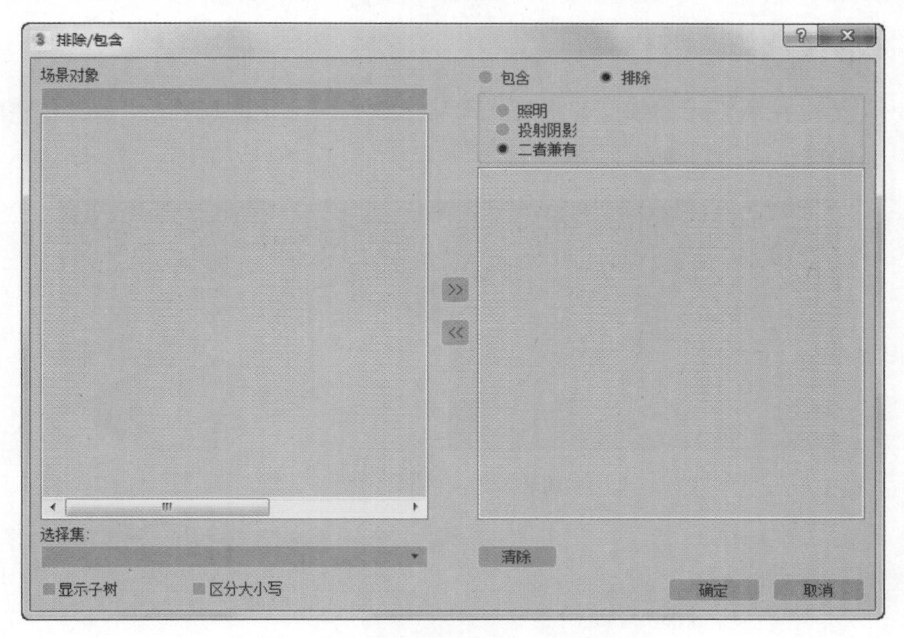

图10-26　应用排除照明过程标示图

图10-27　排除照明标示图

提示:

在场景中灯光较多时，某些对象受灯光照射过于明亮，这时可以使用排除照明功能。

10.2.2　强度 / 颜色 / 衰减面板

Intensity/Color/Attenuation（强度 / 颜色 / 衰减）面板如图 10-28 所示，在此可以设置灯光的颜色和强度，也可以定义灯光的衰减等。

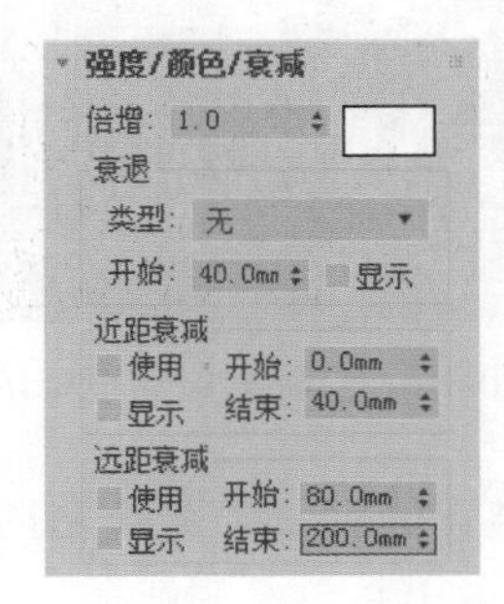

图10-28　“强度 / 颜色 / 衰减”面板

参数详解

Multiplier（倍增）：控制灯光的强度，将灯光的功率放大一个正的或负的倍数。倍增标示如图 10-29 所示。

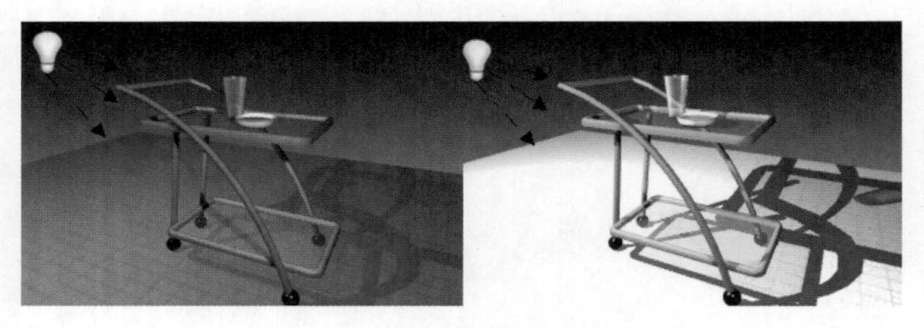

图10-29　倍增标示图

提示：

负的倍增值将导致黑色灯光，即灯光使对象变暗而不是使对象变亮。

- ❖ **色样：** 显示灯光的颜色，单击色样块将显示颜色选择器，用于选择灯光的颜色。灯光色样标示如图 10-30 所示。

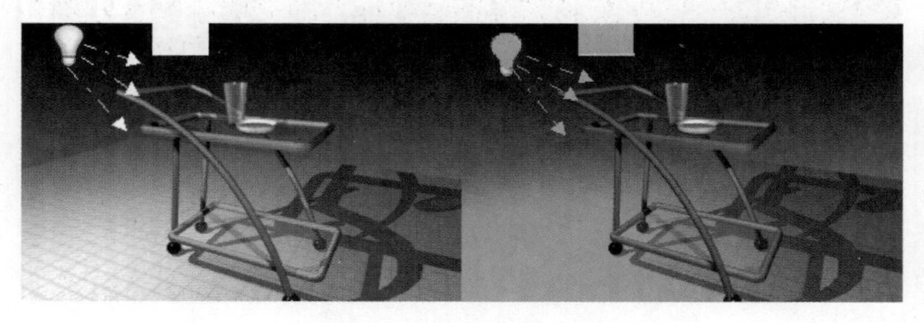

图10-30　灯光色样标示图

（1）Decay（衰退）参数区

- ❖ **Type（类型）：** 选择要使用的衰退模式。None（无），不应用衰退，从起源到无穷大灯光仍然保持全部强度；Inverse（反向），灯光强度与距离成反比例关系变化；Inverse Square（平方反比），灯光强度与灯光的距离成反比例平方关系，这是真实世界的灯光衰减方式。三种衰退类型标示如图 10-31 所示。

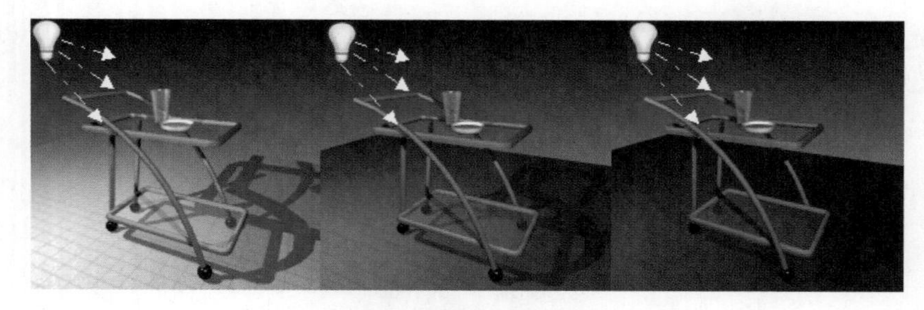

图10-31　三种衰退类型标示图

- ❖ **Start（开始）：** 设置开始衰退的距离，光源到该距离之内灯光强度不变；光源到该距离之外，灯光强度按设定的衰退类型开始衰减。
- ❖ **Show（显示）：** 勾选该复选框，便于观察衰减范围。

提示:

建立开始点之后，衰退遵循公式到无穷大，或直到灯光本身由远距衰减定义的距离结束。

（2）Near Attenuation/ Far Attenuation（近距衰减 / 远距衰减）

❖ **Use（使用）:** 勾选该复选框启用灯光的近距 / 远距衰减。

❖ **Show（显示）:** 在视图中显示衰减范围框，勾选该复选框，即使灯光在没有被选择时也可以看到衰减框。

❖ **Start/End（开始 / 结束）:** 对近距衰减而言，分别设置灯光开始淡入及灯光达到全值的距离；对远距衰减而言，分别设置灯光开始淡出的距离及灯光减为 0 的距离。在近距衰减的结束和远距衰减的开始之间，灯光始终保持全值，即亮度不变。

10.2.3 聚光灯参数面板

当创建或选择一个目标聚光灯或自由聚光灯，或带有聚光灯分布的光度学灯光时，参数面板上将显示 Spot Parameters（聚光灯参数）面板，如图 10-32 所示。

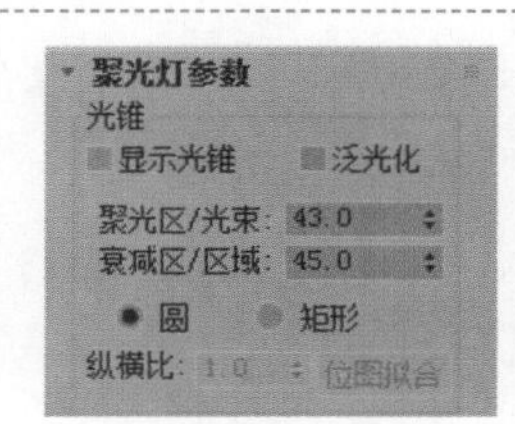

图10-32 “聚光灯参数”面板

❖ **Show Cone（显示光锥）:** 启用或禁用圆锥体的显示，以便察看聚光灯的照射范围。

❖ **Overshoot（泛光化）:** 启用该选项，灯光将在各个方向投射灯光。但是，投影和阴影只发生在其衰减圆锥体内。泛光化标示如图 10-33 所示。

❖ **Hotspot/Beam（聚光区 / 光束）:** 调整灯光圆锥体的角度。聚光区值以度为单位进行测量，默认设置为 43.0。

❖ **Falloff/Field（衰减区 / 区域）:** 调整灯光衰减区的角度，默认设置为 45.0。聚光区 / 光束、衰减区 / 区域标示如图 10-34 所示。

图10-33 泛光化标示图

图10-34 聚光区/光束、衰减区/区域标示图

❖ **Circle/Rectangle（圆 / 矩形）:** 确定聚光区和衰减区的形状。如果想要一个标准圆形的灯光，应设置为圆形；如果想要一个矩形的光束（如灯光通过窗户或门口投射），应设置为矩形。圆 / 矩形标示如图 10-35 所示。

❖ **Aspect（纵横比）:** 只有在选择“矩形”时才起作用，设置矩形光束的纵横比。纵横比标示如图 10-36 所示。

❖ **Bitmap Fit（位图拟合）:** 该按钮可以使纵横比匹配为特定位图的纵横比。

图10-35　圆/矩形标示图

图10-36　纵横比标示图

10.2.4　阴影参数面板

Shadow Parameters（阴影参数）面板如图 10-37 所示，使用该选项可以设置阴影颜色和其他常规阴影属性。

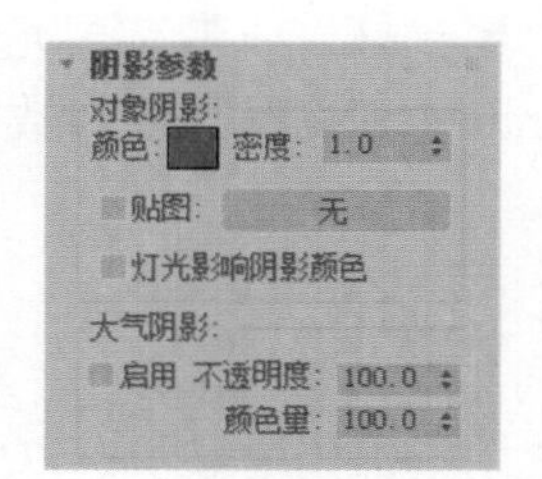

图10-37　“阴影参数”面板

❖ **Color**（颜色）: 单击色样将显示“颜色”选择器以便选择此灯光投射的阴影的颜色。默认设置为黑色，为接近现实经常设为灰色，也可以设置阴影颜色的动画。阴影颜色标示如图 10-38 所示。

❖ **Density**（密度）: 调整阴影的密度。增加密度值可以增加阴影的暗度；减小密度值会减少阴影暗度，可以设置密度值的动画。密度标示如图 10-39 所示。

图10-38　阴影颜色标示图

图10-39　密度从小到大的效果对比

❖ **Map**（贴图）: 为阴影指定贴图，并将贴图颜色与阴影颜色混合起来。阴影贴图标示如图 10-40 所示。

图10-40　阴影贴图标示图

❖ **Light Affects Shadow Color（灯光影响阴影颜色）**：启用此选项后，将灯光颜色与阴影颜色（如果阴影已设置贴图）混合起来。默认设置为禁用。灯光影响阴影颜色标示如图 10-41 所示。

图10-41 灯光影响阴影颜色标示图

❖ **Atmosphere Shadow（大气阴影）**：用于让大气效果在地面投射阴影。大气阴影标示如图 10-42 所示。

图10-42 大气阴影标示图

10.2.5 高级效果面板

Advanced Effects（高级效果）面板如图 10-43 所示，该面板提供灯光影响曲面方式的选项，也包括很多微调和投影灯的设置。

❖ **Contrast（对比度）**：调整曲面的漫反射区域和环境光区域之间的对比度，普通“对比度”设置为“0”。对比度标示如图 10-44 所示。

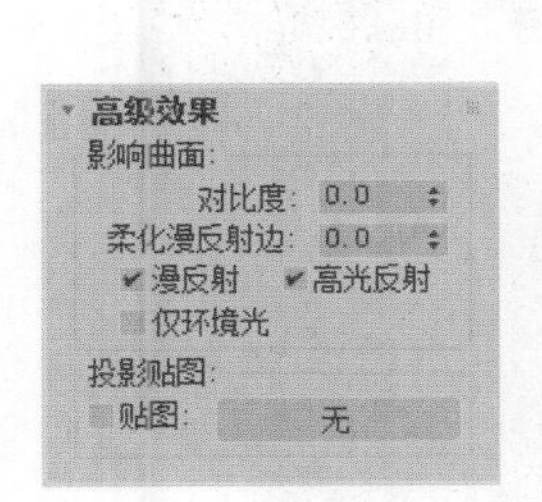

图10-43 “高级效果”面板

图10-44 对比度标示图

❖ **Soften Diffuse Edge（柔化漫反射边）**：增加该值可以柔化曲面的漫反射部分与环境光部分之间的边缘。这样有助于消除在某些情况下曲面上出现的边缘。

❖ **Diffuse/Specular/Ambient Only（漫反射 / 高光反射 / 仅环境光）**：分别影响对象曲面的漫反射、高光反射及环境光属性。漫反射 / 高光反射 / 仅环境光标示如图 10-45 所示。

❖ **Projector Map（投影贴图）**：可以通过选择要投射灯光的贴图，使灯光对象成为一个投影。投射贴图可以是静止的图像，也可以是动画。投影贴图标示如图 10-46 所示。

图10-45　漫反射/高光反射/仅环境光标示图

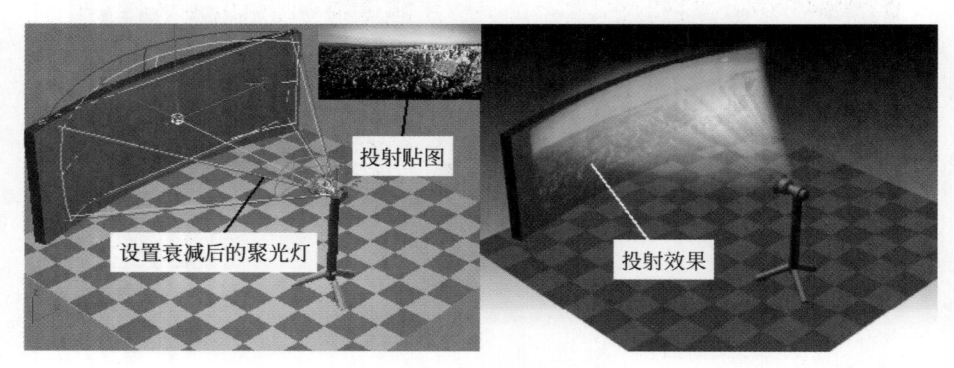

图10-46　投影贴图标示图

10.2.6　大气和效果面板

Atmosphere and Effects（大气和效果）面板如图 10-47 所示，可以“添加”“删除”“设置”大气效果的参数和与灯光相关的渲染效果。

创建步骤

（1）扫描前言中的二维码，打开“源文件 /10/10-2-5.max”，快速渲染透视图，效果如图 10-48 所示。

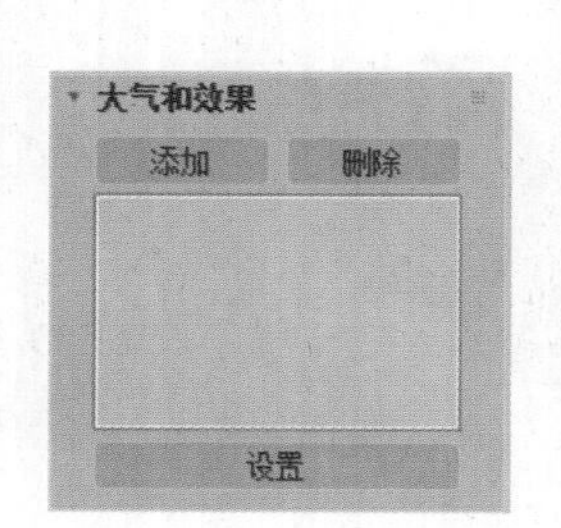

图10-47　大气和效果面板

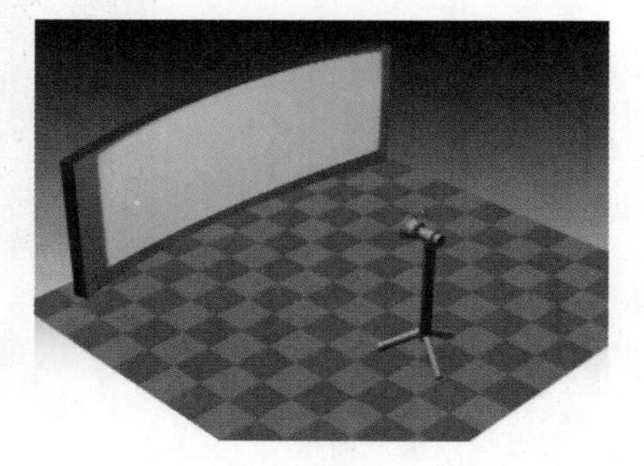
图10-48　默认效果图

（2）选中目标聚光灯，进入修改面板，打开 Advanced Effects（高级效果）面板，单击 Projector Map（投影贴图）后面的“无贴图”按钮，随后指定“源文件”的“贴图 / BRICE.JPG”文件。

（3）快速渲染透视图，观察添加投影贴图后的效果，如图 10-49 所示。可以看出，此时的聚光灯没有大气效果。

（4）打开 Atmosphere and Effects（大气和效果）面板，单击 Add（添加）按钮，在弹出的对话框中选择 Volume Light（体积光），然后单击 OK（确定）按钮。

弹出 Environment and Effects（环境和效果）对话框，如图 10-50 所示。可以在其中设置大气效果的具体参数，将在后面章节中详细介绍，这里采用默认设置。

（5）快速渲染透视图，观察为灯光添加体积光后的投影效果，如图 10-51 所示。

图10-49　添加投影贴图后的效果

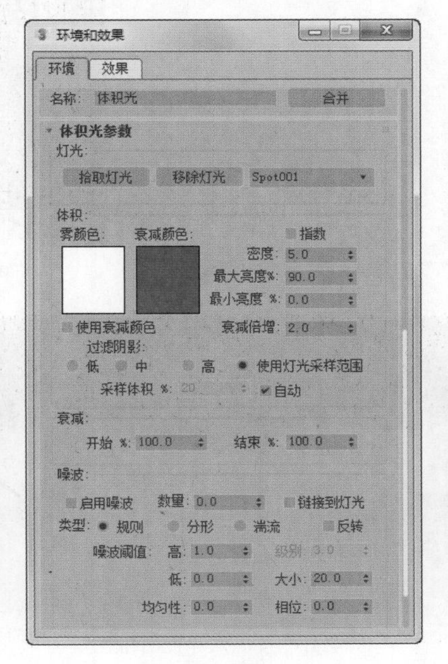

图10-50　“环境和效果”对话框

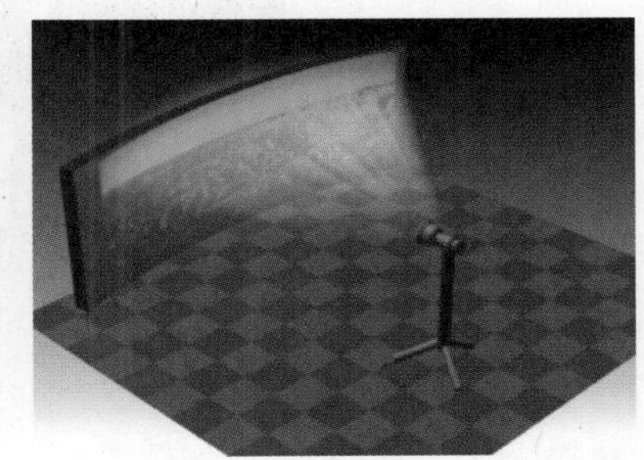

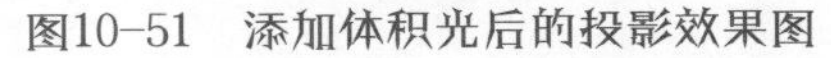

图10-51　添加体积光后的投影效果图

- ❖ **Add（添加）**: 显示添加“大气和效果”对话框，使用该对话框可以将大气和渲染效果添加到灯光中。
- ❖ **Delete（删除）**: 删除在列表中选定的“大气和效果”。
- ❖ **Setup（设置）**: 使用此选项可以设置在列表中选定的“大气和效果”。

10.3　特定阴影类型的参数面板

在 General Parameters（常规参数）面板已经提到，灯光有几种不同的阴影类型，选择一定的阴影类型，参数面板上将出现相应的阴影类型面板，下面将介绍几种常见的阴影类型面板。

10.3.1　阴影贴图参数面板

Shadow Map Parameters（阴影贴图参数）面板如图 10-52 所示，该面板只有选择 Shadow Map（阴影贴图）时才会出现。

- ❖ **Bias（偏移）**: 设置阴影的偏移量。如果值太低，阴影可能在无法到达的地方泄漏，从而生成叠纹图案或在网格上生成不合适的黑色区域；如果值太高，阴影可能从对象中分离。偏移标示如图 10-53 所示。
- ❖ **Size（大小）**: 设置用于计算灯光的阴影贴图的大小（以像素平方为单位）。大小标示如图 10-54 所示。

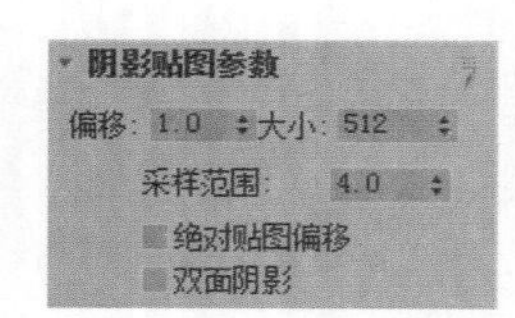

图10-52 “阴影贴图参数”面板

图10-53 偏移标示图

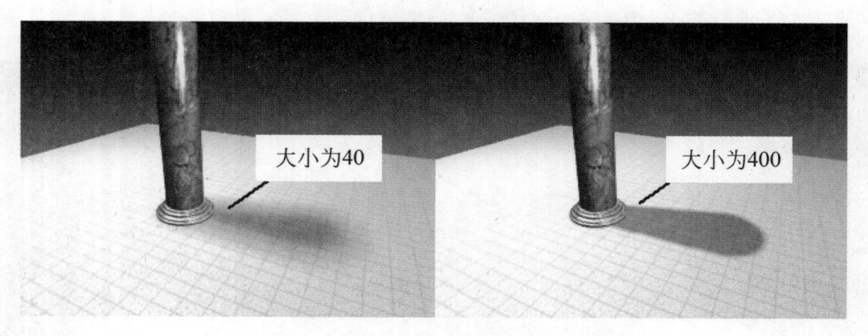

图10-54 大小标示图

❖ **Sample Range**（采样范围）：决定阴影内平均有多少区域，这将影响柔和阴影边缘的程度。通过增加采样范围来混合阴影边缘并创建平滑的效果，隐藏贴图的粒度。采样范围标示如图 10-55 所示。

图10-55 采样范围标示图

❖ **Absolute Map Bias**（绝对贴图偏移）：启用此选项后，阴影贴图的偏移未标准化，但是该偏移在固定比例的基础上以 3ds Max 2018 为单位表示。

❖ **Sided Shadows**（双面阴影）：启用此选项后，计算阴影时背面将不被忽略。从内部看到的对象不由外部的灯光照亮；禁用此选项后，忽略背面，这样可使外部灯光照明室内对象。双面阴影标示如图 10-56 所示。

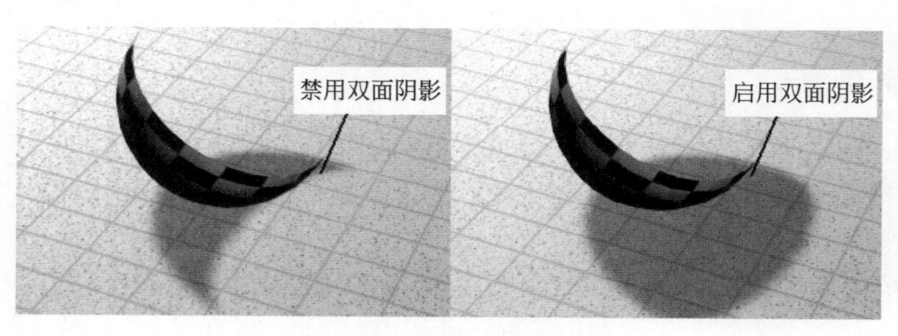

图10-56 双面阴影标示图

10.3.2　区域阴影面板

Area Shadow（区域阴影）面板如图 10-57 所示，该面板只有选择 Area Shadow（区域阴影）时才会出现。下面图解其主要参数。

- **Basic Option（基本选项）**：选择生成区域阴影的方式。可以选择 Simple（简单）、Rectangle Light（长方形灯光）、Box Light（长方体灯光）等。其中两种选项标示如图 10-58 所示。

图10-57　“区域阴影”面板

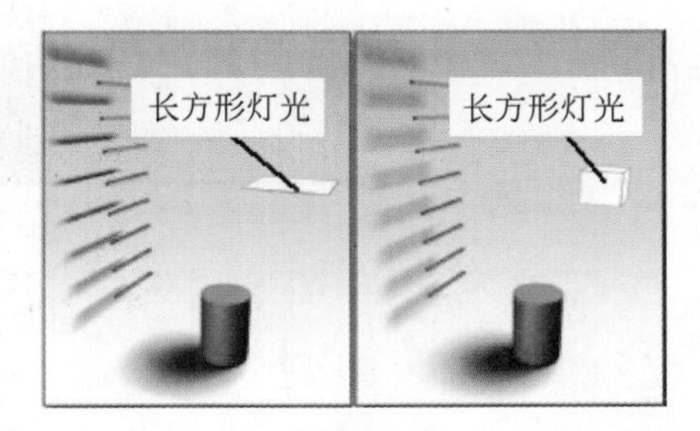

图10-58　两种选项标示图

- **Shadow Integrity（阴影完整性）**：设置在初始光线束投射时的光线数量，这些光线从接收光源灯光的曲面开始投射。光线数计算方式为：1 表示 4 束光线；2 表示 5 束光线；3~N=$N \times N$ 束光线。阴影完整性标示如图 10-59 所示。

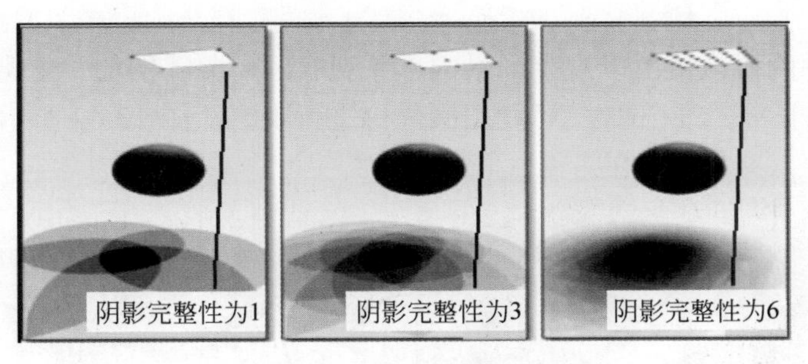

图10-59　阴影完整性标示图

- **Shadow Quality（阴影质量）**：设置在半影（柔化）区域中投射的光线总数，包括在周期中发射的光线。阴影质量标示如图 10-60 所示。

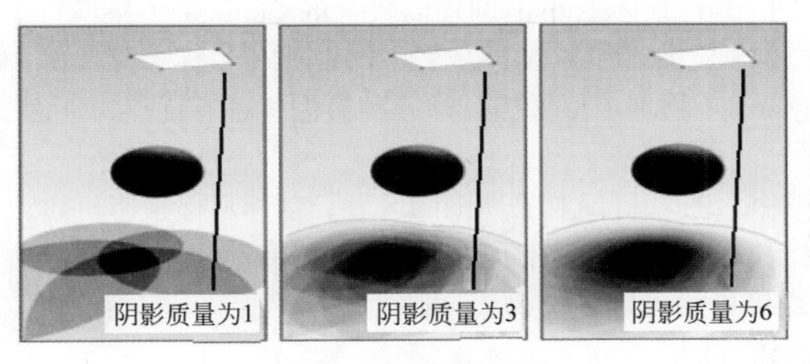

图10-60　阴影质量标示图

❖ **Sample Spread**（采样扩散）：用来模糊抗锯齿边缘的半径（以像素为单位）。随着该值的增加，模糊的质量越高；然而，增加该值也会增加丢失小对象的可能性。

❖ **Shadow Bias**（阴影偏移）：对象与正在被着色点的最小距离以便投射阴影。这样可以避免模糊的阴影影响它们不应影响的曲面。

❖ **Jitter Amount**（抖动量）：向光线位置添加随机性。开始时光线为非常规则的图案，它可以将阴影的模糊部分显示为常规的人工效果。抖动将这些人工效果转换为噪波，这对于人眼来说并不明显。抖动量标示如图 10-61 所示。

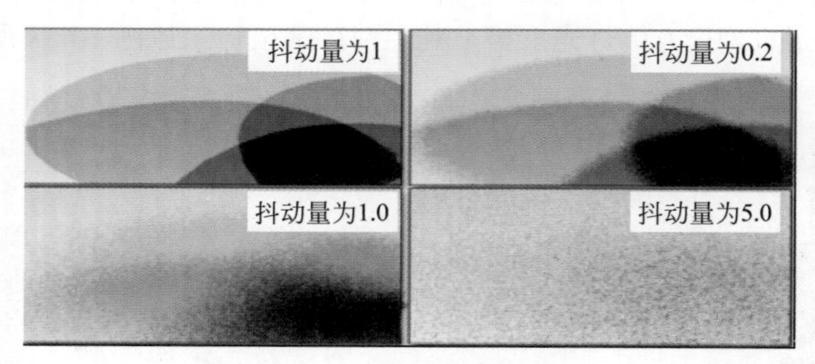

图10-61　抖动量标示图

10.4　3ds Max 2018 中的摄像机

在 3ds Max 2018 中摄影机可以从特定的观察点表现场景。摄影机对象模拟现实世界中的静止图像、运动图片或视频摄影机。本节将介绍 3ds Max 2018 中常用摄像机及其使用方法。

10.4.1　常用摄像机介绍

利用 3ds Max 2018 中的摄像机可以观察场景中不易观察的对象。例如，要观察一栋楼房里面的场景，仅仅靠调节透视图观察将非常困难，这时，可利用摄像机进行观察。图 10-62 所示为场景中摄像机的示例。

图10-62　场景中摄像机的示例

摄像机的创建面板如图 10-63 所示。单击创建面板上的 Cameras（摄像机）图标打开摄像机创建面板。可以看出，3ds Max 2018 提供三种类型的摄像机：Target（目标）摄像机、Free（自由）摄像机和 Physical（物理）摄像机，这三种摄像机各有优点，下面分别介绍。

图10-63　摄像机创建面板

❖ **Target（目标）摄像机**：查看目标对象周围的区域。创建目标摄影机时，看到一个由两部分组成的图标，该图标表示摄影机和其目标（一个白色框）。摄影机和摄影机目标可以分别设置动画，以便当摄影机不沿路径移动时，容易使用摄影机。

❖ **Free（自由）摄像机**：查看注视摄影机方向的区域。自由摄影机的图标表示摄影机和其视野。自由摄影机图标与目标摄影机图标看起来相同，但是不存在可以设置动画的单独目标图标。当摄影机的位置沿一个路径设置动画时，使用自由摄影机更方便。

❖ **Physical（物理）摄像机**：此摄影机具备快门速度、光圈景深、曝光以及其他可模拟真实摄影机设置的选项。利用增强的控制和其他视口内反馈，可以更轻松创建真实照片级图像和动画。

10.4.2 摄像机的使用

本节学习如何为场景添加摄像机，以及如何调节摄像机，获得合适的观察角度。

创建步骤

（1）扫描前言中的二维码，打开“源文件 /10/10-4-1.max”，如图 10-64 所示，场景为一个椅子和地面。下面通过创建摄像机并调整，以获取合适的观察角度。

（2）单击创建面板上的 Cameras（摄像机）图标，进入摄像机创建面板，单击 Target（目标）摄像机按钮，然后在前视图左上方处单击并向椅子拖动鼠标，即可创建一架目标摄像机，如图 10-65 所示。

图10-64 场景中对象

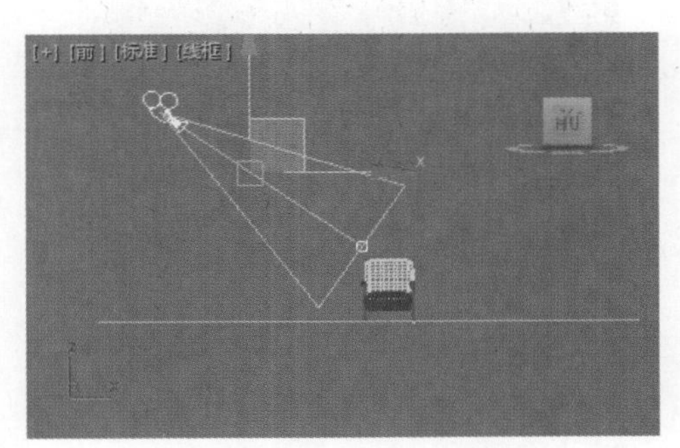

图10-65 创建目标摄像机

（3）激活透视图，按 C 键，即可将透视图切换为摄像机视图，如图 10-66 所示。

（4）在主工具栏上单击 Select and Move（选择并移动）图标，在顶视图中分别调整目标摄像机的位置点和目标点，最终位置如图 10-67 所示。

图10-66 摄像机视图

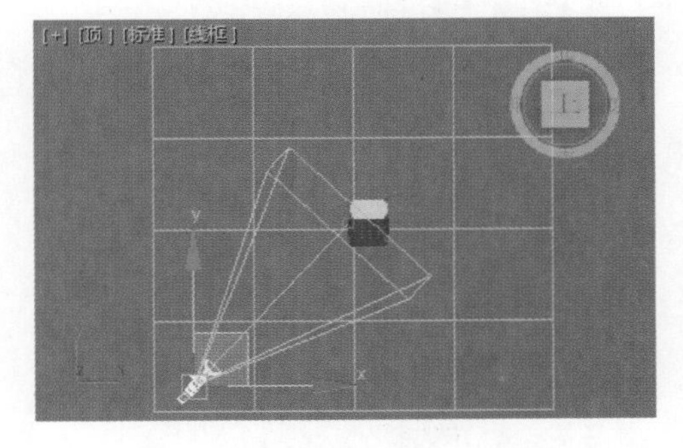

图10-67 调整目标摄像机的位置点

提示： 使用摄像机视图还有一个好处，当单击最大化显示选定对象图标时，摄像机视图不变；如果使用透视图观察对象，单击该图标后，透视图也最大化显示，这将导致在透视图中调整好的视角失效。

（5）观察摄像机视图，调整摄像机位置后，摄像机视图也发生变化，如图 10-68 所示。

（6）如果激活摄像机视图，界面右下方的工具就变成了摄像机视图调整工具，如图 10-69 所示。也可以利用这些工具，像调整透视图一样调整摄像机视图。

图10-68　调整摄像机位置后的摄像机视图

图10-69　摄像机视图调整工具

（7）调整好摄像机视图，就可以渲染摄像机视图观察效果了，如图 10-70 所示。

（8）选中摄像机，进入修改面板，打开 Parameters（参数）面板，还可以设置摄像机的各种参数，如 Lens（镜头）、FOV（视野）等，图 10-71 所示为用大镜头拍摄的对象效果。

图10-70　渲染后的摄像机视图

图10-71　增大镜头后的拍摄效果

10.4.3　摄像机的常用参数

摄像机的参数面板有 Parameters（参数）面板和 Depth of Parameters（景深参数）面板，如图 10-72 和图 10-73 所示。下面着重介绍 Parameters（参数）面板。

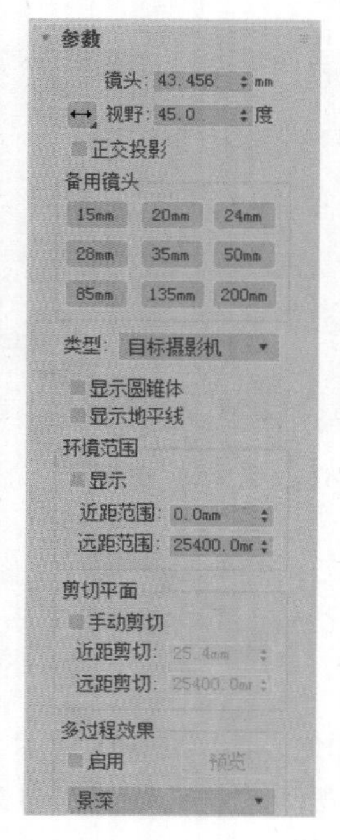

图10-72　“参数”面板

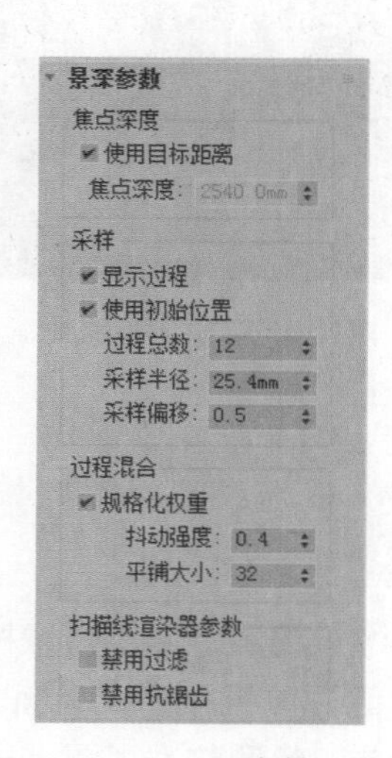

图10-73　“景深参数”面板

❖ **Lens（镜头）**：以 mm 为单位设置摄影机的焦距，也可以使用 Stock Lenses（备用镜头）里面的焦距。

❖ **FOV（视野）**：决定摄影机查看区域的宽度。当视野方向为水平（默认设置）时，视野参数直接设置摄影机地平线的弧形，以度为单位进行测量。也可以设置垂直或沿对角线的视野方向测量视野。镜头和视野标示如图 10-74 所示。

❖ **Orthographic Projection（正交投影）**：启用此选项后，摄影机视图看起来就像用户视图；禁用此选项后，摄影机视图好像标准的透视视图。正交投影标示如图 10-75 所示。

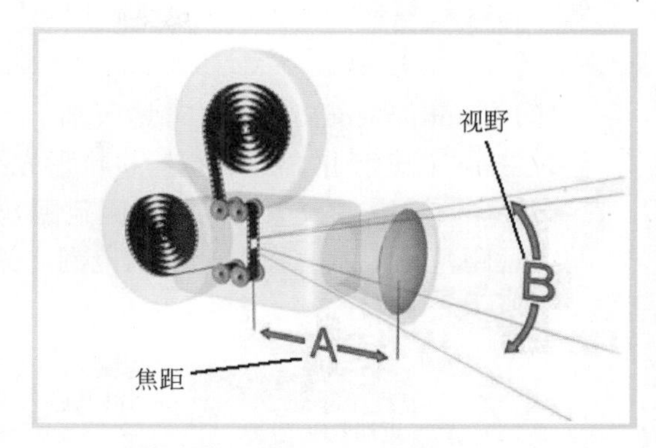

图10-74　镜头和视野标示图

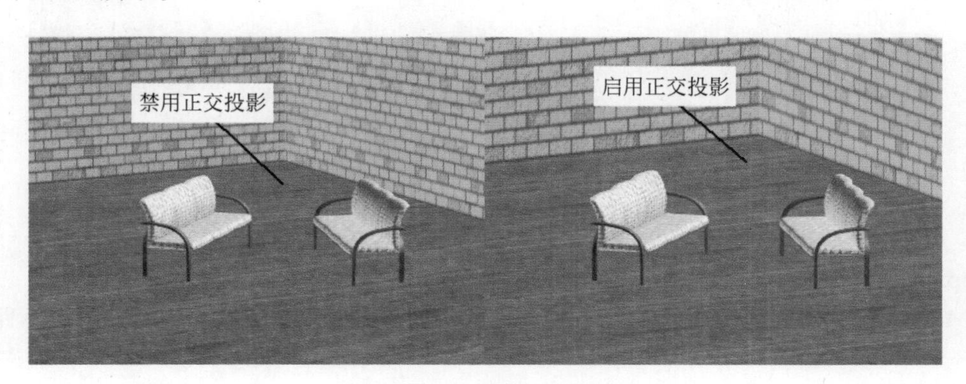

图10-75　正交投影标示图

❖ **Type（类型）**：可以将摄影机类型从目标摄影机更改为自由摄影机，反之亦然。

提示： 当从目标摄影机切换为自由摄影机时，将丢失应用于摄影机目标的所有动画，因为目标对象已消失。

❖ **Show Cone（显示圆锥体）**：显示摄影机视野定义的锥形光线（实际上是一个四棱锥）。锥形光线出现在其他视图但是不出现在摄影机视图中。显示圆锥体标示如图 10-76 所示。

❖ **Show Horizon（显示地平线）**：在摄影机视口中的地平线层级显示一条深灰色的线条。显示地平线标示如图 10-77 所示。

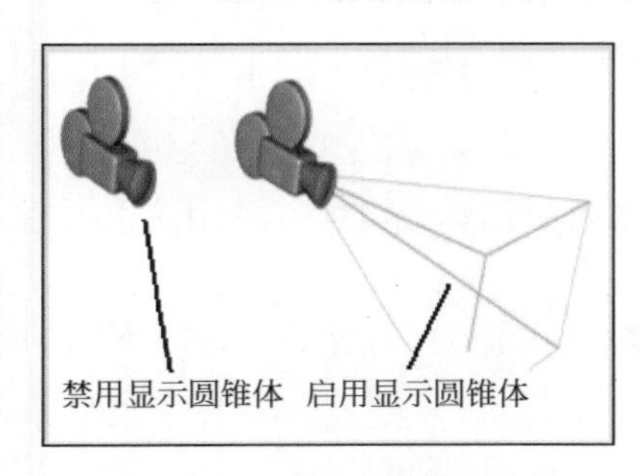

图10-76　显示圆锥体标示图

图10-77　显示地平线标示图

提示：

如果地平线位于摄影机的视野之外，或摄影机倾斜得太高或太低，则地平线不可见。

（1）Environment Ranges（环境范围）

- **Show（显示）**：显示在摄影机锥形光线内的矩形，以显示近距范围和远距范围的设置。
- **Near Range/Far Range（近距范围 / 远距范围）**：确定在环境面板上设置大气和效果的近距范围和远距范围限制。在两个限制范围之间的对象消失在远端和近端值之间。环境范围标示如图 10-78 所示。

图10-78　环境范围标示图

（2）Clipping Planes（剪切平面）

- **Clip Manually（手动剪切）**：启用该选项可定义剪切平面。禁用该选项后，不显示距摄像机距离小于 3 个单位的几何体。
- **Near Clip /Far Clip（近距剪切 / 远距剪切）**：设置近距和远距平面。对于摄影机，比近距剪切平面近或比远距剪切平面远的对象是不可见的，也就是说，只有在近距平面和远距平面间的对象才能拍摄到。剪切平面标示如图 10-79 所示。

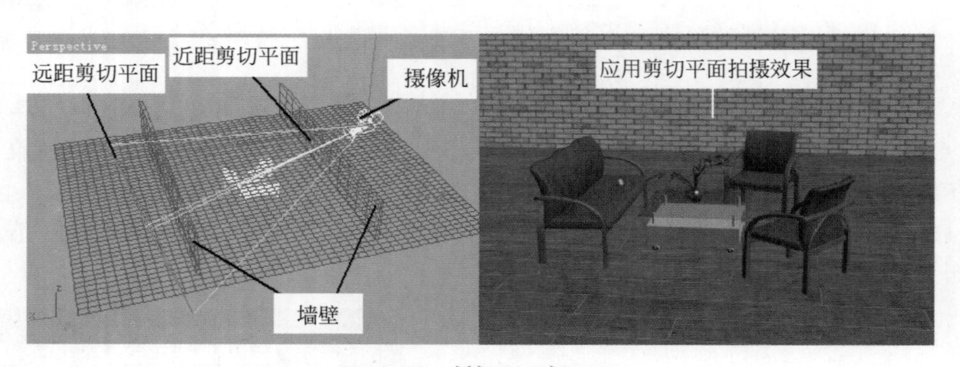

图10-79　剪切平面标示图

（3）Multi-Pass Effect（多过程效果）

- **Enable（启用）**：启用“多过程效果”选项后，可以使用效果预览或渲染。禁用该选项后，不渲染多过程效果。
- **“预览下拉列表”**：用于选择生成哪种多重过滤效果，默认设置为“景深”。选择不同的效果，会出现不同的参数面板。景深效果标示如图 10-80 所示。

图10-80　景深效果标示图

10.5　综合应用——观察蝎子图形

10.5　综合应用——观察蝎子图形

本章学习了灯光及摄像机的相关知识及简单应用方法，下面将通过实例，进一步增强读者对灯光布置方法的理解和运用摄像机的能力。

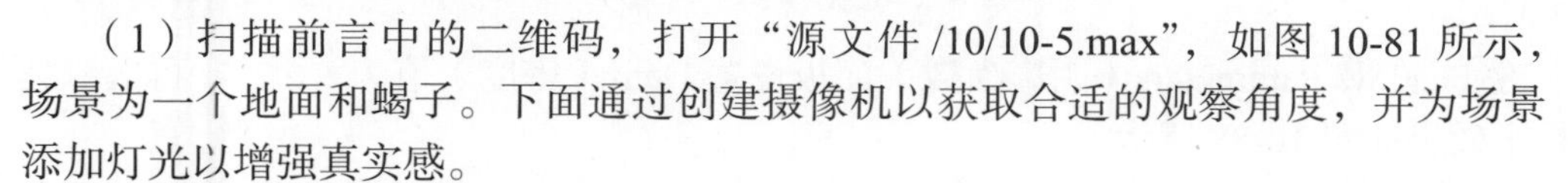

（1）扫描前言中的二维码，打开“源文件 /10/10-5.max”，如图 10-81 所示，场景为一个地面和蝎子。下面通过创建摄像机以获取合适的观察角度，并为场景添加灯光以增强真实感。

（2）单击创建面板上的 Cameras（摄像机）图标，进入摄像机创建面板，单击 Target（目标）摄像机按钮，然后在前视图左上方处单击并向蝎子拖动鼠标，即可创建一架目标摄像机，如图 10-82 所示。

图10-81　打开文件

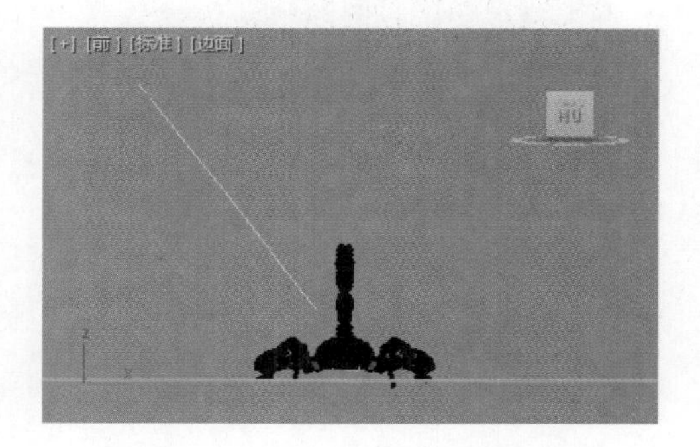

图10-82　在前视图创建目标摄像机

（3）激活透视图，按 C 键，将透视图切换为摄像机视图，如图 10-83 所示。

（4）利用主工具栏上的移动图标，调整目标摄像机的位置点，或者利用界面右下方的摄像机视图调整工具，调整摄像机视图，最终的摄像机视图如图 10-84 所示。

图10-83　摄像机视图

图10-84　调整后的摄像机视图

（5）在创建面板上单击 Lights（灯光）按钮，进入“标准灯光”创建面板。单击 Target Spot（目标聚光灯）按钮，然后在前视图左上方单击并向蝎子拖动鼠标，创建一盏目标聚光灯作为主光源，如图 10-85 所示。

（6）利用移动工具，在顶视图中调整目标聚光灯的位置点到如图 10-86 所示的位置。

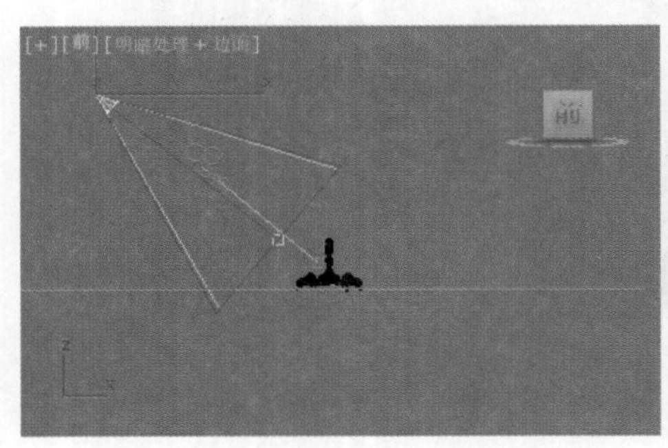

图10-85　前视图中的主光源位置

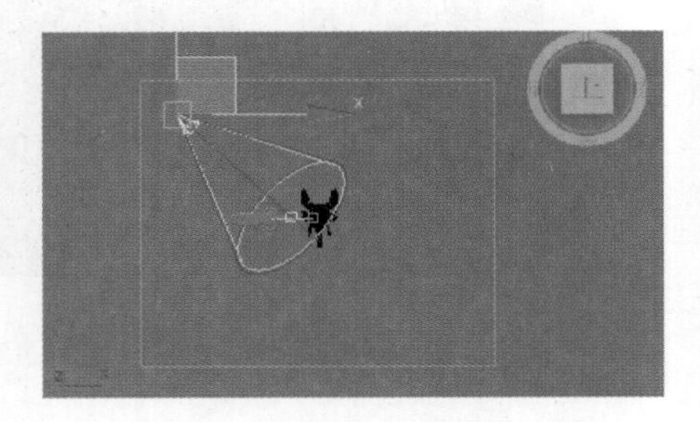

图10-86　顶视图中的主光源位置

（7）选中主光源，进入修改面板，打开 General Parameters（常规参数）面板，勾选 Shadows（阴影）下的 On（启用）按钮。

（8）在 Spot Parameters（聚光灯参数）面板勾选 Overshot（泛光）复选框，渲染摄像机视图，观察照明效果，如图 10-87 所示。

（9）选中主光源，在 Shadow Parameters（阴影参数）面板设置 Dens（密度）值为“0.7”，再次渲染摄像机视图，最终的蝎子效果如图 10-88 所示。

图10-87　设置主光源参数后效果

图10-88　最终的蝎子效果

第11章

空间变形和粒子系统

内容指南

3ds Max 2018 的强大功能之一就是能模拟现实生活中类似爆炸的冲击效果、海水的涟漪效果等空间变形现象。加上 3ds Max 2018 的粒子系统，使得 3ds Max 2018 在模仿自然现象、物理现象及空间扭曲上更具优势。用户可以利用这些功能来制作烟云、火花、爆炸、暴风雪或者喷泉等效果。3ds Max 2018 中提供众多的空间扭曲系统和粒子系统，其中粒子系统包括：Spray（飞沫）、Snow（雪）、Blizzand（暴风雪）、PArray（粒子阵列）、Pcloud（粒子云）、Super Spray（超级喷射）和 PF Source（粒子流源）。

知识重点

- ❖ 空间变形
- ❖ 粒子系统
- ❖ Snow 粒子系统

11.1 空间变形

在 3ds Max 2018 中有一类特殊的力场物体，叫做 Space Warps（空间扭曲物体），施加了这类力场作用后的场景，可用来模拟自然界的各种动力效果，使物体的运动规律与现实更加贴近，产生诸如重力、风力、爆发力、干扰力等作用效果。

11.1.1 初识空间变形

创建步骤

（1）单击 3DS（文件）菜单下的 Reset（重置）命令，重新设置系统。

（2）单击 Create（创建）命令面板上 Space Warp（空间扭曲）图标，在下拉列表中选择 Geometric/Deformable（几何 / 可变形）类型，打开 ObjectType（对象类型）面板，此时可以看到七种类型的空间变形按钮，如图 11-1 所示。

（3）单击 Wave（波浪）按钮，在顶视图中拉出一个矩形框，同时在透视图中观察生成的波浪体，如图 11-2 所示。

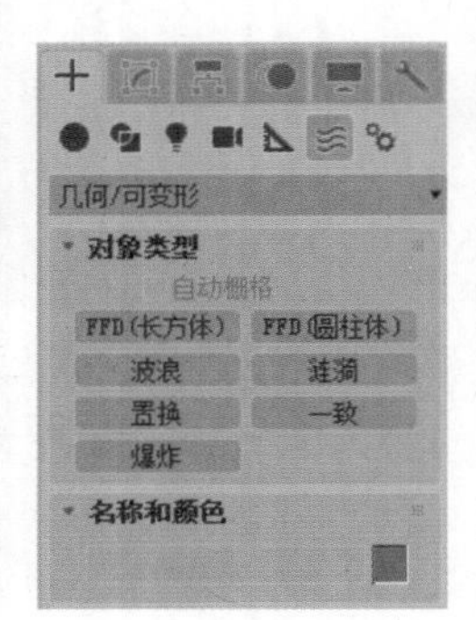

图11-1 空间变形创建面板

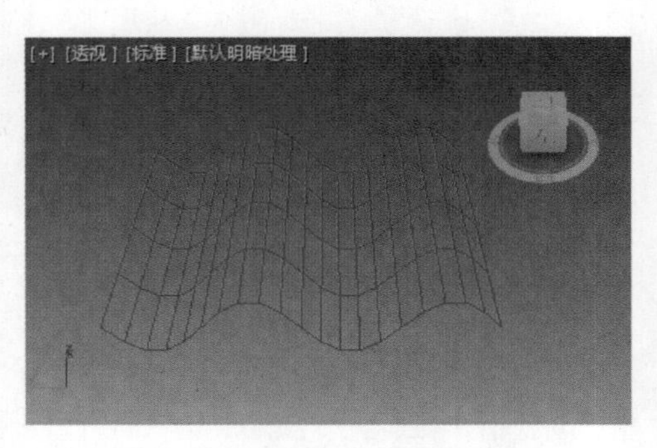

图11-2 透视图中的波浪变形体

（4）建立空间变形之后，它本身并不会改变任何对象，只有将对象连接到该空间变形之后，才会影响对象，所以还必须建立一个对象实体。在透视图中创建一个长方体，并设长和宽的段数均为“10”，如图 11-3 所示。

（5）单击主工具栏上的 Bind to Space Wrap（绑定到空间扭曲）图标，然后在场景中单击长方体，使其处于激活状态。按住左键不动，然后拖动鼠标到波浪空间变形对象上。释放鼠标，可以看到空间变形物体在瞬间变成高亮显示，然后恢复原状，表示长方体已经被连接到空间变形对象上了。

（6）观察透视图，长方体已经受到空间变形对象的影响，如图 11-4 所示。要注意如果连接上了但长方体没发生变形，很可能是长和宽的段数没设好，段数越多变形越精细。

图11-3 对象和变形体

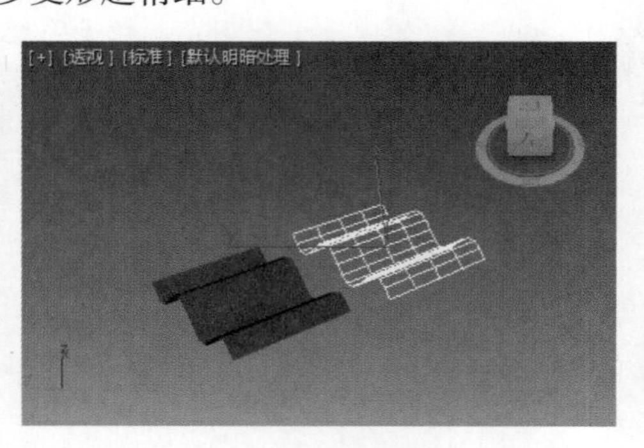

图11-4 连接空间变形后的长方体

（7）建立空间变形体，右侧的“参数”面板里就有了相关参数，如图 11-5 所示。这些参数的意义跟后面讲到的“涟漪变形”修改器中的参数相似，这里就不再赘述。

（8）改变这些参数，长方体变形也会跟着发生变化。比如，修改 Wave Length（波长）值为“60”，此时透视图中长方体的形状如图 11-6 所示。

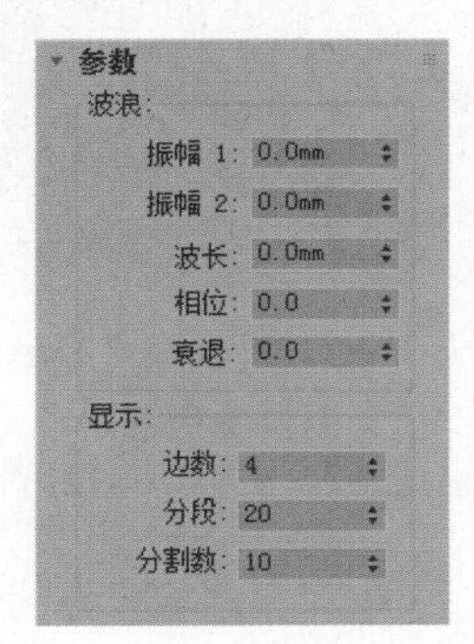

图11-5 波浪变形“参数”面板

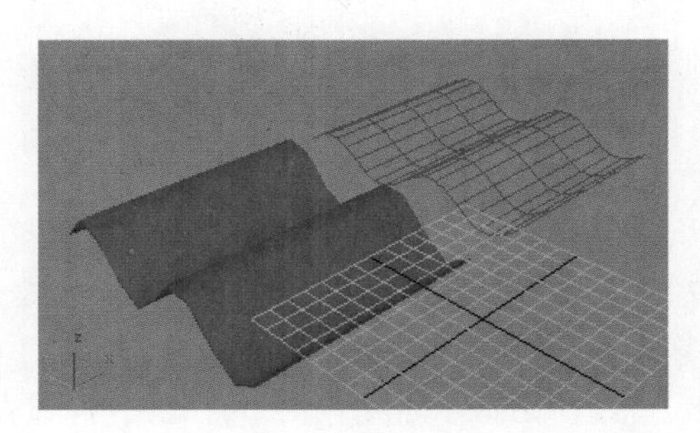

图11-6 改变波浪变形体参数后的长方体

11.1.2 爆炸变形

形状示例

爆炸变形可以用来模拟物体爆炸的情形，如图 11-7 所示。

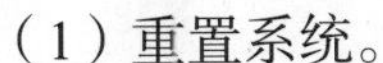

创建步骤

（1）重置系统。

（2）单击 Create（创建）命令面板，单击 Space Warp（空间变形）按钮，在下拉列表中选择 Geometric/Deformable（粒子）选项，打开 Object Type（对象类型）面板，此时可以看到七种类型的空间变形按钮。

（3）单击 Bomb（爆炸）按钮，然后在透视图中单击即可创建一个爆炸体，如图 11-8 所示。

图11-7 爆炸变形物体效果

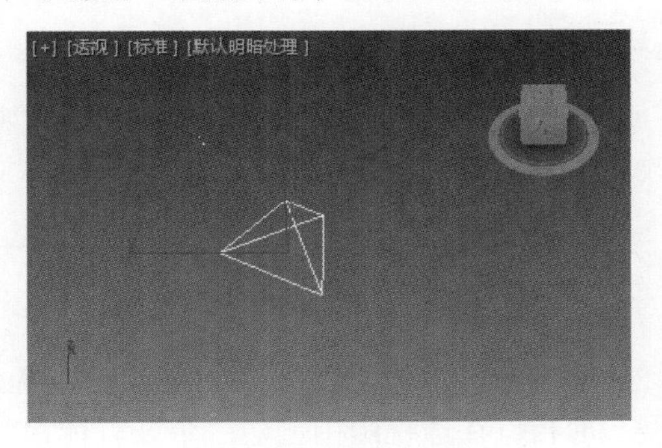

图11-8 创建爆炸体

（4）单击 Create（创建）命令面板中的 Geometry（几何体）图标，打开 Object Type（对象类型）面板，单击球体，在透视图中创建一个球体作为爆炸的对象，如图 11-9 所示。

（5）单击主工具栏上的 Bind to Space Wrap（绑定到空间扭曲）图标，然后在场景中单击球体，使其变成高亮显示。按住左键不动，然后拖动鼠标到爆炸变形对象上。释放鼠标，可以看到爆炸变形对象在瞬间变成高亮显示，然后恢复原状。表示球体已经被连接到爆炸变形对象上了。

（6）观察透视图，发现球体并没有爆炸，这是因为爆炸是一个过程。拖动时间滑块到第 10 帧，就可以看见爆炸的初步效果，如图 11-10 所示。

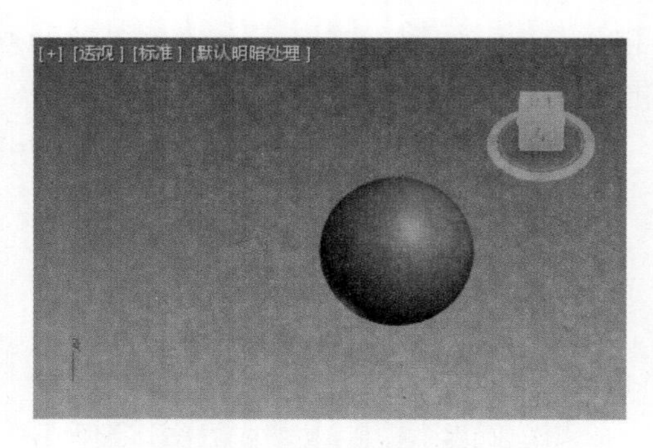

图11-9 创建爆炸对象

图11-10 第10帧连接后的爆炸体

（7）上面的爆炸效果不是很理想，这与爆炸的参数设置有关。选中爆炸变形体，打开修改命令面板，“爆炸参数”面板如图 11-11 所示。

（8）修改 Chaos（最小值）为“2”，再观察透视图，发现爆炸效果比原来好了许多，如图 11-12 所示。读者还可调试其他参数，这里就不再介绍。

图11-11 “爆炸参数”面板

图11-12 修改参数后的爆炸变形

11.1.3 涟漪变形

形状示例

“涟漪变形”和前面讲到的修改器比较相似，但两者工作原理不同，前者是直接修改物体，后者是通过修改变形体而达到对物体的修改，如图 11-13 所示。

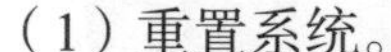

创建步骤

（1）重置系统。

（2）单击 Create（创建）命令面板上的“几何体”图标●，在下拉列表中选择“标准基本体”打开“对象类型”面板，在透视图中创建一个长方体板状物海面，并设长和宽的段数均为“50”，如图 11-14 所示。

图11-13 涟漪变形对象效果图

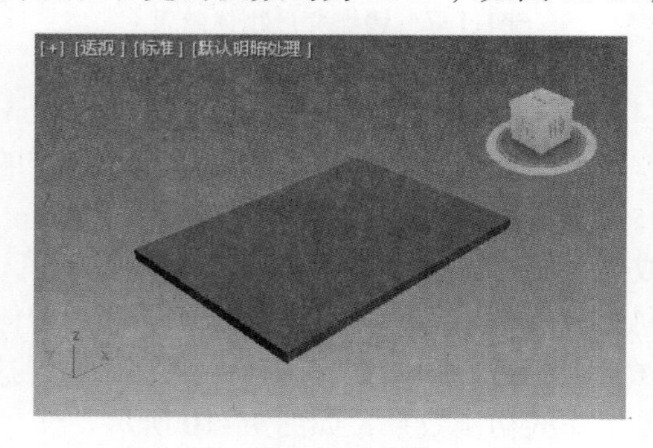

图11-14 创建变形对象——海面

（3）单击 Create（创建）命令面板，单击 Space Wap（空间变形）按钮，在下拉列表中选择 Geometric/Deformable（粒子）选项，此时可以看到七种类型的空间变形按钮。

（4）单击 Ripple（涟漪）按钮，在顶视图中拉出一个涟漪变形体并调整位置，如图 11-15 所示。

（5）单击主工具栏上的 Bind to Space Wrap（绑定到空间扭曲）图标，然后在场景中单击板状物体，使其变成高亮显示。按住左键不动，然后拖动鼠标到涟漪变形对象上。释放鼠标，可以看到涟漪变形对象在瞬间变成高亮显示，然后恢复原状。表示板状物体已经被连接到涟漪变形对象上。

（6）观察透视图，板状物体已经发生了涟漪变形，如图 11-16 所示。

图11-15 创建涟漪变形体

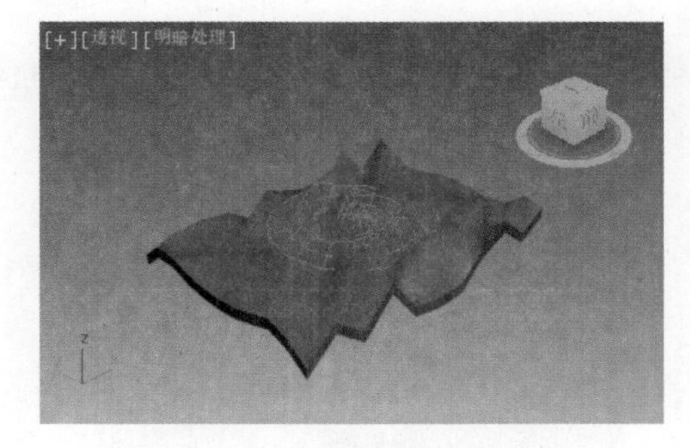

图11-16 产生涟漪变形的板状物体

（7）上面的涟漪效果不是很理想，这与涟漪变形体的参数设置有关。选中涟漪变形体，打开 Modify（修改）命令面板，涟漪变形体的“参数”面板如图 11-17 所示。

（8）修改 Wave Length（波长），并调整振幅得到微波的效果。

（9）激活左视图，在右上方设置一台目标摄像机，如图 11-18 所示。激活透视图，按 C 键可快速切换为摄像机视图，如图 11-19 所示。

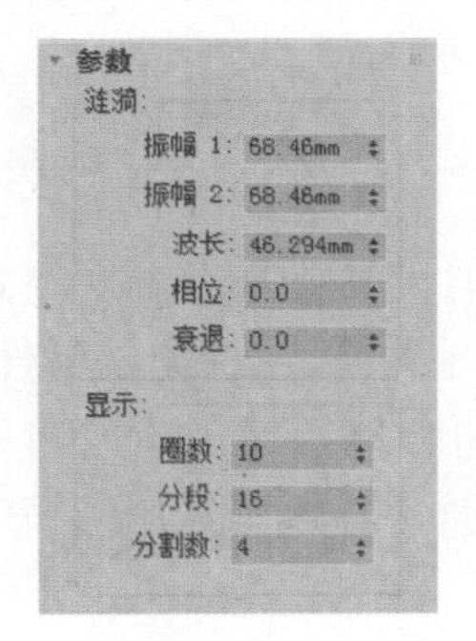

图11-17 涟漪变形体的“参数”面板

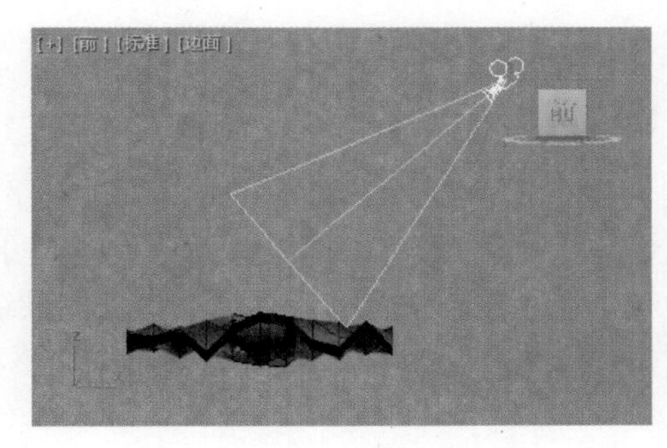

图11-18 创建摄像机

（10）选中板状体，单击主工具条上的 Material Editor（材制编辑器）图标，弹出 Material Editor（材质编辑器）对话框。选择一个空白样本球框，设置海水参数如图 11-20 所示。

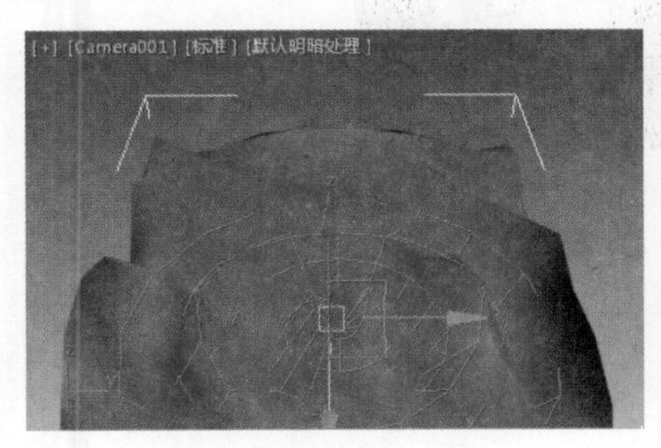

图11-19 摄像机视图中的涟漪效果

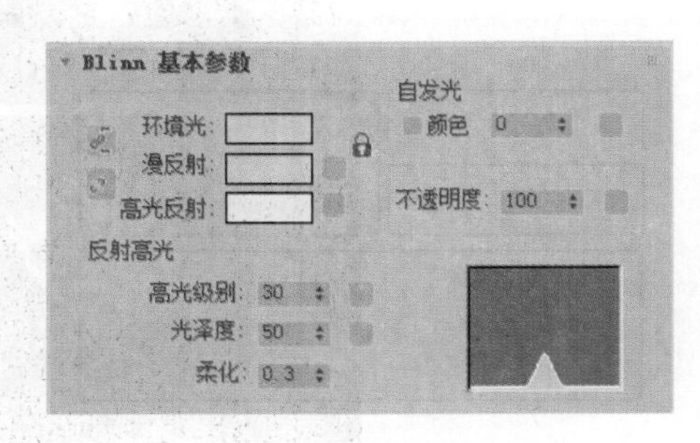

图11-20 海水材质参数

（11）单击横向工具栏中的 Assign Material to Selection（将材质指定给选定对象）图标，然后单击 Show Map in Viewport（视口中显示明暗处理材质）图标。

（12）打开“贴图”面板，设置 Reflection（凹凸）贴图，为海水选择一张蓝天白云的反射贴图（源文件中的贴图 / OPOCEAN2.JPG）。贴图后的海水效果如图 11-21 所示。

（13）单击 Rendering（渲染）菜单下的 Environment（环境）命令，弹出 Environment and Effect（环境和效果）对话框。

（14）创建一个平面作为挡板，然后为其添加一张蓝天白云图片（源文件中的贴图 /008.BMP）模拟天空。

（15）快速渲染透视图，观察效果，如图 11-22 所示。

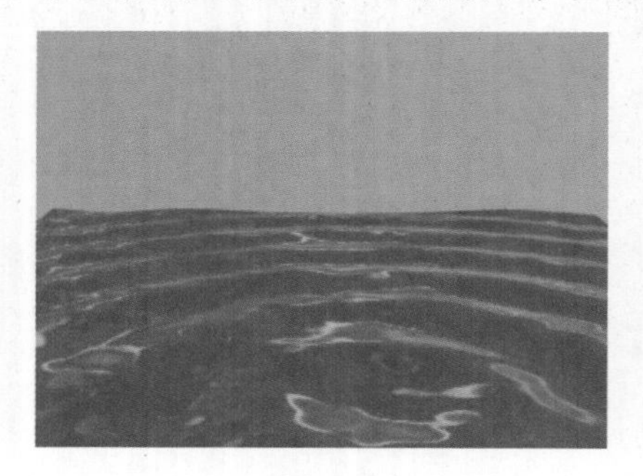

图11-21　赋予材质的海水效果

图11-22　加入背景的海水效果

11.2 粒子系统

3ds Max 2018 的强大功能之一就是模拟自然现象。利用 3ds Max 2018 提供的粒子系统，可以轻松地模拟烟云、火花、暴风雪或者喷泉等效果，下面将介绍粒子系统的基本知识。

形状示例

粒子系统可用于各种动画任务，主要为大量的小型对象设置动画时使用粒子系统，例如，创建暴风雪、水流或爆炸。3ds Max 2018 提供两种不同类型的粒子系统：事件驱动和非事件驱动。事件驱动粒子系统，又称为粒子流，它测试粒子属性，并根据测试结果将其发送给不同的事件。粒子位于事件中时，每个事件都指定粒子的不同属性和行为。在非事件驱动粒子系统中，粒子通常在动画过程中显示类似的属性，如图 11-23 所示。

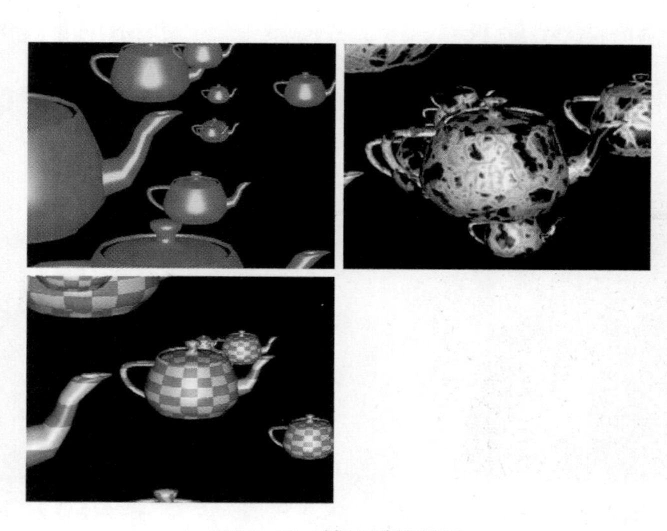

图11-23　粒子系统效果

创建步骤

粒子系统可以模拟雨、喷泉、导火索上的火花或倒出的水等，现在结合例子来讲解粒子系统。

（1）创建一个倒角长方体并通过拉伸上部顶点制作成水池形状。放样制作水龙头，再制作其他辅助物体，赋予相应贴图。添加摄像机，制作场景如图 11-24 所示（读者也可以直接扫描前言中的二维码，打开源文件 /11-11-1.max）。

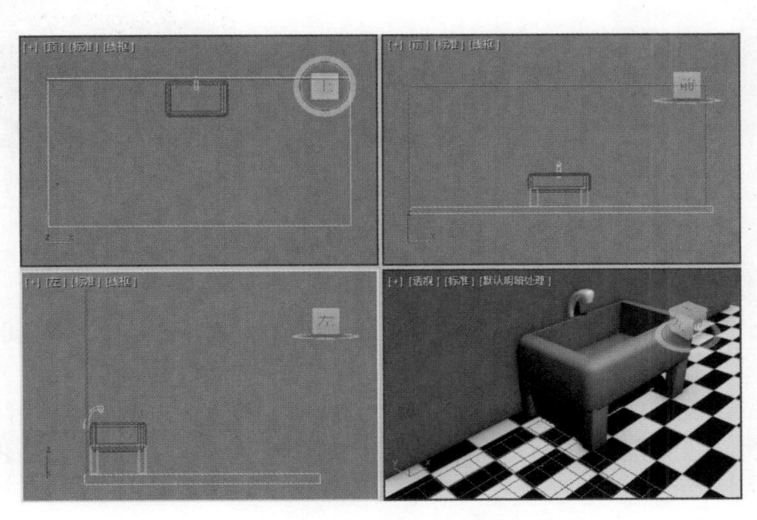

图11-24　水龙头动画场景

（2）制作发射器，单击 Create（创建）面板下的 Geometry（几何体）图标●，在下拉列表中选择 Particle Systems（粒子系统），打开创建面板，单击 Spray（飞沫）按钮，创建一个发射器。

（3）激活顶视图并画一个矩形，该矩形代表发射器的大小。单击 Modify（修改）命令面板，在参数栏中将发射器的长宽设定好。调用 Select and Move（移动）和 Select and Rotate（旋转）工具将发射器与水龙头嘴位置调好。此时，粒子喷射方向向下，呈直线状。

（4）确定发射器为被选择状态，单击主工具栏中的 Bind to Space Wrap（绑定到空间扭曲）按钮，把光标移到发射器上，这时光标变成连接的形状。按住左键将鼠标移动到水龙头上，松开鼠标，水龙头为被选择状态，表明已将发射器连接到水龙头。

（5）激活透视图，单击 Play Animation（播放动画）按钮，可以观察到自来水的下落曲线，调整发射器参数，使动画更符合现实生活的真实情况，如图 11-25 所示。

（6）调整摄像机视图，很容易发现，自来水穿透了池子，如图 11-26 所示。下面就来添加一个挡板为粒子系统添加平面碰撞检测。

图11-25　动画中的一帧图

图11-26　水穿透了池子

（7）单击 Create（创建）面板下的 Space Wraps（空间扭曲），单击 Deflecter（导向板），打开“导向板”参数区，如图 11-27 所示。

（8）在顶视图中创建一个挡板，为粒子系统添加平面碰撞检测。通过移动工具将挡板移至水池底下，结合主工具栏的 Bind to Space Wrap（绑定到空间扭曲）图标，把发射器与挡板连在一起，调整摄像机角度，直到在摄像机视图中看不到自来水穿过水池为止，如图 11-28 所示。

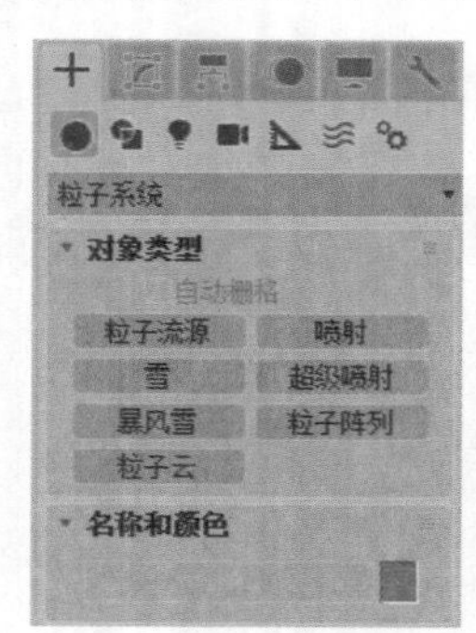

图11-27 “导向板”的参数区

图11-28 加导向板后的水龙头

（9）单击 Spary01（喷射器），打开 Modify（修改）命令面板，在 Modify Stack（修改堆栈）下拉列表中选取“喷射器”，修改参数值，使其反射得到修正。

（10）打开“材质编辑器”，为水赋予材质，将漫反射固有色设为淡蓝色，将透明度设为“70”，调整周围的光线。

（11）单击 Play Animation（自动关键点）按钮，拉动时间划块到第 100 帧，利用 Select and Rotate（旋转工具），将视图中的水龙头旋转 180°，模拟水龙头开启的情景。关闭 Play Animation（开始动画），就可以生成动画了。

粒子系统的参数有相似之处，从本节开始将以较为复杂的 Parray（粒子阵列）的参数为例，介绍粒子系统的常见参数面板。本节介绍 Basic Parameters（基本参数）面板，如图 11-29 所示。

- ❖ **Pick Object（拾取对象）**：创建粒子系统对象后，拾取对象命令即可应用。单击“拾取对象”按钮，然后通过单击选择场景中的某个对象。所选对象成为基于对象的发射器，并作为形成粒子的源几何体或用于创建类似对象碎片的粒子的源几何体。
- ❖ **Over Entire Surface（在整个曲面）**：在基于对象的发射器的整个曲面上随机发射粒子，这是默认选择。
- ❖ **Along Visible Edges（沿可见边）**：从对象的可见边随机发射粒子。
- ❖ **At all Vertices（在所有的顶点上）**：从对象的顶点发射粒子。
- ❖ **At Distinct Points（在特殊点上）**：在对象曲面上随机分布指定数目的发射器点。
- ❖ **Total（总数）**：用于指定使用的发射器点数。
- ❖ **At Face Centers（在面的中心）**：从每个三角面的中心发射粒子。

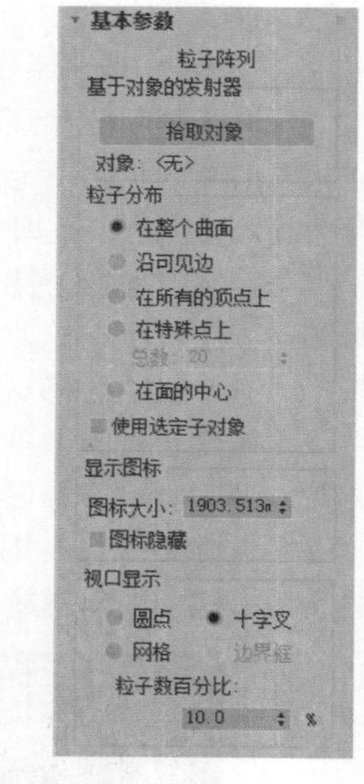

图11-29 “基本参数”面板

11.3 综合应用——喷射泡泡

3ds Max 2018 在超级喷射粒子系统中内置七种已经调整好的可用参数，它们分别是 Bubbles（泡泡）、Fireworks（焰火）、Hose（软管）、Shock wave（冲击波）、Trail（轨迹）、Welding（电焊火花）、Default（默认），我们直接载入 Bubbles（泡泡）参数，再做简单调整即可使用。

11.3 综合应用——喷射泡泡

（1）重置系统。

（2）单击 Create（创建）命令面板上的（几何体）图标●，在下拉列表中选择 Particle Systems（粒子系统）。

（3）打开 Object Type（对象类型）面板，单击 Super Spray（超级喷射）按钮，创建粒子系统。透视图中超级喷射粒子系统位置如图 11-30 所示。

（4）单击选中超级喷射粒子系统，打开 Modify（修改）面板，打开 Load/SavePresets（加载 / 保存预设）面板，如图 11-31 所示。

图11-30　透视图中的超级喷射粒子系统

图11-31　“加载/保存预设”面板

（5）在保存预设中单击“Bubbles”选项，单击 Load（加载）按钮，载入预置参数。拖动时间块到第 80 帧，然后快速渲染透视图，查看装载的预设气泡效果。

（6）打开 Partical Generation（粒子生成）面板，设置参数如图 11-32 所示。

（7）选中气泡，单击主工具条上的 Material Edito（材制编辑器）图标，打开“材质编辑器”对话框，选择一个空白样本球框，设置参数如图 11-33 所示。

图11-32　“粒子生成”面板

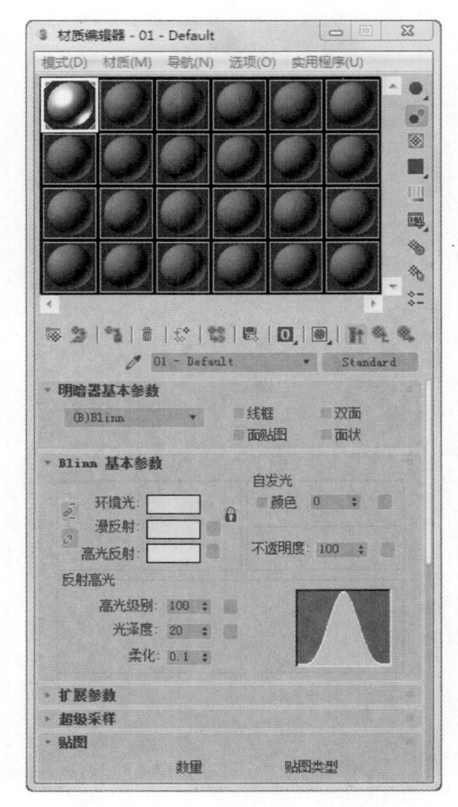

图11-33　设置气泡的材质参数

（8）单击横向工具栏中的 Assign Material to Selection（将材质指定给选定对象）图标，然后单击 Show Map in Viewport（视口中显示明暗处理材质）图标。快速渲染透视图，观察赋了材质的气泡渲染图，如图 11-34 所示。

（9）单击 Rendering（渲染）菜单下 Environment（环境）命令，弹出 Environment and Effect（环境和效果）对话框。

（10）单击 Environment Map（环境贴图）下的 None（无贴图）按钮，在弹出的对话框中选择 Bimap（位图）贴图，并选择一张海底的图片（源文件中的贴图 / 海底 i.jpg）作为背景贴图。

（11）快速渲染透视图，观察效果，如图 11-35 所示。

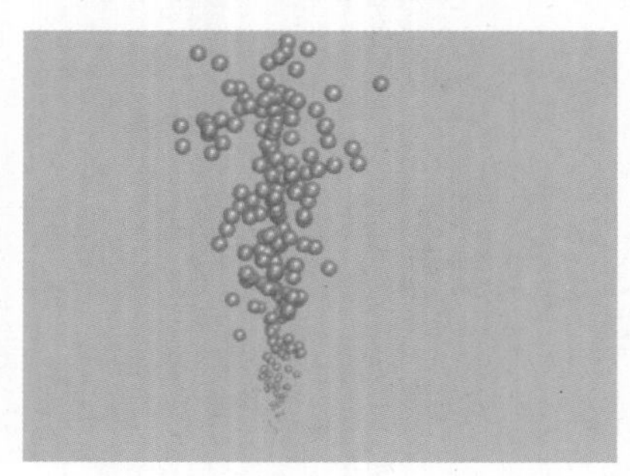

图11-34　赋予材质后的气泡渲染图

图11-35　完成后的效果图

第12章

环境效果

内容指南

现实生活中，经常有大雾、烛光这类现象的存在，在3ds Max 2018中这些现象也可以模拟。利用3ds Max 2018还可以创建诸如闪电、照相机底片等特殊效果。

知识重点

❖ 环境贴图的运用
❖ 体积光的运用
❖ 设置效果

12.1 初始环境特效面板

环境效果的设置都是在环境特效面板中完成的。单击 Rendering（渲染）菜单下的 Environment（环境）命令，打开 Environment and Effect（环境和效果）对话框，如图 12-1 所示，对话框包括 Environment（环境）和 Effects（效果）两个选项卡。其中 Effects（效果）已经在灯光特效中介绍过，这里主要介绍 Environment（环境）选项卡的内容。Environment（环境）选项卡下有三个选项，包括 Common Parameters（公用参数）、Exposure Control（曝光控制）及 Atmosphere（大气）。我们主要介绍 Common Parameters（公用参数）和 Atmosphere（大气）。

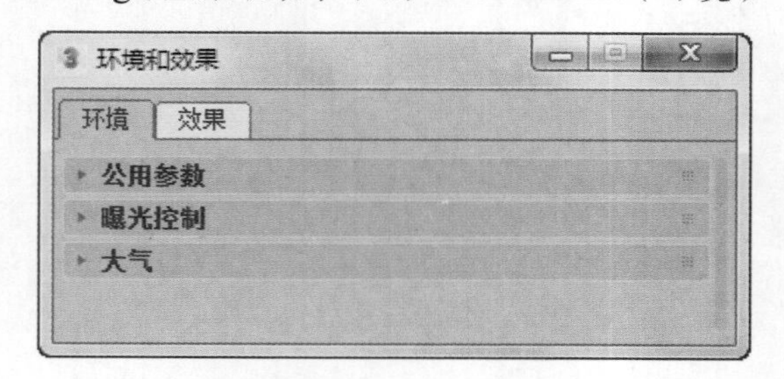

图12-1 “环境和效果”对话框

- **Common Parameters**（公用参数）：单击“公用参数”前面的三角将其打开，如图 12-2 所示。
- **Background**（背景）：用来为场景渲染背景指定颜色和贴图。
- **Color**（颜色）：指定场景的背景颜色，单击 Color（颜色）选项将弹出颜色编辑修改框，用户可以在其中对背景颜色进行编辑和设置。
- **Use Map**（使用贴图）：确定是否在场景渲染过程中使用背景贴图。当选中此复选框时，单击位于下方的长按钮，即可以为背景指定一个贴图文件。
- **Global Linghting**（全局照明）：指定场景中的全景灯光颜色。单击位于下方的“染色”框，系统会弹出颜色编辑修改框，用户可以在其中对颜色进行修改。
- **Level**（级别）：用来指定全景灯光的强度值。
- **Atmosphere**（大气）：用来为场景指定有关大气的影响效果，例如雾效、体光、体雾和燃烧等，如图 12-3 所示。

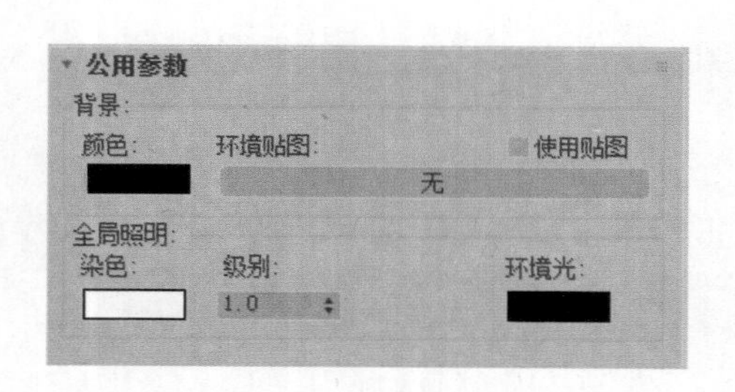

图12-2 “公用参数”面板

图12-3 “大气”面板

- **Add**（添加）：添加大气效果。
- **Delete**（删除）：将选定的大气效果删除。
- **Active**（活动）：激活选择的大气效果。
- **Move Up**（上移）：将选定的多项大气效果从下到上移动，以便打开相应的参数面板。
- **Move Down**（下移）：将选定的多项大气效果从上到下移动，以便打开相应的参数面板。
- **Merge**（合并）：合并已经创建的场景大气效果。
- **Name**（名称）：显示当前所选定的大气效果名称。

12.2 环境贴图的运用

12.1 节中介绍了常用的环境特效设置面板各项参数的意义，现在就通过实例来学习各项参数的功能。

创建步骤

（1）单击 3DS（文件）菜单下的 Reset（重置）命令，重新设置系统。

（2）单击 Create（创建）命令面板中的 Geometry（几何体）图标●，打开 Object Type（对象类型）面板，单击球体，在透视图中创建一个球体，如图 12-4 所示。

（3）快速渲染透视图，如图 12-5 所示。

图12-4　创建球体

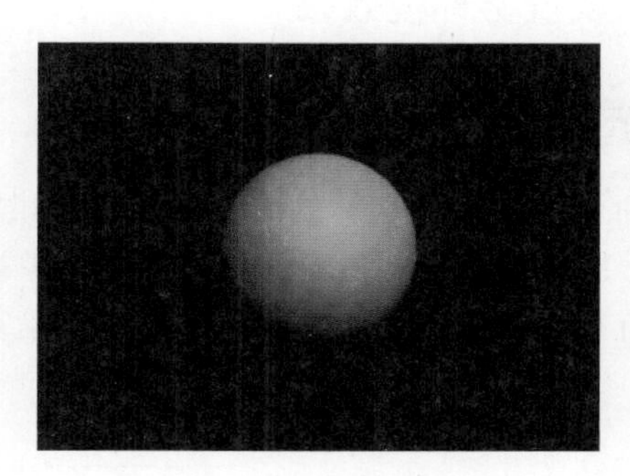

图12-5　快速渲染透视图

（4）单击 Rending（渲染）菜单下的 Environment（环境）命令，弹出 Environment and Effect（环境和效果）对话框。

（5）找到 Background（背景）区域下的 Color（颜色）块，默认情况下背景颜色是黑色。单击颜色块，在弹出的 Color（颜色）对话框中任意选择一种颜色，这里选择淡绿色。

（6）快速渲染透视图，发现渲染出的图片背景变成淡绿色，如图 12-6 所示。

（7）单击 Environment Map（环境贴图）下的 None（无）按钮，在弹出的对话框中选择 Bitmap（位图），然后再选择一个背景图片（源文件的贴图 /LAKE_MT.jpg 文件）。渲染透视图，背景变成了刚才所选的图片，效果如图 12-7 所示。

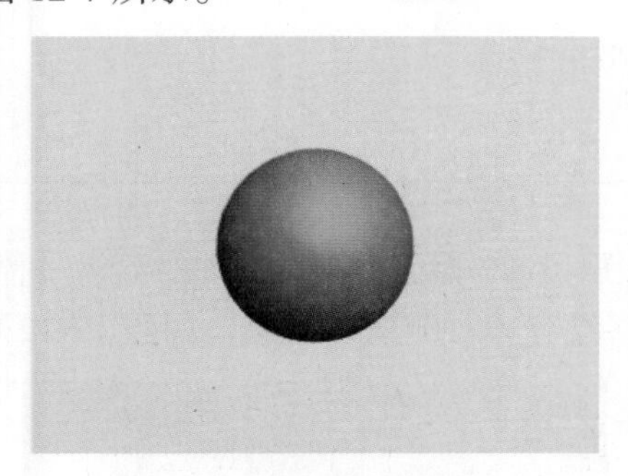

图12-6　改变背景颜色效果

图12-7　设置背景图片的效果

（8）单击 Global Linghting（全局照明）下的白色颜色块，在弹出的 Color（颜色）对话框中选择淡蓝色，渲染透视图，观察球体颜色的变化，效果如图 12-8 所示。发现原来的红色变暗了很多，这是因为环境光已经变成了淡蓝色，其他颜色相应变化。

（9）设置 Global Linghting（全局照明）下的 Level（级别）值设为“4”，再次渲染透视图，观察球体颜色的变化，效果如图 12-9 所示。因为提高了环境光的级别，所以球体的颜色变亮。

图12-8　改变环境光颜色的效果

图12-9　增加环境光颜色级别后的效果

12.2.1　设置雾环境效果

形状示例

此命令提供雾和烟雾的大气效果，提供雾效果，随着对象与摄影机距离的增加逐渐褪光（标准雾），或提供分层雾效果，使所有对象或部分对象被雾笼罩。

只有在摄影机视图或透视图中可以渲染雾效果，正交视图或用户视图不可以渲染雾效果，如图 12-10 所示。

图12-10　增加雾环境的效果

创建步骤

（1）扫描前言中的二维码，打开“源文件 /12-1max”，如图 12-11 所示。场景中的对象为吊椅、地面，用一张天空的图片作为环境贴图。快速渲染摄像机视图，观察没有雾时的场景效果，如图 12-12 所示。

图12-11　打开文件

图12-12　没有雾时的场景效果

（2）单击选择 Rendering（渲染）菜单下的 Environment（环境）命令，弹出 Environment and Effect（环境和效果）对话框。在 Atmosphere（大气）面板单击 Add（添加）按钮，弹出 Add Atmosphere Effect（添加大气效果）对话框。

（3）在列表中选择 Fog（雾）选项，单击 OK（确定）按钮，“雾”被添加到大气列表中。

（4）单击大气效果列表中的 Fog（雾）选项，向下拖动 Environment and Effect（环境和效果）面板，可以发现面板上多了 Fog Parameters（雾参数），如图 12-13 所示。对标准雾和层级雾参数进行设置。

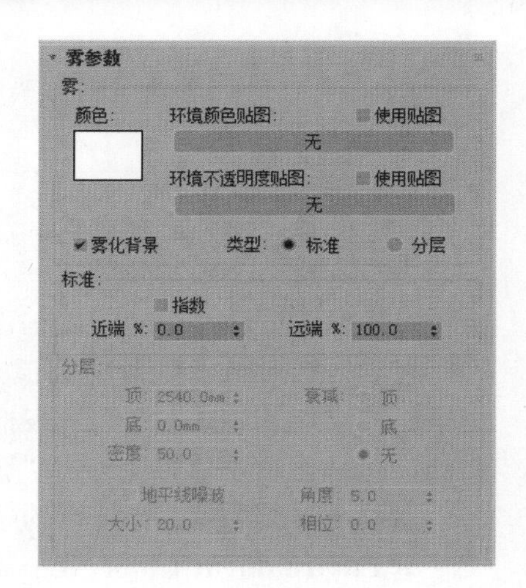

图12-13 “雾参数”面板

（5）快速渲染摄像机视图，观察默认情况下的雾效果，如图 12-14 所示。可以看到，场景一片白色，只有部分草地可以看见，这是雾的浓度过大的原因，需要重新调整雾的浓度。

（6）在 Fog Parameters（雾参数）面板中，设置 Near%（近端 %）为“20”，Far%（远端 %）的值为“80”，快速渲染摄像机视图，观察调整浓度后的雾效果，如图 12-15 所示。

图12-14 默认情况下的雾效果

图12-15 调整浓度后的雾效果

（7）根据生活常识，距离观察者较近的地方雾气比较薄，能见度比较高。下面通过调整摄像机参数模拟这一效果。

（8）选中摄像机的位置点，打开 Modify（修改）面板，再打开 Parameters（参数）面板，勾选 Environment Ranges（环境范围）下面的 Show（显示）复选框，调整“近端 %”值和“远端 %”值，如图 12-16 所示。

（9）快速渲染摄像机视图，观察调整摄像机环境范围后的雾效果，如图 12-17 所示。可以看到，离观察者较近的地方场景清楚，而离观察者较远的地方雾比较浓，比较符合生活实际。

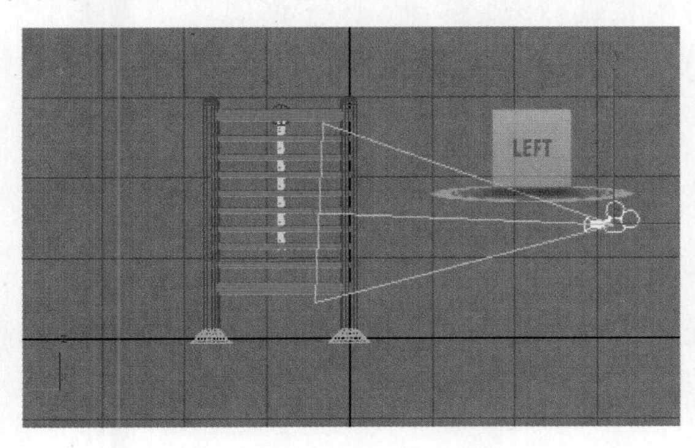

图12-16 调整摄像机的环境范围

图12-17 调整摄像机环境范围后的雾效果

提示：通常情况下，将远距范围设置在对象之外，将近距范围设置为与距离摄影机最近的对象几何体相交。

参数详解

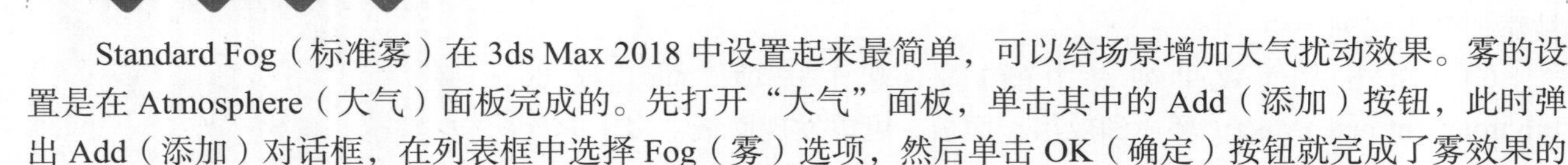

Standard Fog（标准雾）在 3ds Max 2018 中设置起来最简单，可以给场景增加大气扰动效果。雾的设置是在 Atmosphere（大气）面板完成的。先打开“大气”面板，单击其中的 Add（添加）按钮，此时弹出 Add（添加）对话框，在列表框中选择 Fog（雾）选项，然后单击 OK（确定）按钮就完成了雾效果的添加。同时，参数面板跳转到“雾参数”面板。

❖ **Color（颜色）**：指定雾的颜色，系统默认为白色。
❖ **Environment Color Map and Environment Opacity Map（环境颜色贴图和环境不透明度贴图）**：分为彩色贴图和不透明贴图两种。
❖ **Fog Background（雾化背景）**：确定是否在场景的背景中使用雾。
❖ **Type（类型）**：指定雾的类型，系统提供标准雾和层雾两种。
❖ **Exponential（指数）**：柔化标准雾，从而增加它的真实感。
❖ **Near（近端）**：指定近镜头范围雾的百分比。
❖ **Far（远端）**：指定远镜头范围雾的百分比。

12.2.2 设置体积雾环境效果

形状示例 

雾密度在 3D 空间中不是恒定的，体积雾提供吹动的云状雾效果，似乎雾在风中飘散，如图 12-18 所示。只有在摄影机视图或透视图中才能渲染体积雾效果，正交视图或用户视图不能渲染体积雾效果。

创建步骤 

（1）扫描前言中的二维码，打开“源文件 /12-2.max”，如图 12-19 所示。场景中对象为一根香烟、支架和地面。快速渲染摄像机视图，观察没有为香烟添加烟雾时的场景效果。

图12-18 体积雾效果

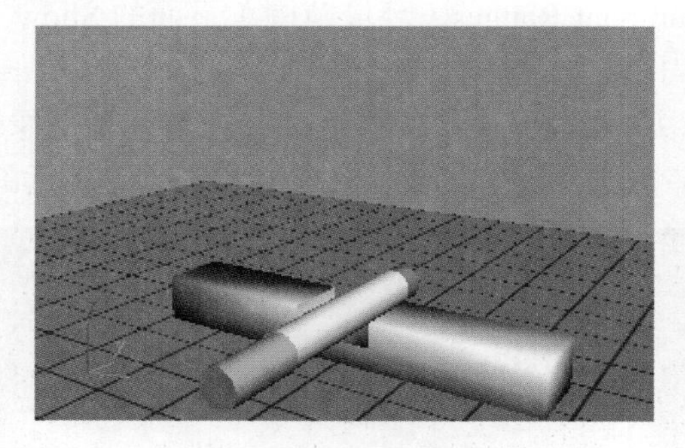

图12-19 打开文件

（2）单击＋打开创建面板，单击◣打开辅助对象创建面板，单击 Standard(标准)下拉列表，选择 Atmosphere Apparatus（大气装置）命令，打开“大气装置”对象类型，如图 12-20 所示。在这里可以创建与大气相关的各种辅助对象。

（3）单击 Cyl Gizmo（圆柱体 Gizmo）按钮，在顶视图中香烟头的位置创建一个圆柱辅助对象，位置如图 12-21 所示。

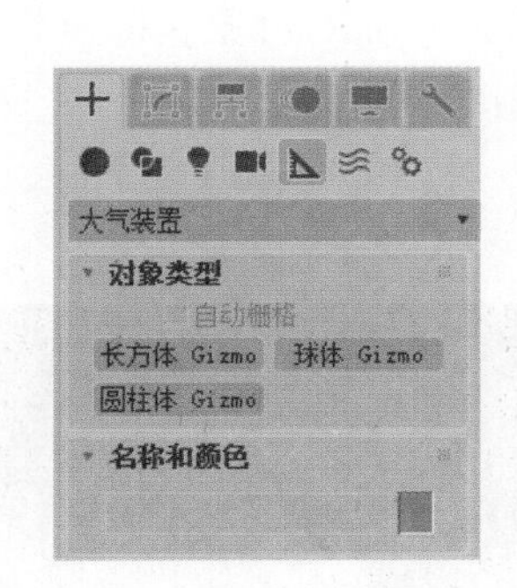

图12-20 “大气装置”对象类型

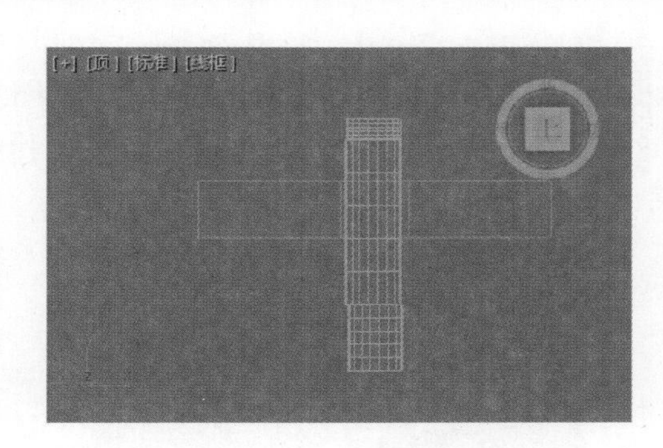

图12-21 创建圆柱辅助对象

（4）激活前视图，利用移动工具沿Y轴向上移动圆柱辅助对象，使其位于烟头的正上方，位置如图12-22所示。

（5）单击Rendering（渲染）菜单栏下的Environment（环境）命令，打开Environment and Effect（环境和效果）对话框。在Atmosphere（大气）面板单击Add（添加）按钮，在弹出的Add Atmosphere Effect（添加大气效果）对话框选择“体积雾”，然后单击OK（确定）按钮，添加体积雾，如图12-23所示。

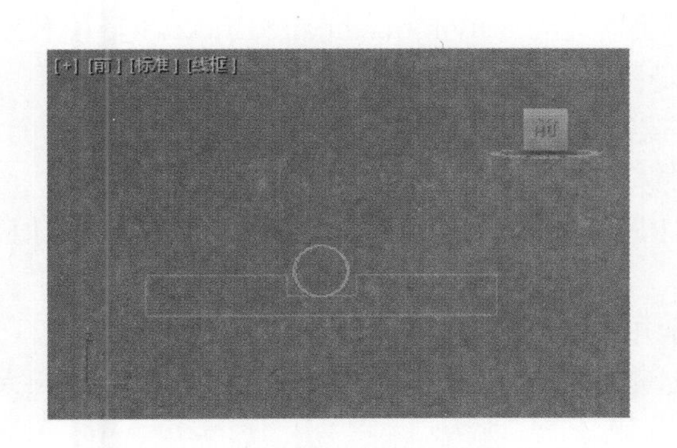

图12-22 前视图中辅助对象的位置

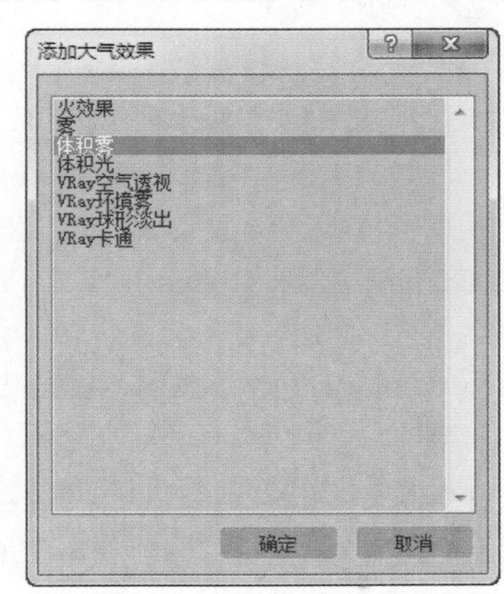

图12-23 添加体积雾

（6）在大气效果列表框中选中Volume Fog（体积雾），如图12-24所示。打开Volume Fog Parameters（体积雾参数）面板，如图12-25所示。

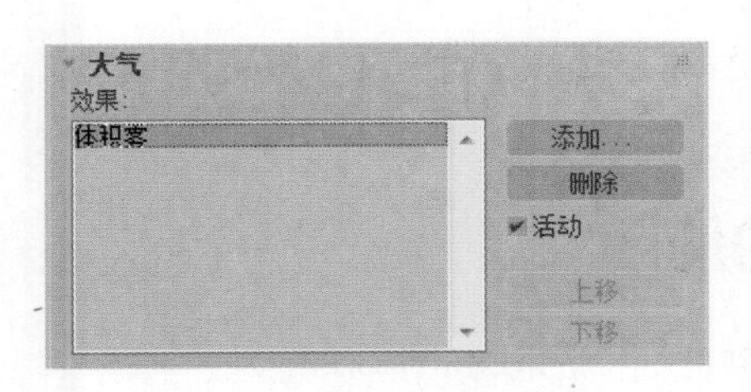

图12-24 在列表框中选中“体积雾”

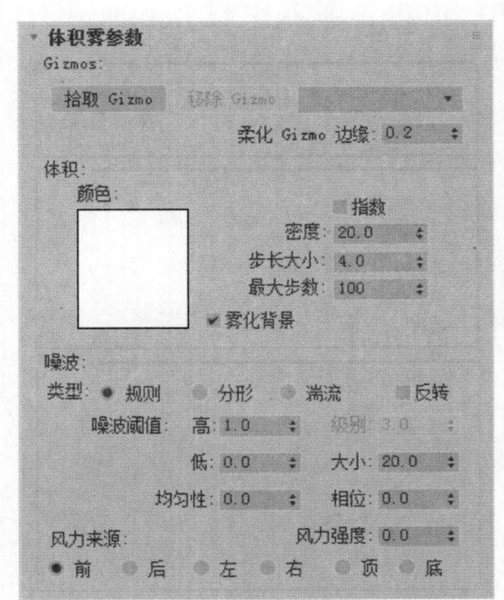

图12-25 “体积雾参数”面板

（7）单击 Pick Gizmo（拾取 Gizmo）按钮，在任意视图中单击圆柱辅助对象，即可将体积雾限制在圆柱体内，渲染摄像机视图，观察默认参数的体积雾效果，如图 12-26 所示。

（8）将 Soften Gizmo Edges（柔化 Gizmo 边缘）值设为“0.2”，再适当设置其他参数，渲染摄像机视图，添加烟雾效果的香烟如图 12-27 所示。

图12-26　默认参数的体积雾效果

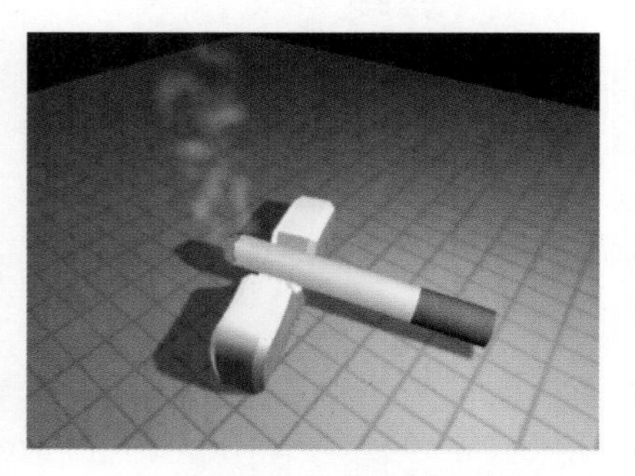
图12-27　添加烟雾效果的香烟

体积雾提供吹动的云状雾效果，似乎在雾风中飘散。只有摄影机视图或透视图中能渲染体积雾效果，正交视图或用户视图不能渲染体积雾效果。

只有在大气效果列表中选中添加的 Volume Fog（体积雾）选项，Environment and Effects（环境和效果）面板上才会出现“体积雾参数”，下面介绍其常用参数。

❖ **Pick Gizmo（拾取 Gizmo）**：单击“拾取 Gizmo”按钮打开拾取模式，然后单击场景中的某个大气装置。在渲染时，大气装置包含体积雾，装置的名称将添加到列表中。

❖ **Soften Gizmo Edges（柔化 Gizmo 边缘）**：羽化体积雾效果的边缘值越大，边缘越柔化，取值范围为 0~1.0。

❖ **Exponential（指数）**：密度随距离按指数增大。禁用该选项时，雾的密度随距离线性增大，只有希望渲染体积雾中的透明对象时，才应激活此复选框。提示：如果启用指数，应增大“步长大小”的值，以避免出现条带。

❖ **Density（密度）**：控制雾的浓度。取值范围为 0~20，超过 20 可能会看不到场景。

❖ **Step Size（步长大小）**：确定雾采样的粒度。步长较大，会使雾变粗糙，到了一定程度，将变为锯齿状。

❖ **Max Steps（最大步数）**：限制采样量，以便雾的计算不会一直执行。如果雾的密度较小，此选项尤其有用。

❖ **Nosie（噪波）**：提供四种噪波类型，分别为 Regular（规则）、Fractal（分形）、Tubulence（湍流）、Invert（反转）。

❖ **Levels（级别）**：设置噪波迭代应用的次数，取值范围为 1~6，包括小数值。只有分形或湍流噪波才启用。

❖ **Size（大小）**：确定烟卷或雾卷的大小，值越小，卷越小。

12.3　体积光的使用

体积光是一种被光控制的大气效果，把它看作一种雾更好。粗略地讲，体积光是一种雾，它被限制在灯光的照明光锥之内，如图 12-28 所示。

图12-28 添加体积光效果

12.3.1 聚光灯的体积效果

创建步骤

（1）重置系统。

（2）打开 Create（创建）命令面板，单击 Geometry（几何体）图标，打开 ObjectType（对象类型）面板，在场景中创建一个球体和一个长方体，再创建一盏目标聚光灯，如图 12-29 所示。

（3）选中目标聚光灯，单击按钮打开“修改”命令面板，在常规参数栏下勾选 Shadows On（阴影启用）复选框，快速渲染透视图，效果如图 12-30 所示。

图12-29 场景中的对象及灯光位置

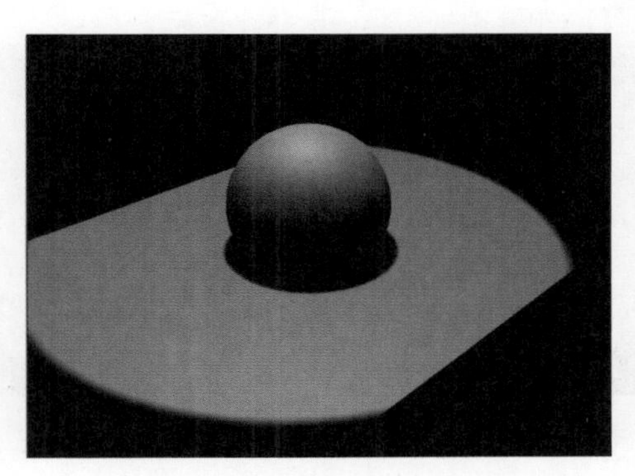

图12-30 选择阴影启用后的效果

（4）单击 Rendering（渲染）菜单下的 Environment（环境）命令，弹出 Environment and Effect（环境和效果）对话框。

（5）在 Atmosphere（大气）面板单击 Add（增加）按钮，在弹出的对话框中选择 Volume Light（体积光）选项，添加体积光特效。

（6）Effect（效果）列表中列出所有在当前场景中设置的效果项。在列表中选定 Volume Light（体积光）选项，在效果区域下边显示出设置体积光的各种参数面板。

（7）在 Volume Light Parameters（体积光参数）面板单击 Pick Light（拾取灯光）按钮，随后在任意视图中选择目标聚光灯。这时可以看到，目标聚光灯的名字出现在“灯光参数”面板中。

（8）快速渲染透视图，观察体积光效果，如图 12-31 所示。

（9）图 12-31 中的体积光是白色的，我们还可以设置任意颜色的体积光，这里将体积光颜色改为淡绿色。打开 Volume Light Parameters（体积光参数）面板，单击 Fog color（雾颜色）下面的白色颜色块，打开 Color（颜色）对话框，选择“淡绿色”后关闭对话框，再次渲染透视图，发现体积光的颜色已经变为淡绿色，如图 12-32 所示。

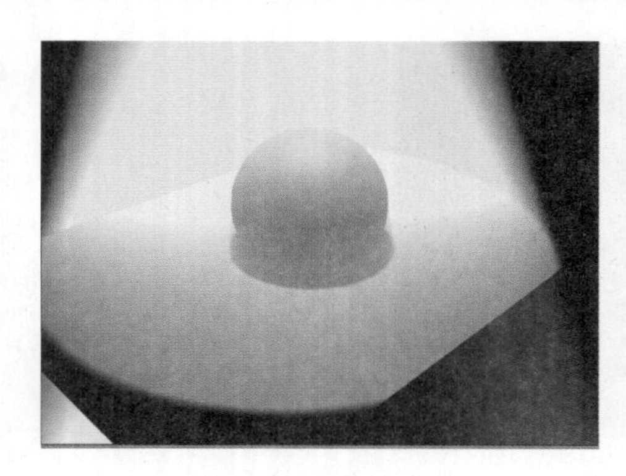

图12-31　体积光效果

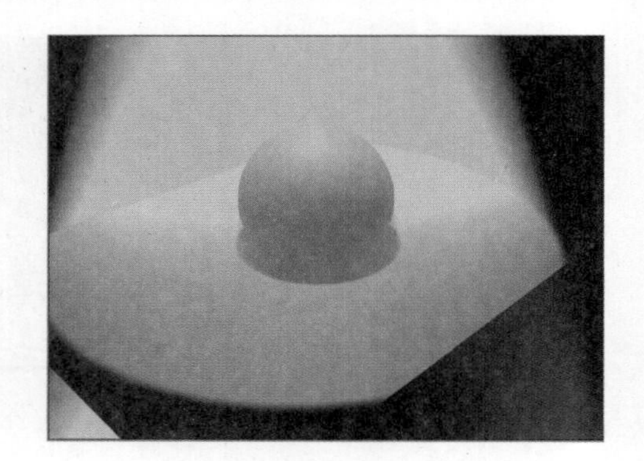

图12-32　淡绿色的体积光

（10）如果觉得体积光的强度不够，还可以通过修改参数来调整。这里将 Density（密度）的值改为“10”。渲染透视图，观察修改效果，如图 12-33 所示。

（11）设 Noise（噪波）栏的 Amount（数量）值为“0.8”，Type（ ）选项为 Turbulence（干扰），Size（大小）的值为“20”。快速渲染透视图，我们可以看到光柱中飘着烟状物，效果如图 12-34 所示。

（12）取消 Noise（噪波）栏中的 Open（启用噪波）选项，取消对体积光的 Noise（噪波）作用。

（13）选择目标聚光灯，单击修改命令面板，打开 Advanced Effects（高级效果）面板，选择 Projector Map（贴图）后 None（无）按钮，打开“材质 | 贴图浏览器”，随后选择任意一幅彩色图片。快速渲染透视图，体积光柱染上了彩色，效果如图 12-35 所示。

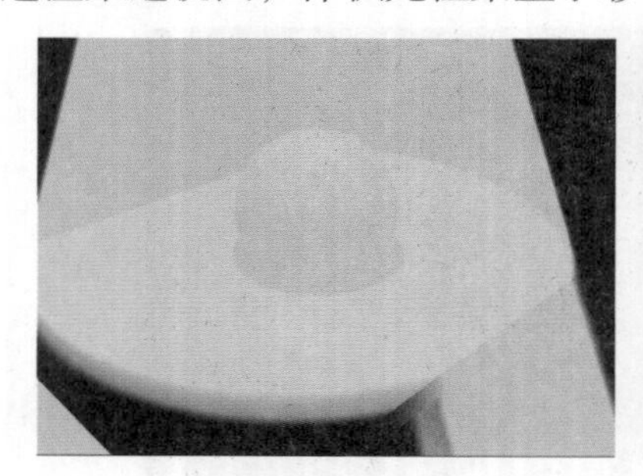

图12-33　增加强度后的体积光效果

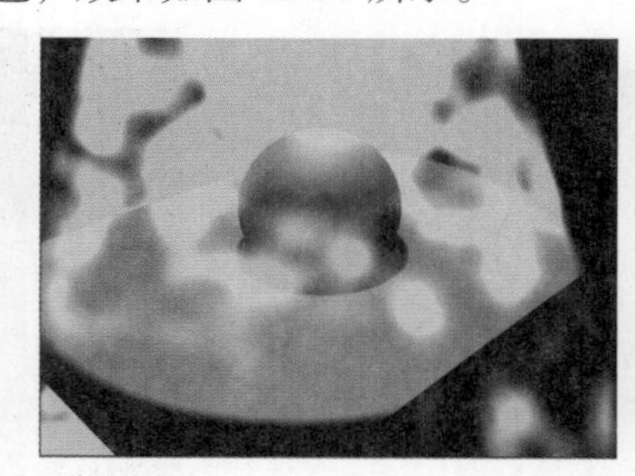

图12-34　加入噪波后的体积光效果

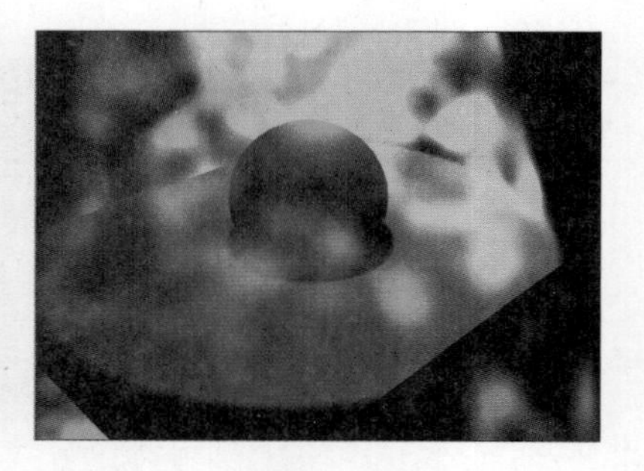

图12-35　添加贴图的体积光效果

12.3.2　泛光灯的体积效果

在泛光灯中，体积光最有特色的光效就是能够产生美丽的光晕效果。下面以一个茶壶模型为参照，介绍泛光灯体积光的设置和光晕效果的生成。

创建步骤

图12-36　场景中的对象与灯光

（1）重置系统。

（2）打开 Create（创建）命令面板，在场景中创建一个茶壶，再创建三盏泛光灯，其中一盏在茶壶里面，另两盏用作照明，如图 12-36 所示。

（3）单击 Rendering（渲染）菜单下 Environment（环境）命令，打开 Environment and Effects（环境和效果）面板。

（4）在 Atmosphere（大气）面板单击 Add（增加）按钮，在弹出的对话框中选择 Volume Light（体积光）选项，添加体积光特效。

（5）Effect（效果）列表中列出所有在当前场景中设置的效果项。在列表中选定 Volume Light（体积光）选项，在大气区域下边显示出设置体积光的各种参数命令面板。

（6）在 Volume Light Parameters（体积光参数）面板，单击 Pick Light（选择灯光）按钮，随后在任意视图中选择处于茶壶中心的泛光。这时可以看到，泛光的名字出现在"灯光参数"面板中。

（7）快速渲染透视图，观察体积光效果，发现体积光效果不太明显。在 Rendering（渲染）对话框中修改 Volume Light Parameter（体积光参数）来优化光效。将 Attenuation（衰减）下的 End%（结束 %）值设为"30"（可根据具体渲染效果决定），再次渲染透视图，发现茶壶已全部笼罩在泛光的体积光中，效果如图 12-37 所示。

（8）图中的体积光是淡黄色的，这是泛光的黄色和雾的白色叠加而成的，也可以根据具体需要来设置其他颜色。单击 Volume Light Parameter（体积光参数），在 Fog Color（雾的颜色）下面的白色颜色块上单击，打开 Color（颜色）对话框，选择"绿色"后关闭对话框，再次渲染透视图，发现体积光的颜色已经变为绿色，如图 12-38 所示。

图12-37　泛光的体积光效果

图12-38　绿色的泛光体积光

（9）如果觉得体积光的强度不够，还可以通过参数来调整。这里修改 Volume（体积）的 Density（密度）值为"8"。渲染透视图，观察修改效果，如图 12-39 所示。

（10）设 Noise（噪波）的 Amount（数量）值为"0.7"，Size（尺寸）的值为"20"，快速渲染透视图，我们可以看到茶壶笼罩在绿色的烟雾中，效果如图 12-40 所示。

（11）关闭 Noise（噪波）的 Open（启用噪波）选项，取消对体积光的 Noise（噪波）作用。

（12）选择泛光灯，单击修改面板中的 Advanced Effect（高级效果），选择 Projector Map（投影图）后的 None（无）选项，打开 Material/Map Browaer（材质 / 贴图浏览器）面板，随后选择一幅彩色图片。快速渲染透视图，观察体积光的变化，效果如图 12-41 所示。

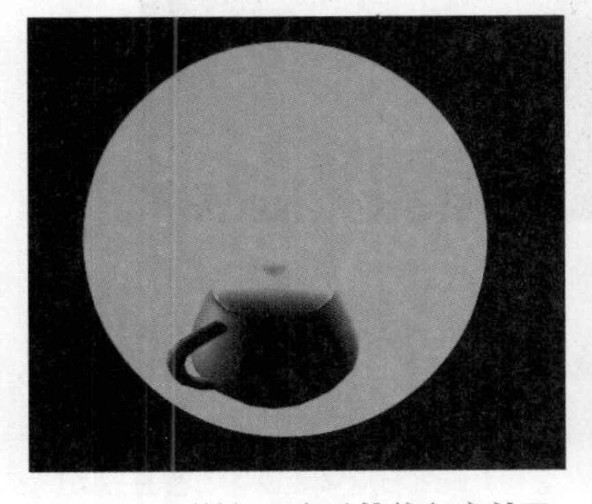

图12-39　增加强度后的体积光效果

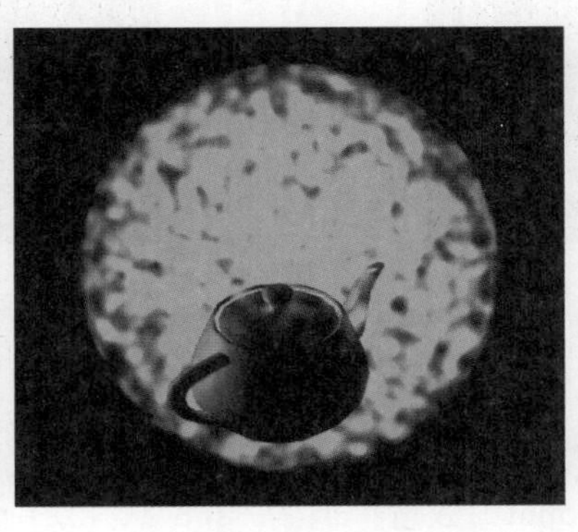

图12-40　加入噪波后的体积光效果

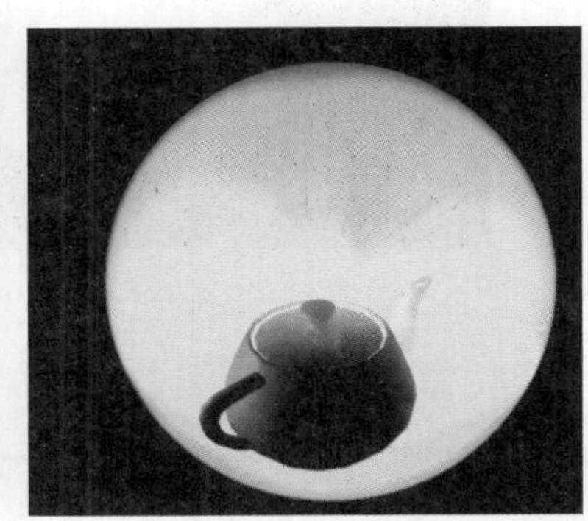

图12-41　加入投影图的体积光效果

12.3.3 平行灯光的体积效果

在介绍灯光的章节中，曾经提到平行光的体积光效常用来模拟激光束效果，下面我们就来介绍其用法。

创建步骤

（1）重置系统。

（2）在顶视图中拖拉出一个圆柱作为激光发射器的发射口。在发射口的中心设定一盏目标平行灯，在发射口的周围设置几盏泛光灯作场景照明，建好的模型如图 12-42 所示。

图12-42　视图中的对象与灯光

（3）单击 Environment（环境）菜单下的 Rendering（渲染）命令，弹出 Environment and Effect（环境和效果）对话框。

（4）在 Atmosphere（大气）面板单击 Add（添加）按钮，在弹出的对话框中选择 Volume Light（体积光）选项，添加体积光特效。

（5）Effect（效果）列表中列出所有在当前场景中设置的效果选项。在列表中选定 Volume Light（体积光）选项，显示出设置体积光的各种参数命令。

（6）在 Volume Light Parameters（体积光参数）面板，单击 Pick Light（选择灯光）按钮，随后在任意视图中选择目标平行光灯。这时可以看到，目标平行光灯的名字出现在 Light Parameters（灯光参数）面板。

（7）快速渲染透视图，观察目标平行光灯的体积光效果，如图 12-43 所示，发现一束黄色的光束直冲上面。

（8）图 12-43 中的体积光是淡黄色的，这是由目标平行光灯的黄色和雾的白色叠加而成的，也可以根据具体需要来设置其他颜色。单击 Volume Light Parameters（体积光参数），在 Fog Color（雾的颜色）下面的白色颜色块上单击，打开 Color（颜色）对话框，选择“蓝色”后关闭对话框，再次渲染透视图，发现体积光的颜色已经变为蓝色，效果如图 12-44 所示。

图12-43　目标平行光灯的体积光

图12-44　改变颜色的体积光效果

（9）如果想加强体积光的强度，可以通过修改参数来调整。这里修改 Atmosphere（大气）的 Density（密度）值为“10”。渲染透视图，观察修改效果，如图 12-45 所示。

（10）设置 Noise（噪波）的 Amount（数量）值为“0.8”，Size（尺寸）的值为“20”。快速渲染透视图，我们可以看到光束变为蓝色的烟雾，效果如图 12-46 所示。

（11）取消 Noise（噪波）的 Open（启用噪波）选项，取消对体积光的 Noise（噪波）作用。

图12-45　增加强度后的体积光效果

图12-46　加入噪波后的体积光效果

（12）选择目标平行光灯，单击“修改”面板中的 Advanced Effects（高级效果），选择 Projector Map（投影图）的 None（无）选项，打开“材质 | 贴图浏览器”，随后选择一幅彩色图片。快速渲染透视图，体积光柱染上了彩色，如图 12-47 所示。

Volume Light Parameters（体积光参数）面板如图 12-48 所示。

图12-47　加入投影图的体积光效果

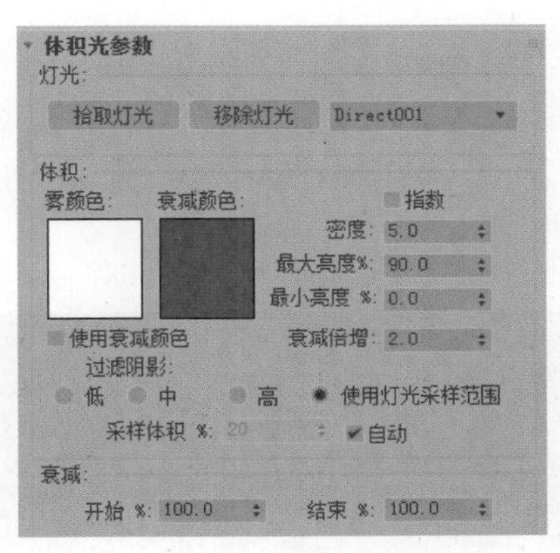

图12-48　“体积光参数”面板

- **Fog Color（雾颜色）**: 单击色块选择器可以改变雾的颜色，使雾的颜色和体积光的颜色融合起来。
- **Attenuation Color（衰减颜色）**: 设置方法和雾颜色相同，使衰减范围内雾的颜色发生渐变。
- **Density（指数）**: 只有渲染场景中透明对象时才使用。
- **Exponential（密度）**: 设置雾的浓度值越大，在光的容积内反射的光线越多。
- **Max Light%（最大亮度 %）**: 体积光最大光照，默认值为 90。值越小光线亮度越低。
- **Min Lignt%（最小亮度 %）**: 值大于 0 时，光照容积区外发光并使用雾色，就像加入容积雾。
- **Filter Shadows（过滤阴影）**: 设置过滤阴影提高阴影质量。
- **Sample Volume（采样体积）**: 一个光的容积取样的个数，默认状态设置为数量自动。
- **Attenuation（衰减）**: Start（开始 %）使体积光源点移动，End（结束 %）使结束扩展光线投射的长度变小，默认值为 100%。对于点光源，需要在灯光总体参数的衰减区设置，对于泛光源可不设置使用衰减。

12.4　设 置 效 果

3ds Max 2018 可以在最终渲染图像或动画之前添加各种效果并进行查看。下面将介绍常用的效果设置。

形状示例

Lens Effects（镜头效果）是用于创建真实效果（通常与摄影机关联）的系统，效果如图 12-49 所示。

图12-49 添加镜头效果的示例图

创建步骤

（1）扫描前言中的二维码，打开“源文件 /12-3 max”，如图 12-50 所示。场景中对象为几个陨石模型和一盏泛光灯，背景采用环境贴图。快速渲染摄像机视图，观察没有添加任何效果时的场景效果，如图 12-51 所示。

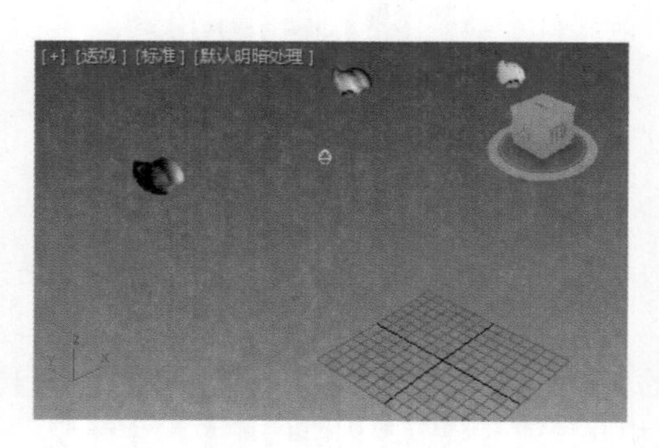

图12-50 打开文件

图12-51 默认的场景效果

（2）选择 Rendering（渲染）菜单下的 Effect（效果）命令，打开 Effect（效果）对话框，如图 12-52 所示。

（3）在 Effect（效果）对话框中单击 Add（添加）按钮，在弹出的 Add Effect（添加效果）对话框选择 Lens Effects（镜头效果），然后单击 OK（确定）按钮，如图 12-53 所示。

图12-52 “效果”对话框

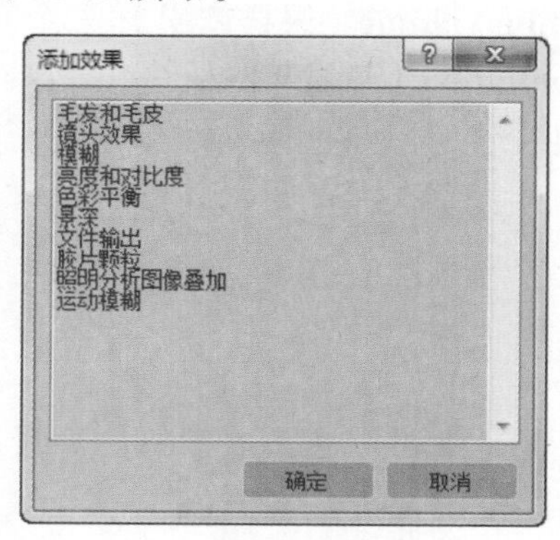

图12-53 “添加效果”对话框

（4）在 Lens Effect Parameters（镜头效果参数）面板左侧的效果列表框中选择相应的效果，这里选择 Ray（射线），然后单击图标将其加入右侧列表框。单击 Lens Effect Globals（镜头效果全局）面板的 Pick Light（拾取灯光）按钮，然后在任意视图中单击泛光灯，渲染摄像机视图，观察默认的射线效果，如图 12-54 所示。

（5）打开 Ray Element（射线元素）面板，如图 12-55 所示，可以在此进一步设置射线元素的各种参数，这里不再赘述。

图12-54　默认射线效果

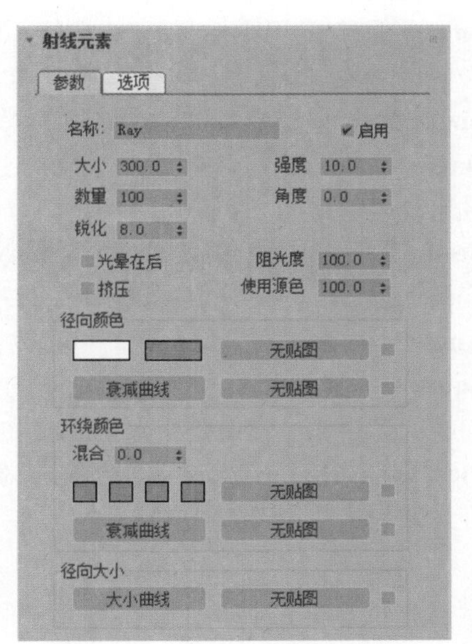

图12-55　“射线元素”面板

提示：

加载效果后，如果渲染的图像出现大面积白色或者效果微弱，可以尝试在“镜头效果全局”面板改变“大小”值进行调节。

（1）Lens Effect Parameters（镜头效果参数）面板列出所有的镜头效果，如图 12-56 所示。对于每一种镜头效果，不再详细介绍其元素，仅介绍各种镜头效果的示例。

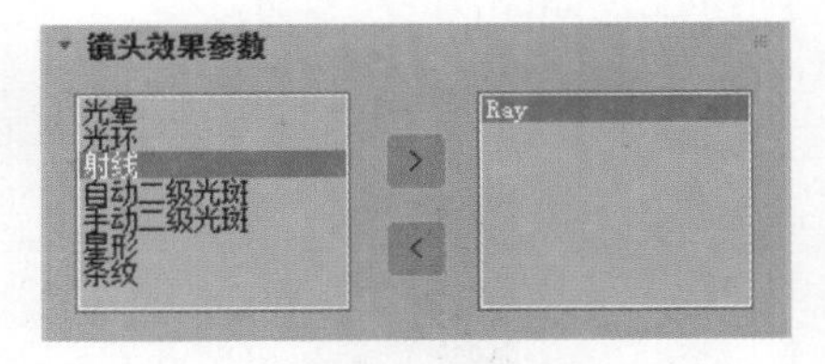

图12-56　“镜头效果参数”面板

- **Glow（光晕）**：用于在指定对象的周围添加光环。例如，对于爆炸粒子系统，给粒子添加光晕使它们看起来好像更明亮、更热。
- **Ring（光环）**：是环绕源对象中心的环形彩色条带。
- **Ray（射线）**：是从源对象中心发出的明亮的直线，为对象提供亮度很高的效果。使用射线可以模拟摄像机镜头元件的划痕。
- **Auto Secondary（自动二级光斑）**：可以看到一些小圆，沿着与摄像机位置相对的轴从镜头光斑源中发出。这些光斑由灯光从摄像机不同的镜头元素折射而产生。随着摄像机位置相对于源对象更改，二级光斑也随之移动。
- **Manual Secondary（手动二级光斑）**：是单独添加到镜头光斑中的附加二级光斑。这些二级光斑可以附加也可以取代自动二级光斑。
- **Star（星形）**：星形比射线效果要大，由 0~30 个辐射线组成，而不像射线由数百个辐射线组成。

❖ **Streak（条纹）**：条纹是穿过源对象中心的条带。在实际使用摄像机时，使用失真镜头拍摄场景时会产生条纹。

（2）Lens Effects Globals（镜头效果全局）面板

❖ **Load（加载）**：单击打开 Load Lens Effects 3DS（加载镜头效果文件）对话框，可以打开 LZV 文件。LZV 文件格式包含从镜头效果的上一个配置保存的信息。这样，就可以加载并使用以前的软件保存的镜头效果。

❖ **Save（保存）**：用于保存 LZV 文件，可以保存几种类型的镜头效果，并在多个 3ds Max 2018 场景中使用。

❖ **Size（大小）**：影响总体镜头效果的大小。此值是渲染帧大小的百分比。

❖ **Intensity（强度）**：控制镜头效果的总体亮度和不透明度。值越大，效果越亮越不透明；值越小，效果越暗越透明。

❖ **Seed（种子）**：为镜头效果中的随机数生成器提供不同的起点，创建略有不同的镜头效果，而不改变任何设置。使用该值可以保证镜头效果不同，即使差异很小。

❖ **Angle（角度）**：在摄像机相对位置改变时，镜头效果从默认位置旋转的量。

❖ **Squeeze（挤压）**：此值是光斑大小的百分比，在水平方向或垂直方向挤压总体镜头效果，补偿不同帧的纵横比。正值是在水平方向拉伸效果，而负值是在垂直方向拉伸效果。

❖ **Pick Light/Remove Light（拾取 / 移除灯光）**：将灯光效果添加到选择灯光或者从选择灯光中移除灯光效果。

12.5 综合应用——暗室夺宝

本例通过暗室夺宝的制作，重点巩固体积光与镜头效果的使用，通过本例的学习，读者应对环境效果与镜头效果的综合运用有进一步认识。

12.5 综合应用——暗室夺宝

（1）单击 3DS（文件）菜单下的 Reset（重置）命令，重新设置系统。扫描前言中的二维码，打开“源文件 / 第 12 章 /12-4.max 文件”，如图 12-57 所示。

（2）进入灯光 Greate（创建）面板，创建一盏目标聚光灯，模拟太阳从外面照射，调整位置如图 12-58 所示。

图12-57 打开文件

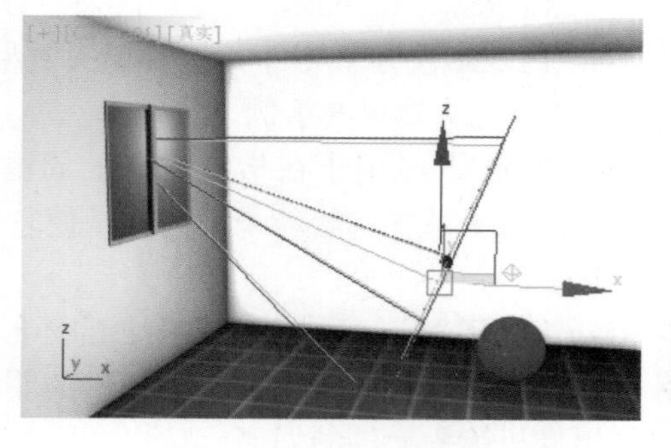

图12-58 创建目标聚光灯

（3）选中目标聚光灯，打开 Modify（修改）面板，开启阴影，渲染摄像机视图，观察照明效果，如图 12-59 所示。

（4）选择环境命令，弹出 Environment and Effect（环境和效果）对话框，打开 Atmosphere（大气）面板，单击 Add（添加）按钮，弹出 Add Atmosphere Effect（添加大气效果）对话框，为目标聚光灯添加体积光效果并设置参数，如图 12-60 所示。

图12-59　目标聚光灯照明效果

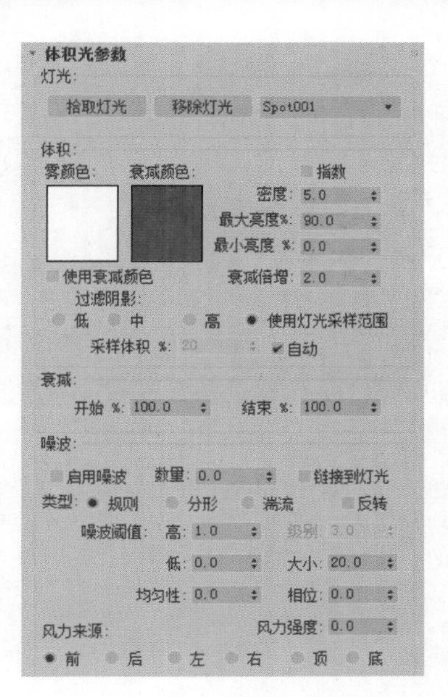

图12-60　设置“体积光参数”

（5）渲染摄像机视图，观察添加体积光后的场景效果，如图 12-61 所示。

（6）单击 Environment and Effect（环境和效果）对话框中 Effect（效果）选项卡，单击 Add（添加）按钮，在弹出的对话框中选择 Light Effect（镜头效果），单击 OK（确定）按钮。

（7）在“镜头效果参数”面板选择射线选项，如图 12-62 示。

（8）单击 Pick Light（拾取灯光）按钮，在摄像机视图中单击球体上面的泛光灯，即可将预设效果添加给泛光灯。渲染摄像机视图，观察预设效果，可以看出预设效果不明显，下面作进一步调整。

图12-61　添加体积光后的效果

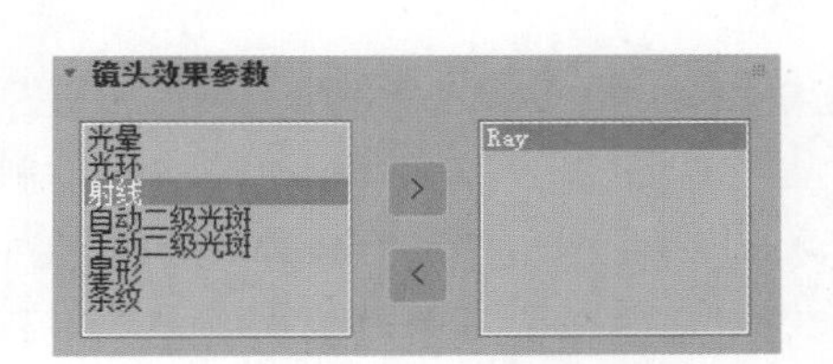

图12-62　选择“射线”选项

（9）打开 Lens Effects Global（镜头效果全局）面板，设置 Size（大小）值为“300”，Intensity（强度）值为“500”，再次渲染摄像机视图，如图 12-63 所示，完成图形的绘制。

图12-63　设置全局参数后效果

第 13 章

动画初步制作

内容指南

创建好了模型、为模型赋予材质后，接下来就是制作动画。3ds Max 2018 是一款功能强大的动画制作软件，对于动画新手而言，只需要执行简单的操作，就可以创建精美的动画效果。

知识重点

- ❖ 动画的简单制作
- ❖ 功能曲线编辑动画的方法
- ❖ 常用动画的制作方法

13.1 动画的简单制作

13.1.1 动画控制面板的功能说明

图13-1 动画控制面板

在制作关键帧动画时，经常用到动画控制面板，如图 13-1 所示。面板的内容在前面章节中已经作了介绍，这里就不再赘述。

13.1.2 时间配置对话框

3ds Max 2018 显示的时间在默认情况下为 100 帧，如果要制作长时间的动画，需要用到 Time Configuration（时间配置），下面就简单介绍时间配置的使用。

单击 Time Configuration（时间配置）图标，此时弹出 Time Configuration（时间配置）对话框，如图 13-2 所示。其中最常用到的就是动画时间的设定。

- ❖ **Start Time（开始时间）:** 表示开始时间或位置。
- ❖ **End Time（结束时间）:** 表示结束时间或位置。
- ❖ **Length（长度）:** 表示动画的时间或者帧的长度。
- ❖ **Re-scale Time（重缩放时间）:** 在弹出的对话框中可以对 Animation（数量）中的三个值进行更新设置。
- ❖ **Key Steps（关键点步幅）:** 用来设置包括各种形式的变换关键帧，并贯穿整个动画始终。

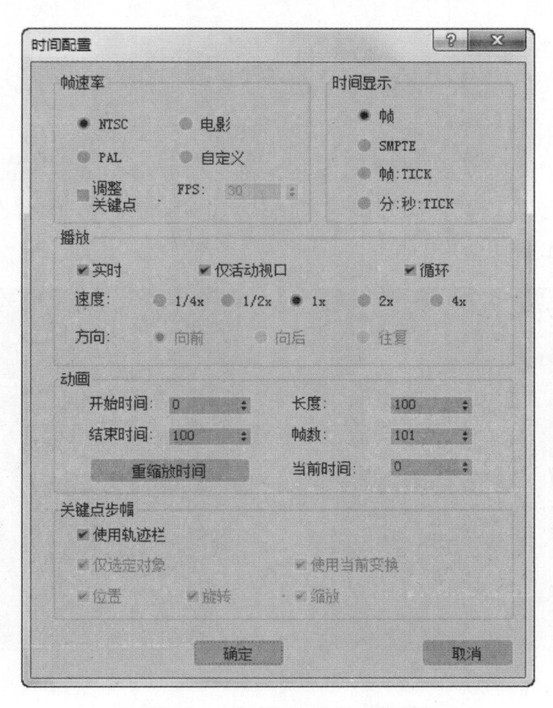

图13-2 “时间配置”对话框

13.1.3 制作简单的动画效果

（1）单击 3DS（文件）菜单下的 Reset（重置）命令，重新设置系统。

（2）打开 Create（创建）命令面板，在顶视图中创建一个圆柱体。圆柱体高的段数设为“10”，如图 13-3 所示。

（3）单击 Time Configuration（时间配置）图标，将结束时间设为“200”。单击 Auto Key（自动关键点）按钮，开始记录关键帧。

（4）单击选中圆柱体，拖动时间条到第 20 帧，打开 Modify（修改）命令面板，在 Modify List（修改器列表）中选择 Bend（弯曲）修改器。此时长方体参数面板跳转至“弯曲”参数面板。

（5）在前视图中选定 Z 轴，将圆柱体绕着 Z 轴弯曲 180°，如图 13-4 所示。

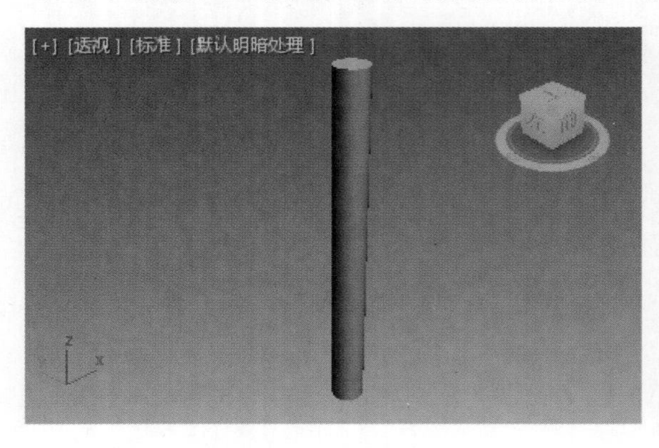

图13-3 创建动画对象

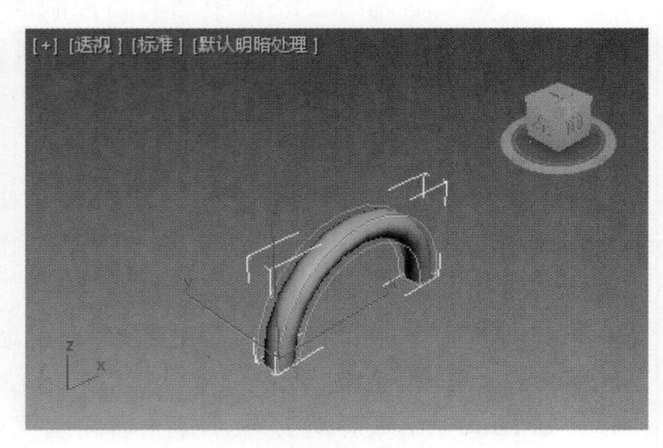

图13-4 将圆柱体弯曲180°

（6）拖动时间条到第 40 帧，打开 Modify（修改）命令面板，将 Bend（弯曲）参数的弯曲方向设为“360”。

（7）拖动时间条到第 100 帧，打开 Modify（修改）命令面板，将 Bend（弯曲）参数的弯曲角度设为“0°”，弯曲方向设为“0”，圆柱复原。

（8）拖动时间条到第 120 帧，打开 Modify（修改）命令面板，在 Modify List（修改器列表）中选择 Taper（锥化）修改器。此时长方体参数面板跳转至“锥化”参数面板。

（9）将“锥化”参数的 Amount（数量）值设为“2”，Curve（曲率）值设为“5”，如图 13-5 所示。

（10）拖动时间条到第 160 帧，打开 Modify（修改）命令面板，将锥化 Amount（数量）值设为“–2”，Curve（曲率）值设为“8”，如图 13-6 所示。

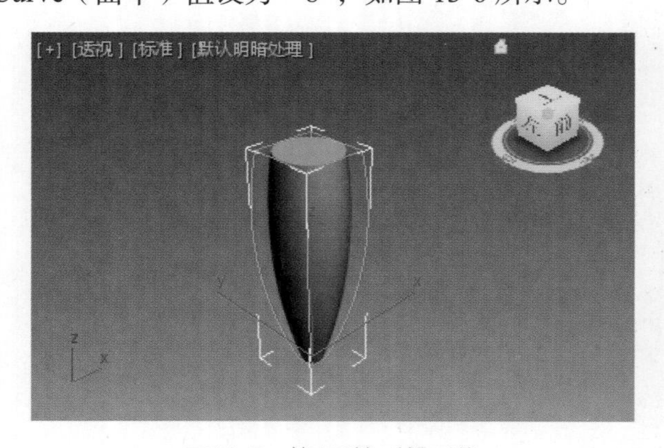

图13-5 第120帧时的形状

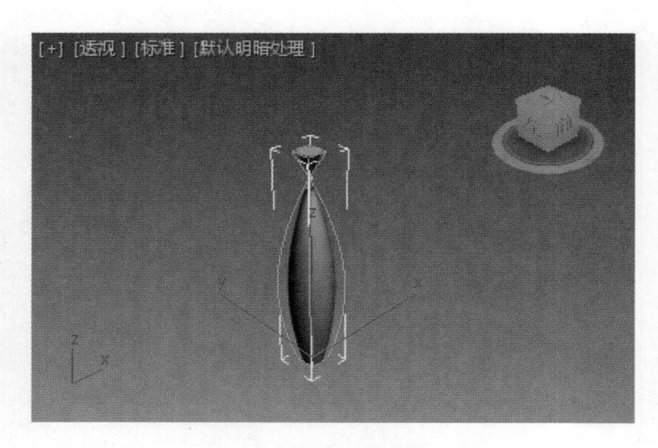

图13-6 第160帧时的形状

（11）拖动时间条到第 200 帧，在主工具栏上选取“不均匀缩放工具”，将变形体压缩成如图 13-7 所示形状。

（12）单击关闭 Auto Keys（设置关键点）按钮，完成动画制作。

（13）单击 Play Animation（播放动画）图标，然后单击透视图，将看到圆柱体在调了一段旋转物之后发生变形效果。图 13-8 所示为两次锥化过渡之间的一帧。

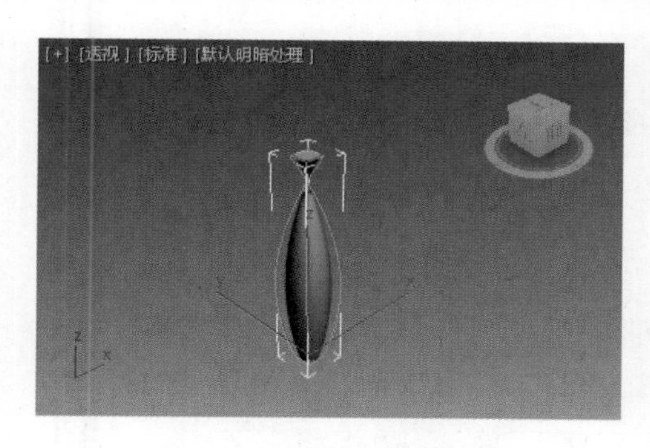

图13-7　第200帧时的形状

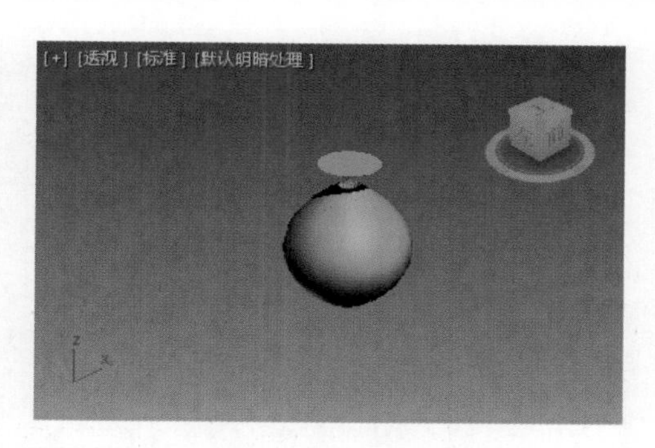

图13-8　两次锥化过渡之间的一帧

13.2　使用功能曲线编辑动画轨迹

从上面的例子我们大致了解制作动画的基础知识，学会在特定关键帧改变物体的状态，但是我们对关键帧之外的物体运动轨迹无从知晓。现在就来学习轨迹视窗的应用，从这里，我们可以清楚地看到物体运动的轨迹曲线。

创建步骤

（1）重置系统。

（2）打开 Create（创建）命令面板，单击 Geometry（几何体）选项，打开 Object Type（对象类型）面板，在透视图中创建一个球体。

（3）激活前视图，单击 Auto Keys（设置关键点）按钮进行动画录制。

（4）将时间划块拉到 30 帧，将球体拖到任意一个目所能及的位置。

（5）将时间划块拉到 70 帧，将球体拖到另一个位置。

（6）将时间划块拉到 100 帧，将球体再拖到另一个位置。读者可继续自行调整球体的位置。

（7）再次单击 Auto Keys（设置关键点）按钮关闭动画录制。激活透视图，单击 Play Animation（播放动画）图标▶观察球体运动的动画。

（8）选中球体，单击 Display（显示），打开 Display Properties（显示属性）面板，选中 Trajectory（轨迹）复选框，此时，各视图中出现小球运动的轨迹线，如图 13-9 所示。

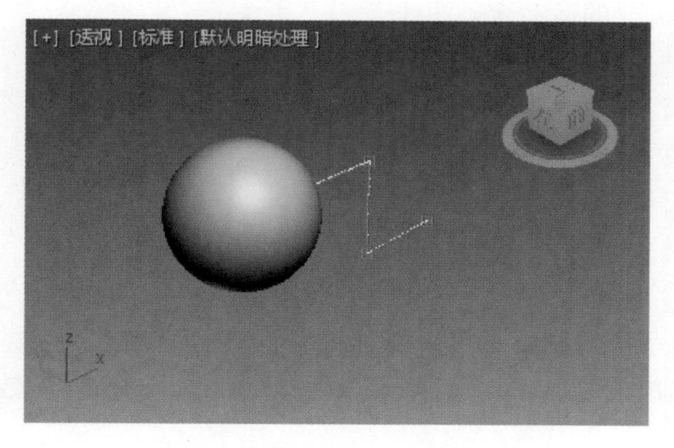

图13-9　小球的运动轨迹线

（9）选中小球，单击主菜单上的 Graph Editors（图形编辑器），在子菜单选择 Track View-Curve Editor（轨迹视图 - 曲线编辑器）命令，打开轨迹视图窗口，如图 13-10 所示。

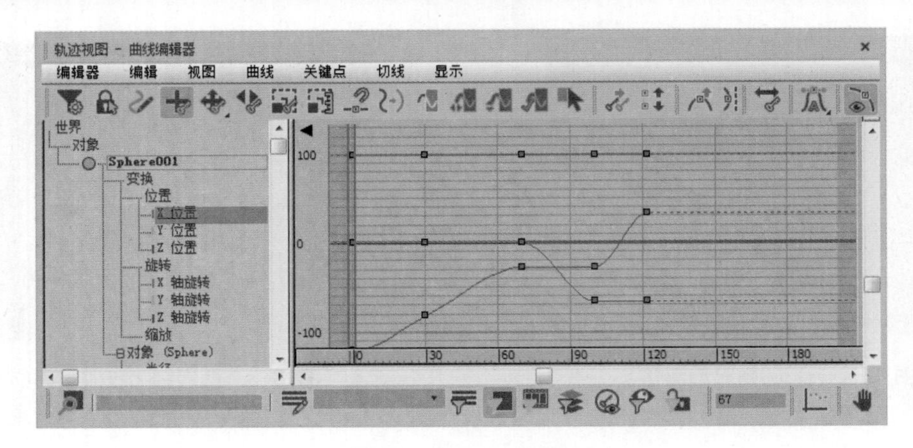

图13-10 轨迹视图窗口

（10）轨迹视图窗口主要分为五个部分，分别是菜单栏、工具栏、项目窗口、编辑窗口、状态及视图控制窗口。其中编辑窗口显示出小球运动三个方向的曲线。这些都比较简单，不再详细介绍。

（11）单击左侧项目窗口中任一球体位置的坐标，如图 13-11 所示。相应方向上的运动曲线及关键帧 (曲线上的小方块) 就会显示出来，我们这里选择“Z 位置”，则视图中显示 Z 方向的运动曲线，如图 13-12 所示。

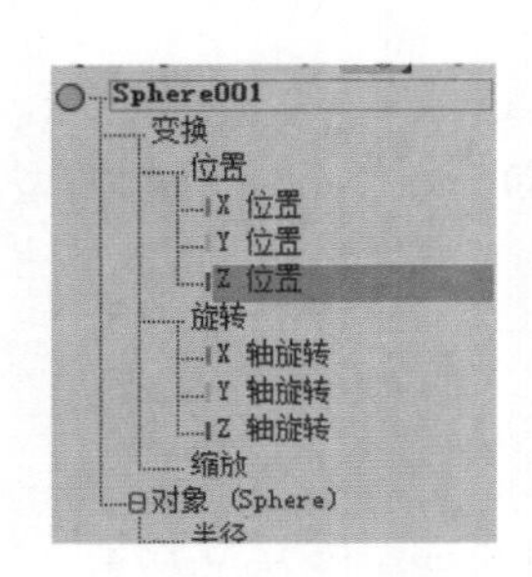

图13-11 选择“Z位置”

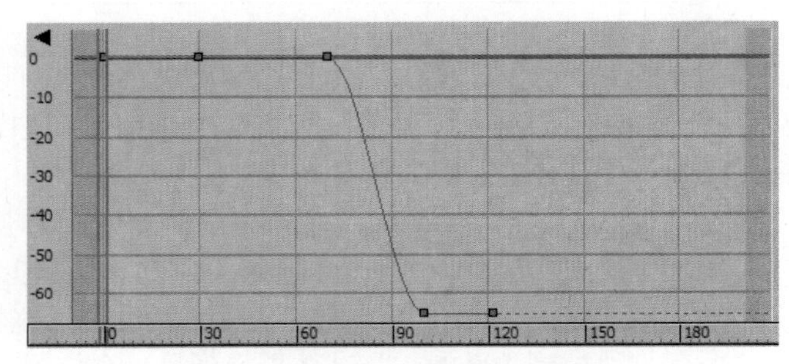

图13-12 Z方向上的运动曲线

（12）单击任意一个关键帧，关键帧变成白色，表示其已经被选中。单击工具栏上的 Move Keys（移动关键帧）按钮，移动关键帧。

（13）如果要增加关键帧，单击 Add Key（添加关键点）图标，在曲线的适当位置单击，增加关键帧，利用移动工具可以创建需要的运动轨迹曲线。

（14）如果要删除关键帧，只需选中关键帧，然后按 Delete 键即可。

（15）轨迹视窗还可设置复杂的动画，这里就不再详述，读者可根据需要自己设置，并结合播放动画工具，适时观察调整的结果。

13.3 常用动画制作方法

3ds Max 2018 场景中几乎任何东西都可以设置成动画。3ds Max 2018 提供很多创建动画的方法，可以设置对象位置、旋转和缩放的动画，以及影响对象形状和曲面的任何参数设置的动画，下面将介绍常用的动画制作方法。

13.3.1 位移动画

位移动画是在不同的关键点处改变对象的空间位置，系统会自动在各关键点之间进行插值，最终生成流畅的空间位置变动。

创建步骤

（1）扫描前言中的二维码，打开“源文件/13/13-1max”，如图13-13所示。场景中对象为一个木靶、一把弓及一支箭，并且已经添加摄像机。

（2）单击 Auto Key（自动关键点）按钮，使其变成红色，开始动画制作。将时间滑块拖动到第10帧的位置，如图13-14所示。

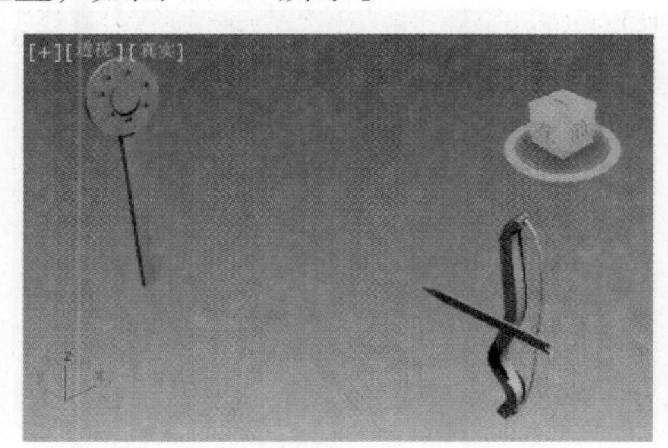

图13-13　打开文件

图13-14　开始动画制作

（3）激活左视图并利用视图调整工具局部放大视图。选中弓的弦，打开“修改”面板，单击 Selection（选择）面板的 Vertex（顶点）图标，打开点子对象层级。单击主工具栏上的移动工具，沿 X 轴向右移动中间点，如图13-15所示。

（4）将时间滑块拖动到第15帧的位置，单击主工具栏上的移动工具，沿 X 轴向左移动中间点，如图13-16所示。

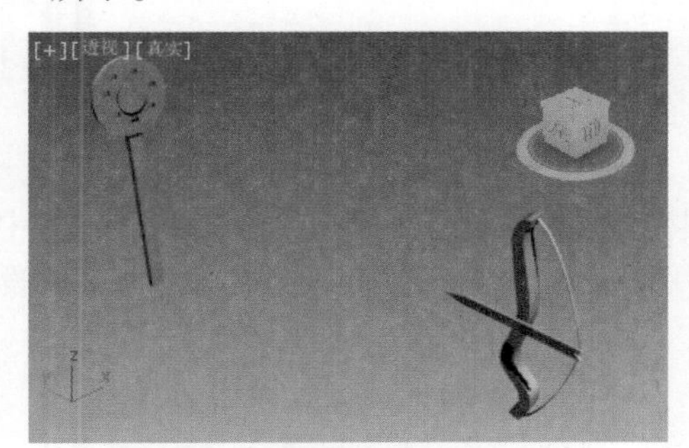

图13-15　第10帧时弦的状态

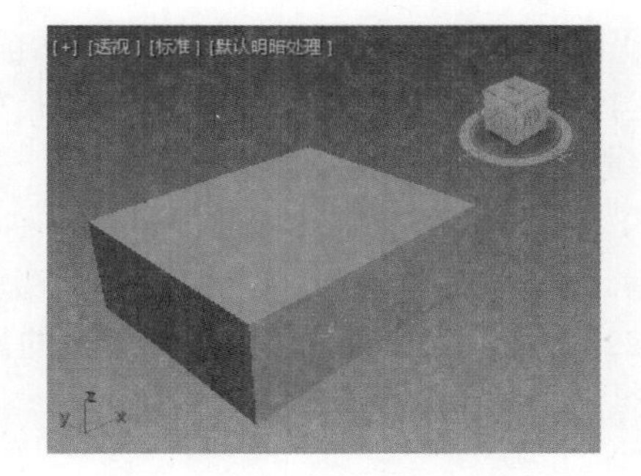

图13-16　第15帧时弦的状态

（5）再次单击 Selection（选择）面板的 Vertex（顶点）图标，退出点子对象层级。

（6）将时间滑块拖动到第10帧的位置，选中箭，利用移动工具将其在左视图中沿 X 轴向右移动到与弦接触，如图13-17所示。

（7）将时间滑块拖动到第15帧的位置，利用移动工具，将箭在左视图中沿 X 轴向左移动到与弦接触，如图13-18所示。

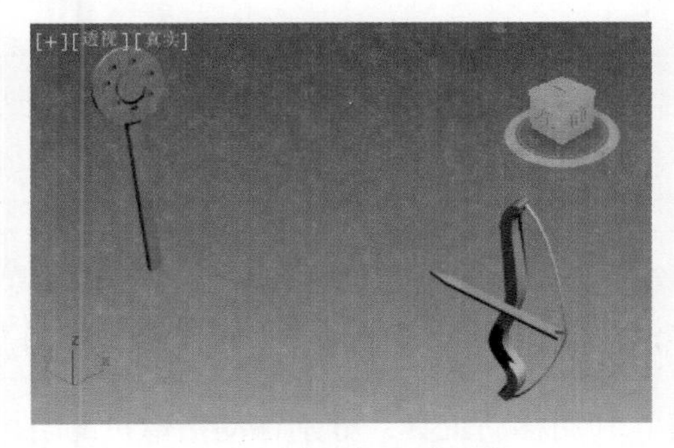

图13-17　第10帧时箭的位置

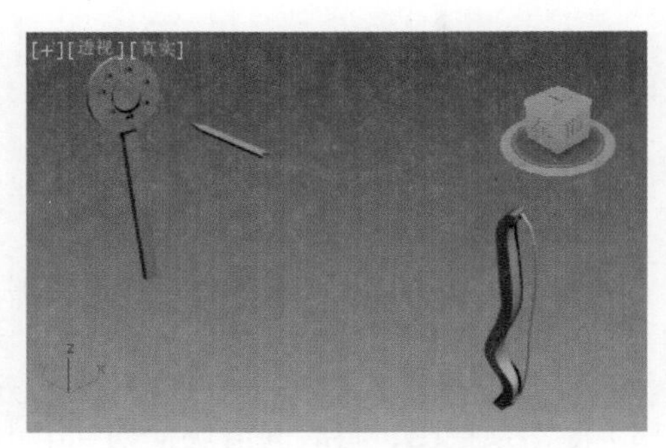

图13-18　第15帧时箭的位置

（8）单击 Auto Key（自动关键点）按钮，单击动画控制区的 Play Animation（播放动画）图标▶，观察拉弓射箭的动画，有误可以及时纠正。

（9）单击 Auto Key（自动关键点）按钮，继续进行动画制作，将时间滑块拖动到第 100 帧的位置。

（10）选中箭，单击主工具栏上的移动工具，分别在顶视图、左视图中调整箭的位置，将其移动到靶心的位置，如图 13-19 和图 13-20 所示。

图13-19　顶视图中箭与靶的位置

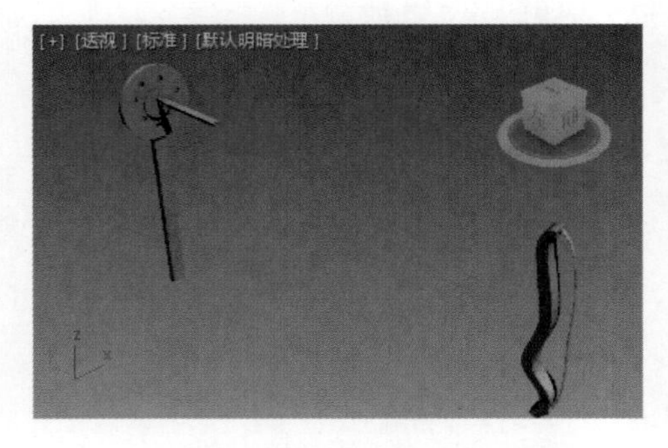

图13-20　左视图中箭与靶的位置

（11）激活摄像机视图，单击动画控制区的 Play Animation（播放动画）图标▶，即可观察箭飞出去射中靶心的动画。

提示：

调整位置时可以利用视图调整工具局部放大顶视图和左视图，以便清楚地观察对象相对位置。

（12）还可以为箭增加旋转效果。激活前视图，将时间滑块拖动到第 100 帧的位置。单击主工具栏上的旋转工具，然后在旋转按钮上右击，弹出旋转变换对话框，在 Offset Screen（屏幕偏移）Z 栏输入“180”，按 Enter 键确定，如图 13-21 所示。

（13）单击动画控制区的 Play Animation（播放动画）图标▶，即可观察到箭边飞边旋转直到射中靶心。

（14）还可以为箭设置一定的弧度。激活前视图，利用移动工具将箭沿 Y 轴向上移动一小段距离，如图 13-22 所示。播放动画，观察箭飞行的弧形效果。

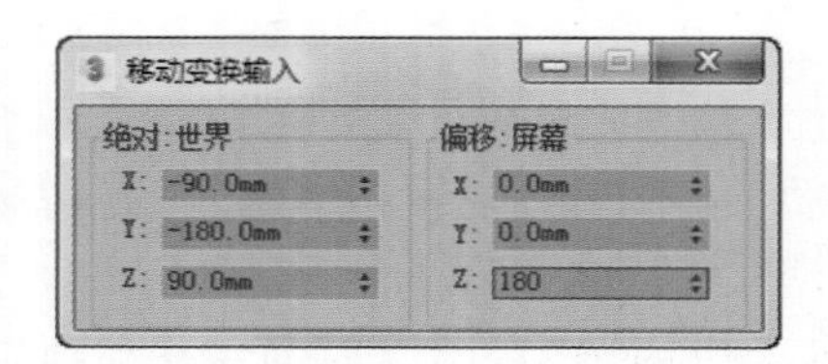

图13-21　设置旋转变换输入参数

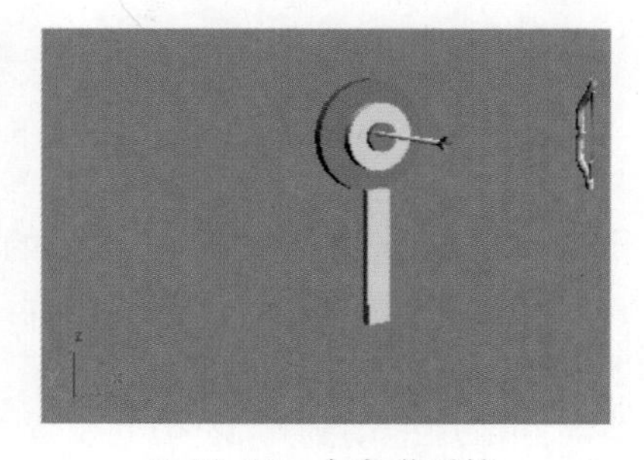

图13-22　向上移动箭

提示：

利用旋转、移动、缩放变换命令，可以精确地控制变换量和变换坐标轴，但这需要对三视图中的坐标非常清楚。

提示：

细心的读者可能想到，如果箭的运动距离非常长，由于屏幕的限制，将使得观察对象非常小。这个问题的解决方法就是：在不同的关键点处设置摄像机的位移，从而便于观察动画对象。

（15）激活顶视图，将时间滑块拖动到第 100 帧的位置。利用移动工具，分别移动摄像机的目标点和位置点，如图 13-23 所示。调整后 100 帧处的摄像机视图如图 13-24 所示。

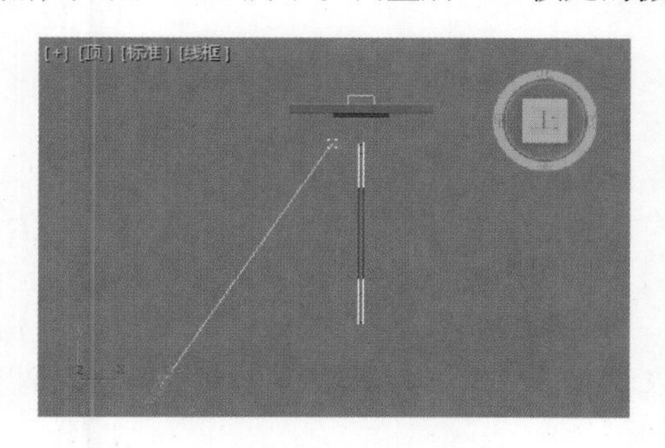

图13-23 移动摄像机目标点和位置点

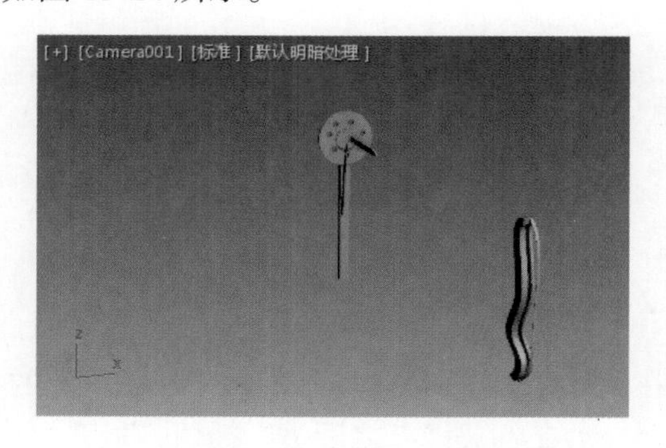

图13-24 调整后100帧处的摄像机视图

（16）单击 Auto Key（自动关键点）按钮,结束动画制作。单击动画控制区的 Play Animation（播放动画）图标，观察拉弓射箭、箭旋转着飞出直至射中靶心的动画效果。

（17）设置好动画，就可以渲染输出了。单击主工具栏上的 Render Setup（渲染设置）图标，打开“渲染设置：扫描线渲染器”对话框，如图 13-25 所示。

提示：

在 3ds Max 2018 中制作好的动画,不能直接在其他播放器中播放。可以利用渲染场景工具，将制作好的动画渲染成一段 avi 动画，输出到硬盘，然后用相关媒体播放软件播放。

（18）单击 Range（范围）选项，确保渲染的动画在 0~100 帧。单击“320 × 240”按钮，选择动画的输出尺寸。单击 3DS（文件），打开 Render Output Flie（渲染输出文件）对话框。在“保存类型”下拉列表中选择 avi 文件，然后命名输出文件并选择文件输出的路径，如图 13-26 所示。

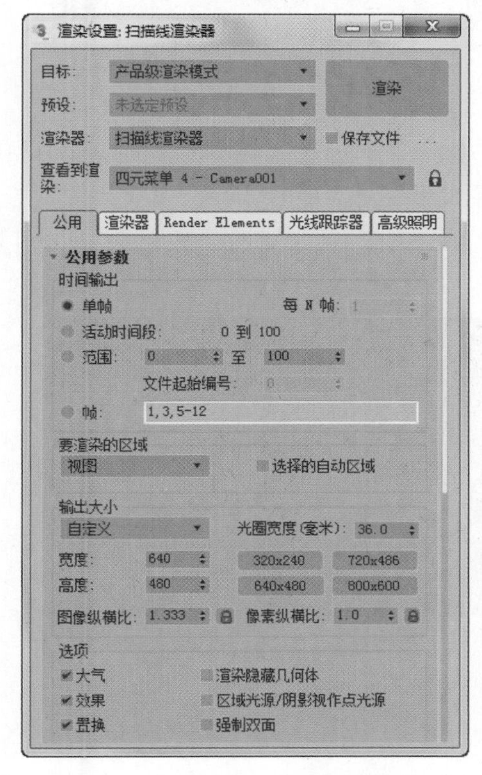

图13-25 “渲染设置：扫描线渲染器”对话框

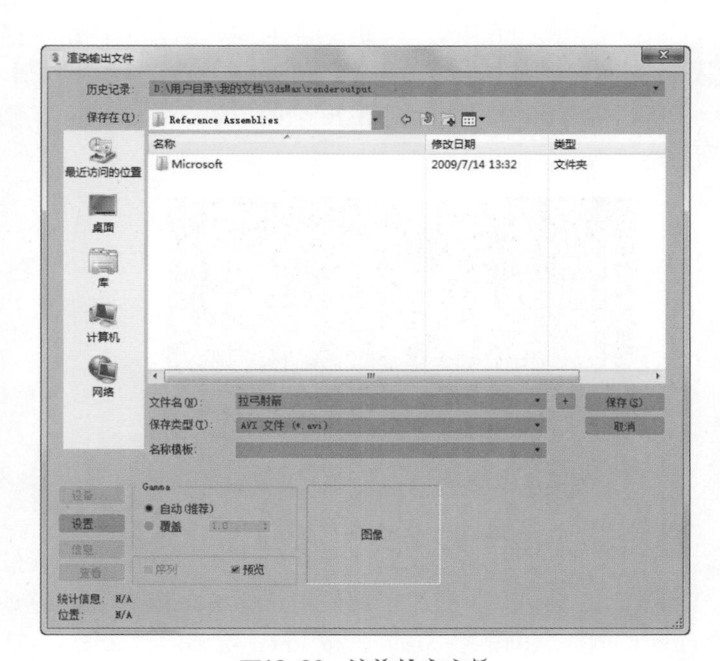

图13-26 渲染输出文件

（19）单击 Save（保存）按钮,在弹出的“视频压缩设置”对话框中单击 OK（确定）按钮,采用默认设置。

（20）单击“渲染场景”对话框的 Render（渲染）按钮，即可开始渲染动画，渲染完毕后视频文件存储在指定的路径中。

提示：渲染的速度跟“渲染场景”对话框中设置的尺寸大小有关，尺寸越大，渲染越耗时间。另外，渲染速度也跟视频压缩设置有关，高质量的视频设置往往需要较多的时间。

13.3.2 参数动画

在 3ds Max 2018 中，场景中对象几乎所有的参数都可以设置成动画。在不同的关键点设置不同的参数，系统会自动在各关键点之间进行插值，最终生成流畅的动画。

创建步骤

（1）打开 Geometry（几何体）对象类型面板，单击 Tube（管状体）按钮，在透视图中创建一个管状体，参数设置如图 13-27 所示，创建的管状体如图 13-28 所示。

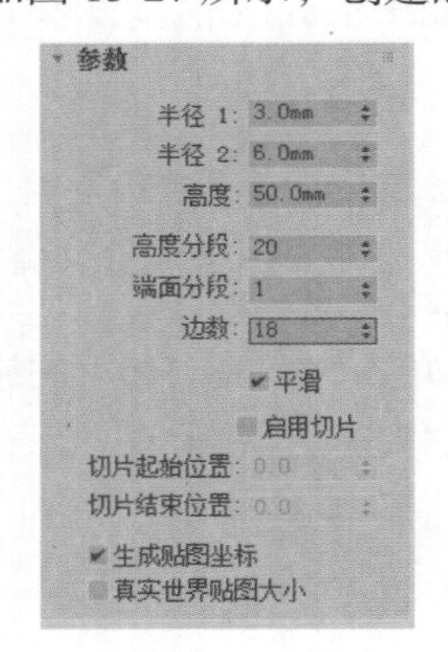

图13-27 管状体参数设置

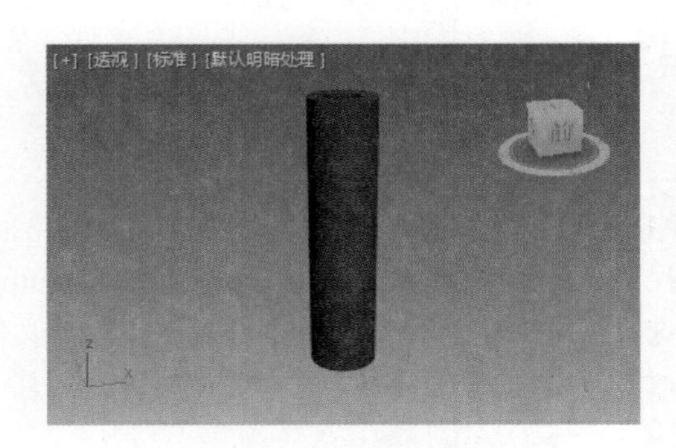

图13-28 创建管状体

（2）单击 Auto Key（自动关键点）按钮，将时间滑块拖动到第 0 帧的位置。选中管状体，打击 Modify（修改）面板，将 Height（高度）值设为“0”，透视图中管状为如图 13-29 所示。

（3）将时间滑块拖动到第 20 帧的位置，将 Height（高度）值设为“80”，透视图中管状为如图 13-30 所示。

图13-29 第0帧时的状态

图13-30 第20帧时的状态

（4）在 Modify（修改）面板中选择 Bend（弯曲）修改器，打开 Bend（弯曲）修改器参数面板，将 Angle（角度）值设为“100”，按 Enter 键确定，如图 13-31 所示。

（5）将时间滑块拖动到第 60 帧的位置，将 Angle（角度）值设为“180”，然后按 Enter 键确定，透视图中效果如图 13-32 所示。

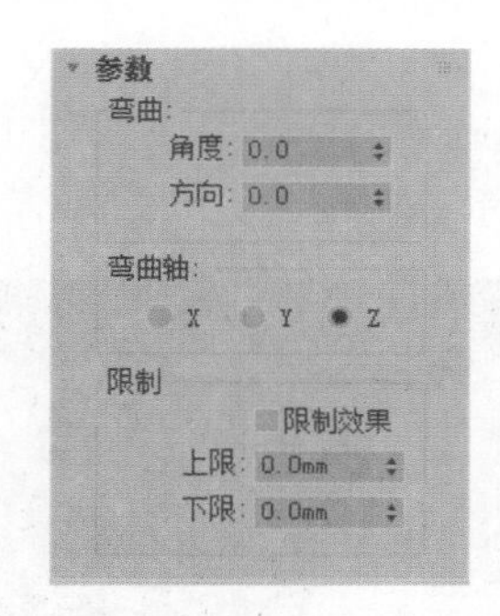

图13-31　第20帧时的弯曲参数

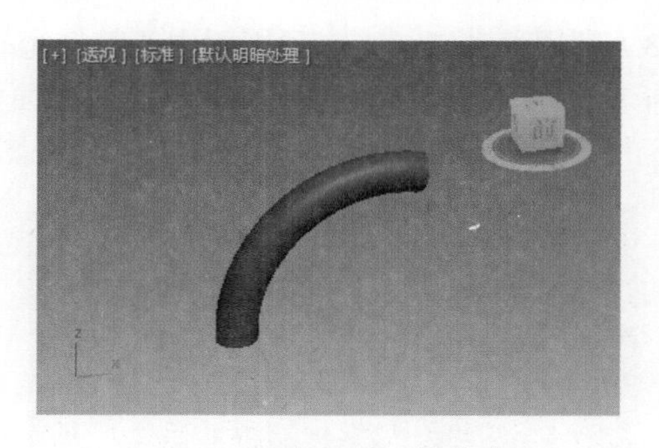

图13-32　第60帧时的状态

（6）将时间滑块拖动到第100帧的位置，将Angle（角度）值设为“–180”，然后按Enter键确定，如图13-33所示，透视图中效果如图13-34所示。

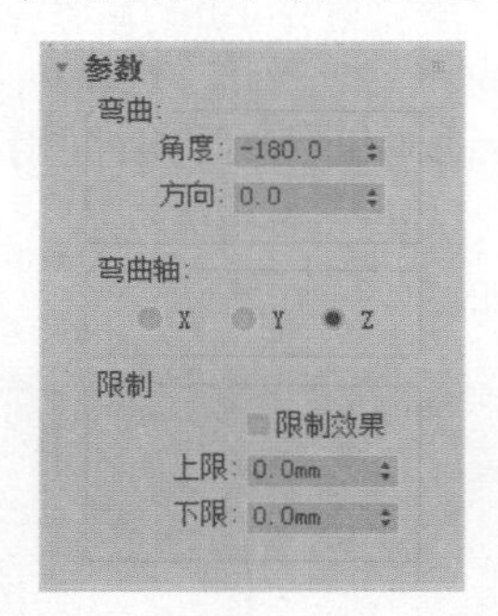

图13-33　第100帧时的弯曲参数

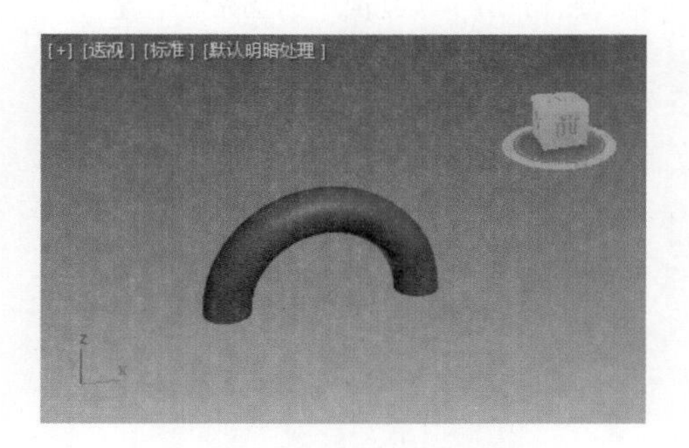

图13-34　第100帧时的状态

（7）再次单击Auto Key（自动关键点）按钮，退出动画制作。单击转至开头图标退到第一帧位置，然后单击Play Animation（播放动画）图标播放动画，观察参数动画的效果。也可以为管状体赋予材质并渲染输出。

13.3.3　灯光动画

灯光动画可以看作是参数动画的一种。在3ds Max 2018中，灯光也是一种对象，在不同的关键点修改灯光的强度、颜色等，或者调整灯光位置，都可创建灯光动画。

创建步骤

（1）扫描前言中的二维码，打开“源文件/13/13-2.max”，如图13-35所示。场景中对象为一个圆锥体、一个环形结和一个平面，还包含一个隐藏的灯光和摄像机。

（2）单击Omni（泛光灯）按钮，在左视图中单击右上方位置，创建一盏泛光灯，如图13-36所示。

图13-35　打开文件

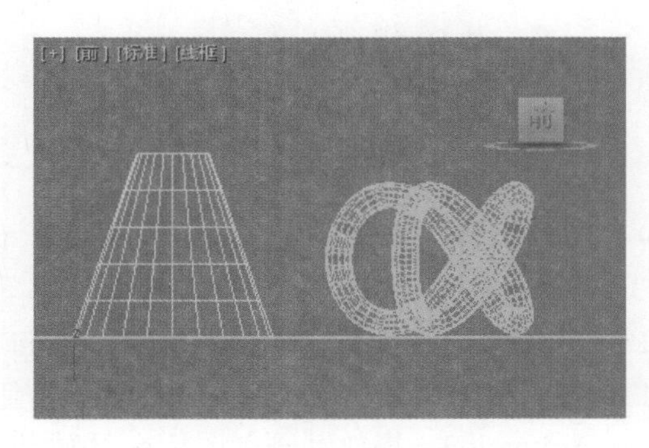
图13-36　创建泛光灯

（3）利用移动工具，在顶视图中调整灯光的位置，如图 13-37 所示。

（4）选中泛光灯，打开 Modify（修改）面板，在 General Parneters（公用参数）中勾选 Shadows（阴影）下的 ON（启用）复选框，渲染摄像机视图，效果如图 13-38 所示。

图13-37　顶视图中的泛光灯位置

图13-38　添加灯光并开启阴影后的效果

（5）单击 Auto Key（自动关键点）按钮，使其变成红色，开始动画制作。将时间滑块拖动到第 30 帧的位置，设置灯光的 Multiplier（倍增）值为“0.6”，颜色为淡黄色，如图 13-39 所示。

（6）利用移动工具，在顶视图中沿 X 轴向左移动泛光灯，位置如图 13-40 所示。

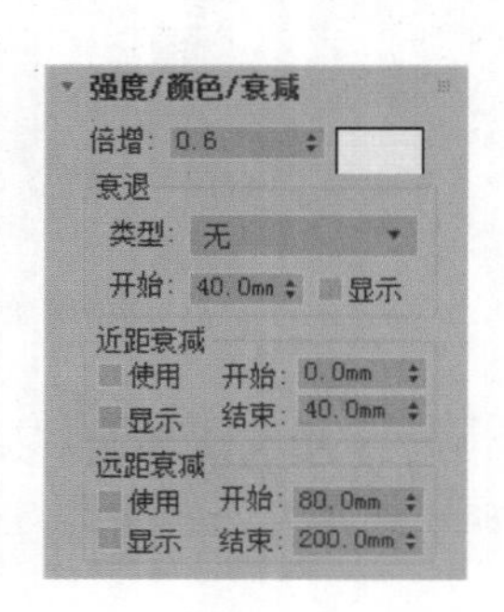

图13-39　第30帧时的灯光参数

图13-40　第30帧时的灯光位置

（7）将时间滑块拖动到第 60 帧的位置，设置灯光的 Multiplier（倍增）值为“2.0”，颜色为淡绿色，如图 13-41 所示。

（8）利用移动工具，在顶视图中沿 *Y* 轴向上移动泛光灯，位置如图 13-42 所示。

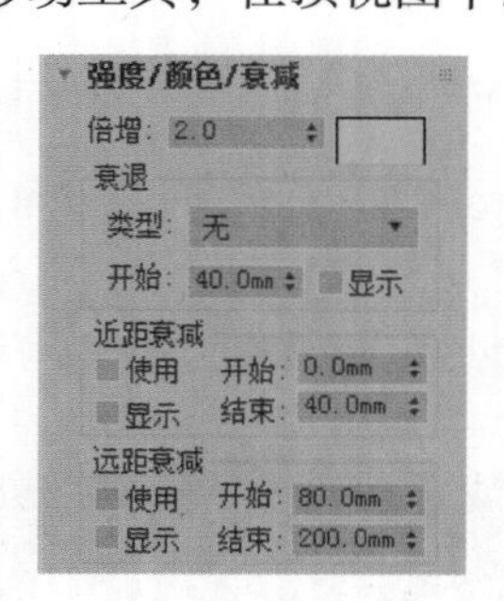

图13-41　第60帧时的灯光参数

图13-42　第60帧时的灯光位置

（9）将时间滑块拖动到第 100 帧的位置，设置灯光的 Multiplier（倍增）值为“2.0”，颜色为白色，如图 13-43 所示。

（10）利用移动工具，在顶视图中沿 *X* 轴向右移动泛光灯，位置如图 13-44 所示。

（11）再次单击 Auto Key（自动关键点）按钮，退出动画制作。单击转至开头图标退到第一帧位置，单击 Play Animation（播放动画）图标播放动画，观察参数动画的效果，也可以渲染输出 avi 文件。

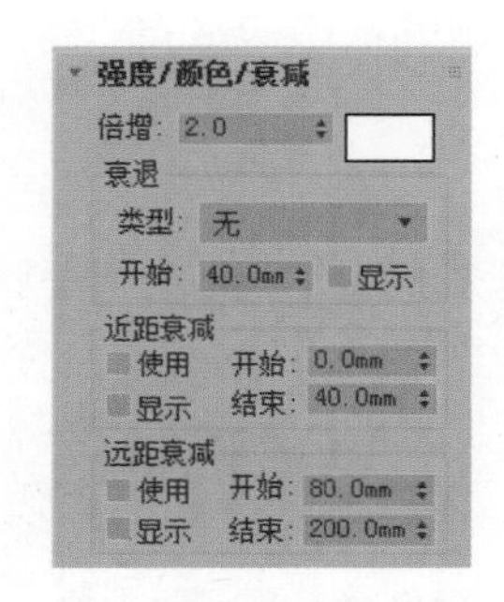

图13-43 第100帧时的灯光参数

图13-44 第100帧时的灯光位置

13.3.4 路径动画

路径动画是通过 Path Constraint（路径约束）控制完成的，可以使物体沿一个样条曲线路径运动，是一个用途非常广泛的动画控制器，通常在需要物体沿路径轨迹运动且不发生变形时使用。

创建步骤

（1）打开二维图形 Create（创建）面板，单击 Line（线）按钮，在顶视图中绘制一条封闭曲线，如图 13-45 所示。

（2）选中封闭曲线，打开 Modily（修改）面板。单击 Selection（选择）面板的 Vertex（点）按钮，打开点子对象层级。利用移动工具，在前视图中沿 *Y* 轴上下移动部分点，调整后形成三维空间曲线，如图 13-46 所示。

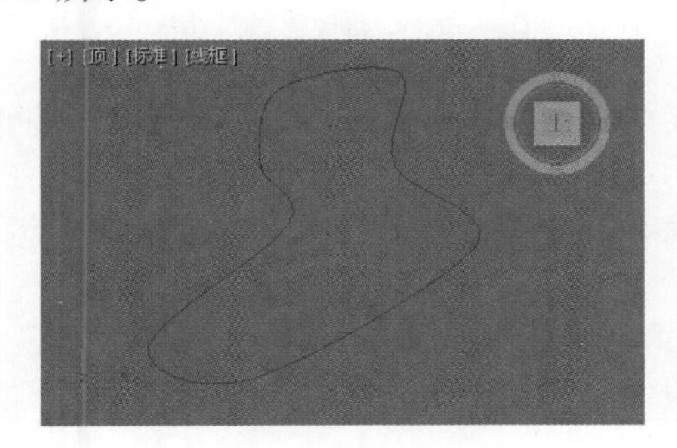

图13-45 绘制封闭曲线

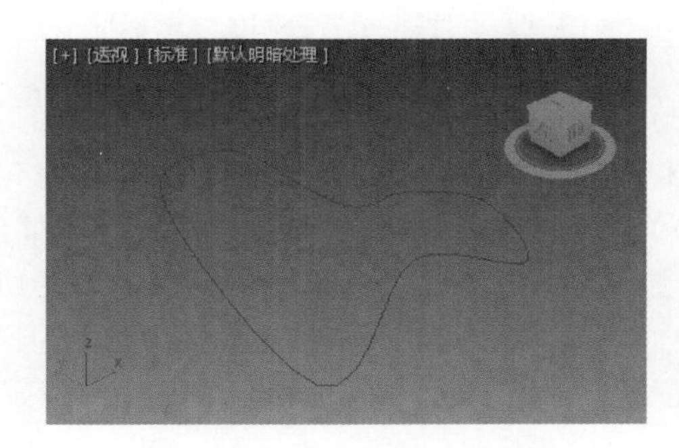

图13-46 调整成三维空间曲线

（3）打开标准几何体 Create（创建）面板，单击 Teapot（茶壶）按钮，在透视图中创建一个茶壶对象，如图 13-47 所示。

（4）选中茶壶，单击 Motion（运动）图标打开“运动”面板，在 Assign Controller（指定控制器）面板，选中 Position（位置）使其变成蓝色，如图 13-48 所示。

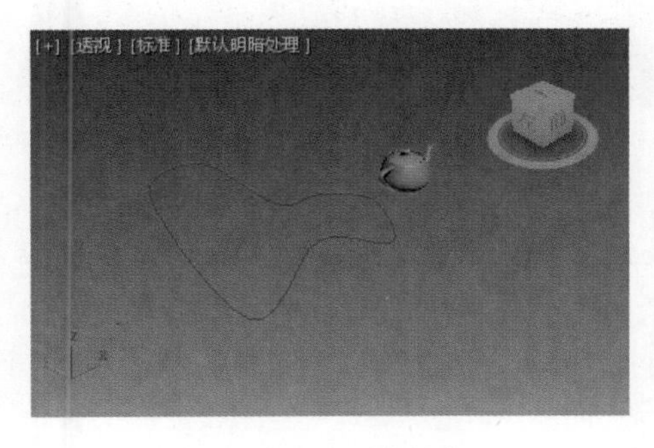

图13-47 创建茶壶

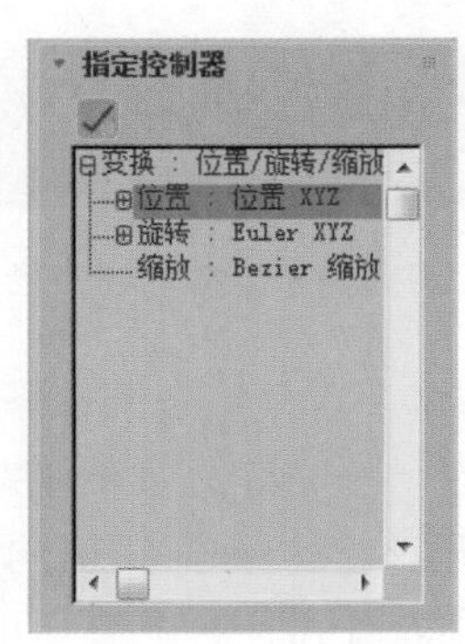

图13-48 “指定控制器”面板

（5）单击 Assign Controller（指定控制器）图标✓，打开 Assign Position Controller（指定位置控制器）对话框，如图 13-49 所示。

提示：

如果不选中“位置”层次，“指定控制器”图标✓将不可用。

（6）在控制器列表中选择 Path Constraint（路径约束）控制器，然后单击 OK（确定）按钮，将出现 Path Parameters（路径参数）面板，如图 13-50 所示。

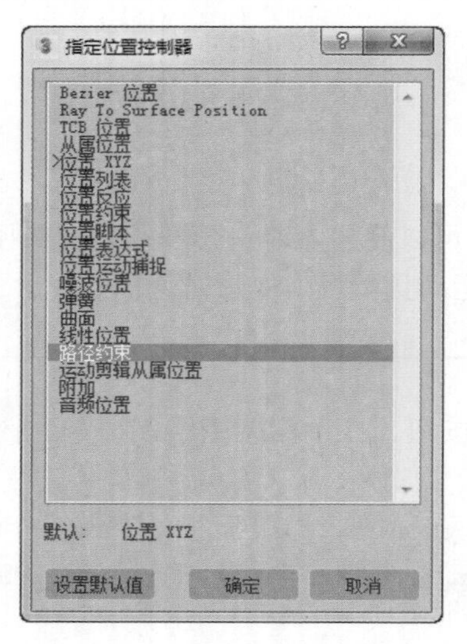

图13-49 “指定位置控制器”对话框

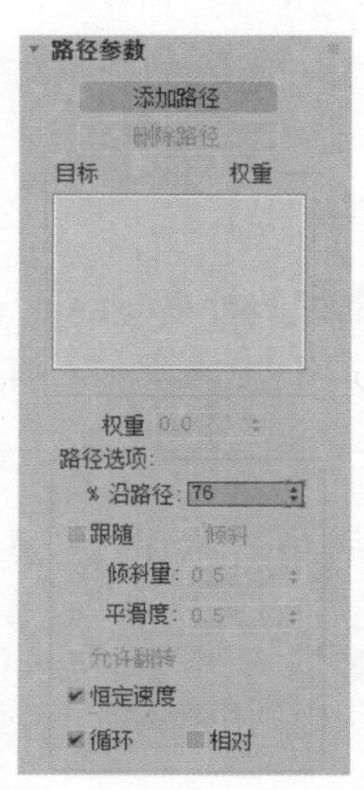

图13-50 “路径参数”面板

（7）单击 Add Path（添加路径）按钮，然后在任意视图中单击封闭曲线，即可将茶壶限制在曲线上，如图 13-51 所示。

（8）单击动画控制区的 Play Animation（播放动画）图标▶，观察茶壶沿路径运动的动画。观察图形，发现茶壶运动时并不会随着路径的弯曲而改变角度。

（9）在 Path Parameters（路径参数）面板勾选 Follow（跟随）复选框及 Bank（倾斜）复选框，可以发现，茶壶嘴对着线条方向。再次播放动画，发现茶壶会随着路径的弯曲而弯曲，并会倾斜壶身，如图 13-52 所示。

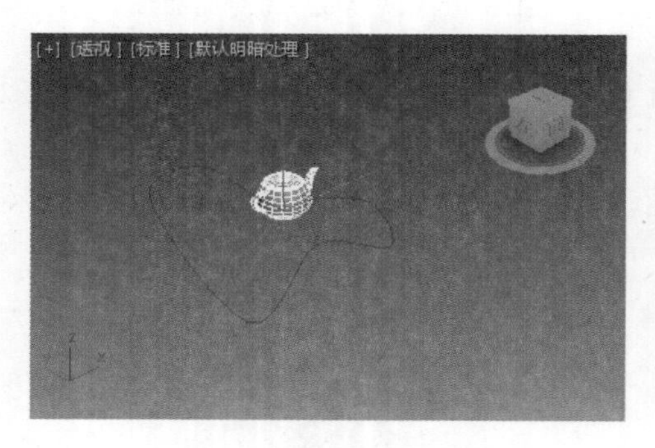

图13-51 将茶壶限制在路径上

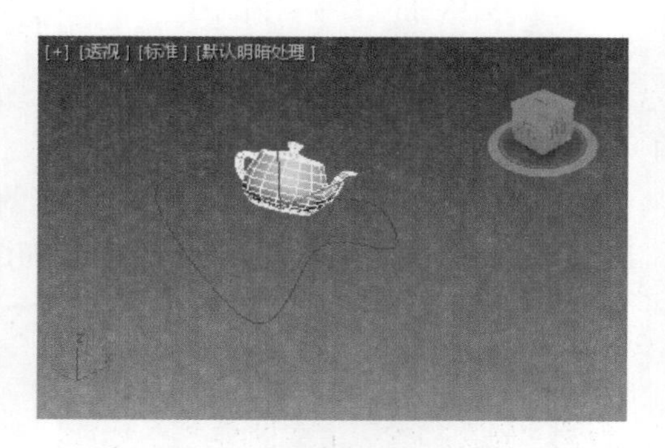

图13-52 启用跟随和倾斜

（10）可以为多个对象指定同一条路径。打开几何体 Create（创建）面板，单击 Teapot（茶壶）按钮，在透视图中再创建一个茶壶，如图 13-53 所示。

（11）选中新创建的茶壶，用同样的方法为其指定封闭曲线作为路径，将其限制在曲线上，如图 13-54 所示。可以看到，两个茶壶重叠在一起，下面进行调整。

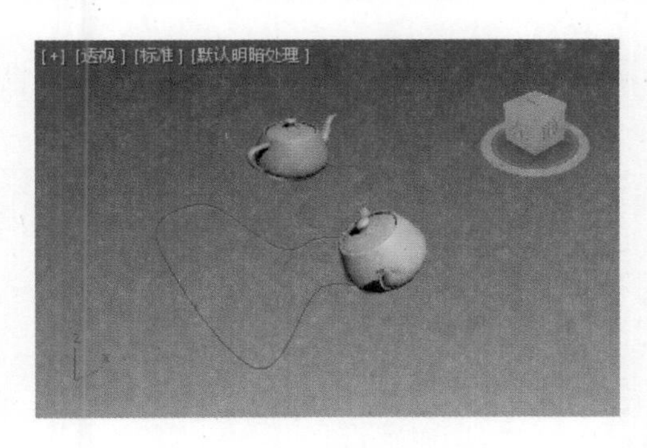

图13-53　再创建一个茶壶

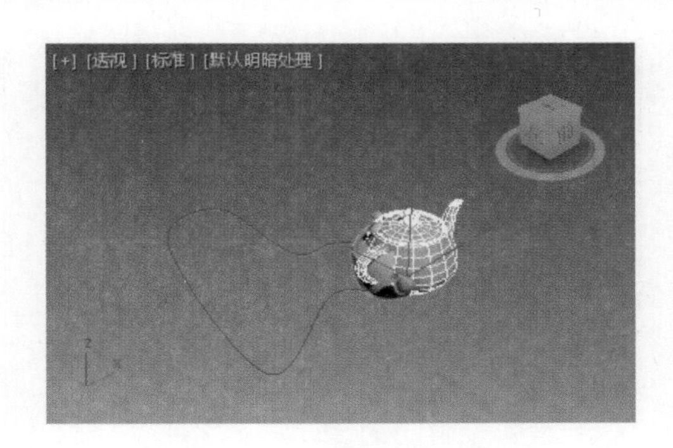

图13-54　为茶壶指定路径

（12）在 Path Parameters（路径参数）面板中设置 %Along Path（% 沿路径）为“15”，观察新加入茶壶的位置，如图 13-55 所示。可以看到，两个茶壶的位置分开了。

（13）单击动画控制区的 Play Animation（播放动画）图标▶，即可观察两个茶壶沿着同一路径前后运动的动画效果。

（14）还可以复制一条路径，再利用 Line（线）命令，绘制放样图形，通过放样图形生成茶壶运行的轨道，如图 13-56 所示。

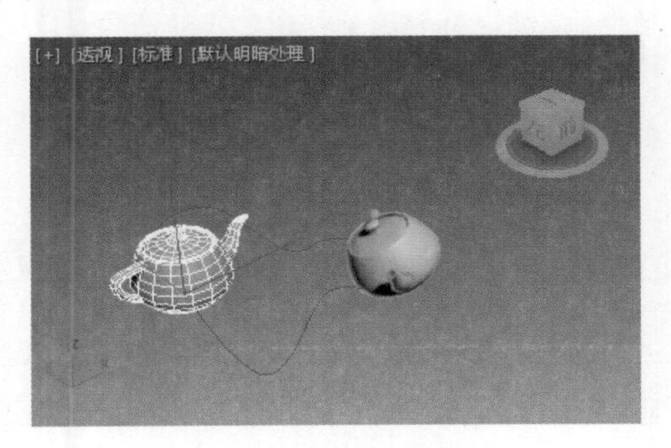

图13-55　设置沿路径值后的茶壶

图13-56　茶壶运行轨道

（15）调整好轨道的位置后可以为其赋予材质，单击 Play Animation（播放动画）图标▶播放动画，观察路径动画的效果，也可以渲染输出 avi 文件。

13.3.5　漫游动画

漫游动画可以看作是路径动画的一种。在 3ds Max 2018 中，摄像机也是一种对象，在不同的关键点调整摄像机的位置，或者让摄像机沿着路径运动，摄像机视图随之变化，从而创建漫游动画。

创建步骤

（1）扫描前言中的二维码，打开“源文件 /13/13-3max”，如图 13-57 所示。场景中对象为一个迷宫样的建筑，下面制作漫游迷宫的动画。

（2）打开二维图形 Create（创建）面板，单击 Line（线）按钮，在顶视图中绘制一条曲线，作为摄像机穿行迷宫的路线，如图 13-58 所示。

（3）选中穿行曲线，利用移动工具在前视图中沿 Y 轴将其向上移动一定高度，如图 13-59 所示。

（4）打开摄像机 Object Type（对象类型）面板，单击 Target（目标）摄像机按钮，在顶视图中创建一个目标摄像机，如图 13-60 所示。

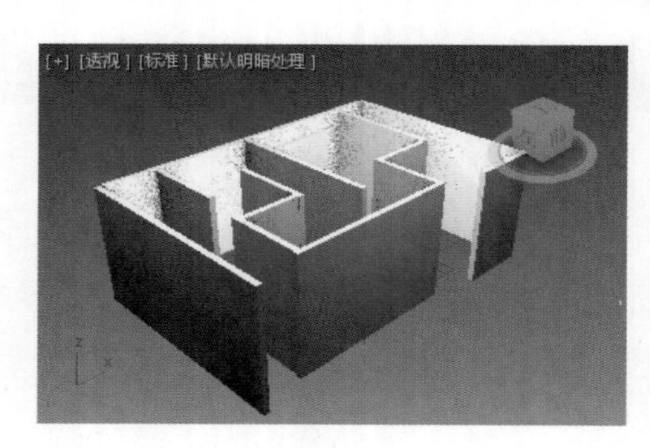

图13-57 打开文件

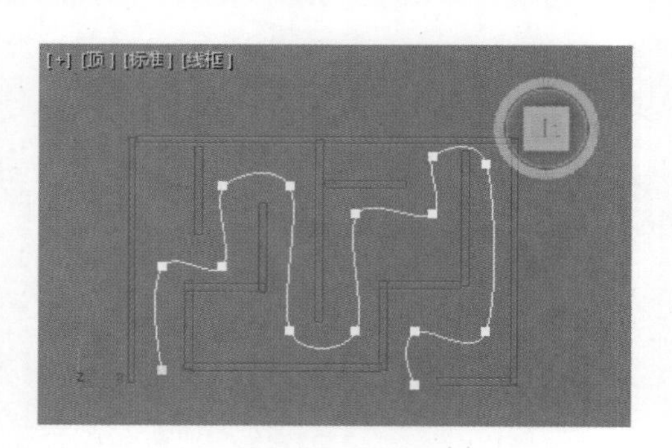

图13-58 绘制曲线

图13-59 向上移动曲线

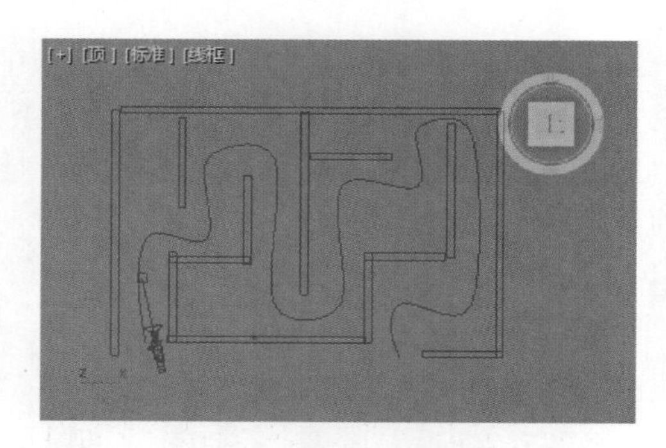

图13-60 创建目标摄像机

提示：

制作室内穿行动画时，经常将曲线的高度设置为人眼的高度，约 1.7m。这样，摄像机就好像人的眼睛，以便创建真实的漫游效果。

（5）选中摄像机的目标点，单击 Motion（运动）图标打开“运动”面板，打开 Assign Controller（指定控制器）面板，选中 Position（位置）层次使其变成黄色。

（6）单击 Assign Controller（指定控制器）图标，打开 Assign Position Controller（指定位置控制器）对话框，在控制器列表中选择 Path Consraint（路径约束）控制器，然后单击 OK（确定）按钮。

（7）在 Path Pataneters（路径参数）面板中单击 Add Path（添加路径）按钮，然后在任意视图中单击封闭穿行曲线，将摄像机的目标点限制在曲线上，如图 13-61 所示。

（8）勾选 Follow（跟随）复选框及 Bank（倾斜）复选框，设置 %Along Path（% 沿路径）为“7”，观察摄像机的目标点位置，如图 13-62 所示。

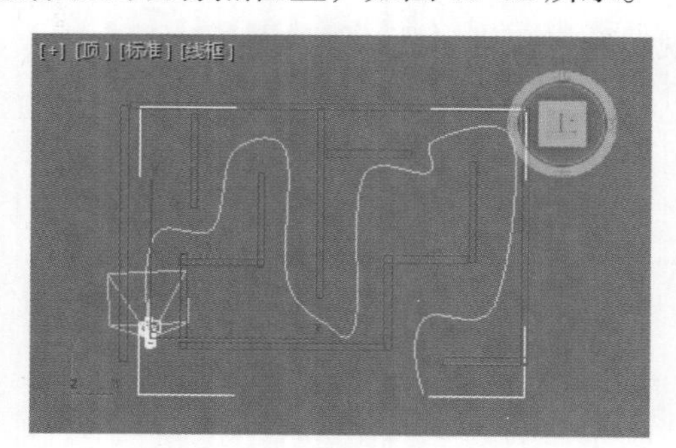

图13-61 将摄像机目标点限制在曲线上

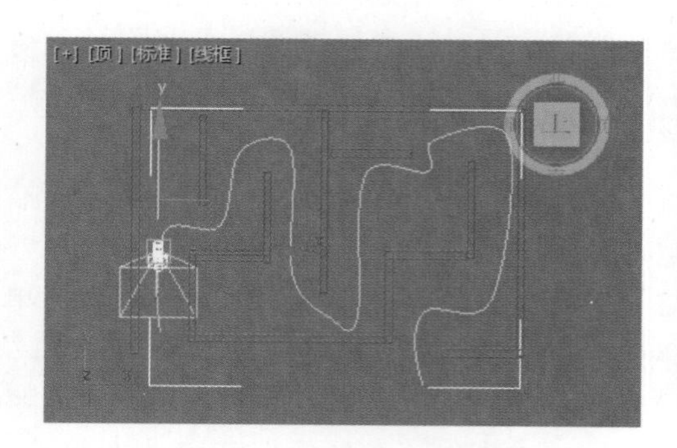

图13-62 调整后的目标点位置

（9）选中摄像机的位置点，用同样的方法将其限制在穿行曲线上。不同的是，设置 %Along Path（% 沿路径）为“0”，设置好的摄像机位置点如图 13-63 所示。

（10）激活透视图，按 C 键将其切换到摄像机视图，如图 13-64 所示。如果摄像机视图不理想，可以选中摄像机，打开 Modify（修改）面板，调整 Lens（镜头）参数，得到合适的摄像机视图。

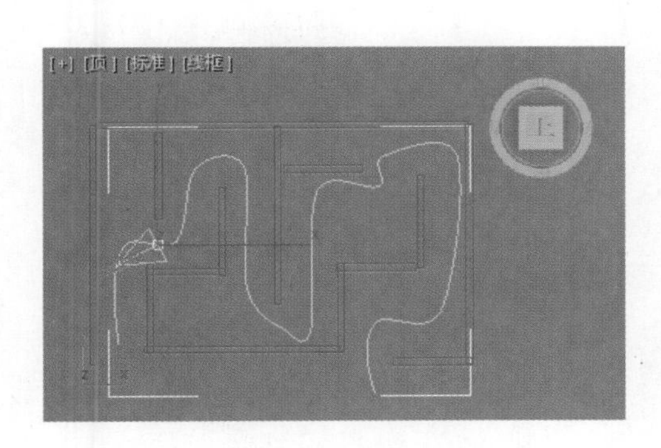

图13-63　将位置点限制在曲线上

图13-64　摄像机视图

（11）单击 Play Animation（播放动画）图标▶播放动画，观察漫游动画的效果，也可以渲染输出 avi 文件。

13.3.6　注视动画

注视约束会控制对象的方向使它一直注视另一个对象。同时会锁定对象的旋转度使对象的一个轴点朝向目标对象，注视轴点朝向目标，而上部节点轴定义了轴点向上的朝向。 如果这两个方向一致，结果可能会产生翻转的行为。

创建步骤

（1）扫描前言中的二维码，打开“源文件 /13/13-4.max”，如图 13-65 所示。场景中对象为一个圆环，一个小球，还有一条曲线。下面制作球体移动，圆环注视小球的动画。

（2）选中小球，单击 Motion（运动）图标●，打开 Assign Controller（指定控制器）面板，选中“位置”层次使其变成黄色。

（3）单击 Assign Controller（指定控制器）图标✓，打开 Assign Position Controller（指定位置控制器）对话框，在控制器列表中选择 Path Constraint（路径约束）控制器，单击 OK（确定）按钮。

（4）在 Path Parameters（路径参数）面板中单击 Add Path（添加路径）按钮，然后在任意视图中单击曲线，将球体限制在曲线上，勾选“跟随”复选框及“倾斜”复选框，如图 13-66 所示。

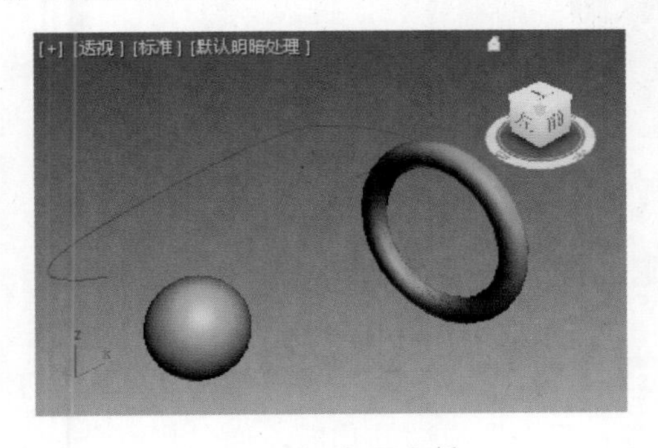

图13-65　打开文件

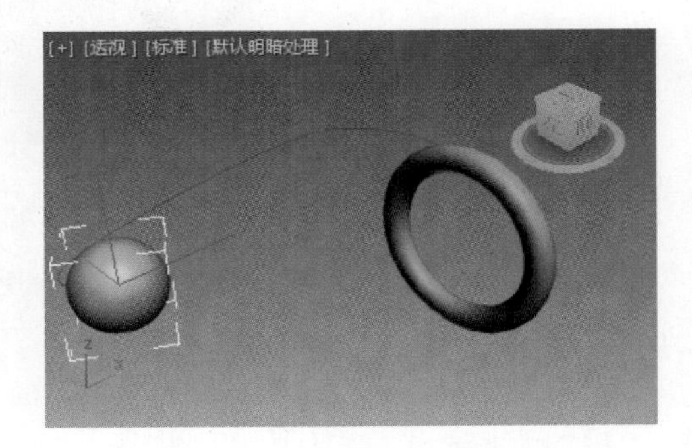

图13-66　将球体限制在曲线上

（5）选中圆环，单击 Motion（运动）图标●，打开 Assign Controller（指定控制器）面板，选中 Rotation（旋转）层次使其变成黄色，如图 13-67 所示。

（6）单击 Assign Controller（指定控制器）图标✓，打开 Assign Rotation Controller（指定旋转控制器）

对话框，在控制器列表中选择 Look at Constraint（注视约束）控制器，然后单击 OK（确定）按钮，如图 13-68 所示，打开 Look at Constraint（注视约束）面板，如图 13-69 所示。

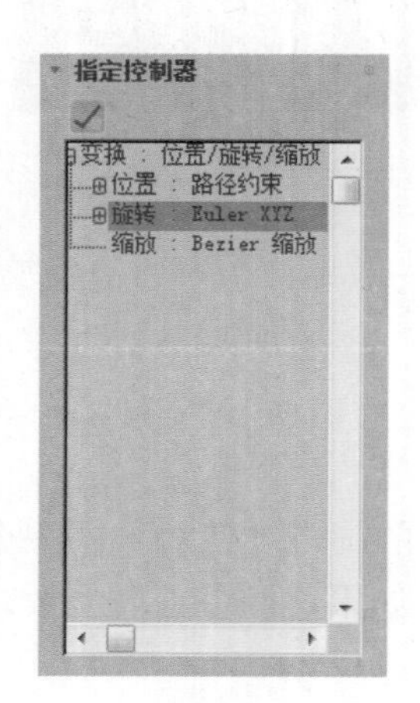

图13-67　选择旋转层次

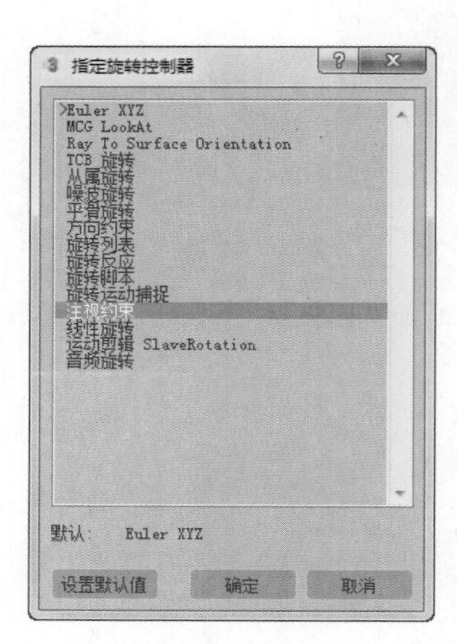

图13-68　选择“注视约束”控制器

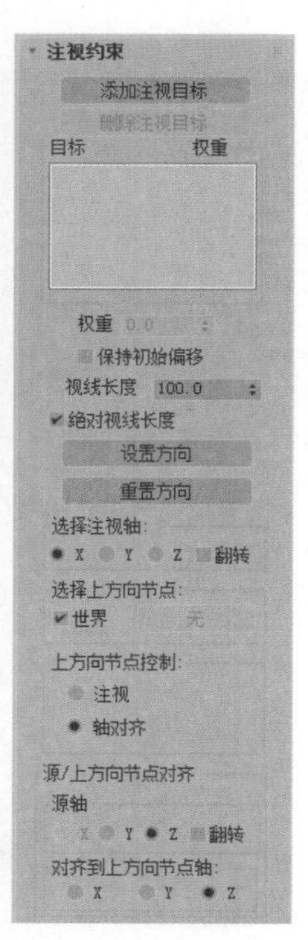

图13-69　“注视约束”面板

（7）单击 Add Look at Target（添加注视目标）按钮，然后在任意视图中单击球体，添加注视目标，如图 13-70 所示。

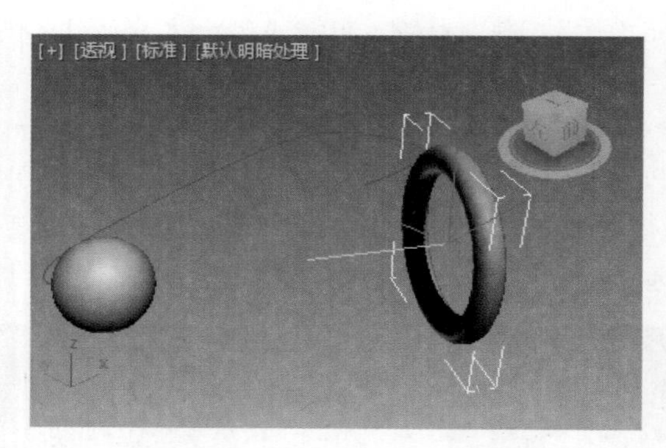

图13-70　添加注视目标后的状态

（8）单击 Play Animation（播放动画）图标▶播放动画，观察小球运动的动画。

13.3.7　层级动画

生成计算机动画时，最有用的工具之一是将对象链接在一起以形成链的功能。通过将一个对象与另一个对象相链接，可以创建父子关系，应用于父对象的变换同时将传递给子对象。

创建步骤

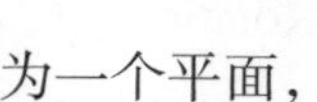

（1）扫描前言中的二维码，打开“源文件 /13/13-5.max”，如图 13-71 所示。场景中对象为一个平面，一个小车，车上有支架和单摆，支架和车身、摆绳和单摆、轮胎和轴承均已结成组。下面制作层级动画，使车身向前运动，轮胎滚动，单摆在车上来回摆动的动画。

（2）选中一组轮胎，单击工具栏上的“选择并链接”图标，在前视图中单击轮胎并拖动到车身上，将轮胎链接到车身，如图 13-72 所示。释放鼠标，将轮胎设为车身的子对象；用同样的方法将另一组轮胎及单摆设为车身的子对象。

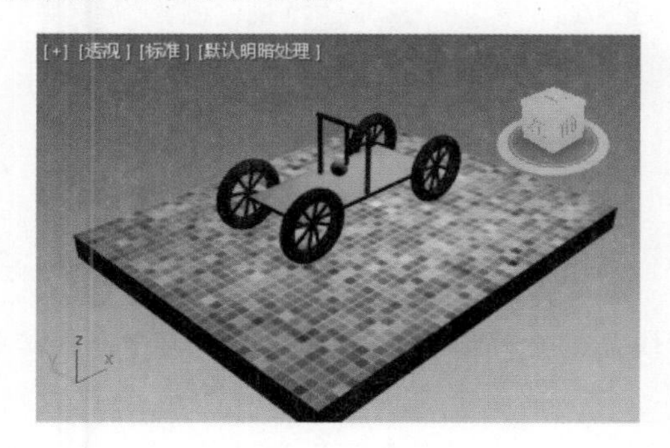

图13-71　打开文件

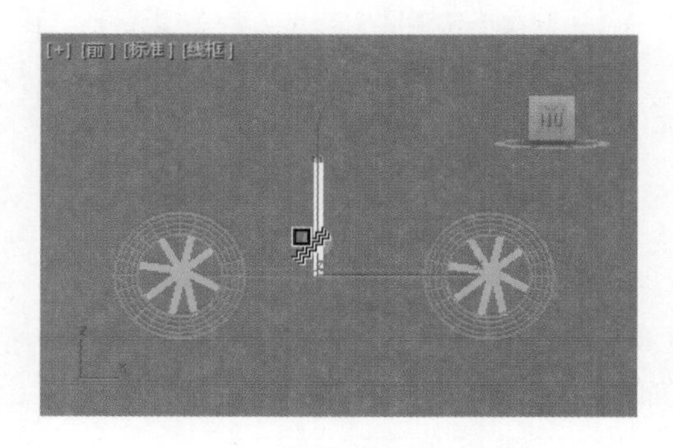

图13-72　将轮胎链接到车身

提示：

链接成功后，移动车身，其他部件应该随之移动；移动轮胎或者单摆，车身应该还在原来位置。如果不成功，可以继续利用上步操作进行链接。

（3）单击 Auto Key（自动关键点）按钮，使其变成红色，分别制作父对象和子对象的动画。将时间滑块拖动到第 100 帧的位置，在前视图中将车身沿 X 轴向右移动一段距离，如图 13-73 所示。

（4）激活前视图，选中轮胎。在 Select and Rotate（选择并旋转）图标上右击，弹出对话框，在 Offset Screen（偏移：屏幕）下的 Y 栏内输入“–750”，然后按 Enter 键确定，旋转的轮胎和轴如图 13-74 所示。

图13-73　车身在100帧处的状态

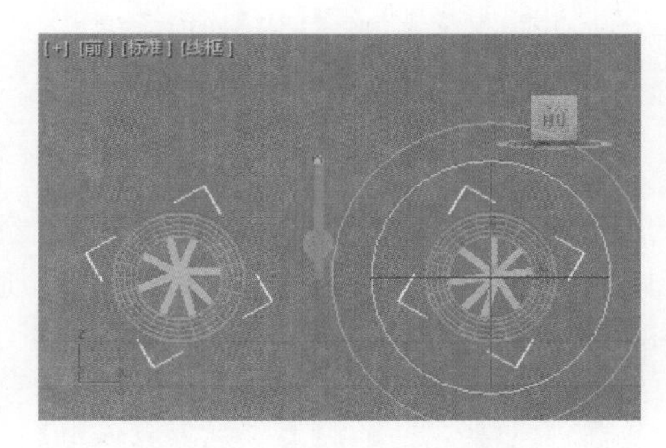

图13-74　旋转的轮胎和轴

提示：

车身的位移动画将同时传递给子对象。也就是说，只需设置了车身的移动，轮胎和单摆也会产生位移动画。

（5）单击选中另一组轮胎，用同样的方法设置轮胎的旋转动画。单击 Auto Key（自动关键点）按钮，暂停动画制作。

（6）拖动时间滑块到第 0 帧的位置。选中单摆，单击“层级”图标打开“层级”面板，在 Adjust Pivot（调整轴心）面板单击 Affect Pivot Only（仅影响轴）按钮，适当缩放前视图，观察调整前单摆的轴心，如图 13-75 所示。

（7）单击主工具栏上的移动工具，沿 Y 轴向上移动轴心到支架顶端，调整后单摆的轴心如图 13-76 所示。再次单击 Affect Pivot Only（仅影响轴心）图标退出轴心层级。

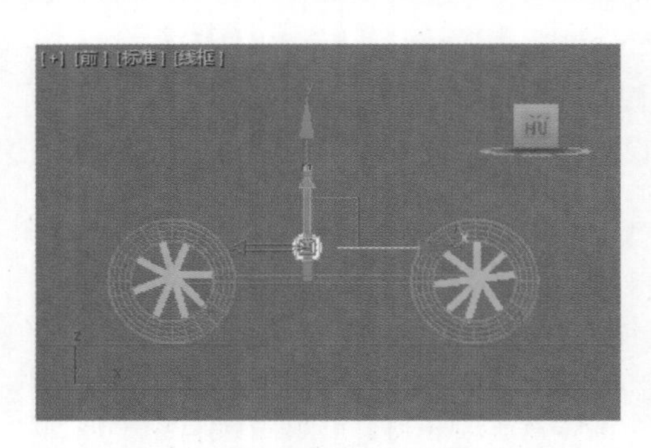

图13-75　调整前单摆的轴心

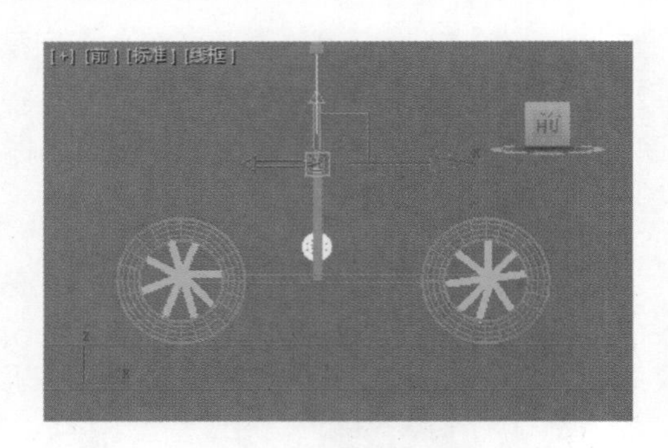

图13-76　调整后单摆的轴心

（8）单击 Auto Key（自动关键点）按钮，确保时间滑块在第 0 帧位置，在前视图中顺时针旋转单摆，位置如图 13-77 所示。

提示：

如果不再次单击“仅影响轴心”按钮，所有操作将都以轴心为对象。

（9）将时间滑块拖动到第 20 帧的位置，逆时针旋转单摆到平衡位置，如图 13-78 所示。

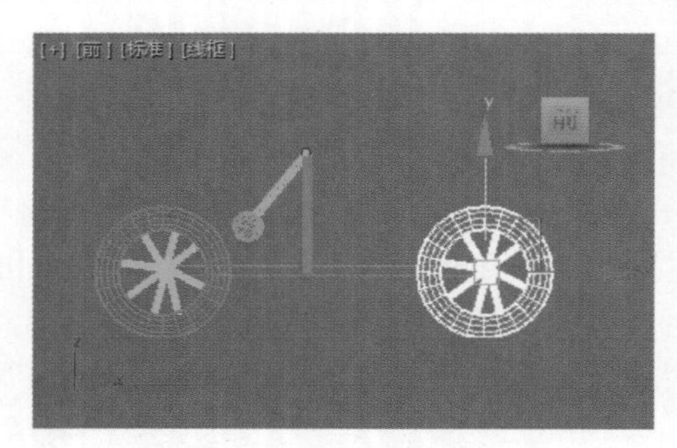

图13-77　顺时针旋转单摆后的位置

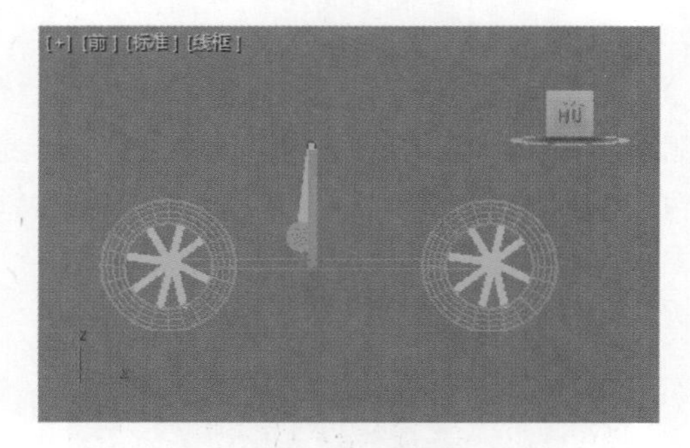

图13-78　第20帧的单摆状态

（10）将时间滑块拖动到第 40 帧的位置，继续逆时针旋转单摆到右侧最高位置，如图 13-79 所示。

（11）将时间滑块拖动到第 60 帧的位置，适当平移前视图内图形，顺时针旋转单摆到平衡位置，如图 13-80 所示。

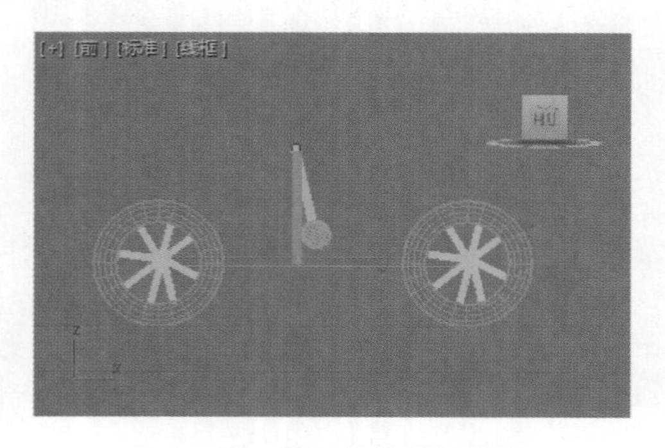

图13-79　第40帧的单摆状态

图13-80　第60帧的单摆状态

（12）将时间滑块拖动到第 80 帧的位置，适当平移前视图内图形，顺时针旋转单摆到左侧位置，如图 13-81 所示。

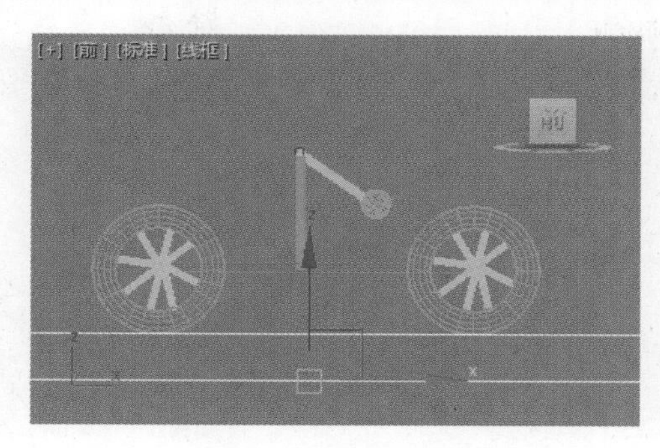

图13-81　第80帧的单摆状态

（13）将时间滑块拖动到第 100 帧的位置，逆时针旋转单摆到平衡位置。再次单击 Auto Key（自动关键点）按钮，结束动画制作。

（14）单击 Play Animation（播放动画）图标播放动画，观察车子向前运动，车轮转动，单摆上下摆动的动画效果，也可以渲染输出 avi 文件。

13.3.8　路径变形动画

路径变形动画也可以看作是参数动画的一种。路径变形修改器可以使对象沿着路径变形，而路径变形修改器的参数可以记录成动画。

创建步骤 

（1）扫描前言中的二维码，打开“源文件 /13/13-6.max”，如图 13-82 所示。场景中对象为一个桌面，一张纸和一支笔。下面制作钢笔在纸上写字的动画。

（2）打开二维图形 Create（创建）面板，单击 Line（线）按钮，在顶视图中绘制“yes”字样的曲线，如图 13-83 所示。

图13-82　打开文件

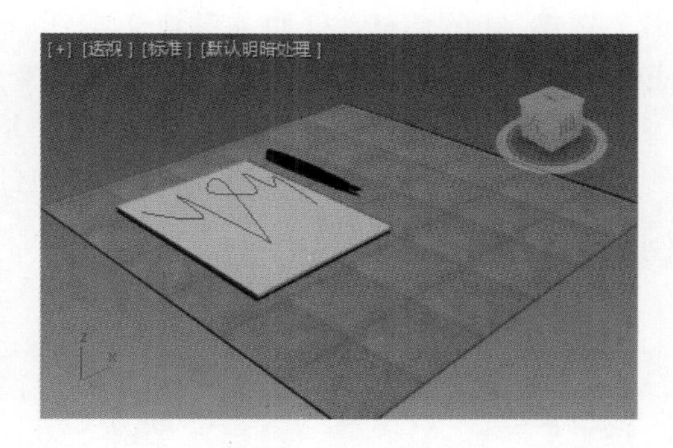

图13-83　绘制曲线

（3）打开标准几何体 Create（创建）面板，在左视图中创建一个细长圆柱体，设置其 Height（高度）分段为“200”，如图 13-84 所示。

（4）选中“yes”字样的曲线，利用移动工具，在前视图中将其沿 *Y* 轴向下移动到纸面上，移动后摄像机视图如图 13-85 所示。

提示：

这里圆柱体的高度分段一定要大，否则变形不平滑。

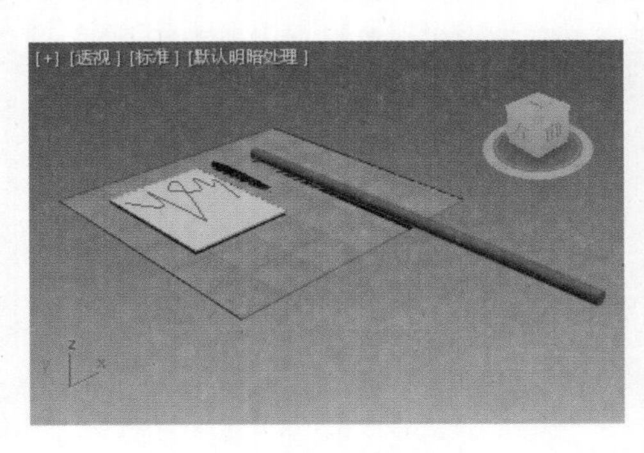

图13-84 创建圆柱体

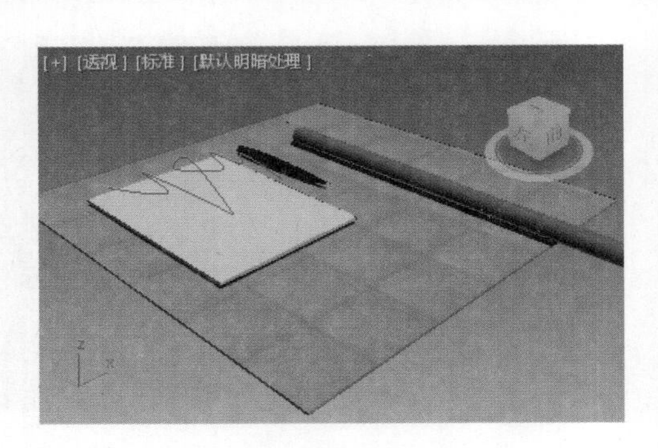

图13-85 调整曲线位置

（5）选中圆柱体，打开 Modify（修改）面板，在修改器列表中选择 Path Deforn Wsm（路径变形）修改器，Modily（修改）面板上打开 Parameters（参数）面板，如图 13-86 所示。

（6）单击 Pick Path（拾取路径）按钮，然后在任意视图中单击“yes”字样曲线，然后单击“转到路径”按钮，圆柱体沿路径变形如图 13-87 所示。

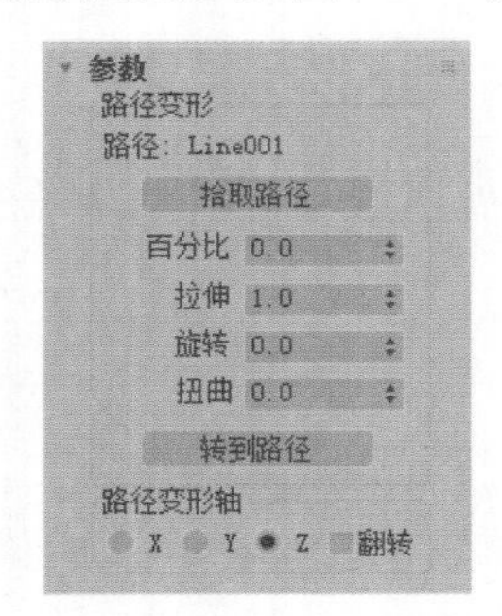

图13-86 路径变形的“参数”面板

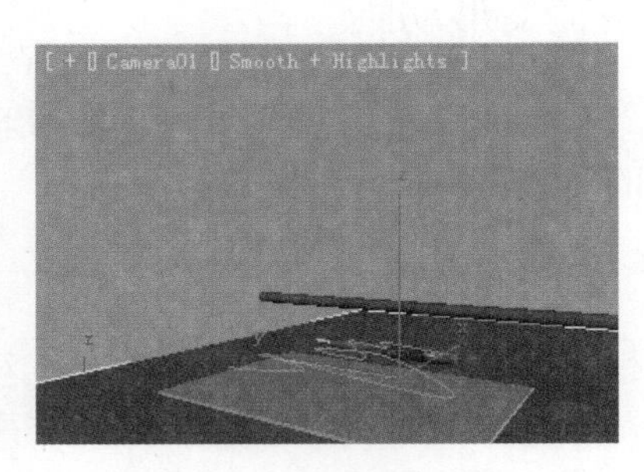

图13-87 圆柱体沿路径变形

（7）单击 Auto Key（自动关键点）按钮，开始制作动画。将时间滑块拖动到第 0 帧的位置，设置 Stretch（拉伸）为 0，摄像机视图中圆柱体的变形效果如图 13-88 所示。

（8）将时间滑块拖动到第 100 帧的位置，增大 Stretch（拉伸）值，直到圆柱体完全变形为“yes”字样曲线，如图 13-89 所示。单击 Auto Key（自动关键点）按钮，暂停动画制作，单击 Play Animation（播放动画）图标▶，观察变形动画。

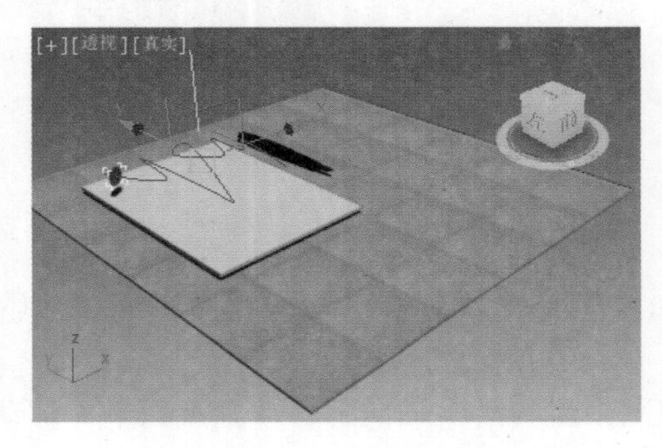

图13-88 第0帧时圆柱体的变形效果

图13-89 第100帧时圆柱体的变形效果

（9）选中钢笔，单击工具栏上的旋转工具，将钢笔逆时针旋转一定角度，使钢笔和手握的位置相当。单击 Hierarchy（层级）图标，打开“层级”面板，在 Adjust Pivot（调整轴）面板单击 Affect Pivot Only（仅影响轴）按钮，适当缩放顶视图，观察钢笔的轴心，如图 13-90 所示。

（10）单击主工具栏上的移动工具，沿 Y 轴向上移动轴心到钢笔笔尖，如图 13-91 所示。再次单击 Affect Pivot Only（仅影响轴心）按钮退出轴心层级。

图13-90　调整前的钢笔轴心位置

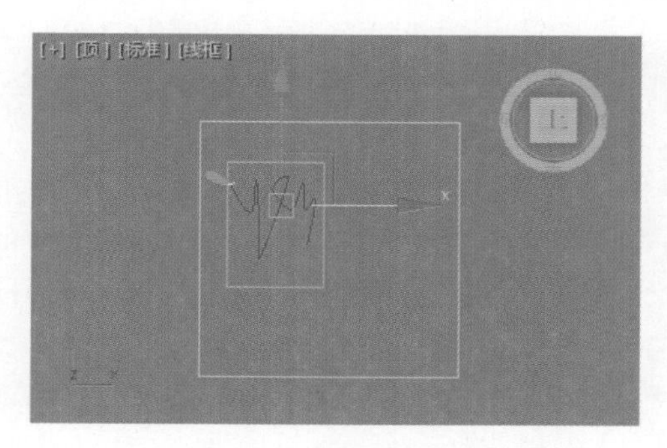

图13-91　调整后的钢笔轴心位置

（11）选中钢笔，单击 Motion（运动）图标，打开 Assign Controller（指定控制器）面板，选中 Position（位置）层级使其变成黄色。

（12）单击 Assign Controller（指定控制器）图标，弹出 Assign Position Controller（指定位置控制器）对话框，在控制器列表中选择 Path Constraint（路径约束）控制器，然后单击 OK（确定）按钮。

（13）在 Path Parameters（路径参数）面板单击 Add Path（添加路径）按钮，然后在任意视图中单击"yes"字样曲线，将钢笔限制在曲线上，如图 13-92 所示。

（14）播放动画，发现钢笔沿字样曲线运动，且圆柱体随字样变形，但字迹和笔迹二者步调不一致，如图 13-93 所示。下面进行调整。

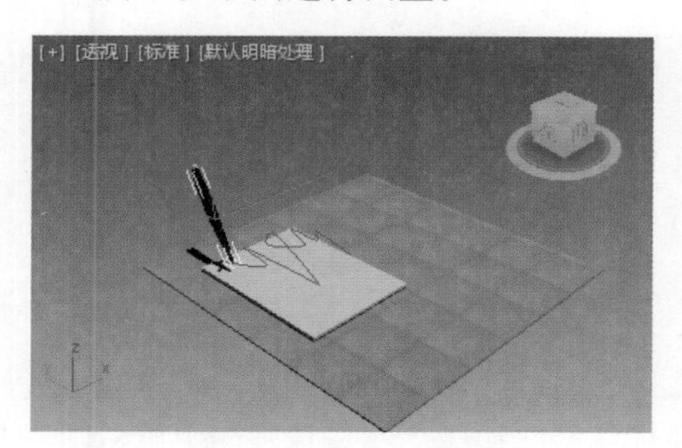

图13-92　将钢笔限制在曲线上

图13-93　字迹和笔迹不一致

（15）单击 Auto Key（自动关键点）按钮，继续进行动画制作。选中钢笔，拖动时间滑块，在步调不一致的关键帧处增大或者减小 %Along Path（% 沿路径）值，使字迹和笔迹二者同步，如图 13-94 所示。

图13-94　调整参数使字迹和笔迹一致

（16）增加几个关键帧，调整好字迹和笔迹同步后，单击 Auto Key（自动关键点）按钮，结束动画制作。

（17）单击 Play Animation（播放动画）图标播放动画，观察钢笔书写文字的动画效果，也可以渲染输出 avi 文件。

13.4 综合应用——星球运动

13.4 综合应用——星球运动

本例以星球运动的制作为例，巩固控制器动画的制作方法。涉及的知识点包括：Assign Controller（指定控制器）及 Path Constraint（路径约束）控制器。

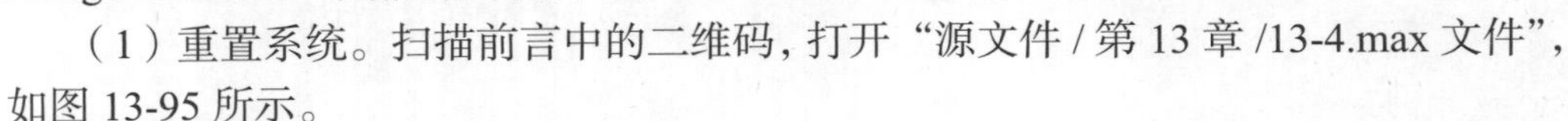

（1）重置系统。扫描前言中的二维码，打开“源文件 / 第 13 章 /13-4.max 文件”，如图 13-95 所示。

（2）选中月球模型，单击 Motion（运动）图标，打开 Assign Controller（指定控制器）面板，单击 Position（位置）层级使其变为蓝色。单击 Assign Controller（指定控制器）图标，打开 Assign Position Controller（指定位置控制器）对话框，选择 Path Constraint（路径约束）控制器，如图 13-96 所示。

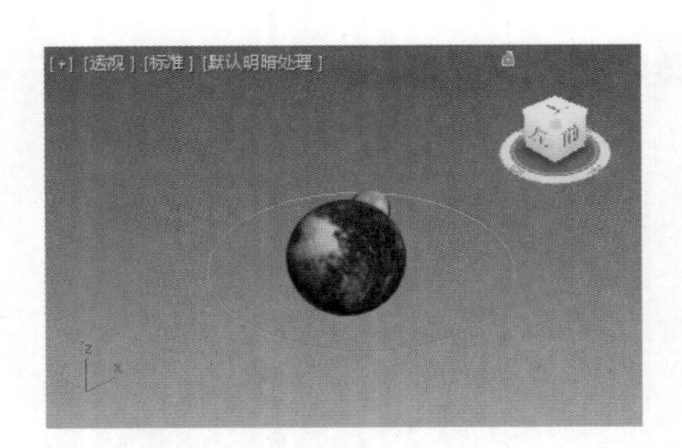

图13-95 打开文件

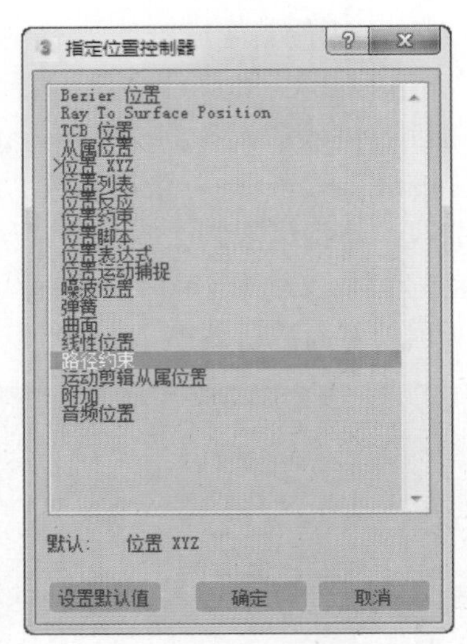

图13-96 “指定位置控制器”对话框

（3）打开 Path Parameters（路径参数）面板，单击“添加路径”按钮，在任意视图中单击圆形曲线，即可将月球限制在圆形曲线上，如图 13-97 所示。

（4）往下拖动 Path Parameters（路径参数）面板，设置路径选项，如图 13-98 所示。再次单击 Add Path（添加路径）按钮退出操作。

图13-97 限制在圆形曲线上的月球

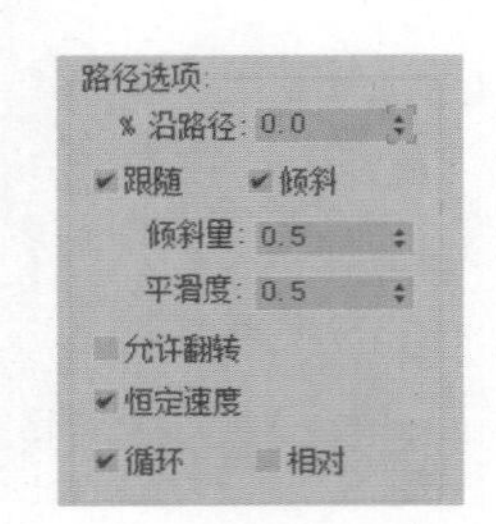

图13-98 设置路径选项

（5）选中地球模型，打开 Assign Controller（指定控制器）面板，单击旋转层级图标使其变为蓝色，单击 Assign Controller（指定控制器）图标，打开 Assign Rotntion Controller（指定旋转控制器）对话框，选择“Euler XYZ”控制器，如图 13-99 所示。

（6）激活透视图，单击 Auto Key（自动关键点）按钮，将时间滑块拖动到第 0 帧，打开“PRS 参数”

面板，单击 Auto Key（创建关键点）下面的 Rotation Axic（旋转）按钮，如图 13-100 所示。设置旋转参数如图 13-101 所示。

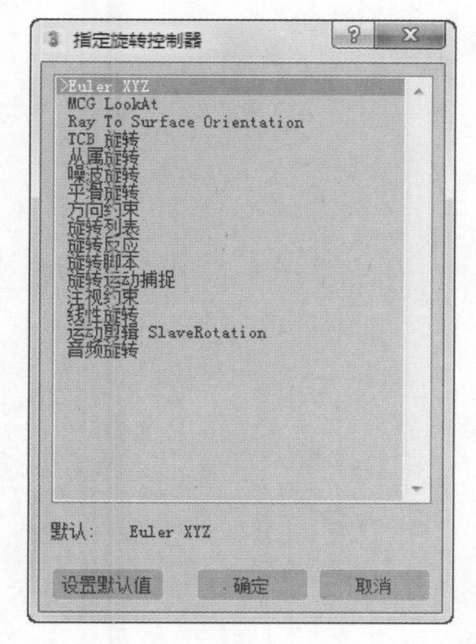

图13-99　指定“>Euler XYZ”控制器

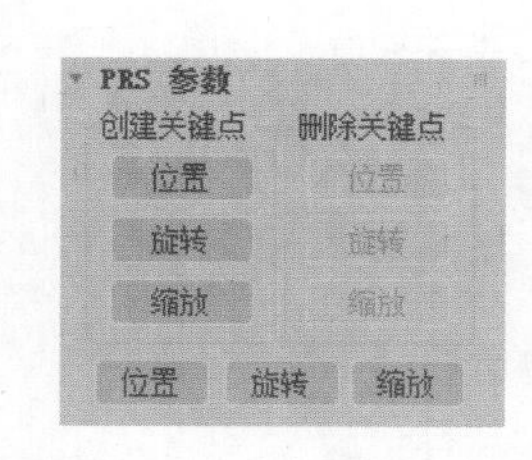

图13-100　“PRS参数”面板

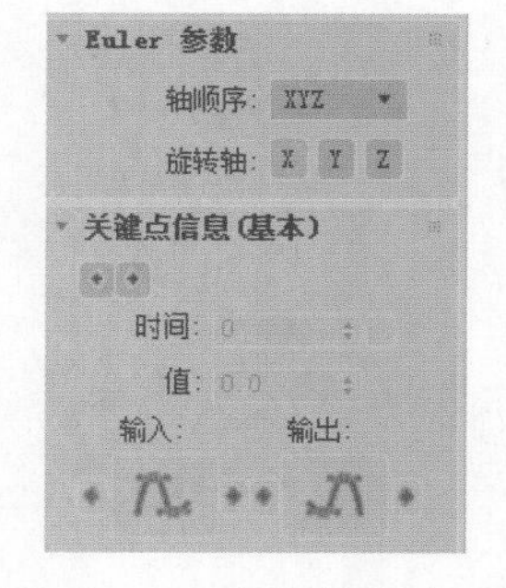

图13-101　设置旋转参数

（7）单击 Auto Key（自动关键点）按钮，结束动画制作。单击 Play Animation（播放动画）图标▶观察动画，发现月球绕地球旋绕的同时，地球也在自转。图 13-102 所示为部分帧的动画效果。

图13-102　部分帧的动画效果

第 14 章

渲染和输出

内容指南

创建三维模型并为它们赋予模拟真实物体的材质后，最终的目的就是要渲染成效果图，或者是输出一个动画视频文件，这样才能把设计的动作、材质和灯光效果完美地表现出来。后期合成制作是在做好动画之后，为其添加片头、片尾、各种特效等合适的要素，使作品更加完美，符合人们的视觉要求。在建模过程中会经常用到渲染。本章就来介绍渲染工具的使用以及后期合成的使用。

知识重点

- ❖ 渲染静态图像的合成
- ❖ 后期合成

14.1 渲　　染

若要在3ds Max 2018中以二维图像或影片的形式查看工作的最终结果,需要渲染场景。在默认情况下,软件使用默认扫描线渲染器生成特定分辨率的静态图像，并显示在屏幕上一个单独的窗口中。3ds Max 2018还提供各种各样的渲染选择，下面将介绍常用的渲染选择。

14.1.1 渲染简介

渲染创建一个静止图像或动画，从而可以使用所设置的灯光、所应用的材质及环境设置，为场景的几何体着色。可以在Rendering Scene(渲染场景)对话框中设置渲染参数,也可以指定Mental Ray渲染器。

1. 公用渲染参数

单击主工具栏上的渲染设置图标，打开Render Setup Dialog（渲染设置）对话框，如图14-1所示。下面介绍最常用的Common Parameters（公用参数）的命令和参数含义。

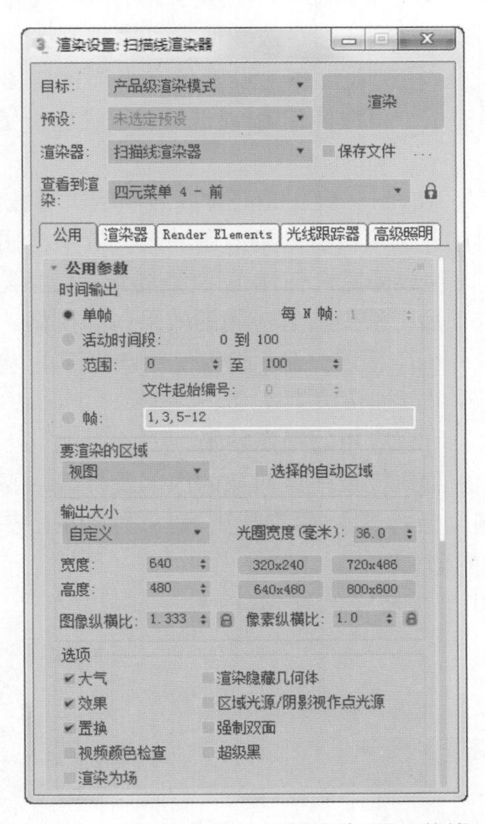

图14-1　“渲染设置：扫描渲染器”对话框

（1）Time Output（时间输出）参数区

❖ **Single**（单帧）: 仅渲染当前帧。

❖ **Active Time Segment**（活动时间段）: 渲染时间滑块的当前帧范围，默认为0~100。

❖ **Range**（范围）: 渲染指定两个数字之间（包括这两个数）的所有帧。

❖ **Frames**（帧）: 可以指定非连续帧，帧与帧之间用逗号隔开（例如2，8）或连续的帧范围，用连字符相连。

❖ **3DS Number Base**（文件起始编号）：指定起始文件编号，从这个编号开始递增文件名。只用于活动时间段和范围输出。

❖ **Every Nth Frame**（每 N 帧）：帧的规则采样。例如，输入 6 则每隔 6 帧渲染一次。只用于活动时间段和范围输出。

（2）Output Size（输出大小）参数区

❖ **Custom**（自定义）："自定义"下拉列表如图 14-2 所示，可以选择几个标准的电影和视频分辨率以及纵横比。

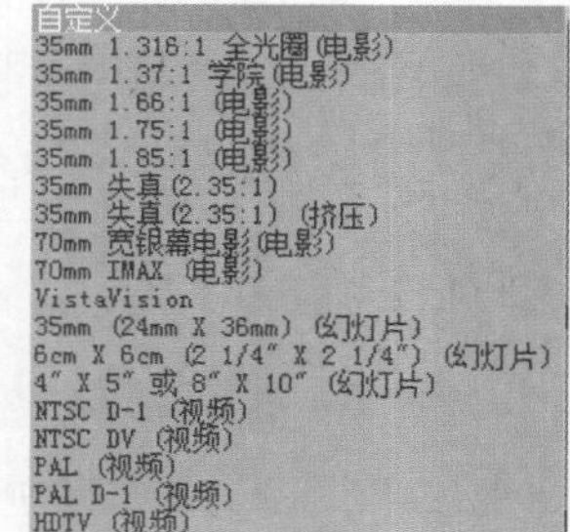

图14-2 "自定义"下拉列表

❖ **Width/Height**（宽度 / 高度）：以像素为单位指定图像的宽度和高度，从而设置输出图像的分辨率。

❖ **预设分辨率按钮**（**320×240、640×480 等**）：单击这些按钮之一，选择一个预设分辨率。可以自定义这些按钮，右击分辨率按钮以显示配置预设对话框，可以更改指定的分辨率。

❖ **Image Aspect**（图像纵横比）：设置图像的纵横比。单击按钮锁定纵横比图标，图像纵横比微调器替换为一个标签，宽度和高度微调器互相锁定；调整其中一个值，另一个值也将跟着改变以保持指定的纵横比。另外，锁定纵横比后，改变像素纵横比值将改变高度值以保持图像纵横比。

❖ **Pixel Aspect**（像素纵横比）：在其他设备上设置像素纵横比，图像可能会出现挤压现象。为了能使图像在不同设备上正确显示，可以使用锁定像素纵横比。锁定后像素纵横比微调器不能随意更改。

（3）Options（选项）参数区及 Advanced Lighting（高级照明）参数区（图 14-3）

❖ **Atmospherics**（大气）：启用此选项后，渲染应用的大气效果，如体积雾。

❖ **Render Hidden Geometry**（渲染隐藏几何体）：渲染场景，包括隐藏的对象。

❖ **Effects**（效果）：启用此选项后，渲染所有应用的效果，如模糊。

❖ **Area Lights/Shadows as Points**（区域光源 / 阴影视作点光源）：将所有的区域光源或阴影当作从点对象发出，进行渲染，这样可以加快渲染速度。

❖ **Displacement**（置换）：渲染所有应用的置换贴图。

❖ **Force 2-Sided**（强制双面）：如果需要渲染对象的内部及外部，要启用此选项。

❖ **Video Color Check**（视频颜色检查）：检查超出 NTSC 或 PAL 安全阈值的像素颜色，标记这些像素颜色并将其改为可接受的值。

（4）Render Output（渲染输出）参数区（图 14-4）

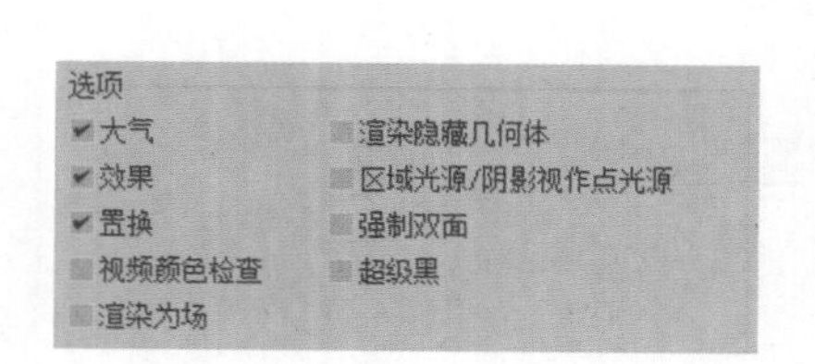

图14-3 选项及高级照明参数区

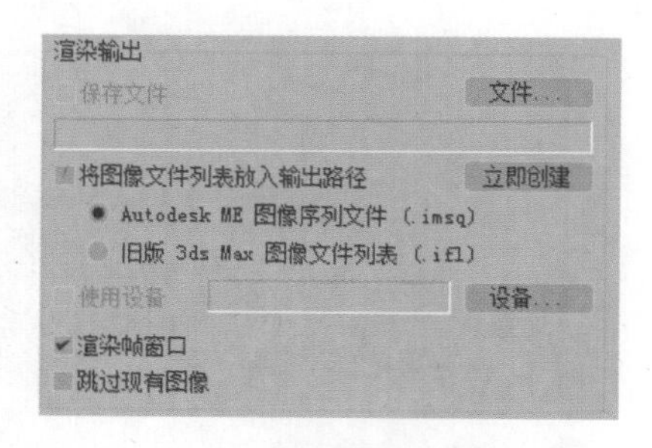

图14-4 "渲染输出"参数区

❖ **3DS**（文件）：单击打开"渲染输出"对话框，指定输出文件名、格式以及路径。

2. 指定渲染器

3ds Max 2018 中默认为扫描线渲染器，这种扫描器的最大优点是速度快。Mental Ray 渲染器是除 3ds Max 2018 默认扫描线渲染器之外的另一种选择。它能够生成物理上正确的照明模拟效果，包括光线跟踪、反射和折射、焦散和全局照明。下面介绍如何指定渲染。

启动 3ds Max 2018 后，单击主工具栏上的图标，打开 Rendering Scene（渲染设置）对话框，往下拖动面板，打开 Assign Renderer（指定渲染器）面板，如图 14-5 所示。

单击 Production（产品级）后面的小方块按钮，打开 Choose Renderer（选择渲染器）对话框，如图 14-6 所示。选择“NVIDIA Mental Ray”，然后单击 OK（确定）按钮。

指定“NVIDIA Mental Ray”渲染器后，指定渲染器面板会显示当前渲染器。如果要将其作为默认渲染器，可单击 Save as Defaults（保存为默认设置）按钮。以后单击工具栏上的快速渲染图标时，系统即以块的方式进行渲染。

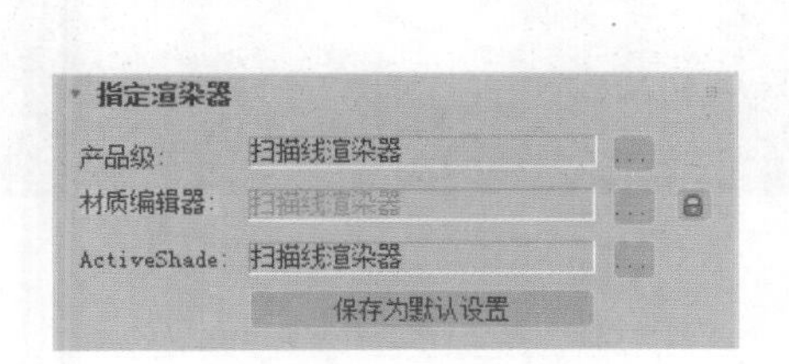

图14-5 “指定渲染器”面板

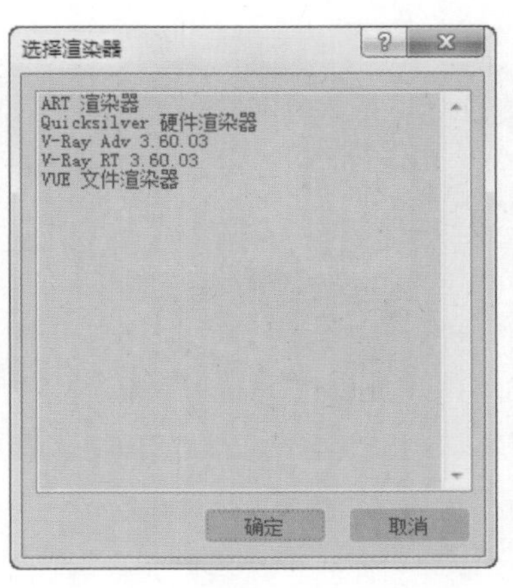

图14-6 “选择渲染器”对话框

14.1.2 渲染类型

使用渲染类型列表可以指定将要渲染的场景的一部分。下面介绍渲染类型的 8 个选项：视图、选定对象、区域、裁剪、放大、选定对象边界框、选定对象区域以及裁剪选定对象。

创建步骤

（1）重置系统。任意打开一个场景文件，如图 14-7 所示。

（2）在渲染类型下拉列表中选择相应的渲染类型，单击 Rendered Frame Window（渲染帧窗口）图标，弹出渲染帧窗口，如图 14-8 所示。

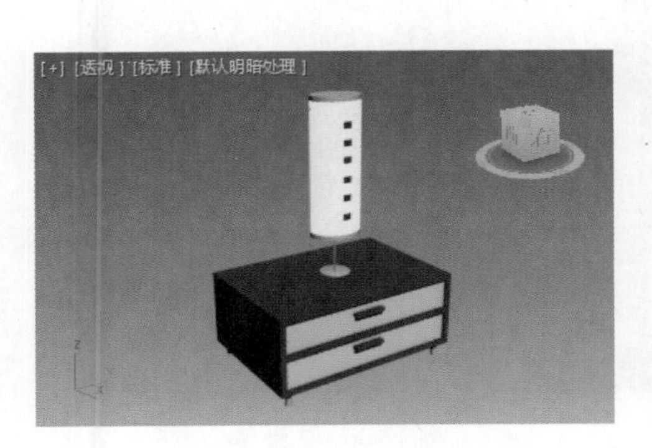

图14-7 打开文件

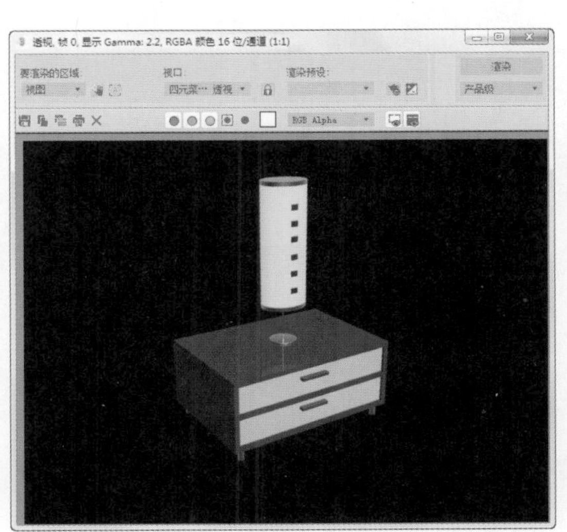

图14-8 渲染帧窗口

（3）选择渲染区域中视口剪切选项，单击快速渲染图标，在透视图中出现一个虚线框，用来确定要渲染的区域。移动虚线框边缘的方块，可以调整渲染区域的大小，如图 14-9 所示。

（4）调整要渲染的区域后，单击透视图中的 OK（确定）按钮，即可渲染选定区域，效果如图 14-10 所示。

（5）单击渲染帧窗口上的清除按钮✕，以便下一次设置不同渲染类型时察看效果。

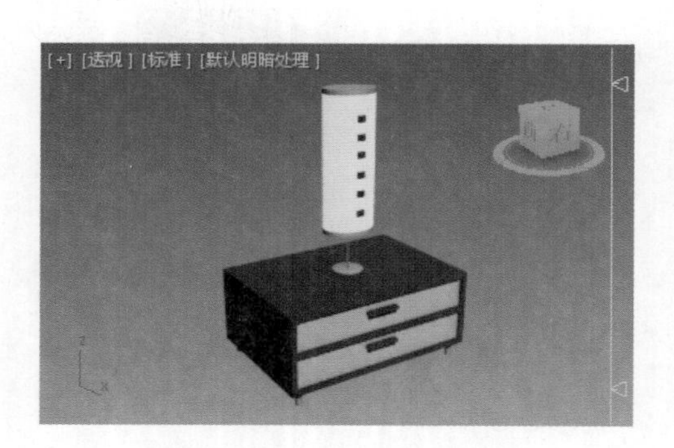

图14-9　渲染区域虚线框

图14-10　区域渲染效果

提示：

如果不清除渲染帧窗口，下次采用其他渲染类型渲染时，渲染帧窗口上的图像将以上次渲染的图像作为背景，从而不易查看效果。

参数详解

上面介绍了渲染类型的使用方法，下面继续介绍各种渲染类型的参数。

- **View**（视图）：默认的渲染类型，选择该选项后视图激活渲染。视图类型的渲染效果标示如图 14-11 所示。
- **Selected**（选定对象）：仅渲染当前选定的对象，使渲染帧窗口的其他部分保持完好。使用选定对象类型，并在透视图中选中桌子的渲染效果如图 14-12 所示。

图14-11　视图类型渲染效果标示图

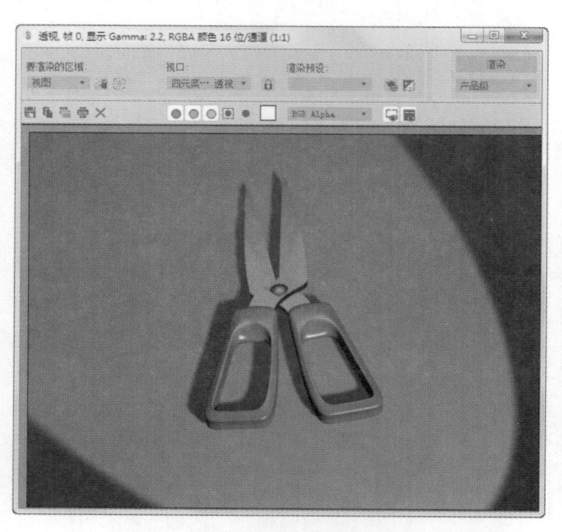

图14-12　选定对象类型渲染效果标示图

❖ **Region（区域）:** 渲染活动视口内的矩形区域。使用该选项会使渲染帧窗口的其余部分保持完好，如果渲染动画，在此情况下会首先清除窗口。需要测试渲染场景的一部分时，可使用区域选项。

❖ **Crop（裁剪）:** 使用此选项可以指定输出图像的大小。裁剪类型渲染效果标示如图 14-13 所示。

❖ **Blowup（放大）:** 渲染活动视图内的区域并将其放大以填充输出显示。放大类型渲染效果标示如图 14-14 所示。

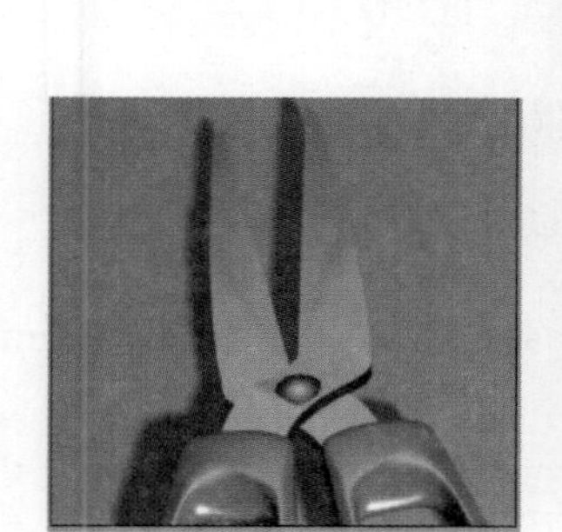

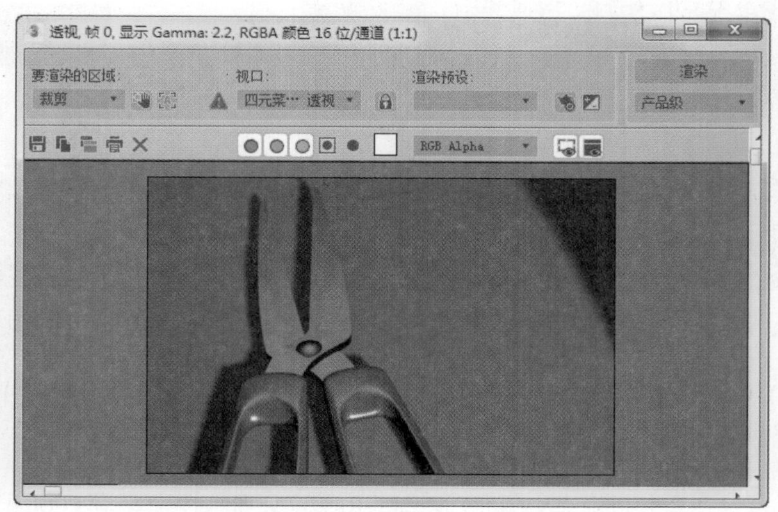

图14-13　裁剪类型渲染效果标示图

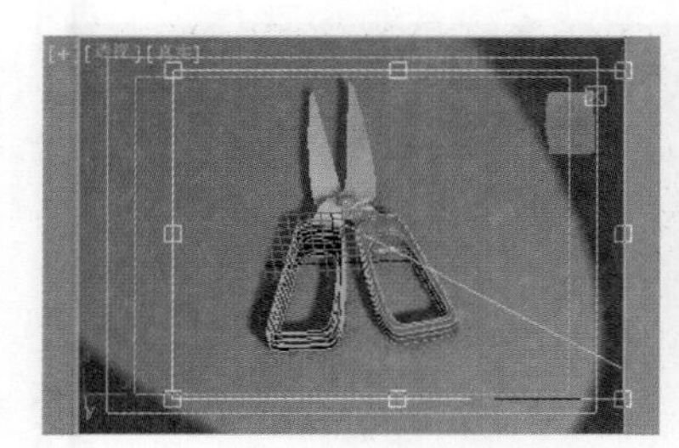

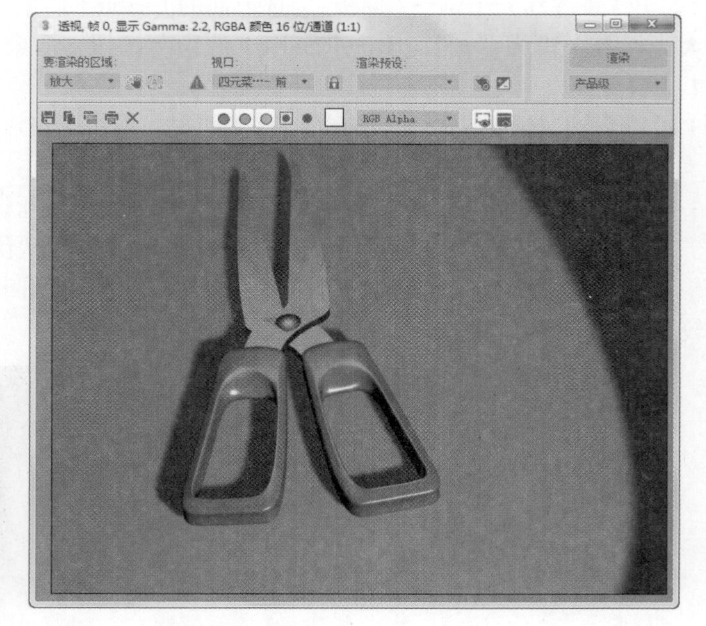

图14-14　放大类型渲染效果标示图

14.1.3　使用全局照明

在现实世界中，光能从一个曲面反弹到另一个曲面，这往往会使阴影变得柔和，并使照明更加均匀。

创建步骤

（1）扫描前言中的二维码，打开“源文件 /14/14-1.max”，如图 14-15 所示。场景为一个房间的模型，用一盏泛光灯照明。

（2）采用默认设置，渲染摄像机视图，观察未使用全局照明的效果，如图 14-16 所示。

图14-15　打开文件

图14-16　默认渲染效果

（3）单击“渲染设置”图标，打开 Rendering Scene（渲染设置）对话框，选择 Global Illumination（全局照明）选项卡，进入“全局照明”面板。

> **提示：** 只有指定“NVIDIA Mental Ray 渲染器”，才会出现 Global Illumination（全局照明）选项卡。如果尚未指定“NVIDIA Mental Ray 渲染器”，可以按照前面章节中介绍的方法指定。

（4）打开“焦散和光子贴图”面板，勾选下面的 Enable（启用）复选框，将 Maximum Sample Radius（每采样最大光子数）设为“20”，单击 Render（渲染）按钮，渲染摄像机视图，观察光子的反射情况，如图 14-17 所示。

（5）可以看到，虽然阴影处没有光线直接照射，但由于周围墙壁和地面的反射，阴影处也有了光线照明。

（6）将 Maximum Sample Radius（每采样最大光子数）重新设为“500”，往下拖动全局照明面板。

（7）勾选下面的 Enable（启用）复选框，其他参数采用默认设置，然后单击 Render（渲染）按钮，渲染摄像机视图，观察设置最终聚集后的全局照明效果，如图 14-18 所示。此时，没有灯光照射的地方已经比较真实了。

图14-17　光子的反射情况

图14-18　设置最终聚集后的全局照明效果

14.1.4　渲染全景

3ds Max 2018 除了可以渲染图像文件和动画外，还可以渲染三维全景。全景实际上由场景包含的平面位图组成，使用全景查看器查看时，视图显示为 3D。下面介绍渲染全景的方法。

创建步骤

（1）扫描前言中的二维码，打开“源文件 /14/14-2.max”，如图 14-19 所示。这是一个房间模型，已经在房子里设置一架摄像机，用以观察室内场景。

（2）激活摄像机视图，单击菜单栏上的 Rendering（渲染）菜单，选择 Panorama Exporter（全景导出器）命令，在右侧出现 Panorama Exporter（全景导出器）面板，如图 14-20 所示。

图14-19　打开文件

图14-20　“全景导出器”面板

（3）单击 Render（渲染）按钮，弹出“渲染设置对话框”窗口，此窗口中的设置类似于常规的“渲染设置”对话框中的设置，可以设置全景图的各种参数，如图 14-21 所示。

（4）参考图 14-21 进行设置，最后单击对话框上的 Render（渲染）按钮，即开始进行渲染。渲染完毕后，Panorama Exporter Viewer（全景导出器查看器）自动启动，如图 14-22 所示。移动鼠标使其靠近全景导出器查看器窗口的中心，并按住鼠标左键，全景将旋转，就好像摄影机在平移或倾斜。

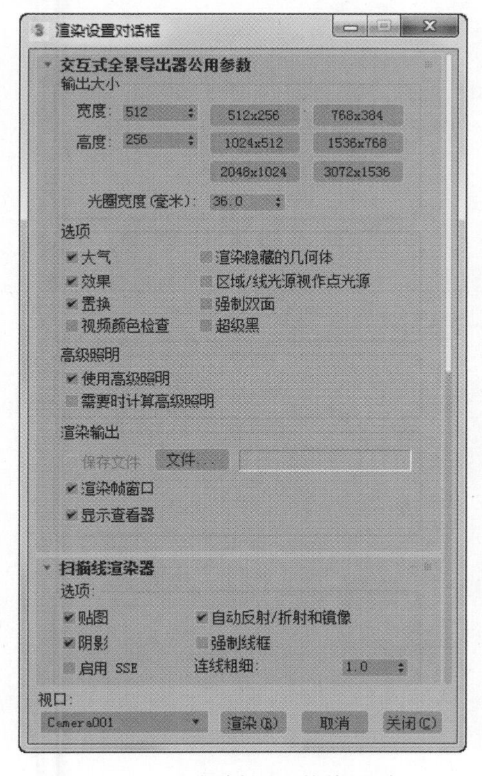

图14-21　“渲染设置对话框”窗口

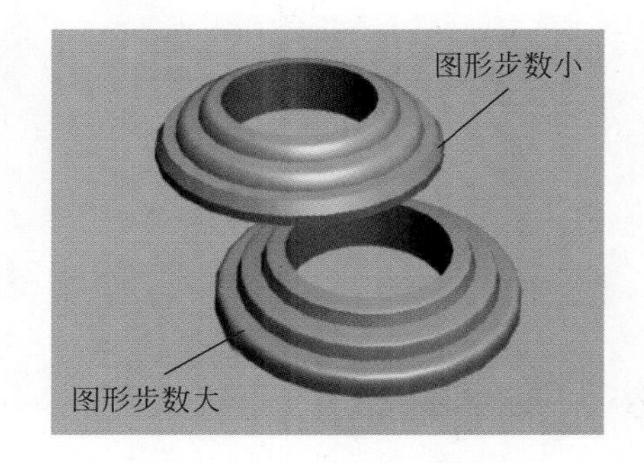

图14-22　全景导出器查看器

（5）单击全景导出器查看器上的 3DS（文件）菜单，选择 Export（导出）/ Export Cylinder（导出圆柱体）命令，选择输出的文件类型为 BMP 文件，设置输出文件路径及文件名，然后单击“保存”按钮，即可将全景图输出。

（6）利用图片查看工具，打开输出的图片，查看全景效果，如图 14-23 所示。

图14-23　全景效果

14.2 后期合成

Video Post 提供一种对场景进行基本后期制作的工具。可以使用变换、合成和效果对最终的视频显示进行组织和编排。虽然它不能像专门的后期处理程序那样提供各种各样的工具和功能，但也是一个很有用的工具。

14.2.1 Video Post 工具栏

单击菜单栏上的 Rendering（渲染）菜单，选择 Video Post（视频后期处理）命令，弹出“视频后期处理”窗口，如图 14-24 所示。在 3ds Max 2018 中进行的后期制作都是在该对话框中完成的，下面先介绍视频后期处理工具栏的参数。

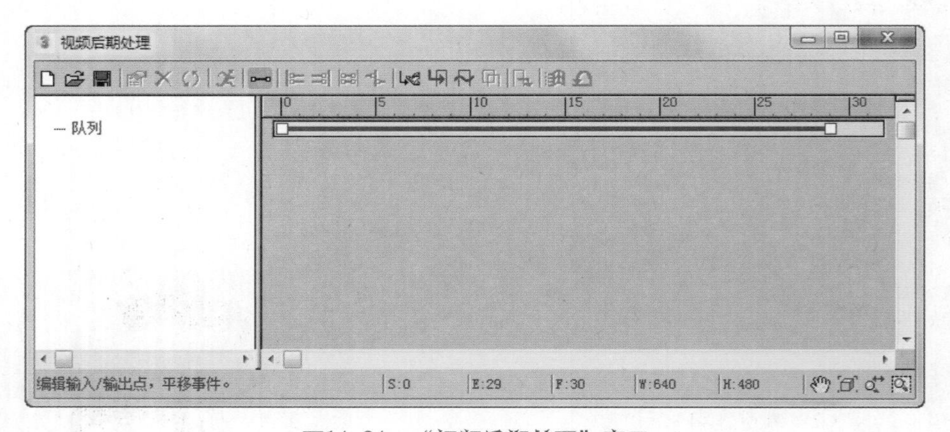

图14-24　“视频后期处理”窗口

- ：通过清除队列中的现有事件，可创建新的 Video Post（视频后期处理）序列。
- ：打开存储在磁盘上的 Video Post（视频后期处理）序列。
- ：保存当前序列。
- ：打开编辑当前事件对话框，用于编辑事件。

❖ ：从序列中删除当前事件。
❖ ：改变队列中选定的两个事件的位置。
❖ ：运行当前序列。
❖ ：允许编辑的事件范围。
❖ ：对齐选定事件的左范围。
❖ ：对齐选定事件的右范围。
❖ ：使选定的事件具有相同的范围。
❖ ：使事件范围以端对端的方式对齐。
❖ ：在队列中添加一幅渲染后的场景。
❖ ：在队列中添加一幅图片。
❖ ：在队列中添加一个图片过滤器。
❖ ：在队列中添加一个图层事件。
❖ ：将最终合成的图像送到文件或设备中。
❖ ：在队列中添加一个外部图像处理事件。
❖ ：添加循环事件。

14.2.2 渲染静态图片

利用 Video Post（视频后期处理）提供的各种过滤器，可以为场景中的对象添加特殊效果，渲染静态图片。

创建步骤

（1）扫描前言中的二维码，打开“源文件 /14/14-3.max”中的飞机模型，如图 14-25 所示。场景中已经设置一架摄像机，用以观察效果。

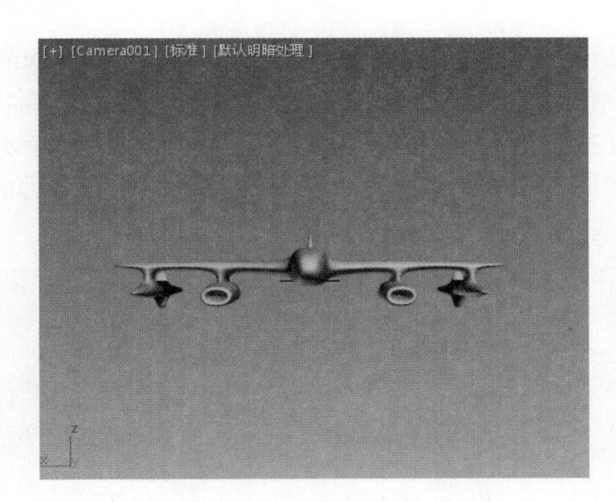

图14-25　打开文件

（2）单击 Rendering（渲染）的 Video Post（视频后期处理）命令，打开 Video Post（视频后期处理）窗口。

（3）单击 Add Scene Event（添加场景事件）图标，打开“添加场景事件”对话框，如图 14-26 所示。选择“Camera 001”视图为当前场景事件，单击 OK（确定）按钮。添加场景事件后的 Video Post（视频后期处理）窗口如图 14-27 所示。

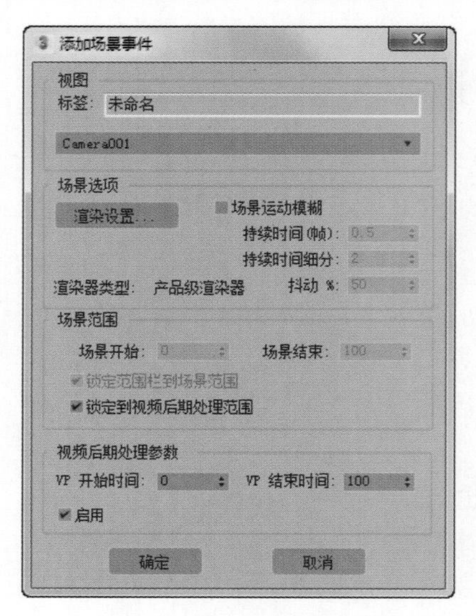

图14-26 “添加场景事件”对话框

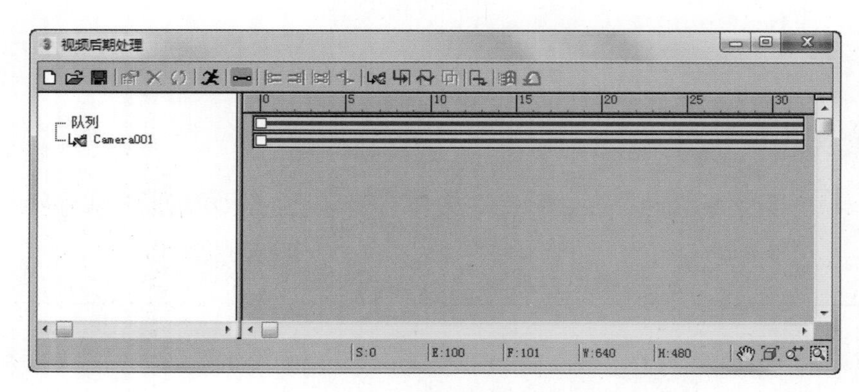

图14-27 “视频后期处理”窗口

（4）在 Video Post（视频后期处理）窗口左侧 Queue（队列）下选中“Camera 001”事件，使其呈蓝色状态。单击工具栏上的图标，弹出 Add Image Filter Event（添加图像过滤事件）对话框，如图 14-28 所示。

（5）默认的图像过滤器为 Negative（底片），单击右侧的倒三角按钮，在列表中选择 Lens Effects Flare（镜头效果光斑）过滤器，如图 14-29 所示。添加镜头效果光斑过滤器后的“视频后期处理”窗口如图 14-30 所示。

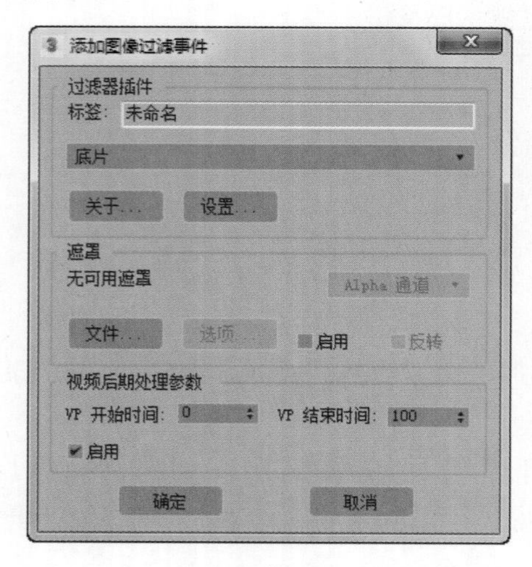

图14-28 “添加图像过滤事件”对话框

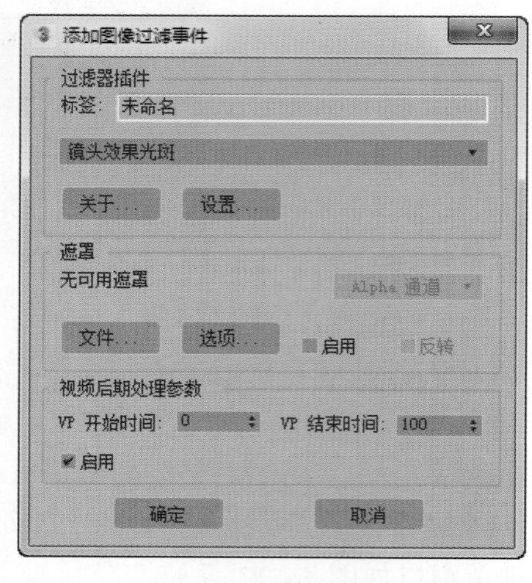

图14-29 添加“镜头效果光斑”过滤器

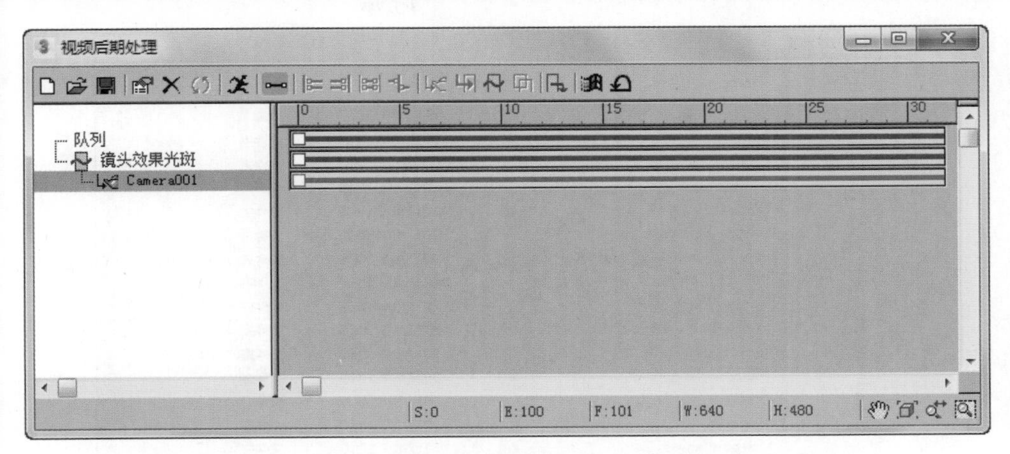

图14-30 添加镜头效果光斑过滤器后的“视频后期处理”窗口

（6）在 Queue（队列）中双击 Lens Effects Flare（镜头效果光斑）选项，打开 Edit Filter Event（编辑过滤事件）对话框，单击 Setup（设置）按钮，打开 Lens Effects Flare（镜头效果光斑）窗口，如图 14-31 所示。

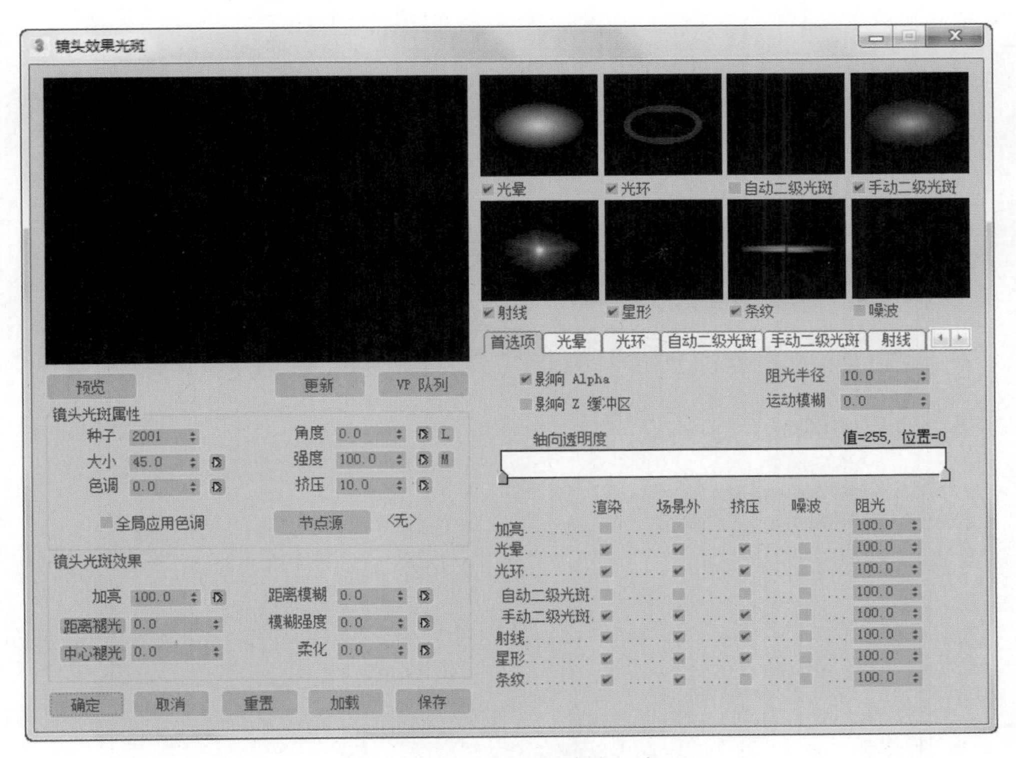

图14-31 “镜头效果光斑”窗口

（7）单击 Load（加载）按钮，在弹出的 Load Filter Setting（加载过滤器设置）对话框中选择“Photo3.lzf”文件，然后单击“打开”按钮，如图 14-32 所示。

（8）单击 Lens Effects Flare（镜头效果光斑）窗口上的 Node Sources（节点源）按钮，在弹出的对话框中选择要添加光斑的对象，这里选择“Box02”，然后单击 OK（确定）按钮，如图 14-33 所示。

（9）单击 VP Queue（VP 序列）按钮，再单击 Preview（预览）按钮，即可在对话框中观察默认的镜头效果光斑，如图 14-34 所示。

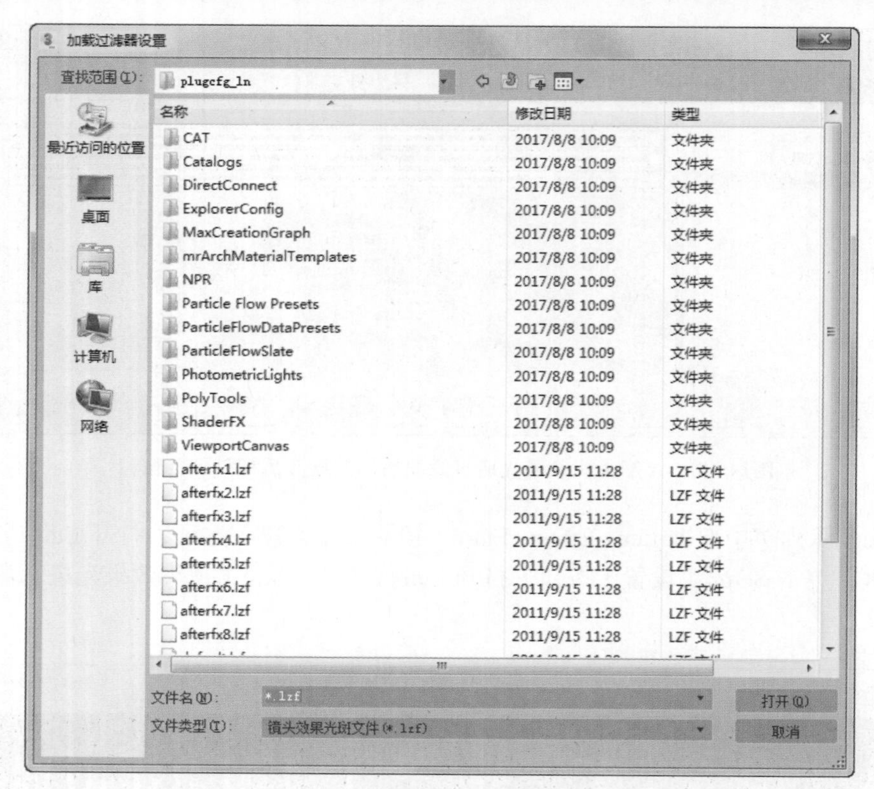

图14-32 “加载过滤器设置”对话框

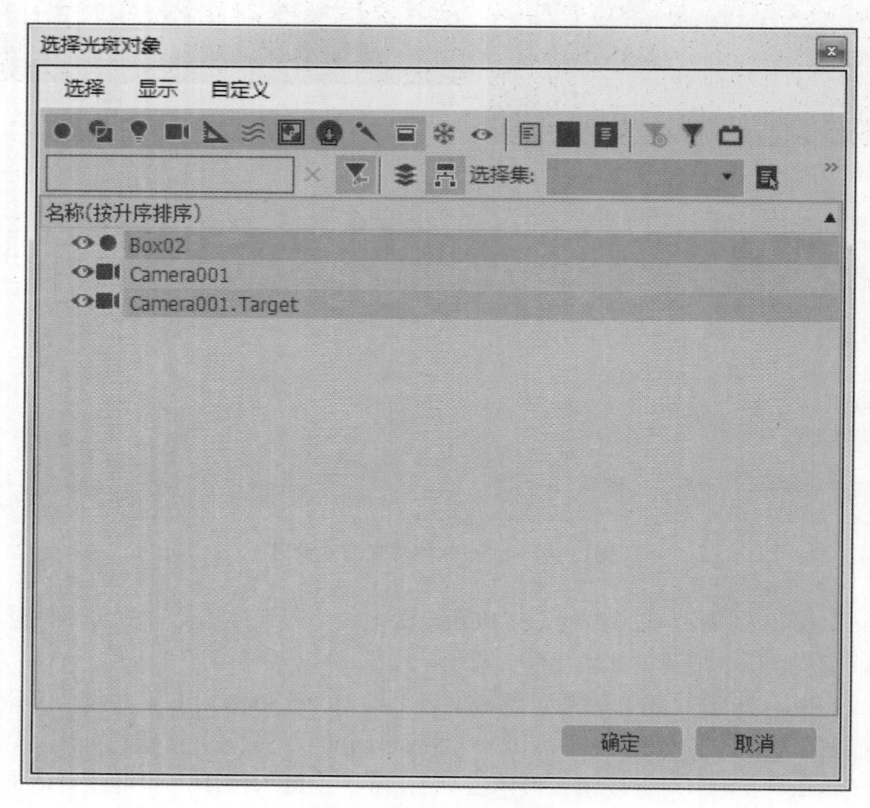

图14-33 选择光斑对象

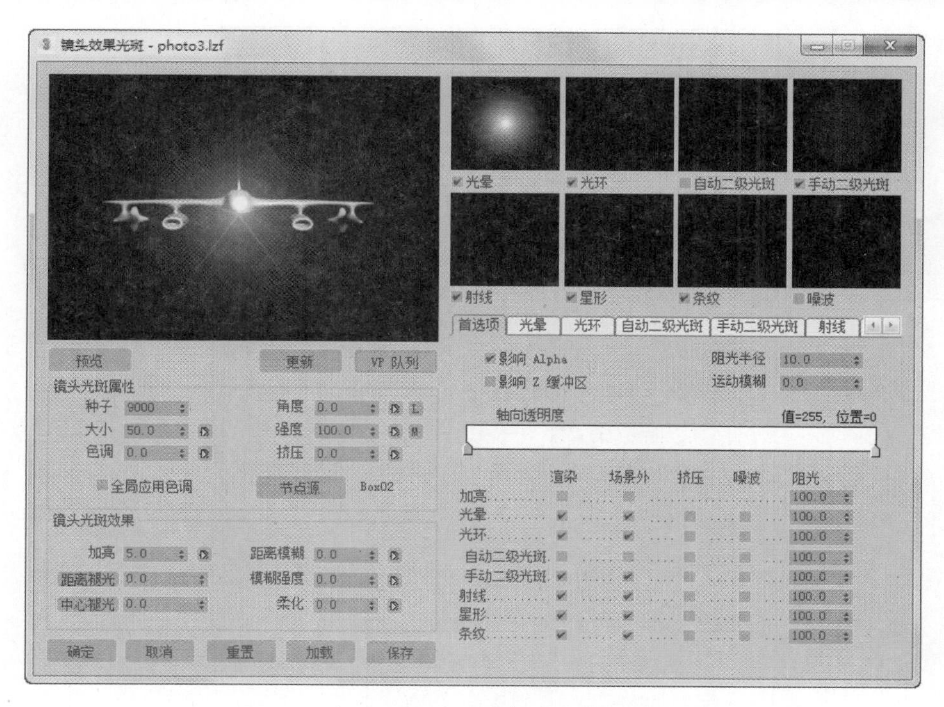

图14-34　为“Box02”添加镜头光斑的预览效果

（10）还可以设置镜头效果光斑的各个组成部分。例如，单击“镜头效果光斑”窗口的 Star（星形）选项卡，设置 Qty（数量）为“20”，Width（宽度）为“6”，预览窗口随之发生变化，如图 14-35 所示。

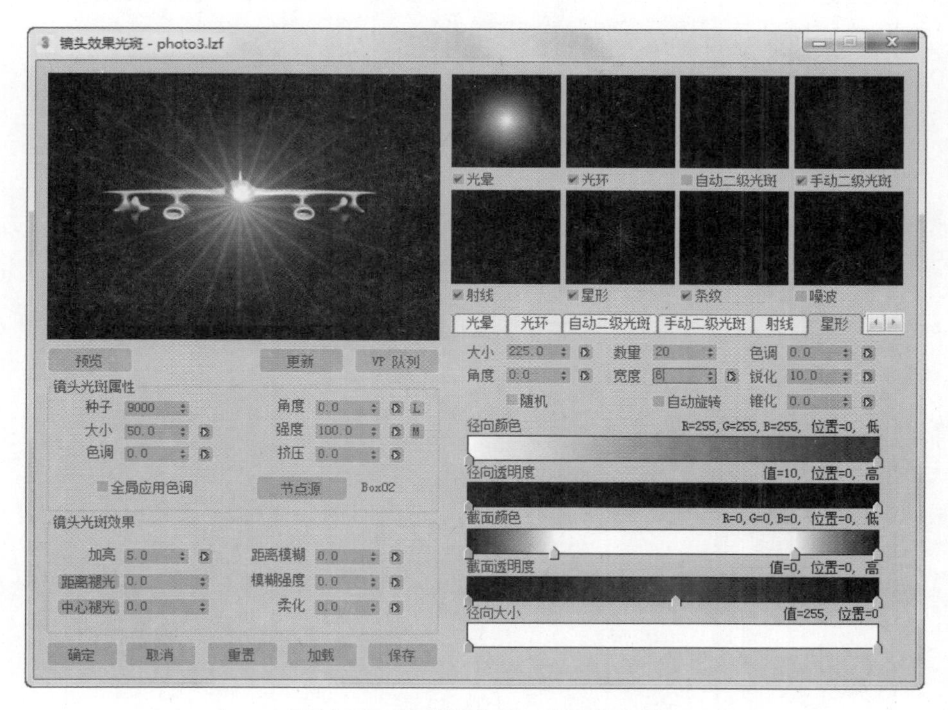

图14-35　修改镜头效果光斑的参数

（11）修改参数后，单击 OK（确定）按钮，回到 Video Post（视频后期处理）窗口。在 Queue（序列）下面的空白处单击，确保没有序列处于黄色选中状态，单击 Add Image Outout Event（添加图像输出事件）图标，弹出 Add Image Filter Event（添加图像输出事件）对话框，如图 14-36 所示。

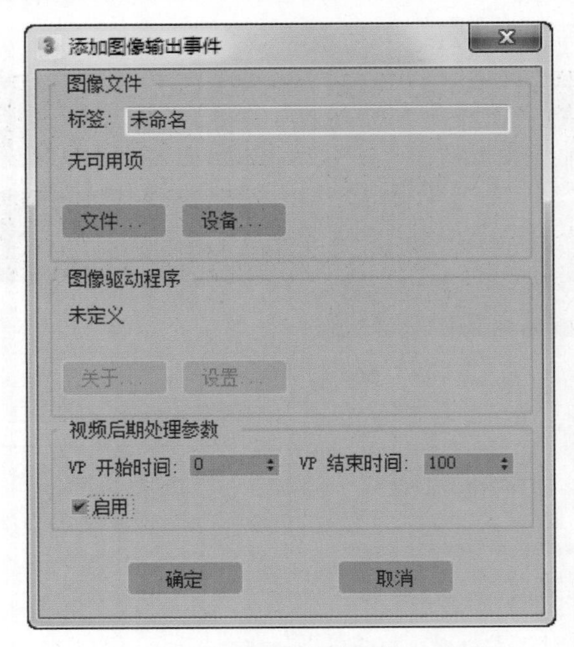

图14-36 “添加图像输出事件”对话框

（12）单击 3DS（文件）按钮，在弹出的对话框中设置图像输出的路径、名称，类型设为 BMP 类型，然后单击“保存”按钮，如图 14-37 所示。

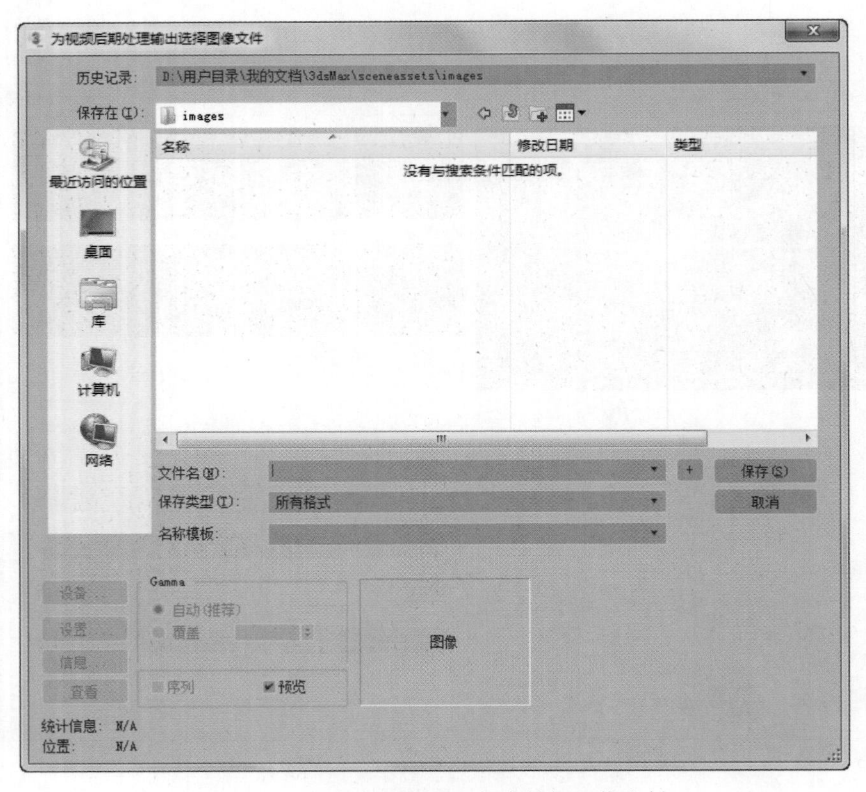

图14-37 为视频后期处理输出选择图像文件

（13）单击 Add Image Filter Event（添加图像输出事件）对话框中的“确定”按钮，回到 Video Post（视频后期处理）窗口，添加图像输出事件的 Video Post（视频后期处理）窗口如图 14-38 所示。

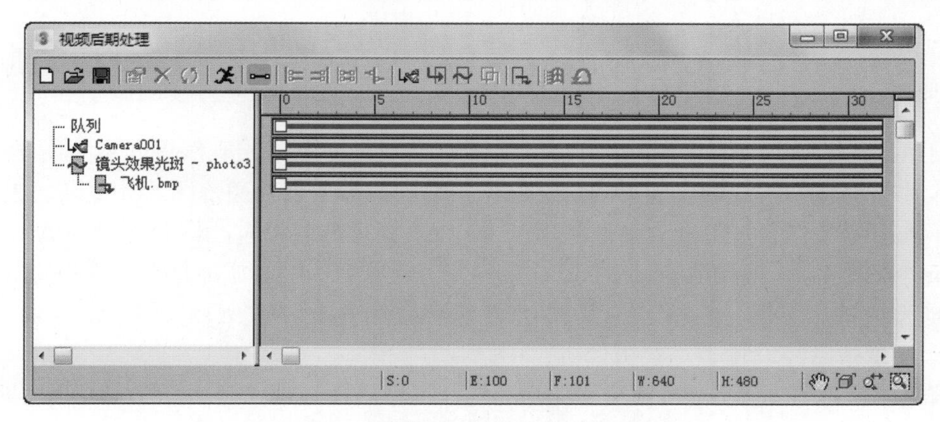

图14-38　添加了图像输出事件的“视频后期处理”窗口

（14）单击对话框上的 Execute Sequence（执行序列）图标，打开 Execute Video Post（执行视频后期处理）面板。选择 Single（单个）选项，设置输出尺寸，然后单击 Render（渲染）按钮，如图 14-39 所示。渲染后的图像即保存在设置的路径中，渲染效果如图 14-40 所示。

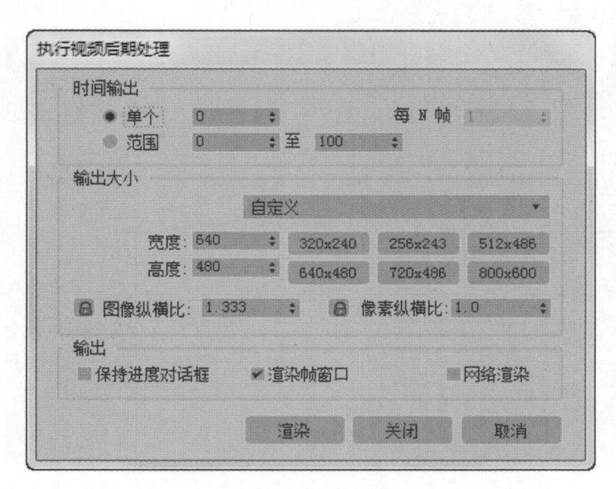

图14-39　“执行视频后期处理”面板

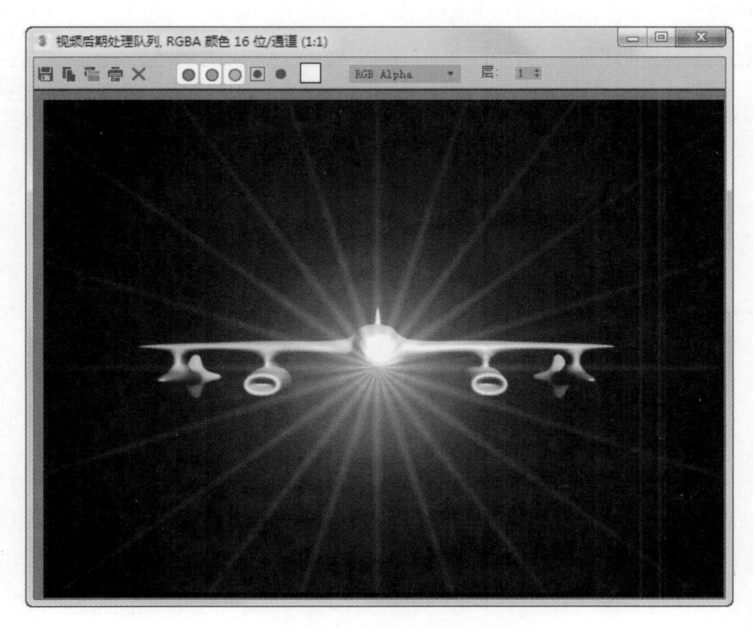

图14-40　渲染后的最终效果

14.3 综合应用——圣诞树

前面学习了渲染及后期合成的基本知识，下面将通过制作小电影的实例巩固本章所学。电影的情节如下：显示一段片头动画，紧接着出现不同角度的场景动画，最后出现谢幕图片并逐渐隐去，电影结束。

利用 Video Post 可以合成并输出动画。利用 Video Post 提供的各种过滤器，可以为场景中的对象添加特殊效果，渲染静态图片。下面利用 Video Post 中的星空过滤器，为动画添加星空背景并输出为视频文件。

（1）扫描前言中的二维码，打开“源文件 /14.3 综合应用—圣诞树 .max”，如图 14-41 所示。这是一个圣诞树模型，场景中已经设置了一架摄像机，用以观察效果。

（2）单击菜单栏上的 Rendering（渲染）菜单，选择视频后期处理命令，打开“视频后期处理”窗口。

（3）单击图标打开 Add Scene Event（添加场景事件）对话框，如图 14-42 所示。选择“Camera01”视图为当前场景事件，然后单击 OK（确定）按钮。添加场景事件后的 Video Post（视频后期处理）窗口如图 14-43 所示。

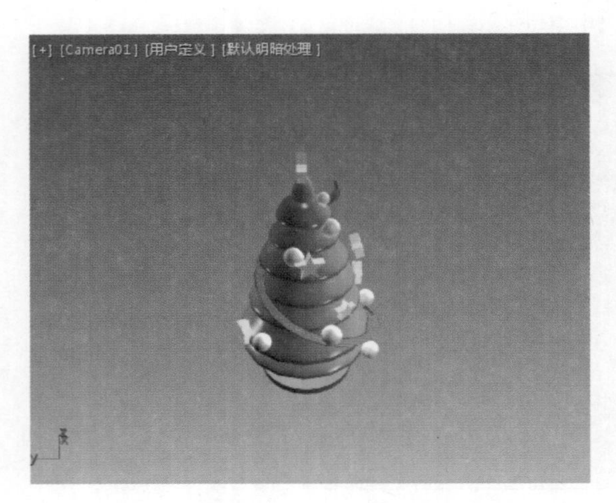

图14-41　打开文件

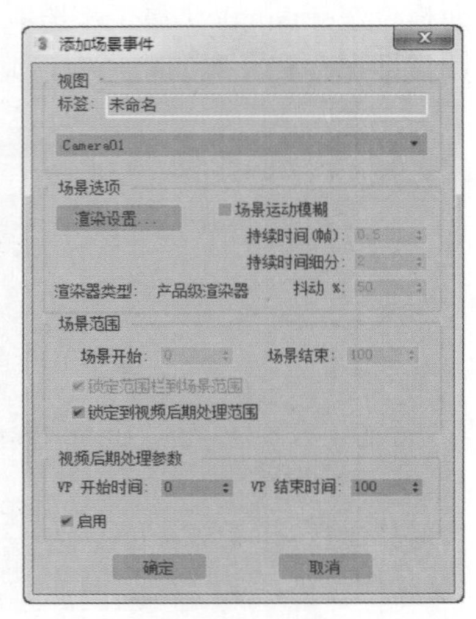

图14-42　“添加场景事件”对话框

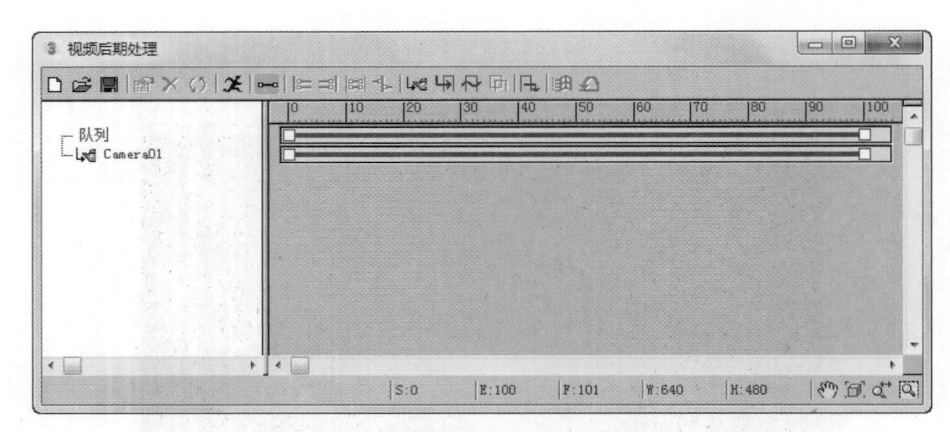

图14-43　添加场景事件后的“视频后期处理”窗口

（4）在 Queue（队列）下选中“Camera01”事件，使其呈红色状态。单击 Video Post（视频后期处理）工具栏上的图标，打开 Add Image Filter Event（添加图像过滤事件）对话框，如图 14-44 所示。

（5）可以看到，默认的图像过滤器为 Negative（底片），单击右侧的倒三角按钮，在列表中选择 Lens Effects Flare（镜头效果光斑）过滤器，如图 14-45 所示。添加“镜头效果光斑”过滤器后的“视频后期处理”窗口，如图 14-46 所示。

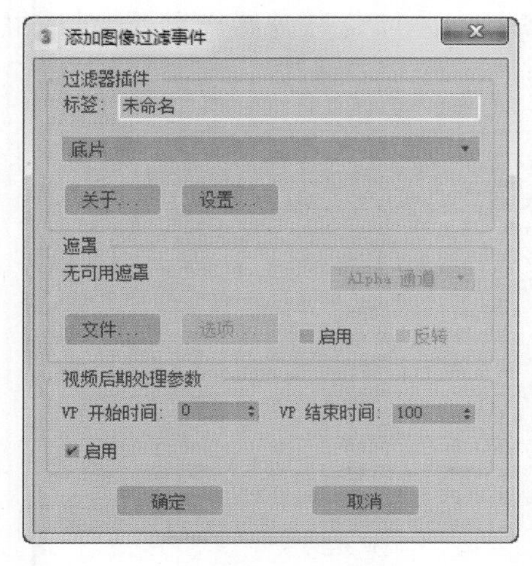

图14-44 “添加图像过滤事件”对话框

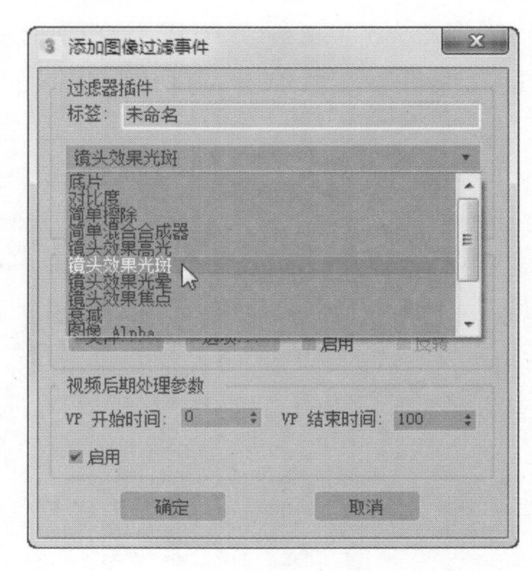

图14-45 添加“镜头效果光斑”过滤器

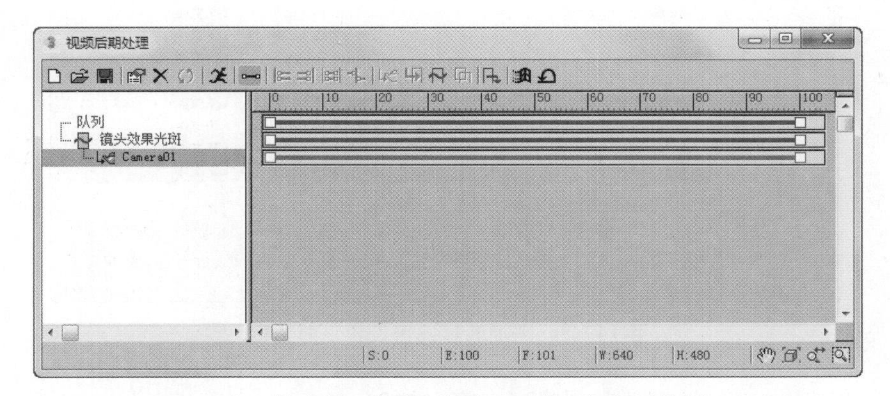

图14-46 添加“镜头效果光斑”过滤器后的“视频后期处理”窗口

（6）在 Queue（队列）中双击 Lens Effects Flare（镜头效果光斑）过滤器，打开 Edit Filter Event（编辑过滤事件）对话框，单击 Setup（设置）按钮，打开 Lens Effects Flare（镜头效果光斑）窗口，如图 14-47 所示。

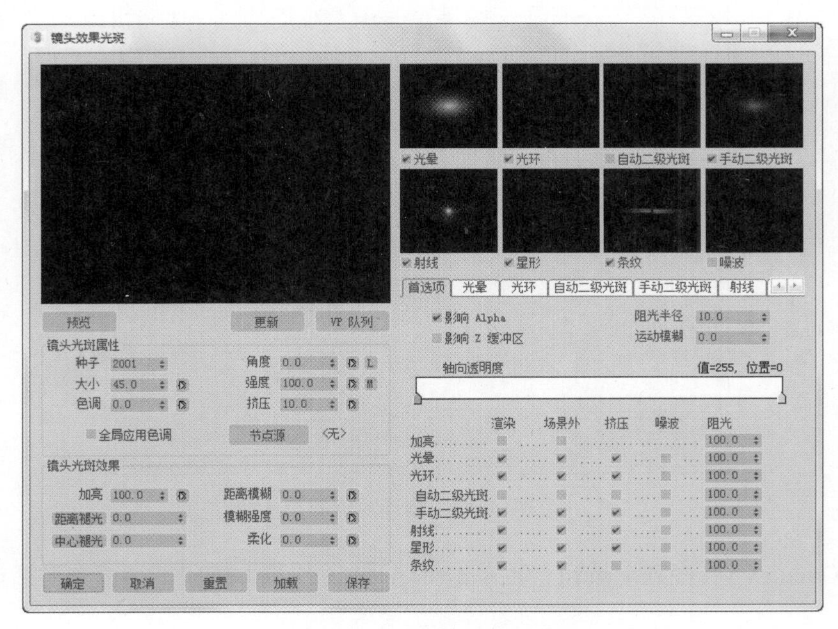

图14-47 “镜头效果光斑”窗口

（7）单击 Load（加载）按钮，在弹出的“Load Filter Setting（加载过滤器设置）”对话框中选择“Photo3.lzf”文件，然后单击“打开”按钮，如图 14-48 所示。

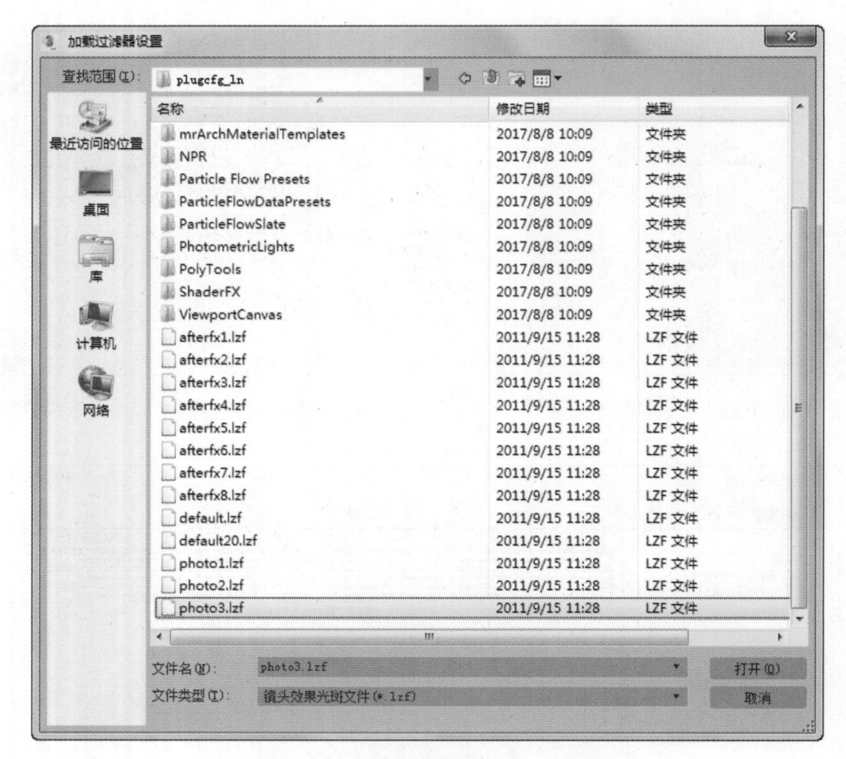

图14-48 “加载过滤器设置”对话框

（8）单击 Lens Effects Flare（镜头效果光斑）窗口的 Node Sources（节点源）按钮，在弹出的对话框中选择要添加光斑的对象，这里选择“Star01”，然后单击 OK（确定）按钮，如图 14-49 所示。

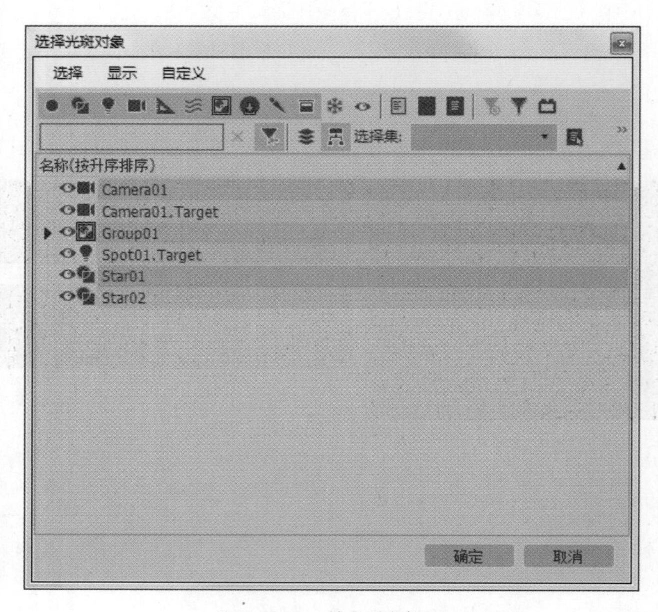

图14-49 选择节点源

（9）单击 VP Queue（VP 序列）按钮，再单击 Preview（预览）按钮，即可在对话框中观察默认的镜头效果光斑。

（10）还可以设置镜头效果光斑的各个组成部分。例如，单击 Lens Effects Flare（镜头效果光斑）窗口的 Star（星形）选项卡，设置 Qty（数量）为“20”，Width（宽度）为“6”，预览窗口随之发生变化，如图 14-50 所示。

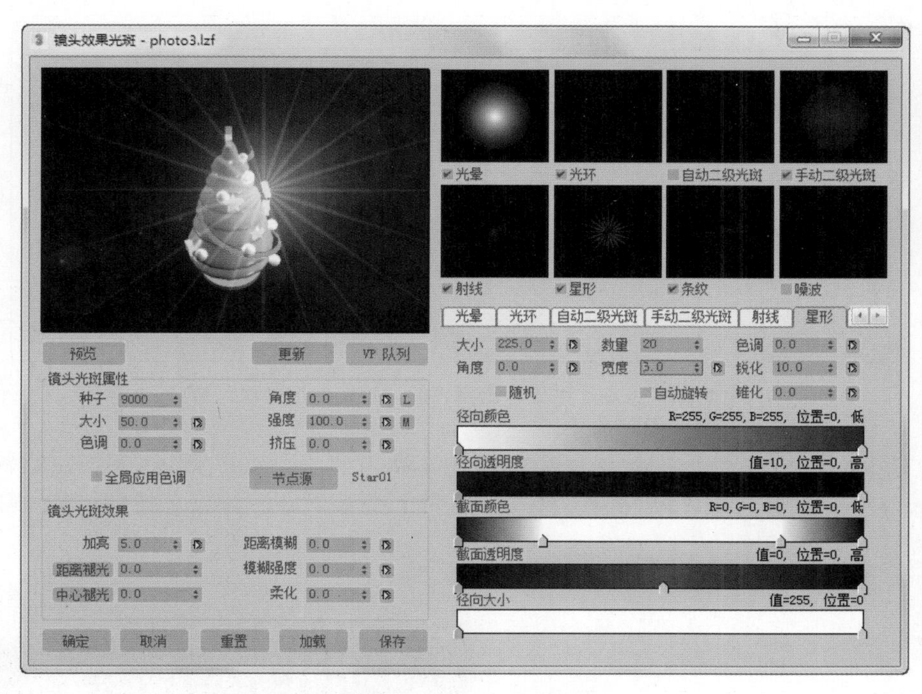

图14-50 修改“镜头效果光斑”的参数

（11）修改参数直到满意为止，然后单击 OK（确定）按钮，回到 Video Post（视频后期处理）窗口。在 Queue（队列）下面的空白处单击，确保没有序列处于红色选中状态，单击图标打开 Add Image Output Event（添加图像输出事件）对话框，如图 14-51 所示。

（12）单击 3DS（文件）按钮，在弹出的对话框中设置图像输出的路径、名称，类型设为 BMP 类型，然后单击“保存”按钮，如图 14-52 所示。

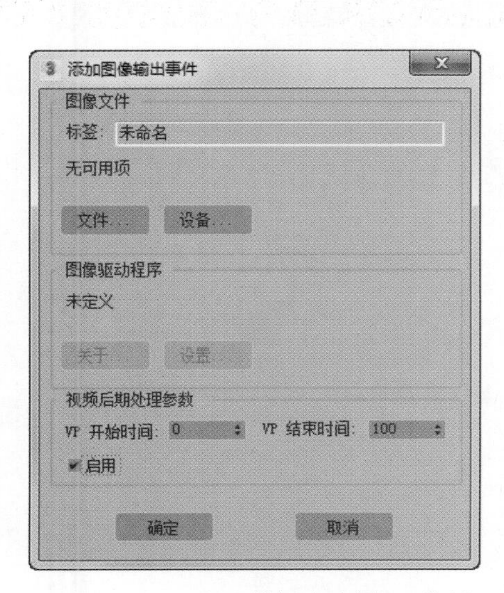

图14-51 “添加图像输出事件”对话框

图14-52 设置输出文件的路径、类型和名称

（13）单击 Add Image Output Event（添加图像输出事件）对话框中的 OK（确定）按钮，回到 Video Post（视频后期处理）窗口，添加图像输出事件的 Video Post（视频后期处理）窗口如图 14-53 所示。

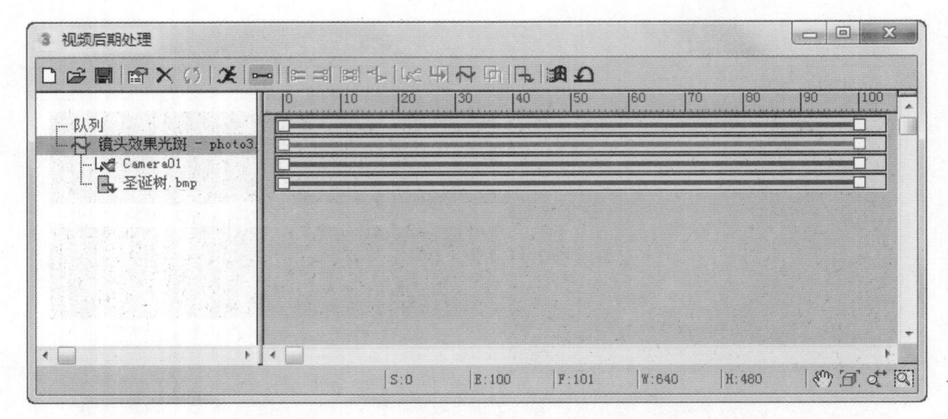

图14-53 添加了图像输出事件的“视频后期处理”窗口

（14）单击 Video Post（视频后期处理）窗口的图标，打开 Execute Video Post（执行视频后期处理）面板。选择 Single（单帧）选项，设置输出尺寸，然后单击 Render（渲染）按钮，如图 14-54 所示。渲染后的图像即保存在设置的路径中，渲染效果如图 14-55 所示。

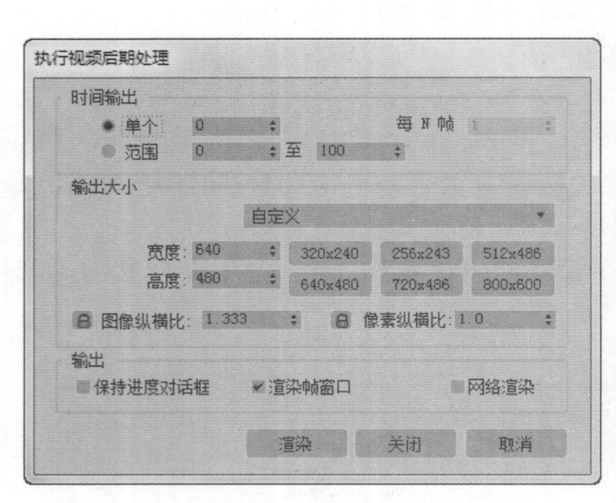

图14-54 “执行视频后期处理”面板

图14-55 渲染后的最终效果